面向21世纪课程教材
Textbook Series for 21st Century

# 力学

## （第三版）

郑永令　贾起民　方小敏　原著
蒋最敏　修订

高等教育出版社·北京

内容提要

本书是教育部"高等教育面向 21 世纪教学内容和课程体系改革计划"的研究成果,是面向 21 世纪课程教材和普通高等教育"九五"国家教委重点教材,第一版曾获国家教委优秀教材一等奖。本书是在原第二版的基础上修订而成的。全书加强了力学与当代科技、生产、生活及与其他学科等方面的联系,注意结合学科的历史发展阐明力学的概念和规律,并对传统的讲述方法作了改进。全书层次分明,论述严谨,具有较强的系统性、思想性和可读性。全书共分五篇,即质点力学、守恒定律与质点系动力学、刚体与流体、振动与波、相对论。

本书可以作为高等学校物理学类专业的教材或参考书,也可供非物理学类专业的师生参考。

## 图书在版编目(CIP)数据

力学 / 郑永令,贾起民,方小敏原著. -- 3 版. --
北京:高等教育出版社,2018.8(2022.8重印)
ISBN 978-7-04-049771-7

Ⅰ.①力… Ⅱ.①郑… ②贾… ③方… Ⅲ.①力学-
高等学校-教材 Ⅳ.①O3

中国版本图书馆 CIP 数据核字(2018)第 107302 号

LIXUE

| | | | | | | | |
|---|---|---|---|---|---|---|---|
| 策划编辑 | 程福平 | 责任编辑 | 程福平 | 封面设计 | 姜 磊 | 版式设计 | 杜微言 |
| 插图绘制 | 于 博 | 责任校对 | 刘娟娟 | 责任印制 | 刘思涵 | | |

| | | | | |
|---|---|---|---|---|
| 出版发行 | 高等教育出版社 | 网 址 | http://www.hep.edu.cn | |
| 社 址 | 北京市西城区德外大街 4 号 | | http://www.hep.com.cn | |
| 邮政编码 | 100120 | 网上订购 | http://www.hepmall.com.cn | |
| 印 刷 | 北京玥实印刷有限公司 | | http://www.hepmall.com | |
| 开 本 | 787mm × 1092mm 1/16 | | http://www.hepmall.cn | |
| 印 张 | 27.5 | 版 次 | 1990 年 1 月第 1 版 | |
| 字 数 | 660 千字 | | 2018 年 8 月第 3 版 | |
| 购书热线 | 010-58581118 | 印 次 | 2022 年 8 月第 6 次印刷 | |
| 咨询电话 | 400-810-0598 | 定 价 | 56.00 元 | |

# 力学

## (第三版)

郑永令　贾起民
方小敏　原　著

蒋最敏　修　订

1　电脑访问 http://abook.hep.com.cn/1248585，或手机扫描二维码、下载并安装 Abook 应用。

2　注册并登录，进入"我的课程"。

3　输入封底数字课程账号 (20位密码, 刮开涂层可见)，或通过 Abook 应用扫描封底数字课程账号二维码，完成课程绑定。

4　点击"进入学习"，开始本数字课程的学习。

课程绑定后一年为数字课程使用有效期。受硬件限制，部分内容无法在手机端显示，请按提示通过电脑访问学习。

如有使用问题，请发邮件至 abook@hep.com.cn。

扫描二维码
下载 Abook 应用

阅读材料

演示实验

物理学家
简介

**http://abook.hep.com.cn/1248585**

# 第三版前言

本书在第二版的基础上,作了一些修订。对所作的主要修订说明如下:

1. 尽量保持原著的特色和知识内容前后次序结构,包括原著层次分明、说理透彻等优点。

2. 特别强调矢量分析和微积分思想在学习力学课程中的重要性。一些公式的推导过程和题目之解答更多基于导数与微积分的运算和矢量分析。例如极坐标中速度和加速度的公式推导、一般变速直线运动例题中的解法二、质点动能定理的推导等。

3. 增加了万有引力定律、引力叠加原理、质点的引力势能相关内容。把描述质点的万有引力定律推广到物体之间的引力和引力势能的计算。特别强调两个壳层引力定律的物理图像及其与引力叠加原理和微积分思想在计算物体引力时的应用。

4. 重新撰写了变质量系统的运动内容,并将此内容变成必须掌握的内容。从变质量系统的动力学方程推导,从公式中每项意义的阐述到方程的应用都给出了完整和系统的介绍。

5. 重新撰写了两个自由度的振动和简正模式,并将此内容变成必须掌握的内容。对简正坐标、简正模式和简正频率的概念进行了详细的阐述,并配有演示实验以加深对这些概念的理解。同时将这些概念与一维连续介质对应的简正模式——驻波对照比较,以进一步加深对简正模式和简正频率的理解。增加了克拉尼图形视频,将一维连续系统简正模式——驻波图像扩展到二维连续体系。

6. 增加了两体问题的普遍阐述及其相关结论。结合原著中的行星运动对两体问题给予了系统和完整的阐述,并将这部分内容变成必须学习的内容。

7. 强调非惯性系中惯性力与引力等效原理,即将惯性力看作另一个引力,并应用于非惯性系中力学问题的理解与分析。

8. 将原著中一部分内容变成二维码阅读材料,以减少书的篇幅。

9. 删除了原著中的部分内容。例如,芝诺悖论、非线性振动简介、血液的流动等。

10. 纠正了原著中的多处错误。

由于本书修订者的知识局限,在力学内容选择及其修订中难免出现偏爱、不妥和错误。殷切希望读者提出宝贵意见以便以后改正。

蒋最敏

2017 年 10 月于复旦大学

# 第二版前言

本书第一版出版以来,受到社会广泛好评,并获原国家教委第三届普通高校优秀教材一等奖。现被评为面向 21 世纪教材,由高等教育出版社出版。作者借此机会对原书作了一次全面的修订。在修订过程中,我们注意了以下几个方面:

1. 保持并发扬原书层次分明、说理透彻,从力学的历史发展阐明力学的概念和规律,紧密联系数学(矢量和微积分)讲述力学原理,注意力学与宇宙学、天体运动学、运动生物力学等其他学科最新发展的联系以及力学在当前科技和生产、生活中的应用等优点。修订版保留并充实了三个附录,分别介绍伽利略、牛顿和爱因斯坦三位巨匠对力学发展所作出的里程碑式的贡献。在讲述开普勒定律时,增加了由开普勒定律导出万有引力定律的内容,以更加接近历史的原貌。在讲述多普勒效应时,介绍了利用超声多普勒效应测血流速度的基本原理。

2. 根据当前实际,对内容作了重新组织和增删。在质点运动学一章讲述一般曲线运动之前,增设直线运动一节,专讲微积分思想在运动学中的应用,然后再在曲线运动中讲述矢量微积分原理,使初学者更容易接受。在讲述刚体定轴转动时,先从牛顿运动定律出发直接导出转动定律,再讲定轴转动刚体的角动量及其分量形式,这样不仅使转动定律这一刚体运动最基本的定律的导出易于接受,又使转动定律实质上是角动量定理的分量形式这一结论顺理成章。在讲述了牛顿运动定律之后,增设一节"牛顿运动定律的内在随机性 混沌",阐明了牛顿运动定律与非决定论之间并没有不可逾越的鸿沟。在第二篇的最后,增设一节"守恒定律与对称性",简单介绍了三条守恒定律与空间平移、转动和时间平移对称性的关系。考虑到当前教学的实际情况,我们删去了一部分过深过难的内容,例如无限小角位移是矢量的严格证明、惯量和惯量积的张量表示、非线性波等,还把一部分内容由大字变为小字,作为选读内容,例如变质量物体的运动方程、两体问题、二自由度振动、相速与群速、简正模式及有关黏性流体的大部分内容。

3. 在每章的最后增设"本章小结"。它并不等同于该章的内容提要,而是用概括、精练的语言,将该章内容的物理内涵揭示给读者,使读者在复习、回顾该章内容的同时,在认识上有所提高。

4. 更新了部分例题和习题。在每节末配有紧扣内容、富有层次的大量例题,每章末配有大量各种类型和难度的习题,是本书第一版得到认可的特点,修订中继续保持了这一特点,并删去了部分旧题,增添了部分新题,使它更适合当前的要求。

在本书修订过程中,我们得到了许多专家和同行的帮助。北京大学陈秉乾教授对本书第一版提出过许多中肯意见,复旦大学蔡怀新教授、上海交通大学胡盘新教授、华东师范大学钱振华教授仔细审阅了修订稿,并提出许多宝贵意见,作者对他们表示衷心的感谢。本书第一版由复旦大学出版社出版,作者愿借此机会对他们多年来对本书所给予的支持和理解表示深切的感谢。

在本书第一版的成书和后来的修订过程中,作者深感写一本使自己和读者都满意的书之艰难,加之作者才疏学浅,错误和缺点一定不少,敬请广大同仁和读者不吝指正。

郑永令 贾起民

2002 年 1 月于复旦大学

# 第一版前言<sup>*</sup>

作者历年在复旦大学物理系讲授力学,本书就是在授课讲稿和讲义的基础上整理而成的。在成书过程中,进行了修改和补充。

力学曾是物理学中最古老的一个部分,现已发展成为与物理学并列的一门独立的学科。但力学的基本原理仍是物理学的重要基础。多年来,普通物理课中的力学更多地被看作后继课必不可少的基础而受到重视,却较少注意到它在物理学的发展乃至整个人类认识发展中的地位和作用,以及它与其他学科(包括前沿学科)的联系,结果使人感到力学课程在结构和内容上似乎比较陈旧,缺少活力。当然,这是物理基础课普遍存在的问题,但力学课尤为突出。从 20 世纪 60 年代开始,世界上一些先进国家就已注意到这一问题,并着手作了一些改革。在美国,相继产生了诸如费曼、伯克利、弗伦奇、霍尔顿等一些有影响的教材,苏、英、法、德等国也有相应的新教材问世。尽管新教材由于种种原因不能完全取代旧教材,但却以各种方式改变了并正在改变着旧教材。近年来,随着改革、开放形势的发展,我国也出现了许多有新意的物理基础教材,包括力学教材。我们就是在这种情况下着手修订教材的。

鉴于以上情况,我们在本书编写过程中,特别注意了以下几个问题:

1. 从力学的历史发展来阐明某些力学基本概念、基本定律的意义。霍尔顿曾在这方面作过有益的尝试。他的《物理科学的概念和理论导论》一书至今仍有广泛的影响。当然,我们不能处处都从历史和哲学的角度来阐述物理规律,但就一些主要的概念和规律,从历史的角度阐明其形成和发展还是可行的。这样做,不仅使这些概念在历史背景的烘托下更具立体感,而且可使学生从科学的建立者们那里学到去粗取精、去伪存真、由表及里、由此及彼的富有创见的研究方法。科学,就其完整的意义而言,不仅包括专业知识和技能,而且包括获取和发展这些知识和技能的方法,还包括对各种知识和技能的相互关系及其本质的探索和认识。正是这一切,构成了科学发展的历史。本书主要就落体运动规律、运动定律、动量和动能概念及狭义相对论的形成等方面,或在正文中,或用附录的形式,从历史的角度阐明了它们的形成和发展。着重介绍了伽利略、牛顿和爱因斯坦三位科学家的历史功绩。

2. 注意力学与其他学科的联系。上面提到力学不仅仅是物理学的基础,它本身有着广泛的应用。本书主要联系天体(包括地球)的运动和运动生物力学两个方面阐述了力学的应用,并将这些内容分散在有关的章节中。例如在运动学一章中增设一节介绍奥伯斯佯谬和宇宙膨胀,功与能一章中增设一节介绍宇宙膨胀动力学,角动量一章中介绍向行星发射人造天体的霍曼轨道方案,在运动定律和角动量两章中分别介绍潮汐现象及其与地球自转的关系,刚体一章中增加体育运动中的角动量守恒等内容,流体一章中增加介绍血液流动的内容等。在其他地方,则通过例题等方式讲述这些应用。通过这些内容的叙述,使学生感到力学并不只是些枯燥的概念和规律,它在解决

---

＊ 本书第一版由复旦大学出版社出版,本文即第一版"作者的话"。

实际问题中仍大有用武之地。

3. 增加相对论一章。在力学中讲授相对论,已成为一种世界性趋势。我们在若干年前已开始这样做,效果不错。相对论问世已80年,经过近20年教育家和科学家们的努力,已形成了多种适合于低年级学生的阐述方法(美国已有中学讲授相对论)。在力学中增加这一近代物理新内容,不仅顺理成章,还可提高学生兴趣。让学生尽早接触这一内容,一方面可使学生多一个学习相对论的循环过程,弥补过去相对论只有单循环的不足,便于学生消化吸收;另一方面,也可为讲授普通物理后继课有关内容打好基础。我们的阐述方法则先从物理上讲清同时性的相对性、时间延缓和长度收缩等概念,而把洛伦兹变换作为它们的自然结果,然后再讨论一些似是而非的佯谬,进一步加深学生对内容的理解。不介绍闵可夫斯基四维矢量等内容,对初学者也许是合适的。书中对广义相对论也作了浅近的介绍。

4. 在增加新内容的同时,我们仍然把主要精力放在对传统内容的处理上。在这方面,我们主要做了以下一些工作。

(1)改进对某些概念的论述。例如,在讨论伽利略变换时,用例子说明选择合适的参考系对解决动力学问题的好处。在功与能一章中,我们加强了对功概念的讨论,在此基础上改进了保守力定义的叙述方法,使它既适用于一个质点,又适用于多个质点(即质点系)运动的情况。在流体一章中,加强了对流动状态与参考系关系的讨论。在此基础上阐明在利用伯努利方程研究问题时选择适当参考系的重要性,澄清了学生中一些易犯的错误。并在波动一章中,运用这一思想导出了深水波的波速。

(2)增加了一些较深内容,但讲述方法仍是普通物理式的。如增加有心力场中质点径向运动的讨论,并将它与质点运动轨道的定性讨论联系起来。刚体一章中引进了惯量主轴概念,以加深学生对角动量与角速度关系的理解。利用转动参考系中的角动量守恒讨论了章动,使学生对刚体的章动有一个初步的概念。在振动一章中,增加二自由度振动,以与波中驻波的简正模式内容相呼应。简单介绍了非线性振动的概念和近似处理方法,为学生今后处理非线性问题打下一个基础。在波一章中简单介绍非线性波和孤立子概念,等等。增加这些较深内容,或有利于加强有关概念之间的联系,或从另一侧面表明在普通物理中着重讨论的某些概念、定理的适用范围和应用限度。同时,也为学有余力的学生提供一些学习的材料。即使学生对这些内容并不完全理解,我们的目的也已部分达到。

(3)在内容安排上,我们将全书十章分为五篇,分别阐述质点力学、质点系力学与守恒定律、特殊的质点系——刚体与流体、特殊的运动形式——振动与波和相对论,这样使全书脉络清晰,层次分明。为适应不同读者的需要,全书用大小两种字体排印。基本内容用大号字排印,非基本和加深的内容用小号字排印(在目录中则用"＊"号标明)。略去小号字的内容,不影响全书的连贯性。因而本书可同时作为不同教学要求的力学教材。

(4)对数学的要求。本书是为同时学习微积分的学生写的,书中广泛应用矢量代数和必要的简单微积分讲述物理概念和定律。但这种叙述是由浅入深的,在前几章中,这种叙述既可看成应用微积分思想来阐明物理概念,也可看成应用物理实例来阐明微积分概念。在后面章节中,虽然用了一些简单的微分和积分运算,但不涉及微分方程的求解。

全书每节都有与内容紧密配合的例题,每章附有思考题和习题(用小号字排印,与正文小字内容相关的用"＊"号标明)。正确回答和演算这些思考题和习题,有利于加深对内容的理解。

　　蔡怀新教授审阅了全部书稿,并提出许多宝贵意见;方小敏同志参加了全书的修改工作,编选了全部习题,演算和核对了习题答案;杨莉敏同志绘制了全书的图稿,在此一并表示感谢。

　　在本书成稿过程中,我们深感要编写出一本便于教学上使用,适合学生水平,又富有新意的基础课教材是一件相当艰巨的工作。由于作者学识水平有限,错误和不妥之处在所难免,恳请广大读者提出批评。

郑永令　贾起民

1988 年 7 月于复旦大学

# 目　录

## 第一篇　质点力学

# 第二篇　守恒定律与质点系动力学

# 第三篇　刚体与流体

# 第四篇 振 动 与 波

# 第五篇 相 对 论

伽利略（Galileo Galilei，1564—1642） 意大利物理学家、天文学家和哲学家，近代实验科学的先驱. 通过实验、逻辑推理与定量研究，建立落体定律，发现惯性定律，确立力学的相对性原理，提出摆振动的等时性等. 利用自己的天文观察成果支持和发展了"日心说".

文档: 伽利略简介

# 第 一 篇

# 质点力学

本篇讨论质点的运动规律，分为运动学和动力学两部分. 质点运动学研究质点机械运动的描述，不追究运动发生的原因. 应用矢量和微积分概念，着重分析描述运动的三个物理量——位矢、速度和加速度的意义以及它们的相互关系. 质点动力学则研究物体(看成质点)在周围其他物体作用下如何发生运动. 首先讨论物体在一定的力作用下如何运动，然后讨论如何将其他物体的作用归结为力. 在本篇中，还将讨论在不同参考系中处理运动学和动力学问题的不同方法及它们的相互联系. 本篇的内容是全书的基础.

阅读材料: 伽利略与他对落体和抛体运动的研究

# 第一章
# 质点运动学

## §1.1　参考系

### 1. 参考系和坐标系

力学中研究的运动,是指物体位置的变动,称为机械运动. 这是最简单、最基本的运动形式,它存在于一切运动形式之中.

运动总是在空间与时间中发生. 空间与时间是物质运动广延性与持续性的反映. 对机械运动而言,空间规定了物体运动的范围与位置,时间则规定了运动过程的长短与顺序. 在牛顿力学范围内,空间与时间脱离物质与运动而独立存在;空间是延伸到整个宇宙的容纳物质的三维平直框架,时间则犹如一座始终均匀运转着的钟. 而相对论表明,空间、时间是与物质与其运动紧密联系着的,空间的几何性质与时间的量度既与观察者的运动状态有关,又与物质分布及其运动状态有关. 牛顿力学的绝对时空观只是实际时空性质的一种近似.

演示实验:运动小车

任何物体的位置及其变动,只有相对于事先选定的视为不动的物体或彼此无相对运动的物体群而言才有明确的意义. 这种被选作物体运动依据的物体或物体群称为**参考物**. 与参考物固连的三维空间称为**参考空间**. 另外,位置变动总是伴随着时间的变动,所谓考察物体的运动,也就是考察物体的位置变动与时间的关系. 因而,考察运动还必须有计时的装置,即钟. 参考空间和与之固连的钟的组合称为**参考系**. 但习惯上,常把参考物简称为参考系,不必特别指出与之相连的参考空间和钟. 同一物体的运动情况相对不同的参考系是不同的. 例如,在地面附近自由下落的物体,以地球为参考系,它作直线运动;以匀速行驶的火车为参考系,它作曲线运动. 研究某一物体的运动,选取什么物体或物体群作参考系,在运动学中是任意的(在动力学中则不然),可视问题的性质和方便而定. 参考系选定后,为了定量地表示物体相对参考系的位置,还必须在参考系上建立适当的坐标系. 所谓**坐标系**就是固定在参考空间的一组坐标轴和用来规定一组坐标的方法. 物体的位置即由这组坐标确定. 常用的坐标系有笛卡儿坐标系,即直角坐标系(相应的坐标为 $x,y,z$;图 1.1-1),平面极坐标系(相应的坐标为 $r,\theta$;图 1.1-2)以及球坐标系和柱坐标系等. 物体的运动状态完全由参考系决定,与坐标系的选取无关. 坐标系不同,只是描述运动的变量不同而已,对应的物体的运动状态并无不同.

图 1.1-1  直角坐标系　　　　　图 1.1-2  平面极坐标系

### 2. 时间的测量

为了定量地确定物体的运动状态,即确定物体的坐标与时间的关系,必须要进行时间和长度的测量.

**（1）时间的单位和标准**

一切周期运动都可用来量度时间. 地球的自转和公转以及月球绕地球的运动是人类最早认识的周期运动,因而自古以来,年、月、日一直是世界各民族计量时间的单位和标准. 为了更细致地量度时间,又将"日"划分为更小的单位. 我国古代将1 日分为 12 个"时辰",并分别以子、丑、寅、卯、辰、巳、午、未、申、酉、戌、亥称之. 这与古埃及的计时法相一致,近代将 1 日分为 24 小时的计时法与之一脉相承. 以后在欧洲又形成将 1 小时分为 60 分,1 分分为 60 秒的更精细的计时法.

目前国际通用的时间单位是 s(秒). 秒原来规定为一年中平均日长(称为平均太阳日)的 1/86 400. 由于地球自转的不均匀性,这种标准使得时间计量的精度仅为 $10^{-7}$. 1956 年起改用以地球公转周期为基准的时间标准,并规定秒为 1900 年回归年的 1/31 556 925.974 7,使计时精度提高到 $10^{-9}$. 为了进一步提高计时的精度,1967 年国际计量大会决定采用原子的跃迁辐射作为计时标准,并规定**秒是铯–133原子基态的两个超精细能级之间跃迁所对应的辐射的 9 192 631 770 个周期的持续时间**. 这样的时间标准称为**原子时**. 这一计时标准使时间计量的精度达到 $10^{-13} \sim 10^{-12}$. 这种时间计量的误差主要来自铯原子的热运动. 目前正在发展一种利用激光使铯原子冷却的方法,这将使时间计量的精度进一步提高.

**（2）时间的测量**

我国最早的计时仪器有"圭表"和"日晷",分别利用太阳的影长和影的方向计时. 其后又有"漏刻",以静水的周期性漏滴作为计时的基础(图 1.1-3). 唐、宋时期制造的水运浑天仪和水运仪象台,利用齿轮传动机构,将计时精度提到一个新的高度. 后者堪称世界上最古老的天文钟. 古代欧洲也采用水漏和沙漏计时,直到 12~13 世纪,才有用齿轮传动的钟. 至今,机械传动的钟表仍是日常生活中常用的计时仪器之一.

但机械钟表的精度不高,日差可达数秒. 近年来,基于晶体振荡和电子技术的电子钟表得到了广泛的应用. 晶体振荡器具有很高的稳定性,使电子钟表的计时准确度大大提高,日差常不到 1 s. 基于电子技术的电子振荡器,可使振荡周期仅为 1 s 的 10 的若干次方分之一,配以适当的计数技术,可以对比秒短得多的短时间进行测量,并使计时数字化. 利用现代电子技术,已能制造出周期约为 $10^{-12}$ s 甚至更短的振荡器,这使时间测量的精度大大提高.

图 1.1-3 漏刻

比 $10^{-12}$ s 更短的时间,例如某些基本粒子的寿命,常用它在感光乳剂中留下的径迹长度来测量. 由于基本粒子通常以接近光速的速度运动,这样测得的时间(寿命)常需经过相对论修正.

对于比 a(年)长得多的时间,常用的测量方法是半衰期法. 例如碳-14 的半衰期是 5 000 a,通过测量有机物中碳-14 的剩留量,就能估计出该有机体的年龄. 铀的一种同位素的半衰期约 $10^9$ a,通过对海洋中铀的测量,曾测得地球本身的年龄约 $5×10^9$ a.

### 3. 长度的测量

#### (1) 长度的单位和标准

古代测量长度常以人体的某部分作为单位和标准. 例如我国古代就有"布指知寸,布手知尺,舒肘知寻"(《家语》)的说法. 古代地中海一带民族以 Cubit(腕尺)作为长度单位. 而英尺、码等英制长度单位最初也是分别以某个英国国王的足长和舒展的手指尖至鼻尖的距离为标准的. 这种以人体为标准的长度单位因人而异,显然不能取作统一标准. 以客观存在的不变事物作为长度的标准是一种必然的趋势. 我国古代就有"度量衡三者,法皆出于律"(东汉《孔丛子》)的说法,《汉书·律历志》中记载:"度本起黄钟之长……九十分黄钟之长,一为一分,十分为寸,十寸为尺……",明确指明了长度与声波波长的联系. 这与近代以光的波长作为长度标准有异曲同工之妙.

近代的长度测量单位是在法国的米制单位基础上发展起来的. m(米)已成为目前国际通用的长度单位. 米原来规定为通过巴黎的自北极至赤道的子午线长的一千万分之一. 1875 年起,决定改用米原器(截面呈"X"形的铂铱合金尺)作为长度标准. 由于这样规定的标准米不易复制,精度又不高,自 1960 年起,改用原子辐射的波长作为长度标准,规定 1 米等于氪-86 原子橙色谱线在真空中波长的 1 650 763.73 倍,精度达 $10^{-9}$. 这样规定的米称做**原子米**. 1983 年,第十七届国际计量大会又正式通过了米的新定义——**米是光在真空中(1/299 792 458)s 时间间隔内所经路径的长度**. 米的新定义的特点是把真空中的光速作为一个物理常量规定下来,并令它等于 299 792 458 m/s,从而将长度标准和时间标准统一了起来,并使长度计量的精度提高到与时间计量相同的精度.

**(2) 长度的测量**

通常用米尺测量长度. 当不能用米尺直接量度其长度(例如山的高度)时,可以通过三角法进行间接测量. 较小的长度,例如细丝的直径,可用游标卡尺或螺旋测微器测量,精度分别可达 $10^{-1}$ mm 和 $10^{-2}$ mm.

很小的长度常借助光学方法测量. 细菌和细胞的线度可用显微镜量度. 薄膜厚度、平面的平整度等可以用光的干涉法测量. 晶格常量则可用 X 射线衍射法测定. 光学法测量长度受到光的衍射的限制,其精度不能小于光的波长(可见光约 $10^{-7}$ m,X 射线约 $10^{-10}$ m). 由于电子的德布罗意波长更短(约 $10^{-12}$ m),电子显微镜(包括透射电镜和扫描电镜)的分辨精度比光学显微镜高得多. 对于微小的长度,常用 μm(微米,$10^{-6}$ m)、nm(纳米,$10^{-9}$ m)和 Å(埃,$10^{-10}$ m)作单位.

对于更小的长度,例如原子核的直径,通常只能通过它对入射粒子散射的多少来间接测定. 当年卢瑟福等就曾根据 α 粒子散射实验结果估计出金原子核的直径约为 $10^{-12}$ cm.

对于很长的距离,例如行星、太阳和恒星到地球的距离,我们可以通过测定雷达波的往返时间或通过三角法进行测量,前者测出的是绝对值,后者测出的是相对值. 在用三角法测恒星距离时,常以地球轨道的直径作为基线. 该基线长度的一半常作为量度天体间距离的单位,称为**天文单位**(符号 AU,1 AU $\approx 1.5 \times 10^8$ km). 天文上常用的长度单位还有光年和秒差距. 光年是光在 1 a 中行进的距离,常用符号 l.y. 表示,约合 $9.46 \times 10^{12}$ km 或 $6.32 \times 10^4$ AU. 秒差距是地球轨道半径对其张角为 1″时的距离,符号为 pc,约合 $3.09 \times 10^{13}$ km 或 $2.06 \times 10^5$ AU.

对于更远的恒星,三角法不能应用,这时可以从星体的亮度和颜色来估计它的距离.

## §1.2　质点

实际的物体都有一定的大小、形状和内部结构. 在运动过程中,物体各部分的运动状况可以不同. 但当我们仅考察物体的整体运动,物体本身的大小比所考察运动的线度又小得多时,就可以不计物体各部分运动状况的差别而把它看成一个点. 这样的物体称为**质点**. 它是具有质量而没有大小的物体. 物体是否可以看成质点,视所讨论问题的具体情况而定. 具体地说,要看把该物体抽象成质点后,是否能反映该物体在所研究问题中的主要特征. 这里重要的是物体的相对大小和所研究问题的性质. 大如地球,在讨论它的公转时,就可以把它看成质点(在讨论其自转时则不能);小如分子、原子,在讨论它的内部振动和转动时,就不能把它看成质点. 至于作平动(物体上任意两点的连线在运动过程中始终保持平行的一种运动)的物体,由于其上任一点的运动情况都相同,不论其大小和运动线度如何,总可以把它看成质点.

质点是一种理想模型,它突出了物体具有质量和占有位置这两个主要因素,而忽略了形状、大小及内部运动等次要因素. 在物理上,这种突出研究对象的主要特征而忽略其次要特征的理想模型是常用的,例如刚体、理想气体、理想流体、点电荷等.

## §1.3 直线运动

### 1. 直线运动质点的运动学方程

当物体(质点)沿直线运动时,可取该直线为坐标轴,例如 $x$ 轴,质点位置可用坐标 $x$ 表示,如图 1.3-1 所示. 质点位置与时间的关系可表示为

$$x = x(t) \qquad (1.3-1)$$

此式称为质点的运动学方程.

### 2. 速度

图 1.3-1 直线运动

从运动学方程(1.3-1)式,我们可获得质点作直线运动的全部信息,但它未能明显显示运动的诸多特征. 为了揭示质点运动的特征,需考察质点位置如何随时间变化. 设 $t$ 时刻质点位于 $P$ 点,坐标为 $x(t)$,$t+\Delta t$ 时刻位于 $Q$ 点,坐标为 $x(t+\Delta t)$,则称

$$\Delta x = x(t+\Delta t) - x(t) \qquad (1.3-2)$$

为质点的**位移**. 位移可正可负. 位移与发生这段位移的时间间隔 $\Delta t$ 的比值,称为该时间间隔内质点的平均速度,用 $\bar{v}$ 表示:

$$\bar{v} = \frac{\Delta x}{\Delta t} \qquad (1.3-3)$$

当时间间隔 $\Delta t$ 较大时,平均速度只粗略地描述了质点从 $P$ 点到 $Q$ 点过程中运动的快慢,未能描述在此过程中质点运动快慢的细微差别. 但只要我们考察的时间间隔足够短,在此间隔内质点运动的快慢差别也必然足够小,以至可忽略不计. 于是当 $\Delta t \to 0$ 时,上述平均速度的极限就可以精确描写 $t$ 时刻质点运动的快慢,此极限称为 $t$ 时刻质点的瞬时速度,简称**速度**,用 $v$ 表示:

$$v = \lim_{\Delta t \to 0} \frac{\Delta x}{\Delta t} = \lim_{\Delta t \to 0} \frac{x(t+\Delta t) - x(t)}{\Delta t} \qquad (1.3-4a)$$

这一极限在数学上称为坐标 $x$ 对时间 $t$ 的导数,用 $\mathrm{d}x/\mathrm{d}t$ 或 $\dot{x}$ 表示. 于是

$$v = \frac{\mathrm{d}x}{\mathrm{d}t} = \dot{x} \qquad (1.3-4b)$$

在 $x$-$t$ 图上(图 1.3-2),平均速度 $\bar{v}$ 就是割线 $PQ$ 的斜率,瞬时速度则是过 $P$ 点的切线 $PQ'$ 的斜率. 速度可正可负;当速度为正时,表示质点运动沿 $x$

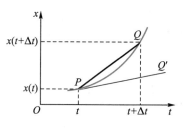

图 1.3-2 由 $x(t)$ 求 $v(t)$ 的图示

轴正方向,速度为负时,则表示沿 $x$ 轴反方向. 速度的大小称为**速率**.

### 3. 加速度

一般情况下质点的速度仍随时间而变化,即 $v=v(t)$. 在 $t \sim t+\Delta t$ 时间间隔内速度的增量 $\Delta v=v(t+\Delta t)-v(t)$ 与 $\Delta t$ 的比值称为该时间间隔内的平均加速度,用 $\bar{a}$ 表示:

$$\bar{a}=\frac{\Delta v}{\Delta t}=\frac{v(t+\Delta t)-v(t)}{\Delta t} \tag{1.3-5}$$

平均加速度仅粗略地描写了质点速度在 $\Delta t$ 时间间隔内的大致变化情况. 为了更细微地描述这种变化,也应让 $\Delta t \to 0$. 当 $\Delta t \to 0$ 时,平均加速度的极限称为瞬时加速度,简称**加速度**,用 $a$ 表示,它就是速度 $v$ 对时间 $t$ 的导数,因而也是坐标 $x$ 对时间 $t$ 的二阶导数:

$$a=\lim_{\Delta t \to 0}\frac{\Delta v}{\Delta t}=\frac{dv}{dt}=\frac{d^2x}{dt^2}=\ddot{x} \tag{1.3-6}$$

它精确描述了在 $t$ 时刻质点速度随时间的变化率. 在 $v-t$ 图上 $\bar{a}$ 和 $a$ 的意义与图 1.3-2 相仿. 加速度也可正可负. 不难看出,当加速度与速度同号时,表示质点速率随时间增大;当加速度与速度异号时,表示质点速率随时间减小.

### 4. 位移、速度、加速度的相互关系

$x(t)$、$v(t)$、$a(t)$ 三者都是描述运动的物理量,它们的意义各不相同. 但三者是互相关联的,在一定条件下,已知其中任一个,便可求出其余两个. 如上所述,已知 $x(t)$,则 $v=\dfrac{dx}{dt}$,$a=\dfrac{d^2x}{dt^2}$. 若已知 $v(t)$,则 $a=\dfrac{dv}{dt}$;但如何由 $v(t)$ 求 $x(t)$? 如果 $v$ 不随时间变化,即质点作匀速直线运动,那么,只需知道 $t=0$ 时刻的位置坐标 $x_0$,不难得到 $x(t)$:

$$x(t)=x_0+vt \tag{1.3-7}$$

当 $v$ 是时间的函数时,可将 $t_0=0$ 到 $t=t$ 这段时间分为 $n$ 段,相应的时刻分别记为 $t_0(=0),t_1,t_2,\cdots,t_i,\cdots,t_{n-1},t_n(=t)$,使每一段时间间隔 $\Delta t_i=t_{i+1}-t_i$ 都很小,以致在每一段时间间隔内物体的运动几乎都可以看成是匀速直线运动,其速度都可看作常量,并可用该段时间间隔的起始时刻的速度值 $v_i=v(t_i)$ 来代表. 于是在每段时间间隔内可应用(1.3-7)式计算位移,即

$$\Delta x_i=x_{i+1}-x_i=x(t_{i+1})-x(t_i) \approx v_i(t_i)\Delta t_i=v_i\Delta t_i$$

$\Delta x_i$ 就是质点在 $\Delta t_i$ 时间间隔内的位移. 质点在 $0 \sim t$ 时间内的位移即为所有 $\Delta x_i$ 的代数和:

$$x(t)-x_0 \approx \sum_{i=0}^{n-1}\Delta x_i=\sum_{i=0}^{n-1}v_i\Delta t_i$$

让所有的 $\Delta t_i \to 0$,上式右边的极限就精确地等于 $x(t)-x_0$,此极限在数学上称为定积分,记为 $\displaystyle\int_0^t v dt$,于是上式可写为

$$x(t)-x_0 = \lim_{\substack{\Delta t_i \to 0 \\ n \to \infty}} \sum_{i=0}^{n-1} v_i \Delta t_i = \int_0^t v\mathrm{d}t \qquad (1.3\text{-}8)$$

其中 $v=v(t)$. 在 $v\text{-}t$ 图（图 1.3-3）上，$v_i \Delta t_i$ 可用高为 $v_i$、宽为 $\Delta t_i$ 的矩形面积表示，$\sum_{i=0}^{n-1} v_i \Delta t_i$ 就是一系列相应的矩形面积之和. 当

$\Delta t_i \to 0$ 时，此和的极限，即定积分 $\int_0^t v\mathrm{d}t$ ，可以用

$0 \sim t$ 范围内曲线 $v$ 下所包围的曲边梯形面积表示.

已知 $a(t)$ 求 $v(t)$ 的过程与已知 $v(t)$ 求 $x(t)$ 的过程相仿. 若 $t=0$ 时的速度为 $v_0$，则有

$$v(t)-v_0 \approx \sum_{i=0}^{n-1} a(t_i) \Delta t_i$$

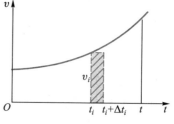

图 1.3-3 由 $v(t)$ 求 $x(t)$ 的图示

对上式右边取极限，并用定积分表示，即为

$$v(t)-v_0 = \int_0^t a\mathrm{d}t \qquad (1.3\text{-}9)$$

其中 $a=a(t)$. 将此 $v(t)$ 代入（1.3-8）式，即得 $x(t)$：

$$x(t)-x_0 = \int_0^t v\mathrm{d}t = \int_0^t \left( v_0 + \int_0^t a\mathrm{d}t \right)\mathrm{d}t \qquad (1.3\text{-}10)$$

$v_0$、$x_0$ 为 $t=0$ 时刻质点的坐标（位置）和速度，称为**初始条件**. 若 $a=$ 常量，则质点作匀变速直线运动，上述积分简化为

$$v(t) = v_0 + at \qquad (1.3\text{-}11)$$

$$x(t) = x_0 + v_0 t + \frac{1}{2}at^2 \qquad (1.3\text{-}12)$$

由以上两式消去 $t$，得到

$$v^2 - v_0^2 = 2a(x-x_0) \qquad (1.3\text{-}13)$$

## 5. 例题

**例** 一般变速直线运动.

在离水面高度为 $h$ 的岸上，一人用绳索跨过定滑轮拉船靠岸，如图 1.3-4 所示. 人以恒定速率 $u$ 拉绳，求当绳与水面成 $\theta$ 角时船的速度与加速度.

图 1.3-4

**方法一**：船既不作匀速运动，也不作匀加速运动，所以只能从定义出发求船的速度与加速度.

设经 $\Delta t$ 时间后，船从现在的位置 $A$ 到达 $B$，$AB = \Delta x$. 在这段时间内绳收缩了 $u\Delta t = AO - BO = AA'$，其中 $BO = A'O$. 当 $\Delta t \to 0$ 时，$\angle AOB = \Delta\theta \to 0$，$\angle BA'A \approx \dfrac{\pi}{2}$，于是有

$$AA' = u\Delta t \approx \Delta x \cos\theta$$

于是船的速度为

$$v = \lim_{\Delta t \to 0}\frac{\Delta x}{\Delta t} = \frac{u}{\cos\theta}$$

（有人误以为船速为收绳速度的投影，即 $v = u\cos\theta$，其实恰恰相反，收绳速度才是船速的投影，即 $u = v\cos\theta$）可见 $v$ 随 $\theta$ 而变. 在 $\Delta t$ 时间内速度的改变量为

$$\Delta v = \frac{u}{\cos(\theta + \Delta\theta)} - \frac{u}{\cos\theta}$$

将上式展开，并略去二级以上小量，可得

$$\Delta v = u\,\frac{\cos\theta - \cos\theta\cos\Delta\theta + \sin\theta\sin\Delta\theta}{\cos(\theta + \Delta\theta)\cos\theta}$$

$$\approx \frac{u\sin\theta\,\Delta\theta}{\cos^2\theta}$$

故船的加速度为

$$a = \lim_{\Delta t \to 0}\frac{\Delta v}{\Delta t} = \frac{u\sin\theta}{\cos^2\theta}\lim_{\Delta t \to 0}\frac{\Delta\theta}{\Delta t}$$

但

$$\Delta\theta \approx \frac{BA'}{OB} \approx \frac{u\Delta t\tan\theta}{h/\sin\theta}$$

因此

$$a = \frac{u\sin\theta}{\cos^2\theta}\,\frac{u\tan\theta}{h/\sin\theta}$$

$$= \frac{u^2}{h}\tan^3\theta$$

**方法二**：该方法基于函数的求导计算，也是大学物理课程要求学生熟练掌握的方法. 设船沿 $x$ 轴的负方向运动，$x$ 轴的原点位于岸边与水面相交处. 设 $O$ 点到船的绳长为 $l$. 由几何关系得

$$h^2 + x^2 = l^2$$

两边对 $t$ 求导得

$$2x\frac{dx}{dt} = 2l\frac{dl}{dt}$$

由题意得

$$\frac{dl}{dt} = -u$$

则船向左运动的速率为

$$v = -\frac{dx}{dt} = -\frac{l}{x}(-u) = \frac{l}{x}u = \frac{u}{\cos\theta}$$

则船向左边运动的加速度为

$$a = \frac{dv}{dt} = \frac{u\sin\theta}{\cos^2\theta}\frac{d\theta}{dt}$$

又根据几何关系得

$$h = l\sin\theta$$

两边求导得

$$0 = \frac{\mathrm{d}l}{\mathrm{d}t}\sin\theta + l\cos\theta\,\frac{\mathrm{d}\theta}{\mathrm{d}t}$$

$$\frac{\mathrm{d}\theta}{\mathrm{d}t} = \frac{u\sin\theta}{l\cos\theta} = \frac{u}{l}\tan\theta.$$

于是得

$$a = \frac{u\sin\theta}{\cos^2\theta}\cdot\frac{u}{l}\tan\theta = \frac{u^2\sin^2\theta}{l\cos^3\theta} = \frac{u^2}{h}\tan^3\theta$$

## §1.4 曲线运动及其在直角坐标系中的表示 抛体运动

### 1. 曲线运动的矢量描述

#### (1) 质点的位矢和运动学方程

当质点作一般运动时,在直角坐标系中,质点的位置可用三个坐标 $x$、$y$、$z$ 表示,且其坐标是时间的函数:

$$x = x(t), \qquad y = y(t), \qquad z = z(t) \tag{1.4-1}$$

这就是质点的运动学方程. 质点在运动过程中一般将描出一条曲线,称为**轨迹**. 从 (1.4-1)式中消去参变量 $t$,便可得到质点运动的轨迹方程. 当坐标系改变(尽管参考系不变)时,质点的运动学方程也随之改变.

质点的位置也可以用从坐标原点 $O$ 指向质点 $P$ 的有向线段 $\overrightarrow{OP}$ 来表示(图 1.4-1),$\overrightarrow{OP}$ 的长度给出了质点到 $O$ 点的距离,$\overrightarrow{OP}$ 的方向由方向余弦 $\cos\alpha$、$\cos\beta$ 和 $\cos\gamma$ 决定. 由于

$$\cos^2\alpha + \cos^2\beta + \cos^2\gamma = 1$$

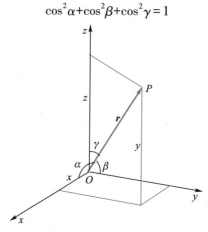

图 1.4-1 质点的位矢

故$\overrightarrow{OP}$仍由三个参量决定. 有向线段常称**矢量**, $\overrightarrow{OP}$表示质点 $P$ 的位置, 称为**位置矢量**, 简称**位矢**, 用 $r$ 表示. 矢量既有大小又有方向, 其大小用长度表示, 常称矢量的模, 方向则用其方位和箭头表示. 当质点运动时, 位矢的大小和方向都可随时间变化, 即

$$r=r(t) \tag{1.4-2}$$

这也就是用位矢表示的质点运动学方程. 在直角坐标系中, 位矢可表示为

$$r=x(t)i+y(t)j+z(t)k \tag{1.4-3}$$

其中 $i$、$j$、$k$ 分别为沿 $x$、$y$、$z$ 方向的单位矢量(其模为 1 的矢量). 与通常的矢量不同, 位矢与坐标原点的选择有关.

(2) **速度**

为了更具体地揭示质点运动的特征, 考察位矢 $r(t)$ 如何随时间变化.

若质点在 $t$ 时刻的位矢为 $r(t)$, 在 $t+\Delta t$ 时刻的位矢为 $r(t+\Delta t)$, 则称

$$\Delta r=r(t+\Delta t)-r(t) \tag{1.4-4}$$

为质点在 $\Delta t$ 时间间隔内的**位移**, 它是从质点在 $t$ 时刻的位置 $P$ 指向 $t+\Delta t$ 时刻的位置 $Q$ 的矢量, 如图 1.4-2 所示. 尽管位矢与坐标原点选取有关, 但位移与坐标原点选取无关. 位移与路径不同, 位移是矢量, 是一段有方向的(直)线段, 在一般情况下, 这一线段并不表示质点运动的实际轨道; 路径可以是直线, 也可以是曲线, 它代表了质点运动的实际轨道(图 1.4-2 中的 $\overparen{PQ'Q}$). 路径的长度常称为**路程**.

质点在 $t \sim t+\Delta t$ 时间内的位移 $\Delta r$ 与产生这位移的时间间隔 $\Delta t$ 的比值, 称为该时间间隔中质点的**平均速度**, 用$\bar{v}$表示:

$$\bar{v}=\frac{\Delta r}{\Delta t} \tag{1.4-5}$$

平均速度也是矢量, 方向与位移 $\Delta r$ 相同, 大小是$\left|\dfrac{\Delta r}{\Delta t}\right|$. 平均速度不仅与 $t$ 有关, 而且与所取时间间隔 $\Delta t$ 的大小有关. 例如当 $\Delta t$ 取较小值 $\Delta t'$ 时, 对应的平均速度为$\overline{v'}=\dfrac{\Delta r'}{\Delta t'}$, 当 $\Delta t$ 取更小值 $\Delta t''$ 时, 对应的平均速度为$\overline{v''}=\dfrac{\Delta r''}{\Delta t''}$, 它们在大小与方向上都可能与$\bar{v}=\dfrac{\Delta r}{\Delta t}$不同(图 1.4-3).

图 1.4-2　质点的位移和路径

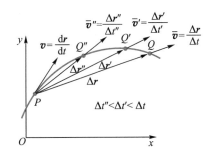

图 1.4-3　质点的平均速度和瞬时速度

平均速度只粗略地描述了质点从 $P$ 到 $Q$ 的过程中运动的快慢和方向,它不能描述在此过程中质点运动的快慢和方向的细致差别. 当 $\Delta t \to 0$ 时,上述平均速度的极限就可以精确描写 $t$ 时刻质点运动的快慢与方向,此极限称为 $t$ 时刻的**瞬时速度**,简称**速度**,用 $\boldsymbol{v}$ 表示:

$$\boldsymbol{v} = \lim_{\Delta t \to 0} \frac{\Delta \boldsymbol{r}}{\Delta t} = \lim_{\Delta t \to 0} \frac{\boldsymbol{r}(t+\Delta t) - \boldsymbol{r}(t)}{\Delta t}$$

这一极限就是位矢 $\boldsymbol{r}$ 对时间的导数,用 $\mathrm{d}\boldsymbol{r}/\mathrm{d}t$ 或 $\dot{\boldsymbol{r}}$ 表示. 于是

$$\boldsymbol{v} = \frac{\mathrm{d}\boldsymbol{r}}{\mathrm{d}t} = \dot{\boldsymbol{r}} \tag{1.4-6}$$

即速度是位矢对时间的导数. 速度是一个矢量. 由图 1.4-3 可见,当 $\Delta t$ 逐渐减小时,平均速度的方向逐渐与质点运动路径在 $P$ 点的切线接近,在极限情况下平均速度(即瞬时速度)沿路径的切线,因而速度的方向沿质点运动路径的切向. 在曲线运动中,速度的大小 $|\boldsymbol{v}| = v$ 也称**速率**,它就是速度矢量的模,描写质点运动的快慢.

### (3) 加速度

在一般情况下,质点的速度仍然随时间而变化,即 $\boldsymbol{v} = \boldsymbol{v}(t)$. 在 $t \sim t+\Delta t$ 时间间隔中速度的变化 $\Delta \boldsymbol{v} = \boldsymbol{v}(t+\Delta t) - \boldsymbol{v}(t)$ 与 $\Delta t$ 的比值称为该时间间隔内的**平均加速度**,用 $\bar{\boldsymbol{a}}$ 表示:

$$\bar{\boldsymbol{a}} = \frac{\Delta \boldsymbol{v}}{\Delta t} = \frac{\boldsymbol{v}(t+\Delta t) - \boldsymbol{v}(t)}{\Delta t} \tag{1.4-7}$$

$\bar{\boldsymbol{a}}$ 也是矢量,其方向与 $\Delta \boldsymbol{v}$ 相同,但 $\Delta \boldsymbol{v}$ 的方向一般与 $\boldsymbol{v}(t)$ 并不相同(图 1.4-4).

平均加速度仅粗略描写了质点速度在 $\Delta t$ 时间间隔内的大致变化情况. 当 $\Delta t \to 0$ 时,平均加速度的极限称为**瞬时加速度**,简称**加速度**,用 $\boldsymbol{a}$ 表示,它就是 $\boldsymbol{v}$ 对时间的导数,因而也是位矢对时间的二阶导数:

图 1.4-4 平均加速度和加速度

$$\boldsymbol{a} = \lim_{\Delta t \to 0} \frac{\Delta \boldsymbol{v}}{\Delta t} = \frac{\mathrm{d}\boldsymbol{v}}{\mathrm{d}t} = \frac{\mathrm{d}^2 \boldsymbol{r}}{\mathrm{d}t^2} = \ddot{\boldsymbol{r}} \tag{1.4-8}$$

它精确描述了在 $t$ 时刻质点速度随时间的变化率. 加速度也是一个矢量. 一般而言,加速度方向与速度方向并不相同.

### 2. 位矢、速度、加速度的相互关系

$\boldsymbol{r}(t)$、$\boldsymbol{v}(t)$、$\boldsymbol{a}(t)$ 三者都是描写运动的物理量,与直线运动相仿,已知其中任一个,结合初始条件,就可以求出其余两个. 若已知 $\boldsymbol{r}(t)$,则 $\boldsymbol{v} = \dfrac{\mathrm{d}\boldsymbol{r}}{\mathrm{d}t}$,$\boldsymbol{a} = \dfrac{\mathrm{d}^2 \boldsymbol{r}}{\mathrm{d}t^2}$;若已知 $\boldsymbol{v}(t)$,则 $\boldsymbol{a} = \dfrac{\mathrm{d}\boldsymbol{v}}{\mathrm{d}t}$;但如何由 $\boldsymbol{v}(t)$ 求 $\boldsymbol{r}(t)$? 如果 $\boldsymbol{v}$ 不随时间变化,则质点作匀速直线运动,那么,只要知道 $t=0$ 时刻的位矢 $\boldsymbol{r}_0$,不难得到 $\boldsymbol{r}(t)$:

$$\boldsymbol{r}(t) - \boldsymbol{r}_0 = \boldsymbol{v}t \tag{1.4-9}$$

当 $\boldsymbol{v}$ 是时间的函数时,仿照直线运动中的情况,也将 $t_0 = 0$ 到 $t = t$ 这段时间分为 $n$

段, 相应的时刻分别记为 $t_0(=0), t_1, t_2, \cdots, t_i, \cdots, t_{n-1}, t_n(=t)$, 使每段的时间间隔 $\Delta t_i = t_{i+1} - t_i$ 都很小, 以致在每一段时间间隔内的速度几乎都可看作常量, 并可用该段起始时刻的速度值 $\boldsymbol{v}_i = \boldsymbol{v}(t_i)$ 来代表. 于是质点在 $\Delta t_i$ 时间间隔内的位移为

$$\Delta \boldsymbol{r}_i = \boldsymbol{r}_{i+1} - \boldsymbol{r}_i = \boldsymbol{r}(t_{i+1}) - \boldsymbol{r}(t_i) \approx \boldsymbol{v}(t_i) \Delta t_i = \boldsymbol{v}_i \Delta t_i$$

质点在 $0 \sim t$ 时间内的位移即为所有 $\Delta \boldsymbol{r}_i$ 的矢量和:

$$\boldsymbol{r}(t) - \boldsymbol{r}_0 \approx \sum_{i=0}^{n-1} \Delta \boldsymbol{r}_i = \sum_{i=0}^{n-1} \boldsymbol{v}_i \Delta t_i$$

对应的矢量图如图 1.4-5 所示. 当所有 $\Delta t_i \to 0$, 上式右边的极限就精确地等于 $\boldsymbol{r}(t) - \boldsymbol{r}_0$, 此极限就是定积分 $\int_0^t \boldsymbol{v}(t)\mathrm{d}t$, 于是上式可写为

$$\boldsymbol{r}(t) - \boldsymbol{r}_0 = \int_0^t \boldsymbol{v}\mathrm{d}t \qquad (1.4\text{-}10)$$

其中 $\boldsymbol{v} = \boldsymbol{v}(t)$.

图 1.4-5 由 $\boldsymbol{v}(t)$ 求 $\boldsymbol{r}(t)$
的矢量图示

图 1.4-6 由 $\boldsymbol{a}(t)$ 求 $\boldsymbol{v}(t)$
的矢量图示

若已知 $\boldsymbol{a}(t)$ 及 $t=0$ 时的速度 $\boldsymbol{v} = \boldsymbol{v}_0$, 则有

$$\boldsymbol{v}(t) - \boldsymbol{v}_0 \approx \sum_{i=0}^{n-1} \boldsymbol{a}(t_i) \Delta t_i$$

对应的矢量图如图 1.4-6 所示. 对上式右边取极限, 并用定积分表示, 即为

$$\boldsymbol{v}(t) - \boldsymbol{v}_0 = \int_0^t \boldsymbol{a}\mathrm{d}t \qquad (1.4\text{-}11)$$

其中 $\boldsymbol{a} = \boldsymbol{a}(t)$. 有了 $\boldsymbol{v}(t)$, 代入 (1.4-10) 式即得 $\boldsymbol{r}(t)$:

$$\boldsymbol{r}(t) - \boldsymbol{r}_0 = \int_0^t \boldsymbol{v}\mathrm{d}t = \int_0^t \left( \boldsymbol{v}_0 + \int_0^t \boldsymbol{a}\mathrm{d}t \right)\mathrm{d}t \qquad (1.4\text{-}12)$$

$\boldsymbol{v}_0$、$\boldsymbol{r}_0$ 即为**初始条件**. 若 $\boldsymbol{a} =$ 常矢量, 则质点作匀加速运动, 上述积分简化为

$$\boldsymbol{v}(t) = \boldsymbol{v}_0 + \boldsymbol{a}t \qquad (1.4\text{-}13)$$

$$\boldsymbol{r}(t) = \boldsymbol{r}_0 + \boldsymbol{v}_0 t + \frac{1}{2}\boldsymbol{a}t^2 \qquad (1.4\text{-}14)$$

质点作匀加速运动的轨迹, 可以是直线, 也可以是曲线, 由初始条件决定. 由

(1.4-13)式和(1.4-14)式消去 $t$，不难得到：

$$v^2 - v_0^2 = 2\boldsymbol{a} \cdot (\boldsymbol{r} - \boldsymbol{r}_0) \tag{1.4-15}$$

### 3. 位矢、速度、加速度在直角坐标系中的表示 抛体运动

上面用矢量形式写出了质点作曲线运动时的位矢、速度和加速度的意义及它们之间的相互关系，这种形式的优点是与具体的坐标系无关（除位矢可因原点不同而相差一个常矢量外），只与参考系有关，因而以上结果对任何坐标系都适用. 但在具体计算时，矢量形式往往并不方便，通常将它们沿适当的坐标系的坐标轴进行分解，即将它们写成在该坐标系中的分量形式.

位矢、速度和加速度沿直角坐标的分量不难求得. 以二维为例，位矢的分量式为

$$\boldsymbol{r} = x\boldsymbol{i} + y\boldsymbol{j}$$

由图 1.4-7 不难看出

$$\Delta\boldsymbol{r} = \Delta x\boldsymbol{i} + \Delta y\boldsymbol{j}$$

故

$$\frac{\Delta\boldsymbol{r}}{\Delta t} = \frac{\Delta x}{\Delta t}\boldsymbol{i} + \frac{\Delta y}{\Delta t}\boldsymbol{j}$$

即

$$\boldsymbol{v} = \frac{\mathrm{d}\boldsymbol{r}}{\mathrm{d}t} = \lim_{\Delta t \to 0}\frac{\Delta\boldsymbol{r}}{\Delta t} = \lim_{\Delta t \to 0}\left(\frac{\Delta x}{\Delta t}\boldsymbol{i} + \frac{\Delta y}{\Delta t}\boldsymbol{j}\right)$$

$$= \frac{\mathrm{d}x}{\mathrm{d}t}\boldsymbol{i} + \frac{\mathrm{d}y}{\mathrm{d}t}\boldsymbol{j}$$

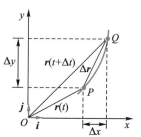

图 1.4-7 位移在直角坐标系中的分量表示

此结果也可直接由求导法则得到：

$$\boldsymbol{v} = \frac{\mathrm{d}\boldsymbol{r}}{\mathrm{d}t} = \frac{\mathrm{d}}{\mathrm{d}t}(x\boldsymbol{i}) + \frac{\mathrm{d}}{\mathrm{d}t}(y\boldsymbol{j})$$

其中 $\boldsymbol{i}$、$\boldsymbol{j}$ 都是常矢量，因而

$$\boldsymbol{v} = \frac{\mathrm{d}x}{\mathrm{d}t}\boldsymbol{i} + \frac{\mathrm{d}y}{\mathrm{d}t}\boldsymbol{j} \tag{1.4-16}$$

同理，

$$\boldsymbol{a} = \frac{\mathrm{d}^2 x}{\mathrm{d}t^2}\boldsymbol{i} + \frac{\mathrm{d}^2 y}{\mathrm{d}t^2}\boldsymbol{j} \tag{1.4-17}$$

即在直角坐标系中，

$$v_x = \frac{\mathrm{d}x}{\mathrm{d}t}, \qquad v_y = \frac{\mathrm{d}y}{\mathrm{d}t} \tag{1.4-18}$$

$$a_x = \frac{\mathrm{d}^2 x}{\mathrm{d}t^2}, \qquad a_y = \frac{\mathrm{d}^2 y}{\mathrm{d}t^2} \tag{1.4-19}$$

不难写出(1.4-10～1.4-12)各式在直角坐标系中的分量形式. 当 $a_x =$ 常量，$a_y =$ 常量时的相应形式可表示为

$$\begin{cases} v_x = v_{0x} + a_x t \\ v_y = v_{0y} + a_y t \end{cases} \tag{1.4-13a}$$

$$\begin{cases} x - x_0 = v_{0x} t + \dfrac{1}{2} a_x t^2 \\ y - y_0 = v_{0y} t + \dfrac{1}{2} a_y t^2 \end{cases} \tag{1.4-14a}$$

而与(1.4-15)式相应的分量式则为

$$\begin{cases} v_x^2 - v_{0x}^2 = 2a_x(x - x_0) \\ v_y^2 - v_{0y}^2 = 2a_y(y - y_0) \end{cases} \tag{1.4-15a}$$

这种分量形式与直线运动中的相应公式(1.3-8)—(1.3-13)完全相仿,只多了一个脚标 $x$ 或 $y$ 而已.

可见,曲线运动沿直角坐标的分解,实际上是将曲线运动看成分别沿 $x$ 和 $y$ 方向的两个直线运动的叠加. 推广到三维情况, $r = x\boldsymbol{i} + y\boldsymbol{j} + z\boldsymbol{k}$,这等式关系表明,质点的运动是各分运动,即 $x$ 方向、$y$ 方向、$z$ 方向的运动的矢量和. 这种由空间几何性质所决定的各分运动和实际运动的关系,称为"运动的叠加原理". 运动的叠加原理可以使我们理解和分析力学问题变得容易和方便.

当加速度是常矢量时,这样的分解法特别方便. 因为这时的两个分运动都是匀变速直线运动. 忽略空气阻力情况下的抛体运动就是这种运动的一个例子. 在抛体运动中, $\boldsymbol{a} = \boldsymbol{g}$,为常矢量,方向竖直向下. 只要将(1.4-13)—(1.4-15)式和(1.4-13a)—(1.4-15a)式中的 $\boldsymbol{a}$( 和 $a$)改为 $\boldsymbol{g}$( 和 $g$),就成为描述抛体运动的公式. 在抛体运动中,通常取水平方向为 $x$ 轴,竖直方向为 $y$ 轴(向上为正),则 $a_x = 0$,$a_y = -g$,这样,抛体运动简化为 $x$ 方向的匀速直线运动和 $y$ 方向的匀变速直线运动的叠加. 若初速 $\boldsymbol{v}_0$ 与水平方向( $x$ 轴)成 $\theta$ 角,并取抛出点为坐标原点,则(1.4-13a)—(1.4-14a)式变得更简单(图1.4-8):

$$\begin{cases} v_x = v_0 \cos\theta \\ v_y = v_0 \sin\theta - gt \end{cases} \tag{1.4-13b}$$

$$\begin{cases} x = v_0 \cos\theta \cdot t \\ y = v_0 \sin\theta \cdot t - \dfrac{1}{2} gt^2 \end{cases} \tag{1.4-14b}$$

图1.4-8　斜抛运动

不难求出物体的射高和射程. 物体到达最高点时,$v_y = 0$. 由(1.4-13b)式,可得物块到达最高点时的时间 $t_1$:

$$t_1 = \frac{v_0 \sin\theta}{g}$$

故射高

$$H = v_0 \sin\theta \cdot t_1 - \frac{1}{2} gt_1^2 = \frac{v_0^2 \sin^2\theta}{2g} \tag{1.4-20}$$

在落地点, $y=0$. 由(1.4-14b)式可求得物块落地的时间 $t_2$:

$$0=v_0\sin\theta t_2-\frac{1}{2}gt_2^2$$

解得

$$t_2=\frac{2v_0\sin\theta}{g}\qquad [\text{另一根}(t=0)\text{即为出射时刻}]$$

代入 $x$ 表示式, 得射程:

$$R=v_0\cos\theta\cdot t_2=\frac{2v_0^2\sin\theta\cos\theta}{g}$$

或

$$R=\frac{v_0^2\sin2\theta}{g}\qquad\qquad(1.4-21)$$

可见, 以一定速率抛出的物块, 当 $\theta=45°$ 时射程最大.

由 $x$ 和 $y$ 表示式(1.4-14b)消去 $t$, 可得轨道方程:

$$y=\tan\theta\cdot x-\frac{1}{2}\cdot\frac{g}{v_0^2\cos^2\theta}x^2\qquad\qquad(1.4-22)$$

这是开口朝下的抛物线.

斜抛运动也可以直接用矢量表示. 由(1.4-13)式、(1.4-14)式, 将 $\boldsymbol{r}_0=0, \boldsymbol{a}=\boldsymbol{g}$ 代入, 得

$$\boldsymbol{v}=\boldsymbol{v}_0+\boldsymbol{g}t$$

$$\boldsymbol{r}=\boldsymbol{v}_0t+\frac{1}{2}\boldsymbol{g}t^2$$

抛体的位矢 $\boldsymbol{r}$ 由 $\boldsymbol{v}_0t$ 和 $\frac{1}{2}\boldsymbol{g}t^2$ 两部分组成, 前者沿 $\boldsymbol{v}_0$ 方向, 后者沿 $\boldsymbol{g}$ 方向, 如图1.4-9所示. 利用矢量运算, 也可由斜抛运动的矢量表示式求出射高和射程, 这里不再赘述.

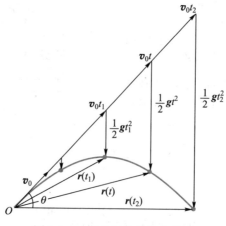

图 1.4-9　斜抛运动的矢量表示

## 4. 例题

**例** 从地面上 $A$、$B$ 两点各以仰角 30° 和 60° 在同一竖直平面内同时抛出两球,为使两球在各自轨道的最高点相碰,求 $A$、$B$ 的距离. 已知 $A$ 点小球抛出时的初速 $v_{A0}=9.8$ m/s(图 1.4-10).

图 1.4-10

**解**:要使两球在最高点相碰,两球应同时达最高点,因而两球初速的竖直分量应相等:

$$v_{A0}\sin 30° = v_{B0}\sin 60°$$

由此得

$$v_{B0} = v_{A0}/\sqrt{3} = 9.8/\sqrt{3} \text{ m/s}$$

在 $A$、$B$ 点两球从抛出点至最高点的水平距离分别为

$$AO = v_{A0}\cos 30° \cdot t = v_{A0}\cos 30° \frac{v_{A0}\sin 30°}{g}$$

$$BO = v_{B0}\cos 60° \cdot t = v_{B0}\cos 60° \frac{v_{B0}\sin 60°}{g}$$

于是 $A$、$B$ 的距离为

$$AB = AO + BO = 9.8 \times \frac{\sqrt{3}}{2} \frac{9.8 \times \frac{1}{2}}{9.8} \text{ m} + \frac{9.8}{\sqrt{3}} \times \frac{1}{2} \frac{\frac{9.8}{\sqrt{3}} \times \frac{\sqrt{3}}{2}}{9.8} \text{ m} = 5.66 \text{ m}$$

## §1.5 曲线运动在自然坐标系和极坐标系中的表示 圆周运动

当质点作曲线运动时,也可以将运动沿着轨道的切向和法向进行分解,这种分解法可加深我们对曲线运动矢量特征的理解.

质点运动时,其速度总是沿轨道的切向,故其速度矢量可写成

$$v = |v|e_t \tag{1.5-1}$$

其中 $e_t$ 是沿着轨道切向指向运动方向的单位矢量. $v$ 没有法向分量.

质点的加速度则比较复杂. 加速度是指速度随时间的变化率;速度不仅有大小的变化,而且还有方向的变化. 加速度的方向一般并不与速度一致,故加速度不仅有切向分量,而且有法向分量.

▶ 视频:过山车

### 1. 圆周运动的切向加速度和法向加速度

我们先以圆周运动为例来阐明加速度的这种分解. 设质点作半径为 $R$ 的圆周运动. 取圆心为坐标原点,设质点的位矢与 $x$ 轴的夹角为 $\varphi$,随着质点的运动,$\varphi$ 角

随时间而变(图 1.5-1). 通常称 $\varphi$ 角的时间变化率,或 $\varphi$ 对时间的导数为**角速度**,用 $\omega$ 表示,即

$$\omega = \lim_{\Delta t \to 0} \frac{\Delta \varphi}{\Delta t} = \frac{\mathrm{d}\varphi}{\mathrm{d}t} = \dot{\varphi}$$

在匀速圆周运动中,$\omega$ 为常量;在变速圆周运动中,$\omega$ 随时间而变. $\omega$ 的时间变化率称为**角加速度**,常用 $\alpha$ 表示:

$$\alpha = \lim_{\Delta t \to 0} \frac{\Delta \omega}{\Delta t} = \frac{\mathrm{d}\omega}{\mathrm{d}t}$$

由图 1.5-1 不难看出,质点在 $\Delta t$ 时间内的位移 $\Delta \boldsymbol{r}$ 的大小为 $|\Delta \boldsymbol{r}| = R\Delta \varphi$,所以质点速度大小与角速度的关系为

$$|\boldsymbol{v}| = \lim_{\Delta t \to 0} \frac{|\Delta \boldsymbol{r}|}{\Delta t} = R \lim_{\Delta t \to 0} \frac{\Delta \varphi}{\Delta t} = \omega R$$

速度的方向沿圆周的切向. 如果把 $\omega$ 看成矢量,其方向沿过圆心而垂直于圆面的直线(转轴),指向由右手定则决定:让右手的四指顺着转动方向,大拇指的指向即为矢量 $\boldsymbol{\omega}$ 的方向 [*],那么,质点的速度可写成角速度矢量与位置矢量的矢积:

$$\boldsymbol{v} = \boldsymbol{\omega} \times \boldsymbol{r} \tag{1.5-2}$$

现在来考察速度的变化. 如图 1.5-1 所示,质点在 $t$ 时刻位于 $P$ 点,$t+\Delta t$ 时刻到达 $Q$ 点,它们的速度分别为 $\boldsymbol{v}(t)$ 和 $\boldsymbol{v}(t+\Delta t)$,速度的增量

$$\Delta \boldsymbol{v} = \boldsymbol{v}(t+\Delta t) - \boldsymbol{v}(t)$$

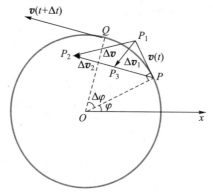

图 1.5-1　圆周运动加速度的切向分量和法向分量

为一矢量,$\Delta \boldsymbol{v}$ 中既包含速度大小的变化,又包含方向的变化. 在图中,$\overrightarrow{PP_1}$ 代表 $\boldsymbol{v}(t)$,$\overrightarrow{PP_2}$ 代表 $\boldsymbol{v}(t+\Delta t)$,则 $\overrightarrow{P_1P_2}$ 代表 $\Delta \boldsymbol{v}$. 在 $\overrightarrow{PP_2}$ 上取 $PP_3 = |\boldsymbol{v}(t)|$,自 $P_1$ 至 $P_3$ 画一矢量 $\Delta \boldsymbol{v}_1$,则 $\Delta \boldsymbol{v}$ 可以看成两部分之和:

$$\Delta \boldsymbol{v} = \Delta \boldsymbol{v}_1 + \Delta \boldsymbol{v}_2$$

其中 $\Delta \boldsymbol{v}_2 = \overrightarrow{P_3P_2}$. 于是,

$$\frac{\Delta \boldsymbol{v}}{\Delta t} = \frac{\Delta \boldsymbol{v}_1}{\Delta t} + \frac{\Delta \boldsymbol{v}_2}{\Delta t}$$

---

[*] 关于角速度矢量的详细讨论,参见第六章.

加速度为 $\Delta t \to 0$ 时 $\dfrac{\Delta \boldsymbol{v}}{\Delta t}$ 的极限：

$$\boldsymbol{a} = \lim_{\Delta t \to 0} \frac{\Delta \boldsymbol{v}_1}{\Delta t} + \lim_{\Delta t \to 0} \frac{\Delta \boldsymbol{v}_2}{\Delta t} \tag{1.5-3}$$

当 $\Delta t \to 0$ 时，$\boldsymbol{v}(t+\Delta t)$ 与 $\boldsymbol{v}(t)$ 两者几乎平行，$\Delta \boldsymbol{v}_2$ 也几乎与 $\boldsymbol{v}(t)$ 平行，即 $\Delta \boldsymbol{v}_2 = [v(t+\Delta t) - v(t)]\boldsymbol{e}_t = \Delta v \boldsymbol{e}_t$，这就是说，$\Delta \boldsymbol{v}_2$ 反映了在 $\Delta t$ 时间内速度大小的变化. 于是有

$$\lim_{\Delta t \to 0} \frac{\Delta \boldsymbol{v}_2}{\Delta t} = \lim_{\Delta t \to 0} \frac{\Delta v}{\Delta t} \boldsymbol{e}_t = \frac{\mathrm{d}|\boldsymbol{v}|}{\mathrm{d}t} \boldsymbol{e}_t$$

此即加速度的切向分量，称为**切向加速度**，用 $\boldsymbol{a}_t$ 表示：

$$\boldsymbol{a}_t = \frac{\mathrm{d}|\boldsymbol{v}|}{\mathrm{d}t} \boldsymbol{e}_t = \frac{\mathrm{d}v}{\mathrm{d}t} \boldsymbol{e}_t \tag{1.5-4}$$

$\boldsymbol{a}_t$ 有大小，也有方向. $\boldsymbol{a}_t$ 的大小反映了速度的大小在单位时间内的变化量，$\boldsymbol{a}_t$ 的方向则表示速度的大小是随时间增大还是减小. 当 $\dfrac{\mathrm{d}v}{\mathrm{d}t} > 0$ 时，$\boldsymbol{a}_t$ 与 $\boldsymbol{e}_t$ 方向一致，表示质点速率随时间增加；当 $\dfrac{\mathrm{d}v}{\mathrm{d}t} < 0$ 时，$\boldsymbol{a}_t$ 与 $\boldsymbol{e}_t$ 方向相反，表示质点速率随时间减小. 在圆周运动中，切向加速度的大小也可用角量表示为

$$a_t = R \frac{\mathrm{d}\omega}{\mathrm{d}t} = R\alpha$$

$\Delta \boldsymbol{v}_1$ 是速度的方向变化所引起的速度增量，它反映了在 $\Delta t$ 时间内速度方向的变化. 当 $\Delta t \to 0$ 时，$\Delta \boldsymbol{v}_1$ 几乎与 $\boldsymbol{v}(t)$ 垂直，此时，$\dfrac{\Delta \boldsymbol{v}_1}{\Delta t}$ 的极限，即（1.5-3）式右边第一项，代表加速度的法向分量，称为**法向加速度**，用 $\boldsymbol{a}_n$ 表示. $\boldsymbol{a}_n$ 的大小可以这样求得：当 $\Delta t \to 0$ 时，$P$、$Q$ 十分接近，由图 1.5-1，

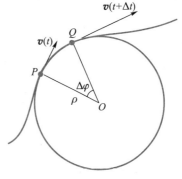

图 1.5-2　曲率圆和曲率半径

$$|\Delta \boldsymbol{v}_1| = v\Delta \varphi = v\frac{\overparen{PQ}}{R} = v\frac{v\Delta t}{R}$$

这里 $\Delta \varphi$ 是 $\boldsymbol{v}(t+\Delta t)$ 和 $\boldsymbol{v}(t)$ 的夹角，从而

$$a_n = \lim_{\Delta t \to 0} \frac{\Delta \boldsymbol{v}_1}{\Delta t} = \frac{v^2}{R} \boldsymbol{e}_n \tag{1.5-5}$$

$\boldsymbol{e}_n$ 是沿曲线在 $P$ 点曲线的法向并指向圆心的单位矢量. 在圆周运动中，法向加速度的大小也可用角量表示为

$$a_n = \omega^2 R$$

**2. 一般曲线运动的切向加速度和法向加速度**

以上结果很容易推广到一般曲线运动的情况. 一般曲线不像圆周那样具有确定的半径，但曲线上某点（例如 $P$ 点，见图 1.5-2）附近的一小段，总可以看成某个圆

的一段圆弧,此圆称为曲线在该点的**曲率圆**. 设此圆的半径为 $\rho$,则称 $\rho$ 为曲线在该点的**曲率半径**. 曲线上不同的点对应的曲率圆不同,曲率半径也不同. 这样,只要用 $\rho$ 代替 $R$,(1.5-5)式就成为表示一般曲线运动法向加速度的表示式,而切向加速度的表示式(1.5-4)则不必修改.

综合上述结果,可得一般曲线运动的加速度:

$$a = a_t + a_n = \frac{dv}{dt}e_t + \frac{v^2}{\rho}e_n \tag{1.5-6}$$

可见,在曲线运动中,加速度可分解为切向和法向两个分量,切向加速度表示质点速率随时间的变化率,法向加速度则反映了质点运动方向变化的快慢. 曲线运动中速度与加速度的一般矢量关系如图 1.5-3 所示.

图 1.5-3 曲线运动中速度和加速度的矢量关系

如果以弧长 $s$ 为坐标,则 $v = \dfrac{ds}{dt}$,$a_t = \dfrac{dv}{dt} = \dfrac{d^2s}{dt^2}$,质点的运动在形式上与直线运动相仿,所有与直线运动相应的公式:

$$v - v_0 = \int_0^t a_t \, dt, \quad s - s_0 = \int_0^t v \, dt = \int_0^t \left[ v_0 + \int_0^t a_t \, dt \right] dt$$

都可用,所不同的是,质点走的实际上是曲线.

上面分解速度和加速度的方法与具体坐标系无关,所得的(1.5-1)式和(1.5-6)式,称为**本性方程**. 也可以将切向和法向看成随时间变化的正交坐标系的两个坐标轴,这样的正交坐标系称为**自然坐标系**,或**本性坐标系**.

### 3. 速度、加速度在平面极坐标系中的表示

关于平面极坐标中的速度、加速度的推导可以基于矢量图和矢量极限导出,详细过程可扫描旁边二维码阅读. 下面更多地利用导数公式导出.

**平面极坐标系**

对于质点平面运动问题,有时也用平面极坐标系来描述. 例如,质点在有心力作用下的运动. 其建立过程如下:选择坐标原点 $O$,并取一极轴,其方向如图 1.5-4 所示. 质点所在平面位置 $P$ 点由一组坐标$(r, \theta)$表示,$r$ 为 $P$ 点到原点的距离,$\theta$ 为 $OP$ 连线与极轴的夹角,逆时针方向为 $\theta$ 增加的方向. 定义两个单位矢量 $e_r$、$e_\theta$,均沿 $r$ 和 $\theta$ 增大方向,即径向方向和如图 1.5-4 所示的横向方向. 在此平面极坐标系下,平面内的任意矢量 $A$ 可表示为

图 1.5-4

$$A = A_r e_r + A_\theta e_\theta$$

$A_r$ 和 $A_\theta$ 分别为矢量 $A$ 在 $e_r$ 和 $e_\theta$ 方向上的分量. 于是质点的位矢可表示为

$$r = re_r \tag{1.5-7}$$

为了求出平面极坐标系中,速度和加速度的表达式,我们先推导两个公式. 然后利用矢量的导数公式,导出速度和加速度的表达式.

如上图所示,$e_r$,$e_\theta$ 是 $\theta$ 的函数,$\theta$ 不变,$e_r$,$e_\theta$ 也不变,$\theta$ 变化,$e_r$,$e_\theta$ 都要变化. 如图 1.5-5 所示,$t$ 时刻,$e_r(t)$ 经过较小的时间间隔 $\Delta t$ 后,变为 $e_r(t+\Delta t)$,其间 $\theta$ 改变 $\Delta\theta$. 则

$$\Delta e_r = e_r(t+\Delta t) - e_r(t)$$

当 $\Delta\theta$ 很小时,$|\Delta e_r| \approx |e_r|\Delta\theta = \Delta\theta$,$\Delta e_r$ 的方向近似垂直于 $e_r(t)$ 的方向,即为 $e_\theta(t)$ 方向. 于是取极限可得

图 1.5-5

$$\dot{e}_r = \frac{\mathrm{d}e_r}{\mathrm{d}t} = \lim_{\Delta t \to 0} \frac{\Delta e_r}{\Delta t} = \frac{|\mathrm{d}e_r|}{\mathrm{d}t} e_\theta = \frac{\mathrm{d}\theta}{\mathrm{d}t} e_\theta = \dot{\theta} e_\theta$$

同理可得

$$\dot{e}_\theta = -\dot{\theta} e_r$$

下面利用上述两个公式推导极坐标系下的速度和加速度公式

$$r = re_r$$

$$v = \dot{r} = \dot{r}e_r + r\dot{e}_r = \dot{r}e_r + r\dot{\theta}e_\theta = v_r e_r + v_\theta e_\theta \tag{1.5-8}$$

则速度沿 $e_r$,$e_\theta$ 的两个分量,即径向速度分量和横向速度分量,分别为 $\dot{r}$ 和 $r\dot{\theta}$. 加速度为

$$\begin{aligned}
a &= \dot{v} = \dot{v}_r e_r + v_r \dot{e}_r + \dot{v}_\theta e_\theta + v_\theta \dot{e}_\theta \\
&= \ddot{r}e_r + \dot{r}\dot{\theta}e_\theta + (\dot{r}\dot{\theta} + r\ddot{\theta})e_\theta + r\dot{\theta}(-\dot{\theta}\dot{e}_r) \\
&= (\ddot{r} - r\dot{\theta}^2)e_r + (r\ddot{\theta} + 2\dot{r}\dot{\theta})e_\theta \\
&= a_r e_r + a_\theta e_\theta
\end{aligned} \tag{1.5-9}$$

从上述推导可知,径向加速度不仅来自于径向速度分量的变化率 $\dot{v}_r = \ddot{r}$,还有来自横向速度方向变化的贡献 $-r\dot{\theta}^2$. 对横向加速度的理解类似,不仅来自于横向速度分量的变化率 $\dot{v}_\theta = \dot{r}\dot{\theta} + r\ddot{\theta}$ 还有来自径向速度方向变化的贡献 $\dot{r}\dot{\theta}$.

### 4. 例题

**例 1** 匀加速圆周运动.

设质点沿半径为 $r$ 的圆周作速率 $v = bt$ 的运动,$b$ 为常量,求质点的速度、切向加速度和法向加速度.

**解:** 质点的速度 $v = ve_t = bte_t$. 加速度有两个分量,切向加速度 $a_t$ 与法向加速度 $a_n$. 由(1.5-6)式,

$$a_t = \frac{\mathrm{d}v}{\mathrm{d}t}e_t = be_t$$

$$a_n = \frac{v^2}{r}e_n = \frac{b^2 t^2}{r}e_n$$

若质点的速率 $v$ 保持不变,则 $a_t = 0$,$a_n = \dfrac{v^2}{r} \boldsymbol{e}_n$ 大小不变,方向不断改变,总的加速度就是 $a_n$,始终指向圆心. 此即匀速圆周运动.

**例 2** 设物体以初速率 $v_0$ 和仰角 $\theta$ 抛出,求抛物线在出射点和最高点处的曲率半径.

**解**:由(1.5-6)式,曲率半径由 $a_n$ 与 $v$ 决定:

$$\rho = \frac{v^2}{a_n}$$

在出射点,$a_n = g\cos\theta$,$v = v_0$,故

$$\rho(\text{出射点}) = \frac{v_0^2}{g\cos\theta}$$

在最高点,$a_n = g$,$v = v_0\cos\theta$,故

$$\rho(\text{最高点}) = \frac{v_0^2\cos^2\theta}{g}$$

**例 3** 转盘上沿径向运动的质点.

设质点在匀速转动(角速度为 $\omega$)的水平转盘上从 $t=0$ 开始自中心出发以恒定的速率 $u$ 沿一半径运动,求质点的轨迹、速度和加速度.

**解**:尽管质点沿一半径作匀速运动,但由于转盘在转动,质点相对地面的运动是相当复杂的. 若采用极坐标系,并把极点取在盘心处,则质点沿半径的运动正好是极坐标系中的径向运动,即

$$v_r = \frac{\mathrm{d}r}{\mathrm{d}t} = u \tag{1}$$

而横向速度为

$$v_\theta = r\frac{\mathrm{d}\theta}{\mathrm{d}t} = r\omega \tag{2}$$

因为

$$\frac{\mathrm{d}\theta}{\mathrm{d}t} = \omega$$

取质点运动所沿的半径在 $t=0$ 时的位置为极轴,由此得

$$r = ut \tag{3}$$

$$\theta = \omega t \tag{4}$$

这就是极坐标中的运动方程. 消去 $t$,便得轨迹方程:

$$r = \frac{u}{\omega}\theta \tag{5}$$

故质点运动轨迹为阿基米德螺线(图 1.5-6). 由(1.5-8)式,速度为

$$v = u\boldsymbol{e}_r + r\omega\boldsymbol{e}_\theta \tag{6}$$

质点径向速度的大小不变,横向速度随 $r$ 增大而增大.

*由(1.5-9)式,注意到 $\ddot{r}=0$,$\ddot{\theta}=0$,得加速度:

$$a = -r\omega^2\boldsymbol{e}_r + 2u\omega\boldsymbol{e}_\theta \tag{7}$$

图 1.5-6 在转盘上沿径向作匀速运动的质点的轨迹和速度

尽管质点的径向速度大小不变,但径向加速度并不为零. 这是横向速度方向的变化引起的. 即使 $u=0$,质点停在半径上某一位置处,这一项还是有的,它就是向心加速度. 第二项横向加速度一半是径向速度的方向改变引起的,另一半则是由于半径的增大造成的横向速度增大引起的,因而这里横向加速度是径向速度和横向速度的耦合造成的.

## §1.6 相对运动

同一物体的运动,在不同的参考系看来,并不相同. 有时,实际测得的或已知的是物体相对某一参考系 S′ 的运动,但希望知道的是它相对另一个参考系 S 的运动,而 S′ 相对 S 在运动. 例如天文观察总是相对地球进行的,但天文学家却总是希望知道天体相对于恒星系的运动. 再如,有关粒子碰撞的实验总是相对于实验室参考系作的,但要对问题作定量分析,又不如在所谓“质心参考系”中来得简便. 这就要知道在两个参考系上观察到的运动的关系.

通常,把相对观察者静止的参考系称为固定参考系或静止参考系,把相对观察者运动的参考系称为运动参考系;把物体相对于运动参考系的运动称为**相对运动**(相应的有相对速度和相对加速度),物体相对静止参考系的运动称为**绝对运动**(相应的有绝对速度和绝对加速度). 运动参考系 S′ 相对静止参考系 S 的运动称为**牵连运动**(相应的有牵连速度和牵连加速度). 当 S′ 相对 S 作平动(如 S′ 的坐标轴在运动中始终与 S 的坐标轴保持平行)时,牵连速度和牵连加速度不因物体在 S′ 上的位置不同而异. 当 S′ 相对 S 转动时,牵连速度和牵连加速度均与物体的位置有关.

### 1. 运动参考系作匀速直线运动 绝对速度、相对速度和牵连速度

设运动参考系 S′ 相对静止参考系 S 作匀速直线运动,速度为 $u$,则两参考系中的直角坐标系的对应坐标轴的相对取向保持不变(通常取作相互平行). 设两坐标系的原点分别为 $O$ 和 $O'$. 在时刻 $t$,一质点位于空间的 $P$ 点,它相对 S 系的位矢为 $r$,相对 S′ 系的位矢为 $r'$,而 S′ 的原点 $O'$ 相对 S 系的位矢为 $R$,则有

$$r = r' + R \tag{1.6-1}$$

经过 $\Delta t$ 时间后,质点位于 $Q$ 点,它相对 S 系的位移为 $\Delta r$,但 S′ 系已相对 S 系移动了 $\Delta R$,位矢 $r'$ 的端点移到 $P'$,故相对 S′ 系,质点在 $\Delta t$ 时间内的位移是 $\overrightarrow{P'Q}$,即 $\overrightarrow{P'Q} = \Delta r'$,不难看出(图 1.6-1,为简单起见,图中取 $u$ 沿 $x$ 方向):

$$\Delta r = \Delta r' + \Delta R \tag{1.6-2}$$

两边除以 $\Delta t$,得

$$\frac{\Delta r}{\Delta t} = \frac{\Delta r'}{\Delta t} + \frac{\Delta R}{\Delta t} \tag{1.6-3}$$

取 $\Delta t \to 0$ 时的极限,注意到 $\lim\limits_{\Delta t \to 0} \dfrac{\Delta R}{\Delta t} = u$,即得

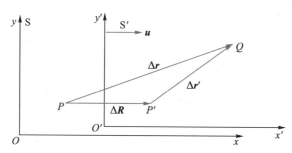

图 1.6-1 相对速度和绝对速度关系的推导

$$v = v' + u \tag{1.6-4}$$

其实,将(1.6-1)式直接对时间求导,便得(1.6-4)式,因为

$$\frac{\mathrm{d}r}{\mathrm{d}t} = v, \qquad \frac{\mathrm{d}r'}{\mathrm{d}t} = v', \qquad \frac{\mathrm{d}R}{\mathrm{d}t} = u$$

(1.6-4)式中 $u$ 是运动参考系相对静止参考系的速度,也就是因运动参考系的运动而带动物体的速度,故通常称 $u$ 为**牵连速度**. (1.6-4)式说明,**绝对速度等于相对速度与牵连速度的矢量和**.

对(1.6-4)式求导,可得相对加速度与绝对加速度的关系:

$$\frac{\mathrm{d}v}{\mathrm{d}t} = \frac{\mathrm{d}v'}{\mathrm{d}t} + \frac{\mathrm{d}u}{\mathrm{d}t}$$

由于 $u$ = 常量,$\dfrac{\mathrm{d}u}{\mathrm{d}t} = 0$,于是

$$a = a' \tag{1.6-5}$$

(1.6-5)式说明,在相互作匀速直线运动的两个参考系中,物体的加速度相同.

### 2. 运动参考系作任意方式的平动 绝对加速度、相对加速度和牵连加速度

当运动参考系 S′ 相对静止参考系 S 作一般的平动运动时,S′ 系的原点 $O'$ 可以作任意的直线运动或曲线运动,但其坐标轴的方向必须保持不变. 若开始时 S′ 系中的各坐标轴与 S 系中的对应坐标轴相互平行,则在运动过程中,S′ 的坐标轴应始终与 S 系的坐标轴保持平行,如图 1.6-2 所示.

此时,(1.6-1)式和(1.6-4)式仍成立,其中 $u = \dfrac{\mathrm{d}R}{\mathrm{d}t}$. 但一般讲来,$u$ 不再是常量.

对(1.6-4)式求导,可得

$$\frac{\mathrm{d}v}{\mathrm{d}t} = \frac{\mathrm{d}v'}{\mathrm{d}t} + \frac{\mathrm{d}u}{\mathrm{d}t}$$

这里,$\dfrac{\mathrm{d}u}{\mathrm{d}t}$ 一般不为零;令 $\dfrac{\mathrm{d}u}{\mathrm{d}t} = a_f$ 称为**牵连加速度**,它就是运动参考系相对静止参考系的加速度,也就是 S′ 系的原点 $O'$ 相对 S 系的加速度,于是,

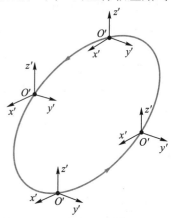

图 1.6-2 平动参考系

$$a = a' + a_f \tag{1.6-6}$$

即绝对加速度等于相对加速度与牵连加速度的矢量和.

### 3. 运动参考系作匀速转动 科里奥利加速度

**速度变换**

当运动参考系 S′ 相对静止参考系 S 作匀速转动时,相对运动与绝对运动间呈现比较复杂的关系. 因为这时,即使相对 S′ 系静止的物体,相对 S 系也在作匀速圆周运动,除有沿圆周切向的速度外,还有指向中心的加速度,而且速度和加速度还与物体的位置有关.

为简单起见,设 S′ 系是以角速度 $\omega$ 绕着过中心 $O$ 的轴转动的转盘,考察物体在转盘平面内的运动. 相对 S 系,物体同时参与两种运动:相对 S′ 的运动和跟随 S′ 的转动. 如图 1.6-3 所示,设 $t$ 时刻物体位于盘上 $P$ 点,位矢为 $r(t)$,$\Delta t$ 时间以后物体运动至转盘上的 $Q'$ 点,相对转盘的位移为 $\overrightarrow{PQ'} = \Delta r'$,但在同一 $\Delta t$ 时间内,转盘已转过 $\Delta\theta = \omega\Delta t$ 的角度,故相对 S 系,物体已位于 $Q$ 点,其位移 $\Delta r$ 是 $\overrightarrow{PQ}$,由图示,

$$\Delta r = \Delta r' + \Delta r_f$$

图 1.6-3 S′系作匀速转动时,绝对速度与相对速度关系的推导

式中 $\Delta r_f = \overrightarrow{QQ'}$ 是转盘转动所引起的位移. 由图可见,当 $\Delta t$ 很小时,$|\Delta r_f| \approx |\overrightarrow{OQ'}|\Delta\theta$. 于是绝对速度为

$$v = \lim_{\Delta t \to 0} \frac{\Delta r}{\Delta t} = \lim_{\Delta t \to 0}\left(\frac{\Delta r'}{\Delta t} + \frac{\Delta r_f}{\Delta t}\right)$$

其中第一项 $\lim\limits_{\Delta t \to 0}\Delta r'/\Delta t$ 是在 S′ 系看到的位移随时间的变化率,即相对速度 $v'$;第二项是转盘带动物体的速度,即牵连速度,其大小为 $\lim\limits_{\Delta t \to 0}|\Delta r_f|/\Delta t = \lim\limits_{\Delta t \to 0}|\overrightarrow{OQ'}|\dfrac{\Delta\theta}{\Delta t} = |\overrightarrow{OQ'}|\omega$,其方向与 $\overrightarrow{OQ'}$ 垂直,写成矢量式为 $\omega \times \overrightarrow{OQ'} = \omega \times [r(t) + \Delta r']$,当 $\Delta t \to 0$ 时,$\Delta r' \to 0$,于是牵连速度为

$$v_f = \lim_{\Delta t \to 0}\frac{\Delta r_f}{\Delta t} = \omega \times r \tag{1.6-7}$$

绝对速度仍为相对速度与牵连速度的矢量和:

$$v = v' + v_f \tag{1.6-8}$$

将 (1.6-7) 式代入上式,得

$$v = v' + \omega \times r \tag{1.6-9}$$

这就是说,在 S′ 系作匀速度转动的情况下,绝对速度仍等于相对速度与牵连速度的矢量和,不同的仅是牵连速度与物体的位置有关(图 1.6-4).

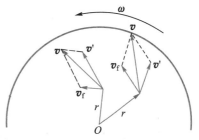

图 1.6-4 S′系作匀速转动时,绝对速度仍等于相对速度与牵连速度之和,但牵连速度与位置有关

以上推导虽然是在物体在盘上作平面运动的情况下进行的,但可以证明,所得结果(1.6-9)式对物体在匀速转动参考系上作任意方式的运动都适用.

关于加速度的变换关系推导可扫旁边二维码阅读,这里我们直接给出结果

$$a = a' + \omega \times (\omega \times r') + 2\omega \times v' \tag{1.6-10}$$

式中右边第一项就是相对加速度. 第二项为向心加速度,因为

$$\omega \times (\omega \times r') = -\omega^2 r' + (\omega \cdot r')\omega \tag{1.6-11}$$

阅读材料:
加速度变换

第三项成为科里奥利加速度,它是由物体相对于 S′ 系运动而引起的. 因为 S′ 的原点 O′ 与 O 重合,则 $r' = r$.

### 4. 例题

**例1** 飞机从 A 城飞向相距 L 的 B 城,又从 B 城飞回 A 城. 设飞机的飞行速度(相对空气)为 $v'$,风速为 $u$,风向水平. 在下列几种情况下,求飞机从 A 城出发又回到 A 城所需的时间(忽略飞机起飞与降落所需时间):(1)风向沿 A、B 的连线;(2)风向与 A、B 的连线垂直;(3)风向与 A、B 连线成 $\theta$ 角.

**解**:由(1.6-4)式,飞机相对地面的速度为

$$v = v' + u$$

(1) $\overrightarrow{AB} /\!/ u$,$v = v' \pm u$.

$$t_1 = \frac{L}{v'+u} + \frac{L}{v'-u} = \frac{2L}{v'}\frac{1}{1-u^2/v'^2} = t_0 \frac{1}{1-u^2/v'^2}$$

式中 $t_0 = \dfrac{2L}{v'}$ 即无风时飞机从 A 城出发又回到 A 城所需的时间.

(2) $\overrightarrow{AB} \perp u$,$v = \sqrt{v'^2 - u^2}$

$$t_2 = \frac{2L}{\sqrt{v'^2-u^2}} = t_0 \frac{1}{\sqrt{1-u^2/v'^2}}.$$

(3) $(\overrightarrow{AB}, u) = \theta$. 由图 1.6-5 可知,

图 1.6-5

$$v_1 = \sqrt{v'^2 - u^2\sin^2\theta} + u\cos\theta$$

$$v_2 = \sqrt{v'^2 - u^2\sin^2\theta} - u\cos\theta$$

$$t_3 = \frac{L}{v_1} + \frac{L}{v_2} = \frac{L}{\sqrt{v'^2-u^2\sin^2\theta}+u\cos\theta} + \frac{L}{\sqrt{v'^2-u^2\sin^2\theta}-u\cos\theta}$$

$$= \frac{2L\sqrt{v'^2-u^2\sin^2\theta}}{v'^2-u^2\sin^2\theta-u^2\cos^2\theta}$$

$$= t_0 \frac{\sqrt{1-u^2\sin^2\theta/v'^2}}{1-u^2/v'^2}$$

不难看出,$t_1 \geqslant t_3 \geqslant t_2 > t_0$.

**例2** 滚动轮缘上一点的速度和加速度.

一半径为 r 的轮子在水平面上以角速度 $\omega$ 作匀速无滑动滚动(图 1.6-6). (1)求轮缘上一点 P 的运动轨迹;(2)求 P 点的速度和加速度;(3)求轨迹线在 A 点和 B 点处的曲率半径.

**(a) 在静止坐标系 $Oxy$ 上 $P$ 点作摆线运动**　　**(b) 在运动坐标系 $O'x'y'$ 上 $P$ 点作匀速圆周运动**

图 1.6-6　滚动轮缘上 $P$ 点的运动

**解：** （1）以轮子中心为原点，建立运动参考系的坐标系 $O'x'y'$，以 $P$ 点与地面接触时为时间起点，以该接触点为定坐标系的原点 $O$，取 $x$ 轴和 $x'$ 轴沿水平向右，$y$ 轴和 $y'$ 轴竖直向上，$t=0$ 时，$y$ 与 $y'$ 轴重合. 运动参考系是作匀速直线运动的平动参考系，在该参考系中，$P$ 点作匀速圆周运动. 由 $t=0$ 瞬时 $P$ 点相对地面的速度为零，不难求得运动参考系相对定参考系的速度 $u=r\omega$. 根据（1.6-1）式，$P$ 点的位矢为

$$\boldsymbol{r}=\boldsymbol{r}'+\boldsymbol{R}$$

其中 $\boldsymbol{R}=\overrightarrow{OO'}$. 取上式的分量式，得

$$x=x'+r\omega t$$

$$y=y'+r$$

因半径 $O'P$ 经时间 $t$ 顺时针转过角度 $\omega t$ [图 1.6-6（b）]，在运动坐标系中，$P$ 点的坐标为

$$x'=-r\sin\omega t$$

$$y'=-r\cos\omega t$$

于是，在静止坐标系中，

$$x=r(\omega t-\sin\omega t)$$

$$y=r(1-\cos\omega t)$$

这就是质点轨迹的参数方程，可见轨迹为一摆线，图形如图 1.6-6（a）所示.

（2）由（1.6-4）式，

$$\boldsymbol{v}=\boldsymbol{v}'+\boldsymbol{u}$$

写成分量式，有

$$v_x=v_x'+r\omega=\frac{\mathrm{d}x'}{\mathrm{d}t}+r\omega=r\omega(1-\cos\omega t)$$

$$v_y=v_y'=r\omega\sin\omega t$$

故　　　　　　　　$$\boldsymbol{v}=v_x\boldsymbol{i}+v_y\boldsymbol{j}=r\omega(1-\cos\omega t)\boldsymbol{i}+r\omega\sin\omega t\boldsymbol{j}$$

由（1.6-5）式，　　　　　　　　$$\boldsymbol{a}=\boldsymbol{a}'$$

$$a_x=\frac{\mathrm{d}^2x'}{\mathrm{d}t^2}=r\omega^2\sin\omega t$$

$$a_y=\frac{\mathrm{d}^2y'}{\mathrm{d}t^2}=r\omega^2\cos\omega t$$

故　　　　　　　　$$\boldsymbol{a}=r\omega^2(\sin\omega t\boldsymbol{i}+\cos\omega t\boldsymbol{j})$$

加速度的大小不变，方向始终指向轮子中心. $P$ 点经 $O$、$A$、$B$、$C$ 诸点时的加速度如图 1.6-6（a）所示.

（3）根据（1.5-6）式，　　　　　　　　$$a_n=\frac{v^2}{\rho}$$

故　　　　　　　　$$\rho=\frac{v^2}{a_n}$$

在 $A$ 点,相当于 $\omega t = \pi/2$,此时 $v_x = v_y = r\omega$,因此 $v_A = \sqrt{2}\,r\omega$,而 $\boldsymbol{a}$ 向正 $x$ 方向,故

$$a_{nA} = a\cos\frac{\pi}{4} = \frac{\sqrt{2}}{2}a = \frac{\sqrt{2}}{2}r\omega^2$$

故

$$\rho_A = \frac{v_A^2}{a_{nA}} = 2\frac{(\sqrt{2}\,r\omega)^2}{\sqrt{2}\,r\omega^2} = 2\sqrt{2}\,r$$

在 $B$ 点,相当于 $\omega t = \pi$,$v_x = 2r\omega$,$v_y = 0$,因此 $v_B = 2b\omega$,$a_{nB} = a = b\omega^2$,故

$$\rho_B = \frac{v_B^2}{a_{nB}} = \frac{(2r\omega)^2}{r\omega^2} = 4r$$

## 本章小结

阅读材料:
哈勃定律与宇宙膨胀

　　本章讨论了质点运动学,引进了描写质点运动特征的物理量:速度和加速度,阐述了它们与质点位置的相互关系;在此过程中,着重分析了质点运动的瞬时性、矢量性和相对性. 所谓瞬时性,就是描写质点运动的物理量是随时间而变的,某一时刻的物理量,反映了该时刻质点运动的特征,而又包含该时刻附近一短时间内质点运动的信息. 矢量性,就是指描写质点运动的物理量都是矢量,它有大小和方向两个特征,它的变化可以是大小变化,可以是方向变化,也可以兼而有之. 相对性,就是质点的运动是相对一定的参考系而言的,相对不同的参考系,质点的运动情况不同,但又以一定的方式互相关联.

## 思考题

　　**1.1**　思考题 1.1 图中所示两条曲线分别代表两位运动员 a、b 跑步时的速率与时间关系图,试问在(1) $0 \sim t_1$;(2) $0 \sim t_2$;(3) $0 \sim t_3$ 的时间间隔内,平均加速度哪个大,平均速率哪个大? 由此判断,哪个运动员在短跑中占优势,哪个运动员在较长距离跑中将占优势?

思考题 1.1 图

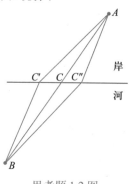

思考题 1.2 图

　　**1.2**　如思考题 1.2 图所示,某人在岸上 $A$ 点看到一小孩从位于河中 $B$ 点的船上掉入水中,为

了在尽量短的时间内赶到 $B$ 点去救小孩,他应取图中 $AC'B$、$ACB$、$AC''B$ 中哪一条路线较好? 设河水静止,而人在岸上跑步的速度比在水中游泳的速度快得多.

**1.3**　某猎人带着狗从家里出发向相距 $l$ 的林中小屋走去,狗的行走速度为人的 3 倍,狗先到达目的地,见主人未到立即返回,遇到主人又回头往小屋走去,如此往返不已,问当猎人走到小屋时,狗共走了多少路?

**1.4**　质点作匀变速直线运动,它在某段时间间隔内的平均速度,有人说等于质点在该时间间隔中间时刻的瞬时速度,有人说等于质点通过该时间间隔所经路程中点时的瞬时速度.你认为哪一种说法正确? 两个速度哪个较大?

**1.5**　设矢量 $\boldsymbol{a}$、$\boldsymbol{b}$、$\boldsymbol{c}$ 均不等于零.

(1) 若 $\boldsymbol{a} \cdot \boldsymbol{b} = 0$,是否可说 $\boldsymbol{a}$ 与 $\boldsymbol{b}$ 垂直?

(2) 若 $\boldsymbol{a} \times \boldsymbol{b} = 0$,是否可说 $\boldsymbol{a}$ 与 $\boldsymbol{b}$ 平行?

(3) 若 $\boldsymbol{a} \cdot \boldsymbol{b} = \boldsymbol{a} \cdot \boldsymbol{c}$,是否可说 $\boldsymbol{b}$ 必与 $\boldsymbol{c}$ 相等?

(4) 若 $\boldsymbol{a} \times \boldsymbol{b} = \boldsymbol{a} \times \boldsymbol{c}$,是否可说 $\boldsymbol{b}$ 必与 $\boldsymbol{c}$ 相等?

**1.6**　平均速率通常是指速率的平均值,它与平均速度(矢量)的大小是否相同?

**1.7**　判定下列各种说法的正确性:

(1) 物体具有向东的速度,却具有向西的加速度;

(2) 物体具有向东的速度,却具有向南的加速度;

(3) 物体的速度为零,但加速度不为零;

(4) 物体具有恒定的加速度,必作匀加速直线运动;

(5) 物体的速率在减小,其加速度必在减小;

(6) 物体的加速度在减小,其速率必在减小;

(7) 物体具有恒定的速度,却具有变化的加速度.

**1.8**　已知质点的运动学方程为 $x(t)$、$y(t)$、$z(t)$,为计算质点的速度和加速度的大小,有人先求出 $r = \sqrt{x^2 + y^2 + z^2}$,从而得出速度 $v = \dfrac{\mathrm{d}r}{\mathrm{d}t}$,加速度 $a = \dfrac{\mathrm{d}^2 r}{\mathrm{d}t^2}$;有人先求出 $v_x = \dfrac{\mathrm{d}x}{\mathrm{d}t}$,$v_y = \dfrac{\mathrm{d}y}{\mathrm{d}t}$,$v_z = \dfrac{\mathrm{d}z}{\mathrm{d}t}$,从而得出速度:

$$v = \sqrt{\left(\frac{\mathrm{d}x}{\mathrm{d}t}\right)^2 + \left(\frac{\mathrm{d}y}{\mathrm{d}t}\right)^2 + \left(\frac{\mathrm{d}z}{\mathrm{d}t}\right)^2}$$

再求出 $a_x = \dfrac{\mathrm{d}^2 x}{\mathrm{d}t^2}$,$a_y = \dfrac{\mathrm{d}^2 y}{\mathrm{d}t^2}$,$a_z = \dfrac{\mathrm{d}^2 z}{\mathrm{d}t^2}$,从而得出加速度:

$$a = \sqrt{\left(\frac{\mathrm{d}^2 x}{\mathrm{d}t^2}\right)^2 + \left(\frac{\mathrm{d}^2 y}{\mathrm{d}t^2}\right)^2 + \left(\frac{\mathrm{d}^2 z}{\mathrm{d}t^2}\right)^2}$$

你认为谁的做法对? 为什么?

**1.9**　对于如思考题 1.9 图所示的位移 $\mathrm{d}\boldsymbol{r}$,若写成分量式,是否应写成

$$\mathrm{d}\boldsymbol{r} = -\mathrm{d}x\boldsymbol{i} + \mathrm{d}y\boldsymbol{j}$$

说明理由.

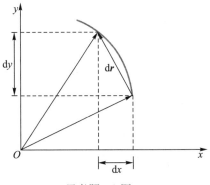

思考题 1.9 图

**1.10**　设想竖直上抛一球,如果考虑到空气阻力,问球

上升所需时间比下落所需时间长些还是短些？还是相等？为什么？当小球落回到抛出点时，其速率比抛出时大还是小？还是相等？为什么？

**1.11** 判断下列说法的正确性：

(1) 作曲线运动的物体，必有切向加速度；

(2) 作曲线运动的物体，必有法向加速度；

(3) 具有加速度的物体，其速率必随时间改变.

**1.12** 物体沿曲线 $M$ 运动，试问物体在 $P$ 点是否可能具有思考题 1.12 图中所示的加速度 $\boldsymbol{a}_1$（或 $\boldsymbol{a}_2$，或 $\boldsymbol{a}_3$，或 $\boldsymbol{a}_4$）？为什么？

**1.13** 矢量导数的绝对值与矢量绝对值的导数是否相等？

各代表什么样的运动？两者有无区别？

思考题 1.12 图

**1.14** 在极坐标系中，$v_r = 0$，$v_\theta = 0$ 各代表什么样的运动？

**1.15** 如思考题 1.15 图所示，有一个精彩的演示实验是这样的，一小球 a 自枪口 $A$ 瞄准悬挂于 $B$ 点的小球 b 以初速 $\boldsymbol{v}_0$ 出射，在 a 离开枪口的同时，b 即自由下落. 不论 $\boldsymbol{v}_0$ 的大小如何，两球总是能相碰，试解释之.

**1.16** 一群质点自空中一点以相同的速率向四面八方出射.

(1) 在以后的任一时刻，所有质点将位于一球面上，试解释之；

(2) 任一对质点间的相对速度是否会随时间发生变化？

**1.17** 若物体的速度 $\boldsymbol{v}$ 恒定不变，你是否可得到：(1) 速度的 $x$ 分量、$y$ 分量是常量；(2) 速度的 $r$ 分量和 $\theta$ 分量是常量的结论？

思考题 1.15 图

**1.18** 下列表示式中哪些是正确的，哪些是错误的？

(1) $a_x = \dfrac{\mathrm{d}v_x}{\mathrm{d}t}$；　(2) $v_r = \dfrac{\mathrm{d}r}{\mathrm{d}t}$；　*(3) $a_r = \dfrac{\mathrm{d}v_r}{\mathrm{d}t}$；　*(4) $a_\theta = \dfrac{\mathrm{d}v_\theta}{\mathrm{d}t}$

**1.19** $\displaystyle\int_0^t a_x \mathrm{d}t$，$\displaystyle\int_0^t a_t \mathrm{d}t$ 各代表什么？$\displaystyle\int_0^t a_n \mathrm{d}t$ 呢？

**1.20** 用置于地面的水桶盛雨水，在刮风与不刮风两种情况下，哪一种情况盛得快些？设风的方向与地面平行.

**1.21** 篮球运动员跑步投篮时，若瞄准篮投反而投不进，为什么？应如何投才能投准？

**1.22** 雨滴相对地面以恒定速率竖直下落. 有人坐在车厢内观察雨滴的运动，问在下列各种情况下，他将观察到什么结果？

(1) 车厢在地面上作匀速直线运动；

(2) 车厢在地面上作匀加速直线运动；

(3) 车厢在地面上作匀速圆周运动.

**1.23** 飞机在无风天气沿某一水平圆轨道匀速飞行一周需时间 $T$，当刮风（风向水平）时，若保持相对空气的速率不变，飞机沿同一圆轨道（相对地面而言）飞行一周需时间 $T'$，问：(1) $T'$ 与 $T$ 是否相同？为什么？(2) 为使飞机能保持沿该圆轨道飞行，对风速有什么限制？

**\*1.24** 如果考虑到万有引力的作用，退行速度将随时间而减小，那么宇宙年龄的估计值将比

(1.7-3)式所表示的大还是小,为什么?

　*1.25　观察表明,宇宙的物质分布在大范围内是均匀的.如果星系的退行速度满足哈勃定律,且不随时间而变,试证明宇宙的物质分布在今后将仍然是均匀的.

## 习题

　**1-1**　一质点沿 $x$ 轴作直线运动,其位置与时间的关系为 $x=2t+3t^3$（$x$ 以 m 为单位,$t$ 以 s 为单位）.试求:

（1）从 $t=1$ s 到 $t=1.1$ s 质点的平均速度和平均加速度;

（2）从 $t=1$ s 到 $t=1.01$ s 质点的平均速度和平均加速度;

（3）$t=1$ s 时质点的瞬时速度和瞬时加速度.

　**1-2**　沿 $x$ 轴运动的质点,其速度与时间的关系为 $v=3t+2\pi\sin\dfrac{\pi}{6}t$（$t$ 以 s 为单位,$v$ 以 m/s 为单位）.在 $t=0$ 时,质点的位置 $x_0=-2$ m.试求:

（1）$t=2$ s 时质点的位置;

（2）自 $t=0$ 至 $t=2$ s 质点的位移;

（3）$t=0$ 和 $t=2$ s 两时刻质点的加速度.

　**1-3**　一质点从 $r_0=-5j$ m 位置开始运动,其速度与时间的关系为 $v=2ti+5j$（$t$ 以 s 为单位,$v$ 以 m/s 为单位）.试问:

（1）经过多少时间质点到达 $x$ 轴?

（2）此时质点位于 $x$ 轴上哪一点?

　**1-4**　一质点以初速 $v_0=5i$ m 开始离开原点,其运动加速度为 $a=(-i-j)$ m/s$^2$.求:

（1）质点到达 $x$ 坐标最大值时的速度;

（2）此时质点的位置.

　**1-5**　质点运动学方程为

$$r=a\cos\omega t i+a\sin\omega t j$$

其中 $a$、$b$、$\omega$ 均为正常数（量）.

（1）求质点速度和加速度与时间的关系式;

（2）问质点作什么运动?

　**1-6**　为了测量楼房的高度,有人在楼顶拿着两端各系有一石块的绳子一端,而把另一端悬在楼外,从静止开始释放.已知绳长 $l=2$ m,测得两石块落地的时间间隔 $\Delta t=0.1$ s.求楼房的高度 $H$.

　**1-7**　一小球作竖直上抛运动,测得小球两次经过 $A$ 点和两次经过 $B$ 点的时间间隔分别为 $\Delta t_A$ 和 $\Delta t_B$,如题 1-7 图所示.求 $A$、$B$ 两点间的高度差 $h$.

　**1-8**　汽车沿平直公路匀加速行驶,它通过某一段距离 $s$ 所需的时间为 $t_1$,而通过下一段相同距离 $s$ 所需的时间为 $t_2$.求汽车的加速度.

　**1-9**　一物体沿长度为 $l_1$ 的斜面从静止开始匀加速下滑,接着又沿水平面匀减速

题 1-7 图

滑行了距离 $l_2$ 后静止. 已知物体在整个滑行过程中所用的时间为 $t$. 求物体沿斜面及沿水平面运动的加速度 $a_1$ 和 $a_2$.

**1-10** 火车从 A 城由静止开始沿平直轨道驶向 B 城,A、B 两城相距为 $s$. 若火车先以加速度 $a_1$ 作匀加速运动,当速率达到 $v$ 后再匀速行驶一段时间,然后刹车,并以加速度大小为 $a_2$ 作匀减速行驶,则刚好停在 B 城. 求火车行驶的时间 $t$.

**1-11** 上题中若火车在加速时所能达到的最大加速度的值为 $a_1'$,而减速时所能达到的最大加速度的值为 $a_2'$. 求火车从 A 城行驶到 B 城所需的最短时间.

**1-12** 如题 1-12 图所示,物体从底边相等,但倾角不同的若干光滑斜面顶端由静止开始自由滑下. 问当倾角为何值时,才能使物体滑至底端所需的时间最短?

题 1-12 图

**1-13** 汽车用绳跨过定滑轮与高为 $h$ 的平台上的板车相连,如题 1-13 图所示. 汽车以恒定速度 $u$ 在地面上运动,求当绳与水平面成 $\theta$ 角时板车的速度与加速度.

**1-14** 如题 1-14 图所示,长为 $l$ 的棒的一端 $A$ 靠在墙上,另一端 $B$ 搁在地面上,$A$ 端以恒定速度 $u$ 向下运动. 求当棒与地面成 $\theta$ 角时,$B$ 点的速度与加速度.

题 1-13 图

题 1-14 图

**1-15** 石块从楼顶以 $v_0 = 10$ m/s 的速率被水平抛出. 它落地时速度方向与水平方向之间成 $60°$ 角. 求楼房的高度.

**1-16** 物体被水平抛出,经过 2.5 s 后,它的速度与加速度之间的夹角为 $45°$,问又经过多少时间,它的速度与加速度之间的夹角变为 $30°$?

**1-17** 一小球从离地面高为 $H$ 的 $A$ 点处自由下落. 当它下落了距离 $h$ 时,与一斜面发生碰撞,并以原速水平弹出,如题 1-17 图所示. 问 $h$ 为多大时,小球弹得最远?

**1-18** 一小孩在一长楼梯的顶部水平抛出一球,设楼梯是光滑的,但小球速度的竖直分量经与楼梯碰撞后减为碰前的 $e$ 倍. 为使小球能如题 1-18 图所示沿长楼梯逐级下跳,求小球抛出时的高度 $h$ 和初速 $v_0$. 已知楼梯每级宽度均为 $l$.

题 1-17 图

**1-19** 在与水平面成 $\theta$ 角的山坡上,一石块以初速 $\boldsymbol{v}_0$ 作斜抛运动,如题 1-19 图所示.

(1) 若抛射角为 $\varphi$,求石块沿山坡方向的射程 $s$;

（2）问抛射角 $\varphi$ 为多大时，$s$ 最大？

题 1-18 图　　　　　　　　　题 1-19 图

**1-20** 如题 1-20 图所示，在桌面的一边，一小球作斜抛运动．已知桌面高 $h=1.0$ m，宽 $a=2.0$ m．若欲使小球能从桌面的另一边切过，并掉在离该边水平距离 $b=0.50$ m 处，求小球的初速 $v_0$ 和抛射角 $\theta$．

**1-21** 从原点在竖直平面内以相同的初速率 $v_0$ 向各个方向投出许多质点．试证明：

（1）任何时刻这些质点都处在同一圆周上；

（2）它们轨道的最高点位于同一椭圆上．

**1-22** 一人造地球卫星在地球表面以上 430 km 高处的圆形轨道上运动，今测得它绕地球一周的时间为 93 min，求它作圆周运动的向心加速度．已知地球半径 $R=6.37\times10^3$ km.

**1-23** 若地球自转的速率增大为现在的 $n$ 倍，为使赤道上的物体不与地球脱离，求 $n$ 的最大值．已知现在赤道上静止物体的向心加速度约为 $3.4\times10^{-2}$ m/s$^2$，设赤道上的重力加速度为 $9.8$ m/s$^2$．

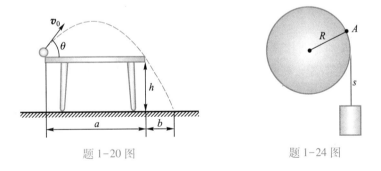

题 1-20 图　　　　　　　　　题 1-24 图

**1-24** 有一半径为 $R$ 的定滑轮，沿轮周绕着一根绳子，悬在绳子一端的物体按 $s=\dfrac{1}{2}bt^2$ 的规律向下运动，如题 1-24 图所示．若绳子与轮周间没有相对滑动，试求轮周上一点 $A$ 在任一时刻 $t$ 的速度、切向加速度、法向加速度和总加速度．

**1-25** 汽车沿一圆周以 $v_0=7.0$ m/s 的初速作匀减速行驶．经过 $t_1=5$ s 后，汽车的加速度与速度之间的夹角 $\theta_1=135°$．又经过 $t_2=3$ s 后，其加速度与速度之间的夹角 $\theta_2=150°$．求：（1）圆的半径

$R$;(2) 切向加速度 $a_t$;(3) 两时刻的法向加速度 $a_{n1}$ 和 $a_{n2}$.

**1-26** 纸面上有一半径为 $R$ 的圆,直线 $MN$ 沿纸面以速度 $v$ 向垂直于直线的方向作匀速运动,如题 1-26 图所示. 当直线运动到图示位置,即交点 $P$ 与圆心 $O$ 的连线与直线成 $\theta$ 角时,求 $P$ 点的速度与加速度.

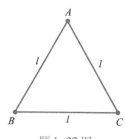

题 1-26 图          题 1-27 图

**1-27** 三质点 $A$、$B$、$C$ 各位于边长为 $l$ 的等边三角形的三顶点,今三质点各以恒定速率 $u$ 向着其右邻(即 $A$ 向 $B$,$B$ 向 $C$,$C$ 向 $A$)运动. (1) 三质点经多长时间将相遇? (2) 在开始时每个质点的加速度.

**1-28** 某人在静水中游泳的速度为 3 km/h,现在流速为 2 km/h 的河水中游泳. 问:

(1) 若此人想与河岸垂直地游到对岸,他应向什么方向游?

(2) 他向什么方向游时,到达对岸历时最短?

**1-29** 某人以 2.5 m/s 的速度向正西方向跑时,感到风来自正北. 如他将速度增加一倍,则感到风从正西北方向吹来. 求风速和风向.

**1-30** 在固定平面内,两条夹角为 $\alpha$ 的直线分别以 $v_1$ 和 $v_2$ 的速度沿与各自垂直的方向作平动,求交点的速度.

**1-31** 一半径为 $R$ 的半圆柱面在水平面上向右作加速度为 $a$ 的匀加速运动. 在柱面上有一系在绳子一端的小球 P,绳子的另一端水平地连在墙上,如题 1-31 图所示. 当小球相对半柱面的角位置为 $\theta$ 时,半柱面的速度为 $v$,求此时小球的速度与加速度.

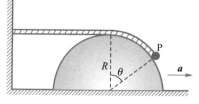

题 1-31 图

**1-32** 从离地面等高且相距为 $l$ 的 $A$、$B$ 两点同时抛出两小石块,$A$ 处石块以初速 $v_1$ 上抛,$B$ 处石块以初速 $v_2$ 向 $A$ 点方向作平抛,求在以后的运动中两石块之间的最短距离. 设此时两石块均未落地.

**1-33** 一溜冰者在冰面上以 $v_0 = 7$ m/s 的速度沿半径 $R = 15$ m 的圆周溜冰. 某时刻他平抛出一小球,为使小球能击中冰面上圆心处,他应以多大的相对于他的速度抛球,并求出该速度的方向(用与他溜冰速度之间的夹角 $\theta$ 表示). 已知人抛球时手的高度 $h = 1.5$ m.

**1-34** 在宽为 $l$ 的河的两岸停着两艘小船,它们的连线与河岸线成 $\alpha$ 角. 已知两艘小船在静水中最大的划行速度分别为 $u_1$ 和 $u_2$,河水流速为 $v$. 若它们同时出发,则各应向什么方向划行才能在最短的时间内相遇? 并求出此时间.

**1-35** 一架飞机在无风时以匀速 $v$ 相对地面飞行,能飞出的最远距离为 $R$(包括飞出和飞回). 现在风速为 $u$,方向为北偏东 $\alpha$ 角度的风中飞行,而飞行的实际航向为北偏东 $\beta$ 角度. 求证:在这种情况下,飞机能飞出的最远距离为

$$\frac{R(v^2-u^2)}{v\sqrt{v^2-u^2\sin^2(\beta-\alpha)}}$$

**1-36** 一艘船欲横渡宽为 $d$ 的小河,船行驶时相对水流的速率是河水流速的一半. 则船应向什么方向行驶,才能使船在渡河后被河水冲向下游的距离最短? 并求出此距离. 设河水流速均匀.

**1-37** 一半径为 $R$ 的圆在圆面内以匀角速度 $\omega$ 绕圆周上的一点 $P$ 作逆时针方向的转动. 圆周上的 $M$ 点以恒定的相对速率 $\omega R$ 沿圆周运动,运动方向同为逆时针方向. 当 $M$ 点运动到与圆心 $O$ 的连线 $OM$ 与 $OP$ 成以下两个相对位置时,分别求 $M$ 点的速度与加速度:

(1) $OM$ 与 $OP$ 在一条直线上;

(2) $OM$ 与 $OP$ 相互垂直(题 1-37 图示位置).

**1-38** 某种游乐机由大、小两种圆盘组成,小圆盘绕其固定在大圆盘上的 $O'$ 轴以角速度 $\omega'$ (相对大圆盘)旋转,大圆盘又以角速度 $\omega$(相对地面)绕中心轴 $O$ 旋转,人坐在小圆盘的边缘上的 $P$ 点. 求两圆盘转至图示位置时(见题 1-38 图,此时 $O'P$ 与 $OO'$ 成 $\varphi$ 角),$P$ 点相对地面的速度和加速度. 为简单起见,设 $\omega'=\omega$,$OO'=O'P=R$.

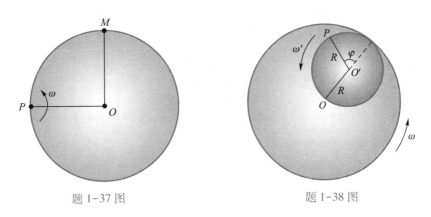

题 1-37 图　　　　　　题 1-38 图

**1-39** 超光速之谜.

1994 年的某次天文观察发现,银河系中距地球 $R=12.5$ kpc 远处的某无线电辐射源突然分离出两个辐射源 A、B,其视运动如题 1-39 图(a)所示,A 向左运动,B 向右运动. 图下方线段的长度表示 $1''$(弧秒)$=1°/3\,600$. (1) 由图求出 A、B 的中心在垂直观察方向上相对固定中心 $O$(图中用 "×"表示)的速度 $v_1$ 和 $v_2$. 你将发现 $v_1>c$(光速). 为解释此现象,有人认为这是由于两辐射源的运动方向与它们至地球的连线并不垂直,而有一倾角 $\varphi$ 造成的,如图(b)所示. 设想两辐射源以相同速率 $u$ 互相分离. (2) 试分析这种看法的正确性. 在什么情况下有 $v_1>c$? (3) 试由观察值 $v_1$ 和 $v_2$ 表示真实速率 $u$,及其运动方向与辐射源至地球连线的夹角 $\varphi$. 因 $u$ 接近光速,可设 $u=\beta c$,$\beta$ 为小于 1 的常数. 显然,$OA=OB\ll R$. (4) 由(1)的数值结果,求出 $u$ 和 $\varphi$ 的数值.

题 1-39 图

第一章习题参考答案

# 第二章
# 牛顿运动定律

## 引言

　　第一章曾经提到,运动学只研究描述运动的位矢、速度和加速度诸物理量及它们的相互关系. 但物体的运动千差万别,究竟是什么因素决定物体作这样或那样的运动? 这些因素又如何决定表征物体运动特征的运动学量(例如加速度)? 这些问题运动学本身不能回答,回答这些问题是动力学的任务.

　　人类对这些问题的探索可以追溯到远古时代. 最初,人们把有生命物体的运动归因为自身的意志,而把无生命物体的运动,例如日月经天、江河奔流,归结为各种神的主宰. 稍后,出现了以古希腊哲学家亚里士多德(Aristotle,公元前 384—公元前 322)为代表的关于运动起因的观点. 亚里士多德把运动分为天然(natural)运动和悖逆(violent)运动两类,认为前者是物体固有的功能造成的,后者则是外力推动的结果. 他认为一切天上的物体均由"以太"组成,它们的运动都属于天然运动. 日、月、星辰的天然运动就是绕地球作的圆周运动. 地上物体的运动既有天然运动,也有悖逆运动. 亚里士多德认为地上万物皆由土、水、气、火四种元素组成,每种元素各有其自己的归属位置:土在地下,水在地面(土之上),气在地面以上,火在最高处(气之上). 物体下落或上升的快慢就取决于其所含元素的成分. 以土、水为主要成分的物体就要下落,越重的物体含土越多,因而下落得越快;以气、火为主要成分的物体则上升. 凡是违反自然趋势的运动(例如石块的上抛,物体沿水平方向的运动)都是悖逆运动;悖逆运动只有在外力推动下才能发生,一旦外力消失,运动随即停止.

　　伽利略是第一个从根本上认真批判亚里士多德观点的科学家. 他不仅积极拥护哥白尼的日心说,而且在力学上也提出了与亚里士多德截然对立的新的运动观. 伽利略对落体运动的研究及其对亚里士多德错误观点的批判已在上章阅读材料中叙述过. 在动力学方面,他在批判亚里士多德的地静说的过程中,提出并论证了不受加速或减速因素作用的物体将保持其运动速度不变这一重要思想,该思想也就是后来称为"惯性定律"的基本内容. 他在继《关于托勒密和哥白尼两大世界体系的对话》后发表的《关于两门新科学的对话》中又以更清晰的语言重新表述了这一思想*. 这就直接批判了亚里士多德关于水平运动必须在外力推动下才能维持的错误

文档:亚里士多德简介

---

* 伽利略在该书中说:"任何速度一旦施加给一个运动着的物体,只要除去加速或减速的外因,此速度就可保持不变;不过这是只能在水平面上发生的一种情形,因为在向下倾斜的平面上已经存在一加速因素,而在向上倾斜的平面上则有一减速因素. 因此可见,在水平面上的运动是永久的".

观点. 但由于伽利略未能摆脱柏拉图(Plato,公元前 427—公元前 347)思想的束缚,认为天体的惯性运动是"圆运动",对力也尚无明确概念,因而他对惯性定律的理解是不完全的.

文档:笛卡儿简介

伽利略作为近代科学的先驱,他在动力学方面的开创性工作是意义深远的. 正是在他工作的基础上,又经过一些科学家,例如笛卡儿(R.Descartes,1596—1650)和惠更斯(C.Huygens,1629—1695),特别是牛顿(I.Newton,1643—1727)的努力,才将这一工作推向成功的高峰. 笛卡儿首先对惯性定律作了正确的表述,并提出了一般的运动量守恒原理;惠更斯发现了向心力的原理和弹性碰撞中的守恒定律;而牛顿在 1687 年发表的《自然哲学的数学原理》(以下简称《原理》)一书则全面总结了这些成果. 牛顿的主要功绩是把考察物体周围所有的物体群(环境)对该考察物体的作用归结为力,而该物体则在力的作用下按一定的规律运动. (在《原理》第一版序中,牛顿开宗明义地宣称:"哲学的全部任务看来就在于从各种运动现象研究各种自然之力,而后用这些力去论证其他现象.")前一过程(把环境对考察物体的作用归结为力)是由力的定律描写的,后一过程(物体在力作用下运动)则是由运动定律描写的,这两个过程可用方框图说明如下:

$$\boxed{环\ 境} \xrightarrow[\text{力的定律}]{力} \boxed{物\ 体} \xrightarrow[\text{运动定律}]{运动} \boxed{论证}$$

文档:拉格朗日简介

由此可见,在牛顿的表述中,动力学的根本任务就是回答在周围其他物体的作用下,所考察的物体如何运动. 就这一意义而言,牛顿对世间万物的运动及其"原因"显然比亚里士多德作出了更加合理的解释.

在牛顿以后,拉格朗日(J.L.Lagrange,1736—1813)和哈密顿(W.Hamilton,1805—1865)等人从另一途径建立了解决动力学问题的方法,这就是分析力学. 分析力学不以力作为分析问题的基础,而以能量和作用量作为基础. 经典力学的分析力学表述形式不仅适用于力学,也适用于物理学的其他领域. 它是统计力学、量子力学和量子场论的出发点,它曾对量子力学的建立起过重要作用. 在物理上,分析力学与牛顿表述形式的力学(牛顿力学)是等效的. 本课程不讨论分析力学.

阅读材料:牛顿力学的完善与分析力学的建立

我国古代在动力学方面的研究也是有成效的.《墨经》中所说的"力,形之所以奋也"从力与运动的关系上对力下了正确的定义.《考工记》中的"劝登马力,马力既竭,辀犹能一取焉",可以说是关于惯性现象的最早记述. 东汉《论衡》中又进一步论述了物体惯性与重量的关系:"是故车行于陆,船行于沟,其满而重者行迟,空而轻者行疾""任重,其取进疾速,难矣!"我国古代虽有这方面的一些正确论述,但大多零星散见于不同时期不同作者的著作中,并未形成系统的理论.

## §2.1 牛顿运动定律

我们先来讨论可视为质点的物体在力的作用下如何运动,这就是运动定律的内容. 牛顿在《自然哲学的数学原理》一书中,把运动规律归结为三条. 现分别叙述如下. 这里三定律的内容均为牛顿自己的表述.

### 1. 第一定律与惯性参考系

**牛顿第一定律**：每个物体继续保持其静止或沿一直线作等速运动的状态，除非有力加于其上迫使它改变这种状态.

关于第一定律，有下列几点需要说明.

（1）第一定律提出了**力**和**惯性**这两个重要概念.

人们对力的认识，最初是与举、拉、推等动作中的肌肉紧张相联系的. 古代对力的认识主要是通过平衡，即从静力学角度发展起来的. 从动力学角度来认识力，把力与物体运动状态正确地联系起来，主要是伽利略和牛顿的功绩. 伽利略通过对斜面上物体的运动的研究，得出了不受加速或减速因素作用的物体将作匀速直线运动的结论. 牛顿则将这种加速（或减速）因素明确地称为力，从而确立了力不是维持物体运动的原因，而是物体运动状态发生变化的原因的观点. 第一定律阐明了这一思想，提出力是迫使物体改变静止或匀速直线运动状态的一种作用，这样就给出了力的定性定义. 力的这一定义大大拓宽了力的范围，使力的范畴从原来仅限于弹性力、肌肉力、压力开拓到包括引力、磁力等.

阅读材料：牛顿与他的《自然哲学的数学原理》

第一定律指出，每个物体在不受外力时都有"保持其静止或沿一直线作等速运动的状态"的属性，这就是惯性. 牛顿在其《原理》一书中的另一处明确提出了"惯性"这一名词，指出它是"每个物体按其一定的量而存在于其中的一种抵抗能力"，这种抵抗能力使"物体保持其原来的静止状态或者在一直线上等速运动的状态". 因而第一定律常称惯性定律.

物体不仅在不受力时表现出惯性，在受力时也表现出惯性，这也许是牛顿称其为"抵抗能力"的含义所在. 这一思想在第二定律中得到了进一步阐明.

（2）第一定律是大量观察与实验事实的抽象与概括.

第一定律不能直接用实验证明，因为世界上没有完全不受其他物体作用的"孤立"物体. 光滑水平面上的物体作匀速直线运动的事实并没有证明第一定律，因为物体并非不受力，而物体所受合力为零这一点本身并不是自明的. 但值得庆幸的是，迄今为止力的定律表明物体间的作用力都随物体间距离的增加而迅速递减，因而远离其他所有物体的物体可近似看成孤立物体. 而远离其他所有物体的物体的运动状态的确十分接近于匀速直线运动状态（如远离星体的彗星的运动），这一事实使我们相信第一定律是正确的，是客观事实的合理概括. 但由此也可以看到，第一定律必须与力的定律联系起来才有确定的意义.

（3）第一定律定义了惯性系.

第一定律中所谓不受力作用的物体保持静止或作匀速直线运动，是相对什么参考系而言的？这也就是说，第一定律在什么参考系中成立？显然，第一定律不可能在任何参考系中都成立，因为若一物体相对某参考系 S 作匀速直线运动，它相对于另一个相对 S 作加速运动的参考系 S′就不可能作匀速直线运动. 牛顿声称自己研究的运动是在"绝对空间"和"绝对时间"中进行的"绝对运动"，因而在他看来，第一定律应在"绝对空间"成立. 但脱离物质的绝对空间是没有意义的, 至少是无法判定的. 参考系必须与具体的物体群相联系. 但根据第一定律, 我们总可以找到一种特殊的物体群(参考系), 在这种参考系中, 不受任何作用的物体(质点)保持静止或作匀速直线运动. 这也就是第一定律在其中成立的参考系. 我们把这样的参考系称作**惯性系**. 从这个意义上说, 第一定律定义了惯性系, 同时也断言了惯性系的存在.

综上所述, 第一定律具有丰富的内容, 它既提出了力和惯性的概念, 又定义了惯性系; 而且, 它的成立并不依赖于力和惯性的定量量度. 它比第二定律具有更大的兼容性.

尽管第一定律给出了惯性系的定义, 并断言了惯性系的存在, 但实际的惯性系究竟在哪里? 仍然颇费周折. 这一问题只能通过实验来解决. 如果我们能判定一个物体不受其他物体的作用(例如, 一个远离其他物体的星体), 那么, 若存在某一其他物体群, 这物体相对该物体群处在静止或匀速直线运动状态, 则该物体群便是一个惯性系. 显然, 作为惯性系的物体群本身也只能是远离其他物体的孤立物体群. 由于星体之间的距离很大, 习惯上常把某些星体(群)作为惯性系. 但完全不受其他星体作用的孤立星体(群)是不存在的, 所以, 以星体作为惯性系载体所确定的惯性系只能是近似的. 但这种具体惯性系与理想惯性系的接近程度却可以逐步提高. 所取的星体(群)离其他星体越远, 这种接近程度也越高.

地球是最常用的惯性系. 伽利略就是在地球上发现惯性定律的. 但精确观察表明, 地球不是严格的惯性系. 离地球最近的恒星是太阳, 两者相距约 $1.5 \times 10^8$ km. 由于太阳的存在, 使地球中心相对太阳有 $5.9 \times 10^{-3}$ m/s² 的加速度, 这就是公转加速度. 至于地球的自转所造成的加速度则更大, 达 $3.4 \times 10^{-2}$ m/s². 但对大多数精度要求不很高的实验, 这一自转的加速效应仍可以忽略.

日心系通常是指以太阳中心为原点, 以太阳与邻近恒星的连线为坐标轴的参考系. 这是更好的惯性系. 但精确的观察表明, 由于太阳受银河系整个分布质量的作用, 它与整个银河系的其他星体一起绕其中心(称为银心)旋转, 使它相对银心仍有约 $10^{-10}$ m/s² 的加速度. 它与惯性系的偏离在观察恒星运动时仍会显示出来.

为进一步提高惯性系的精度, 还在寻找比太阳更好的惯性系, 如以相对于选定的若干颗恒星平均静止的位形为基准的参考系($FK_4$ 系), 以一系列射电源为基准的参考系和以微波背景辐射为基准的参考系等.

马赫(E.Mach, 1838—1916)曾指出, 所谓惯性系, 其实是相对整个宇宙(或说整个物质分布)的平均加速度为零的参考系. 由以上分析可知, 这一思想是有见地的. 由于宇宙的无限性, 这样的理想惯性系只能逐步接近.

## 2. 第二定律

**牛顿第二定律**: 运动的改变与所加的动力成正比, 并发生在所加的力的那个直线方向上.

关于第二定律的几点说明:

（1）第二定律中所说的运动，是指运动量，后来叫动量，即质量与速度的乘积.

牛顿关于运动量的改变与动力成正比的说法是不够确切的，这是他根据对碰撞过程所得到的结果作出的一种简单概括. 确切的表述应为动量的变化率与（动）力成正比，这是经欧拉（L.Euler，1707—1783）改进后的表述.

若取比例系数为1，第二定律的数学表述为

$$\boldsymbol{F}=\frac{\mathrm{d}}{\mathrm{d}t}(m\boldsymbol{v}) \tag{2.1-1}$$

在牛顿力学的范围内，质量是不随时间变化的恒量，于是上式可写成

$$\boldsymbol{F}=m\boldsymbol{a} \tag{2.1-2}$$

这就是第二定律的通常形式.

（2）第二定律涉及力、质量和加速度三个物理量之间的定量联系，这就要求对这三个物理量作定量的量度. 加速度的量度在有了长度和时间的量度后是不成问题的，剩下的是质量和力的量度问题.

a. 质量的量度

牛顿并没有对质量的量度下过定义. 他只说质量是密度与体积的乘积，这只是质量含意的同义反复. 但牛顿正确地指出质量的惯性属性（见上文），并指出"惯性与物质的量成正比". 因此，我们可以用惯性的大小来量度质量.

即使尚无力的量度方法，对相等的力仍是可以判定的（例如它对应于同一弹簧的同样伸长或缩短）. 设在某个相等的力 $F$ 作用下，物体 1 和 2 所获得的加速度各为 $a_1$ 和 $a_2$（图 2.1-1），$a_1$ 和 $a_2$ 只可能是物体属性 $m$ 和力 $F$ 的函数，即 $a_1=a_1(m_1,F)$，$a_2=a_2(m_2,F)$. 在另一个相等的力 $F'$ 作用下，它们的加速度分别为 $a_1'(m_1,F')$ 和 $a_2'(m_2,F')$. 在第三个相等的力 $F''$ 作用下，它们的加速度分别为 $a_1''(m_1,F'')$ 和 $a_2''(m_2,F'')$，等等. 实验证明，

图 2.1-1　质量的定义

$$\frac{a_1(m_1,F)}{a_2(m_2,F)}=\frac{a_1'(m_1,F')}{a_2'(m_2,F')}=\frac{a_1''(m_1,F'')}{a_2''(m_2,F'')}=\cdots$$

这一实验结果表明，在不同的相等力 $F$、$F'$、$F''\cdots$ 作用下，两个物体产生的加速度都与力有关，但两个物体的加速度的比值与施加在这两个物体上的力无关，因而 $a(m,F)$ 必定可写成如下的乘积形式，即

$$a(m,F)=\varphi(m)\psi(F)$$

于是，上面的比例式成为

$$\frac{\varphi(m_1)\psi(F)}{\varphi(m_2)\psi(F)}=\frac{\varphi(m_1)\psi(F')}{\varphi(m_2)\psi(F')}=\frac{\varphi(m_1)\psi(F'')}{\varphi(m_2)\psi(F'')}=\cdots=\frac{\varphi(m_1)}{\varphi(m_2)}$$

可见，此比值是与外力无关的物体本身属性的反映. 在外力作用下物体获得的加速度的大小反映了物体运动状态改变的难易程度，这也就是物体惯性的大小；加速度大的惯性小，加速度小的惯性大，所以上述比值反映了物体的惯性之比. 可用它来

定义质量. 若用 $m$ 表示质量, 为使质量与惯性的含义一致, 不妨取 $\varphi(m)=\dfrac{1}{m}$, 这样, $\dfrac{a_1}{a_2}=\dfrac{1/m_1}{1/m_2}=\dfrac{m_2}{m_1}$. 如果取物体 1 的质量作为标准质量, 规定为 $m_1$, 则物体 2 的质量可以规定为

$$m_2=\frac{a_1}{a_2}m_1 \tag{2.1-3}$$

任何物体的质量都可以用上述方法与物体 1 的质量进行比较而得到. 这种用惯性大小定义的质量称为**惯性质量**. 实验证明, 这样定义的质量符合代数相加法则, 即把质量各为 $m_1$ 和 $m_2$ 的两个物体合在一起形成一个物体时, 它的质量恰为 $(m_1+m_2)$.

质量的单位叫 kg(**千克**). 原来规定 1 kg 是在 4 ℃时 1 L 纯水的质量, 1901 年正式规定千克原器的质量作为 1 kg 的标准. 千克原器是用铂铱合金制造的、直径和高都约 3.9 cm 的圆柱体, 保存在巴黎国际计量局中. 这一标准一直沿用至今. 与米原器相仿, 千克原器有可能被磨损或玷污, 从而使其质量发生变化, 甚至被毁坏. 所以现在正寻求用基本常量来定义质量标准的方法. 一种方法是通过通电线圈所受电磁力和引力的平衡, 将质量标准与元电荷和普朗克常量联系起来. 另一种方法是将质量标准直接定义为一定数目的原子(例如硅原子)的质量. 这两种方法都可以使质量标准的精度达到 $10^{-8}$.

b. 力的量度

第二定律本身就是力的量度的基础. 规定使单位质量获得单位加速度的力为一个单位力. 例如, 取质量的单位为 1 kg, 加速度的单位为 1 m/s², 则力的单位为 1 kg·m/s². 这一力的单位称为 N(**牛顿**), 即

$$1\ \mathrm{N}=1\ \mathrm{kg}\cdot\mathrm{m/s}^2$$

由于加速度是矢量, 力也是矢量. 力的方向与在该力作用下物体所产生的加速度的方向相同.

实验证明, 力的合成满足矢量的相加法则. 当有两个力 $\boldsymbol{F}_1$ 和 $\boldsymbol{F}_2$ 同时作用于物体上时, 其效果与这两个力的矢量和(合力)$\boldsymbol{F}$ 相同(图 2.1-2). 这正说明把力看成矢量是够格的. 当有几个力同时作用于物体时, (2.1-1)式和(2.1-2)式中的 $\boldsymbol{F}$ 应理解为这些力的合力.

是否可以用其他方法, 例如弹簧的形变来规定力的量度方法? 如果用弹簧的形变来规定力的量度方法, 就得知道物质的另一属性即弹性的规律. 当然, 我们可以任意规定力与弹簧伸长的长度成正比, 但这样量度的力是否符合第二定律, 仍得由实验证明. 实际上, 由于弹簧的非线性效应, 只是在胡克定律成立的范围内, 用上述方法量度的力才符合第二定律, 超出这一范围, 上述方法量度的力将破坏第二定律.

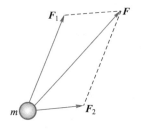

图 2.1-2　力的合成

但在根据第二定律规定了力的量度方法后, 原则上, 任何对力有(单值)响应的

现象都可用来量度力. 例如弹簧的形变也可用来量度力. 这时,弹簧形变对力的响应是线性的还是非线性的,只影响刻度是否均匀,并不违背第二定律.

（3）第二定律是矢量式,必要时可写成适当的分量形式. 例如,在直角坐标系中,其分量式为

$$F_x = m\ddot{x}, \quad F_y = m\ddot{y}, \quad F_z = m\ddot{z} \tag{2.1-4}$$

在本性坐标系中为

$$F_t = m\frac{\mathrm{d}v}{\mathrm{d}t}, \quad F_n = m\frac{v^2}{\rho} \tag{2.1-5}$$

在平面极坐标系中为

$$F_r = m(\ddot{r} - r\dot{\theta}^2), \quad F_\theta = m(r\ddot{\theta} + 2\dot{r}\dot{\theta}) \tag{2.1-6}$$

（4）第二定律反映的力和加速度的关系是瞬时关系. 某瞬时的力决定该瞬时的加速度,下一瞬时力改变了,加速度也立刻改变.

（5）第二定律究竟是定律还是定义? 如上所述,既然力规定为质量与加速度的乘积,第二定律似乎是力的定量定义,因为只有独立规定的物理量之间的联系才称得上定律. 从这个意义上说,第二定律是力的定量定义. 但值得注意的是:

a. 这样的定义与力的矢量相加性、质量的标量相加性一致,可见这样的定义仍是以一定的客观经验为基础的.

b. 力总是与物体的相互作用相联系. 把力和相互作用的具体形式（例如引力相互作用,弹簧的作用等）联系起来是力的定律的任务. 当然,力的定律的具体形式仍要以第二定律对力的定义为依据. 但实验发现,以第二定律为依据所得到的力的定律往往具有比较简单的形式. 把力的定律和牛顿运动定律结合起来,就能有效地解决物体在环境作用下如何运动这一动力学的根本任务. 由此可见,当把力仅仅看成质量与加速度的乘积时,第二定律仅仅是合乎一定实验基础（标量 $m$ 和矢量 $\boldsymbol{F}$ 的相加性）的力的定义,但当第二定律与力的定律相结合,即把第二定律中的力看成是相互作用的具体表述（例如弹力等于 $-kx$）时,它们就共同构成为一条简洁而有效的定律.

用惯性来衡量质量,用质量与加速度的乘积来量度力的思想,首先是由马赫明确提出的,这对澄清牛顿运动定律表述的含义,从而把力和质量等物理量建立在可量度的基础之上是有一定作用的. 既然质量和力的量度都与物体的惯性有关,因而第二定律也在惯性系中成立.

## 3. 第三定律

**牛顿第三定律**:每一个作用总是有一个相等的反作用和它相对抗;或者说,两物体彼此之间的相互作用永远相等,并且各自指向其对方.

关于第三定律的几点说明:

（1）强调作用力和反作用力必须在同一直线上是第三定律的"强形式". 只说两物体的作用与反作用相等而反向,但不一定在同一直线上,这称为第三定律的"弱形式". 引力和静电力服从前一形式,两电荷在平行线上作匀速直线运动时的作

用力服从后一形式.

（2）作用与反作用相等而反向，是以力的传递不需要时间即传递速度为无限大为前提的. 如果力的传递速度是有限的，作用与反作用就不一定相等. 设想物体 2 静止不动，物体 1 以一定速度向右运动（图 2.1-3）. 如果力的传递速度有限，当 1 处在图中实线位置时，它在前一时刻（例如虚线位置）对 2 的作用力刚传到 2 上，于是物体 2 受到的作用力 $F_{21}$ 向下，而物体 1 受到物体 2 的作用力 $F_{12}$ 则指向右上方，因为物体 2 静止不动，它的作用早已传到空间各处. 故 $F_{21} \neq -F_{12}$. 在通常的力学问题中，物体的运动速度往往不大，即使力以有限的速度传递，但因传递速度比物体运动的速度大得多（如引力以光速传递），力以有限速度传递的效应并不显著，可不必考虑. 但在有些情况，如在较强电磁力作用下，粒子速度往往可与光速相比拟，作用力与反作用力就不一定相等了（但只要考虑到场的动量，这并不破坏体系动量守恒.）

图 2.1-3　当力传递速度有限时，作用力不等于反作用力

## §2.2　单位制与量纲

### 1. 单位制

有了长度和时间的单位与标准（还要加上平面角和立体角这两个辅助量的单位弧度和球面度），就能确定运动学中所有的物理量. 但在动力学中，必须引进质量和力这两个新的物理量，它们不能用长度和时间表示. 质量和力这两个量不是独立的，它们由第二定律相互联系着. 在第二定律的数学表示式 $F = ma$ 中，由于已把比例系数取为 1，故质量和力的单位不能彼此独立选取. 当一个量的单位选定后，另一个量的单位就应由第二定律导出.

在力学中有两种选取质量和力的单位的方法，对应于两种单位制. 一种是先规定质量的单位，从而导出力的单位. 采用这种选取单位方法的单位制叫**绝对单位制**. 另一种是先规定力的单位，从而导出质量单位. 采用这种方法的单位制叫**力单位制**. 力单位制已逐渐被淘汰.

绝对单位制中，取米（m）、千克（kg）、秒（s）分别作为长度、质量和时间单位的，叫米·千克·秒制（缩写为 MKS）. 在米·千克·秒制中，力的单位可由第二定律导出，称为牛顿，已在上文提到：

$$1 \text{ N} = 1 \text{ kg} \cdot \text{m/s}^2$$

在米·千克·秒制的基础上，再加上电流单位（安培，A）、热力学温度单位（开尔文，K）、发光强度单位（坎德拉，cd）、物质的量单位（摩尔，mol），就构成目前国际通用的**国际单位制**（缩写为 SI）. 本书采用这种单位制.

绝对单位制中,取厘米(cm)、克(g)、秒(s)分别作为长度、质量和时间单位的,叫厘米·克·秒制(缩写为 CGS,现已不推荐使用). 它与电磁学中的高斯单位制相结合,仍是文献(特别是理论文献)中常用的单位制. 在 CGS 中,力的单位是 dyn(达因),$1 \text{ dyn} = 1 \text{ g} \cdot \text{cm/s}^2$.

### 2. 基本量与导出量

由于物理量之间有定义和定律相联系,所以在量度物理量时,不必给所有的物理量规定单位,当少数几个物理量的单位规定后,其他物理量的单位即可由它们导出. 这些被选定并规定单位的物理量叫**基本量**,基本量的单位叫**基本单位**,其余的物理量就叫**导出量**,它们的单位就叫**导出单位**. 选定的基本量及其单位不同,对应的单位制就不同. 在国际单位制中,基本量是长度、质量、时间(及电流、发光强度、热力学温度和物质的量),速度、加速度、力等就是导出量.

### 3. 量纲

基本量选定以后,导出量的单位可以由基本量的单位的组合而得到. 例如,速度的单位是 m/s,即长度的单位除以时间的单位. 因此,就单位的量度来说,任何物理量与基本量之间都存在一定的关系,它必定是基本量的一定幂次的组合. 在国际单位制中,表示力学量只要三个基本量,即长度、质量、时间,分别用 $l$、$m$、$t$ 表示这三个基本量,则任一力学量 $A$(就其单位量度来说)总可以表示为这三个量的乘方之积,即

$$A = l^{\alpha} m^{\beta} t^{\gamma}$$

而各项的 $l$、$m$、$t$ 的指数 $\alpha$、$\beta$、$\gamma$ 则相同.

为了给出导出量与基本量在单位量度上的关系,我们引入量纲的概念. 在上述表示式中,我们可写出下列量纲式:

$$\dim A = \text{L}^p \text{M}^q \text{T}^r \tag{2.2-1}$$

上式右边就称为力学量 $A$ 的**量纲**,用 $\dim A$ 表示,而正体字母 L、M、T 分别称为基本量 $l$、$m$、$t$ 的**量纲**,$\alpha$、$\beta$、$\gamma$ 则称为**量纲指数**. 例如,速度的量纲 $\dim V = \text{LT}^{-1}$,力的量纲 $\dim F = \text{LMT}^{-2}$,等等.

只有量纲相同的物理量才能相加、相减和相等,这一法则叫**量纲法则**. 量纲法则是量纲分析的基础. 量纲分析是一种有用的方法,它的主要用处有:

(1)在基本量相同的单位制之间进行单位换算. 例如,要知道牛顿与达因的换算关系,可以由力的量纲 $\dim F = \text{LMT}^{-2}$ 得到. 由 $1 \text{ m} = 100 \text{ cm}$,$1 \text{ kg} = 1\,000 \text{ g}$,得 $1 \text{ N} = 100 \times 1\,000 \text{ dyn} = 10^5 \text{ dyn}$.

(2)验证公式. 因为只有量纲相同的量才能相加、相减、相等,一个物理公式只有在量纲正确的情况下才可能正确. 例如 $v^2 = 2ax$,两边的量纲都是 $\text{L}^2\text{T}^{-2}$,所以此公式可能是正确的. 若有人得出 $v^2 = 2ax^2$,由于两边量纲不同,此公式必定是错误的.

(3)为推导某些复杂公式提供线索. 在以后适当的地方,将提到这方面的例子.

量纲分析在空气动力学和流体力学等领域中有重要应用.

### 4. 例题

**例** 当直升机停在空中时,其消耗的功率仅取决于机翼的长度 $l$,机翼提供的垂直向下的推力 $F$ 和空气的密度 $\rho$ 三个因素. 试问,若由于飞机负荷增加而使整个机身重量增加 1 倍,直升机的功率应增大为原来的几倍?

**解**:题目并不要求导出直升机的功率与 $l$、$F$、$\rho$ 三个因素的确切关系式,只要求当 $F$ 增大 1 倍时功率增大的倍数,故可用量纲分析法解本题.

设功率 $P$ 与 $l$、$F$、$\rho$ 三因素的量纲关系为

$$\dim P = (\dim l)^{\alpha}(\dim F)^{\beta}(\dim \rho)^{\gamma}$$

由于 $\dim P = ML^2T^{-3}$,$\dim l = L$,$\dim F = MLT^{-2}$,$\dim \rho = ML^{-3}$,代入上式,有

$$ML^2T^{-3} = L^{\alpha}M^{\beta}L^{\beta}T^{-2\beta}M^{\gamma}L^{-3\gamma}$$

由此可得

$$\beta + \gamma = 1$$
$$\alpha + \beta - 3\gamma = 2$$
$$-2\beta = -3$$

由以上三式即可解得

$$\beta = \frac{3}{2}, \ \gamma = -\frac{1}{2}, \ \alpha = -1$$

所以有

$$P \propto l^{-1}F^{\frac{3}{2}}\rho^{-\frac{1}{2}} \quad \text{或} \quad P = Cl^{-1}F^{\frac{3}{2}}\rho^{-\frac{1}{2}}$$

式中 $C$ 是量纲为 1 的常数. 由此可知,当 $F$ 增大 1 倍时,$P$ 应增大 $2^{\frac{3}{2}} = 2\sqrt{2}$ 倍.

本题也可以直接用牛顿运动定律和功能关系求解,那样不仅可以在预先不知道 $P$ 与哪些因素有关的情况下直接导出 $P$ 与 $l$、$F$、$\rho$ 的关系,还可以求出系数 $C$ 的值,读者可以在学了有关章节后自行解之. 但量纲法的好处在于不必知道有关定律或定理的细节,也能为问题的解决提供许多有用的信息.

## §2.3 常见的力

动力学的任务是研究物体在周围其他物体作用下的运动. 将周围物体的作用简化为力,是牛顿等人的一大功绩. 当作用于物体的力已知,物体的运动即可由牛顿运动定律求出. 但周围物体如何对考察物体施力,则是由力的定律来确定的. 只有在解决了这个问题以后,运动定律才能成为解决实际力学问题的有力工具.

### 1. 力的基本类型

就现在所知,自然界物体之间的相互作用,即力,从基本性质上说,有四种类型:引力相互作用、电磁相互作用、强相互作用和弱相互作用.

**(1) 引力相互作用**

这是存在于一切物体之间的作用. 但这种作用只在大质量物体(如天体、地球)之间或其附近才有明显效应. 这种相互作用的表现就是万有引力. 重力是最常见的

一种万有引力.

### (2) 电磁相互作用

这是存在于一切带电体之间的作用. 带电粒子间的静电力和磁力就是这种作用的表现. 电磁力比引力强得多,例如电子和质子间的静电力比引力大 $10^{39}$ 倍. 但它们都满足平方反比律. 中性分子间的作用力(称为范德瓦耳斯力)就其性质而言也属电磁相互作用,但它的特性必须用量子力学才能解释. 范德瓦耳斯力与距离 $r$ 的关系比较复杂,大致如图 2.3-1 所示. 当 $r<r_0$ 时,表现为斥力,在图中表现为 $F>0$;当 $r>r_0$ 时,表现为引力,在图中表现为 $F<0$. 这种力与万有引力和电磁力不同,它的作用范围很小,当 $r$ 为几个 $r_0$ 时,力迅速衰减为零($r_0$ 与分子直径同数量级). 这种类型的力常称为**短程力**,而像引力和静电力那样的力称为**长程力**.

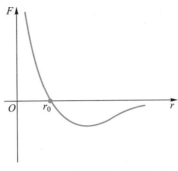

图 2.3-1 分子力与距离关系

### (3) 强相互作用和弱相互作用

这两种力都只在原子核范围内起作用,表现为短程力. 强相互作用存在于质子、中子、介子等强子之间,其力程约 $10^{-15}$ m,约比静电力大 10 倍. 弱相互作用的力程更短,约 $10^{-17}$ m,其大小约为电力的 $10^{-2}$ 倍.

### 2. 接触力和非接触力

在力学中,为分析问题的方便,通常把力分为接触力和非接触力两种.

所谓接触力,就是两物体因接触而产生的相互作用力,例如弹性力和摩擦力等. 当然,接触是就宏观意义而言的,从微观意义上,所谓接触,只是物体分子比较接近而已. 从微观意义上说,接触力是分子力引起的,它是分子力在宏观尺度内的平均值.

非接触力是指物体间未接触时即存在的力,主要是引力、静电力和磁力. 在本课程内,主要讨论引力,包括重力.

### 3. 引力和重力

#### (1) 万有引力定律与引力常量

牛顿在开普勒关于行星运动三定律的基础上建立了万有引力定律. 质量为 $m_1$ 的质点受到质量为 $m_2$ 的质点的引力为

$$\boldsymbol{F}_{12}=-G\frac{m_1 m_2}{r_{12}^2}\boldsymbol{e}_{r_{12}} \tag{2.3-1}$$

式中 $r_{12}$ 为两质点的距离,$\boldsymbol{e}_{r_{12}}$ 为从质点 2 指向质点 1 的单位矢量,$G$ 称为**引力常量**(图 2.3-2).

牛顿建立万有引力定律时,并不知道 $G$ 的精确值. 卡文迪许(H. Cavendish,1731—1810)在 1798 年第一次对 $G$ 的值作了测定,用的是扭秤法,示意图如图

2.3-3. 他利用细金属丝作扭丝以获得较大的扭转,又用光杠杆来放大这一微小的扭转所造成的线偏转. 在卡文迪许实验中,小球是质量为 $m$、直径为 2 in*(英寸)的铅球,大球是质量为 $m_0$、直径为 12 in 的铅锤,连接两小球的木杆长 6 ft,悬挂木杆的细丝长 $39\frac{1}{4}$ in.

文档:卡文迪许简介

图 2.3-2 两质点间的
万有引力

图 2.3-3 卡文迪许实验示意图

他先将两大球放在两小球的一侧,再将它们放在两小球的另一侧,观察两次间悬丝的扭转角. 用现在的单位,卡文迪许所得的 $G$ 值为

$$G = 6.754 \times 10^{-11}\ \mathrm{N \cdot m^2/kg^2}$$

引力常量在天体、地学、航天及引力理论方面均有重要意义,因而两百多年来,人们对它的测量给予了极大的关注. 尤其是近 30 年来,科学家用多种方法测量 $G$ 值,使 $G$ 的测量精度有了较大提高. 图 2.3-4 是我国科学家近年用扭秤周期法测量 $G$ 值的实验示意图. 实验在有、无两圆柱体 $m_a$、$m_b$ 两种情况下分别测量扭秤周期,通过适当计算得出 $G$ 值. 目前 $G$ 的公认值为

$$G = 6.674\ 08(31) \times 10^{-11}\ \mathrm{N \cdot m^2/kg^2}$$

图 2.3-4 扭秤周期法测 $G$ 实验示意图

---

* 1 in = 25.4 mm, 1 ft = 12 in = 0.304 8 m.

由于目前尚不十分清楚的原因,$G$ 值的各种测量结果间的吻合度仅达 $10^{-3}$.

万有引力定律本来是对质点而言的,但可以证明,对于两个质量均匀分布的球体,它们之间的万有引力也可以用此定律计算,只要将(2.3-1)式中的 $r_{12}$ 理解为两球心之间的距离. 这一结论和万有引力与距离平方成反比相联系. 反平方关系的另一重要结果是均匀球壳对壳内质点的引力为零(思考题 2.16).

(2) **重力**

重力就是地球与物体的万有引力. 在地球的表面,质量为 $m$ 的物体所受的引力(重力)为

$$F_g = G\frac{mm_e}{R_e^2}$$

式中 $m_e$ 为地球质量,$R_e$ 为地球半径. 因而重力加速度为

$$g = G\frac{m_e}{R_e^2} \qquad (2.3-2)$$

视频:重力

物体的视重,即在地球上实际测得的物体所受的表观重力,它要受到所在高度、地球密度分布不均匀以及由地球自转所造成的离心力等因素的影响,在表观重力作用下物体的重力加速度 $g$ 因地而异,但相差不大. 在水平范围和高度变化不大的区域内,重力可以看作恒力.

(3) **惯性质量与引力质量**

(2.3-1)式中的质量与牛顿运动定律中的质量的含义并不相同. 在牛顿运动定律中,质量是物体惯性的量度;在这里,质量则是引力作用(包括施力和受力两方面)的量度. 作为引力大小的量度的质量称为**引力质量**,以区别于作为惯性大小量度的惯性质量. 实验表明这两种质量是成正比的,适当选取单位,可认为两种质量相等. 最简单的实验是在地面同一地点测定各种物体的重力加速度,实验表明,在同一地点,各种物体的重力加速度都相等,这是伽利略早就注意到的一个实验事实. 引力质量为 $m_g$ 的物体受到地球的引力为

$$F = G\frac{m_g m_{eg}}{R_e^2}$$

式中 $m_{eg}$ 是地球的引力质量. 根据牛顿运动定律,同一物体的加速度与其惯性质量 $m_1$ 之积等于引力,因而有

$$g = G\frac{m_{eg}}{R_e^2}\frac{m_g}{m_1}$$

既然在同一地点,重力加速度与物体无关,因而引力质量与惯性质量的比值

$$\frac{m_g}{m_1} = C(\text{常数}) \qquad (2.3-3)$$

亦与物体无关. 当然,用运动学方法直接测量各种物体的重力加速度的精度并不高,因而 $m_g/m_1 = C$ 的精度亦不高. 牛顿曾用不同质料的球作单摆实验,发现摆的周期仅与摆长有关,而与摆球的质料无关. 由于单摆周期也与 $m_g/m_1$ 有关(参见第八

章),故单摆周期与摆球质料无关也是(2.3-3)式的实验证明. 周期测量的精度比较高,从而(2.3-3)式的证明的精度也可相应提高.

关于引力质量与惯性质量成正比的更精确的实验证明,是厄特沃什(Eötvös)利用引力与惯性力的比较得到的,以后狄克(R.H.Dick)又以更高的精度重复了厄特沃什的实验,在本章§2-6中我们将简单介绍这一实验.

引力质量与惯性质量成正比具有深刻的含义,它是广义相对论等效原理的基础.

### 4. 弹性力

物体因形变而产生的恢复力称为弹力. 大多数物体,当形变不太大时,其恢复力与形变成正比,这就是胡克定律. 当形变为拉伸与压缩时,弹性力 $F$ 与伸长(或压缩)量 $x$ 成正比:

$$F = -kx \tag{2.3-4}$$

$k$ 是一个常量,负号表示弹性力与形变反方向. 当形变为扭转时,产生的是恢复力矩,此力矩 $M$ 与扭转角 $\alpha$ 成正比:

$$M = -C\alpha \tag{2.3-5}$$

$C$ 也是一个常量,负号的意义与(2.3-4)式中相同.

通常所用的弹簧也满足(2.3-4)式,相应的常量 $k$ 称为**劲度系数**.

绳子的张力和台面的支承力也是一种弹性力,只是相应的常量 $k$ 很大,因而形变很小,可以忽略而已.

胡克定律的成立是有一定限度的,当形变太大时,胡克定律将不再成立. 图2.3-5为金属丝在拉伸形变过程中的典型的形变恢复力曲线. 在 $Oa$ 段,两者成正比. $b$ 点为弹性极限,此时撤去拉力,金属丝还能恢复到原来长度. $c$ 点以后,撤去外力,形变仍将保持,这种形变不能恢复的性质称为**塑性**. 在塑性阶段,金属具有类似液体的流动性质. 当形变达到 $d$ 点时,金属丝发生断裂,$d$ 称**断裂点**.

📖 文档:胡克简介

图 2.3-5 金属丝的形变恢复力曲线

### 5. 摩擦力

当两物体的接触面间有相对滑动或有相对滑动的趋势时,会产生一种阻碍相对滑动或相对滑动趋势的力,这种力叫**摩擦力**. 前者称为**滑动摩擦力**或**动摩擦力**,后者称为**静摩擦力**.

#### (1) **摩擦定律**

两块干燥固体之间的摩擦力,服从以下的规律:a. 动摩擦力与正压力成正比,与两物体的表观接触面积无关;b. 当两物体相对速度不很大时,动摩擦力与相对速度无关;c. 静摩擦力可在零与一个最大值(称最大静摩擦力)之间变化,视相对滑动趋势的程度而定. 最大静摩擦力也与正压力成正比,在一般情况下它大于动摩擦力. 这三条规律通常称为库仑摩擦定律,是库仑(C.Coulomb,1736—1806)确立的. 实际上,早在库仑之前,阿蒙东(G.Amontons,1663—1705)已基本上确认了前两条定律. 用 $F_f$ 表示动摩擦力,$F_{f0max}$ 表示最大静摩擦力,$F_N$ 表示正压力,其中第一条和第三条定律写成表示式为

$$F_f = \mu F_N \tag{2.3-6}$$

$$F_{f0max} = \mu_0 F_N \tag{2.3-7}$$

式中 $\mu \setminus \mu_0$ 分别称为**动摩擦因数**和**静摩擦因数**,通常 $\mu$ 在 $0.15 \sim 0.5$ 之间,$\mu_0$ 略大于 $\mu$.

摩擦的起因相当复杂,主要与接触面的局部形变和表面的分子引力有关.

#### (2) **黏性力**

流体不同层之间由于相对滑动而造成的阻力叫**湿摩擦力**或**黏性阻力**. 当相对速度不很大时,黏性阻力与速度的横向变化率、接触面积及黏度成正比,在流体力学中将进一步讨论这一问题. 固体与流体接触面发生相对运动时所产生的阻力的起因与此相同,当相对运动速度不大时,与固体相对流体的速率 $v$ 成正比,即

$$F_f = -cv \tag{2.3-8}$$

通常湿摩擦比干摩擦要小得多,且不存在静摩擦力. 利用润滑油以减少固体间的摩擦,就是这个道理.

### 6. 洛伦兹力

带电粒子在电磁场中受力由洛伦兹公式给出:

$$\boldsymbol{F} = q(\boldsymbol{E} + \boldsymbol{v} \times \boldsymbol{B}) \tag{2.3-9}$$

$q$ 和 $v$ 为粒子的电荷量和速度. 第一项是电场力,其中 $\boldsymbol{E}$ 是电场强度;第二项是磁场力(又称为洛伦兹力),其中 $\boldsymbol{B}$ 为磁感应强度.

文档:阿蒙东简介

## §2.4　牛顿运动定律的运用

### 1. 质点动力学的基本问题

质点动力学讨论的问题主要是物体(看成质点)周围的"环境"与物体运动的相互关系. 根据力的定律和牛顿运动定律,这又可以化为在一定的力作用下(包括一定初始条件),求解物体运动,以及根据物体的运动求其所受的力.

要由运动学方程求解物体(质点)的运动,必须知道作用在物体上的力及力与时间、物体的位置及速度的依赖关系,为此,可以将考察物体从周围环境中隔离出来,将其他物体(接触的和不接触的)对该物体的作用归结为力. 当作用在物体上的力知道后,便可求得加速度,运动方程的求解就变成已知加速度求物体运动的运动学问题. 不论力与位置、速度和时间成怎样的函数关系(从而加速度也成同样的函数关系),在一定的初始条件下,物体的位置与时间的关系总可以通过计算矢量的积分求得,但这种积分通常只能通过逐点的数值计算求得. 要求得解析形式的解,必须选择适当的坐标系,把运动方程写成分量的形式[例如(2.1-4)式、(2.1-5)式、(2.1-6)式],把矢量积分化为标量积分. 但由于数学上的困难,分量形式的解析解也不一定可以得到,只有在某些较简单的情况下,才能求出解析解. 我们将在有关例题中介绍这种求解过程.

当物体的运动规律即位矢与时间关系已知时,只要把位矢与时间关系直接代入运动方程,便可以求得作用于物体上的力. 这类问题比较简单,这里不再赘述.

在具体问题中,求运动和求力两类问题往往交织在一起,需要运用一定的技巧,才能从已知量中求出所需的未知量来.

### 2. 约束

当物体的运动受到某种限制时,其运动的求解将与不受限制的物体有所不同. 对物体运动的一定限制称为**约束**. 只对物体的空间位置施加限制的约束,称为几何约束,例如物体被限定在斜面上运动,物体被系于一端固定的不可伸长的绳索的另一端(此时物体只能在以固定端为中心的圆周或球面上运动)等. 几何约束是一种比较简单的约束. 受约束物体的运动的求解之所以与不受约束的物体不同,是因为受约束的物体将受到一种**约束反力**,这是约束物对物体所施的一种作用力,如沿斜面运动的物体受到的斜面支承力,系于绳上物体受到的绳的张力等. 从动力学角度看,约束力也就是与约束作用等效的一种作用力. 尽管约束力就其本质而言属弹性力,但这种力不可能事先知道,是一种被动力,必要时可由物体的运动去求得.

当物体作约束运动时,由于约束反力不能事先知道,给求解物体的运动增加了未知因素. 但是由于物体被约束在一定的几何位形上,它的位矢(坐标)就受到一定限制,这种限制常表现为各坐标之间一定的函数关系,这种函数关系常称为**约束方**

程,约束方程起了减少未知因素的作用,从而使运动的求解成为可能. 我们将在有
关例题中介绍几种常见的几何约束与相应的约束方程.

## 3. 例题

**例1**　一质量为 $m$ 的物块置于倾角为 $\theta$ 的固定斜面上,如图 2.4-1(a)所示. 物块与斜面间的静摩擦因数为 $\mu_0$,$\mu_0 < \tan \theta$. 现用一水平外力 $F$ 推物块,欲使物块不滑动,$F$ 的大小应满足什么条件?

图 2.4-1

**解:** 这是一个平衡问题. 平衡问题可看成动力学的特例,即合力为零的情形.

物块受重力 $mg$、水平外力 $F$、斜面的法向支承力 $F_N$ 及静摩擦力 $F_{f0}$ 四个力作用,如图 2.4-1(b)所示. 根据平衡条件,有

$$mg + F_N + F_{f0} + F = 0$$

取如图所示的坐标,考察即将下滑的情形,平衡方程的分量式为

$$F\cos\theta + F_{f0} - mg\sin\theta = 0 \tag{1}$$

$$F_N - F\sin\theta - mg\cos\theta = 0 \tag{2}$$

而

$$F_{f0} = \mu_0 F_N \tag{3}$$

由(1)式、(2)式和(3)式可解得

$$F = F_1 = \frac{\sin\theta - \mu_0\cos\theta}{\cos\theta + \mu_0\sin\theta}mg \tag{4}$$

即当作用力小于 $F_1$ 时,物块将下滑. 但 $F$ 也不能太大,因为物块还可以上滑. 当物体即将上滑时,平衡方程为

$$F\cos\theta - mg\sin\theta - \mu_0 F_N = 0 \tag{5}$$

$$F_N - mg\cos\theta - F\sin\theta = 0 \tag{6}$$

解此两式得

$$F = F_2 = \frac{\sin\theta + \mu_0\cos\theta}{\cos\theta - \mu_0\sin\theta}mg \tag{7}$$

即当 $F > F_2$ 时,物体上滑. 综合以上结果,物块不滑动的条件为

$$\frac{\sin\theta - \mu_0\cos\theta}{\cos\theta + \mu_0\sin\theta}mg < F < \frac{\sin\theta + \mu_0\cos\theta}{\cos\theta - \mu_0\sin\theta}mg$$

此例有两点值得指出:a. 静摩擦力 $F_{f0}$ 并不是一个定值,它可以取 $-\mu_0 F_N$ 到 $+\mu_0 F_N$ 之间的任一个值,究竟取何值,由具体情况而定,不要一提起静摩擦力,就套上 $F_{f0} = \mu_0 F_N$ 的公式. b. 斜面上的物体对斜面的正压力,也不能简单地套用 $mg\cos\theta$,而要由运动方程决定. 如本例中,$F$ 垂直于斜面的分力使正压力增大.

**例2** 锥摆.

一小球系于轻绳的一端,另一端固定,并使小球沿水平圆轨道运动.轻绳在空间画出一锥面,这一系统称为锥摆,如图 2.4-2 所示.

设摆线长为 $l$,小球质量为 $m$,欲使小球在锥体半顶角为 $\alpha$ 的圆周内作匀速圆周运动,给予小球的速度应为多少?

**解**:小球在水平面内运动,但作用于小球的张力 $F_T$ 和重力均在竖直平面内,在任何时刻,在 $F_T$、$mg$ 所在的平面内,力的分解如图 2.4-2 所示.由于小球在竖直方向没有运动,故有

$$F_T \cos \alpha - mg = 0 \qquad (1)$$

图 2.4-2 锥摆

图 2.4-3 锥摆中 $\omega$-$\alpha$ 关系图

在水平方向的分力正好是小球作圆周运动的向心力,即

$$F_T \sin \alpha = m \frac{v^2}{l \sin \alpha} \qquad (2)$$

由(1)式可知

$$F_T = \frac{mg}{\cos \alpha}$$

代入(2)式得

$$mg \frac{\sin \alpha}{\cos \alpha} = m \frac{v^2}{l \sin \alpha} \qquad (3)$$

即

$$v = \sin \alpha \sqrt{lg / \cos \alpha} \qquad (4)$$

对应的角速度为

$$\omega = \frac{v}{l \sin \alpha} = \sqrt{\frac{g}{l \cos \alpha}} \qquad (5)$$

$\omega$-$\alpha$ 的关系如图 2.4-3 中的曲线所示.

本题有两点值得指出:a. 由(5)式,当 $\alpha \to 0$ 时,$\omega = \sqrt{\dfrac{g}{l}}$,这与单摆的周期公式 $T = 2\pi \sqrt{\dfrac{l}{g}}$ 相一致.这是合理的,因为这时的锥摆运动其实是两个互相垂直的等幅单摆运动(振动)的合运动(参见第八章).但(5)式并不能代表 $\alpha = 0$ 时的解;因为当 $\alpha = 0$ 时,由(4)式 $v = 0$,于是 $\omega = \dfrac{v}{l \sin \alpha}$ 就是一个不确定的任意量,并不等于 $\sqrt{g/l}$,这对应于球绕着自身的轴以任意的角速度自转的情形(可设想绳与球一起自转,以免绳发生扭转).b. 解本题易犯的错误是沿着绳的方向去列小球的平衡方程,详见思考题 2.14,这里不再赘述.

**例 3** 阿特伍德机.

图 2.4-4 所示的装置称为阿特伍德机. 定滑轮的左、右两边原挂有质量均为 $m'$ 的物块,在右物块上又放有质量为 $m$ 的小物块. 忽略滑轮和绳的质量及轮轴上的摩擦,求左物块上升的加速度,$m$ 与 $m'$ 之间的作用力及支点 $A$ 所承受的力.

(a) 装置        (b) 受力图

图 2.4-4 阿特伍德机

**解**:本例开始考察互相关联的多个物体的运动. 把右物块 $m'$ 和小物块 $m$ 看成一个物体,设绳中张力为 $F_T$,画出左、右两物块的受力图(图 b),取左边向上、右边向下为正的竖直坐标,可对两物块分别列出下列运动方程:

左物块: $$F_T - m'g = m'a_1 \tag{1}$$

右物块和小物块: $$(m'+m)g - F_T = (m'+m)a_2$$

由于绳长为常量,左物块上升的距离必等于右物块下降的距离,由此可得约束方程:

$$a_1 = a_2$$

故上式变为 $$(m'+m)g - F_T = (m'+m)a_1 \tag{2}$$

与(1)式相加,得 $$mg = (2m'+m)a_1$$

故 $$a_1 = \frac{m}{2m'+m}g \tag{3}$$

为求出 $m$ 与 $m'$ 间的作用力,可将 $m$ 隔离出来,画出受力图(图 b),对它列出运动方程. 设 $m'$ 与 $m$ 间的相互作用力 $F_N$ 和 $F_N'$ 大小都是 $F_N$,但方向相反,则有

$$mg - F_N = ma_1$$

因此, $$F_N = m(g - a_1) = mg\left(1 - \frac{m}{2m'+m}\right)$$

$$= \frac{2m'm}{2m'+m}g \tag{4}$$

$A$ 点所受的支承力为

$$F = 2F_T$$

由左物块的运动方程及 $a_1$ 的表示式(3),

$$F_T = m'(g + a_1) = m'g\left(1 + \frac{m}{2m'+m}\right)$$

$$= \frac{2(m'+m)}{2m'+m} m'g$$

故

$$F = 2F_T = \frac{4(m'+m)}{2m'+m} m'g \tag{5}$$

本例中有两点值得指出:a. 当把 $m'$ 与 $m$ 看成一个物体时,$F_N$ 是内力,不出现在运动方程中. 要求出 $F_N$,必须把 $m$(或 $m'$)隔离,这样,原来的内力就成了外力,出现于运动方程中. b. A 点的支承力并不等于三物体的重量之和,这一点往往被忽视. 这是由于三个物体在作加速运动的缘故.

阿特伍德机是阿特伍德(G.Atwood,1746—1807)为研究落体定律而发明的一种著名装置,它与伽利略所用的斜面一样,具有减小落体加速度的作用,使实验易于观测.

例4 一质量为 $m_1$ 的木块静置于质量为 $m_2$、倾角为 $\theta$、高为 $h$ 的直角劈的顶部,劈置于水平面上. 已知所有的接触面都是光滑的,求木块 $m_1$ 相对斜面的加速度(图 2.4-5).

图 2.4-5                     图 2.4-6  $m_1$ 和 $m_2$ 的受力图

解:本题涉及两个质点的运动. $m_2$ 和 $m_1$ 的受力图如图 2.4-6 所示,其中 $\boldsymbol{F}_N$ 与 $\boldsymbol{F}_N'$ 的大小都是 $F_N$. 如图 2.4-5 建立坐标系,则对 $m_1$ 有下列运动方程:

$$m_1\ddot{x}_1 = -F_N \sin\theta \tag{1}$$

$$m_1\ddot{y}_1 = F_N \cos\theta - m_1 g \tag{2}$$

对 $m_2$:

$$m_2\ddot{x}_2 = F_N \sin\theta \tag{3}$$

$$m_2\ddot{y}_2 = 0 = F_R - F_N \cos\theta - m_2 g \tag{4}$$

$m_1$ 的坐标 $x$、$y$ 与 $m_2$ 的坐标 $x_2$ 间还有约束联系. 由于 $m_1$ 只能在斜面上运动,由图 2.4-5 可得约束方程:

$$y = (x_1 - x_2)\tan\theta \tag{5}$$

若不涉及 $F_R$,可以暂时不考虑(4)式,由(1)式、(2)式、(3)式和(5)式即可求出 $\ddot{x}_1$、$\ddot{y}_1$、$\ddot{x}_2$ 和 $F_N$. 略去计算过程,可得

$$F_N = \frac{m_1 m_2 g\cos\theta}{m_1 \sin^2\theta + m_2}$$

$$\ddot{x}_2 = \frac{m_1 \sin\theta\cos\theta}{m_1 \sin^2\theta + m_2} g \tag{6}$$

$$\ddot{x}_1 = -\frac{m_2 \sin\theta\cos\theta}{m_1 \sin^2\theta + m_2} g$$

$$\ddot{y}_1 = -\frac{(m_2+m_1)\sin^2\theta}{m_1\sin^2\theta+m_2}g$$

本题要求 $m_1$ 相对斜面的加速度,根据上章 §1-6 的(1.6-6)式,

$$a' = a - a_f$$

故有

$$\ddot{x}' = \ddot{x}_1 - \ddot{x}_2 = -\frac{(m_2+m_1)\sin\theta\cos\theta}{m_1\sin^2\theta+m_2}g \tag{7}$$

$$\ddot{y}' = \ddot{y}_1 = -\frac{(m_2+m_1)\sin^2\theta}{m_1\sin^2\theta+m_2}g$$

$a'$ 的方向显然沿斜面,大小为

$$|a'| = \sqrt{\ddot{x}'^2 + \ddot{y}'^2} = \frac{(m_2+m_1)\sin\theta}{m_1\sin^2\theta+m_2}g \tag{8}$$

本题求解过程比较复杂,在 §2.6 中,我们将用另一种方法来解本题.

**例5** 质量为 $m_1$、长为 $l$ 的均匀绳索在光滑的水平面上以角速度 $\omega$ 绕其一端匀速旋转,在其自由端系有一质量为 $m_2$ 的小球,求绳索中各点的张力(图 2.4-7).

**解:** 本例考察质量连续分布物体(绳索)的运动. 这种物体的运动不能直接用牛顿运动定律求解,因为绳索各部分运动情况不同,不能看成一个质点. 但只要把绳索分割成许多小段,使每段的长度 $\Delta r$ 很小,可作质点处理. 这就要用到微分概念. 对于连续分布的系统,这种方法是常用的. 小球仍可以视为质点.

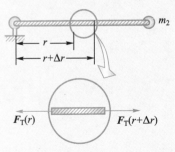

考察到中心距离为 $r\sim r+\Delta r$ 的一小段绳索(如图). 它受左、右两边张力的作用,左边的张力为 $F_T(r)$,右边的张力为 $F_T(r+\Delta r)$,对该段绳索列运动方程,有

$$F_T(r) - F_T(r+\Delta r) = \frac{m_1}{l}\Delta r \cdot \omega^2 r \tag{1}$$

当 $\Delta r$ 很小时,$F_T(r) - F_T(r+\Delta r) = -\dfrac{\mathrm{d}F_T}{\mathrm{d}r}\Delta r$,上式变为

$$\mathrm{d}F_T = -\frac{m_1}{l}\omega^2 r\mathrm{d}r$$

**图 2.4-7　旋转绳索**

对上式从 $r$ 到 $l$ 求和即积分,得

$$F_T(l) - F_T(r) = -\frac{m_1\omega^2}{2l}(l^2-r^2) \tag{2}$$

但

$$F_T(l) = m_2\omega^2 l$$

代入(2)式,得

$$F_T(r) = \frac{m_1\omega^2}{2l}(l^2-r^2) + m_2\omega^2 l \tag{3}$$

可见张力是 $r$ 的函数,越近固定端点的张力越大.

通过本题的求解可以看出,对有质量的绳索,当绳索作加速运动时,绳索各部分的张力并不相等. 在许多问题中,一般总认为绳索各处张力相同,那是忽略绳索质量或绳索无加速度(如静止)的情况. 例如本题中若认为

$m_1 = 0$, 张力 $F_T$ 就变为常量 $m_2\omega^2 l$ 了.

本题的运算过程表明, 尽管我们不能直接用运动定律求出有质量的绳索中的张力, 但应用微积分, 我们可求得绳索中张力的微分所满足的方程, 然后, 用积分即可求出张力本身.

**例 6** 有空气阻力时的斜抛运动.

如果空气阻力不能忽略, 并设阻力与速度成正比, 求抛射体的运动. 设抛射体初速度的大小为 $v_0$, 方向与地面成 $\theta$ 角.

**解:** 由于阻力的存在, 物体的加速度不再为常量 $\boldsymbol{g}$. 既然阻力与速度成正比, 可设加速度

$$\boldsymbol{a} = \boldsymbol{g} - \alpha\boldsymbol{v} \tag{1}$$

式中 $\alpha$ 为大于零的常量, $\alpha$ 前的负号表示阻力引起的加速度总是与速度反方向. 取 $x$ 轴沿水平方向, $y$ 轴竖直向上, 并使 $x$-$y$ 平面包含初速 $\boldsymbol{v}_0$, 将 $\boldsymbol{a}$ 写成分量式:

$$a_x = -\alpha v_x \tag{2}$$

$$a_y = -g - \alpha v_y \tag{3}$$

由于 $a_x$、$a_y$ 与时间的关系未知, 不能直接将 (2) 式和 (3) 式代入 (1.4-11) 式和 (1.4-12) 式求解抛体的运动. 但抛体运动的解仍是可以得到的. 现在, 加速度的 $x$ 分量 ($y$ 分量) 仅与速度的 $x$ 分量 ($y$ 分量) 有关, 我们可以求出物体速度的 $x$ 分量从 $v_{0x}$ 变化为 $v_x$ 所经历的时间. 由于 $a_x = \mathrm{d}v_x / \mathrm{d}t$, $v_x$ 增加为 $v_x + \Delta v_x$ 所需的时间 $\Delta t = \Delta v_x / a_x$, 于是从 $v_{0x}$ 变化为 $v_x$ 所需的时间 $t$ 就是 $\sum_i \Delta t_i = \sum_i \Delta v_{xi} / a_{xi}$. 由于 $a_x$ 是 $v_x$ 的函数, 此和可以求出. 求得了这一时间, 就是求得了物体速度的 $x$ 分量为 $v_x$ 时的时刻 $t$, 这也就是知道了 $v_x(t)$. 同理可求得 $v_y(t)$. 用微分语言表述, 就是 $a_x = \mathrm{d}v_x / \mathrm{d}t$, 于是 $\mathrm{d}t = \mathrm{d}v_x / a_x$, 从而

$$t = \int \mathrm{d}t = \int_{v_{0x}}^{v_x} \frac{\mathrm{d}v_x}{a_x} = \int_{v_{0x}}^{v_x} -\frac{\mathrm{d}v_x}{\alpha v_x}$$

或

$$\int_{v_{0x}}^{v_x} \frac{\mathrm{d}v_x}{v_x} = \int_0^t -\alpha \mathrm{d}t$$

两边积分, 得

$$\ln(v_x / v_{0x}) = -\alpha t$$

即

$$v_x = v_{0x}\mathrm{e}^{-\alpha t} = v_0 \cos\theta\, \mathrm{e}^{-\alpha t} \tag{4}$$

可见, 由于空气阻力的存在, $x$ 方向的速度不再是常量, 而随时间逐渐衰减. 由 $v_x = \dfrac{\mathrm{d}x}{\mathrm{d}t}$ 再积分, 并将 $t = 0$ 时 $x = 0$ 代入, 得

$$x = \frac{v_{0x}}{\alpha}(1 - \mathrm{e}^{-\alpha t}) = \frac{v_0 \cos\theta}{\alpha}(1 - \mathrm{e}^{-\alpha t}) \tag{5}$$

同理, 由 (3) 式, 得

$$\frac{\mathrm{d}v_y}{\dfrac{g}{\alpha} + v_y} = -\alpha \mathrm{d}t$$

积分, 得

$$\ln\left(\frac{g}{\alpha}+v_y\right)\bigg|_{v_{0y}}^{v_y}=-\alpha t$$

将 $t=0$ 时 $v_y=v_{0y}=v_0\sin\theta$ 代入,得

$$v_y=\left(v_0\sin\theta+\frac{g}{\alpha}\right)\mathrm{e}^{-\alpha t}-\frac{g}{\alpha} \tag{6}$$

可见,$y$ 方向的速度也不再是匀减速的. 为便于看清 $v_y$ 与时间的关系,我们来看一下当 $\alpha$ 很小时 $v_y$ 的近似表示式. 当 $\alpha$ 很小时,$\mathrm{e}^{-\alpha t}\approx1-\alpha t$,代入上式,得

$$v_y=v_0\sin\theta-gt-\alpha v_0\sin\theta\cdot t \tag{7}$$

可见,由于阻力的存在,$y$ 方向的速度也比 $v_0\sin\theta-gt$ 小了. 再将未取近似前的 $v_y$ 表示式(6)对时间积分,并注意到 $t=0$ 时 $y=0$,得

$$y=\frac{1}{\alpha}\left(v_0\sin\theta+\frac{g}{\alpha}\right)(1-\mathrm{e}^{-\alpha t})-\frac{g}{\alpha}t \tag{8}$$

不难看出,有阻力时的实际轨道将比理想轨道向左下方偏离,如图 2.4-8 所示. 至于射高和射程,也可以从上面结果求得,由于计算较繁,这里不再赘述.

当抛体速度较大时,阻力将与速度的平方成正比,抛体运动的轨道将偏离理想轨道更大,这里不讨论这种情形.

图 2.4-8　空气阻力对抛体运动的影响

## §2.5　力学相对性原理和伽利略坐标变换

### 1. 力学相对性原理

上节曾讲到,牛顿第一定律在其中成立的参考系称为惯性系. 在惯性系中,牛顿运动定律成立. 经验表明,惯性系不止一个. 一旦找到了一个惯性系,我们就可以同时找到许多与之等效的惯性系. 例如地球是一个不错的惯性系,在地球上牛顿运动定律成立. 而在平稳行驶的船或车中,牛顿运动定律也照样成立;在船上和车上所发生的一切力学现象几乎跟地球上的无法区别. 因而,任一相对已知惯性系作匀速直线运动的参考系也是惯性系. 在任何惯性系中,力学定律具有相同的形式. 这一原理称为**力学相对性原理**.

伽利略首先对这一原理作了详细的描述. 他在《关于托勒密和哥白尼两大世界体系的对话》中,详细记载了在船上观察到的力学现象:"只要运动是匀速的……你无法从其中任何一个现象来确定船是在运动还是停着不动……你跳向船尾也不会比跳向船头来得远,虽然你跳在空中时,脚下的船底板向着你跳的相反方向移动. 你把不论什么东西扔给你的同伴时,如果你的同伴在船头而你在船尾,你所用的力并不比你们两个站在相反位置时所用的力更大. 水滴将像先前一样,滴进下面的罐子,一滴也不会滴向船尾,虽然水滴在空中时,船已行驶了相当距离……"故通常又把力学相对性原理称为**伽利略相对性原理**. 不过伽利略并没有提出相对性原理这

一名称. 历史上,是惠更斯首先应用这一原理并把它看成力学的基本规律的. 我国两汉成书的《春秋纬·考灵曜》中也早已有类似的记载:"地恒动不止,而人不知,比如人在大舟中,闭牖而坐,舟行不觉也".

### 2. 伽利略坐标变换

力学相对性原理意味着,在不同的惯性系之间必定存在一种坐标变换,这种变换保证力学定律在一切惯性系中具有相同的形式. 这种坐标变换很容易从相对运动的相互关系中得到. 根据 §1.6 的讨论,若参考系 S′ 相对惯性参考系 S 以速度 $u$ 作匀速直线运动,在 $t=0$ 时刻,两坐标系的原点重合,则同一物体相对 S′ 系和 S 系的位矢 $r'$ 和 $r$ 的关系为

$$r' = r - ut \tag{2.5-1}$$

如果加上时间的变换关系:

$$t' = t \tag{2.5-2}$$

(2.5-1)式和(2.5-2)式即构成两个相互作匀速直线运动的参考系之间的坐标变换. 通常把这种坐标变换称为**伽利略变换**. 为简单起见,常取 $u$ 的方向为 $x$ 轴方向,并使 S′ 系与 S 系的 $x'$、$x$ 轴重合,$y'$、$z'$ 分别与 $y$、$z$ 轴平行,则变换关系的分量形式成为

$$\begin{cases} x' = x - ut \\ y' = y \\ z' = z \\ t' = t \end{cases} \tag{2.5-3}$$

上式即伽利略坐标变换的通常形式. 由伽利略变换很容易证明,同一物体的加速度在 S 系和 S′ 系中相等,即

$$a' = a \tag{2.5-4}$$

这就导致如果第一定律在 S 系中成立,则在 S′ 系中也成立的结论. 因而 S′ 系也是惯性系. 在牛顿力学范围内,物体的质量是不变量,而力的定律中,力几乎都表现为物体相对位置的函数或相对速度的函数,相对位置和相对速度在伽利略变换下又是不变的,所以 $F$、$m$、$a$ 各量在不同的惯性系中保持不变,这就导致牛顿运动定律在任何惯性系内具有相同形式的结论. 可见,伽利略变换与力学相对性原理是一致的. 事实上,通常所谓的伽利略变换正是指两个惯性系之间的坐标变换.

### 3. 例题

力学相对性原理及伽利略变换为解决某些力学问题带来了方便. 有时一个问题在某一个惯性参考系中考察比较复杂,而在另一个惯性参考系中考察却比较简单,于是只要变换一下参考系,问题就迎刃而解了. 下面看两个例子.

**例 1** 一汽车轮子在地面上以速度 $u$ 匀速滚动. 在某一瞬时,一小石块轻轻地掉在轮的顶部,随即与轮一起运动,设石块与轮子的静摩擦因数 $\mu_0=1$,问轮子滚过多少距离后石块将开始滑动? 设轮子的半径为 $R$.

**解**：本题可不考虑石块对轮子运动的影响. 如果取地面为参考系, 石块的运动比较复杂, 滑动的条件也难以判断. 如果取与轮子中心一起运动的平动参考系, 问题就简单得多了. 在此参考系(也是惯性系)中轮子只作转动.

当石块随车轮转过 $\theta$ 角时(图 2.5-1), 作用于石块的三个力: 重力 $mg$, 轮的支承力 $F_N$ 和摩擦力 $F_f$. 石块的切向和法向运动方程分别为

$$mg\sin\theta - F_f = 0 \qquad (切向) \tag{1}$$

$$mg\cos\theta - F_N = m\omega^2 R \quad (法向) \tag{2}$$

式中 $m$ 为石块质量, $\omega$ 为轮子转动角速度. 随着 $\theta$ 的增大, $mg\sin\theta$ 增大, 当 $mg\sin\theta$ 增大到等于最大静摩擦力时, 石块开始滑动, 此时, 应有

$$F_f = \mu_0 F_N = F_N \tag{3}$$

由(3)式及(1)式、(2)式即得

$$mg\sin\theta = F_N = mg\cos\theta - m\omega^2 R$$

$$\cos\theta - \sin\theta = \frac{\omega^2 R}{g}$$

利用 $\cos\theta = \sin\left(\theta + \dfrac{\pi}{2}\right)$ 及 $\sin\alpha - \sin\beta = 2\sin\dfrac{1}{2}(\alpha - \beta) \cdot \cos\dfrac{1}{2}(\alpha + \beta)$, 不难求得

$$\theta = \arccos\left(\frac{1}{\sqrt{2}}\frac{\omega^2 R}{g}\right) - \frac{\pi}{4}$$

但由滚动条件, $\omega R = u$, 故

$$\theta = \arccos\left(\frac{1}{\sqrt{2}}\frac{u^2}{Rg}\right) - \frac{\pi}{4}$$

图 2.5-1　车轮上的石块

轮子所滚过的距离为

$$s = \theta R = R\arccos\left(\frac{1}{\sqrt{2}}\frac{u^2}{Rg}\right) - \frac{\pi R}{4}$$

**例 2**　水平放置的平板以恒定速度 $\boldsymbol{u}$ 向东运动, 板上一木块以初速度 $\boldsymbol{v}_0$ 朝北(相对地球而言)出射, 设木块与板的摩擦因数为 $\mu$, 求木块在板上停止滑动时的位置.

**解**：取 $x$ 轴向东, $y$ 轴向北, 木块出射处为原点. 相对地球参考系, 木块的运动相当复杂, 因为木块所受摩擦力的方向不易确定(与相对速度反向, 从而与待求的木块速度有关, 读者可自行分析一下木块相对地球运动的大致情况). 但若取板为参考系, 并取板参考系的 $x'$、$y'$ 坐标轴与 $x$、$y$ 轴平行, $t = 0$ 时两原点重合, 则木块在水平方向只受摩擦力作用, 摩擦力方向与木块相对板的速度方向相反, 所以木块在板上作匀减速直线运动, 从而问题大大简化.

木块相对板的初速(图 2.5-2)：

$$\boldsymbol{v}_0' = \boldsymbol{v}_0 - \boldsymbol{u} = -u\boldsymbol{i} + v_0\boldsymbol{j} \tag{1}$$

$$v_0' = \sqrt{v_0^2 + u^2} \tag{2}$$

设木块在板上的运动路程为 $s$, 则

$$s = v_0't - \frac{1}{2}\frac{\mu mg}{m}t^2 = v_0't - \frac{\mu g}{2}t^2 \tag{3}$$

而木块在板上停止滑动的条件为

$$v' = v_0' - \mu g t = 0$$

图 2.5-2　木块相对
平板的速度

即

$$t = \frac{v_0'}{\mu g}$$

代入(3)式得

$$s = \frac{1}{2} \frac{v_0'^2}{\mu g}$$

由此,停止时的 $x'$、$y'$ 坐标为

$$x' = -s\cos\theta = -\frac{v_0'^2}{2\mu g} \cdot \frac{u}{v_0'} = -\frac{v_0' u}{2\mu g}$$

$$y' = s\sin\theta = \frac{v_0'^2}{2\mu g} \cdot \frac{v_0}{v_0'} = \frac{v_0' v_0}{2\mu g}$$

(4)

相对于 $Oxy$ 坐标系的坐标,由伽利略变换(2.5-3)式,得

$$x = x' + ut = -\frac{v_0' u}{2\mu g} + u \frac{v_0'}{\mu g} = \frac{u v_0'}{2\mu g} = \frac{u \sqrt{u^2 + v_0^2}}{2\mu g}$$

$$y = y' = \frac{v_0 v_0'}{2\mu g} = \frac{v_0 \sqrt{u^2 + v_0^2}}{2\mu g}$$

(5)

读者不难求得木块位置 $(x, y)$ 与时间的关系.

## §2.6 非惯性系与惯性力:平动加速系中的平移惯性力

牛顿定律只在惯性系中成立. 但是,有时需要考察物体相对非惯性系的运动,例如相对加速行驶着的火车,或相对转动着的离心机的运动等. 严格地说,地球也是非惯性系,物体相对地球的运动也是相对非惯性系的运动. 如何处理这类问题? 当然可以先在惯性系中用牛顿运动定律考察物体的运动,然后用相对运动的公式把它变换到非惯性系中,求得物体在非惯性系中的运动. 但这样做有时很麻烦. 下面的讨论指出,只要引进适当的惯性力,就可以在非惯性系中用牛顿运动定律求解物体的运动. 本节先讨论非惯性系相对惯性系作平动的情形.

### 1. 平移惯性力

设想一小球静置于原来静止的火车内的光滑台面上. 当火车沿直轨道加速前进时,小球将相对火车加速后退(图 2.6-1). 这一现象对相对地面静止的观察者来说完全符合牛顿运动定律,因球在水平方向不受力,当火车加速前进时它仍应相对地面静止,故相对火车加速后退. 但在火车上的观察者看来,小球在水平方向不受力,却向后加速,这是不符合牛顿运动定律的. 但如果设想小球受到一个与火车的加速度 $\boldsymbol{a}_f$ 方向相反的,大小为 $m a_f$($m$ 为小球质量)的假想的力(虚拟力)$\boldsymbol{F}_i = -m\boldsymbol{a}_f$ 的作用,则小球的运动就符合牛顿运动定律了.

设想将此小球系于弹簧一端,弹簧另一端固定在车厢前壁(图 2.6-2). 当火车以加速度 $\boldsymbol{a}_f$ 前进时,小球将相对火车后退,同时拉伸弹簧. 当让弹簧拉伸到适当长

度时,可使小球相对台面静止. 在地面上的观察者看来,这时小球受弹簧拉力而与火车一起加速前进,符合牛顿运动定律;但在火车上的观察者看来,小球受向前的弹簧拉力,却静止不动,不符合牛顿运动定律. 但如设想小球除受弹簧拉力外还受一虚拟力 $F_i = -ma_f$ 的作用,小球的运动又符合牛顿运动定律了.

图 2.6-1　置于加速前进火车中的
光滑平台上的球相对地球静止,
相对火车加速后退

图 2.6-2　受弹簧拉力的小
球相对火车静止,相对
地球作加速运动

我们可以应用相对运动的原理对此作更一般的描述. 如果物体在加速参考系 S′ 中的加速度为 $a'$,而物体相对惯性系 S 的加速度为 $a$,设物体受力 $F$,则在惯性系 S 中物体的运动满足牛顿运动定律,即

$$F = ma$$

但因 $a' \neq a$,在 S′ 系看来,物体的运动不满足牛顿运动定律,即

$$F \neq ma'$$

为了在形式上用牛顿运动定律解释物体在 S′ 系中的运动,必须认为物体除了受真实力 $F$ 的作用外,还受一虚拟力 $F_i$ 的作用. 在真实力 $F$ 和虚拟力 $F_i$ 共同作用下,物体的运动仍满足牛顿运动定律. 这就是说,在非惯性系中,有

$$F + F_i = ma' \tag{2.6-1}$$

虚拟力

$$F_i = ma' - F = ma' - ma \tag{2.6-2}$$

在非惯性系中,为了在形式上用牛顿运动定律解释物体的运动而引进的虚拟力常称**惯性力**. 在非惯性系相对惯性系作平动的情况下(直线加速是其特例),若其加速度为 $a_f$,则 $a = a' + a_f$,这时

$$F_i = -ma_f \tag{2.6-3}$$

称为**平移惯性力**. 真实力与惯性力的合力常称**表观力**,记为 $F_{eff}$,于是(2.6-1)式又可以写为

$$F_{eff} = ma' \tag{2.6-1a}$$

(2.6-2)式又可以写为

$$F_i = F_{eff} - F \tag{2.6-2a}$$

惯性力总是与物体的惯性质量成正比,在这一点上跟与引力质量成正比的引力有相似之处. 在分析力学问题时,可将惯性力与引力等效,即将惯性力当作另一个引力处理. 这往往大大方便非惯性系中力学问题的分析和求解. 但惯性力与真实力不同,惯性力不是物体与物体间的相互作用,它没有施力物体,因而也没有反作用力. 此外,平移惯性力仅取决于非惯性系相对惯性系的加速度,与物体所在位置

及其运动状态无关.

## 2. 潮汐现象

每日两次的涨潮、落潮,是海水既受太阳(和月亮)的引力作用,又在作公转的地球这一非惯性系中受惯性力作用的结果.

忽略地球自转对海水产生的黏性力,可以在以地球中心为原点,以指向太空的固定方向为坐标轴的坐标系(也是参考系)上来考察海水的受力情况. 这是一个平动加速参考系,其加速度即地球中心的公转加速度,以 $a_f$ 表示这加速度,其方向指向太阳,大小取决于地球中心与太阳中心的距离.

现来考察该坐标系上 $A$、$B$、$C$、$D$ 四点处海水的受力情况[图 2.6-3(a)]. 先不考虑重力,在 $A$ 点,海水受太阳引力 $F_A$ 和惯性力 $F_{iA}$ 的作用,两者方向相反. 由于 $A$ 点离太阳比地球中心离太阳近(相差一个地球半径的距离),而 $F_{iA}$ 的大小恰为同质量的海水在地球中心所受太阳的引力,所以 $|F_A| > |F_{iA}|$,$A$ 点的海水受向左方向的表观力.

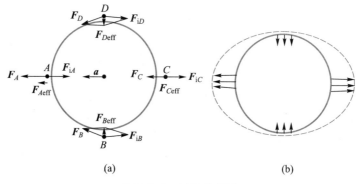

图 2.6-3 潮汐的成因

$C$ 点的情况正与 $A$ 点相反,$|F_C| < |F_{iC}|$,海水受向右方向的表观力.

$D$ 点海水所受引力 $F_D$ 与惯性力 $F_{iD}$ 大小几乎相等($F_D$ 略小于 $F_{iD}$),但方向略有差异,故合成的表观力向下,但其大小比 $A$ 点、$C$ 点的表观力小.

$B$ 点的情况与 $D$ 点相仿,表观力向上.

地球表面各点的海水所受表观力的大致分布如图 2.6-3(b)所示. 在重力和上述表观力的共同作用下,最后使海水表面呈图中虚线所示的形状. 当地球自转一周时,地球上任一点(两极除外)的海面高度将有两次涨落变化(经过 $A$、$C$ 及附近区域时出现涨潮,经过 $B$、$D$ 及附近区域时出现落潮).

以上讨论中没有涉及月球的引力作用. 实际上,由于月球离地球较近,由地球半径这一距离差造成的引力改变更可观,故它对潮汐的作用比太阳更大.

## 3. 厄特沃什实验

前面已经提到,利用惯性力与惯性质量成正比的性质,匈牙利物理学家厄特沃什在 1908 年完成了一个证明引力质量与惯性质量成正比的令人信服的实验. 20 世纪 60 年代狄克与他的合作者在厄特沃什的基础上,对实验的方法和技术进行了改进. 这里简单介绍一下狄克的实验.

图 2.6-4 是这一实验的装置示意图. 不同质量的物体 A 和 B 系在一根棒的两端,并用细丝将棒水平地悬挂起来,构成一个扭秤. 由于地球绕太阳公转,在地球这一非惯性系中,A、B 不仅要受到太阳的引力 **F** 的作用,而且要受到惯性力 **F**$_i$ 的作用,其中 F 与引力质量成正比,$F_i$ 与惯性质量成正比. 设想扭秤位于地球北极,太阳在水平方位,若取 A、B 两物体的引力质量相等,则 $F_A = F_B$. 如果引力质量与惯性质量不成正比,就有 $F_{iA} \neq F_{iB}$,于是扭秤就要受一个合力矩作用. 随着地球的自转,太阳表观方位发生变化,此力矩以 24 h 为周期而变化,从而将使扭秤以相同周期而摆动. 狄克的实验在 $10^{-11}$ 的相对精度内未观察到扭秤的周期性偏转,由此证明引力质量

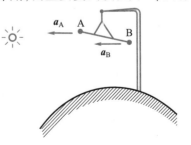

图 2.6-4 厄特沃什实验(狄克所做)示意图

与惯性质量在 $10^{-11}$ 的精度上成正比. 20 世纪 70 年代又有人重做厄特沃什实验,并使精度提高到 $10^{-13}$.

### 4. 例题

**例 1** 试用非惯性系观点解 §2.4 例 4.

**解**:直角劈向后加速,如果将参考系取在劈上,木块除受真实力 $F_N$ 和 $m_1g$ 外,还受惯性力 $F_i = -m_1 a_f$,这里 $a_f$ 是劈相对地面的加速度(图 2.6-5). 而劈的运动仍可以地面为参考系来考察. $m_1$ 和 $m_2$ 的受力情况分别如图 2.6-5(b)、(c)所示. 劈的运动方程(水平方向)为

$$F_N \sin \theta = m_2 a_f \tag{1}$$

(a) 系统示意图 　　　 (b) $m_1$ 的受力图 　　　 (c) $m_2$ 的受力图

图 2.6-5

取 $x'$ 沿斜面,$y'$ 垂直于斜面. 在 $O'x'y'$ 参考系里,木块的运动方程为

$$m_1 a_f \cos \theta + m_1 g \sin \theta = m_1 \ddot{x}' \tag{2}$$

$$F_N + m_1 a_f \sin \theta = m_1 g \cos \theta \tag{3}$$

现在不再需要约束方程. 由(1)式、(3)式消去 $F_N$,即得

$$a_f = \frac{m_1 g \sin \theta \cos \theta}{m_1 \sin^2 \theta + m_2}$$

代入(2)式,即得

$$\ddot{x}' = a_f\cos\theta + g\sin\theta = \frac{(m_1+m_2)\sin\theta}{m_1\sin^2\theta + m_2}g \tag{4}$$

结果与§2.4例4相同. 同学不妨用惯性力与引力等效原理求解本题,加深对此等效原理的理解.

**例2** 一双摆系统由摆长各为 $a$、$b$ 的轻绳和质量各为 $m_1$、$m_2$ 的两质点组成,如图2.6-6(a)所示. 当双摆处于平衡位置(竖直下垂)时,突然给 $m_1$ 一水平冲力,使之具有速度 $\boldsymbol{v}$,试求此时两段绳子的张力 $F_{T1}$ 与 $F_{T2}$.

**解:** 在该瞬时, $m_1$ 虽具有速度 $\boldsymbol{v}$ (设为向右),尚未发生明显位移, $m_2$ 则既无速度又无位移,两段绳索仍处于竖直下垂状态. 这时, $m_1$ 正绕悬挂点作圆周运动,有向上的加速度 $v^2/a$,其运动方程为

$$F_{T1} - F_{T2} - m_1 g = m_1 v^2/a \tag{1}$$

在地球参考系中, $m_2$ 虽无位移和速度,但有向上的加速度,其运动方程为

$$F_{T2} - m_2 g = m_2 \ddot{x}_2 \tag{2}$$

$\ddot{x}_2$ 可以由约束关系求得. 设想经短时间 $t$, $m_1$ 将向右位移 $vt$,由于绳不可伸长, $m_2$ 将向上位移 $x_2$,由图2.6-6(b)不难看出:

$$x_2 = a - \sqrt{a^2 - v^2 t^2} + b - \sqrt{b^2 - v^2 t^2}$$

因 $vt \ll a, b$,将上式按级数展开,保留小量 $v^2 t^2/a^2$ 的一次方,得

$$x_2 = \frac{v^2 t^2}{2}\left(\frac{1}{a} + \frac{1}{b}\right)$$

设想 $m_2$ 自静止开始作匀加速直线运动,由上式,其加速度 $\ddot{x}_2 = v^2\left(\dfrac{1}{a} + \dfrac{1}{b}\right)$,代入(2)式得

$$F_{T2} - m_2 g = m_2 v^2\left(\frac{1}{a} + \frac{1}{b}\right) \tag{3}$$

由此得

$$F_{T2} = m_2 g + m_2\frac{v^2}{a} + m_2\frac{v^2}{b}$$

代入(1)式,得

$$F_{T1} = (m_1+m_2)g + (m_1+m_2)\frac{v^2}{a} + m_2\frac{v^2}{b}$$

如果在与 $m_1$ 相对静止的平动参考系中考察, $m_2$ 以 $v$ 向左运动,绕 $m_1$ 作圆周运动,其向心加速度为 $v^2/b$,方向向上. 但与 $m_1$ 相对静止的平动参考系是非惯性系,相对地面具有向上的加速度 $v^2/a$,故 $m_2$ 除受真实力 $F_{T2}$ 和 $m_2 g$ 外,还受向下的惯性力 $m_2 v^2/a$ 的作用, $m_2$ 的运动方程为

$$F_{T2} - m_2 g - m_2\frac{v^2}{a} = m_2\frac{v^2}{b}$$

其实此即上面的(3)式. 可见,本题在与 $m_1$ 相对静止的非惯性系中考察,比在地球参考系中考察简便得多.

图 2.6-6

(a)          (b)

## §2.7　非惯性系与惯性力：匀速转动系中的离心力和科里奥利力

### 1. 离心力

#### （1）离心力

根据(1.6-10)式，在匀速转动参考系 S′ 的加速度 $a'$ 可表达为

$$a' = a - \omega \times (\omega \times r') - 2\omega \times v' \tag{2.7-1}$$

其中，$a$ 为惯性参考系 S 中的加速度，$\omega$ 为 S′ 参考系相对于 S 参考系转动的角速度。S、S′ 两个参考系的原点重合。

上述公式两边乘以 $m$，则

$$
\begin{aligned}
ma' &= ma - m\omega \times (\omega \times r') - 2m\omega \times v' \\
&= ma - m\omega \times (\omega \times r') + 2mv' \times \omega
\end{aligned}
\tag{2.7-2}
$$

等式右边第一项对应质点受到的真实力，第二项对应于离心力，第三项对应于科里奥利力。于是如果在匀速转动参考系 S′ 中形式上仍要用牛顿第二定律分析力学问题，除了考虑真实力外，还需考虑两个惯性力，即离心力与科里奥利力。如果质点在 S′ 参考系静止不动，则只需考虑一个惯性力，即离心力。因为科里奥利力为 $2mv' \times \omega$，$v'$ 为 S′ 中质点的速度。与平移惯性力不同，离心力与物体所在位置有关，如图 2.7-1 所示.

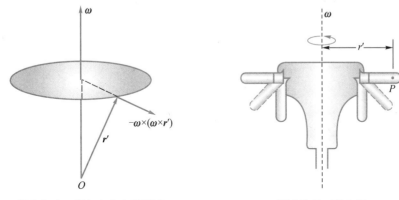

图 2.7-1　离心力方向的确定　　　　图 2.7-2　离心机

#### （2）离心机原理

离心机可用来分离不同密度的各种物质，如油脂、生物制品和各种同位素. 离心机的原理可用转动参考系中的离心力来说明.

离心机的构造如图 2.7-2 所示. 当它绕竖直轴高速旋转时，原处于竖直位置的盛有待分离溶液的试管因受离心力而逐渐倾斜，直至近于水平. 这时处于管内的溶质颗粒 P 将受向外的离心力和向中心的浮力共同作用，设颗粒密度为 $\rho_P$，液体密度为 $\rho_V$，颗粒球的半径为 $r_a$，则颗粒所受向外合力 $F$ 为

$$F = \frac{4}{3}\pi r_a^3 (\rho_P - \rho_V)\omega^2 r'$$

当 $\rho_P < \rho_V$ 时,此力指向中心,$\rho_P > \rho_V$ 时,背离中心. 而在重力场中,溶质颗粒在溶液内受到的向下的合力为

$$F_0 = \frac{4}{3}\pi r_a^3 (\rho_P - \rho_V)g$$

两者之比为

$$\frac{F}{F_0} = \frac{\omega^2 r'}{g} \tag{2.7-3}$$

近代离心机,此比值可达数千,这就大大加快了沉淀或分离的速度. 现代超离心机可使此比值高达 $10^4 \sim 10^6$,在小范围内甚至可达 $10^9$,从而使原子量仅相差1%的同位素的分离成为可能.

### （3）**重力和纬度的关系**

由于地球的自转,在地球上测得的物体的重力并非是物体的真实重力,而是表观重力. 表观重力 $P_\lambda$ 与物体所在处的纬度有关,它是物体所受引力 $P$ 和离心力 $F_c$ 的矢量和(图 2.7-3). 在纬度 $\lambda$ 处,离心力

$$F_c = m\Omega^2 R \cos \lambda$$

式中 $\Omega$ 是地球的自转角速率,$R$ 是地球半径. 由于 $F_c \ll P$,表观重力 $P_\lambda$ 近似等于

$$P_\lambda \approx P - F_c \cos \lambda = P - m\Omega^2 R \cos^2 \lambda \tag{2.7-4}$$

因 $\Omega = 2\pi/86\,400 = 7.3 \times 10^{-5}\,\text{rad/s}$,$R = 6.4 \times 10^6$ m,由此算得 $\frac{\Omega^2 R}{g} \approx 0.3\%$,故 $P_\lambda$ 与 $P$ 相差最大(赤道处)不过 0.3%.

而 $P_\lambda$ 与 $P$ 的夹角 $\varphi$,由图可知

$$\varphi \approx \frac{F_c \sin \lambda}{P} = \frac{m\Omega^2 R \cos \lambda \sin \lambda}{mg}$$

$$= \frac{\Omega^2 R \sin 2\lambda}{2g} \tag{2.7-5}$$

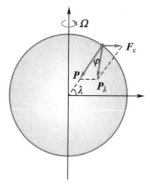

图 2.7-3 重力与纬度的关系

可见 $\varphi$ 在 $\lambda = 45°$ 处为最大,$\varphi_{\max} = \frac{\Omega^2 R}{2g} = 0.15\% \approx 6'$.

### 2. 科里奥利力

文档:科里奥利简介

如前所述,相对转动参考系运动(而非静止)的物体,除了要受离心力作用外,还要受另一个惯性力,即**科里奥利力**的作用.

由科里奥利力的表示式 $2m\boldsymbol{v}' \times \boldsymbol{\omega}$ 可见,该力除具有惯性力的一般特征外,还具有以下三个特征:(1)与相对速度成正比,故只有当物体相对转动参考系运动时才会出现;(2)与转动参考系的角速度的一次方成正比,故当角速度较小时,科里奥利力比离心力更重要;(3)力的方向总是与相对速度垂直,故不会改变相对速度的

大小;当 $\omega$ 方向向上时,力指向相对运动的右方; $\omega$ 向下时,指向相对运动的左方.

地球是一个转动系,在地球上运动的物体也受科里奥利力的作用.

例如,在北半球, $\omega$ 向上,河流对右岸的冲击较剧;火车对右轨的偏压较大(在南半球则对左岸和左轨作用大).

自由落体因受科里奥利力的作用,会向东偏斜(图 2.7-4).

图 2.7-4 北半球地面上运动的物体受向右的科里奥利力,南半球则向左. 自由落体向东偏斜

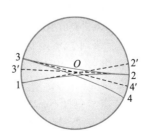

图 2.7-5 傅科摆摆面的旋转

在北半球的单摆由于受科里奥利力的作用,使摆球轨迹每次都向运动方向的右方偏斜,最后使摆平面沿顺时针方向转动(图 2.7-5). 由计算可得,转动角速度为

$$\omega = -\Omega \sin \lambda$$

式中 $\lambda$ 是摆所在地的纬度, $\Omega$ 为地球的自转角速度. 当摆位于北极时,摆面转动角速度与地球的转动角速度大小相同(方向相反). 这是可以理解的,因为摆面相对惯性系保持不动. 在上海, $\sin \lambda \approx 0.5$,故 $\omega = 180°/\mathrm{d}$. 在两节课的时间内,摆平面沿顺时针方向转过约 15°. 1851 年,傅科(J. L. Foucault, 1819—1868)在巴黎先贤祠用长 67 m 的摆做了实验,摆的振动周期 $T = 16.5$ s,每摆动一次,摆面转动 0.05°,经 32 h,摆面转动一周,直接证明了地球在自转.

阅读材料: 惯性的本质是什么?

### 3. 例题

**例 1** 一水桶绕自身的竖直轴以角速度 $\omega$ 旋转,当水与桶一起转动时,求水面的形状.

**解**:根据惯性力与引力等效的观点,在匀速转动参考系中静止的物体受到两个引力的作用,一个是重力 $mg$,另一个是惯性离心力 $m\omega^2 r$,如图 2.7-6 所示. 水面处处与该处的总引力 $P$(即两个引力和)垂直. 建立如图 2.7-6 所示坐标. 于是,绕 $z$ 轴轴对称的水面与某一过 $z$ 轴竖直截面的交线的切线斜率满足如下方程:

$$\frac{\mathrm{d}z}{\mathrm{d}r} = \tan \theta = \frac{m\omega^2 r}{mg} = \frac{\omega^2}{g} r$$

积分得

$$z = \frac{\omega^2}{2g} r^2 + c$$

(a)　　　(b)

图 2.7-6 旋转水桶液面成旋转抛物面状

由 $r=0$ 时，$z=0$ 得 $c=0$，故

$$z = \frac{\omega^2}{2g} r^2$$

此为抛物线方程，故液面为旋转抛物面.

**例 2** 试近似计算物体在赤道上空高 $h$ 处自由下落时由于受科里奥利力的影响所造成的偏东值.

**解**：物体下落时，因受科里奥利力的影响，其轨道将偏离竖直线，而成逐渐向东的曲线(图 2.7-7). 随着曲线偏离竖直线，物体所受的科里奥利力的方向也不尽偏东，而略向上，如图所示. 但由于科里奥利力很小，物体的实际轨道与竖直线的偏离很小，在近似处理时，可以认为 $\boldsymbol{F}_{cor}$ 始终向东，确定 $\boldsymbol{F}_{cor}$ 大小的物体速度值可用未受科里奥利力时的自由落体的速度值代. 这样，物体的运动可看成原来的自由下落运动与在科里奥利力作用下的向东加速运动的合运动，向下的分运动是加速度为 $\boldsymbol{g}$ 的运动，而向东的分运动则是加速度随下落速度不断增大的运动.

取 $x$ 轴向东，$y$ 轴向下，物体起始位置为坐标原点，则

图 2.7-7 落体偏东

$$m\ddot{x} = 2m\dot{y}\Omega = 2mgt\Omega$$

$\Omega$ 为地球的自转角速率. 根据第一章的讨论，注意到 $\dot{x}_0 = 0$，$x_0 = 0$，有

$$\dot{x} = \int_0^t \ddot{x}(t)\,\mathrm{d}t = 2g\Omega \int_0^t t\,\mathrm{d}t = g\Omega t^2$$

$$x = \int_0^t \dot{x}(t)\,\mathrm{d}t = \frac{1}{3}\Omega g t^3$$

而 $t$ 即为物体的下落时间，

$$t = \sqrt{\frac{2h}{g}}$$

代入上式，得向东偏离值：

$$x = \frac{1}{3}\Omega g \sqrt{\left(\frac{2h}{g}\right)^3} = \frac{\Omega}{3}\sqrt{\frac{8h^3}{g}}$$

当 $h = 100$ m 时，可得偏离值：

$$x = \frac{1}{3}\sqrt{\frac{8 \times 100^3}{9.8} \times \frac{2\pi}{86\,400}}\text{ m} = 0.022\text{ m} = 2.2\text{ cm}$$

这是很小的值，实际观察时，常因风力和空气阻力的干扰，无法测量.

我们也可以从惯性系来解此题. 在惯性系中自地球北极往下看，物体并不是自由下落，而是以初速率 $v_0 = \Omega(R+h)$ 抛出，同时地面以 $\Omega R$ 的速率向同一方向转动. 在一级近似下，可认为物体沿 $x$ 方向的速度不变，于是物体落地时的 $x$ 坐标为

$$x_1 = v_0 t = \Omega(R+h)\sqrt{\frac{2h}{g}}$$

地面向 $x$ 方向移动距离为

$$x_2 = \Omega R t = \Omega R \sqrt{\frac{2h}{g}}$$

故得向东偏离值：

$$\Delta x = x_1 - x_2 = \Omega h \sqrt{\frac{2h}{g}}$$

此结果比上面的偏大. 实际上,物体在下落过程中,$x$ 方向的速度并不能保持不变,因为重力在不断改变方向(图 2.7-8),它在 $x$ 方向的分量使物体沿 $x$ 方向不断减速,上面的计算未计及这一情况,故使偏离值偏大. 由图不难看出,重力沿 $x$ 方向的分力与 $x$ 成正比,近似地有

$$F_x = -mg\frac{x}{R}$$

于是

$$a_x = -g\frac{x}{R}$$

$x/R$ 很小,$x$ 可近似认为是以 $v_0$ 作匀速运动的位移,即 $x = v_0 t \approx \Omega R t$,因此

$$a_x = -g\Omega t$$

所以有,

图 2.7-8　在惯性系中
计算落体偏东值

$$v_x = v_0 + \int_0^t a_x \mathrm{d}t = v_0 - g\Omega\frac{t^2}{2}$$

$$x_1 = \int_0^{\sqrt{\frac{2h}{g}}} v_x \mathrm{d}t = v_0\sqrt{\frac{2h}{g}} - \frac{g\Omega}{2}\frac{1}{3}\left(\sqrt{\frac{2h}{g}}\right)^3$$

$$= \Omega(R+h)\sqrt{\frac{2h}{g}} - \frac{\Omega h}{3}\sqrt{\frac{2h}{g}}$$

于是

$$\Delta x = x_1 - x_2 = \Omega h\sqrt{\frac{2h}{g}} - \frac{\Omega h}{3}\sqrt{\frac{2h}{g}} = \frac{2}{3}\Omega h\sqrt{\frac{2h}{g}} = \frac{\Omega}{3}\sqrt{\frac{8h^3}{g}}$$

结果与上面一致. 显然在非惯性系中求解要简便得多.

## §2.8　牛顿运动定律的内在随机性　混沌

### 1. 牛顿运动定律与决定论

根据牛顿运动定律,只要知道物体所受的力和初始条件,就可以决定其以后的运动. 即使不能将物体的运动表述成解析形式,也总可以利用数值计算法,逐点求出物体以后的运动状态. 这就是说,物体的运动由牛顿运动定律和初始条件唯一地确定. 由此,许多科学家相信,任何复杂的自然现象的演化也都可以用一组方程式和初始条件唯一地确定. 这种"决定论"思想可以用法国科学家拉普拉斯的一段名言来表述:"设想有位智者……他能把宇宙间最庞大物体和最轻微原子的运动凝聚到一个公式之中,对他来说没有什么事情是不确定的,未来就像过去一样展现在他的眼前."然而自然界并不如此简单. 自然界也存在许多不可精确预测的现象,例如骰子的滚动、大气的运动、河川的奔流等. 18 世纪在数学上发展了概率论来描述这种事件的随机性质. 19 世纪发展起来的统计物理进一步阐明了大量分子组成的体系行为的随机性质. 概率论和统计物理的成就给决定论以小小的冲击. 20 世纪,随着研究深入到比分子、原子更深的微观层次,由于微观粒子具有波粒二象性,粒子

的位置和动量的测量精度存在一个基本的限度,它们是不可预测的. 适用于描述微观粒子运动的量子力学用"不确定关系"来描述这种行为. 这给决定论以很大的冲击. 但在牛顿运动定律适用的、非大量的宏观客体行为特征的研究领域,决定论仍坚守着自己的阵地.

### 2. 牛顿运动定律的内在随机性 混沌

近几十年的研究表明,即使在牛顿力学适用的领域,决定论也不是一帆风顺的. 我们知道,当物体的受力已知时,其运动取决于初始条件. 通常认为,当初始条件有微小变化时,物体的运动也相应发生微小变化. 但在许多情况下,特别是当运动方程为非线性时,初始条件的微小变化常会引起物体运动的很大变化. 这样,在观测上认为相同的(实际上是观测上无法区分的)初始条件下,其后物体的运动可以面目全非. 天体上的三体问题就是一个例子. 一种简化的限制性三体问题是其中一个星体的质量比另两个星体的质量小得多,因而可以认为两个大质量星体的运动不受小质量星体的影响,其运动可由牛顿运动定律精确地决定(参见第五章). 而这时小星体受两大星体的万有引力作用,其运动方程是非线性的,其解无法表达成解析形式. 早在 19 世纪末,法国数学家庞加莱(H. Poincaré, 1854—1912)就用他首创的微分方程定性理论认识到这种限制性三体问题中小星体运动的复杂性和不稳定性,任何微小的扰动都会使小星体的轨道在一段时间后发生显著的偏离. 20 世纪 70 年代以来,许多科学家用计算机对限制性三体问题进行数值计算,直接证明了这一点. 另外,在大气和水流的运动中,也有类似的例子. 在河面上两片非常靠近的小叶片,随着河水的流动,会变得相距十分遥远. 大气运动中的"蝴蝶效应"说得更生动:一只在南美洲亚马孙河流域热带雨林中的蝴蝶,偶尔扇动几下翅膀,可以在两周以后引起美国得克萨斯州的一场龙卷风. 这种运动对初始条件的敏感性,使得原本应该完全确定的运动,实际上变成完全不可预测的和随机的. 这种随机性不是来源于系统中包含大量分子的那种随机性,也不是来源于物质结构更深层次的量子不确定性,而是来源于牛顿运动定律自身的运动对于初始条件的敏感性. 通常把这种牛顿力学内在的随机行为称为**混沌**(chaos). 对混沌现象的进一步研究发现,混沌运动虽然是局域随机的,但其长期行为的某些全局特征却是稳定的,与初始条件无关,与真正的随机行为有所区别.

混沌现象的存在,破除了拉普拉斯式的决定论观念,使我们对牛顿力学也有了新的认识. "未来并不完全包含在过去之中",只有不断分析事物的变化,才能把握事物的发展. 混沌研究建立起来的新概念正在进入化学、生物、地学、医学乃至社会科学等各个领域,并激发起科学家探索非线性世界的新的热情.

阅读材料:
蝴蝶效应的发现

## 本章小结

本章讨论质点动力学. 质点动力学的根本任务是研究在周围其他物体的作用

下,所考察的物体(质点)如何运动. 按照牛顿在总结前人成果的基础上提出的观点,解决质点动力学问题的思路是:按力的定律将周围其他物体(包括接触的和非接触的)的作用归结为力,再按牛顿运动定律和初始条件求解考察物体在力作用下的运动. 这样,动力学问题就转化为运动学问题. 物体的运动由它所受的力和初始条件唯一地确定. 在非惯性系中,牛顿运动定律不适用,但只要引进适当的惯性力,牛顿运动定律同样适用. 在平动非惯性系中,需引入平移惯性力;在匀速转动系中,则需引入离心力和科里奥利力. 但我们不能由此认为牛顿运动定律与非决定论完全不相容. 本章就此对牛顿运动定律的内在随机性,即混沌现象,作了简单介绍.

## 思考题

**2.1**　有人说,牛顿第一定律只是牛顿第二定律的一个特例,因而是多余的. 你的看法如何?

**2.2**　伽利略曾使用亚里士多德本人的逻辑推理方法来批驳亚里士多德的重物比轻物下落得快(即天然速率快)的运动理论. 在《关于两门新科学的对话》一书中,伽利略借萨尔维阿蒂(伽利略观点的代言人)的口说:"如果我们取天然速率不同的两个物体,"并将它们连接成一个物体,"显而易见,速率较大的那个物体将会因受到速率较慢物体的影响其速率要减慢一些,而速率较小的物体将因受到速率较大物体的影响其速率要加快一些". 我们略去了以下的引文. 你能否根据以上引文中的思想进一步完成伽利略的推理?

**2.3**　如思考题2.3图所示,斜面体放在水平的光滑桌面上,物体 $m$ 静止于斜面体上,斜面体是否会向右运动?(斜面体不是受到物块的作用力吗?)

思考题2.3图　　　　　　　　思考题2.4图

**2.4**　如思考题2.4图所示,串在同一木芯上的两磁环以同极相对,上面的磁环因受磁斥力而悬浮于下面磁环的上方. 将两磁环置于盘秤上,问盘秤的读数如何? 设两磁环的质量都是 $m'$,木芯的质量为 $m$. 若让两磁环异极相对,结果又如何?

**2.5**　下式是在重力和表面张力共同作用下流体表面波的波速表示式:

$$v=\sqrt{\frac{g\lambda}{2\pi}+\frac{2\pi\alpha}{\rho\lambda}}$$

式中 $\lambda$ 为波长,$\rho$ 为流体密度,$\alpha$ 为表面张力系数(单位长度上的表面张力). 试问,就量纲而论,上述表示式是否正确?

**2.6** 若某单位制的长度单位为米,但时间和质量的单位是这样选取的,使光速 $c$ 和引力常量 $G$ 均为 1,问在这种单位制中,质量的单位合多少千克?设牛顿第二定律的形式不变.

**2.7** 长为 $l$、质量为 $m$、张力为 $F_T$ 的细丝架在温度为 $T$ 的玻璃箱中,由于受到空气分子的撞击,细丝具有大小为 $kT$ 若干倍的动能而作无规振动,$k$ 为玻耳兹曼常量.试用量纲分析法确定振动的幅度如何依赖于上述各个量.

**2.8** 一重物 $m$ 用线 C 悬挂于支点,重物下面另系一线 D,如思考题 2.8 图所示,两线粗细与质料均相同,今用手猛力拉 D,则 D 断;若慢慢拉 D,则 C 断,试说明理由.

**2.9** 试判断下列几种关于摩擦力的说法是否正确:

(1) 摩擦力总是与物体运动方向相反;

(2) 摩擦力可能与物体运动方向垂直;

(3) 摩擦力总是阻碍物体间的相对运动.

**2.10** 在汽车行驶过程中,汽车与地面的摩擦力究竟是推力还是阻力?试分析之.

**2.11** 将劲度系数各为 $k_1$、$k_2$,原长相同的两弹簧(1) 串联;(2) 并联,问由此而构成的新弹簧的劲度系数各为多少?

思考题 2.8 图

**2.12** 如思考题 2.12 图所示,一轻绳跨过一无摩擦的轻质定滑轮,一猴子抓住绳的一端,绳的另一端系着一面与猴子质量相等的镜子,原先,镜子与猴子均静止,镜子比猴子略高,问:

(1) 猴子能否沿着绳向上爬而照见镜子?

(2) 猴子能否沿着绳向下爬而照见镜子?

(3) 猴子能否放开绳让镜子下落而照见镜子?

**2.13** 将一辆自行车静置于地面上,使它不能侧向倒下,但可前后运动,其踏脚板各置于上下位置. 一人蹲在车旁,处在齿轮的另一侧,对置于下方的踏脚板施一向后的水平推力,问:

(1) 自行车将怎样运动?

(2) 链条-齿轮将向什么方向转动(在此人看来)?

(3) 受推力作用的踏脚板相对地面将向什么方向运动?

思考题 2.12 图

**2.14** 在本章 §2.4 例 2 中,有人这样来求 $\omega$:因小球在绳方向没有运动,在该方向合力为零,故有

$$F_T - mg\cos\alpha = 0$$

代入

$$F_T\sin\alpha = m\omega^2 l\sin\alpha$$

即得

$$\omega = \sqrt{\frac{g\cos\alpha}{l}}$$

结果与例 2 不同,你看这样做对吗?为什么?

**2.15** 思考题 2.15 图中实线表示在太阳参考系中月球轨道(夸大)的三种可能形状(虚线为地

球轨道),你认为哪一种是正确的? 试从运动学或动力学角度证明你的观点.(参考数据:月球与地球间的平均距离为 $3.8\times10^5$ km,地球与太阳间的平均距离为 $1.5\times10^8$ km.)

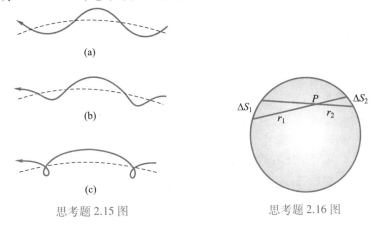

(a)

(b)

(c)

思考题 2.15 图　　　　　　　思考题 2.16 图

**2.16** 试证均匀球壳对壳内质点的引力为零.(提示:如思考题 2.16 图所示,考察从质点引出的对顶锥面在球壳上所截两面元 $\Delta S_1$ 和 $\Delta S_2$ 对质点 $P$ 的引力)如果引力不与距离平方成反比,此结论是否还成立?

**2.17** 在一没有窗户的车厢里,你是否有办法测量车厢行进的速度? 你是否有办法测量车厢的加速度? 如不能,说明理由;如能,请提出(至少一种)具体测量方案.

**2.18** 质量为 $m$ 的书静置于不动的电梯地板上,根据牛顿第三定律,地板的反作用力 $R$ 等于书的重量 $mg$. 当电梯以 $\frac{1}{3}g$ 的加速度下落时,力 $R$ 等于 $\frac{2}{3}mg$;不再等于书的重量了. 这是否说明在加速参考系中牛顿第三定律不再成立了?

**2.19** 如思考题 2.19 图所示,两个串在木棒上的磁环,它们以异极相对,当用手托住木棒时,由于摩擦力,两环并不互相靠拢,若放手让系统自由下落,两磁环就相互靠拢而合在一起. 试解释这一现象. 若让系统以一定初速竖直上抛,情况又如何?

思考题 2.19 图

**2.20** S 是惯性系,S′相对 S 作加速运动,S′是非惯性系. 但根据运动的相对性,也可认为 S 相对 S′作加速运动,为什么不能认为 S′是惯性系,而 S 是非惯性系呢?

**2.21** 牛顿在《原理》中紧接牛顿运动定律后有若干条推论,其中推论 6 说:"如果相互间以任何方式运动的各物体,受到相等而方向平行的加速力的推动,那么它们将仍然继续它们的相互之间的运动,犹如没有受这些力的推动一样". 试用非惯性系的观点证明这一推论的正确性,并说明这里"相等"一词的正确含义(牛顿在其下文中对此作了说明).

**2.22** 思考题 2.22 图中所示为一两端略上翘的密封玻璃管,管内盛有水,密度比水小的石蜡球浮向外端,密度比水大的塑料球沉在中心附近. 若将管绕着过中心的竖直轴快速旋转,将发生什么现象? 为什么?

思考题 2.22 图

**2.23** 由计算可知,太阳对海水的引力比月球对海水的引力大得多,前者约为后者的 180 倍,但月球对潮汐的作用却比太阳大,约为太阳的 2 倍,这是为什么? 已知日地距离约为月地距离的 400 倍.

**2.24** 有人认为,地球的质量比太阳小得多,故地球相对太阳在作加速运动,从而与地球相联系的平动参考系可看作加速系,其上有平移惯性力存在,由此可解释潮汐现象. 但月球的质量比地球小得多,对地、月系统而言,作加速运动的是月球,地球不能看成加速系,也不存在惯性力,因而月球引力对潮汐不应有贡献. 你同意这种看法吗?

**2.25** 一小球在匀速转动的光滑圆盘上相对地面静止不动,因而相对圆盘作匀速圆周运动. 在圆盘参考系上,如何解释小球的运动?

**2.26** 有人说,北半球的河流对右岸的冲击较剧,是因为右岸受到科里奥利力的作用,你认为这种说法对吗?

**2.27** 在北半球,在低气压区域的周围常形成逆时针方向的空气环流,在高气压区域周围则形成顺时针方向的环流,试解释这一现象.

## 习题

**2-1** 一人手里拿着质量为 4.9 kg 的物体站在磅秤上. 当他以 2.0 m/s² 的加速度将物体向上举起时,试问,磅秤上的读数变化了多少?

**2-2** 一质量为 50 kg 的人站在电梯里的磅秤上. 求:

(1) 当电梯以 4.9 m/s 的速度匀速上升或下降时,磅秤上的读数各是多少?

(2) 当电梯以 4.9 m/s² 的加速度上升或下降时,磅秤上的读数又各是多少?

**2-3** 一质量 $m_1 = 60$ kg 的人,拉着细绳的一端,站在质量 $m_2 = 40$ kg 的底板上,底板又通过细绳和滑轮悬挂在天花板上,如题 2-3 图所示. 人若想使底板和人都保持静止,则必须以多大的力拉住绳子*?

题 2-3 图　　　　　　　　题 2-4 图

**2-4** 质量分别为 $m_1$ 和 $m_2$ 的两物块,在水平力 $F$ 的作用下紧靠在墙上,如题 2-4 图所示. 为使两物块均不掉下,试就以下两种情况,求 $F$ 至少应为多大?

(1) 各接触面间的静摩擦因数均为 $\mu_0$;

(2) $m_1$ 与 $m_2$ 之间的静摩擦因数为 $\mu_1$,$m_2$ 与墙面间的静摩擦因数为 $\mu_2$.

---

* 凡本章习题中有滑轮及细绳的,均忽略它们的质量及滑轮轴承处的摩擦力,且细绳不能伸长.

**2-5**  一个三棱柱固定在桌面上,形成两个倾角分别为 $\alpha$ 和 $\beta$ 的斜面,一细绳跨过顶角处的滑轮与两斜面上质量分别为 $m_1$ 和 $m_2$ 的两物体相连,如题 2-5 图所示. 已知物体与斜面间的静摩擦因数均为 $\mu$,求两物体在斜面上保持静止的条件.

 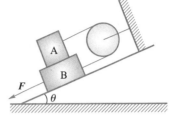

题 2-5 图                                    题 2-6 图

**2-6**  物体 A 和 B 的质量分别为 $m_A$ 和 $m_B$,用跨过定滑轮的细线相连,静止地叠放在倾角为 $\theta$ 的斜面上,如题 2-6 图所示.各接触面间的静摩擦因数为 $\mu$. 现有一平行于斜面的力 $F$ 作用在物体 B 上,问 $F$ 至少为多大才能使两物体运动?

**2-7**  如题 2-7 图所示,两个物体的质量分别为 $m_1 = 15\ \text{kg}$,$m_2 = 20\ \text{kg}$,作用在物体 $m_1$ 上的水平力 $F = 280\ \text{N}$. 设所有接触面都光滑,试求:

(1) $m_1$ 的加速度的大小和方向;

(2) $m_2$ 的加速度的大小和方向;

(3) 两物体间的相互作用力.

题 2-7 图

**2-8**  质量为 $m_1$ 的圆柱体与质量为 $m_2$ 的直角劈靠在一起,劈与圆柱的接触面竖直,两者又分别靠在倾角均为 $\alpha$ 的固定斜面上,如题 2-8 图所示. 设所有的接触面均光滑,试求:

(1) 运动时圆柱体和直角劈的加速度;

(2) 两者之间的相互作用力.

题 2-8 图                                    题 2-9 图

**2-9**  一质量为 $m$ 的物体静置于倾角为 $\theta$ 的固定斜面上,如题 2-9 图所示.已知物体与斜面间的静摩擦因数为 $\mu$. 试问,至少要用多大的力作用在物体上,才能使它运动? 并指出该力的方向.

**2-10**  三块质量均为 $m$ 的相同物块叠放在水平面上,如题 2-10 图所示.已知各接触面间的摩擦因数均为 $\mu$.

(1) 现有一水平力 $F$ 作用在最底下的物块上,使之从上面两物块下抽出,则 $F$ 至少为多大?

(2) 若水平力 $F$ 作用在中间的物块上,使它从上、下两物块中抽出,则 $F$ 至少为多大?

题 2-10 图

**2-11** 质量为 $m_1$ 的木板静置于水平桌面上,其一端与桌边对齐,木板上放一质量为 $m_2$ 的小花瓶,花瓶与板端相距为 $l$,桌面长为 $L$,如题 2-11 图所示. 现有一水平恒力 $F$ 作用于板上,将板从花瓶下抽出. 为使花瓶不至掉落地下,则 $F$ 至少为多大? 设各接触面之间的摩擦因数均为 $\mu$;设抽板时,板始终保持水平.

**2-12** 质量分别为 $m_1$ 和 $m_2(m_2>m_1)$ 的两个人,分别拉住跨在定滑轮上的绳子的两边往上爬. 开始时两人至定滑轮的距离都是 $h$. 试证明:质量为 $m_1$ 的人经过时间 $t$ 爬到滑轮处时,质量为 $m_2$ 的人与滑轮的距离为

$$\frac{m_2-m_1}{m_2}\left(h+\frac{1}{2}gt^2\right)$$

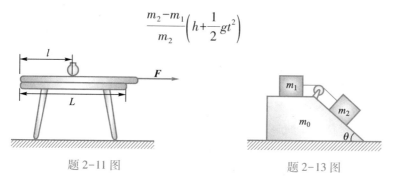

题 2-11 图　　　　　　　　题 2-13 图

**2-13** 如题 2-13 图所示,质量分别为 $m_1$ 和 $m_2$ 的两物体用一细绳相连,细绳跨过装在另一质量为 $m_0$ 的大物体上的定滑轮,$m_1$ 和 $m_2$ 分别放在 $m_0$ 上的水平面和倾角为 $\theta$ 的斜面上,而整个系统放在水平地面上. 设 $m_1$、$m_2$ 与 $m_0$ 间的接触面都光滑. 试问,若要 $m_0$ 保持静止,则 $m_0$ 与水平地面之间的摩擦因数至少为多大?

**2-14** 质量分别为 $m_1$ 和 $m_2$ 的两物块叠放在倾角为 $\theta$ 的斜面上,如题 2-14 图所示. $m_1$ 与 $m_2$ 之间的摩擦因数为 $\mu_1$,$m_2$ 与斜面之间的摩擦因数为 $\mu_2$. 试分别就以下几种情况讨论这些量之间应满足的关系:

(1) $m_1$ 与 $m_2$ 均静止在斜面上;

(2) $m_1$ 与 $m_2$ 之间没有相对滑动地一起沿斜面向下滑动;

(3) $m_2$ 静止在斜面上,而 $m_1$ 向下滑动;

(4) $m_1$、$m_2$ 均向下滑动,且 $m_1$ 比 $m_2$ 滑得更快.

题 2-14 图　　　　　　　　题 2-15 图

**2-15** 如题 2-15 图所示,质量分别为 $m_1$ 和 $m_2(m_1>m_2)$ 的两物体叠放在水平桌面上,另一质量为 $m_3$ 的物体通过细绳和滑轮组与 $m_1$、$m_2$ 相连并悬在桌边.

(1) 若 $m_1$ 与 $m_2$ 之间的摩擦因数为 $\mu$,而 $m_1$ 与桌面之间无摩擦力,求运动时,$m_1$ 与 $m_2$ 之间无

相对滑动的条件;

（2）若各接触面之间的摩擦因数均为 $\mu$，求 $m_2$ 与 $m_3$ 运动，而 $m_1$ 保持静止的条件.

**2-16**　空中有许多大小不等的雨滴（可看成圆球形）由静止开始下落. 若受到的空气阻力 $F_f$ 与其速度 $v$ 的一次方成正比，即 $F_f = -kv$，其中 $k$ 为常量.

（1）求任一时刻 $t$ 雨滴的速度 $v(t)$；

（2）证明雨滴的速度最终将趋于一极限值 $v_f$（称为终极速度），并求出此 $v_f$；

（3）若常量 $k$ 正比于各雨滴的大圆面积，即 $k \propto \pi r^2$（$r$ 为雨滴的半径），试问，大、小雨滴中哪种雨滴获得的终极速度较大？

**2-17**　估算由月球引起之潮汐的最高潮位与最低潮位之高度差的近似表示式. 已知月球质量为 $m_m$，地球质量为 $m_e$，月、地平均距离为 $L$，地球半径为 $R$，并求出数值结果（有关数据见本书末常量表）.

**2-18**　一子弹以 $v_0$ 的初速和 45° 的仰角自地面射出，子弹在飞行时受到的空气阻力为其速度的 $km$ 倍（$m$ 为子弹的质量，$k$ 为常量）. 试求子弹的速度与水平线又成 45° 角时，子弹与发射点之间的水平距离 $s$.

**2-19**　如题 2-19 图所示，一条质量为 $m$ 的绳索悬结于两座高度相等的山顶之间，绳索在悬结处与竖直方向的夹角均为 $\theta$. 试求：

（1）两山顶受到绳索的作用力各为多大？

（2）绳索中点处的张力.

題 2-19 图　　　　　　　題 2-20 图

**2-20**　如题 2-20 图所示，一长为 $l$、质量为 $m$ 的均匀链条套在一表面光滑、顶角为 $\alpha$ 的圆锥上，当链条在圆锥面上静止时，求链中的张力.

**2-21**　一条绳索的一端系住停泊在河中的小船上，另一端由站在岸上的人拿着. 人正欲收绳把船拉往岸边时，突然刮起了大风，风把船吹向河心. 为了不让风把船吹走，人把绳索在岸边的固定圆柱上缠绕若干圈后再拉住绳索. 若由于大风使船与圆柱间的绳索中的张力变为 $5.0 \times 10^4$ N，而人拉绳的最大力为 $5.0 \times 10^2$ N. 已知绳索与圆柱之间的摩擦因数为 0.32，问绳索至少在圆柱上绕几圈船才不会被吹走？

**2-22**　一飞机在竖直平面内以 540 km/h 的速度沿一圆周飞行. 为使在飞机飞行过程中，驾驶员与座椅之间的相互作用力不大于驾驶员重力的 8 倍，试求此圆周的最小半径.

**2-23**　一摩托车以 36 km/h 的速率在地面上行驶. 其轮胎与地面间的摩擦因数 $\mu=0.3$. 试求：

（1）摩托车在转弯时轨道的最小曲率半径；

（2）摩托车与铅垂线之间的最大倾斜角.

**2-24** 如题 2-24 图所示，一辆汽车驶入曲率半径为 $R$ 的弯道，弯道倾斜一角度 $\theta$，车轮与路面之间的摩擦因数为 $\mu$. 求汽车在路面上不作侧向滑动时的最大和最小速度.

题 2-24 图 　　　　　　　　　　　题 2-25 图

**2-25** 一根绳子的两端分别固定在顶板和底板上，两固定点位于同一铅垂线，相距为 $h$. 一质量为 $m$ 的小球系于绳上某点处，当小球两边的绳均被拉直时，两绳与铅垂线的夹角分别为 $\theta_1$ 和 $\theta_2$，如题 2-25 图所示. 当小球以一定的速度在水平面内作匀速圆周运动时，两绳均被拉直. 试问：

（1）若下面绳子中的张力为零，则小球的速度为多大？

（2）若小球的速度是（1）小题中求得的速度的 $\sqrt{2}$ 倍，则上、下两段绳中的张力各为多大？

**2-26** 一质量为 $m_0$、倾角为 $\theta$ 的斜面体放在水平面上，在斜面体的斜面上有一质量为 $m$ 的物体. 为使 $m$ 不与斜面发生相对运动，现用一水平力 $F$ 作用在 $m_0$ 上，如题 2-26 图所示.

（1）若所有接触面均光滑，则 $F$ 应为多大？

（2）若 $m$ 与 $m_0$ 之间的摩擦因数为 $\mu$，而 $m_0$ 与水平面间无摩擦，求 $F$ 的范围.

题 2-26 图 　　　　　　　　　　　题 2-27 图

**2-27** 如题 2-27 图所示，一小车沿倾角为 $\theta$ 的光滑斜面滑下. 小车上悬挂一摆锤. 求当摆锤相对小车静止时，摆线与竖直线的夹角.

**2-28** 在一根与水平成 $\alpha$ 角的固定光滑细杆上，套有一质量为 $m_1$ 的小环 A，小环通过一根长为 $l$ 的细线与质量为 $m_2$ 的小球 B 连接. 试求：

（1）系统从 A、B 间细线为题 2-28 图所示的竖直位置静止释放瞬时，线中的张力；

（2）系统从 A、B 间细线与竖直线成多大角度的位置静止释放后，细线将不发生摆动？

**2-29** 如题 2-29 图所示，在卡车的尾部通过一根绳子拖着一根

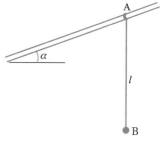

题 2-28 图

粗细均匀的圆木. 绳长为 $d$, 圆木长为 $l$, 绳与卡车的连接点距地高 $h$. 问卡车至少以多大的加速度 $a$ 行驶, 才能使圆木与地面脱离?

题 2-29 图　　　　　　　　　　　　　题 2-30 图

**2-30**　如题 2-30 图所示, 质量为 $m_2 = 2\,\text{kg}$ 和 $m_3 = 1\,\text{kg}$ 的两个物体分别系在一根跨过动滑轮 B 的细绳的两端, 而滑轮 B 又与质量为 $m_1 = 3\,\text{kg}$ 的物体系在另一根跨过定滑轮 A 的细绳的两端. 试求:

(1) $m_1$、$m_2$ 和 $m_3$ 的加速度 $a_1$、$a_2$ 和 $a_3$ 的大小;

(2) 跨过滑轮 A 的绳和跨过滑轮 B 的绳中的张力 $F_{TA}$ 和 $F_{TB}$.

**2-31**　如题 2-31 图所示, 在一体积为 $V$、质量为 $m$ 的铁盒内置有一阿特伍德机, 已知两物体的质量分别为 $m_1$ 和 $m_2$. 现将此铁盒放入密度为 $\rho$ 的液体中, 试求铁盒在下沉过程中的加速度. 忽略液体对铁盒的阻力作用.

**2-32**　在如题 2-32 图所示的装置中, 质量分别为 $m_2$ 和 $m_3$ 的两物体由一细绳相连. 细绳跨过装在一质量为 $m_1$ 的大物体上的定滑轮. 已知所有的表面都光滑. 试问:

(1) $m_1$ 的加速度为多大?

(2) 若在 $m_1$ 上作用一水平力 $\boldsymbol{F}$, 使 $m_2$ 和 $m_3$ 相对 $m_1$ 静止, 则 $F$ 为多大?

题 2-31 图　　　　　　　　　　　　　题 2-32 图

**2-33**　在光滑的水平面上置有一质量为 $m_0$ 的大物体, 在其平台上有一质量为 $m_1$ 的物块通过一根细绳与另一质量为 $m_2(m_2 < m_1)$ 的物块相连, 细绳跨过装在大物体上的定滑轮, 如题 2-33 图所示. 若在大物体上施加一水平力 $F$, 使之物体保持相对静止.

(1) 设 $m_1$ 与大物体平面间无摩擦, 则 $F$ 应为多大?

(2) 设 $m_1$ 与大物体平面间的摩擦因数为 $\mu$, 且 $m_1 = m_2 = m$, 则 $F$ 至少为多大?

题 2-33 图

题 2-34 图

**2-34** 如题 2-34 图所示,一半顶角为 $\alpha$ 的倒立圆锥面的内表面光滑,内表面上一质点绕对称轴作半径为 $r$ 的匀速圆周运动,求质点的速率.

**2-35** 设上题的圆锥面以恒定的角速度 $\omega$ 绕其对称轴旋转. 在内表面距轴为 $r$ 处有一质点.

(1) 若内表光滑,要使质点随锥面一起匀速转动,即与锥面相对静止,求 $\omega$ 的值;

(2) 若质点与锥面间的摩擦因数为 $\mu$,为使质点相对锥面静止,求 $\omega$ 的范围.

**2-36** 如题 2-36 图所示,一半径 $R = 0.5$ m 的空心球绕其竖直直径匀速转动. 在球内离球底高度 $h = \dfrac{1}{2}R$ 处有一小石块与球一起转动. 试求:

(1) 若转动角速度 $\omega_1 = 5$ rad/s,则小石块与球内壁间的摩擦因数 $\mu$ 至少多大,才能使两者之间无相对滑动?

(2) 若 $\omega_2 = 8$ rad/s,则 $\mu$ 又至少为多大?

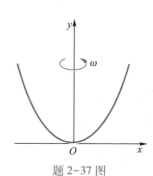

题 2-36 图

题 2-37 图

**2-37** 一根光滑的钢丝弯成如题 2-37 图所示的形状,其上套有一小环. 当钢丝以恒定角速度 $\omega$ 绕其竖直对称轴旋转时,小环在其上任何位置都能相对静止. 求钢丝的形状(即写出 $y$ 与 $x$ 的关系).

**2-38** 如题 2-38 图所示,一水平圆台绕过圆心的竖直轴以角速度 $\omega$ 匀速转动、在台面上沿一弦有一直槽,圆心与直槽的距离为 $d$,一质量为 $m$ 的玩具小车从槽中心以恒定的相对速度 $u$ 沿槽开始运动. 设槽的侧壁光滑,求小车在离开圆台前受到槽的侧壁对它的作用力 $F_N$,以及槽底沿槽方向的摩擦力 $F_f$ 与时间 $t$ 的关系.

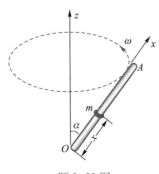

题 2-38 图           题 2-39 图

**2-39** 一圆柱形刚性杆 $OA$ 上套有一质量为 $m$ 的小环,杆的一端固定,整个杆绕着通过固定端 $O$ 的竖直轴以恒定的角速度旋转,旋转时杆与竖直轴的夹角 $\alpha$ 保持不变.设小环与杆之间的摩擦因数为 $\mu$,已知当小环相对杆运动到题 2-39 图所示位置 $x$ 时其相对于杆的速度为 $\dot{x}$,试列出此时小环沿杆的运动方程(不要求解出此方程).

**2-40** 质量为 $m$ 的小球置于光滑水平台面上,用长为 $l$ 的细线系于台面上的 $P$ 点,水平台面绕着过 $O$ 点的竖直轴以恒定角速度 $\omega$ 旋转,$P$ 点与 $O$ 点的距离为 $b$.试列出小球的运动方程.设在小球运动过程中,线始终保持拉直状态.

**2-41** 受人类成功发射同步卫星的启发,有人提出所谓"地球同步缆绳"的设想:将一根缆绳沿地球径向竖立在赤道上空,使缆绳随着地球同步自转,让人们可以沿着这条通天缆绳到太空中去游览.

(1) 要使缆绳不会坠落,其长度应为多少?

(2) 要使此缆绳不断裂,其抗拉力强度与密度之比应为多少?

第二章习题参考答案

牛顿(Isaac Newton，1643—1727)　英国物理学家、数学家，经典物理学理论体系的建立者，近代自然科学的奠基人. 他在伽利略、开普勒和惠更斯等人研究的基础上，建立了运动三定律和万有引力定律. 在光学方面，他致力于色现象与光本性的研究，是光的"微粒说"的创始人. 在数学方面，他是微积分的创始人之一.

📖 文档：牛顿简介

# 第 二 篇

# 守恒定律与质点系动力学

**有**了力的定律和牛顿运动定律，动力学的根本任务，即在一定环境下求物体的运动问题，似乎就成为求解运动方程 $m\ddot{r}=F(r,\dot{r},t)$ 的数学问题了. 但如果我们在动力学定律的基础上引进一些新的概念和新的物理量，如动量、能量和角动量等，就可以进而得到关于这些量的新的规律，包括所谓运动定理以及由此引出的守恒定律，而直接用这些规律去分析质点的运动问题，往往比从牛顿运动定律出发更为方便. 而且在力作为时间、位置或速度的函数的具体形式不十分清楚的情况下（约束力和碰撞中的力就是例子），这种方法也能为我们求解问题提供一定的信息. 再者，牛顿运动定律只适用于质点，不能直接用于质点系；虽然我们可以用牛顿运动定律去求解质点系中每一个质点的运动，但对由大量质点组成的体系，计算将十分繁杂，甚至无法进行，而且，在计算前必须知道各质点间相互作用力的具体形式，这实际上也是一件十分困难的事. 然而，利用关于动量、能量和角动量的规律，却可以使我们在不必求解每个质点运动的情况下，获得关于质点系运动的许多知识. 事实上，运动定理及守恒定律几乎是我们解决质点系动力学问题唯一可资利用的工具. 运动定理和守恒定律，起初是从牛顿运动定律导出来的，但最终证明，即使在牛顿运动定律不一定适用的许多场合，包括微观领域，守恒定律仍然有效. 这样，原来仅仅作为牛顿运动定律辅助工具而引入的运动定理的推论——守恒定律，却成为比牛顿运动定律更为基本的规律.

　　在讨论这些运动定理和守恒定律之前，让我们简单回顾一下动量和能量概念

文档：惠更斯简介

发展的历史，这对加深理解这两个概念也许是有益的．

动量概念最早可追溯到 14 世纪．为了解释箭之类的飞行物在脱离手后仍能继续运动这一现象，当时有人提出有某种称为"动力"的东西给了飞行物，并断言这种"动力"与物体的重量和速度的乘积成正比．17 世纪，笛卡儿在其著作《哲学原理》中就曾提出普遍的所谓"运动量"守恒原理，并把"运动量"定义为质量和速度的乘积，但他尚未认识到运动量的矢量特征．直到 1669 年，皇家学会在其《哲学会刊》上发表了惠更斯、沃利斯（J.Wallis，1616—1703）和雷恩（C.Wren，1632—1723）三人彼此独立获得的结果：一系统的总动量是守恒的，一物体的动量定义为质量与速度矢量的乘积．至此，动量概念和动量守恒定律才正式确立起来．

力学中能量原理的应用最早可以追溯到伽利略．伽利略在论证同一物体沿高度相等的不同斜面下滚会获得相等速度这一现象时，曾分析单摆摆球（在忽略阻力情况下）总是能摆回同一高度的实验，凭着直觉，他已经应用了机械能守恒原理．1669 年，惠更斯认识到为解决（弹性）碰撞问题，仅仅有动量守恒定律是不够的，他提出物体的质量和速率平方的乘积之和在碰撞前后保持不变的法则，第一次出现了 $mv^2$ 这一个量．后来此量被称为"活力"．1695 年，莱布尼茨（G.W.Leibniz，1646—1716）以如下形式作出能量原理的表述：力和路径的乘积等于"活力"的增加．这实际上就是动能定理的表述．伯努利（J.Bernoulli，1667—1748）曾一再讲到"活力守恒"，并指出，当活力消失时做功的本领没有失去，而只是变成另一种形式．在欧拉等人工作的基础上，1800 年已建立了如下命题：在一个彼此以向心力作用的质点系统内，活力仅仅取决于系统的位形和依赖于位形的力函数．这其实就是保守系统机械能守恒的最初表述．但直至 1807 年，托马斯·扬（Thomas Young，1773—1829）才创造了"能"这个词来表示活力；又迟至 1826 年，彭赛列（J.V.Poncelet，1788—1867）才创造了"功"这个词，表示力和路程的乘积．但是牛顿在《原理》中根本没有功和能的思想，他也没有赋予活力这个概念以特别重要的意义．

阅读材料：两种运动量度的争论

动量和活力（能量）两个概念的平行发展，最终导致历史上对力学持不同观点的两大学派的形成．一派以力、质量、动量为原始的概念，功则为导出概念，这是由笛卡儿所创导，而为牛顿所遵循和发展的；另一派则以功、质量、活力（能量）为原始的概念，而力则为导出概念，这是由莱布尼茨所创导，而为惠更斯、彭赛列等所遵循的，以后又为分析力学学派所发展．

# 第三章
# 动　量

在有些力学问题,例如碰撞问题中,物体之间相互作用的时间相当短暂,在这短暂的时间内,力随时间的变化又相当复杂. 我们感兴趣的往往并非是力在各个时刻的瞬时效应,而是物体受这种复杂变化的力作用一段时间后所产生的总效应,即力对时间的积累效果. 我们将看到,力对时间的积累效果是使物体的动量发生变化.

## §3.1　动量与动量定理

### 1. 质点动量定理

力在时间上的积累作用用力的冲量来表示. 若一恒力 $\boldsymbol{F}$ 作用于物体,从时刻 $t_0$ 持续到时刻 $t$,则称力 $\boldsymbol{F}$ 与该力作用时间 $t-t_0$ 之积为力的**冲量**,记为 $\boldsymbol{I}$:

$$\boldsymbol{I} = \boldsymbol{F}(t-t_0) \tag{3.1-1a}$$

当力随时间变化时,冲量为力对时间的积分:

$$\boldsymbol{I} = \int_{t_0}^{t} \boldsymbol{F} \mathrm{d}t \tag{3.1-1b}$$

式中 $\boldsymbol{F}\mathrm{d}t$ 为力 $\boldsymbol{F}$ 在无限小的时间间隔 $\mathrm{d}t$ 内的元冲量. 冲量是矢量.

当质点受力的作用,经一定时间后,其运动状态即发生变化. 若力是恒力,根据牛顿运动定律,有

$$\boldsymbol{I} = \boldsymbol{F}(t-t_0) = m\boldsymbol{a}(t-t_0) = m\boldsymbol{v} - m\boldsymbol{v}_0$$

若力随时间变化,则有

$$\boldsymbol{I} = \int_{t_0}^{t} \boldsymbol{F} \mathrm{d}t = \int_{t_0}^{t} m\boldsymbol{a}\mathrm{d}t = m\boldsymbol{v} - m\boldsymbol{v}_0$$

令

$$\boldsymbol{p} = m\boldsymbol{v} \tag{3.1-2}$$

其中 $\boldsymbol{p}$ 称为质点的**动量**,则

$$\boldsymbol{I} = \int_{t_0}^{t} \boldsymbol{F} \mathrm{d}t = \boldsymbol{p} - \boldsymbol{p}_0 \tag{3.1-3}$$

即力对质点的冲量等于质点动量的增量,这就是**质点动量定理**. 它是一个矢量关系. 动量定理说明,力在时间上的积累作用产生的效果是使质点的动量增加. 冲量和动量之间的关系可用图 3.1-1 表示.

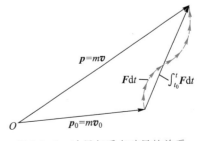

图 3.1-1　冲量与质点动量的关系

当作用时间为 $dt$ 时，

$$\boldsymbol{F}dt = d\boldsymbol{p}$$

即

$$\boldsymbol{F} = \frac{d\boldsymbol{p}}{dt} \tag{3.1-4}$$

这就是用动量表示的牛顿运动定律，它正是牛顿第二定律的表述形式（见第二章），也是动量定理的微分形式. 对一个确定的质点来说，当质量恒定时，(3.1-4)式与 $\boldsymbol{F} = m\boldsymbol{a}$ 相同；但当质点运动速率很大时，根据相对论，质量不再是常量，而随速率而变. 这时，$\boldsymbol{F} = m\boldsymbol{a}$ 已不再正确，但(3.1-4)式仍然有效.

若有几个力同时作用于质点，则质点动量的变化由这些力的合力的冲量决定. 合力的冲量等于各个分力的冲量的矢量和.

### 2. 质点系动量定理

先考察由两个质点组成的体系. 质点 1 的质量为 $m_1$，质点 2 的质量为 $m_2$，它们各受到来自体系以外的力（即外力）$\boldsymbol{F}_1$ 和 $\boldsymbol{F}_2$ 的作用，两质点之间又存在相互作用力（称为内力），用 $\boldsymbol{F}_{12}$ 表示质点 2 对质点 1 的作用力，$\boldsymbol{F}_{21}$ 表示质点 1 对质点 2 的作用力（图 3.1-2）. 若在 $t_0$ 时刻，两质点的速度分别为 $\boldsymbol{v}_{10}$ 和 $\boldsymbol{v}_{20}$，在 $t$ 时刻，两质点的速度分别为 $\boldsymbol{v}_1$ 和 $\boldsymbol{v}_2$，则根据质点的动量定理，对质点 1，有

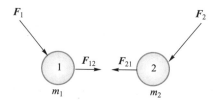

图 3.1-2 推导质点系动量定理

$$\int_{t_0}^{t} (\boldsymbol{F}_1 + \boldsymbol{F}_{12}) dt = m_1\boldsymbol{v}_1 - m_1\boldsymbol{v}_{10}$$

对质点 2，有

$$\int_{t_0}^{t} (\boldsymbol{F}_2 + \boldsymbol{F}_{21}) dt = m_2\boldsymbol{v}_2 - m_2\boldsymbol{v}_{20}$$

两式相加，得

$$\int_{t_0}^{t} \left[ (\boldsymbol{F}_1 + \boldsymbol{F}_2) + (\boldsymbol{F}_{12} + \boldsymbol{F}_{21}) \right] dt$$

$$= (m_1\boldsymbol{v}_1 + m_2\boldsymbol{v}_2) - (m_1\boldsymbol{v}_{10} + m_2\boldsymbol{v}_{20})$$

由牛顿第三定律可知 $\boldsymbol{F}_{12} = -\boldsymbol{F}_{21}$，因此上式整理得

$$\int_{t_0}^{t} \boldsymbol{F}_{ex} dt = \boldsymbol{p} - \boldsymbol{p}_0 \tag{3.1-5}$$

这里 $\boldsymbol{F}_{ex} = \boldsymbol{F}_1 + \boldsymbol{F}_2$ 为体系所受的外力的矢量和，$\boldsymbol{p} = m_1\boldsymbol{v}_1 + m_2\boldsymbol{v}_2$ 为体系在末状态的总动量，$\boldsymbol{p}_0 = m_1\boldsymbol{v}_{10} + m_2\boldsymbol{v}_{20}$ 为体系在初状态的总动量. 上式表明，外力对体系的冲量等于体系动量的增量.

以上结果很容易推广到多质点体系. 对于由 $N$ 个质点组成的质点系，(3.1-5)式仍成立，只是这时 $\boldsymbol{F}_{ex} = \sum_i \boldsymbol{F}_i$ 为作用于体系中所有质点上的外力的矢量和，$\boldsymbol{p} =$

$\sum\limits_i m_i\boldsymbol{v}_i, \boldsymbol{p}_0 = \sum\limits_i m_i\boldsymbol{v}_{i0}$ 分别为体系末状态和初状态的总动量. (3.1-5)式说明,作用在体系上所有外力在一段时间内的总冲量等于质点系动量的增量. 这就是**质点系动量定理**. (3.1-5)式也可写成微分形式:

$$\boldsymbol{F}_{ex} = \frac{\mathrm{d}\boldsymbol{p}}{\mathrm{d}t} \tag{3.1-6}$$

### 3. 几点说明

(1) 只有外力才对体系的总动量变化有贡献,内力对体系的总动量变化没有贡献;但内力对动量在体系内部的分配是有作用的.

(2) 动量定理与牛顿运动定律的关系

a. 对一个质点来说,牛顿运动定律表示的是力的瞬时效果,而动量定理表示的是力对时间的积累效果. 这可以用图 3.1-3 所示的实验来说明. 一悬挂起来的大木块用木锤子敲击一下后,只发生轻微的抖动,而用手指推一会儿却能获得较大的速度. 牛顿运动定律只告诉我们,由于锤子的敲击力大,故木块获得的加速度大,手推的力小,木块获得的加速度小;而动量定理却告诉我们,由于前者作用的时间短,故木块获得的速度小,而后者作用的时间长,故木块获得的速度就大. 这也就是说,牛顿运动定律是动量定理的微分形式,动量定理则是牛顿运动定律的积分形式. 实际生活中,对应于一定量的动量变化,通过延长(或缩短)作用时间而减小(或增大)作用力的例子是很多的. 跳高运动员利用软垫着地是前者的例子;用锤敲钉或用夯打桩则是后者的例子.

图 3.1-3　力的瞬时效果和时间积累效果

b. 牛顿运动定律只适用于质点,不能直接用于质点系. 而动量定理可适用于质点系. 当质点系受外力作用时,不能直接用牛顿运动定律得出系统整体以某一加速度运动的结论,因为系统中各质点的运动并不相同. 但系统的动量的增量仍等于外力的冲量.

(3) 与牛顿运动定律一样,动量定理也只适用于惯性系. 要在非惯性系应用动量定理,必须考虑惯性力的冲量.

### 4. 例题

**例 1**　质量为 $m = 10$ g 的乒乓球以 $10$ m/s 的速率沿与大木块法线成 45°角的方向投击木块,并以同一角度、几乎相同的速率沿法线另一侧被弹回(图 3.1-4). (1) 求木块得到的动量;(2) 若乒乓球与木块撞击时间为 $0.01$ s,求木块所受的平均冲力.

**解**:这里要研究的是木块的运动状况,但我们可以从研究乒乓球动量的变化入手.

(1) 在木块的反弹力作用下,乒乓球的动量由 $m\boldsymbol{v}_0$ 变为 $m\boldsymbol{v}$,由(3.1-3)式,

$$I = mv - mv_0$$

由图 3.1-4, $I = \sqrt{2}\,mv_0 = \sqrt{2} \times 0.01 \times 10$ kg·m/s = 0.14 kg·m/s. $I$ 的方向显然沿法线 $e_n$. 木块受到的冲量 $I' = -I$, 大小也是 $I$, 方向与 $e_n$ 相反, 即 $I' = -0.14 e_n$ kg·m/s.

（2）由于 $I' = F'\Delta t$, 则 $F' = \dfrac{I'}{\Delta t} = \dfrac{I}{\Delta t} = \dfrac{0.14}{0.01}$ N = 14 N.

本例题有两点值得注意. 一是在用动量定理解题时, 必须注意动量是矢量. 尽管乒乓球的末动量与初动量大小相等, 但它们的差并不等于零；另一点是作用于木块的冲量使木块获得动量, 这动量可以大于乒乓球本身的动量, 本例就是如此（但因木块质量很大, 它获得的速度仍可忽略）. 这正是动量的矢量性的结果. 因为乒乓球的末动量的法向分量与初动量的法向分量方向相反.

图 3.1-4

**例 2**　长为 $l$、线密度为 $\rho_l$ 的柔软绳索, 原先两端 $A$、$B$ 并合一起, 悬挂在支点上, 现让 $B$ 端脱离支点自由下落, 求当 $B$ 端下落了 $x$ 时, 支点上所受的力 $F_T$（图 3.1-5）.

**解：** 这也是体系动量问题. 把整条绳索作为体系, 绳索受重力 $\rho_l lg$ 和支点拉力 $F_T$ 两个外力作用, 前者向下, 后者向上. 在合外力作用下, 体系的动量不断变化. 体系的动量也就是右半部分绳索的动量. 由于右半部分（未成为左半部的那部分）的运动不受左半部影响, 下落运动就是自由落体运动. 取 $x$ 轴的方向竖直向下, 当 $B$ 端下落 $x$ 时, 右半部分绳索的长为 $l' = \dfrac{l-x}{2}$, 速率为 $v$, 体系的动量为

$$p = \frac{l-x}{2}\rho_l v$$

经 $\mathrm{d}t$ 时间后, $B$ 点下落距离为 $x + \mathrm{d}x$, 体系动量的变化率为

$$\frac{\mathrm{d}p}{\mathrm{d}t} = -\frac{\rho_l v}{2}\frac{\mathrm{d}x}{\mathrm{d}t} + \frac{l-x}{2}\rho_l\frac{\mathrm{d}v}{\mathrm{d}t}$$

由（3.1-6）式, 注意到

$$\frac{\mathrm{d}x}{\mathrm{d}t} = v = \sqrt{2gx}, \qquad \frac{\mathrm{d}v}{\mathrm{d}t} = g$$

得

$$\rho_l lg - F_T = -\rho_l gx + \frac{l-x}{2}\rho_l g$$

$$= \frac{l\rho_l g}{2} - \frac{3}{2}\rho_l gx$$

因此,

$$F_T = \rho_l lg - \frac{\rho_l lg}{2} + \frac{3}{2}\rho_l gx$$

$$= \frac{l+x}{2}\rho_l g + \rho_l xg$$

其中第一项就是左半部分绳索所受的重力, 而第二项则可以看成右半部分绳索在下落过程中对左半部分的拖力.

由例题 2 可以清楚地看到, 质点系动量定理可以用来解决直接用牛顿运动定律所不能解决的问题. 在 §3.2 中, 我们将从另一个角度再来讨论这两个问题.

## §3.2 动量守恒定律

### 1. 动量守恒定律

由质点系动量定理,

$$\boldsymbol{p} - \boldsymbol{p}_0 = \int_{t_0}^{t} \boldsymbol{F}_{\text{ex}} \, \mathrm{d}t$$

若

$$\boldsymbol{F}_{\text{ex}} = \sum_i \boldsymbol{F}_i = 0$$

则

$$\boldsymbol{p} = \boldsymbol{p}_0 = 常矢量 \qquad\qquad (3.2-1)$$

即不受外力或所受外力的矢量和为零的体系,动量守恒. 这称为**动量守恒定律**.

回 阅读材料:
动量守恒定律
的形成

### 2. 几点说明

(1)内力对体系的动量无贡献,但内力对体系动量的具体分配有重要作用. 当体系所受外力矢量和为零时,

$$\boldsymbol{p} = \boldsymbol{p}_1 + \boldsymbol{p}_2 + \cdots = \boldsymbol{p}_1' + \boldsymbol{p}_2' + \cdots = 常矢量$$

但由于内力的作用,可以有

$$\boldsymbol{p}_1 \neq \boldsymbol{p}_1', \boldsymbol{p}_2 \neq \boldsymbol{p}_2', \cdots$$

(2)质点系动量守恒并不要求体系不受外力,只要求所受外力的矢量和为零. 但不受外力的体系其动量必然守恒. 不受外力的体系称为**孤立体系**,故孤立体系的动量守恒.

(3)动量守恒表示式(3.2-1)是矢量式,它有三个分量,各分量可以分别守恒,即若 $F_x = 0$,则 $p_x =$ 常量;$F_y = 0$,则 $p_y =$ 常量;$F_z = 0$,则 $p_z =$ 常量. 这一点有重要意义,因为在许多实际问题中,作用于体系的外力并不为零,体系的动量不守恒. 但如果外力在某一方向的分量为零,或外力在该方向分量的代数和为零,则体系的动量在这一方向的分量是守恒的. 下面的例题会进一步说明这一点.

(4)在某些过程(例如爆炸、碰撞等过程)中,体系虽受外力,但外力是有限的,而过程的进行时间 $\Delta t$ 很短,在整个过程中,外力的冲量 $\int_{t_0}^{t_0 + \Delta t} F_{\text{ex}} \, \mathrm{d}t = F_{\text{ex}} \cdot \Delta t$ 非常小,但其内力很大,尽管内力对体系的总冲量为零,但就体系的每一部分而言,其动量的变化主要来自内力的冲量,外力的冲量可忽略不计,因而可以利用动量守恒定律来研究体系内部各部分间的动量再分配问题.

(5)动量守恒定律虽然可以由牛顿运动定律导出,但它比牛顿运动定律更普遍. 在某些过程,特别是微观领域内的某些过程中,牛顿运动定律也许不成立(例如牛顿第三定律可以不成立,见第二章),但只要计及场的动量,动量守恒定律仍然成立.

### 3. 变质量体系的运动

如火箭发射,火箭的质量随时间连续变化,称之为变质量体系. 下面我们讨论变质量体系的运动,推导其动力学方程即运动方程.

设 $t$ 时刻体系的质量为 $m(t)$,速度为 $\boldsymbol{v}(t)$,$t+\Delta t$ 时刻($\Delta t$ 很小),体系的质量为 $[m(t)+\Delta m]$ 速度为 $\boldsymbol{v}(t)+\Delta\boldsymbol{v}$,$\Delta t$ 时间内喷出去的质量 $\Delta m$,速度为 $\boldsymbol{u}$,如图 3.2-1 所示.

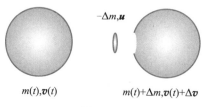

$$-\Delta m,\boldsymbol{u}$$

$$m(t),\boldsymbol{v}(t) \qquad m(t)+\Delta m,\boldsymbol{v}(t)+\Delta\boldsymbol{v}$$

图 3.2-1

设体系所受外力为 $\boldsymbol{F}$,利用动量定理,两个时刻间的动量变化为

$$\Delta\boldsymbol{p}=(m+\Delta m)(\boldsymbol{v}+\Delta\boldsymbol{v})+(-\Delta m\boldsymbol{u})-m\boldsymbol{v}$$

应等于外力的冲量 $\boldsymbol{F}\Delta t$,即

$$\boldsymbol{F}\Delta t=\Delta\boldsymbol{p}$$

$$\boldsymbol{F}\Delta t=m\boldsymbol{v}+\Delta m\boldsymbol{v}+m\Delta\boldsymbol{v}+\Delta m\Delta\boldsymbol{v}-\Delta m\boldsymbol{u}-m\boldsymbol{v}$$

因为 $\Delta m$ 正比于 $\Delta t$,与 $\Delta t$ 同量级小量,$\Delta\boldsymbol{v}$ 与喷出去的质量 $\Delta m$ 成比例,也与 $\Delta t$ 同量级小量,那么 $\Delta m\Delta\boldsymbol{v}$ 大小为 $\Delta t$ 的二级小量. 忽略二级小量,并对上式整理得

$$\boldsymbol{F}\Delta t=m\Delta\boldsymbol{v}+(\boldsymbol{v}-\boldsymbol{u})\Delta m$$

移项得

$$m\Delta\boldsymbol{v}=\boldsymbol{F}\Delta t+(\boldsymbol{u}-\boldsymbol{v})\Delta m$$

等式两边除以 $\Delta t$,并令 $\Delta t$ 趋于 0,得

$$m\frac{\mathrm{d}\boldsymbol{v}}{\mathrm{d}t}=\boldsymbol{F}+(\boldsymbol{u}-\boldsymbol{v})\frac{\mathrm{d}m}{\mathrm{d}t} \tag{3.2-2}$$

$$=\boldsymbol{F}+\boldsymbol{v}_{相对}\frac{\mathrm{d}m}{\mathrm{d}t}$$

其中 $\boldsymbol{v}_{相对}$ 是指喷出去的 $-\Delta m$ 相对于 $m$ 的速度. (3.2-2)式就是变质量体系的动力学方程.

如何理解和记住该公式,作下面讨论. 如果什么都不喷出去,质量不变. (3.2-2)式回到 $\boldsymbol{F}=m\boldsymbol{a}$ 的形式. (3.2-2)式的第二项对应喷出质量时,$m$ 获得推力或阻力,推力还是阻力取决于喷出去的质量 $-\Delta m$ 相对于 $m$ 的速度方向. 此力的方向始终与 $\boldsymbol{v}_{相对}$ 反向. 向后喷为推力,向前喷为阻力.

(3.2-2)式的推导针对喷出物质的情形,即 $\dfrac{\mathrm{d}m}{\mathrm{d}t}<0$ 的情形,其实它同样适用吸进物质的情形,即 $\dfrac{\mathrm{d}m}{\mathrm{d}t}>0$ 的情形. $m$ 吸进物质获得的力的方向与吸进物质相对于 $m$ 的速度方向同向.

此公式也可以推广到吸进物质和喷出物质同时存在的情形,飞机飞行时,吸进机外气体,气体与油燃烧后喷出机外就是这种情形. 设 $m$ 单位时间吸进物质的质量为 $\alpha_1$,吸进物质的相对速度为 $\boldsymbol{v}_1$,则吸进物质时 $m$ 获得的力为 $\alpha_1\boldsymbol{v}_1$. $m$ 单位时间喷出物质的质量为 $\alpha_2$,喷出物质的相对速度为 $\boldsymbol{v}_2$,则喷出物质时 $m$ 获得的力为 $-\alpha_2\boldsymbol{v}_2$. (3.2-2)式将改写为

$$m\frac{\mathrm{d}\boldsymbol{v}}{\mathrm{d}t}=\boldsymbol{F}+\alpha_1\boldsymbol{v}_1+(-\alpha_2\boldsymbol{v}_2) \tag{3.2-3}$$

上述公式还可以进一步推广到 $m$ 同时存在多个喷口喷出和吸进物质的情形. 只要在公式右边把每个喷口喷出或吸进物质时 $m$ 所获得的力计算出来求和就行了. 其每个喷口喷出或吸进物质时 $m$ 所获得的力的计算公式在形式上完全一样,因为它们的地位是等同的.

### 4. 例题

**例 1**　炮身的反冲.

设炮车以仰角 $\alpha$ 发射炮弹,炮身和炮弹的质量分别为 $m_0$ 和 $m$,炮弹在出口处相对炮身的速率为 $v'$,试求炮身的反冲速度 $v_0$. 设地面摩擦力可以忽略(图 3.2-2).

图 3.2-2　炮身的反冲

**解**:炮身和炮弹体系在竖直方向受到重力和地面支承力的作用,在开炮的瞬间,两者的大小并不相等(支承力可以很大),但在水平方向(取为 $x$ 方向)不受外力的作用,故水平方向体系的动量守恒. 在发射炮弹前体系的动量为零,发射炮弹后,其动量的水平分量仍应为零. 由于炮弹的速度 $\boldsymbol{v}'$ 是相对炮身的,必须将它化为相对地面. 利用相对运动公式,炮弹相对地面的速度 $\boldsymbol{v}$ 为

$$\boldsymbol{v}=\boldsymbol{v}_0+\boldsymbol{v}' \tag{1}$$

故水平方向的动量守恒要求:

$$mv_x-m_0v_0=0 \tag{2}$$

但由(1)式可知

$$v_x=v'\cos\alpha-v_0$$

代入(2)式,得

$$mv'\cos\alpha-mv_0-m_0v_0=0$$

因此,

$$v_0=\frac{m}{m+m_0}v'\cos\alpha$$

本题有一点要注意. 由于动量守恒是相对一定惯性系而言的,所有物理量必须化为相对同一惯性系的量,

因而在以地面为参考系时,炮弹的速度必须化为相对地面的值,这是解本题的关键. 当然,只要相对同一惯性系即可,不一定要相对地面. 例如,若取反冲结束后的炮身作为参考系(它也是惯性系),问题同样可以解出. 当然,在此参考系中,虽然炮弹的速度为 $v'$,但体系在发射炮弹前的动量并不为零. 但不能简单地取炮身为参考系(思考题3.5).

**例2** 质量均为 $m$ 的小球 A、B 用长为 $l$ 的轻绳相连,放在光滑水平台面上,两球相距 $l/2$,绳呈弯曲状. 给小球 A 以冲击力,使之获得与两球连线相垂直的速度 $u$,求当绳伸直的瞬时两球的速度. 设绳不可伸长且无弹性.

**解**:当绳伸直的瞬时,小球 B 受到绳的拉力的冲量而沿绳方向运动,小球 A 受到反方向的绳的冲量而使速度发生变化. B 的速度 $v_B$ 的方向沿绳;将 A 的速度 $v_A$ 分解为与绳垂直的分量 $v_\perp$ 和沿绳的分量 $v_\parallel$ 两部分,如图 3.2-3 所示. 由于绳不可伸长且无弹性,两球沿绳方向的速度相等,因而有

$$v_B = v_\parallel$$

显然,两球组成的体系动量守恒. 将动量分解为与绳垂直的分量和与绳平行的分量两部分,而绳伸直时与 $u$ 的方向成 30° 角,注意到 $v_B = v_\parallel$,故有

$$mu\sin 30° = mv_\perp$$

$$mu\cos 30° = 2mv_\parallel$$

由以上两式解得

$$v_\perp = \frac{1}{2}u$$

$$v_\parallel = \frac{\sqrt{3}}{4}u = v_B$$

图 3.2-3

**例3** 竖直发射火箭过程分析. 设单位时间喷出气体的质量不变为 $\alpha$,喷出气体相对于火箭的速度大小不变为 $v_1$,$t=0$ 时刻发射,$m(0)=m_0$.

(1) 忽略所有外力,求火箭速度随 $t$ 的变化;

(2) 只考虑重力且 $g$ 不变,求火箭速度随 $t$ 的变化.

**解**:(1) 建立如图 3.2-4 所示坐标系. 根据(3.2-2)式得

$$m\frac{\mathrm{d}v}{\mathrm{d}t} = -v_1\frac{\mathrm{d}m}{\mathrm{d}t}$$

即

$$m\mathrm{d}v = -v_1\mathrm{d}m$$

分离变量

$$\mathrm{d}v = -v_1\frac{\mathrm{d}m}{m}$$

两边积分

$$\int_0^v \mathrm{d}v = -v_1\int_{m_0}^m \frac{\mathrm{d}m}{m}$$

得

$$v(t) = v_1\ln\frac{m_0}{m} = v_1\ln\frac{m_0}{m_0-\alpha t}$$

(2) 根据(3.2-2)式得

$$m\frac{\mathrm{d}v}{\mathrm{d}t} = -mg - v_1\frac{\mathrm{d}m}{\mathrm{d}t}$$

改写成

$$\mathrm{d}v = -g\mathrm{d}t - v_1\frac{\mathrm{d}m}{m}$$

图 3.2-4

▶ 视频:速度和火箭发射

上式虽然出现三个变量 $v$、$t$、$m$ 的微分,但是每个变量微分的系数或是常数或只与自身变量有关,此情况下,同样可用分离变量积分,得

$$\int_0^v \mathrm{d}v = -\int_0^t g\mathrm{d}t - v_1 \int_{m_0}^m \frac{\mathrm{d}m}{m}$$

$$v(t) = -gt + v_1 \ln \frac{m_0}{m_0 - \alpha t}$$

**例4** 一束速率为 $v_0$ 的水流沿水平方向向质量为 $m$ 的木块喷射,使原来静止的木块获得水平速度. 水与木块撞击后即附着于木块,随即自行流失. 设水流的横截面积为 $S$,密度为 $\rho$,木块与水平地面的摩擦因数为 $\mu$,求木块获得的最终速率.

**解**:根据前面分析得到的公式(3.2-3)

$$m\frac{\mathrm{d}\boldsymbol{v}}{\mathrm{d}t} = \boldsymbol{F} + \alpha_1 \boldsymbol{v}_1 + (-\alpha_2 \boldsymbol{v}_2)$$

体系为木块,$\boldsymbol{F}$ 为外力,即摩擦力,大小为 $\mu mg$,方向与 $\boldsymbol{v}$ 相反,木块单位时间吸进物质的质量与喷出物质的质量相同,即 $\alpha_1 = \alpha_2 = (v_0 - v)\rho S$. 相对速度 $\boldsymbol{v}_1 = \boldsymbol{v}_0 - \boldsymbol{v}$,$\boldsymbol{v}_2 = 0$. 再考虑到相互作用时水和木块均为同方向上的一维运动,向 $\boldsymbol{v}_0$ 方向投影,则上式变为

$$m\frac{\mathrm{d}v}{\mathrm{d}t} = -\mu mg + (v_0 - v)^2 \rho S$$

木块的最终速率与 $\dfrac{\mathrm{d}v}{\mathrm{d}t} = 0$ 对应,于是有

$$(v_0 - v_\mathrm{f})^2 \rho S = \mu mg$$

则最终速率

$$v_\mathrm{f} = v_0 - \sqrt{\frac{\mu mg}{\rho S}}$$

# §3.3 质心与质心运动定律

## 1. 质心

质点系动量定理的微分形式[(3.1-6)式]:

$$\boldsymbol{F}_\mathrm{ex} = \frac{\mathrm{d}\boldsymbol{p}}{\mathrm{d}t} = \frac{\mathrm{d}}{\mathrm{d}t} \sum_i \boldsymbol{p}_i$$

与牛顿运动定律的动量表示式(3.1-4)式在形式上相同,但两者的含义并不相同. (3.1-4)式是对质点而言的,因而它与 $\boldsymbol{F} = m\boldsymbol{a}$ 等效. (3.1-6)式是对质点系而言;由于质点系内各质点的运动情况各不相同,加速度也各不相同,它并不能简单地等效于 $\boldsymbol{F}_\mathrm{ex} = m\boldsymbol{a}$($m$ 是体系的总质量). 但对质点系而言,确实存在一个特殊点 $C$,而使

$$\boldsymbol{F}_\mathrm{ex} = m\boldsymbol{a}_C \tag{3.3-1}$$

成立,这里 $\boldsymbol{a}_C$ 是该特殊点 $C$ 的加速度. 这一特殊点称为**质心**. 例如,两个互相吸引的磁环在光滑水平面上,当不受外力时,尽管每个磁环的运动相当复杂,但其中心

点(质心)作匀速直线运动(图 3.3-1);以轻杆连接两个质量不同的质点构成的哑铃状体系,在重力场中抛出时,尽管每个质点的运动相当复杂,但其连杆上靠近质量大的质点的某一点(质心)仍作抛体运动(图 3.3-2).

图 3.3-1 两个相互吸引的磁环在光滑水平面上自由运动时,
每个环的运动相当复杂,但质心作匀速直线运动

图 3.3-2 一不对称木哑铃在重力场中抛出,其质心作
抛体运动,哑铃绕质心转动

### 2. 质心的位置

这个特殊点在哪里? 我们先以两个质点组成的体系为例,来找出这个特殊点即质心的位置. 设体系由 $m_1$ 和 $m_2$ 两个质点组成,它们在选定坐标系中的位矢分别为 $r_1$ 和 $r_2$,在外力和内力的共同作用下,它们的加速度分别为 $a_1$ 和 $a_2$,于是质点系动量定理写为

$$F_{ex} = \frac{d}{dt}(m_1 v_1 + m_2 v_2) = m_1 a_1 + m_2 a_2$$
$$= m_1 \ddot{r}_1 + m_2 \ddot{r}_2$$

如果质心的位矢为 $r_C$,则上式右边可以写成 $(m_1+m_2) a_C = (m_1+m_2)\ddot{r}_C$ 的形式. 为了将上式右边写成 $(m_1+m_2)\ddot{r}_C$ 的形式,只要作一简单的变换即可:

$$F_{ex} = m_1 a_1 + m_2 a_2 = \frac{m_1 a_1 + m_2 a_2}{m_1 + m_2}(m_1 + m_2)$$
$$= (m_1 + m_2)\frac{d^2}{dt^2}\left(\frac{m_1 r_1 + m_2 r_2}{m_1 + m_2}\right)$$

由此得

$$r_C = \frac{m_1 r_1 + m_2 r_2}{m_1 + m_2}$$

可见,质心不是简单的质点位矢的平均值,而是质点位矢的加权平均值,这个"权"就是质点的质量. 质心的位置应靠近质量大的质点,这是可以理解的.

上式不难推广至多个质点的体系. 对含有任意多质点的质点系,质心的位矢由下式决定:

$$r_C = \frac{\sum_i m_i \boldsymbol{r}_i}{\sum_i m_i} \tag{3.3-2}$$

对质量连续分布的物体,其质心位矢可由上式推广而得:

$$\boldsymbol{r}_C = \frac{\int \boldsymbol{r}\mathrm{d}m}{\int \mathrm{d}m} = \frac{\int \rho \boldsymbol{r}\mathrm{d}V}{\int \rho \mathrm{d}V} \tag{3.3-3}$$

式中 $\rho$ 为密度,$\mathrm{d}V$ 为体积元. 将(3.3-2)式和(3.3-3)式写成分量形式,即

$$x_C = \frac{\sum_i m_i x_i}{\sum_i m_i}, \quad y_C = \frac{\sum_i m_i y_i}{\sum_i m_i}, \quad z_C = \frac{\sum_i m_i z_i}{\sum_i m_i} \tag{3.3-2a}$$

和

$$x_C = \frac{\int x\mathrm{d}m}{\int \mathrm{d}m}, \quad y_C = \frac{\int y\mathrm{d}m}{\int \mathrm{d}m}, \quad z_C = \frac{\int z\mathrm{d}m}{\int \mathrm{d}m} \tag{3.3-3a}$$

### 3. 质心运动定律

引入质心概念后,可以用质心的速度来表示质点系的动量. 把(3.3-2)式代入体系动量表示式,有

$$\boldsymbol{p} = \sum_i m_i \boldsymbol{v}_i = \sum_i m_i \dot{\boldsymbol{r}}_i = m \frac{\mathrm{d}}{\mathrm{d}t}\left( \frac{\sum_i m_i \boldsymbol{r}_i}{m} \right)$$
$$= m\dot{\boldsymbol{r}}_C = m\boldsymbol{v}_C \tag{3.3-4}$$

即质点系的动量等于体系总质量与质心速度的乘积. 也就是说,质点系的动量与质量全部集中在质心上的一个质点的动量相同. $m\boldsymbol{v}_C$ 有时也称为**质心动量**. 于是体系的动量就等于质心动量. 利用(3.3-4)式,质点系动量定理(3.1-5)式可写成

$$\int_{t_0}^t \boldsymbol{F}_{\mathrm{ex}}\mathrm{d}t = m\boldsymbol{v}_C - m\boldsymbol{v}_{C0} \tag{3.3-5}$$

即外力对体系的冲量等于质心动量的增量,这一结论有时亦称为**质心动量定理**. 而体系动量定理的微分形式(3.1-6)式用质心运动表示则成为

$$\boldsymbol{F}_{\mathrm{ex}} = \frac{\mathrm{d}}{\mathrm{d}t}\boldsymbol{p} = \frac{\mathrm{d}}{\mathrm{d}t}(m\dot{\boldsymbol{r}}_C) = m\ddot{\boldsymbol{r}}_C \tag{3.3-6}$$

其中 $\boldsymbol{F}_{\mathrm{ex}}$ 是外力的矢量和. (3.3-6)式表示,体系总质量与质心加速度的乘积等于外力的矢量和. 或者说,在诸外力作用下,体系质心的加速度等于质量为体系总质量的质点在这些外力共同作用下的加速度. 此即**质心运动定律**. 这是在预料之中的,因为我们在本节开始时,正是从这一思路寻求质心位置的. (3.3-6)式也就是(3.3-1)式,因为 $\boldsymbol{a}_C = \ddot{\boldsymbol{r}}_C$,只是(3.3-6)式中的 $\boldsymbol{r}_C$ 已是由式(3.3-2)或(3.3-3)式定义的质心位矢. (3.3-6)式表明,不论体系怎样复杂,体系质心的行为与一个质点相

同. 从这个意义上说,牛顿运动定律不仅适用于质点,而且也适用于不能视为质点的体系,只是牛顿运动定律所描绘的不是体系中任一质点的运动,而是质心的运动. 而质心的存在,正是任意物体在一定条件下可以看成质点的物理基础.

### 4. 质心参考系

质点系的动量等于体系总质量与质心速度的乘积,故质点系的动量守恒定律又可以表示为

$$\boldsymbol{p} = m\boldsymbol{v}_C = 常矢量, \qquad \boldsymbol{v}_C = 常矢量 \tag{3.3-7}$$

即对动量守恒的体系,尽管体系内各质点的动量和速度可以有各种变化,但其质心的速度始终不变. 当体系动量不守恒时,$\boldsymbol{v}_C \neq$ 常矢量,质心具有加速度.

与质心相对静止,坐标轴的方向始终与某固定参考系(惯性系)的坐标轴保持平行的平动参考系叫**质心参考系**,简称**质心系**. 质心坐标系的原点常取在质心上. 质心坐标系在讨论质点系的力学问题中十分有用. 对于不受外力作用的体系(孤立体系)或所受外力的矢量和为零的体系,其质心坐标系是惯性系. 对于受外力作用的体系,其质心系是非惯性系.

根据第一章§1.6的讨论,物体相对固定参考系(如实验室参考系)的运动可以表示为它相对质心系的运动与质心系相对固定参考系的运动的叠加.

### 5. 几点说明

(1) 质心的位矢并不是各质点位矢的几何平均值,而是它们的加权平均值. 质心的性质只有在体系的运动与外力的关系中才体现出来. 因而,质心并不是一个几何学或运动学概念,而是一个动力学概念. 这一点在以后各章对质心性质的进一步讨论中将更充分地体现出来.

(2) 体系质心的坐标(或位矢)与坐标原点的选取有关,但质心与体系各质点(质元)的相对位置则与坐标原点的选取无关. 例如由质量分别为 $m_1$ 和 $m_2$ 的两质点组成的体系,当它们相距为 $l$ 时,其质心总是在它们的连线上,与 $m_1$ 相距为 $\dfrac{m_2}{m_1+m_2}l$ 处,尽管该点的位矢可因原点而异. 我们把此结论的一般证明留给读者.

对于各质点相对距离随时间而变的体系,质心对于各质点(元)的相对位置虽然与坐标原点的选取无关,但却随时间而变.

(3) 作用在体系上的诸外力一般作用在不同的质点上,就其对体系的效果而言,显然不能等效为一个合力,因为合力就其本来意义而言,是指与几个力的作用效果等同的一个力;即使对于刚体这样的特殊质点系(见第六章),这样的合力一般也未必存在. 故在质心运动定律的表述中,只提外力的矢量和(而不是外力的合力)等于体系总质量和质心加速度的乘积. 但是对质心运动而言,这些外力犹如都作用在质心上.

## 6. 例题

**例1**　均质半圆盘的质心.

半径为 $R$ 的半圆盘质量均匀分布,求其质心的位置(图3.3-3).

**解:** 由对称性,质心必在对称轴(取为 $y$ 轴)上,即 $x_c = 0$,因而只要求出质心的 $y$ 坐标 $y_c$ 即可. 取平行于 $x$ 轴的窄条(图中阴影部分)作为积分元,其 $y$ 坐标相同,该部分长为 $2R\cos\theta$,宽为 $dy = Rd\theta \cdot \cos\theta$,设盘的质量面密度(单位面积的质量)为 $\rho_s$,则有

图 3.3-3　半圆盘的质心

$$y_c = \frac{\int y\,dm}{\int dm} = \frac{\int_0^{\frac{\pi}{2}} R\sin\theta \cdot \rho_s 2R\cos\theta \cdot R\cos\theta\,d\theta}{\rho_s \cdot \frac{1}{2}\pi R^2}$$

$$= \frac{4R}{\pi}\int_{\frac{\pi}{2}}^0 \cos^2\theta\,d\cos\theta = \frac{4}{3\pi}R$$

**例2**　质量为 $m' = 500$ kg、长为 $L = 4$ m 的木船浮在静止水面上,一质量为 $m = 50$ kg 的人站在船尾. 现在人以时快时慢的不规则速率从船尾走到船头,问船相对岸移动了多少距离? 设船与水之间的摩擦可以忽略.

**解:** 此题如果直接用动量守恒定律来解比较麻烦,因为人的速度不规则. 但若用质心概念就很容易求解. 人和船的体系在水平方向不受外力作用,其质心加速度为零. 体系原来静止,所以质心在水平方向的位置保持不变.

取 $x$ 轴沿水平方向,取原来船的中点为坐标原点,以人的行走方向为 $x$ 正方向. 人在船尾时,体系质心的 $x$ 坐标 $x_c$ 为

$$x_c = \frac{m\left(-\dfrac{L}{2}\right) + m' \cdot 0}{m + m'}$$

$$= -\frac{mL}{2(m+m')} = -\frac{50 \times 4}{2(500+500)}\ \text{m} = -\frac{2}{11}\ \text{m}$$

当人走到船头后,设船的中心的坐标为 $x$,则体系质心坐标为

$$x_c' = \frac{m\left(x + \dfrac{L}{2}\right) + m'x}{m+m'} = x + \frac{mL}{2(m+m')} = x + \frac{2}{11}\ \text{m}$$

质心水平位置不变,即 $x_c' = x_c$,故

$$x = -\frac{4}{11}\ \text{m}$$

**例3**　质量为 $m$ 的炮弹以初速 $v_0$、仰角 $\theta$ 发射,当其飞行到最高点时炸裂成质量各为 $m_1 = \dfrac{2}{3}m$ 和 $m_2 = \dfrac{1}{3}m$ 的两部分,$m_1$ 部分竖直自由下落,$m_2$ 部分则继续向前飞行. 求 $m_2$ 部分的射程(即其落地点与炮弹发射点的水平距离).

**解:** 炮弹若不炸裂成两部分,其射程为

$$R = \frac{v_0^2 \sin 2\theta}{g}$$

炮弹炸裂成两块后,根据质心运动定律,其质心仍沿原炮弹的路径飞行,其射程也不变. 炸裂成两块时,由于两块在竖直方向均无初速,它们在竖直方向的分运动与质心无异,并与质心同时落地,因而 $m_2$ 的射程可由质心坐标间接求出. 建立如图 3.3-4 所示的坐标系. 落地时,$m_1$ 的坐标为 $x_1 = \dfrac{1}{2}R$,由 $x_C = \dfrac{\dfrac{2}{3}mx_1 + \dfrac{1}{3}mx_2}{m}$,可得

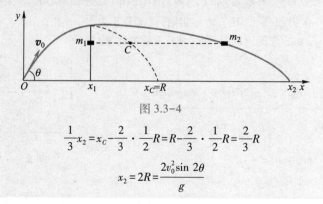

图 3.3-4

$$\frac{1}{3}x_2 = x_C - \frac{2}{3} \cdot \frac{1}{2}R = R - \frac{2}{3} \cdot \frac{1}{2}R = \frac{2}{3}R$$

解得
$$x_2 = 2R = \frac{2v_0^2 \sin 2\theta}{g}$$

## 本章小结

本章讨论力的时间积累效应. 当力对质点的作用持续一段时间后,质点的动量就发生变化,或者说,力对质点所施的冲量等于质点动量的增量. 此即质点动量定理. 它其实是牛顿第二定律的积分形式. 它的微分形式就是牛顿第二定律. 当将此定理应用于质点系时,由于内力的冲量的总和为零,只有外力的冲量才等于体系动量的增量,此即质点系动量定理. 它使我们在不需要知道内力的详情,也不必对每个质点的运动——求解的情况下,就能获得关于体系运动的某些信息. 质心运动定律就是这种信息的一种重要表述形式. 变质量物体的运动方程可以看成这种信息的另一种表述形式. 当外力的矢量和为零时,质点系动量定理演变为动量守恒定律. 动量守恒定律有着广泛的应用,而且它是比动量定理和牛顿运动定律更为普遍而基本的定律.

## 思考题

**3.1** 两个质量相同的猴子 A、B,各抓住跨过轻质定滑轮的轻绳的一端,由同一高度同时从静止开始攀绳往上爬,其中猴子 A 的攀绳速度始终是猴子 B 的两倍,问猴子 A 是否将先爬到顶点? 为什么?

**3.2** 船浮于静水中,一只狗站在船的一端,一竹竿插在水中,恰贴近船的中间,竿上挂着一块肉,当狗以恒定速度 $v$(相对船)跑去抓肉时,问:(1) 所花时间是否与 $v$ 有关?(2) 在船上所走的路程是否与 $v$ 有关?

**3.3** 如思考题 3.3 图所示为一幅幽默画. 试问,为什么画中的人费了那么大劲仍提不起盒子? 你能教给他提起盒子的办法吗?

**3.4** 木架上放着一桶开水,其龙头下放着一只木桶,整个装置放在大的磅秤上. 当打开龙头,水就流进木桶. 问在打开龙头以后的过程中,磅秤的读数与龙头打开前相比,将发生什么变化?

**提不起的盒子**

思考题 3.3 图

**3.5** 试用反冲后的炮身作为参考系,重新求解 §3.2 例 1. 是否可以在整个过程中均取炮身(而不是反冲后的炮身)为参考系解题? 为什么?

**3.6** 有人说,在 §3.2 例 1 的开炮过程中,只要开炮的时间很短,体系在竖直方向的动量也应守恒. 你认为对吗? 为什么?

**3.7** 体系的质心处,是否必定要有质点?

**3.8** 质心与重心(重力合力的作用点)是否一定重合?

**3.9** 一杯子盛水后的总质量为 $m'$,质量为 $m$ 的木块浮在水面上,木块对水的作用力等于木块重力 $mg$,因而这时桌面对杯底的支承力为 $(m'+m)g$. 若让木块从杯底加速上浮,有人说这时桌面的支承力大于 $(m'+m)g$,因为这时水对木块的浮力大于木块重力,由牛顿第三定律,木块对水的作用力也大于木块重力. 你认为对吗?

**3.10** 试判断下列几种现象的可能性:

(1) 质量相同的两球以相等速率相向而行,碰撞后以相同速率同向而行;

(2) 质量不同的两球以相等速率相向而行,碰撞后各以原来速率互相分开;

(3) 两球相碰,一球动量绝对值的减少必等于另一球动量绝对值的增加;

(4) 质量不同的两球以相等速率相向而行,碰撞后沿质量较大球的原运动方向以某一相同速率同向而行.

**3.11** 为什么说 $(\boldsymbol{u}-\boldsymbol{v})\mathrm{d}m/\mathrm{d}t+\boldsymbol{F}_{\Delta m}$ 就是附体对主体的作用力? 试将附体从体系中隔离出来分析说明之.

## 习题

**3-1** 小孩在拍一质量 $m=0.50$ kg 的球. 当球跳至高度 $h_1=1.0$ m 的最高点时,小孩向下拍球,拍球时的平均力 $\overline{F}=15$ N,作用时间为 $\Delta t=0.10$ s,球落地后反跳起,反跳的最大高度为 $h_2=1.5$ m. 求球与地面碰撞时给地面的冲量 $I$.

**3-2** 一质量为 0.15 kg 的棒球以 $v_0=40$ m/s 的水平速度飞来,被棒打击后,速度仍沿水平方向,但与原来方向成 135° 角,大小为 $v=50$ m/s. 如果棒与球的接触时间为 0.02 s,求棒对球的平均打击力.

**3-3** 如题 3-3 图所示,水枪以 $v_0=30$ m/s 的速率向墙垂直喷出截面积 $S=3.0\times10^{-4}$ m² 的水柱. 与墙冲击后,水滴向四周均匀飞溅形成一个半顶角 $\theta=60°$ 的圆锥面,飞溅速率 $v=4.0$ m/s. 求水柱对墙的冲击力.

**3-4** 如题 3-4 图所示,漏斗中的煤粉不断地落到速度 $v=1.5$ m/s 的自动传送带上,每秒钟落下的煤粉量为 20 kg. 求煤粉作用在传送带上的水平方向的力.

题 3-3 图　　　　　　　　　　　题 3-4 图

**3-5** 将一空盒放在秤盘上,并将秤的读数调整到零.然后,从高出盒底 $h$ 处将小钢珠以每秒 $B$ 个的速率由静止开始释放掉入盒内,每一小钢珠的质量为 $m$.若钢珠与盒底碰撞后即静止,试求自钢珠落入盒内起,经过时间 $t$ 后秤的读数.

**3-6** 如题 3-6 图所示,水流冲击在静止的涡轮叶片上,水流冲击叶片曲面前后的速率都等于 $v$,单位时间内冲向叶片的水的质量 $\mu$ 保持不变,求水作用于叶片的作用力.

**3-7** 一圆锥摆的摆线长为 $l$,摆锤的质量为 $m$,圆锥的半顶角为 $\alpha$.试求当摆锤从题 3-7 图示位置 $A$ 沿圆周匀速运动到位置 $B$ 的过程中线中张力的冲量.

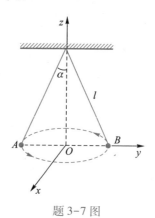

题 3-6 图　　　　　　　　　　　题 3-7 图

**3-8** 一质量 $m=3.5\times10^3$ kg 的直升机在空中"盘旋",其螺旋桨的直径 $d=18$ m.试问螺旋桨应以多大的速度竖直向下排打气流?设气流的直径等于螺旋桨的直径.

**3-9** 一质量为 $m_1$ 的杂技演员,从蹦床上沿竖直方向跳起.当他上升到某一高度时,迅速抱起边上栖木上的猴子,结果他又上升了相同的高度然后落下.已知猴子的质量为 $m_2$.试求此高度 $H$ 与他不抱猴子所能达到的最大高度 $H_0$ 之比.

**3-10** 两个质量分别为 $m_1$ 和 $m_2(m_1>m_2)$ 的人身高相同,他们同时以相同的速率竖直上跳,在空中二人用力互推.若胖的人的落地点到起跳点距离为 $s$,则瘦的人到起跳点距离为多少?

**3-11** 一发炮弹以初速率 $v_0=160$ m/s,$\theta=30°$ 的仰角被射出,当它达到最高点时突然爆炸,炸成质量相等的两块,其中一块以速率 $v_1=60$ m/s 竖直下落,求另一块的落地点与炮弹射出点之间的水平距离.

**3-12** 两质量皆为 $m'$ 的冰车头尾相接地静止在光滑的水平冰面上.一质量为 $m$ 的人从一车

跳到另一车,然后再跳回. 试证明,两冰车的末速度之比为$\dfrac{m'+m}{m'}$.

**3-13**　有 $N$ 个人站在停在铁路上的平板车上,每人的质量为 $m$,平板车的质量为 $m'$. 他们以相对于平板车的速度 $u$ 跳离平板车. 设平板车与轨道间无摩擦力.

(1) 若所有的人同时跳,则平板车的最终速度是多少?

(2) 若他们一个一个地跳,则平板车的最终速度又是多少?

(3) 以上两种情况中哪一种的最终速度大些? 你能对此结果作出简单的解释吗?

**3-14**　如题 3-14 图所示,在光滑水平面上并排静放着两块质量分别为 $m_1$ 和 $m_2$ 的木块. 一质量为 $m$ 的子弹以 $v_0$ 的初速水平地射向两木块,当它射穿两木块后以 $v'$ 的速度沿原方向运动. 求这时两木块的速度 $v_1$ 和 $v_2$. 设子弹在两木块中受到阻力(可视为恒力)相等,而穿过 $m_1$ 所用的时间为穿过 $m_2$ 所用时间的一半.

题 3-14 图

**3-15**　一质量 $m_1 = 50$ kg 的人 A 手里拿着一质量 $m = 5.0$ kg 的小球以 $v_1 = 1.2$ m/s 的速率在光滑冰面上沿直线滑冰,而另一质量 $m_2 = 45$ kg 的人 B 以 $v_2 = 0.8$ m/s 的速率向 A 对面滑来,为避免碰撞,A 把球以相对于他的速率 $u$ 向 B 水平抛去,让 B 接住. 试问 $u$ 至少应多大?

**3-16**　在光滑水平面上,质量分别为 $m_1$、$m_2$ 和 $m_3$ 的三个小球 A、B 和 C 由两根长均为 $l$ 的细线连接. 开始时,B、C 间的细线拉直,而 A、B 两球心间的连线与 B、C 间细线垂直,且间距为 $0.6l$,如题 3-16 图所示. 现使小球 A 以垂直于 A、B 连线方向的初速 $v_0$ 开始运动. 求 A、B 间细线刚拉紧的瞬间 C 球的速度.

题 3-16 图

**3-17**　地球的质量是月球的 81 倍,地球和月球的中心相距 $3.84 \times 10^8$ m,求地球和月球组成的系统的质心与地球中心的距离.

**3-18**　A、B、C 三个质点在某一时刻的位置坐标分别为:$(3, -2, 0)$、$(-1, 1, 4)$、$(-3, -8, 6)$,A 的质量是 B 的两倍,而 B 的质量是 C 的两倍. 求此时由此三质点组成的体系的质心的位置(本题和下题中位置坐标的单位为 m).

**3-19**　一物体在光滑水平面上以 5 m/s 的速度沿 $x$ 正方向运动. 当它到达坐标原点时,由于内部原因而突然分裂成五块碎片,其中四块质量相等,而另一块的质量为其他碎片的三倍. 这些碎片均沿水平面继续运动,经过 2 s 后,大碎片的位置坐标为 $(15, -6)$,某一小碎片的位置坐标为 $(4, 9)$,求由另三块小碎片组成的系统的质心在此时的位置.

**3-20**　求半径为 $R$、质量分布均匀的半圆形铁丝的质心位置. 设圆心在原点,铁丝位于 $xOy$ 平面中的 $y > 0$ 的一侧.

**3-21**　一块长为 $L$ 的大平板静放在光滑水平冰面上,一小孩骑着儿童自行车以 $v_0$ 的速度从板的一端驶上平板,在板上他的速度忽快忽慢,在将近板的另一端时,他相对板的速度为 $\boldsymbol{u}$. 此时,他突然刹车,在板的另一端边缘车相对板静止. 已知人在板上骑车的时间为 $t$,板的质量为 $m_1$,小孩与车一起的质量为 $m_2$. 试求

(1) 刹车前瞬时板的速度;

(2) 车相对板刚静止时板的位移.

**3-22**　质量为 $m$、长为 $l$ 的小船静浮于河中,小船的两头分别站着质量为 $m_1$ 和 $m_2$($m_1 > m_2$)的

两个人,他们同时相对船以相同的速率 $u$ 走向原位于船正中、但固定在河中的木桩,如题 3-22 图所示. 若忽略水对船的阻力作用,试问:

(1) 谁先走到木桩处?

(2) 他用了多少时间?

**3-23** 在光滑的水平面上有两个质量分别为 $m_1$ 和 $m_2$ 的物体. 它们中间用一根原长为 $l$,劲度系数为 $k$ 的弹簧相连,如题 3-23 图所示. 开始时,将 $m_1$ 紧靠墙,并将弹簧压缩至原长的 $\frac{1}{2}$,然后将 $m_2$ 释放. 若以 $m_1$、$m_2$ 和弹簧为系统. 试求在以后的运动中:

(1) 系统质心的加速度的最大值;

(2) 系统质心的速度的最大值.

题 3-22 图      题 3-23 图

**3-24** 如题 3-24 图所示,用手握住一根质量为 $m$、长为 $l$ 的柔软链条的上端,其一端正好与地面接触,然后静止释放链条. 试求当链条的上端下降高度为 $x$ 时,链条对地面的作用力.

**3-25** 某人用木桶从深井中打水. 木桶的质量为 $m_0$,刚开始提桶 $(t=0)$ 时,桶内装有质量为 $m$ 的水,由于桶的底部有一个面积为 $S$ 的小洞,桶内的水以相对于桶的恒定速率 $u$ 从洞口流出.

(1) 若人以恒定的速率向上提桶,求提桶力随时间的变化关系;

(2) 若人以恒力 $F$ 向上提桶,求水桶在时刻 $t$ 的速率. 设 $t=0$ 时桶静止.

**3-26** 如题 3-26 图所示,质量为 $m$ 的卡车关闭发动机后在雨中行驶. 雨水每秒钟竖直滴进敞开的车厢内的质量为 $B$. 设 $t=0$ 时,车厢是空的,车速为 $v_0$. 车厢内总共可容纳质量为 $m_0$ 的水. 若忽略地面对卡车的阻力作用,试求卡车的速率随时间的变化关系 $[t \in (0, \infty)]$.

题 3-24 图

**3-27** 两质量分别为 $m_1$ 和 $m_2$ 的小车 A、B 尾尾相接地停在水平路面上,如题 3-27 图所示. 两车之间用粗绳连接,A 车上装有质量为 $m$ 的水. 在 $t=0$ 时,B 车开始受到一水平恒力 $F$ 的作用,而 A 车同时开始以相对于自身的速率 $u$ 将水水平地喷向 B 车,并全部进入 B 车. 设水柱的截面积为 $S$,忽略地面对两车的阻力作用,并忽略在空中飞行的水柱. 试求绳中张力随时间的变化关系.

题 3-26 图

题 3-27 图

**3-28** 若上题中两车之间没有粗绳连接,(1) 在 A 车喷水以后,B 车在外力作用下始终与 A 车保持一定的距离. 试求此外力随时间的变化关系.

(2) 若两车均无外力作用,试求直到水不能喷进 B 车以前,A、B 两车的速度随时间的变化关系.

以上两小题均忽略地面对车的阻力作用,并可忽略在空中飞行的水柱.

**3-29** 如题 3-29 图所示,由喷泉中喷出的水柱,把一个质量为 $m$ 的垃圾桶倒顶在空中. 水以恒定的速率 $v_0$ 从面积为 $S$ 的小孔中喷出,射向空中,在冲击垃圾桶桶底以后,有一半的水吸附在桶底,并顺内壁流下,其速度可忽略,而另一半则以原速竖直溅下. 求垃圾桶停留的高度 $H$.

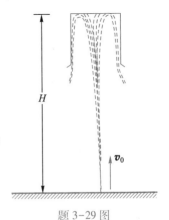

题 3-29 图

**3-30** 半径为 $r$ 的球形雨滴在云层中由静止开始下落,由于水汽的吸附作用,使雨滴不断增大. 若其体积的增长率是其表面积的 $k$ 倍($k$ 是常量),忽略空气的阻力作用.

(1) 写出雨滴的半径随时间的变化关系;

(2) 试求任一时刻 $t$ 雨滴的速度;

(3) 证明雨滴的加速度最终将趋于一极限值,并求出此加速度.

**3-31** 从地面发射质量为 $m$ 的火箭(包括燃料),其喷射的燃料气体相对火箭的速度为 $v_r$,经过时间 $t_0$ 后,燃料全部喷射完,此时火箭正好获得逃逸速度. 设在燃料喷射过程中重力加速度 $g$ 为常量. 求空火箭的质量 $m_0$.

**3-32** 从地面发射一火箭,初始质量为 $m_0$,喷射的燃料相对火箭的速度为 $v_r$.

(1) 若其燃料的每秒消耗量 $\dfrac{\mathrm{d}m}{\mathrm{d}t}$ 可调节,为使火箭在地面以上某个高度保持静止,求 $\dfrac{\mathrm{d}m}{\mathrm{d}t}$ 与时间 $t$ 的函数关系;

(2) 若其燃料的每秒消耗量 $\dfrac{\mathrm{d}m}{\mathrm{d}t}$ 正比于火箭的瞬时质量 $m$,即 $\dfrac{\mathrm{d}m}{\mathrm{d}t}=-\alpha m$,其中 $\alpha$ 为正常数,证明当 $\alpha v_r > g$ 时,火箭将以恒定加速度向上加速,并求出此加速度;

(3) 若其燃料的每秒消耗量 $\dfrac{\mathrm{d}m}{\mathrm{d}t}$ 正比于 $m_0$,即 $\dfrac{\mathrm{d}m}{\mathrm{d}t}=-km_0$,其中 $k$ 为正常量,试求火箭在任一时刻 $t$ 的速度;

(4) 在(3)的情况下,若火箭本身的质量为 $m$,试求火箭所能达到的最大高度. 设火箭达最大高度时,仍未脱离地球引力范围,并设此过程中重力加速度 $g$ 为常量.

**3-33**　一火箭总质量为 $m$，其中机壳重为 $\beta m(\beta<1)$，每秒钟喷出的燃料质量为 $\alpha m(\alpha$ 为常量). 为了使火箭能在开始喷射燃料的瞬时即能竖直起飞，燃料的喷射速度（相对火箭）$v_r$ 至少为多大？维持用这样的速度喷射燃料，火箭能上升的最大高度 $H$ 为多少？设重力加速度 $g$ 为常量.

第三章习题参考答案

# 第四章
# 功与能

许多常见的力,如万有引力、弹性力、库仑力等,都表现为两物体间相对位置的函数,在求得物体位置随时间变化的规律之前,实际上无法研究力的时间积累效应.但我们可以通过研究力对空间的积累效应得到关于物体运动的许多信息.

## §4.1 功与功率

### 1. 作用于单个质点的力的功

#### (1) 恒力对直线运动质点的功

设物体(质点)在恒力作用下作直线运动,从 $a$ 点运动到 $b$ 点,其位移为 $\Delta r$ (图4.1-1). 在此过程中,设恒力 $F$ 始终作用于物体,力 $F$ 的方向与物体位移间成 $\theta$ 角($0 \leqslant \theta \leqslant \pi$),则力 $F$ 对物体所做的功 $W$ 定义为力在质点位移方向的分量($F_t$)与质点位移的乘积:

$$W = F_t |\Delta r| = F |\Delta r| \cos \theta$$

图 4.1-1 恒力 $F$ 对物体做功

根据矢量标积的定义,功又可表示为力与质点位移的标积:

$$W = F \cdot \Delta r \tag{4.1-1}$$

功的定义表明,功与力在垂直于位移方向上的分量无关,这说明力对物体做功只与物体速度大小的变化相联系. 功是标量,它有大小和正、负之分. 当 $0 < \theta < \dfrac{\pi}{2}$ 时,$W > 0$,称力对物体做正功,例如重力对下落物体做正功;当 $\dfrac{\pi}{2} < \theta < \pi$ 时,$W < 0$,称力对物体做负功,或说物体反抗外力做功,例如重力对上抛物体做负功;当 $\theta = \dfrac{\pi}{2}$ 时,该力对物体不做功,例如系着物体作圆周运动的绳中的张力,及固定光滑轨道对物体的支承力等就是这样的力.

当物体同时受几个力共同作用时,合力为诸力的矢量和:

$$\boldsymbol{F}=\boldsymbol{F}_1+\boldsymbol{F}_2+\cdots$$

由于物体(质点)的位移是确定的,因而诸分力的功的代数和等于合力的功:

$$\boldsymbol{F}_1\cdot\Delta\boldsymbol{r}+\boldsymbol{F}_2\cdot\Delta\boldsymbol{r}+\cdots=\boldsymbol{F}\cdot\Delta\boldsymbol{r} \tag{4.1-2}$$

图 4.1-1 中所画的物体,其实并不是只受 $\boldsymbol{F}$ 一个力(比如还有重力、支承力、摩擦力)作用,因而(4.1-1)式所定义的功是作用在物体上的力 $\boldsymbol{F}$ 所做的功,而并非合力所做的功.

### (2) 变力的功

设质点在外力作用下沿曲线 $C$ 运动(图4.1-2). 在质点从 $a$ 点移动到 $b$ 点的过程中,作用于物体上的力 $\boldsymbol{F}$ 的大小和方向随时都在变化,因而不能直接用(4.1-1)式计算力 $\boldsymbol{F}$ 的功. 但只要应用微分概念,变力的功仍不难求得. 将物体运动的轨道分为 $n$ 个小段,使任一小段(序号为 $i$)都很短,物体在这么短的曲线上的运动可以看成沿着对应的小位移 $\Delta\boldsymbol{r}_i$(从小段的始点指向终点的矢量)的直线运动,而在每一小段上力 $\boldsymbol{F}_i$ 可以看成恒力. 因而,在任一小位移 $\Delta\boldsymbol{r}_i$ 上,力对物体做的元功可用(4.1-1)式表示:

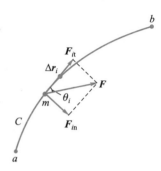

图 4.1-2　计算变力的功

$$\Delta W_i=\boldsymbol{F}_i\cdot\Delta\boldsymbol{r}_i$$

质点从 $a$ 沿曲线 $C$ 移动到 $b$ 的过程中,力 $\boldsymbol{F}$ 对物体所做的功等于元功的总和,即

$$W=\sum_{i=1}^{n}\boldsymbol{F}_i\cdot\Delta\boldsymbol{r}_i$$

在 $|\Delta\boldsymbol{r}_i|\to0,n\to\infty$ 时的极限情况下,上式即为积分:

$$W=\int_{C}^{b}_{a}\boldsymbol{F}\cdot\mathrm{d}\boldsymbol{r} \tag{4.1-3}$$

积分号下的符号 $C$ 表示积分沿曲线 $C$ 进行. 当质点受几个力 $\boldsymbol{F}_1$、$\boldsymbol{F}_2$、$\cdots$ 共同作用时,合力 $\boldsymbol{F}=\boldsymbol{F}_1+\boldsymbol{F}_2+\cdots$ 的功仍等于分力的功的代数和:

$$W=\int_{C}^{b}_{a}\boldsymbol{F}\cdot\mathrm{d}\boldsymbol{r}=\int_{C}^{b}_{a}\boldsymbol{F}_1\cdot\mathrm{d}\boldsymbol{r}+\int_{C}^{b}_{a}\boldsymbol{F}_2\cdot\mathrm{d}\boldsymbol{r}+\cdots \tag{4.1-4}$$

功的单位可以从力和长度的单位得到. 在 SI 单位中,功的单位称为 J(**焦耳**):

$$1\text{ J}=1\text{ N}\cdot\text{m}$$

在 CGS 单位中,功的单位称为 erg(**尔格**):

$$1\text{ erg}=1\text{ dyn}\cdot\text{cm}=10^{-7}\text{ J}$$

在 SI 单位和 CGS 单位中,功的量纲都是 $ML^2T^{-2}$.

### 功率

力在单位时间内所做的功,称为**功率**. 设在 $t\sim t+\Delta t$ 时间内,作用力对物体所做的元功为 $\Delta W$,则称 $\Delta W$ 与 $\Delta t$ 之比为这段时间内的平均功率,用 $\overline{P}$ 表示:

$$\overline{P}=\frac{\Delta W}{\Delta t} \tag{4.1-5}$$

当 $\Delta t \to 0$ 时,平均功率的极限称为时刻 $t$ 的**瞬时功率**,或简称**功率**:

$$P = \lim_{\Delta t \to 0} \frac{\Delta W}{\Delta t} = \frac{\mathrm{d}W}{\mathrm{d}t}$$

可将功率与作用力联系起来. 因为 $\Delta W = \boldsymbol{F} \cdot \Delta \boldsymbol{r}$,而 $\lim\limits_{\Delta t \to 0} \dfrac{\Delta \boldsymbol{r}}{\Delta t} = \dfrac{\mathrm{d}\boldsymbol{r}}{\mathrm{d}t} = \boldsymbol{v}$,于是

$$P = \boldsymbol{F} \cdot \boldsymbol{v} \tag{4.1-6}$$

即作用力对质点的瞬时功率等于作用力与质点在该时刻速度的标积.

通常,动力机的输出功率是有一定限制的,最大输出功率称为**额定功率**. 当额定功率一定时,负荷力越大,速度就越小;负荷力越小,速度就越大. 这就是为什么汽车在上坡时行驶得慢,下坡时行驶得快的道理.

功率的单位可由功的单位确定. 在 SI 单位中,功率的单位称为 W(**瓦特**):

$$1\ \mathrm{W} = 1\ \mathrm{J/s}$$

瓦特的一千倍为 kW(千瓦). 功率的量纲是 $\mathrm{ML^2T^{-3}}$.

### 2. 一对内力做功之和

一般而言,做功与参考系有关,这是因为位移与参考系有关。但是,对于两个相对平动的参考系,一对内力做功之和与参考系无关.证明如下:

为简单起见,讨论两个质点组成的体系,质点 $m_2$ 作用于 $m_1$ 的力为 $\boldsymbol{F}_{12}$,质点 $m_1$ 作用于质点 $m_2$ 的力为 $\boldsymbol{F}_{21}$. 对质点 $m_1$,内力的功为

$$W_{1内} = \int_{\boldsymbol{r}_{10}}^{\boldsymbol{r}_1} \boldsymbol{F}_{12} \cdot \mathrm{d}\boldsymbol{r}_1$$

对质点 $m_2$,内力的功为

$$W_{2内} = \int_{\boldsymbol{r}_{20}}^{\boldsymbol{r}_2} \boldsymbol{F}_{21} \cdot \mathrm{d}\boldsymbol{r}_2$$

这一对内力的总功为

$$W_{内} = W_{1内} + W_{2内}$$
$$= \int_{\boldsymbol{r}_{10}}^{\boldsymbol{r}_1} \boldsymbol{F}_{12} \cdot \mathrm{d}\boldsymbol{r}_1 + \int_{\boldsymbol{r}_{20}}^{\boldsymbol{r}_2} \boldsymbol{F}_{21} \cdot \mathrm{d}\boldsymbol{r}_2$$

但由牛顿第三定律,$\boldsymbol{F}_{21} = -\boldsymbol{F}_{12}$,而 $\mathrm{d}\boldsymbol{r}_1 - \mathrm{d}\boldsymbol{r}_2 = \mathrm{d}(\boldsymbol{r}_1 - \boldsymbol{r}_2) = \mathrm{d}\boldsymbol{r}_{12}$,其中 $\boldsymbol{r}_{12}$ 是从质点 $m_2$ 指向质点 $m_1$ 的矢量,即相对位置矢量,代入 $W_内$ 表示式,得

$$W_{内} = \int \boldsymbol{F}_{12} \cdot \mathrm{d}\boldsymbol{r}_1 - \int \boldsymbol{F}_{12} \cdot \mathrm{d}\boldsymbol{r}_2 = \int \boldsymbol{F}_{12} \cdot (\mathrm{d}\boldsymbol{r}_1 - \mathrm{d}\boldsymbol{r}_2) \tag{4.1-7}$$
$$= \int_{\boldsymbol{r}_{120}}^{\boldsymbol{r}_{12}} \boldsymbol{F}_{12} \cdot \mathrm{d}\boldsymbol{r}_{12}$$

以上讨论不难推广到 $N$ 个质点的情况,这时,

$$W_{内} = \sum_i \int_{\boldsymbol{r}_{i0}}^{\boldsymbol{r}_i} \left( \sum_{j \neq i} \boldsymbol{F}_{ij} \right) \cdot \mathrm{d}\boldsymbol{r}_i = \sum_{i<j} \int_{\boldsymbol{r}_{ij0}}^{\boldsymbol{r}_{ij}} \boldsymbol{F}_{ij} \cdot \mathrm{d}\boldsymbol{r}_{ij} \tag{4.1-8}$$

根据(4.1-7)式和(4.1-8)式,作用力与反作用力这一对内力的总功只与两质点间的相对位移变化有关,而对于两个相对平动的参考系,两质点相对位移的变化与参考系无关.因此,一对内力做功之和在两个相对平动的参考系中是相等的. 对于两个

相对转动的参考系,此结论是否成立,请同学们思考回答.

### 3. 几种力的功

#### (1) 重力的功

考察质量为 $m$ 的物体在重力场中从位置 $a$ 移动到位置 $b$ 的过程中,重力对物体所做的功. 设物体沿任一曲线路径 $aCb$ 移动(图 4.1-3),在此过程中重力所做的功可以用积分表示:

$$W = \int_{a}^{b} m\boldsymbol{g} \cdot \mathrm{d}\boldsymbol{r}$$
$$_{C}$$

如图 4.1-3 所示,在路径 $aCb$ 的任一小位移 $\mathrm{d}\boldsymbol{r}$ 上重力所做的功,与 $\mathrm{d}\boldsymbol{r}$ 在竖直方向的分位移 $\mathrm{d}y\boldsymbol{j}$ 上重力所做的功相同(这里 $\mathrm{d}y<0$,故 $\mathrm{d}y\boldsymbol{j}$ 向下,沿 $\mathrm{d}\boldsymbol{r}$ 的水平分位移 $\mathrm{d}x\boldsymbol{i}$ 上重力不做功),因而物体沿曲线 $aCb$ 移动时重力所做的功与物体沿折线 $aa_1b$ 移动时重力所做的功相同. 可见,重力的功只与物体的始末位置有关,而与具体路径无关,上式积分号下的"$C$"可以省去,而写为

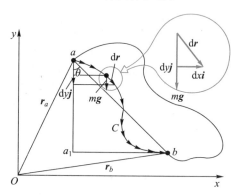

图 4.1-3　重力的功与路径无关

$$W = \int_{a}^{b} m\boldsymbol{g} \cdot \mathrm{d}\boldsymbol{r} = \int_{a}^{b} (-mg)\,\mathrm{d}y = mg(y_a - y_b) \tag{4.1-9}$$

以上论述并不限于 $Oxy$ 平面上的曲线路径,而适用于任一三维曲线路径;也不限于重力,而适用于一切恒力. 当然,我们的计算是在相对地球(或恒力源)静止的参考系中进行的.

#### (2) 万有引力的功

设质点 $m$ 在 $m'$ 的引力场中从 $a$ 沿任一曲线 $C$ 运动到 $b$(图 4.1-4). 在与 $m'$ 相对静止的参考系中,取 $m'$ 为坐标原点,当 $m$ 发生位移 $\mathrm{d}\boldsymbol{r}$ 时,引力的元功为

$$\mathrm{d}W = -G\frac{m'm}{r^2}\boldsymbol{e}_r \cdot \mathrm{d}\boldsymbol{r} = -G\frac{m'm}{r^2}\mathrm{d}r$$

$$W = \int_{a}^{b} \mathrm{d}W \tag{4.1-10}$$

$$= -\int_{r_a}^{r_b} G\frac{m'm}{r^2}\mathrm{d}r = Gm'm\left(\frac{1}{r_b} - \frac{1}{r_a}\right)$$

由于所取的路径是任意的,上述结果说明,在与力源相对静止的参考系中,引力所做的功也只和物体始末位置有关,而与具体路径无关.

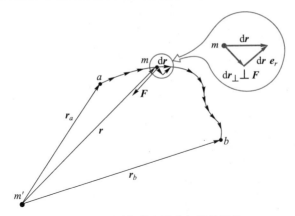

图 4.1-4 万有引力的功与路径无关

对引力的功的结论,显然可以推广到一般的各向同性的有心力,即力的方向沿质点与力心(取为原点)的连线,大小只与质点与力心的距离有关的力:

$$\boldsymbol{F} = F(r)\boldsymbol{e}_r \tag{4.1-11}$$

当 $F(r) > 0$ 时为斥力,$F(r) < 0$ 时为引力. 万有引力即有心力,其力函数为

$$F(r) = -\frac{Gm'm}{r^2}$$

### (3) 弹力的功

一端固定的弹簧,对系于其另一端的物体的作用力 $F = -kx$,其中 $x$ 是以弹簧松弛位置为原点的弹簧伸长(或压缩)量(图 4.1-5). 在物体从 $a$ 移动到 $b$ 的过程中,弹力的功为

图 4.1-5 弹力的功与路径无关

$$W = \int_{x_a}^{x_b} (-kx)\,\mathrm{d}x = \frac{1}{2}k(x_a^2 - x_b^2)$$

如果运动路径不是从 $a$ 直接到 $b$,而是 $a \rightarrow c \rightarrow b$,则

$$W = \int_a^c (-kx)\,\mathrm{d}x + \int_c^b (-kx)\,\mathrm{d}x$$

$$= \frac{1}{2}k(x_a^2 - x_c^2) + \frac{1}{2}k(x_c^2 - x_b^2)$$

$$= \frac{1}{2}k(x_a^2 - x_b^2) \tag{4.1-12}$$

可见弹力的功也只与始末位置有关,而与具体路径无关.

一般而言,一端固定的弹簧,对系于其另一端的物体的作用力总可以看成各向同性的有心力,这时,弹力可写为

$$\boldsymbol{F} = -k(r - r_0)\boldsymbol{e}_r$$

其中 $r_0$ 是弹簧的原长,因而弹力做功与具体路径无关.

#### 4. 例题

**例** 质量为 $m_1$、$m_2$ 的两球原来相距为 $a$，在万有引力作用下逐渐靠近至相距为 $b$，求在此过程中引力所做的功.

**解**：因为这是求一对内力做功之和，在相对平动的参考系中计算结果相同. 不妨选与 $m_2$ 相对静止的参考系中计算此功（图 4.1-6）. 在此参考系中，引力只对 $m_1$ 做功，根据上文，此功为

$$W = \int \mathrm{d}W = -Gm_1m_2\int_a^b \frac{\mathrm{d}r_1}{r_1^2} = Gm_1m_2\left(\frac{1}{b}-\frac{1}{a}\right)$$

引力对 $m_2$ 不做功，因 $m_2$ 无位移. 质心系中引力做功的计算过程可扫描旁边二维码阅读.

📱 阅读材料：
质心系中引力
做功

图 4.1-6 在与 $m_2$ 相对静止的参考系中计算引力的功

## §4.2 质点动能定理

### 1. 质点动能定理

由牛顿第二定律

$$F = ma = m\frac{\mathrm{d}\boldsymbol{v}}{\mathrm{d}t} \tag{4.2-1}$$

计算质点在合外力 $F$ 作用下沿路径 $L$ 从空间位置 $a$ 运动到 $b$ 做的功

$$W = \int_L \boldsymbol{F}\cdot\mathrm{d}\boldsymbol{r} = \int_a^b m\frac{\mathrm{d}\boldsymbol{v}}{\mathrm{d}t}\cdot\mathrm{d}\boldsymbol{r} = \int_a^b m\mathrm{d}\boldsymbol{v}\cdot\frac{\mathrm{d}\boldsymbol{r}}{\mathrm{d}t}$$

$$= \int_a^b m\mathrm{d}\boldsymbol{v}\cdot\boldsymbol{v} = \int_a^b mv\mathrm{d}v = \frac{m}{2}(v_b^2 - v_a^2) \tag{4.2-2}$$

等式表明，力对质点所做的功等于质点动能的增加.

这就是质点动能定理. 由推导过程可知，动能定理是从牛顿第二定律导出的，因而它只在惯性系内成立. 在上述推导过程中，我们用到了等式 $\boldsymbol{v}\cdot\mathrm{d}\boldsymbol{v}=v\mathrm{d}v$. 大家不妨自己证明一下，对于任意矢量 $\boldsymbol{A}$，有 $\boldsymbol{A}\cdot\mathrm{d}\boldsymbol{A}=A\mathrm{d}A$.

### 2. 由动能定理求解物体的运动

在物体作一维运动的情况下，只要力作为位置的函数已知，初速度已知，根据（4.2-2）式，我们就能根据动能定理求出物体的速度与位置的关系，即求出 $v(x)$. 而一旦知道 $v(x)$，根据 $v=\mathrm{d}x/\mathrm{d}t$，可得 $\mathrm{d}t=\mathrm{d}x/v(x)$，两边积分，得

$$\int_0^t \mathrm{d}t = \int_{x_0}^x \frac{\mathrm{d}x}{v(x)}$$

由此即可求得 $x(t)$. 由此可见, 借助于力对空间(位置)的积累效应, 当力作为位置函数为已知时, 至少在一维情况下, 我们仍然可以解决质点的运动问题. 那么, 在物体作曲线运动的情况下, 若已知力作为位置的函数, 是否也能求解物体的运动, 即求出物体位置与时间的关系 $r(t)$? 一般而言, 这是不行的. 例如, 对斜抛运动的物体, 我们只能根据动能定理算出它在任一位置上的速率, 但不能确定它在该位置上的运动方向, 因而不能确定它的位置与时间的关系. 这是因为动能定理仅考察了作用力的切向分量对物体运动的影响(使物体速率发生变化), 未涉及作用力的法向分量对物体运动的影响(使物体运动的方向发生变化). 而根据牛顿运动定律, 却能完全确定它的位置与时间的关系. 所以, 动能定理对于物体运动所能提供的信息比牛顿运动定律少. 在某些情况下, 如果我们对物体运动的整个细节[由 $r(t)$ 反映]并不感兴趣, 而只对速率与位置的关系感兴趣, 这时用动能定理求解问题, 就显得特别方便.

在物体运动轨道已知的情况下, 根据动能定理就能完全确定物体的运动. 因为轨道已知时, 物体运动方向即可确定.

### 3. 例题

**例1** 地球引力场中竖直上抛物体的上升高度与逃逸速度.

**解:** 如果物体上抛速度 $v_0$ 很大, 物体可上升至很高处. 在上升过程中, 地球的引力不再是恒力. 根据万有引力定律和动能定理, 在物体从地面沿径向上抛过程中, 物体离地球中心的距离为 $r$ 时的速率 $v$ 可由下式决定:

$$\frac{1}{2}mv^2 - \frac{1}{2}mv_0^2 = \int_R^r -G\frac{m_e m}{r^2}\boldsymbol{e}_r \cdot \mathrm{d}\boldsymbol{r} = Gm_e m\left(\frac{1}{r} - \frac{1}{R}\right) \tag{1}$$

式中 $m_e$ 是地球的质量, $m$ 为上抛物体的质量, $R$ 是地球半径. 上升的最大高度 $r_m$ 由 $v=0$ 决定:

$$-\frac{1}{2}mv_0^2 = Gm_e m\left(\frac{1}{r_m} - \frac{1}{R}\right) \tag{2}$$

解得

$$r_m = \left[\frac{1}{R} - \frac{v_0^2}{2Gm_e}\right]^{-1} \tag{3}$$

上升高度为

$$h = r_m - R = \left(\frac{1}{R} - \frac{v_0^2}{2Gm_e}\right)^{-1} - R \tag{4}$$

当 $v_0$ 较小时, $h \ll R$, 上式化为

$$h = R\left(1 - \frac{v_0^2 R}{2Gm_e}\right)^{-1} - R \approx R\left(1 + \frac{v_0^2 R}{2Gm_e}\right) - R$$

$$= \frac{v_0^2 R^2}{2Gm_e} = \frac{v_0^2}{2g} \tag{5}$$

此即均匀重力场中的结果. 如果物体的初速度足够大, 以至物体上抛后不再回到地球, 即物体被抛到脱离地球引力束缚的区域, 与此对应的上抛速度称为**逃逸速度**, 又称**第二宇宙速度**, 该速度也就是使 $r_m \to \infty$ 时的初速度. 由(3)式, 逃逸速度为

$$v_0 = \sqrt{\frac{2Gm_e}{R}} \tag{6}$$

将有关数据代入,得

$$v_0 = \sqrt{\frac{2Gm_e}{R}} = \sqrt{2gR} = 11.2 \text{ km/s}$$

式(6)所表示的逃逸速度也适用于其他天体. 由于 $G$ 是普适常量,逃逸速度正比于天体质量与半径比值的平方根. 对一定质量的天体,其半径越小,逃逸速度越大. 根据相对论,一切物体的速度不能大于光速,因而当某天体的逃逸速度达到光速时,任何物体(包括光子)都不能逃离此天体,任何射向此天体的物体或光子,也都一概被吸收,有进无出,外界无法看到它的光或辐射. 这样的天体称为"黑洞". 对于质量为 $m$ 的天体,要成为黑洞的相应的半径 $R_g$ 可由式(6)将 $v_0 = c$ 代入而得到:

$$R_g = \frac{2Gm}{c^2}$$

$R_g$ 称为引力半径. 以太阳质量 $m_s = 1.99 \times 10^{30}$ kg 代入上式,可得 $R_g = 2.95$ km. 这就是说,当太阳半径缩小至约 3 km 时,太阳将不可能发射任何物体(包括光子),从而成为"黑洞". 目前许多天文学家认为天鹅座 X-1 和天蝎座 V861 都是由一个正常星和一个黑洞组成的双星系统,前者的 X 射线即来自正常星上的气体受黑洞巨大引力作用而发热所产生的辐射(图 4.2-1). 另外,星系的核心也可能存在黑洞.

20 世纪 70 年代有人根据量子理论提出,黑洞也有微弱的辐射.

图 4.2-1 气体落入黑洞而发射 X 射线

**例 2** 一物块质量为 $m$,置于粗糙水平桌面上,并系于一橡皮绳的一端,橡皮绳的另一端系于墙上,如图 4.2-2 所示. 橡皮绳原长为 $a$,当它拉伸时,相当于劲度系数为 $k$ 的弹簧. 物块与桌面的摩擦因数为 $\mu$. 现将物块向右拉伸至橡皮绳长为 $b$ 后再由静止释放,问物块撞击墙时的速度多大?

图 4.2-2

**解:** 以墙为原点,取 $x$ 坐标向右为正. 由动能定理,物块到墙时的动能等于物块从释放位置到墙的运动过程中外力所做的功. 这里作用于物块的力(水平方向)有两个,一是弹力,它只存在于 $x$ 从 $b \rightarrow a$ 的过程中;另一是摩擦力,它始终存在. 物体动能的增量等于这两个力单独做功的代数和. 释放时 $v_0 = 0$,因而

$$\frac{1}{2}mv^2 = \int_b^a -k(x-a)\,\mathrm{d}x - \mu mgb$$

$$= \frac{1}{2}k(b-a)^2 - \mu mgb$$

所以

$$v = \left[\frac{k}{m}(b-a)^2 - 2\mu gb\right]^{\frac{1}{2}}$$

## §4.3 质点系动能定理

### 1. 质点系动能定理

质点动能定理不难推广到质点系. 设质点系由 $N$ 个质点组成,则第 $i$ 个质点的

动能增量应等于作用于第 $i$ 个质点的外力的功和内力的功之和：

$$W_{i外}+W_{i内}=E_{ki}-E_{ki0} \tag{4.3-1}$$

对 $i$ 求和，即得**质点系动能定理**：

$$W_{外}+W_{内}=E_k-E_{k0} \tag{4.3-2}$$

即，作用于质点系的所有外力所做的功与所有内力所做的功的总和等于质点系动能的增量. 与质点动能定理一样，质点系动能定理也只在惯性系内成立.

### 2. 质点系动能定理与质点系动量定理的比较

不妨将质点系动能定理与质点系动量定理作一比较.

（1）质点系动量定理是矢量形式，而质点系动能定理是标量形式.

（2）内力的作用不改变质点系的总动量，但内力的作用一般要改变质点系的总动能，这一点往往被忽视. 造成这一差别的原因，是作用力和反作用力作用的时间总是相等的，作用力和反作用力的冲量的矢量和恒为零，因而成对的内力对质点系动量的贡献相互抵消；而在作用力和反作用力作用下，两质点的位移一般并不相同，作用力和反作用力的功并不一定抵消，因而成对的内力对质点系动能的贡献一般并不抵消.

### 3. 例题

**例** 质量为 $m'$、宽度为 $l$ 的木块静置于光滑水平台面上，质量为 $m$ 的子弹以速度 $v_0$ 水平地射入木块，以速度 $v$ 自木块穿出，求从子弹进入木块到离开木块的整个过程中木块行进的距离 $L$. 设子弹在木块中受到的摩擦阻力为常量（图 4.3-1）.

图 4.3-1

**解**：木块是在子弹对木块的摩擦力作用下从静止开始运动的，为求得木块在摩擦力作用下的行进距离，必须知道摩擦力，以及摩擦力作用时间或木块末速度. 在现在的情况下，木块的末速度容易求得，因为子弹和木块体系水平方向动量守恒，因而有

$$mv_0=m'v'+mv$$

由此即得木块的末速率：

$$v'=\frac{m}{m'}(v_0-v) \tag{1}$$

如何求摩擦力？无非从它的效果上去分析. 所谓力的效果，主要有时间积累效果和空间积累效果. 顺着上面的思路，不妨从摩擦力的空间积累效果，即做功的角度去分析. 设摩擦力为 $F_f$，此力对木块作用距离为 $L$，由动能定理，

$$F_f L=\frac{1}{2}m'v'^2 \tag{2}$$

摩擦力同时也作用在子弹上,但力的方向相反,因而对子弹做负功,而力对子弹作用的距离较长,为 $L+l$,因而由动能定理,

$$-F_f(L+l) = \frac{1}{2}mv^2 - \frac{1}{2}mv_0^2 \tag{3}$$

(2)式与(3)式相加,即得

$$-F_f l = \frac{1}{2}mv^2 - \frac{1}{2}mv_0^2 + \frac{1}{2}m'v'^2 \tag{4}$$

将(1)式代入(4)式,即可求得摩擦力 $F_f$:

$$F_f = \frac{1}{l}\left[\frac{1}{2}mv_0^2 - \frac{1}{2}mv^2 - \frac{1}{2}m'\frac{m^2}{m'^2}(v_0-v)^2\right]$$

$$= \frac{m}{2l}\left[v_0^2 - v^2 - \frac{m}{m'}(v_0-v)^2\right] \tag{5}$$

将(1)式、(5)式代入(2)式即得

$$L = \frac{m'v'^2}{2F_f} = \frac{l(m^2/m')(v_0-v)^2}{m\left[v_0^2-v^2-\frac{m}{m'}(v_0-v)^2\right]} = \frac{lm(v_0-v)^2}{[m'(v_0^2-v^2)-m(v_0-v)^2]}$$

实际上,利用内力做功与参考系无关的性质,在木块参考系上考察摩擦力的功,再在地面参考系上应用质点系动能定理,立即可得出(4)式.

本例说明,动摩擦力作为内力,对体系中的物体可以做正功(如对本例中的木块),也可以做负功(如对本题中的子弹),但负功大于正功,故对质点系而言,摩擦力做的总功总是负的,它使质点系的总动能减少.

## §4.4 质点系的势能

### 1. 保守力与非保守力

我们在§4.1中曾证明,内力的总功与参考系无关. 这是满足牛顿第三定律的内力的普遍性质. 在§4.1.3中我们又看到,当两质点间的相互作用力为引力、弹性力或更一般地为各向同性的有心力(作用力沿两质点连线,力的大小仅与两质点距离有关)时,在与其中一个质点相对静止的参考系中,作用于另一质点的力所做的功仅与该质点的始末位置有关,而与该质点所经的具体路径无关. 我们称具有这种性质的力为**保守力**. 我们将证明,保守力做功与路径无关必导致沿任一闭合路径一周,保守力所做的功为零的结论.

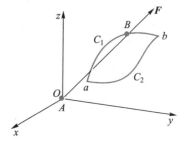

图 4.4-1 保守力沿任一闭合路径做功为零

若质点 $A$ 和 $B$ 之间的相互作用力为保守力,在质点 $A$ 静止的参考系中,质点 $A$ 对 $B$ 的作用力为 $\boldsymbol{F} = F(r)\boldsymbol{e}_r$,则在质点 $B$ 沿任一路径 $aC_1b$(图 4.4-1)由起点 $a$ 移动到终点 $b$ 的过程中,$\boldsymbol{F}$ 所做的功为

$$W_{a C_1 b} = \int_{C_1} \boldsymbol{F} \cdot \mathrm{d}\boldsymbol{r} = \int_a^b \boldsymbol{F} \cdot \mathrm{d}\boldsymbol{r}$$

若质点 $B$ 沿另一任意路径 $aC_2b$ 由起点 $a$ 移到终点 $b$,在此过程中,$\boldsymbol{F}$ 所做的功为

$$W_{aC_2b} = \int_{C_2} \boldsymbol{F} \cdot \mathrm{d}\boldsymbol{r} = \int_a^b \boldsymbol{F} \cdot \mathrm{d}\boldsymbol{r}$$

根据保守力的定义,

$$W_{aC_1b} = W_{aC_2b} = -W_{bC_2a}$$

即

$$W_{aC_1b} + W_{bC_2a} = 0$$

或

$$W_{aba} = \int_a^b \boldsymbol{F} \cdot \mathrm{d}\boldsymbol{r} + \int_b^a \boldsymbol{F} \cdot \mathrm{d}\boldsymbol{r} = \oint_C \boldsymbol{F} \cdot \mathrm{d}\boldsymbol{r} = 0 \qquad (4.4\text{--}1)$$

由此可见,保守力做功与路径无关必导致沿任一闭合路径一周保守力做功为零的结论. 不难看出,若一个力沿任意闭合路径一周所做的功为零,则该力做功必与路径无关. 故(4.4-1)式是力做功与路径无关的充要条件,也可以看作保守力定义的数学表述.

我们知道,在与一个质点相对静止的参考系中,这个质点作用于另一质点的力所做的功与在两个质点都运动的参考系中,作用于这两个质点的一对相互作用力所做总功是相等的,即两个质点间的相互作用力作的总功与参考系无关,因而上述关于保守力的定义也适用于其他任一参考系,但此时的功应理解为相互作用力对两质点所做的总功,而始末位置或路径则是指这两个质点各自的始末位置和路径.

凡做功不仅与始末位置有关,而且与具体路径有关,或沿闭合路径一周做功不为零的力叫**非保守力**. 沿闭合路径一周做功小于零的力叫**耗散力**. 由此可见,重力是保守力,万有引力是保守力,弹簧弹力也是保守力. 但摩擦力是非保守力,因为摩擦力做功显然与具体路径有关. 而且不难证明,摩擦力是耗散力.

如果质点系内任意两质点间的作用力都是保守力,则称该质点系为**保守体系**.

### 2. 质点系的势能

#### (1) 两质点体系

考察一存在引力相互作用的两质点体系. 初始时,两质点的位置分别为 $O_1$ 和 $O_2$,两质点间的距离为 $r_0$. 在外力作用下,位于 $O_1$ 的质点,反抗引力作用沿任一路径徐徐移到位置 $a_1$,位于 $O_2$ 的质点,反抗引力作用沿任一路径徐徐移到位置 $a_2$. 这时两质点间的距离增大为 $r_a$. 在这过程中,作用于两个质点的外力都做了一定量的正功. 但做功的结果并未导致两个质点动能的增加,因为两质点间存在引力作用,外力是克服引力做了功,其结果是两质点由位置 $O_1$、$O_2$ 移到位置 $a_1$、$a_2$,使两质点的距离增大. 如果轻轻释放两质点,则在引力作用下,它们可能从位置 $a_1$、$a_2$ 回到初始位置 $O_1$、$O_2$,而当它们回到初始位置时,两质点都将获得一定量的动能,两质点动能之和等于引力所做的正功. 如果让两质点在外力作用下由位置 $a_1$、$a_2$ 徐徐回到位

置 $O_1$、$O_2$,则两质点的动能并未增加,但引力仍然做了正功,不过是反抗外力做了正功.

以上分析表明:两质点组成的保守体系,当由位置 $a_1$、$a_2$ 移动到位置 $O_1$、$O_2$ 时,作用在它们之间的引力将做一定量的功,即具有一定的做功本领,此功或变成两质点的动能,或表现为反抗外力做功. 由于引力是保守力,此功仅取决于两质点的初始位置 $O_1$、$O_2$ 和末位置 $a_1$、$a_2$,而与两质点运动的具体路径无关. 若将位置 $O_1$、$O_2$ 取为参考位置,则保守力的功仅取决于位置 $a_1$、$a_2$,而与具体路径无关. 以上讨论显然也适用于以一般保守力相联系的两质点体系. 我们把在保守力作用下的两质点体系的这种与相对位置相联系的做功本领称为该保守体系的**势能**或**位能**. 两质点位于 $a_1$、$a_2$ 位置的势能 $E_p(a)$ 等于两质点由位置 $a_1$、$a_2$ 移动到 $O_1$、$O_2$ 过程中保守力所做的总功,即

$$E_p(a) = W_{a \to O}(保守力)$$

因 $W_{a \to O}(保守力) = W_{O \to a}(外力)$,故

$$E_p(a) = W_{O \to a}(外力)$$

即两质点保守体系位于 $a_1$、$a_2$ 位置的势能等于体系由位置 $a_1$、$a_2$ 移到参考位置 $O_1$、$O_2$ 的过程中一对保守内力所做的功,或等于由参考位置 $O_1$、$O_2$ 徐徐移到位置 $a_1$、$a_2$ 的过程中外力克服保守力所做的功. 因为一对保守内力做的功与路径无关,也与参考系无关,故 $E_p(a)$ 是唯一确定的. 不难看出,参考位置也就是势能为零的位置.

若 $F_1$ 为作用于质点 1 的保守力,$F_2$ 为作用于质点 2 的保守力,$dr_1$ 和 $dr_2$ 为两质点的位移元,则两质点在位置 $a_1$、$a_2$ 的势能为

$$E_p(a) = W_{a \to O}(保) = \int_{a_1}^{O_1} \boldsymbol{F}_1 \cdot d\boldsymbol{r}_1 + \int_{a_2}^{O_2} \boldsymbol{F}_2 \cdot d\boldsymbol{r}_2 \tag{4.4-2a}$$

或

$$E_p(a) = W_{O \to a}(外) = -\int_{O_1}^{a_1} \boldsymbol{F}_1 \cdot d\boldsymbol{r}_1 - \int_{O_2}^{a_2} \boldsymbol{F}_2 \cdot d\boldsymbol{r}_2 \tag{4.4-2b}$$

与两质点另一种位置 $b_1$、$b_2$ 相对应的势能 $E_p(b)$ 则可表示为

$$E_p(b) = W_{b \to O}(保)$$

由于保守力的功与路径无关,则

$$W_{a \to O} = W_{a \to b} + W_{b \to O}$$

于是位置 $a_1$、$a_2$ 与位置 $b_1$、$b_2$ 的势能差为

$$\begin{aligned} E_p(a) - E_p(b) &= W_{a \to O} - W_{b \to O} \\ &= W_{a \to b} + W_{b \to O} - W_{b \to O} \\ &= W_{a \to b} \end{aligned}$$

即两质点由位置 $a_1$、$a_2$ 变到位置 $b_1$、$b_2$ 时,势能的减少为

$$E_p(a) - E_p(b) = \int_{a_1}^{b_1} \boldsymbol{F}_1 \cdot d\boldsymbol{r}_1 + \int_{a_2}^{b_2} \boldsymbol{F}_2 \cdot d\boldsymbol{r}_2 \tag{4.4-3}$$

## (2) 多质点体系

对于 $n$ 个质点组成的保守体系,我们可以用位矢表示各质点的位置. 质点系内

各质点在空间确定的位置分布称为**几何位形**,各质点在空间不同的位置分布对应于不同的几何位形,一定的几何位形与一组特定的位矢 $r_i$ 相对应(图 4.4-2).

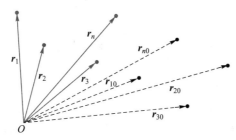

图 4.4-2　各质点的位矢 $r_i$ 确定质点系在空间的几何位形

与两个质点组成的保守体系一样,$n$ 个质点组成的保守体系的几何位形不同时,其做功的本领,即势能亦不同. 若取几何位形 $r_{i0}$ 为参考位形(即势能为零的位形),则体系处在几何位形 $r_i$ 的势能为

$$E_{\mathrm{p}} = \sum_i \int_{r_i}^{r_{i0}} \boldsymbol{F}_i \cdot \mathrm{d}\boldsymbol{r}_i \tag{4.4-4a}$$

或

$$E_{\mathrm{p}} = -\sum_i \int_{r_{i0}}^{r_i} \boldsymbol{F}_i \cdot \mathrm{d}\boldsymbol{r}_i \tag{4.4-4b}$$

式中 $\boldsymbol{F}_i$ 为作用在第 $i$ 个质点的保守内力,即

$$\boldsymbol{F}_i = \sum_{j \neq i} \boldsymbol{F}_{ij}$$

其中 $\boldsymbol{F}_{ij}$ 为第 $j$ 个质点作用于第 $i$ 个质点的作用力. 当体系处在位矢 $r_{ia}$ 描写的几何位形时,其势能为 $E_{\mathrm{p}}(a)$,处在由位矢 $r_{ib}$ 描写的几何位形时,其势能为 $E_{\mathrm{p}}(b)$,由位形 $a$ 变到位形 $b$ 的过程中,体系势能的减少等于体系内所有保守内力所做的总功,即

$$E_{\mathrm{p}}(a) - E_{\mathrm{p}}(b) = W_{a \to b}(\text{保}) = \sum_i \int_{r_{ia}}^{r_{ib}} \boldsymbol{F}_i \cdot \mathrm{d}\boldsymbol{r}_i \tag{4.4-5}$$

由于体系内所有保守内力做的总功只决定于体系的初始位形和终末位形,与各质点所走的具体路径无关,而且与参考系的选择无关,因此体系处在不同几何位形时的势能差是完全确定的. 而且,不论取何种位形为零参考位形,两种几何位形所对应的势能差的值保持不变.

### 3. 几种势能

仅由两个质点(或可看成质点的两物体)组成的体系的势能比较简单,只要知道相互作用力的形式,势能便可求得. 为了方便,计算可在与其中一个质点相对静止的参考系中进行. 此时,因只有一个质点运动,(4.4-4a)式或(4.4-4b)式中的求和号可以省去,而有

$$E_{\mathrm{p}} = \int_r^{r_0} \boldsymbol{F} \cdot \mathrm{d}\boldsymbol{r} = -\int_{r_0}^r \boldsymbol{F} \cdot \mathrm{d}\boldsymbol{r} \tag{4.4-6}$$

式中积分只对运动质点进行,$\boldsymbol{F}$ 为该质点所受的保守力. 上式即表示运动质点在位

矢 $r$ 时的势能,式中 $r_0$ 是选为势能零点的运动质点的位矢. 而两种位形 $a$、$b$ 的势能差则为

$$E_{pa} - E_{pb} = \int_{r_a}^{r_b} \boldsymbol{F} \cdot \mathrm{d}\boldsymbol{r} = -\int_{r_b}^{r_a} \boldsymbol{F} \cdot \mathrm{d}\boldsymbol{r} \tag{4.4-7}$$

下面就用(4.4-6)式来计算重力势能、引力势能和弹力势能.

### (1) 重力势能

重力势能是指位于地面附近的质点与地球间的相互作用的势能,也就是地面附近质点与地球组成的体系的势能. 在地球静止的参考系中,质点与地球间相互作用力做的总功等于地球作用于物体的重力所做的功. 若把物体处在地面位置时的重力势能取为重力势能零点,取 $y$ 轴竖直向上,以地面为坐标原点,则根据(4.4-6)式,对于质量为 $m$ 的质点,当它离地面高 $y$ 时,体系的势能为

$$E_p = \int_y^0 -mg\boldsymbol{j} \cdot \mathrm{d}y\boldsymbol{j} = mgy \tag{4.4-8}$$

### (2) 弹力势能

把弹簧的一端视为固定,取弹簧伸长方向为 $x$ 轴,并以松弛点为坐标原点. 若把弹力势能零点取在弹簧松弛点,于是当弹簧伸长(或压缩)量为 $x$ 时的势能为

$$E_p = -\int_0^x (-kx)\,\mathrm{d}x = \frac{1}{2}kx^2 \tag{4.4-9}$$

式中 $k$ 为弹簧的劲度系数. 若把零点取在伸长为 $x_0$ 处,则弹力势能表示为

$$E_p = \frac{1}{2}kx^2 - \frac{1}{2}kx_0^2 \tag{4.4-10}$$

### (3) 引力势能

考察质量各为 $m_0$ 和 $m$ 的两质点的引力势能,可以在与 $m_0$ 相对静止的参考系中计算此势能. 取 $m_0$ 为坐标原点. 通常把 $m_0$ 与 $m$ 相距无穷远处取为引力势能零点. 于是,当 $m$ 与 $m_0$ 相距 $r$ 时,引力势能为

$$E_p = \int_r^\infty -\frac{Gm_0m}{r^2}\boldsymbol{e}_r \cdot \mathrm{d}r\boldsymbol{e}_r$$

$$= -\frac{Gm_0m}{r} \tag{4.4-11}$$

引力势能为负值是选相距无穷远处为势能零点的结果,若仍取相距无限远处为势能的零点,则斥力势能是正的.

对一般的以有心力 $F(r)$ 联系的两质点,若仍取相距无穷远处为势能零点,则其相互作用势能为

$$E_p = \int_r^\infty F(r)\,\mathrm{d}r \tag{4.4-12}$$

### 4. 几点说明

(1) 势能总是与保守力相联系. 因为只有以保守力相互作用的体系,对应一定位形(相对参考位形)变化,内力的总功才是确定的功,从而才具有确定的势能差.

当质点间存在若干种保守力时,就可引进若干种势能.

（2）势能的绝对数值与参考位形（即零势能位形）的选取有关,但势能的差与参考位形的选取无关,对不同保守力所对应的势能,其参考位形的选取也可以不同.

（3）势能既然与质点系各质点间相互作用的保守力相联系,因而为体系所共有.

（4）与势能相联系的是保守内力对质点系所做的总功,因而与参考系无关.

### 5. 势能曲线

如果已知保守力作为两质点相对位置的函数,就可以利用势能的定义,即(4.4-6)式求出势能与相对位置的关系. 在许多实际问题中,特别是在微观领域内,确定势能往往比直接测量力方便,所以从势能与相对位置的关系（即势能函数）了解力的性质是有实际意义的.

表示势能与两质点相对位置关系的图形叫**势能图**. 若势能仅与相对位置的一个坐标($x$ 或 $r$)有关,这时势能图成为势能曲线.

**几种势能曲线**

重力、引力和弹力的势能曲线如图 4.4-3(a)、4.4-4(a)、4.4-5(a)所示. 图4.4-6(a)是双原子分子的势能与两原子间距的关系曲线.

图 4.4-3　重力势能曲线

图 4.4-4　引力势能曲线

图 4.4-5 弹力势能曲线

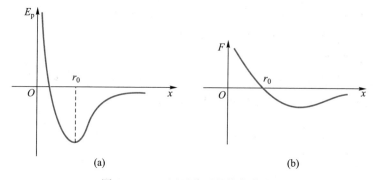

图 4.4-6 双原子分子的势能曲线

**势能曲线的用途**

（1）由势能曲线求保守力

势能差是保守力对坐标（相对位置）的积分，因而保守力就是势能对坐标的导数.

由于

$$\begin{aligned}
\Delta E_\mathrm{p} &= E_\mathrm{p}(x+\Delta x) - E_\mathrm{p}(x) \\
&= -\int_x^{x+\Delta x} F(x)\,\mathrm{d}x \\
&= -F(x)\Delta x
\end{aligned}$$

故

$$F(x) = \lim_{\Delta x \to 0}\left(\frac{-\Delta E_\mathrm{p}}{\Delta x}\right) = -\frac{\partial E_\mathrm{p}}{\partial x} \tag{4.4-13}$$

即保守力是势能函数对坐标导数的负值. 在势能曲线上，力就是曲线斜率的负值. 与各势能曲线相应的保守力 $F(x)$ 画在上面各图的（b）部分.

（2）求平衡位置及判断平衡的稳定性

所谓平衡位置，就是两质点间相互作用力为零的相对位置. 平衡位置可由 $\dfrac{\partial E_\mathrm{p}}{\partial x} = 0$ 求得. 在势能曲线图上，就是切线斜率为零的点.

平衡的稳定性，决定于当物体系偏离平衡位置时，它们所受的力指向何方. 若指向平衡位置,物体系就有回到平衡位置的趋势,平衡就是稳定的,称为**稳定平衡**,这与$\dfrac{\partial^2 E_p}{\partial x^2}>0$相对应;若背离平衡位置,物体系有偏离平衡位置的趋势,因而平衡是不稳定的,称为**不稳定平衡**,这与$\dfrac{\partial^2 E_p}{\partial x^2}<0$相对应;若物体处在平衡位置附近的任何位置时,作用于物体的力恒为零,这便是**随遇平衡**,它与势能在一段范围内为常量相对应. 反映在势能曲线上,若平衡位置对应于曲线的最低点,则平衡就是稳定的;若平衡位置在曲线的最高点,平衡就是不稳定的;若平衡位置在势能曲线所含的一段水平直线上,对应的就是随遇平衡(如图 4.4-7,图中 $x_0$ 为平衡位置).

图 4.4-7　平衡性质与势能曲线形状的关系

在重力场中受几何约束的物体,其受力和平衡问题可类似处理. 这时,约束的几何图形相当于势能图,但不是势能曲线,而是二维势能曲面. 例如,位于光滑球形碗底的质点,其平衡是稳定的;位于光滑球顶部的质点,平衡是不稳定的;位于光滑水平面上的质点,则处于随遇平衡.

在二维、三维情况下,还可能出现在某个方向是一种平衡,在另一个方向是另一种平衡的情形. 例如,位于马鞍形势能曲面中心 $O$ 处的质点(图 4.4-8)(参见例 2).

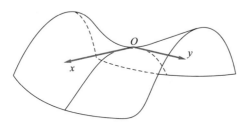

图 4.4-8　位于马鞍形势能曲面中心 $O$ 处的质点,
在 $x$ 方向为不稳定平衡,$y$ 方向为稳定平衡

势能曲线还有一种用途——决定质点的运动范围,这将在 §4.6 中讨论.

## 6. 例题

**例1**　双原子分子的势能与原子间的距离 $r$ 的关系可表示为

$$E_p = E_{p0}\left[\left(\frac{r_0}{r}\right)^{12} - 2\left(\frac{r_0}{r}\right)^6\right]$$

上式是伦纳德-琼斯势的一种形式. 试由此决定力与距离的关系、平衡位置和平衡性质.

**解**: 根据(4.4-13)式,力与距离的关系为

$$F(r) = -\frac{\partial E_p}{\partial r} = -E_{p0}\left[-\frac{12}{r_0}\left(\frac{r_0}{r}\right)^{13} + \frac{12}{r_0}\left(\frac{r_0}{r}\right)^7\right]$$

$$= \frac{12E_{p0}}{r_0}\left[\left(\frac{r_0}{r}\right)^{13} - \left(\frac{r_0}{r}\right)^7\right]$$

当 $r$ 较小时为斥力,$r$ 较大时为引力,势能和力与 $r$ 的关系如图 4.4-6 所示.

平衡位置由 $\frac{\partial E_p}{\partial r} = 0$ 决定:

$$\frac{12E_{p0}}{r_0}\left[\left(\frac{r_0}{r}\right)^{13} - \left(\frac{r_0}{r}\right)^7\right] = 0$$

由此得

$$r = r_0$$

平衡性质由 $\left.\frac{\partial^2 E_p}{\partial r^2}\right|_{r=r_0}$ 决定:

$$\left.\frac{\partial^2 E_p}{\partial r^2}\right|_{r=r_0} = \frac{\mathrm{d}}{\mathrm{d}r}\left(-\frac{12E_{p0}}{r_0}\right)\left[\left(\frac{r_0}{r}\right)^{13} - \left(\frac{r_0}{r}\right)^7\right]\Bigg|_{r=r_0}$$

$$= -\frac{12E_{p0}}{r_0^2}\left[-13\left(\frac{r_0}{r}\right)^{14} + 7\left(\frac{r_0}{r}\right)^8\right]\Bigg|_{r=r_0}$$

$$= \frac{12E_{p0}}{r_0^2}(13-7) = \frac{72E_{p0}}{r_0^2} > 0$$

可见平衡是稳定的.

**例2** 如图 4.4-9 所示,质量为 $m_0$ 的两质点 $A$、$B$ 固定在 $x$ 轴上的 $(-a,0)$、$(a,0)$ 两点,试确定位于原点的质量为 $m$ 的质点沿 $x$ 方向和 $y$ 方向的平衡性质.

图 4.4-9

**解**: 这是质点在另两个固定质点的力场中运动的问题. 由于两力源质点 $A$ 和 $B$ 静止不动,质点系的势能可表示为该可动质点位置的函数. 从物理上很易判断质点 $m$ 偏离原点时的受力情况. 先看沿 $y$ 方向偏离时的受力情况:当质点向上偏离时,$A$、$B$ 对 $m$ 的作用力的合力指向下;当质点向下偏离时,此合力向上,故平衡是稳定的. 再看 $x$ 方向:当质点向右偏离时,$B$ 对它的引力增大,$A$ 对它的引力减小,合力指向右方;而当质点向左偏离时,合力则指向左方,故平衡是不稳定的.

以上结果不难直接用计算得到. 在 $x$-$y$ 平面上,质点 $m$ 的势能可表示为

$$E_p = -Gm_0m\left[\frac{1}{\sqrt{(x+a)^2+y^2}}+\frac{1}{\sqrt{(x-a)^2+y^2}}\right]$$

当质点 $m$ 位于 $x$ 轴上并处于 $A$、$B$ 之间时,质点的引力势能为

$$E_p = -Gm_0m\left[\frac{1}{(a+x)}+\frac{1}{(a-x)}\right]$$

由此有

$$\frac{\partial E_p}{\partial x} = -Gm_0m\left[-\frac{1}{(a+x)^2}+\frac{1}{(a-x)^2}\right]$$

$$\left.\frac{\partial^2 E_p}{\partial x^2}\right|_{x=0} = -Gm_0m\left[\frac{2}{(a+x)^3}+\frac{2}{(a-x)^3}\right]\Bigg|_{x=0}$$

$$= -Gm_0m\,\frac{4}{a^3}<0$$

可见沿 $x$ 方向平衡是不稳定的. 当质点 $m$ 在 $y$ 轴上时,质点系的势能为

$$E_p' = -Gm_0m\left[\frac{1}{\sqrt{a^2+y^2}}+\frac{1}{\sqrt{a^2+y^2}}\right] = -Gm_0m\,\frac{2}{\sqrt{a^2+y^2}}$$

由此有

$$\frac{\partial E_p'}{\partial y} = -2Gm_0m\left[-\frac{1}{2}\,\frac{2y}{(a^2+y^2)^{3/2}}\right] = 2Gm_0m\,\frac{y}{(a^2+y^2)^{3/2}}$$

$$\left.\frac{\partial^2 E_p'}{\partial y^2}\right|_{y=0} = 2Gm_0m\left[\frac{(a^2+y^2)^{3/2}-y\cdot\frac{3}{2}(a^2+y^2)^{1/2}\cdot 2y}{(a^2+y^2)^3}\right]_{y=0}$$

$$= \frac{2Gm_0m}{a^3}>0$$

可见,沿 $y$ 方向平衡是稳定的. 如果将本题中质点 $m$ 在 $x$-$y$ 平面上的势能画成图,以 $z$ 坐标表示势能,其形状如图 4.4-10 所示,在原点附近呈马鞍形,原点即是马鞍点.

图 4.4-10 位于 $x$ 轴上两固定质点与可动质点的引力势能图

## §4.5 机械能和机械能守恒定律

### 1. 质点系功能原理

根据质点系的动能定理(4.3-2)式,并以 $a$ 表示初状态(包括速度和位形),$b$ 表示末状态,则有

$$W_{外}+W_{内}=E_k(b)-E_k(a)$$

在一般情况下,质点系内部既存在保守内力相互作用,又存在非保守内力的相互作用. 因此,内力所做的功 $W_{内}$ 又可分为保守内力所做的总功 $W_{保内}$,和非保守内力所做的总功 $W_{非保内}$ 两部分,于是上式又可写成

$$W_{外}+W_{保内}+W_{非保内}=E_k(b)-E_k(a)$$

但根据(4.4-5)式,$W_{保内}=E_p(a)-E_p(b)$,代入上式,得

$$W_{外}+W_{非保内}=E_k(b)-E_k(a)+E_p(b)-E_p(a) \tag{4.5-1}$$

用 $E$ 表示质点系动能与势能之和,称为质点系的**机械能**:

$$E=E_p+E_k$$

则

$$W_{外}+W_{非保内}=E(b)-E(a) \tag{4.5-2}$$

(4.5-2)式表示,外力的功和非保守内力的功之和等于质点系机械能的增量,这就是质点系的**功能原理**. 由于动能定理的基础是牛顿运动定律,故功能原理仅在惯性系中成立.

### 2. 机械能守恒定律

由(4.5-2)式,可知:

若 $W_{外}+W_{非保内}>0$,质点系机械能增加;

若 $W_{外}+W_{非保内}<0$,质点系机械能减少。

考虑一种重要情形,即 $W_{外}=0$. 这主要有三种情况:(1) 质点系不受外力的作用,即质点系是孤立的;(2) 虽有外力的作用,但受外力作用的质点没有位移,也就是外力的作用点没有位移,例如弹簧振子的固定端对弹簧所施的外力就属这种情形;(3) 各外力与其相应作用点的位移互相垂直,例如固定支承物的支承力就属这种情形. 在这三种情形下,质点系机械能的变化仅由非保守内力做的功决定. 这时:

若 $W_{非保内}>0$,质点系的机械能增大. 例如炸弹爆炸,人从静止开始走动等,就属这种情形. 这里伴随着其他形式的能量(化学能、生物能)向机械能的转化.

若 $W_{非保内}<0$,质点系的机械能减小. 这样的非保守内力常称为耗散力. 例如摩擦力,当它表现为体系的内力时,就属于这种情形. 这里伴随着机械能向其他形式能量(热能)的转化(参见本节说明).

若 $W_{非保内}=0$,则质点系的机械能守恒.

因而,若 $W_{外}=0$,$W_{非保内}=0$,则质点系机械能守恒. 这就是**机械能守恒定律**. 这时,质点系与外界无能量交换,内部也无机械能与非机械能的转化,只有动能与势能的相互转化. 显然,孤立保守体系的机械能守恒.

机械能守恒定律可写成两种形式. 仍以下标"0"表示初状态,无下标表示末状态,这两种形式分别为

$$E_k+E_p=E_{k0}+E_{p0} \tag{4.5-3}$$
$$E_k-E_{k0}=-(E_p-E_{p0}) \tag{4.5-4a}$$

即
$$\Delta E_k=-\Delta E_p \tag{4.5-4b}$$

前者即动能与势能之和保持不变,后者即动能的增加等于势能的减少.

### 3. 几点说明

(1) 当摩擦力作为体系的外力时,对体系可能做正功,也可能做负功,也可能不做功. 摩擦力作为体系的内力时,必定是成对出现的,若摩擦力作为作用力对一个物体做正功,则其反作用力对另一个(与之发生摩擦)物体必做负功,这一对摩擦力对两个发生摩擦作用的物体所做的总功只能为负(动摩擦)或零(静摩擦),因为根据(4.1-9)式,一对内力的功只与两物体的相对位移有关,而摩擦力总是与两物体的相对位移反方向. 因而动摩擦总是消耗体系的机械能,是一种耗散力. 而静摩擦力不同,它不消耗机械能(参见思考题 4.12).

(2) 关于功与能的定理都是在牛顿运动定律基础上导出来的,因而只在惯性系中成立. 在非惯性系中,如要应用牛顿运动定律,必须引入惯性力,因而,如果要在非惯性系中应用功与能的定理,必须计入惯性力做功以及与惯性力相关的势能. 即使在惯性系中,应用功能原理时也要注意以下几点:① 功并不是与参考系无关的不变量,内力所做的总功虽与参考系无关(此结论即使对非惯性系也成立),但外力的功一般与参考系有关. ② 动能并不是与参考系无关的不变量. 物体的速度与参考系有关,因而物体的动能也与参考系有关. ③ 物体系的势能总是与物体系的相对位置相联系,因而物体系的势能与参考系无关. 注意到这几点以后,不难看出,尽管在任何惯性系内动能定理、功能原理和机械能守恒定律都可应用,但力的功、体系的动能、机械能的数值在不同参考系中未必相同;而且,一个体系在一个参考系内机械能守恒,在另一个参考系内机械能未必守恒,因为在一个参考系内机械能守恒条件成立,在另一个参考系内机械能守恒条件未必成立(参见思考题 4.15).

(3) 功总是与一个过程相联系,而能量(动能和势能)总是与物体或物体系的状态,即(相对)位置和速度相联系. 因而功是过程量,能量是状态量. 在力学范围内,做功的过程总是与体系能量的改变相联系.

### 4. 例题

**例 1**　一轻质光滑圆环,半径为 $R$,用细线悬挂在支点上. 环上串有质量都是 $m$ 的两个珠子. 让两珠从环顶同时静止释放向两边下滑,问滑到何处(用 $\theta$ 表示)时环将上升?（图 4.5-1).

**解:** 由于环对珠的支承力不做功,两珠在重力场中机械能守恒. 利用 (4.5-4)式,当滑到图示位置时,有

$$\frac{1}{2}mv^2 = mgR(1-\cos\theta) \tag{1}$$

珠子受重力 $mg$ 和环的支承力 $F_N$ 两个力作用,取 $F_N$ 正方向沿半径向外,则珠子受力的法向分量为

$$F_n = mg\cos\theta - F_N \tag{2}$$

$F_n$ 即使珠子作圆周运动的向心力,即 $F_n = m\dfrac{v^2}{R}$. 当 $v$ 足够大时,$F_n$ 的值将超过 $mg\cos\theta$,从而使 $F_N$ 反向. 珠作用于环的力则为 $-F_N$,两个珠子对环的合力为 $2F_N\cos\theta$. 当 $\theta$ 很小时,此合力向下,当 $F_N$ 反向后,此合力向上. 开始上升的条件为

$$F = 2F_N\cos\theta = 0$$

即

$$F_N = 0$$

由(2)式、(1)式及条件 $F_N = 0$,即得

$$mg\cos\theta = 2mg(1-\cos\theta)$$

由此解得

$$\cos\theta = \frac{2}{3},\quad \theta = \arccos\frac{2}{3}$$

若环有质量(设为 $m'$),则结果如何? 请读者自解(习题4-20).

图 4.5-1

**例2** 质量为 $m_1$ 和 $m_2$ 的物块用劲度系数为 $k$ 的轻弹簧相连,竖直地放在桌面上,如图4.5-2所示. 试问,用多大的力 $F$ 压物块 $m_1$,然后放手,才能使 $m_1$ 反跳时恰能将 $m_2$ 自桌面拉起?

**解:** 设在 $F$ 作用下,弹簧被压缩的总长度为 $x$,则有

$$F + m_1 g = kx \tag{1}$$

放手后,$m_1$ 仅受弹力和重力作用,其机械能守恒. 设 $m_1$ 到达最高点时,弹簧的伸长为 $x'$,此时 $m_1$ 的速度为零,故有

$$\frac{1}{2}kx^2 = \frac{1}{2}kx'^2 + m_1 g(x+x') \tag{2}$$

为使 $m_2$ 能被从桌面拉起,弹簧的拉力至少应等于 $m_2$ 的重力,因而有

$$kx' = m_2 g \tag{3}$$

由(2)式,可知

$$k(x+x')(x-x') = 2m_1 g(x+x')$$

即

$$k(x-x') = 2m_1 g$$

将(1)式、(3)式代入即得

$$F = (m_1 + m_2)g$$

**例3** 半径为 $R$、质量为 $m_0$ 的半球放在水平台面上,在半球顶部放有一质量为 $m$ 的小物块,小物块受微小扰动而下滑. 设所有接触面都是光滑的. (1)求物块滑至它与球心连线与竖直线成 $\theta$ 角时相对半球的速率. 设

此时物块未脱离半球(图 4.5-3). (2) 设物块脱离半球时的 $\theta=45°$,求 $\dfrac{m_0}{m}$ 的值.

图 4.5-3

**解**:(1) 设物块 $m$ 下滑至图示位置时,相对半球的速率为 $v'$. 这时半球将向左运动,设运动速度为 $v_0$,根据机械能守恒定律,有

$$mgR(1-\cos\theta)=\frac{1}{2}mv^2+\frac{1}{2}m_0v_0^2 \tag{1}$$

其中 $v$ 是物块相对地球的速度,显然,$\boldsymbol{v}=\boldsymbol{v}'+\boldsymbol{v}_0$. 由图 4.5-3 右边的矢量图,有

$$v^2=(v'\cos\theta-v_0)^2+(v'\sin\theta)^2 \tag{2}$$

而 $\boldsymbol{v}'$ 与 $\boldsymbol{v}$ 之间由动量水平分量守恒相联系,即

$$m(v'\cos\theta-v_0)=m_0v_0 \tag{3}$$

由(1)式、(2)式、(3)式即可解得

$$v'=\left[\frac{2gR(1-\cos\theta)(m+m_0)}{m_0+m\sin^2\theta}\right]^{1/2} \tag{4}$$

(2) 要求物块脱离半球的 $\theta$ 角,必须进行受力分析. 在与半球相对静止的参考系中,物块 $m$ 除受重力 $mg$ 和支承力 $\boldsymbol{F}_\text{N}$ 外,还受由半球加速度引起的惯性力 $m\dot{v}_0$,方向向右. 在径向,$m$ 的运动方程为

$$m\frac{v'^2}{R}=mg\cos\theta-F_\text{N}-m\dot{v}_0\sin\theta$$

脱离的角度由 $F_\text{N}=0$ 决定. 而既然脱离时 $F_\text{N}=0$,必有 $\dot{v}_0=0$,即此时与半球相对静止的参考系为惯性系,惯性力为零,于是脱离的角度由

$$\frac{v'^2}{R}=g\cos\theta \tag{5}$$

决定. 将(4)式代入(5)式,得

$$\frac{2g(1-\cos\theta)(m+m_0)}{m_0+m\sin^2\theta}=g\cos\theta \tag{6}$$

由此解得

$$\frac{m_0}{m}=\frac{2(1-\cos\theta)-\sin^2\theta\cos\theta}{\cos\theta-2(1-\cos\theta)} \tag{7}$$

将 $\theta=45°$ 代入(7)式,即可求得

$$\frac{m_0}{m}=\frac{8-5\sqrt{2}}{6\sqrt{2}-8}=1.914$$

## §4.6 质心系中的功能原理和机械能守恒定律

### 1. 柯尼希定理

讨论质点系的运动时,采用质心系往往方便些.并且可以证明,即使这种质点系的质心系为非惯性系,在质心系中功能原理和机械能守恒定律也仍然适用.

我们将看到,同一质点系,相对一般参考系的动能与相对质心系的动能之间具有简单的联系. 一般参考系与质心系互为平动关系.

相对一般性参考系,质点系的动能为所有质点的动能之和:

$$E_k = \sum_i \frac{1}{2} m_i v_i^2 = \sum_i \frac{1}{2} m_i (\boldsymbol{v}_i \cdot \boldsymbol{v}_i)$$

设 $\boldsymbol{v}_C$ 为该质点系的质心的速度,$\boldsymbol{v}_i'$ 为第 $i$ 个质点相对质心系的速度,则有

$$\boldsymbol{v}_i = \boldsymbol{v}_C + \boldsymbol{v}_i'$$

代入上式,得

$$\begin{aligned} E_k &= \frac{1}{2} \sum_i m_i (\boldsymbol{v}_C + \boldsymbol{v}_i') \cdot (\boldsymbol{v}_C + \boldsymbol{v}_i') \\ &= \frac{1}{2} \sum_i m_i (v_C^2 + v_i'^2 + 2\boldsymbol{v}_C \cdot \boldsymbol{v}_i') \\ &= \sum_i \frac{1}{2} m_i v_C^2 + \sum_i \frac{1}{2} m_i v_i'^2 + \boldsymbol{v}_C \cdot \sum_i m_i \boldsymbol{v}_i' \end{aligned}$$

上式右边第一项即 $\frac{1}{2} m v_C^2$($m$ 是质点系的总质量)是将质点系的质量集中于质心的质点的动能,常称**质心动能**;第二项即质点系相对质心系的动能,可记为 $E_{kC}$;而第三项中

$$\sum_i m_i \boldsymbol{v}_i' = m \cdot \boldsymbol{v}_C' = 0$$

因 $\boldsymbol{v}_C'$ 是质心在质心系中的速度,显然为零,故第三项为零. 于是,

$$E_k = \frac{1}{2} m v_C^2 + E_{kC} \tag{4.6-1}$$

其中

$$E_{kC} = \sum_i \frac{1}{2} m_i v_i'^2 \tag{4.6-2}$$

(4.6-1)式说明,质点系动能等于质心动能和质点系相对质心系的动能之和. 此结论称为**柯尼希定理**. 在大多数教材中,柯尼希定理中的一般参考系指的是一般惯性参考系. 我们知道质点系的动量等于质心的动量,但质点系的动能,在一般情况下并不等于质心的动能.

以上对柯尼希定理的证明过程只涉及速度的叠加,未涉及动力学定律,因而不

论质心系是惯性系还是非惯性系,此定理都成立.

### 2. 一般质心系中的功能原理和机械能守恒定律

如果质心参考系是非惯性系,在这样的质心系中如何应用功能原理和机械能守恒定律来分析问题呢? 下面我们来研究这一问题.

在非惯性系中,牛顿运动定律以及由此导出的功能关系是不成立的. 但是,只要引入假想的惯性力,我们仍可以应用牛顿运动定律来分析物体相对非惯性系的运动. 从包含惯性力的牛顿第二定律出发,便可求得相对非惯性系的功能原理:

$$W_{外}+W_{非保内}+W_{惯}=E-E_0 \tag{4.6-3}$$

式中 $W_{惯}$ 是惯性力对体系所做的总功.

若非惯性系是质心系,则可以证明 $W_{惯}=0$. 设质点系由 $m_1$ 和 $m_2$ 两质点组成,质点系受外力作用,质心的加速度为 $\boldsymbol{a}_C$. 由于质心参考系是平动系,$m_1$ 和 $m_2$ 所受惯性力方向相同,大小与质量成正比,即

$$\boldsymbol{F}_1=-m_1\boldsymbol{a}_C, \boldsymbol{F}_2=-m_2\boldsymbol{a}_C$$

若两质点相对质心系的位移分别为 $\Delta\boldsymbol{r}'_1$ 和 $\Delta\boldsymbol{r}'_2$,则惯性力的功为

$$\begin{aligned}\Delta W_{惯}&=\boldsymbol{F}_1\cdot\Delta\boldsymbol{r}'_1+\boldsymbol{F}_2\cdot\Delta\boldsymbol{r}'_2=-m_1\boldsymbol{a}_C\cdot\Delta\boldsymbol{r}'_1-m_2\boldsymbol{a}_C\cdot\Delta\boldsymbol{r}'_2\\&=-\boldsymbol{a}_C\cdot(m_1\Delta\boldsymbol{r}'_2+m_2\Delta\boldsymbol{r}'_2)\\&=-\boldsymbol{a}_C\cdot\Delta(m_1\boldsymbol{r}'_1+m_2\boldsymbol{r}'_2)\end{aligned}$$

而 $(m_1\boldsymbol{r}'_1+m_2\boldsymbol{r}'_2)/(m_1+m_2)=\boldsymbol{r}'_C$ 是质心系中质心的位矢,为常矢量,故 $\Delta(m_1\boldsymbol{r}'_1+m_2\boldsymbol{r}'_2)=0$,因而

$$\Delta W_{惯}=0$$

事实上,在质心系中,$m_1$ 的任一位移 $\Delta\boldsymbol{r}'_1$,必伴随着 $m_2$ 的位移 $\Delta\boldsymbol{r}'_2$,两者方向相反,大小与质量成反比,故惯性力(大小与质量成正比)对 $m_1$ 和 $m_2$ 的总功为零(图 4.6-1).

以上证明不难推广到多质点的情形:

$$\begin{aligned}\Delta W_{惯}&=\sum_i\boldsymbol{F}_i\cdot\Delta\boldsymbol{r}'_i=\sum(-m_i\boldsymbol{a}_C)\cdot\Delta\boldsymbol{r}'_i\\&=-\boldsymbol{a}_C\cdot\sum m_i\Delta\boldsymbol{r}'_i=-\boldsymbol{a}_C\cdot\Delta(\sum m_i\boldsymbol{r}'_i)\\&=-\boldsymbol{a}_C\cdot\Delta[(\sum m_i)\cdot\boldsymbol{r}'_C]\\&=-m\boldsymbol{a}_C\cdot\Delta\boldsymbol{r}'_C=0\end{aligned}$$

图 4.6-1 质心系中惯性力的总功为零

对 $\Delta W_{惯}$ 求和(或化为积分),即得

$$W_{惯}=0 \tag{4.6-4}$$

代入(4.6-3)式,并把 $W_{外}$、$W_{非保内}$、$E_0$、$E$ 改成相对质心系的对应量 $W'_{外}$、$W'_{非保内}$、$E'_0$ 和 $E'$ 得

$$W'_{外}+W'_{非保内}=E'-E'_0 \tag{4.6-5}$$

即在质心系中,外力的功与非保守内力的功之和等于体系机械能的增量,与惯性力

无关. 结果与在惯性系中相同. 由此可见, 一般而言, 在非惯性系中, 功能原理与牛顿定律一样, 也是不成立的, 但只要该非惯性系是质心系, 则功能原理仍成立, 机械能守恒定律也一样. 这是质心系的另一个重要性质.

## 3. 例题

**例 第三宇宙速度.**

从地球表面以一定速度发射宇宙飞船(或航天器), 使它不仅能脱离地球的引力束缚, 而且还能摆脱太阳的引力束缚而飞向太空, 这一速度(相对地球)的最小值称为第三宇宙速度. 求第三宇宙速度的值. 已知地球环绕太阳运动的轨道速度 $v_e = 2.98 \times 10^4$ m/s.

**解:** 由图 4.6-2 可见, 不计发射过程, 在相对太阳静止的参考系上看, 从地球上发出的飞船飞离太阳进入太空将经历两个过程. 首先, 飞船应有足够的动能, 以克服地球引力作用进入不受地球引力的区域, 但飞船仍沿地球绕太阳运动的轨道运动; 其次, 这时飞船仍有足够的动能, 以克服太阳引力的束缚, 飞离太阳进入太空. 所谓第三宇宙速度, 就是指能完成这两个过程的飞船应具有的相对地球的最小初速度. 为充分利用地球的轨道速度, 此初速度应与地球轨道速度同方向.

**(a) 发射　　(b) 飞离地球　　(c) 飞离太阳**

图 4.6-2 飞船飞向太空的过程

设想飞船已脱离地球引力作用, 在地球轨道上运动, 其相对太阳的速度为 $u$. 如果此飞船能飞离太阳而进入太空, $u$ 的最小值可以利用计算第二宇宙速度的同样的方法求得, 即由下式决定:

$$\frac{1}{2}mu^2 - G\frac{m_s m}{r_e} = 0 \tag{1}$$

式中 $m_s$ 为太阳的质量, $r_e$ 为地球的轨道半径, $m$ 为飞船的质量. 由此得

$$u = \sqrt{\frac{2Gm_s}{r_e}} = \sqrt{2}v_e$$

其中 $v_e = \sqrt{Gm_s/r_e}$ 就是地球绕太阳运行的轨道速度. 将 $v_e = 2.98 \times 10^4$ m/s 代入, 得

$$u = 4.21 \times 10^4 \text{ m/s}$$

这时飞船相对地球的速度为

$$u - v_e = 1.23 \times 10^4 \text{ m/s}$$

所求的第三宇宙速度, 也就是此飞船在未脱离地球引力束缚前尚处于地球表面时相对地球的速度. 为了求此速度, 可在地球-飞船体系的质心系内应用功能原理. 由于太阳引力对此体系不做功, 此体系的机械能守恒.

由于地球质量比飞船大得多, 地球-飞船体系的质心与地球中心实际上重合. 因而, 在质心系中, 不论是飞船

尚未飞离地球还是已经飞离地球,地球的速率都几乎是零. 设所求的第三宇宙速度为 $v$,利用质心系中的机械能守恒定律,立即可得

$$\frac{1}{2}mv^2 - G\frac{m_e m}{R} = \frac{1}{2}m(u-v_e)^2 \tag{2}$$

即

$$v^2 = \frac{2Gm_e}{R} + (u-v_e)^2$$

式中 $\dfrac{2Gm_e}{R}$ 即第二宇宙速度($1.12\times10^4$ m/s)的平方,于是

$$v = \sqrt{(1.12\times10^4)^2 + (1.23\times10^4)^2} \ \text{m/s} = 1.66\times10^4 \ \text{m/s} = 16.6 \ \text{km/s}$$

## §4.7　碰撞

演示实验:小球碰撞

　　碰撞是自然界中经常发生的现象. 所谓**碰撞**,就是指两质点相互接近,运动状态发生急剧变化的现象. 在宏观领域内,大多数物体间的相互作用力表现为接触力,故碰撞往往发生在两质点(物体)直接接触的时候;在微观领域内,粒子间的相互作用发生在一定的范围内,故碰撞发生在两粒子比较靠近,彼此有明显相互作用的时候. 碰撞过程是涉及两质点动量和能量交换的过程.

　　研究碰撞现象,可以使我们获得许多关于碰撞物体相互作用特征的知识. 特别在微观范围内,由碰撞的数据可获得关于微观粒子性质(力的作用范围,大小等)的信息. 微观粒子的碰撞又称为**散射**.

### 1. 正碰

　　两物体的碰撞过程,通常发生在比较短暂的时间内,在这段时间中,物体间的相互作用非常强烈,外界对这两物体或无作用,或虽有力的作用(如摩擦力和重力等),但只要作用力是有限的,其冲量就可以忽略,体系的动量就是守恒的.

　　先来讨论一种简单情况,设碰撞前两物体(如小球)速度 $u_1$、$u_2$ 均沿两球中心连线,这样的碰撞称为**正碰**. 在正碰情况下,碰后两球的速度 $v_1$、$v_2$ 与 $u_1$、$u_2$ 在同一直线上(图4.7-1),因而只要用投影就可以表示它们的大小和方向. 取两球中心连线为坐标轴,以 $u_1$ 的方向为轴的正方向. 设两球的质量分别为 $m_1$、$m_2$,由于动量守恒,有

$$m_1 u_1 + m_2 u_2 = m_1 v_1 + m_2 v_2 \tag{4.7-1}$$

图 4.7-1　正碰

其中，$u_1$、$u_2$、$v_1$、$v_2$分别表示各对应矢量在坐标轴上的投影，它们不仅有大小，而且有正、负.

### （1）弹性碰撞

在碰撞过程中没有机械能损失的碰撞称为**弹性碰撞**. 在弹性碰撞中，小球的形变是弹性形变. 开始时，$u_1 > u_2$，两球受压，$m_1$减速，$m_2$加速，直至两球速度相等，压缩最大，以后$m_2$的速度比$m_1$大，形状逐渐恢复，直至形变完全消失，形状完全恢复，两球分离，此时$v_2 > v_1$. 两球在过程中的受力情况和速度变化情况如图 4.7-2 所示.

在弹性碰撞中，机械能并无损失，只是$m_1$的动能的一部分通过弹性势能的形式传递给$m_2$，变为$m_2$的动能（或$m_2$将一部分动能传给$m_1$），故碰撞前、后体系动能相等：

$$\frac{1}{2}m_1u_1^2 + \frac{1}{2}m_2u_2^2 = \frac{1}{2}m_1v_1^2 + \frac{1}{2}m_2v_2^2 \quad (4.7-2)$$

由(4.7-1)式、(4.7-2)式即可解得$v_1$和$v_2$：

$$v_1 = \frac{m_1 - m_2}{m_1 + m_2}u_1 + \frac{2m_2}{m_1 + m_2}u_2$$

$$v_2 = \frac{2m_1}{m_1 + m_2}u_1 - \frac{m_1 - m_2}{m_1 + m_2}u_2 \quad (4.7-3)$$

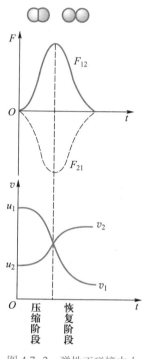

图 4.7-2 弹性正碰撞中力和速度与时间的关系

下面讨论几种特殊情况.

a. $m_1 = m_2$

由(4.7-3)式，$v_1 = u_2$，$v_2 = u_1$，即碰后两球速度互相交换.

b. $u_2 = 0$

这是常见的一种情况，即受碰球原来静止. 碰后两球速度的大小分别为

$$v_1 = \frac{m_1 - m_2}{m_1 + m_2}u_1$$

$$v_2 = \frac{2m_1}{m_1 + m_2}u_1 \quad (4.7-4)$$

如果$m_1 \ll m_2$，则$v_1 = -u_1$，$v_2 \approx 0$，即碰撞后，大球几乎仍保持静止，小球以相等的速率返回；如果$m_1 = m_2$，则$v_1 = 0$，$v_2 = u_1$，即碰撞后，两球运动速度交换；如果$m_1 \gg m_2$，则$v_1 \approx u_1$，$v_2 \approx 2u_1$，即大球几乎以原来速度继续前进，而小球以两倍于大球的速度前进.

在$u_2 = 0$的情况下，$m_2$所得到的动能$\Delta E_k$与碰前$m_1$的动能$E_{k1}$之比为

$$\frac{\Delta E_k}{E_{k1}} = \frac{\frac{1}{2}m_2v_2^2}{\frac{1}{2}m_1u_1^2} = \frac{4m_1m_2}{(m_1 + m_2)^2} \quad (4.7-5)$$

或

$$\frac{\Delta E_{k}}{E_{k1}}=\frac{4\dfrac{m_{1}}{m_{2}}}{\left(1+\dfrac{m_{1}}{m_{2}}\right)^{2}}$$　　　　（4.7-5a）

$\dfrac{\Delta E_{k}}{E_{k1}}$ 与 $\dfrac{m_{1}}{m_{2}}$ 的关系如图 4.7-3. 由图可见,$m_{1}$ 与 $m_{2}$ 越接近,$m_{2}$ 获得的能量(即 $m_{1}$ 交出的能量)越多. 核反应堆中,为了使快中子变为慢中子,使用与中子质量尽量相近的氘或石墨作减速剂,就基于上述原因.

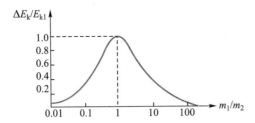

图 4.7-3　正碰中能量传递与质量比的关系

### （2）非弹性碰撞

在许多情况下,碰撞过程中的形变不能完全消失,这时机械能不守恒,其中一部分转化为内能(如热).

a. 完全非弹性碰撞

作为一种非弹性碰撞的特例,设形变完全是范性的,一旦发生形变就永久保持,完全不能消失. 这种碰撞只有压缩阶段,没有恢复阶段,该过程在两球达到相同速度后即停止,尔后两球以共同速度前进. 这样的碰撞叫**完全非弹性碰撞**. 其力、速度与时间关系如图 4.7-4 所示. 在完全非弹性碰撞中,动量仍然守恒,即

$$m_{1}u_{1}+m_{2}u_{2}=(m_{1}+m_{2})v$$　　　　（4.7-6）

但机械能不再守恒,损失的机械能为

$$\Delta E =\frac{1}{2}m_{1}u_{1}^{2}+\frac{1}{2}m_{2}u_{2}^{2}-\frac{1}{2}(m_{1}+m_{2})v^{2}$$

$$=\frac{1}{2}\frac{m_{1}m_{2}(u_{1}-u_{2})^{2}}{(m_{1}+m_{2})}$$　　　　（4.7-7）

当 $u_{2}=0$ 时

$$\Delta E =\frac{1}{2}m_{1}u_{1}^{2}\frac{m_{2}}{m_{1}+m_{2}}=E_{k1}\frac{m_{2}}{m_{1}+m_{2}}$$

从而有

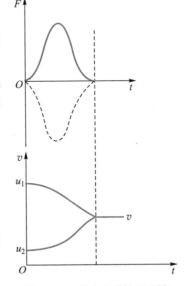

图 4.7-4　完全非弹性正碰撞
中力和速度与时间的关系

$$\frac{\Delta E}{E_{k1}}=\frac{1}{1+\dfrac{m_1}{m_2}}\qquad\qquad(4.7-8)$$

$\dfrac{\Delta E}{E_{k1}}$ 与 $\dfrac{m_1}{m_2}$ 的关系曲线如图 4.7-5.

在微观领域内,非弹性碰撞中所损失的机械能往往成为原子的激发能或电离能等. 由图 4.7-5 可见,为了在碰撞中获得大的激发能或电离能,不仅要求撞击粒子($m_1$)原来的能量大,而且撞击粒子与被撞击粒子相比质量必须要小. 撞击粒子的动能不可能完全转化为激发能或电离能(或宏观领域内的热能),因为在碰撞前后,质心的速度是不变的,与质心运动相联系的那部分动能即质心动能不可能转化成其他形式的能量. 只有相对于质心的动能,才可能转变为其他形式的能量,这部分能量常称为**资用能**. 为了使碰撞中有尽量多的机械能转化为激发能或电离能,应使质心动能尽量小,以至为零,正、负电子对撞机正是基于这一思想设计出来的.

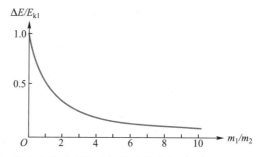

图 4.7-5　完全非弹性碰撞中机械能损失与质量比的关系(设 $u_2=0$)

b. 一般非弹性碰撞

在弹性碰撞中,由(4.7-3)式可见:

$$\frac{v_2-v_1}{u_1-u_2}=1$$

在完全非弹性碰撞中,有

$$\frac{v_2-v_1}{u_1-u_2}=0$$

通常定义

$$e=\frac{v_2-v_1}{u_1-u_2}\qquad\qquad(4.7-9)$$

为**恢复系数**. 实验证明,恢复系数只与两球的质料有关,而与碰前的速度无关. 用 $e$ 可以描写碰撞的性质,$e=1$ 为弹性碰撞,$e=0$ 为完全非弹性碰撞. 对一般非弹性碰撞,

$$0<e<1$$

用 $u_1$、$u_2$ 及 $e$ 表示 $v_1$、$v_2$,可得

$$v_1 = \frac{m_1 - em_2}{m_1 + m_2}u_1 + \frac{(1+e)m_2}{m_1 + m_2}u_2 \tag{4.7-10}$$

$$v_2 = \frac{(1+e)m_1}{m_1 + m_2}u_1 - \frac{em_1 - m_2}{m_1 + m_2}u_2$$

碰撞中损失的机械能为

$$\Delta E = \frac{1}{2}(1-e^2)\frac{m_1 m_2}{m_1 + m_2}(u_1 - u_2)^2 \tag{4.7-11}$$

### 2. 碰撞与质心参考系

相对质心坐标系,碰撞问题变得更清晰、明了. 碰撞过程中,质心系仍是惯性系. 我们仍讨论 $u_2 = 0$ 正碰情况下的弹性碰撞.

若 $u_2 = 0$,则质心速度 $v_C = \frac{m_1}{m_1 + m_2}u_1$,在质心系中,碰前两球的速度分别为

$$u_1' = u_1 - v_C = \frac{m_2}{m_1 + m_2}u_1$$

$$u_2' = u_2 - v_C = -\frac{m_1}{m_1 + m_2}u_1$$

而有

$$m_1 u_1' + m_2 u_2' = 0$$

即在质心系中,体系的动量为零,这本来是不言而喻的(为什么?). 碰后,为满足动量守恒,仍有

$$m_1 v_1' + m_2 v_2' = 0$$

在质心系中,碰撞前、后体系动能仍相等,因而不难得到:

$$v_1' = -u_1', v_2' = -u_2'$$

这就是说,在质心系中,粒子的速率在碰撞前后保持不变,但粒子速度反向.

再变换到实验室坐标系,不难得到:

$$v_1 = v_1' + v_C = \frac{m_1 - m_2}{m_1 + m_2}u_1$$

$$v_2 = v_2' + v_C = \frac{2m_1}{m_1 + m_2}u_1$$

结果与前面相同.

### 3. 例题

**例** 中子质量的测定.

1932 年,查德威克(J. Chadwick,1891—1974)用碰撞法测量了中子的质量. 由于中子不带电,它的速度和质量都不易测定. 查德威克通过中子分别与氢核和氮核的碰撞,在电离室内测量碰后氢核和氮核的最大速度 $v_H$ 和 $v_N$,求得中子的质量 $m_n$. 他测得的 $v_H = 3.3 \times 10^9$ cm/s,$v_N = 0.47 \times 10^9$ cm/s,已知氢核的质量 $m_H = 1$ u(原子质量单

位*),氮核质量 $m_N = 14 u$(原子质量单位*),试计算中子质量.

**解**：最大速度 $v_H$ 和 $v_N$ 与正碰相对应. 由于碰撞是弹性的,且 $u_2 = 0$,由(4.7-4)式有

$$v_H = \frac{2m_n}{m_n + m_H} u_1$$

$$v_N = \frac{2m_n}{m_n + m_N} u_1$$

式中 $u_1$ 为碰前中子的速率. 消去 $u_1$,得中子质量：

$$m_n = \frac{v_N m_N - v_H m_H}{v_H - v_N}$$

将数据代入,得

$$m_n = 1.16 \ u$$

现代精确测量表明,$m_n = 1.01 \ u$.

## 本章小结

阅读材料：
宇宙膨胀动力学

　　本章讨论力的空间积累效应. 空间有三维,这使得力的空间积累的描写比力的时间积累的描写复杂. 用力和力的作用点的位移的标积即功来描写力的空间积累是有效的. 与力对物体的冲量使物体动量发生变化不同,力对物体做功使物体的动能发生变化. 这就是质点动能定理,也就是力对质点的空间积累效应. 但当我们考察力对质点系的空间积累效应时发现,由于各个力的作用点的位移不同,使若干个力的总功不等于力的矢量和的功,因而内力的总功不会互相抵消(而内力的总冲量总是互相抵消的);同时又发现,外力和内力的性质有所不同,外力的总功与参考系有关,而内力因其总是成对出现,其总功与参考系无关. 对内力的功的进一步考察使我们认识到,内力有保守力和非保守力之分. 对保守内力,可进而引进势能,由此导出体系的功能原理和机械能守恒定律. 机械能守恒定律使我们对保守体系的力学问题的求解大大简化. 利用机械能守恒定律求解质点或质点系的运动问题,最终只能获得质点速度大小的信息,质点运动的方向仍要依赖约束条件或牛顿运动定律确定. 这是因为我们在考察力的空间积累效应时,只考察了力在质点运动方向上的效应,未考察力在与质点运动方向垂直的方向上的效应的缘故.

　　本章还专门列出一节,利用动量守恒定律和功能原理讨论了碰撞问题. 碰撞是考察宏观物体特别是微观粒子间相互作用的有效手段. 引入质心系可以使碰撞问题的讨论大大简化.

---

\* 1 u(原子质量单位) $\approx 1.66 \times 10^{-27}$ kg.

# 思考题

**4.1** 当几个力同时作用于一个物体(质点)时,合力的功是否等于各个力分别作用时所做功的和? 试就同一方向的两个力证明你的观点.

**4.2** 当几个力同时作用于多个物体组成的体系时,"合力"(指几个力的矢量和)的功是否等于各个分力所做功的和? 试举例证明你的观点.

**4.3** 思考题 4.3 图示滑轮系统是一种最简单的滑车(神仙葫芦),半径为 $r$ 和 $R$ 的两滑轮互相固连. 当绳索 1 以恒定速率 $v$ 向下拉时,重物(重 $W$)将怎样运动? 速率是多少? 绳索 1 上的拉力是多大? 已知绳索与滑轮间无相对滑动.

**4.4** 已知子弹要穿过厚度为 $l$ 的木板,至少应具有速度 $v$. 如果要穿过同样的两块木板,子弹是否至少应具有 $2v$ 的速度?

**4.5** 试从能量观点分析第一章思考题 1.10.

**4.6** 如果力不是位置的函数,动能定理是否成立?

思考题 4.3 图　　　　　　　　思考题 4.7 图

**4.7** 有人这样计算思考题 4.7 图中质点 $m$ 在固定质点 $m'$ 的引力场中沿径向从 $a$ 运动到 $b$ 的过程中,引力对 $m$ 所做的功:

$$W = \int_a^b \boldsymbol{F} \cdot \mathrm{d}\boldsymbol{r}$$

由于 $\boldsymbol{F}$ 与 $\mathrm{d}\boldsymbol{r}$ 同方向,故 $\boldsymbol{F} \cdot \mathrm{d}\boldsymbol{r} = F\mathrm{d}r$,从而有

$$W = \int_{r_a}^{r_b} F\mathrm{d}r = \int_{r_a}^{r_b} G\frac{m'm}{r^2}\mathrm{d}r = Gm'm\left(-\frac{1}{r}\right)\bigg|_{r_a}^{r_b}$$

$$= Gm'm\left(\frac{1}{r_a} - \frac{1}{r_b}\right)$$

你认为这样做对吗? 为什么?

**4.8** 在升降机中放着一梯子,人站在梯子上,问在下列两种情况下将升降机从底楼升到三楼的过程中,升降机马达所做的功是否相同? (1) 人站在梯子上不动;(2) 人沿着梯子以恒定速率往

上爬.

**4.9** 一轻物体与一重物体具有相同的动量,它们是否也具有相同的动能? 如果不等,哪个动能大?

**4.10** 物体在外力作用下动量发生变化,是否必然伴随着动能的变化? 物体在外力作用下动能发生变化,是否必然伴随着动量的变化?

**4.11** 把装着土豆的箩筐摇动几下,大土豆往往会抛到上面来,小土豆则沉到筐底,这是为什么?

**4.12** 在水平桌面上放着一块木板 B,在木板上的一端放着木块 A,木块 A 在恒力 $F$ 作用下沿木板运动,如思考题 4.12 图所示. 问在下列两种情况下,木块 A 从木板一端移到另一端的过程中,因摩擦而放出的热量及力 $F$ 所做的功是否相同? (1)木板固定在桌面上不动;(2)木板在桌面上无摩擦地滑动.

思考题 4.12 图

**4.13** 判断下列几种说法的正确性,并举例说明:

(1) 摩擦力不可能做正功;

(2) 摩擦外力不可能做正功;

(3) 摩擦内力对整个体系不可能做正功.

**4.14** 力所做的功是否与观察者所在的参考系有关? 试按下列几种情况进行讨论:

(1) 外力对质点所做的功;

(2) 外力对质点系所做的功;

(3) 内力对质点系所做的功.

**4.15** (1) 在惯性系 S 看来,体系的机械能为 $E$,在另一个惯性系 S′ 看来,体系的机械能是否仍为 $E$?

(2) 在 S 系看来,体系的机械能守恒,在 S′ 系看来,体系的机械能是否仍守恒?

(3) 如思考题 4.15(3)图所示的在光滑桌面上振动着的弹簧振子,其机械能显然守恒. 若在沿-x 方向运动的惯性参考系看来,其机械能是否守恒? 如何理解?

思考题 4.15(3)图

**4.16** 如思考题 4.16 图所示,自动电梯以恒定速率 $v$ 上升,质量为 $m$ 的人以相同速率沿电梯往下走,因而人相对地面的位置保持不变. 电梯与水平面的夹角为 $\theta$,问在此过程中,电梯每秒钟做了多少功? 人是否做功? 并解释之.

**4.17** 如思考题 4.17 图所示,劈形木块 $m'$ 放在水平光滑台面上,在其光滑斜面上放有木块 $m$,当 $m$ 沿斜面下滑时,$m'$ 对 $m$ 的支承力对 $m$ 是否做功? $m$ 对 $m'$ 的作用力对 $m'$ 是否做功? 这两个功的数值有何关系?

如果 $m$ 与 $m'$ 之间有摩擦力存在,此摩擦力对 $m$ 做正功还是负功? 对 $m'$ 做正功还是负功? 对 $m$ 和 $m'$ 所组成的体系做正功还是负功?

思考题 4.16 图

思考题 4.17 图

**4.18** 人由静止开始向前行进,其动能来自何方? 有人说来自地面静摩擦力对人做的功,有人说来自人体内非保守内力所做的功. 你认为哪种说法正确? 为什么?

**4.19** 一人逆水划船,恰使船相对岸保持不动. (1) 试问,划船者是否做功? 试从岸上观察者和与水流相对静止的观察者分别分析之. (2) 如果人停止划船,让船顺水而下,水流对船是否做功? 也从岸上和与水流相对静止的观察者分别分析之.

**4.20** 某人在以速率 $u$ 行驶的大船上先以速率 $v$(相对船)向船头方向投球,再以同样速率 $v$(相对船)向船尾方向投球. 试问,在两次投球中,他所做的功是否相同? 为回答此问题,甲说,在向船头投球时,球的动能增量为 $\frac{1}{2}m(u+v)^2-\frac{1}{2}mu^2=\frac{1}{2}mv^2+muv$,($m$ 为球的质量),在向后投球时,球的动能增量为 $\frac{1}{2}m(u-v)^2-\frac{1}{2}mu^2=\frac{1}{2}mv^2-muv$,既然向前投使球的动能增量大,根据动能定理,向前投时做功显然大. 乙说,选船为参考系,他两次投球都使球的动能增加 $\frac{1}{2}mv^2$,因此两次投球做功相等. 你认为谁的说法正确? 为什么?

**4.21** 一个物体系在参考系 S 中观察,其机械能守恒,在参考系 S′ 中观察,其机械能不守恒. 下列几条理由中,哪些可以解释这一点?

(1) 因为在两参考系看来,外力对体系所做的功不同;

(2) 因为在两参考系看来,保守内力对体系所做的功不同;

(3) 因为在两参考系看来,非保守内力对体系所做的功不同.

**4.22** 一个保守体系(内力均为保守力),如果不受外力作用,其机械能是否一定守恒? 如果所受外力的矢量和为零,其机械能是否一定守恒?

**4.23** 一人抓住橡皮绳的下端悬在空中,使橡皮绳由静长 $a$ 伸长为 $b$. 试问,若他攀绳缓慢上升至顶,需做多少功? 如果他攀着不可伸长的长为 $b$ 的绳缓慢上升至顶,需做多少功?

**4.24** 有人说,在质心系中,外力的矢量和与惯性力相抵,体系的动量为零. 既然惯性力的功为零,外力的功也就为零,从而质心系中功能原理可简化为非保守内力的功等于机械能增量,这种说法对吗?

**4.25** 物体 A 与静止物体 B 发生一维弹性碰撞,为了使 B 的反冲具有(1) 最大的速度;(2) 最大的动量;(3) 最大的动能,B 与 A 的质量之比应为若干?

**4.26** (1) 在弹性碰撞的全过程中,动能是否守恒? 动量是否守恒? (2) 弹性碰撞是否也可以定义为碰撞前、后体系动能保持不变的碰撞? 为什么? (3) 弹性碰撞是否也可定义为碰撞前、后体系动量保持不变的碰撞? 为什么?

**4.27** 在查德威克实验(§4.7例1)中,为什么说氢核与氮核反冲速度的最大值与它们同中子的正碰撞相对应? 证明你的结论.

**4.28** 在运动粒子 $m_1$ 与静止粒子 $m_2$ 发生完全非弹性碰撞中,为了使尽量多的机械能转变为非机械能,$m_1/m_2$ 之值应(1) 尽量小些;(2) 尽量大些;还是(3) 尽量接近于1?

**4.29** 试证明,在非弹性碰撞中损失的机械能的值与观察的参考系无关,尽管碰撞前、后的机械能值与参考系有关.

**4.30** $N$ 个质点排列成一直线静置于光滑水平台面上,质点的质量分别为 $m_1$、$m_2$、$\cdots$、$m_N$,坐标分别为 $x_1$、$x_2$、$\cdots$、$x_N$. 在此直线上某处另有一质量为 $m$ 的质点 $P$ 以初速 $v_i$ 沿直线运动,从而使体系发生多次碰撞. 设碰撞全部结束后,$P$ 共发生了 $n$ 次碰撞,最后速度为 $v_f$. 试问,若 $P$ 以 $3v_i$ 的初速运动,待碰撞全部结束后,它共发生了几次碰撞? 其最后速度是多少?

**4.31** 质点系的势能仅与相对几何位形有关,如何理解?

**4.32** 有人说,在小质量质点和大质量质点组成的体系中,只要不受外力,大质量质点的速度实际上不发生改变,因而体系势能的增大(减少)等于小质量质点动能的减少(增大). 因而,第三宇宙速度可以这样来计算:设飞船发射结束后相对地球的速度为 $v$,地球的轨道速度为 $v_e$,飞船飞离地球后,地球的轨道速度为 $v_e'$,飞船的轨道速度为 $u$,则有

$$\frac{1}{2}m_e v_e^2 + \frac{1}{2}m(v_e+v)^2 - G\frac{m_e m}{R} = \frac{1}{2}m_e v_e'^2 + \frac{1}{2}mu^2$$

但 $v_e \approx v_e'$,故有

$$\frac{1}{2}m(v_e+v)^2 - G\frac{m_e m}{R} = \frac{1}{2}mu^2$$

$$(v_e+v)^2 = \frac{2Gm_e}{R} + u^2$$

将 $\sqrt{\dfrac{2Gm_e}{R}} = 11.2 \text{ km/s}, u = 42 \text{ km/s}, v_e = 30 \text{ km/s}$ 代入上式,可得第三宇宙速度为

$$v = \sqrt{11.2^2 + 42^2} \text{ km/s} - 30 \text{ km/s} = 13.5 \text{ km/s}$$

你认为他的算法对吗? 为什么?

## 习题

**4-1** 如题 4-1 图所示,在水平地面上放着一质量 $m=50$ kg 的箱子,其上系有一绳子,绳子跨过距箱顶高 $h=2$ m 的定滑轮,另一端则受到一竖直向下的恒力 $F=256$ N 的作用. 在此力的作用下,箱子从位置 Ⅰ 运动到位置 Ⅱ. 已知箱子在位置 Ⅰ 时处于静止状态,系着箱子的绳与水平面的夹角 $\alpha_1=30°$,在位置 Ⅱ 时,此夹角 $\alpha_2=45°$. 忽略绳与滑轮的质量及滑轮轴承处的摩擦力. 试就以下两种情况:(a) 箱子与地面间无摩擦力;

题 4-1 图

（b）箱子与地面间的摩擦因数 $\mu=0.1$，分别求：

（1）箱子从位置Ⅰ运动到位置Ⅱ过程中力 $F$ 所做的功；

（2）箱子在位置Ⅱ时的速度.

**4-2** 一块长为 $l$、质量为 $m_1$ 的木板静置于光滑的水平桌面上，在板的左端有一质量为 $m_2$ 的小物体（大小可忽略）以 $v_0$ 的初速度相对板向右滑动，当它滑至板的右端时相对板静止. 试求：

（1）物体与板之间的摩擦因数；

（2）在此过程中板的位移.

**4-3** 长度为 $L$ 的均匀矩形板，以平行于其长边的速度 $v_0$ 沿光滑水平面运动，经过一宽度为 $d$ 的粗糙地带，粗糙地带的边缘线平行于板的短边，板从受阻到停下共经路程为 $s(d<s<L)$，如题 4-3 图所示，求板与粗糙地带间的摩擦因数.

题 4-3 图

**4-4** 汽车沿着一坡度不大的斜坡以 $v_1=12$ m/s 的速率向上匀速行驶，当此车用同样的功率沿斜坡向下匀速行驶时，车速为 $v_2=20$ m/s. 若此车仍以此功率沿水平的同样路面以匀速 $v$ 行驶，设汽车在水平路面上受到阻力与在斜坡上受到的阻力相同，求 $v$ 的大小.

**4-5** 一小球作竖直上抛运动，当它回到抛出点时，速度为抛出时的 $\frac{3}{4}$. 设小球运动中受到空气的阻力为恒力. 试求：

（1）小球受到的空气阻力与重力之比；

（2）小球上升的最大高度与不计阻力情况下的最大高度之比（$g=10$ m/s$^2$）.

**4-6** 如题 4-6 图所示，质量为 $m$ 的物体以 $v_0$ 的速度在光滑的水平面上沿 $x$ 正方向运动，当它到达原点 $O$ 点时，撞击一劲度系数为 $k$ 的轻弹簧，并开始受到摩擦力的作用，摩擦力是位置的函数，可表示为 $F_f=\alpha mgx$（$\alpha$ 为一较小的常数）. 求物体第一次返回 $O$ 点时的速度.

**4-7** 在倾角为 $\theta$ 的斜面上，一质量为 $m$ 的物体通过一劲度系数为 $k$ 的弹簧与固定在斜面上的挡板相连，如题 4-7 图所示. 物体与斜面间的摩擦因数为 $\mu$. 开始时，$m$ 静止，弹簧处于原长. 现有一沿斜面向上的恒力 $F$ 作用在 $m$ 上，使 $m$ 沿斜面向上滑动. 试求：

（1）从 $m$ 开始运动到它运动至最高位置的过程中，力 $F$ 所做的功 $W$；

（2）在此过程中 $m$ 获得的最大速率 $v_m$.

题 4-6 图

题 4-7 图

**4-8** 如题4-8图所示,边长为 $a$ 的正方形木块静浮于横截面积为 $4a^2$ 的杯内水面上,水的深度 $h=2a$. 已知水的密度为 $\rho_0$,木块的密度为 $\frac{1}{2}\rho_0$. 现用力将木块非常缓慢地压至水底,忽略水的阻力作用,求在此过程中该力所做的功.

题 4-8 图

**4-9** 一颗质量为 $m$ 的人造地球卫星以圆形轨道环绕地球飞行. 由于受到空气阻力的作用,使其轨道半径从 $r_1$ 变小到 $r_2$. 求在此过程中空气阻力所做的功.

**4-10** 试求月球表面的重力加速度和月球的逃逸速度. 已知月球的半径 $R_m = 1.7\times10^6$ m,月球的质量 $m_m = 7.3\times10^{22}$ kg.

**4-11** 在一半径为 $R = 2.0\times10^8$ m 的无空气的星球表面,若以 $v_0 = 10$ m/s 的速度竖直上抛一物体,则该物体上升的最大高度为 $h = 8$ m. 试问:

(1) 该星球的逃逸速度为多大?

(2) 若要该星球成为黑洞,则其半径应比现有的半径小多少?

**4-12** 一小球与两弹簧相连,如题4-12图所示. 当小球平衡时,两弹簧均受到拉伸. 若忽略重力,试讨论小球平衡的稳定性.

题 4-12 图

**4-13** 一质点在保守力场中沿 $x$ 轴(在 $x>0$ 范围内)运动,其势能为 $E_p = \dfrac{kx}{x^2+a^2}$,式中 $k$、$a$ 均为大于零的常量. 试求:

(1) 质点所受到的力的表示式;

(2) 质点的平衡位置;

(3) 若质点静止在平衡位置,试讨论平衡的稳定性.

**4-14** 一质量为 $m$ 的质点在保守力的作用下沿 $x$ 轴(在 $x>0$ 范围内)运动,其势能为 $E_p = \dfrac{A}{x^3} - \dfrac{B}{x}$,其中 $A$、$B$ 均为大于零的常量.

(1) 画出势能曲线图;

(2) 确定势阱的深度;

(3) 找出质点运动中受到沿 $x$ 负方向最大力的位置;

(4) 若质点的总能量 $E=0$,试确定质点的运动范围.

**4-15** 一质量为 $m$ 的质点在保守力作用下沿 $x$ 方向运动,其势能为 $E_p = ax^2(b-x)$,其中 $a$ 和 $b$ 均为大于零的常量.

(1) 试求质点所受力的表达式;

(2) 画出势能曲线图;

(3) 确定平衡位置,并讨论平衡位置的稳定性;

(4) 若质点从原点 $x=0$ 处以 $v_0$ 开始运动,试问,$v_0$ 在什么范围内质点不可能到达无穷远?

**4-16** 物体沿题4-16图示的光滑轨道自 $A$ 点由静止开始滑下.竖直轨道的圆环部分有一对称的缺口 $BC$,缺口的张角 $\angle BOC = 2\alpha$,圆环的半径为 $R$. 试问:$A$ 点的高度 $h$ 应等于多少方能使物体恰好越过缺口而走完整个圆环?

**4-17** 如题 4-17 图所示,质量为 $m$ 的小球通过一根长为 $2l$ 的细绳悬挂于 $O$ 点. 在 $O$ 点的正下方 $l$ 远处有一个固定的钉子 $P$. 开始时,把绳拉直至水平位置,然后释放小球. 试求:当细绳碰到钉子后小球所能上升的最大高度.

题 4-16 图　　　　　　　　　　　　　　　题 4-17 图

**4-18** 一条长为 $2l$、质量为 $m$ 的柔软绳索,挂在一光滑的水平轴钉(粗细可忽略)上. 当两边的绳长均为 $l$ 时,绳索处于平衡状态. 若给其一端加一个竖直方向的微小扰动,则绳索就从轴钉上滑落. 试求:

(1) 当绳索刚脱离轴钉时,绳索的速度;

(2) 当较长的一边绳索的长度为 $x$ 时,轴钉上所受的力;并对解答进行讨论.

**4-19** 在竖直平面内有一光滑的半圆形管道,圆的半径为 $R$. 管内有一条长度正好为半圆周长 $\pi R$ 的链条,其线密度为 $\rho_l$,如题 4-19 图所示. 若由于微小的扰动,链条从管口向外滑出. 试求:

(1) 当链条刚从管口全部滑出时的速度;

(2) 当链条从管口滑出的长度为 $x = \dfrac{\pi}{3}R$ 时的速度和加速度.

题 4-19 图

**4-20** 在 §4.5 例 1 题中,若大圆环的质量为 $m_0$,试证明:只有当 $m > \dfrac{3}{2}m_0$ 时,大圆环才会升起,并求出大圆环开始上升时的角度 $\theta$.

**4-21** 质量为 $m_1$ 的小球用长为 $l$ 的轻绳悬挂于支架的 $O$ 点上,支架固连在矩形木板上,板与支架的质量为 $m_2$,整个装置放在光滑的水平桌面上,如题 4-21 图所示. 今将小球拉至 $A$ 点,即绳伸直处于水平位置,在小球与木板均静止的情况下释放小球.

(1) 求当小球运动到最低位置 $C$ 时木板的运动速率 $v_1$;

(2) 求当小球运动到 $B$ 点,即绳与铅垂线成 $\theta = 60°$ 角时,木板的运动速率 $v_2$;

(3) 试问,在小球从 $A$ 点运动到 $C$ 点的过程中,绳子张力对小球是否做功? 若做功的话,则求出此功.

**4-22** 三个半径均为 $R$ 的均质小球 A、B、C,其中 B、C 两球质量为 $m_0$,紧靠着放在水平面上,A 球质量为 $m$,从题 4-22 图示位置由静止开始释放,若忽略所有接触面间的摩擦,则 A 球与 B、C 球脱离接触时,A 与 B(或 C)的球心连线与竖直线的夹角 $\theta = \arccos\dfrac{\sqrt{3}}{3}$,求 $\dfrac{m}{m_0}$ 的值.

题 4-21 图

题 4-22 图

**4-23** 某人在地面上双脚起跳可使他的重心升高 $h$. 现在他和另一个体重同为 $W$ 的人分站在轻滑轮两边的秤盘中,如题 4-23 图所示. 盘重均为 $P$. 当此人在秤盘中用和地面上起跳同样的能量双脚起跳时,他的重心可升高多少?

**4-24** 如题 4-24 图所示,一个人手持质量为 $m$ 的小球乘坐在热气球下的吊篮里. 气球、吊篮和人的总质量为 $m_0$. 整个系统静止在空中. 突然,人将小球向上急速抛出,经过时间 $t$ 后小球又返回人手. 若人手在抛接球时相对吊篮的位置不变,试求人在抛球过程中对系统做的功.

题 4-23 图

题 4-24 图

**4-25** 在光滑的水平面上有两个质量分别为 $m_1$ 和 $m_2(m_1<m_2)$ 的物块,$m_2$ 上连有一轻弹簧,如题 4-25 图所示. 第一次,具有动能 $E_0$ 的 $m_1$ 与静止的 $m_2$ 相碰;第二次,$m_2$ 具有动能 $E_0$ 去和静止的 $m_1$ 相碰,两次碰撞均压缩轻弹簧. 试问:

(1) 两次碰撞中哪一次弹簧的最大压缩量较大?

(2) 若碰前两物块的总动能为 $E_0$,则 $E_0$ 如何分配,才能使在两物块在对碰过程中弹簧的最大压缩量最大?

**4-26** 在光滑的水平面上有两质量均为 $m$ 的物块 A 和 B、A 上连有一劲度系数为 $k$ 的轻弹簧,B 虽固定在水平面上,但只要对它施加一水平力 $F_0$ 便可使之开始自由移动. 现 A 以水平速度 $v_0$ 向 B 的方向运动,如题 4-26 图所示. 求与 B 相碰后分开时两物块的速度.

题 4-25 图

题 4-26 图

**4-27**　如题 4-27 图所示,质量为 $m_1$ 的长板静置于光滑水平面上,板上左端固定一劲度系数为 $k$ 的轻弹簧,板的右端用一细绳与墙相连,已知细绳能承受的最大张力为 $F_{T0}$. 板上有一质量为 $m_2$ 的小物块以初速 $v_0$ 沿板的光滑表面向左运动,与弹簧相碰并压缩弹簧. 试求:

(1) 为了使细绳断裂所需的 $v_0$ 的最小值;

(2) 细绳断裂后,板获得的最大加速度;

(3) 小物块离开板时相对水平面速度为零的条件.

题 4-27 图

**4-28**　质量分别为 $m_1$ 和 $m_2$ 的两个物块由一劲度系数为 $k$ 的轻弹簧相连,竖直地放在水平桌面上,如题 4-28 图所示. 另有一质量为 $m$ 的物体从高于 $m_1$ 为 $h$ 的地方由静止开始自由落下,当与 $m_1$ 发生碰撞后,即与 $m_1$ 黏合在一起向下运动. 试问 $h$ 至少应多大,才能当弹簧反弹起后使 $m_2$ 与桌面脱离?

**4-29**　在光滑的水平面上,一质量为 $m_1$ 的架子内连有一劲度系数为 $k$ 的弹簧,如题 4-29 图所示. 一质量为 $m_2$ 的小球以 $u$ 的速度射入静止的架子内,并开始压缩弹簧. 设小球与架子内壁间无摩擦. 试求:

(1) 弹簧的最大压缩量;

(2) 从弹簧开始被压缩到弹簧达最大压缩所需的时间;

(3) 从弹簧开始被压缩到弹簧达最大压缩过程中架子的位移.

题 4-28 图　　　　　　　　题 4-29 图

**4-30**　如题 4-30 图所示,在长为 $2a$ 的轻绳两端各系有一质量为 $m$ 的小球,绳的中点系有另一质量为 $m_0$ 的小球. 三球排成一直线静置于光滑水平面上,绳恰被拉直. 现对小球 $m_0$ 施以冲力,使之在极短时间内获得与绳垂直的初速度 $v_0$. 求:

题 4-30 图

（1）当两小球 $m$ 相碰的瞬时各球的速率；

（2）当两小球 $m$ 相碰的瞬时绳中的张力；

（3）若从 $m_0$ 开始运动到两小球相碰历时为 $T$，而在此期间 $m_0$ 行进的距离为 $x$，试证明：

$$(m_0+2m)x = m_0v_0T+2ma$$

**4-31** 在水平桌面上，质量分别为 $m$ 和 $2m$ 的物块 A 和 B，由一劲度系数为 $k$ 的轻弹簧相连. 两物块与桌面间的摩擦因数均为 $\mu$. 开始时，弹簧处于原长，A 静止，而 B 以 $v_0 = \sqrt{\dfrac{11m}{3k}g\mu}$ 的初速度开始拉伸弹簧. 试求：当弹簧达最大拉伸时的伸长量.

**4-32** 试求在火星上发射人造天体的第三宇宙速度. 已知火星的质量 $m=6.46\times10^{23}$ kg，半径 $R=3.39\times10^3$ km，环绕太阳运行的轨道速度为 $v=2.41\times10^4$ m/s.

**4-33** 如题 4-33 图所示，质量为 $m_1$ 的物体从光滑轨道的顶端 A 点，由静止开始沿斜道滑下，在半径为 $R$ 的竖直圆环部分的最低点 B 与另一质量为 $m_2$ 的静止物体发生弹性正碰，碰后 $m_2$ 沿圆环上升，并在高度为 $h_0$ 处脱离圆环，而 $m_1$ 则沿斜道上升后又滑下，并在 $m_2$ 脱离点脱离圆环. 试求：

（1）$m_1$ 与 $m_2$ 之比；

（2）A 点的高度 $h$.

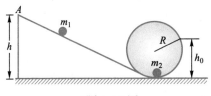

题 4-33 图

**4-34** 在光滑的水平桌面上有三个完全相同的光滑弹性小球，两个静止小球 B、C 互相紧靠着，另一小球 A 则以 $v_0$ 的速度沿 B、C 球心连线的中垂线向着两球运动. 求碰后三球的速度.

**4-35** 三个半径相同，而质量不等的弹性小球 A、B 和 C，等高地悬挂于三根等长的细绳的下端，且两两恰好接触，如题 4-35 图所示. 现将连接 A 球的细绳拉开一角度，使 A 球比原位置升高 $h$，然后释放，设各小球的碰撞为弹性碰撞，当碰撞刚结束时，三球具有相同的动量. 试求：

（1）三球的质量比；

（2）碰后三球各能上升的最大高度.

**4-36** 在原子核反应堆中，核裂变所产生的中子为快中子，这种中子打到 $^{235}$U 核上，发生裂变的概率很小. 为使快中子减速，通常用石墨作减速剂. 已知石墨的碳核质量是中子的 12 倍，即 $m_C=12m_n$，把中子与碳核的碰撞看成是两小球间的弹性正碰，碰前碳核静止. 试求：

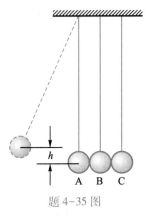

题 4-35 图

（1）每次碰撞中子损失动能的百分比；

（2）经多少次碰撞，中子的动能才会小于初动能的 $10^{-6}$ 倍？设每次中子均是与静止的碳核发生碰撞.

**4-37** 如题 4-37 图所示，在光滑的水平地面上静置一质量为 $m$ 的箱子，在箱内光滑的底面上质量也为 $m$ 的物块以某一初速开始运动，并与箱子的两壁反复碰撞，已知碰撞的恢复系数 $e=0.95$.

试问,物块与箱壁至少发生多少次碰撞,才能使系统总能量的损耗大于40%?

题 4-37 图

**4-38**　在光滑的水平地面上,以初速 $v_0$、仰角 $\theta$ 抛出一小球,小球在地面上多次弹跳后最终停下. 设小球与地面碰撞的恢复系数为 $e$,试证明:小球的总运动时间 $t = \dfrac{2v_0 \sin\theta}{(1-e)g}$;总射程 $L = \dfrac{v_0^2 \sin 2\theta}{(1-e)g}$.

**4-39**　动能为 $E_0$ 的 $^4$He 核去轰击静止的 $^7$Li 核,作完全非弹性碰撞后成为复合核 $^{11}$B,$^{11}$B 核进一步分裂为 $^{10}$B 核和中子 $^1$n,上述核反应过程需消耗能量 $Q = 2.8$ MeV,反应方程为

$$^4\text{He} + {}^7\text{Li} \rightarrow ({}^{11}\text{B}) \rightarrow {}^{10}\text{B} + {}^1\text{n} + 2.8 \text{ MeV}$$

试求上述核反应过程所需的 $E_0$ 的最小值,以及相应的中子动能.

**4-40**　一质量为 $m$、速率为 $v_0$ 的粒子与另一质量为 $\alpha m$ 的静止靶粒子发生弹性碰撞. 试问若碰撞是正碰,则 $\alpha$ 为多大时靶粒子获得的动能最大?

**4-41**　一静止的物块爆炸成质量相等的 1、2、3 三个碎片,设爆炸中释放的总动能为一定值 $E_Q$,但每一碎片所具有的动能 $E_{k1}$、$E_{k2}$、$E_{k3}$ 有多种可能值,可用高为 $E_Q$ 的等边三角形中的一点 $P$ 对三条边所引垂线的长来表示 $E_{k1}$、$E_{k2}$、$E_{k3}$,如题 4-41 图所示. 但并不是三角形中的每一点所对应的三个动能都是物理上所许可的,试求物理上所许可的点的范围的边界.

题 4-41 图

第四章习题参考答案

# 第五章
# 角动量

转动是一种常见的运动形式. 转动物体上每个质点的运动,自然也遵循牛顿运动定律,但直接用牛顿运动定律求解转动问题往往不很方便. 本章将引入一个新的概念——角动量,它也像动量和能量概念一样,将为解决质点的运动(特别是转动)问题提供一种有效的手段.

## §5.1 力矩

### 1. 力矩的定义

#### (1) 对轴的力矩

对轴的力矩可推动物体绕轴转动或改变物体绕轴转动的角速度. 力矩的大小不仅与力的大小和方向有关,而且与力的作用点有关. 当力的作用线在垂直于轴的平面 $\pi$ 上时(图 5.1-1),力矩 $M$ 的大小与力的作用点 $P$ 和轴的距离 $\rho$ 成正比,与力在垂直于 $\rho$ 方向上的分量 $F_\varphi$ 成正比,因为力在 $\rho$ 方向上的分量 $F_\rho$ 对物体的绕轴转动不起作用,于是有

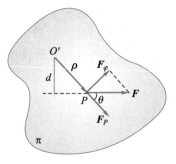

图 5.1-1　与轴垂直的力 $F$ 对轴的力矩

$$M = \rho F_\varphi = F\rho\sin\theta \qquad (5.1-1)$$

式中 $\theta$ 是 $F$ 与 $\rho$ 的夹角,$\rho$ 就是从轴与平面的交点 $O'$ 指向 $P$ 点的矢量. 由于在力矩作用下引起的转动有两个可能的方向,力矩也有正、负两种取向. 例如,先任意规定轴的正方向,当逆着轴的正方向去看力矩作用下所引起的物体的转动时,若物体沿逆时针方向转动,对应的力矩就取为正,反之为负. 由于 $\rho\sin\theta = d$ 就是力的作用线与轴的距离,(5.1-1)式又可写成

$$M = Fd \qquad (5.1-1a)$$

$d$ 常称为**力臂**,这正是大家所熟知的力矩表示式.

当力的作用线不在垂直于轴的平面 $\pi$ 上时,可将力 $F$ 分解为平行于轴的分量 $F_\parallel$ 和垂直于轴的分量 $F_\perp$ 两部分,其中 $F_\parallel$ 对物体绕轴转动不起作用,而 $F_\perp$ 就是 $F$ 在垂直于轴的平面 $\pi$ 上的投影,故这时 $F$ 对轴的力矩可写成

$$M = \rho F_\perp \sin\theta \qquad (5.1-1b)$$

式中 $\theta$ 是 $F_\perp$ 与 $\rho$ 的夹角(图 5.1-2).

### (2) 对参考点原点的力矩

可以将上述对轴的力矩的概念推广到对点的力矩. 在选定的参考系中,从参考点 $O$ 指向力的作用点 $P$ 的矢量 $r$ 与作用力 $F$ 的矢积称为作用力对于参考点 $O$ 的**力矩**,即

$$M = r \times F \qquad\qquad (5.1-2)$$

$r$ 也可称为作用点相对参考点的位矢. 当参考点是坐标原点时,$r$ 就是力的作用点的位矢. 根据矢积的意义,力矩的大小等于以 $r$ 和 $F$ 两矢量为邻边所构成的平行四边形的面积,方向与 $r$、$F$ 所在平面垂直并与 $r$、$F$ 成右手螺旋关系(图 5.1-3).

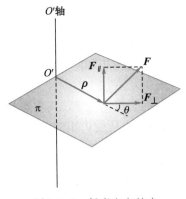

图 5.1-2　任意方向的力
对 $O'$ 轴的力矩

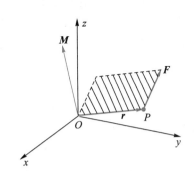

图 5.1-3　作用力 $F$ 对
参考点 $O$ 的力矩

对参考点的力矩也可以用给定坐标系中的分量表示. 当参考点取为坐标原点时,力矩沿某坐标轴的分量也就是作用力对该轴的力矩.

根据(5.1-2)式,$F$ 对参考点(取为原点)的力矩为

$$M = r \times F = \begin{vmatrix} i & j & k \\ x & y & z \\ F_x & F_y & F_z \end{vmatrix} = M_x i + M_y j + M_z k$$

$F$ 对原点力矩沿 $z$ 轴的分量为

$$M_z = xF_y - yF_x$$

其中 $x$、$y$ 是作用点位矢的 $x$、$y$ 分量. 而作用力 $F$ 对 $z$ 轴的力矩,根据上面的讨论,就是 $F$ 在 $\pi$ 平面上的投影 $F_\perp$ 对 $z$ 轴的力矩. 现在,$\pi$ 平面与 $x$-$y$ 平面平行,$F_\perp = F_x i + F_y j$,而 $\rho = xi + yj$. 由图 5.1-4 不难看出,$F_x$ 分量对 $z$ 轴的力臂是 $y$,对 $z$ 轴的力矩是 $yF_x$,但方向与 $z$ 轴正向相反,而 $F_y$ 分量对 $z$ 轴的力臂是 $x$,对 $z$ 轴的力矩是 $xF_y$,方向与 $z$ 轴相同,故 $F$ 对 $z$ 轴的力矩为

$$M_{z\text{轴}} = xF_y - yF_x$$

与 $M_z$ 一致. 对 $x$、$y$ 轴的力矩情况相仿,这里不再赘述.

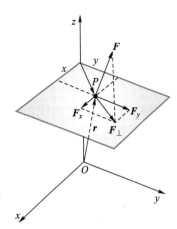

图 5.1-4　力对 $O$ 点力矩沿 $z$ 轴
的分量等于力对 $z$ 轴的力矩

力矩的单位是 N·m(牛顿米);量纲是 $ML^2T^{-2}$,与功相同.

## 2. 作用于质点的力矩和作用于质点系的力矩

### (1) 作用于质点的力矩

当质点 $m$ 受力 $\boldsymbol{F}$ 作用时,$\boldsymbol{F}$ 对参考点 $O$ 的力矩即为质点受到的力矩. 这时,力矩表示式(5.1-2)中的 $\boldsymbol{r}$ 就是参考点指向质点的矢量,当参考点为坐标原点时,$\boldsymbol{r}$ 就是质点的位矢. 当质点受 $N$ 个力 $\boldsymbol{F}_1$、$\boldsymbol{F}_2$、$\cdots$、$\boldsymbol{F}_N$ 同时作用时,诸力对某参考点的力矩的矢量和等于合力 $\boldsymbol{F}=\boldsymbol{F}_1+\boldsymbol{F}_2+\cdots+\boldsymbol{F}_N$ 对同一参考点的力矩,即

$$\boldsymbol{r}\times\boldsymbol{F}_1+\boldsymbol{r}\times\boldsymbol{F}_2+\cdots+\boldsymbol{r}\times\boldsymbol{F}_N =\boldsymbol{r}\times(\boldsymbol{F}_1+\boldsymbol{F}_2+\cdots+\boldsymbol{F}_N)$$
$$=\boldsymbol{r}\times\boldsymbol{F} \tag{5.1-3}$$

### (2) 作用于质点系的力矩

力矩概念也可应用于作用于质点系上的作用力. 一般来讲,质点系内各质点受到的作用力有外力和内力的区别,因此应分别考察外力的力矩和内力的力矩.

a. 外力的力矩

当质点系受多个外力作用时,若第 $i$ 个质点受到的合外力为 $\boldsymbol{F}_i$,该质点相对某一给定参考点的位矢为 $\boldsymbol{r}_i$,则其力矩为 $\boldsymbol{M}_{i外}=\boldsymbol{r}_i\times\boldsymbol{F}_i$,各质点所受力矩的矢量和,即质点系所受的总力矩为

$$\boldsymbol{M}_{外} = \sum_i \boldsymbol{M}_{i外} = \sum_i \boldsymbol{r}_i\times\boldsymbol{F}_i \tag{5.1-4}$$

由于各外力作用在不同质点上,各质点的位矢 $\boldsymbol{r}_i$ 各不相同,因而外力对质点系的总力矩一般不能通过外力矢量和的力矩来计算.

但当质点系处在重力场中时,各质点所受重力与质点的质量成正比,方向又都相同,因而作用于质点系的重力相对某一参考点的力矩,根据(5.1-4)式为

$$\boldsymbol{M}_{重力} = \sum_i \boldsymbol{r}_i\times m_i\boldsymbol{g} = \left( \sum_i m_i\boldsymbol{r}_i \right) \times\boldsymbol{g} = \boldsymbol{r}_C\times m\boldsymbol{g} \tag{5.1-5}$$

即作用于质点系的重力相对某参考点的力矩等于重力的矢量和作用于质心上时对该参考点的力矩. 在平动非惯性系中的惯性力显然也具有这种性质.

b. 内力的力矩

若 $\boldsymbol{F}_i^{(in)}$ 为作用于质点系中第 $i$ 个质点上的合内力,$\boldsymbol{r}_i$ 为该质点的位矢,则内力的总力矩为

$$\boldsymbol{M}_{内} = \sum_i \boldsymbol{r}_i\times\boldsymbol{F}_i^{(in)} = \sum_i \boldsymbol{r}_i\times \sum_{j\neq i} \boldsymbol{F}_{ij}^{(in)}$$

由于内力总是成对出现,因而上式可写成

$$\boldsymbol{M}_{内} = \sum_{i<j} ( \boldsymbol{r}_i\times\boldsymbol{F}_{ij}^{(in)} +\boldsymbol{r}_j\times\boldsymbol{F}_{ji}^{(in)} )$$

根据牛顿第三定律(强形式),任一对内力 $\boldsymbol{F}_{ij}^{(in)}$ 和 $\boldsymbol{F}_{ji}^{(in)}$ 必定等值反向,且沿同一直线,因而对任一给定参考点 $O$ 来说,力矩也必等值反向,两者相互抵消,即

$$\boldsymbol{r}_i\times\boldsymbol{F}_{ij}^{(in)} +\boldsymbol{r}_j\times\boldsymbol{F}_{ji}^{(in)} =0$$

因而内力的总力矩为零:

$$\boldsymbol{M}_{内} = \sum_{i<j} ( \boldsymbol{r}_i\times\boldsymbol{F}_{ij}^{(in)} +\boldsymbol{r}_j\times\boldsymbol{F}_{ji}^{(in)} ) = 0 \tag{5.1-6}$$

这一结果与内力的冲量相似,但与内力的功不同.

c. 力偶的矩

作用在质点系上的一对等值、反向但不沿同一直线的力称为**力偶**. 以 $F_1$、$F_2$ 表示这样的一对力(图 5.1-5),它们分别作用于质点 1 和质点 2,则力偶的矩为

$$M_{力偶} = r_1 \times F_1 + r_2 \times F_2$$
$$= (r_1 - r_2) \times F_1 = r_{12} \times F_1 \qquad (5.1\text{-}7)$$

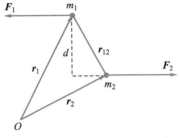

式中 $r_{12} = r_1 - r_2$ 是从质点 2 指向质点 1 的矢量,它不因参考点而异,因而力偶矩与参考点无关. 事实上,从图 5.1-5 可知,力偶矩的大小等于力的大小与两力作用线间距离 $d$(称为**力偶臂**)的乘积,即

$$|M_{力偶}| = Fd \qquad (5.1\text{-}8)$$

图 5.1-5　力偶矩与参考点无关

因而与参考点无关,方向由右手螺旋定则决定.

组成力偶的两个力的矢量和虽为零,但其力矩并不为零,因为力偶的两个力是非共线力.

## §5.2　质点角动量定理

### 1. 质点的角动量

质点的运动状态可以用动量 $p = mv$ 描写,它包含了运动的大小和方向的所有特征. 当我们以某定点为参考点来考察质点的运动时,相对参考点而言,除质点的动量外,质点与参考点的距离在变化,质点的方位也在变化,前者可用质点相对参考点的位矢的大小变化来表征,后者则可用位矢的方向变化来表征,位矢方向的变化又可与位矢扫过的角度随时间的变化,即角速度相联系;而角速度不仅有大小,还有方向(以所绕的轴线及顺、逆时针为特征). 为了描写质点相对某一参考点的运动,可以仿照力矩的定义引入动量矩的概念. 从给定参考点指向质点的矢量 $r$ 和质点动量 $p = mv$ 的矢积称为质点对于参考点的**动量矩**,用 $L$ 表示:

$$L = r \times p \qquad (5.2\text{-}1)$$

动量矩又称为**角动量**.

角动量是矢量,它是 $r$ 和 $p$ 的矢积,因而既垂直于 $r$,又垂直于 $p$,即垂直于 $r$ 与 $p$ 所组成的平面,其指向由右手定则决定(图 5.2-1).

质点的角动量是相对给定的参考点定义的,因此,同一质点对不同参考点的角动量是不同的. 例如,一圆锥摆的摆球以恒定的角速度 $\omega$ 作圆周运动,圆周的半径为 $R$,摆的悬线长 $r$(图 5.2-2),摆球对圆心 $O$ 的角动量 $|L| = mvR = m\omega R^2$,其大小和方向都恒定不变. 但摆球对悬挂点 $O'$ 的角动量 $L'$ 则不同,尽管其大小 $|L'| = rmv = rmR\omega$ 保持不变,但方向却随时间而变.

图 5.2-1 质点的角动量

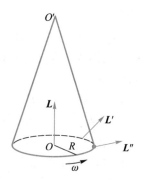

图 5.2-2 角动量与参考点有关

作直线运动的质点,对于不在该直线上的不同参考点的角动量也不相同.

通常把考察转动的参考点取为坐标原点,这样,(5.2-1)式中的 $r$ 就是质点的位矢.

角动量的单位是 kg·m²/s(千克二次方米每秒),量纲是 $ML^2T^{-1}$.

### 2. 质点角动量定理

我们知道,质点动量的变化等于外力的冲量. 质点的角动量如何随外力变化呢? 这也不难从牛顿运动定律得到. 若质点对某一给定参考点的角动量 $L=r\times mv=r\times p$,则其时间变化率为

$$\frac{dL}{dt}=\frac{d}{dt}(r\times p)=\frac{dr}{dt}\times p+r\times\frac{dp}{dt}$$

若此给定参考点相对参考系是静止的,则 $\dfrac{dr}{dt}=v$,$\dfrac{dr}{dt}\times p=v\times p=v\times mv=0$,而 $\dfrac{dp}{dt}=F$,$r\times$ $\dfrac{dp}{dt}=r\times F$. 但力的作用点相对参考点的位矢和力的矢积即为对参考点的力矩 $M$,于是上式又可写为

$$M=\frac{dL}{dt} \tag{5.2-2}$$

即质点对任一固定点的角动量的时间变化率等于外力对该点的力矩. 这就是**质点角动量定理的微分形式**. 对(5.2-2)式积分,得

$$\int_0^t M dt=L-L_0 \tag{5.2-3}$$

力矩对时间的积分 $\displaystyle\int_0^t M dt$ 称为**冲量矩**. 上式表示质点角动量的增量等于外力的冲量矩. 这就是**质点角动量定理的积分形式**. 不论微分形式还是积分形式的角动量定理,都可以写成分量形式.

由于 $r\times v$ 在数值上等于以 $r$ 和 $v$ 为邻边的平行四边形的面积,也就是径矢 $r$ 在单位时间内所扫过的面积(面积速度)的两倍,所以角动量 $L=r\times mv$ 与面积速度成

正比,为面积速度的 $2m$ 倍(图 5.2-3).

### 3. 质点角动量守恒定律

图 5.2-3 角动量与面积速度成正比

当 $M=0$ 时,$L=$ 常矢量 (5.2-4)

即当外力对固定参考点(简称定点)的力矩为零时,质点对该点的角动量守恒. 此即**质点角动量守恒定律**. 外力矩为零有两种情况:

(1) $F=0$,即无外力,质点作匀速直线运动,它对定点的角动量显然为常量,因为它的面积速度为常量(图 5.2-4).

(2) 力 $F$ 通过定点 $O$,这样的力称为**有心力**. 此结论十分重要,其意义可由图 5.2-5 看出. 在有心力作用下,其面积速度不变,即有

$$\triangle OAB = \triangle OAC$$

图 5.2-4 匀速直线运动的面积速度不变

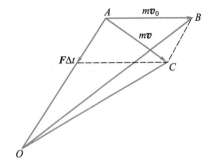

图 5.2-5 在通过 $O$ 点的外力作用下,角动量(面积速度)不变

由于角动量是矢量,当外力对定点的力矩虽不为零,但其某一分量为零时,则角动量的该分量守恒:

若 $M_x=0$,则 $L_x=$ 常量;

若 $M_y=0$,则 $L_y=$ 常量; (5.2-5)

若 $M_z=0$,则 $L_z=$ 常量.

关于质点角动量定理,有两点值得强调一下:

(1) 质点角动量定理是由牛顿运动定律导出,因而它仅适用于惯性系.

(2) 在质点角动量定理中,描写质点角动量的参考点必须固定在惯性系中. 因为,如果参考点运动,$r$ 是从该动参考点指向质点的矢量,于是 $\dfrac{\mathrm{d}r}{\mathrm{d}t} \neq v$,$\dfrac{\mathrm{d}r}{\mathrm{d}t} \times p \neq 0$,就得不到(5.2-2)式. 至于参考点是否是坐标原点,则无关紧要.

### 4. 例题

**例1** 锥摆.

摆长为 $b$ 的锥摆作匀速圆周运动,摆线与竖直轴成 $\alpha$ 角,求摆球速率.

**解**：我们知道，在锥摆的运动过程中，摆球相对支点 $O'$ 的角动量 $\boldsymbol{L}' = \boldsymbol{r}' \times m\boldsymbol{v}$ 位于过 $O'$ 点的竖直轴 $O'O$ 和以 $O'$ 点为原点摆球的位矢 $\boldsymbol{r}'$ 组成的平面内，且与 $\boldsymbol{r}'$ 垂直，如图 5.2-6 所示. 尽管 $\boldsymbol{L}'$ 的大小恒定，但其方向随时间而变，即 $\boldsymbol{L}' = \boldsymbol{L}'(t)$. 若将角动量矢量 $\boldsymbol{L}'$ 的尾部画在同一点 $O'$，则 $\boldsymbol{L}'(t)$ 也将画出一个锥面. 可以把 $\boldsymbol{L}'(t)$ 分解成平行于 $O'O$ 轴的分量 $\boldsymbol{L}'_z$ 和垂直于 $O'O$ 轴的分量 $\boldsymbol{L}'_\perp$ 两部分：

图 5.2-6 锥摆

$$L'_z = mvb\sin\alpha$$

$$L'_\perp = mvb\cos\alpha$$

很明显，$\boldsymbol{L}'$ 的 $z$ 方向分量 $L'_z$ 的大小和方向都是恒定不变的，但 $\boldsymbol{L}'$ 的垂直于 $O'O$ 轴的分量 $L'_\perp$ 则随时间变化. $L'_\perp$ 的方向沿摆球运动圆周的半径，正是这一分量方向的变化导致角动量 $\boldsymbol{L}'$ 的变化. 可以看出

$$|\Delta\boldsymbol{L}'| = |\Delta\boldsymbol{L}'_\perp| = L'_\perp \Delta\theta = mvb\cos\alpha\Delta\theta \tag{1}$$

根据角动量定理，角动量的变化取决于外力矩的冲量. 在锥摆运动过程中，作用于摆球的外力有张力和重力两部分，但张力对支点 $O'$ 无力矩，重力的力矩位于垂直 $O'O$ 的平面内，方向与圆周半径垂直. 正是此力矩的作用，使角动量 $\boldsymbol{L}'$ 随时间而变. 但重力的力矩 $M = mgb\sin\alpha$ 与 $O'O$ 轴垂直，无轴向分量，故角动量在 $O'O$ 轴向的分量 $L'_z$ 的大小和方向恒定不变，$M$ 的作用是引起 $L'_\perp$ 方向的变化. 故有

$$|\Delta\boldsymbol{L}'| = |\Delta\boldsymbol{L}'_\perp| = mgb\sin\alpha\Delta t \tag{2}$$

而由几何关系，有

$$v\Delta t = b\sin\alpha \cdot \Delta\theta \tag{3}$$

由(1)式、(2)式、(3)式即得

$$v = \sin\alpha\sqrt{\frac{gb}{\cos\alpha}}$$

结果与 §2-4 例 2 相同(只是为避免与角动量符号 $L'$ 混淆，将摆长改成 $b$). 从这一例子可以看出，尽管锥摆作匀速率圆周运动，但其对支点 $O'$ 的角动量并不恒定. 另外，对某一点的角动量沿某一方向的分量，与角动量并不相同. 在此题中，角动量沿 $z$ 方向的分量守恒，但角动量本身却不守恒.

**例 2** 一质量为 $m$ 的物块拴在穿过小孔的轻绳的一端，在光滑水平台面上以角速度 $\omega_0$ 作半径为 $r_0$ 的圆周运动，自 $t=0$ 时刻起，手拉着绳的另一端以匀速率 $v$ 缓慢向下运动，使半径逐渐减小，试求：(1) 角速度与时间的关系 $\omega(t)$；(2) 绳子的拉力与时间的关系. (图 5.2-7)

**解**：(1) 质点 $m$ 在水平方向仅受通过小孔的绳子张力的作用，它相对于小孔的角动量守恒. 当质点与小孔的距离为 $r$ 时，设其角速度的大小为 $\omega$，则有

$$m\omega rr = m\omega_0 r_0 r_0$$

图 5.2-7

由此得

$$\omega = \frac{r_0^2}{r^2}\omega_0$$

由题意，$r = r_0 - vt$，代入上式，

$$\omega = \frac{r_0^2}{(r_0 - vt)^2}\omega_0$$

(2) 由于手拉的一端向下缓慢运动，任何时刻物块仍可以看成作圆周运动，只是半径随时间缓慢减小. 于是绳子拉力为

$$F \approx m\omega^2 r = \frac{mr_0^4\omega_0^2}{(r_0 - vt)^3}$$

作为比较,我们也可以由动能定理来解本题. 因物块任何时刻均可以看成作圆周运动,只是半径缓慢减小,因而拉力也随半径而变. 设半径为 $r$ 时物块速度为 $v$,由动能定理,有

$$\boldsymbol{F} \cdot \mathrm{d}\boldsymbol{r} = \mathrm{d}E_k$$

即

$$-\frac{mv^2}{r}\mathrm{d}r = \mathrm{d}\left(\frac{1}{2}mv^2\right) = mv\mathrm{d}v$$

或

$$-\frac{\mathrm{d}r}{r} = \frac{\mathrm{d}v}{v}$$

两边积分

$$\int_{r_0}^{r} -\frac{\mathrm{d}r}{r} = \int_{v_0}^{v} \frac{\mathrm{d}v}{v}$$

得

$$\ln \frac{r_0}{r} = \ln \frac{v}{v_0}$$

即

$$vr = v_0 r_0$$

或

$$m\omega r^2 = m\omega_0 r_0^2$$

与上面用角动量守恒定律所得结果相同. 可见,用角动量守恒定律解本题要方便得多,而且也并不要求拉速缓慢.

**例 3**　在半顶角为 $\alpha$ 的圆锥面内壁离锥顶 $h$ 高处以一定初速度沿内壁水平射出一质量为 $m$ 的小球,设锥面内壁是光滑的图[5.2-8(a)].

(1) 为使小球在 $h$ 高度的水平面上作匀速圆周运动,初速 $v_0$ 应为多少?

(2) 若初速 $v_1 = 2v_0$,求小球在运动过程中的最大高度和最小高度.

**解**:(1) 物体在重力 $m\boldsymbol{g}$ 和锥壁支撑力 $\boldsymbol{F}_N$ 作用下作圆周运动[图 5.2-8(b)]. 因有

$$mg\cot \alpha = mv_0^2/R \qquad (1)$$

$R$ 是圆周半径. 将 $R = h\tan \alpha$ 代入上式,得

$$v_0 = \sqrt{gh}$$

图 5.2-8

(2) 当初速大于 $v_0$ 时,小球不可能维持在原来水平面上作圆周运动,因为这样不满足(1)式,小球必上升;但又不可能停留在某一个高一些的水平面上作匀速圆周运动,小球必在一定的上、下高度间往返地作类似螺旋状的运动. 为了求这两个极限高度,我们来寻找小球运动的守恒量. 首先,机械能必守恒,因为小球在重力场中运动,且支撑力 $\boldsymbol{F}_N$ 不做功. 其次,小球在作转动,如果还有守恒量,另一个守恒量必然是角动量或其分量. 不难发现,由于外力 $\boldsymbol{F}_N$ 和 $m\boldsymbol{g}$ 都在过 $z$ 轴的平面内,故外力矩无 $z$ 方向分量,即 $\tau_z = 0$,因而 $L_z =$ 常量. 用 $h+x$ 表示极限高度,注意到在极限高度上,小球速度必沿水平方向,于是可列出以下两个守恒方程:

能量守恒:

$$\frac{1}{2}mv^2 + mg(h+x) = \frac{1}{2}mv_1^2 + mgh \qquad (2)$$

角动量的 $z$ 分量守恒:

$$(h+x)\tan \alpha \cdot mv = h\tan \alpha \cdot mv_1 \qquad (3)$$

由(2)式、(3)式可得 $x$ 的三次方程:

$$2gx^3 + (4gh - v_1^2)x^2 - 2h(v_1^2 - gh)x = 0 \qquad (4)$$

由(4)式可见,$x=0$ 必为一个解. 这是合理的,因为出射速度沿水平方向,该高度必为一极值. 消去 $x$ 后,得 $x$ 的二次方程:

$$2gx^2+(4gh-v_1^2)x-2h(v_1^2-gh)=0$$

将 $v_1=2v_0=2\sqrt{gh}$ 代入上式,即得

$$x=\sqrt{3}h$$

这里舍去了负根. 即小球在 $h$ 和 $(1+\sqrt{3})h$ 两极限高度间往返运动.

## §5.3 质点系角动量定理

### 1. 质点系角动量定理

质点系对给定参考点的角动量等于各质点对该点角动量的矢量和:

$$\boldsymbol{L}=\sum_i \boldsymbol{L}_i=\sum_i \boldsymbol{r}_i\times\boldsymbol{p}_i=\sum_i \boldsymbol{r}_i\times m_i\boldsymbol{v}_i \qquad (5.3-1)$$

对(5.3-1)式求导,若计算角动量的参考点相对惯性系固定不动,则可以将(5.2-2)式代入,得

$$\frac{\mathrm{d}\boldsymbol{L}}{\mathrm{d}t}=\sum_i \frac{\mathrm{d}\boldsymbol{L}_i}{\mathrm{d}t}=\sum_i \boldsymbol{r}_i\times(\boldsymbol{F}_i+\boldsymbol{F}_i^{(\mathrm{in})})$$

式中 $\boldsymbol{F}_i$ 表示第 $i$ 个质点受到的来自体系以外的力,$\boldsymbol{F}_i^{(\mathrm{in})}$ 表示该质点受到的来自体系内部的力. 但由§5.1 的讨论,内力对体系的总力矩为零,即 $\sum_i \boldsymbol{r}_i\times\boldsymbol{F}_i^{(\mathrm{in})}=\sum_i \boldsymbol{M}_{i内}=0$ [见(5.1-6)式],于是上式变为

$$\frac{\mathrm{d}\boldsymbol{L}}{\mathrm{d}t}=\sum_i \boldsymbol{r}_i\times\boldsymbol{F}_i=\sum_i \boldsymbol{M}_{i外}=\boldsymbol{M}_外$$

即

$$\boldsymbol{M}_外=\frac{\mathrm{d}\boldsymbol{L}}{\mathrm{d}t} \qquad (5.3-2)$$

(5.3-2)式告诉我们,质点系对给定参考点的角动量的时间变化率等于作用在体系上所有外力对该点力矩之和. 这就是**质点系角动量定理的微分形式**. 对(5.3-2)式积分,可得质点系角动量定理的积分形式:

$$\boldsymbol{L}-\boldsymbol{L}_0=\int_0^t \boldsymbol{M}_外\,\mathrm{d}t \qquad (5.3-3)$$

式中 $\int_0^t \boldsymbol{M}_外\,\mathrm{d}t$ 为外力的总冲量矩. (5.3-3)式说明,体系对给定参考点角动量的增量等于外力对该点的总冲量矩.

(5.3-2)式、(5.3-3)式也可以写成分量形式.

质点系角动量定理指出,只有外力矩才对体系的角动量变化有贡献. 内力矩对体系角动量变化无贡献,但对角动量在体系内的分配是有作用的.

### 2. 质点系角动量守恒定律

当外力对定点的力矩之和为零,即

$$\boldsymbol{M}_{外} = \sum_i \boldsymbol{M}_{i外} = 0$$

则

$$\boldsymbol{L} = 常矢量 \tag{5.3-4}$$

即质点系对该定点的角动量守恒. 此即**质点系角动量守恒定律**.

下面给出 $M_{外} = 0$ 的三种不同情况.

(1) 体系不受外力,即 $\boldsymbol{F}_i = 0$(孤立体系),显然有 $\boldsymbol{M}_{外} = \sum_i \boldsymbol{M}_{i外} = 0$. 但是一般讲来,当质点系受外力作用时,即使外力的矢量和为零,外力矩的矢量和未必为零,力偶就是这种情况.

(2) 所有的外力通过定点,这时体系所受外力的矢量和未必为零,但每个外力的力矩皆为零.

(3) 每个外力的力矩不为零,但外力矩的矢量和为零. 例如,对重力场中的质点系,作用于各质点的重力对质心的力矩不为零,但所有重力对质心的力矩的矢量和却为零.

另外,由于角动量守恒定律的表示式是矢量式,它有三个分量,各分量可以分别守恒,即

当 $M_x = 0$,则 $L_x = $ 常量;

当 $M_y = 0$,则 $L_y = $ 常量; $\tag{5.3-5}$

当 $M_z = 0$,则 $L_z = $ 常量.

其中 $M_x$、$M_y$、$M_z$ 是指外力矩分量的代数和.

阅读材料:
银河系为什么
是扁的

阅读材料:
潮汐与日长的
持续性增长

### 3. 例题

**例1** 轻绳跨过半径为 $R$ 的轻滑轮,一端系一重物,质量为 $\dfrac{m}{2}$,另一端被质量为 $m$ 的人抓住. 人从静止开始上爬,为使自己不往下降,人必须以多大的加速度 $a'$ 相对绳上爬?（图 5.3-1).

**解**:试以滑轮中心 $O$ 为定点来考察人与重物体系的角动量. 设重物上升的速度为 $\dot{y}_1$,人上升速度（相对地面）为 $\dot{y}_2$,相对绳为 $\dot{y}'$,则 $\dot{y}_2 = \dot{y}' - \dot{y}_1$,体系相对 $O$ 点的角动量均沿 $z$ 轴,在 $z$ 轴上的投影为

$$L = \frac{m}{2}\dot{y}_1 R - m\dot{y}_2 R = \frac{m}{2}\dot{y}_1 R - m(\dot{y}' - \dot{y}_1)R$$

角动量的时间变化率为

$$\frac{\mathrm{d}L}{\mathrm{d}t} = \frac{m}{2}\ddot{y}_1 R - m(\ddot{y}' - \ddot{y}_1)R$$

$$= \frac{3}{2}m\ddot{y}_1 R - m\ddot{y}'R$$

作用在体系上的外力有重力、绳的张力和悬挂点的拉力,但拉力和张力对 $O$ 点的力

图 5.3-1

矩为零,故总外力矩为

$$M = mgR - \frac{m}{2}gR = \frac{1}{2}mgR$$

由体系角动量定理可知

$$\frac{3}{2}m\ddot{y}_1 R - m\ddot{y}R = \frac{1}{2}mgR$$

为使人不下降,$\ddot{y}_2 = \ddot{y}' - \ddot{y}_1 = 0$,即$\ddot{y}_1 = \ddot{y}'$,代入上式,

$$\frac{3}{2}m\ddot{y}'R - m\ddot{y}'R = \frac{1}{2}mgR$$

故

$$a' = \ddot{y}' = g$$

**例 2** 质量为 $m$ 的两小球系于轻弹簧的两端,置于光滑水平桌面上. 当弹簧处于自然状态时,长为 $a$,弹簧的劲度系数为 $k$. 今两球同时受冲力作用,各获得与连线垂直的等值反向的初速度,若在以后运动过程中弹簧的最大长度 $b = 2a$,求两球的初速度 $v_0$(图 5.3-2).

**解**:以初始时刻两球连线中点 $O$ 为定点来考察体系的角动量. 初始时,

$$L = mv_0\frac{a}{2} + mv_0\frac{a}{2} = mv_0 a$$

体系水平方向不受外力,竖直方向外力的合力为零,体系角动量守恒. 当弹簧达到最大伸长时,小球无径向速度,体系的角动量为

$$L' = mv\frac{b}{2} + mv\frac{b}{2} = mvb$$

由于

$$L = L'$$

故

$$mv_0 a = mvb \tag{1}$$

体系机械能也守恒,由此可得另一关系式:

$$\frac{1}{2}mv_0^2 + \frac{1}{2}mv_0^2 = \frac{1}{2}mv^2 + \frac{1}{2}mv^2 + \frac{1}{2}k(b-a)^2$$

即

$$mv_0^2 = mv^2 + \frac{1}{2}k(b-a)^2 \tag{2}$$

由(1)式、(2)式消去 $v$,即得

$$v_0 = b\sqrt{\frac{k(b-a)}{2m(b+a)}}$$

将 $b = 2a$ 代入,得

$$v_0 = a\sqrt{\frac{2k}{3m}}$$

图 5.3-2

# §5.4 质心系中的角动量定理

## 1. 质心系中的角动量定理

当在质心系中考察体系相对质心的角动量随时间的变化时,质心是固定点. 如

果质心系是惯性系,角动量定理当然适用. 如果质心系是非惯性系,只要加上惯性力,牛顿运动定律仍然适用;因而只要加上相应的惯性力矩,角动量定理仍成立. 用 $L'$ 表示在质心系中体系相对质心的角动量,$M'_外$ 表示外力对质心的力矩,$M'_惯$ 表示惯性力对质心的力矩,则有

$$M'_外 + M'_惯 = \frac{\mathrm{d}}{\mathrm{d}t}L'$$

但由于质心系是平动系,惯性力的大小与质点质量成正比,方向均与质心加速度反向,这样的力与重力一样,对质心的总力矩为零[参见(5.1-5)式],即 $M'_惯 = 0$,于是有

$$M'_外 = \frac{\mathrm{d}L'}{\mathrm{d}t} \tag{5.4-1}$$

即质点系相对质心的角动量的时间变化率等于外力相对质心的力矩的矢量和. 此即质心系中的角动量定理的微分形式. 与(5.4-1)式相应的积分形式为

$$\int_0^t M'_外 \mathrm{d}t = L' - L'_0 \tag{5.4-2}$$

即质点系相对质心的角动量的增量等于外力相对质心的冲量矩. 结果与惯性系中相同. 可见,不论质心系是惯性系还是非惯性系,在质心系中,角动量定理仍然适用.

(5.4-1)式、(5.4-2)式也可以写成分量形式.

### 2. 质心系中的角动量守恒定律

当外力相对于质心的总力矩为零时,体系相对质心的角动量守恒. 即当 $M'_外 = 0$ 时,

$$L' = 常矢量 \tag{5.4-3}$$

此即质心系中的角动量守恒定律. (5.4-3)式也有相应的分量式.

### 3. 体系角动量与质心角动量

虽然质心系中角动量定理和角动量守恒定律仍适用,但体系在质心系中相对质心的角动量与体系在惯性系中相对定点的角动量并不相同.

在惯性系中,质点系相对定点的角动量可用(5.3-1)式表示:

$$L = \sum_i r_i \times m_i v_i$$

以 $r_C$ 表示质点系质心相对定点的位矢,$r'_i$ 表示质点 $i$ 相对质心的位矢,$v_C$ 表示质心速度,$v'_i$ 表示质点 $i$ 相对质心系的速度,则 $r_i = r_C + r'_i$,$v_i = v_C + v'_i$,代入上式,得

$$L = \sum_i (r_C + r'_i) \times m_i (v_C + v'_i)$$

$$= r_C \times p + \sum_i r'_i \times m_i v'_i + r_C \times \sum_i m_i v'_i + \left( \sum_i m_i r'_i \right) \times v_C$$

根据质心和质心系的性质,上式后两项为零. 于是

$$L = r_C \times p + \sum_i r'_i \times m_i v'_i = r_C \times p + L' \tag{5.4-4}$$

式中 $\boldsymbol{p} = \left( \sum\limits_i m_i \right) \boldsymbol{v}_C$ 为体系总动量,亦即质心的动量,$\boldsymbol{L}'$ 为体系相对质心的角动量. 而角动量 $\boldsymbol{r}_C \times \boldsymbol{p}$ 等于质量全部集中于质心,并以质心速度运动的质点对于给定点的角动量,通常称为**质心角动量**. (5.4-4)式表示体系相对定点的角动量等于质心相对该定点的角动量与体系相对于质心的角动量之和. 这里所谓体系相对质心的角动量,就是指在质心系中观测所得的体系对质心的角动量.

## §5.5 质点在有心力场中的运动

### 1. 有心力场

在第四章中,我们曾提到过有心力. 所谓有心力,就是方向始终指向(或背向)固定中心的力,其表示式可写成

$$\boldsymbol{F} = f(r)\boldsymbol{e}_r \tag{5.5-1}$$

式中 $\boldsymbol{e}_r$ 是以固定中心为原点的矢径的单位矢量. 该固定中心称为**力心**. 在许多场合,有心力的大小仅与考察点至力心的距离有关,即

$$\boldsymbol{F} = f(r)\boldsymbol{e}_r \tag{5.5-2}$$

这样的有心力称为**各向同性有心力**,或**保守有心力**. 通常就简称为**有心力**. 当 $f(r) > 0$ 时,$\boldsymbol{F}$ 为斥力;$f(r) < 0$ 时为引力. 我们主要讨论质点在这种保守有心力作用下的运动. 为行文简单起见,以后我们讲有心力,就是指保守有心力. 有心力存在的空间称为**有心力场**.

质点在有心力场中的运动问题是常见的,如小物体在大物体的万有引力、库仑力或分子力等作用下的运动问题都是质点在有心力场中的运动问题,因为此时力的中心(大物体)可近似视为固定. 即使是一般的两个物体的运动,只要它们远离其他物体,它们之间的作用力又沿着它们的连线,且仅与两者间距离有关(这样的力通常也称有心力),它们的运动也可以化为单个物体在固定力心的有心力场中的运动问题.

### 2. 有心力场中质点运动的一般特征

设物体(视为质点)的质量为 $m$,在有心力作用下,其运动方程为

$$m\ddot{\boldsymbol{r}} = f(r)\boldsymbol{e}_r \tag{5.5-3}$$

**(1) 运动必定在一个平面上**

由于质点所受的力始终指向中心,当质点在初始时刻的速度给定后,质点以后的运动就只可能在初速度和初始径矢所构成的平面内,因为在与该平面垂直的方向上,质点既无速度,又不受力.

**(2) 两个守恒量**

若取力心为坐标原点,有心力对原点的力矩为零,故质点对原点的角动量守

恒,即

$$L = r \times mv = 常矢量$$

在平面极坐标中(图5.5-1),

$$v = \dot{r}e_r + r\dot{\theta}e_\theta$$

故

$$L = re_r \times m(\dot{r}e_r + r\dot{\theta}e_\theta)$$

$$= mr^2\dot{\theta}(e_r \times e_\theta)$$

图5.5-1 质点角动量的平面极坐标表示

$e_r \times e_\theta$ 是一个不变的单位矢量,方向垂直于运动平面. 故角动量守恒定律可简写成

$$mr^2\dot{\theta} = L(常量) \tag{5.5-4}$$

既然质点角动量守恒,质点矢径的面积速度保持不变.

由于有心力是保守力,质点的机械能也守恒,即

$$E_k + E_p = \frac{1}{2}mv_r^2 + \frac{1}{2}mv_\theta^2 + V(r) = E(常量)$$

或

$$E_k + E_p = \frac{1}{2}m(\dot{r}^2 + r^2\dot{\theta}^2) + V(r) = E(常量) \tag{5.5-5}$$

式中 $V(r)$ 为质点在有心力场中的势能.

(5.5-4)式和(5.5-5)式中的 $L$ 和 $E$ 这两个常量由初始条件决定,即由初始时刻的 $r_0$、$v_0$ 或 $r_0$、$\dot{r}_0$、$\dot{\theta}_0$ 决定.

(3) **质点的运动轨道**

有心力作用下的二维运动与保守力作用下的一维运动不同. 一维运动的特征完全由能量 $E$(常量)决定. 例如一维弹簧振子的运动满足能量守恒定律:

$$\frac{1}{2}m\dot{x}^2 + \frac{1}{2}kx^2 = E$$

虽然能量 $E$ 只能决定速度的大小,不能确定速度的方向,但因为运动发生在一直线上,在开始时刻,运动的方向(即所沿的直线)就完全确定了. 但二维运动则不同,其速度的方向是可变的,$v = v_r e_r + v_\theta e_\theta$,速度的两个分量都随时间而变. 这时,机械能不仅分配在动能和势能之间,而且还在径向运动和横向运动之间调配. 所以,有心力作用下的二维运动由 $E=$ 常量和 $L=$ 常量两个条件共同决定. 这也就是说,在有心力作用下的质点运动,一方面,$r$、$v_r$、$v_\theta$ 应满足机械能守恒定律,另一方面,它们还得保证角动量守恒,即质点的运动由(5.5-4)式和(5.5-5)式共同决定. 这两个方程是关于 $r$、$\theta$ 及它们的时间导数的联系方程,在一定的初始条件下,当 $V(r)$ 为已知时,从原则上讲,通过求解这两个方程,总可以求得 $r(t)$ 和 $\theta(t)$. 由 $r(t)$、$\theta(t)$ 消去 $t$,就是轨道方程. 因而质点的运动轨道完全由 $V(r)$ 的具体形式及初始条件确定.

在有心力作用下的质点轨道,分为有限与无限两类. 所谓无限,是指轨道的径矢可以趋于无限大. 而有限的轨道又可分为闭合和不闭合两大类. 可以证明,只有当作用力为引力,且作用力的大小与质点至力心距离 $r$ 的关系为 $kr$ 或 $\frac{C}{r^2}$ $\left[$对应的 $V(r) \propto \frac{1}{2}kr^2$ 或 $-\frac{C}{r}\right]$ 时,轨道才可能是闭合的. 质点轨道与 $V(r)$ 及总能

量 $E$ 的关系如表 5.5-1 所示.

表 5.5-1

| 势能 \ 轨道 \ 能量 力 | | $E>0$ | $E=0$ | $E_{min}<E<0$ | $E=E_{min}$ |
|---|---|---|---|---|---|
| $V(r) \sim r^2$ | $F \sim -kr$ | 椭圆 | — | — | — |
| $V(r) \sim \dfrac{-1}{r}$ | $F \sim \dfrac{-1}{r^2}$ | 双曲线 | 抛物线 | 椭圆 | 圆 |
| $V(r) \sim \dfrac{1}{r}$ | $F \sim \dfrac{1}{r^2}$ | 双曲线 | — | — | — |

### 3. 有效势能与轨道特征

我们不准备在这里详细介绍在有心力作用下质点运动轨道方程的推导过程,仅就引力场情况对轨道特征作些定性讨论.

设在有心力作用下质点的角动量为 $L$,总能量为 $E$,将由 (5.5-4) 式得到的 $\dot{\theta}$ 代入 (5.5-5) 式,得

$$\frac{1}{2}m\,\dot{r}^2+\frac{L^2}{2mr^2}+V(r)=E \tag{5.5-6}$$

这便是径矢 $\boldsymbol{r}$ 的大小 $r$ 所满足的方程. 它与一动能为 $\frac{1}{2}m\left(\dfrac{\mathrm{d}r}{\mathrm{d}t}\right)^2$、势能为 $\dfrac{L^2}{2mr^2}+V(r)$ 的一维运动的质点的能量守恒方程相同. 我们用

$$V_{equ}(r)=\frac{L^2}{2mr^2}+V(r) \tag{5.5-7}$$

表示这等效的一维运动质点的势能,称为**有效势能**. 有效势能由两部分组成,$L^2/(2mr^2)(>0)$ 是一等效的斥力势能,对应于有一斥力 $L^2/(mr^3)$ 作用在质点上;$V(r)$ 则视有心力的具体形式决定,对于在力源 $m_0$ 的万有引力作用下的质点,其势能为

$$V(r)=-G\frac{m_0 m}{r}$$

这时有效势能为

$$V_{equ}=\frac{L^2}{2mr^2}-G\frac{m_0 m}{r} \tag{5.5-8}$$

图 5.5-2 画出了与 (5.5-8) 式对应的势能曲线,其中细实线为等效的斥力势能曲线,虚线为引力势能曲线,粗实线为有效势能曲线,它由斥力势能和引力势能两曲线叠加而成.

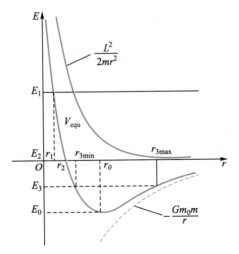

图 5.5-2　万有引力场中的有效势能曲线

　　利用有效势能曲线可以讨论质点运动径矢大小 $r$ 的变化范围,此范围取决于质点的总能量 $E$.

　　(1) 若 $E = E_1 > 0$,由有效势能曲线图可知,$r$ 有最小值 $r_1$,但最大值无限制,即 $r_1 \leqslant r < \infty$. 由于实际质点 $m$ 在运动过程中除 $r$ 随时间变化外,$\theta$ 亦随时间变化,若初始时质点位于 $\theta = \theta_0$,$r = \infty$ 处,则随着 $m$ 接近 $m_0$,$\theta$ 由 $\theta_0$ 逐渐增大,其轨道如图 5.5-3 中的曲线 $C_1$ 所示. 质点在轨道上的不同位置对应不同的 $r$、$\theta$ 值,可用以 $m_0$ 所在处为原点的径矢 $r$ 表示. 当 $\theta = \pi$ 时,$r = r_1$,$m$ 离 $m_0$ 最近. 可以证明,此轨道为一双曲线.

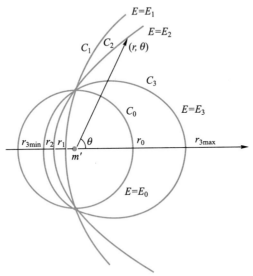

图 5.5-3　各种能量下的质点轨道

　　(2) 若 $E = 0$,由有效势能曲线图可知,$r$ 也有最小值,其值为 $r_2$,比 $r_1$ 略大. $r$ 的变化范围为 $r_2 \leqslant r < \infty$. 可以证明,对应的轨道是一抛物线,如图 5.5-3 中的曲线 $C_2$ 所示.

（3）若 $E = E_3 < 0$，由有效势能曲线可知 $r$ 是有界的，即

$$r_{3\min} \leqslant r \leqslant r_{3\max}$$

对应的轨道为椭圆，力心为椭圆的一个焦点.

（4）若 $E = E_0 = V_{\text{equ极小}}$，则 $r = r_0$，即质点 $m$ 到力心 $m_0$ 的距离恒定不变，对应的轨道为圆.

关于有效势能与质点运动轨道特性的关系还可作进一步的定量讨论. 为简单起见，我们仍讨论质点在万有引力场中的运动. 质点径向运动的范围由总能量决定，$r$ 的极值则由 $\dot{r} = 0$ 决定. 将 $\dot{r} = 0$，$V(r) = -Gm_0m/r = -C/r$（其中 $C = Gm_0m$）代入（5.5-6）式，得

$$\frac{L^2}{2mr^2} - \frac{C}{r} = E \tag{5.5-9}$$

上式两边乘以 $r^2/E$，即得决定 $r$ 范围的二次方程：

$$r^2 + \frac{C}{E}r - \frac{L^2}{2mE} = 0 \tag{5.5-10}$$

a. 当 $E = E_1 > 0$，此时（5.5-10）式只有一个正根，此根即 $r_1$：

$$r_1 = -\frac{C}{2E} + \sqrt{\left(\frac{C}{2E}\right)^2 + \frac{L^2}{2mE}} \tag{5.5-11}$$

b. 当 $E = E_2 = 0$，由（5.5-9）式，此时 $r$ 也只有一个根，此根即 $r_2$：

$$r_2 = \frac{L^2}{2Cm} \tag{5.5-12}$$

c. 当 $E_0 < E = E_3 < 0$，此时（5.5-10）式有二个根，分别对应于 $r_{3\max}$ 和 $r_{3\min}$：

$$r_{3\max} = -\frac{C}{2E} + \sqrt{\left(\frac{C}{2E}\right)^2 + \frac{L^2}{2mE}}$$

$$r_{3\min} = -\frac{C}{2E} - \sqrt{\left(\frac{C}{2E}\right)^2 + \frac{L^2}{2mE}} \tag{5.5-13}$$

为保证根号内为正，其中 $E$ 小于零但又大于一定值 $E_0$. $r_{3\max}$ 和 $r_{3\min}$ 之和的一半即为椭圆轨道的半长轴 $a$（图 5.5-4）. 而由韦达定理，得

$$a = \frac{1}{2}(r_{3\max} + r_{3\min}) = -\frac{C}{2E} \tag{5.5-14}$$

可见，椭圆的半长轴只与能量有关，与角动量无关，能量越大，即 $|E|$ 越小，则半长轴 $a$ 越大. 根据椭圆性质及韦达定理（图 5.5-4），椭圆的半短轴为

$$b = \sqrt{\left(\frac{r_{3\max} + r_{3\min}}{2}\right)^2 - \left(\frac{r_{3\max} - r_{3\min}}{2}\right)^2} \tag{5.5-15}$$

$$= \sqrt{r_{3\max} \cdot r_{3\min}} = \sqrt{\frac{-L^2}{2mE}} = \frac{L}{\sqrt{-2mE}}$$

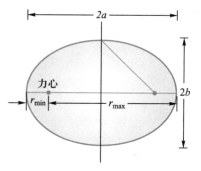

图 5.5-4 椭圆长、短轴与 $r_{\max}$、$r_{\min}$ 的关系

与能量和角动量都有关. 在能量一定的情况下,椭圆的半长轴一定,但半短轴则由角动量决定. 角动量越小,对应的半短轴越小,椭圆越扁;角动量越大,椭圆则越胖. 其中角动量最大的对应于圆(图5.5-5).

　　d. 当 $E=E_0=V_{equ极小}$,此时(5.5-10)式也只有一个根,此根 $r_0$(即圆的半径)可由条件

$$\left(\frac{C}{2E}\right)^2+\frac{L^2}{2mE}=0 \tag{5.5-16}$$

求得,即

$$r_0=-\frac{C}{2E} \tag{5.5-17}$$

但由(5.5-16)式,$E=E_0=-mC^2/(2L^2)$,代入(5.5-17)式,$r_0$ 又可写成

$$r_0=\frac{L^2}{Cm} \tag{5.5-17a}$$

　　对于其他形式的势能,可用有效势能作类似的讨论. 例如,当 $V(r)=-\dfrac{C}{r^n},n>2$ 时,有效势能曲线如图5.5-6所示.

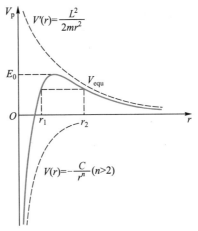

图5.5-5　能量一定,角动量
越小,椭圆越扁

图5.5-6　当引力势能中的 $n>2$
时的有效势能曲线

4. 例题

　　**例**　从地球表面,沿着与铅垂线成 $\alpha=60°$ 角的方向发射一抛体,初速率 $v_0=\sqrt{Gm_e/R_e}$,忽略空气阻力和地球的自转影响,问抛体能上升多高? (图5.5-7).

　　**解**:抛体的初速相当大,在抛体运动过程中地球的引力不能看成恒力. 取抛体在无穷远处的势能为零,则抛体发射时的机械能为

$$E=\frac{1}{2}mv_0^2-G\frac{m_e m}{R_e}=-\frac{1}{2}m\frac{Gm_e}{R_e}$$

图5.5-7

相对地球中心的角动量为

$$L=mv_0R_e\sin 60°=\frac{m}{2}\sqrt{3Gm_eR_e}$$

抛体在地球的引力场中运动,机械能和角动量均守恒,即

$$mr^2\dot\theta=L=\frac{m}{2}\sqrt{3Gm_eR_e} \tag{1}$$

$$\frac{1}{2}m\dot r^2+\frac{1}{2}mr^2\dot\theta^2-G\frac{m_em}{r}=E=-\frac{1}{2}m\frac{Gm_e}{R_e} \tag{2}$$

由(1)式得

$$\dot\theta=\frac{1}{2r^2}\sqrt{3Gm_eR_e}$$

代入(2)式得

$$\frac{1}{2}m\dot r^2+\frac{1}{2}mr^2\cdot\frac{1}{4r^4}3Gm_eR_e-G\frac{m_em}{r}$$

$$=-\frac{1}{2}m\frac{Gm_e}{R_e}$$

即

$$\frac{1}{2}m\dot r^2+\frac{3Gm_eR_em}{8r^2}-G\frac{m_em}{r}=-\frac{1}{2}m\frac{Gm_e}{R_e} \tag{3}$$

当抛体上升到最高时,$\dot r=0$,代入(3)式,并整理,即得 $r$ 的二次方程:

$$4Gm_er^2-8Gm_eR_er+3Gm_eR_e^2=0 \tag{4}$$

解得

$$r_1=\frac{3}{2}R_e,\ r_2=\frac{1}{2}R_e(舍去)$$

故上升高度为

$$h=r_1-R=\frac{1}{2}R_e$$

## §5.6 开普勒定律和万有引力定律

### 1. 行星运动的开普勒定律

文档:第谷
简介

文档:开普
勒简介

在太阳系中,所有行星的质量都比太阳的质量小得多,以质量最大的木星为例,它的质量约为地球的 318 倍,但也只有太阳的 $9.5\times10^{-4}$ 倍,不到太阳质量的千分之一,因而行星在太阳的引力场中的运动可近似看成在以太阳为力心的有心力场中的运动,其中的势能为行星与太阳的引力势能. 根据上面的讨论,当行星总能量小于零时(这正是行星的情况),其轨道为椭圆. 描述行星运动规律的开普勒定律证明了这一点. 下面对开普勒定律作一介绍和说明.

开普勒(J.Kepler,1571—1630)在他的老师第谷(Tycho Brahe,1546—1601)对太阳系行星轨道长期观察所积累的丰富资料的基础上,用了近二十年时间,总结出了行星运动所遵循的三条定律(图 5.6-1):

(1)**轨道定律** 每个行星都各在以太阳为焦点的一个椭圆轨道上运动;

(2)**面积定律** 由太阳到行星的径矢,在相等的时间内扫过相等的面积;

（3）**周期定律** 行星绕太阳运动的椭圆轨道半长轴 $a$ 的立方与周期 $T$ 的平方之比为常量，即

$$\frac{a^3}{T^2} = K \qquad (5.6\text{-}1)$$

其中常量 $K$（称为开普勒常量）对所有行星均相同，仅与太阳性质有关（严格地说，$K$ 因行星不同而略有差异，见下文）.

图 5.6-1 行星在以太阳为焦点的椭圆轨道上运动，径矢的面积速度不变

📖 阅读材料：开普勒行星运动定律的提出

其中第一定律可以通过求出轨道方程直接证明，已如上述；第二定律则是角动量守恒的直接结果；第三定律也可以由轨道方程和角动量定理得到证明. 对大多数行星来说，运动轨道近似为圆（图 5.6-2），在这种情况下，第三定律很容易证明（见本节例 1）.

图 5.6-2 太阳系行星轨道大都近似为圆

### 2. 万有引力定律

万有引力定律定量描述了两个质点之间引力的大小和方向，其表现为两质点存在相互吸引力，方向沿两质点的连线方向，大小为

$$F = G\frac{m_1 m_2}{r_{12}^2} \qquad (5.6\text{-}2)$$

其中，$G$ 为引力常量，$m_1$，$m_2$ 分别为两质点的质量，$r_{12}$ 位两质点之间的距离.

📖 阅读材料：万有引力定律的建立

**（1）引力的叠加原理**

某个质点受 $N$ 个质点的引力等于 $N$ 个质点中的每一个质点单独存在时受到的引力的矢量和.

**（2）两个壳层定理**

描述均质球壳 $m_2$ 与质点 $m_1$ 之间的引力. 设均质球壳的半径为 $R$，该球壳为数学上的几何面，没有厚度. 并取球壳的球心为坐标原点，如图 5.6-3 所示.

显然，$m_1$ 受到 $m_2$ 的引力大小具有球对称性，即与 $m_1$ 到原点的距离有关.

壳层定理 1：当 $r>R$ 时，引力 $F$ 的大小为 $G\dfrac{m_1 m_2}{r^2}$，相当于 $m_2$ 位于原点的质点与 $m_1$ 的引力大小. 即，均质壳层对其外部物体的引力可看作其质量集中到球心的质点对外部物体的引力.

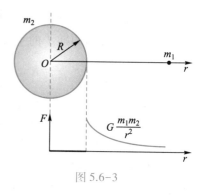

图 5.6-3

壳层定理 2：当 $r<R$ 时，引力 $F$ 为零. 即，均质壳层对其内部物体的引力为零.

这两个定理均可以将球壳无限分割，分割后利用质点之间的万有引力定律加上引力叠加原理求证. 但是，这里我们并不希望大家去求证这两个定理，只希望大家记住这两个定理，并能应用这两条定理去解决关于物体之间的引力问题. 例如计算均质球与质点之间的引力大小、均质球与均质球之间的引力等. 这类问题处理时，引力叠加原理常常用到.

$r=R$ 处的引力为多大，其答案为 $\dfrac{1}{2}G\dfrac{m_1 m_2}{R^2}$，这一点暂且知道就可以了，等学到静电学时很容易理解的.

### 3. 引力势能

$N$ 个质点固定分布在空间中就确定了 $N$ 个质点的一种构形或位形，其引力势能或引力相互作用能等于从某个参考构形搬动每个质点到这种构形各质点所在位置外力所做的功或引力做功的负值. 这个参考构形对应于 $N$ 个质点分布在无穷远处且相互间隔也无穷远.

既然是势能，应与搬动每个质点过程无关. 不妨我们考虑下面这个搬动质点的过程. 先将 $m_1$ 质点从无穷远处搬到现在 $m_1$ 所在的空间位置，其过程中外力不做功. 然后将 $m_2$ 从无穷远处搬到现在 $m_2$ 所在位置时，$m_2$ 只受到 $m_1$ 的引力作用，外力做功等于 $-G\dfrac{m_1 m_2}{r_{12}}$［即引力（保守力）做功的负值］. 其中 $r_{12}$ 为质点 $m_1$ 和 $m_2$ 的距离，这也是 $m_1$、$m_2$ 两质点之间的引力势能. 接着把 $m_3$ 从无穷远处移到现在 $m_3$ 所在的空间位置，过程中，$m_3$ 受到 $m_1$ 和 $m_2$ 的引力，根据合力做功等于各分力做功之和，则外力做功为 $-G\dfrac{m_1 m_3}{r_{13}}-G\dfrac{m_2 m_3}{r_{23}}$（引力做功的负值）. 当搬质点 $m_4$ 时，$m_4$ 收到 $m_1$、$m_2$、$m_3$ 三个质点的引力，于是外力的做功则为 $-G\dfrac{m_1 m_4}{r_{14}}-G\dfrac{m_2 m_4}{r_{24}}-G\dfrac{m_3 m_4}{r_{34}}$. 如此下去，把 $N$ 个质点从参考系构形搬到现在的构形时，外力做功为

$$W=\sum_{i=1}^{N}\sum_{j>i}^{N}-G\frac{m_i m_j}{r_{ij}}$$

这就是 $N$ 个质点的引力势能 $U$，即

$$U = \sum_{i=1}^{N} \sum_{j>i}^{N} -G \frac{m_i m_j}{r_{ij}}$$

$$= \sum_{\substack{i=1 \\ j\neq i}}^{N} -\frac{1}{2} G \frac{m_i m_j}{r_{ij}} \qquad (5.6\text{-}3)$$

根据上述分析,容易得到均质球壳物体与质点之间的引力势能. 设均质球壳的质量为 $m_1$,半径为 $R$,球心位于坐标原点,质点 $m_2$ 距离原点 $r$ 处,两者的引力势能为

$$U = \begin{cases} -G \dfrac{m_1 m_2}{r} & (r \geq R) \\[3mm] -G \dfrac{m_1 m_2}{R} & (r < R) \end{cases}$$

### 4. 由开普勒定律导出万有引力定律

以上我们说明可用万有引力定律和牛顿运动定律证明开普勒定律的正确性. 其实我们也可以利用开普勒定律和牛顿运动定律来导出万有引力定律.

根据开普勒第二定律,行星必受以太阳为力心的有心力作用. 为求出此力 $F$ 和行星与太阳距离 $r$ 的关系,我们可利用功能原理. 由功能原理,行星动能的增量等于有心力所做的功,即

$$F \mathrm{d}r = \mathrm{d}E_k$$

所以

$$F = \frac{\mathrm{d}E_k}{\mathrm{d}r} \qquad (5.6\text{-}4)$$

而在以太阳为极点的极坐标系中,行星动能可以表示为

$$E_k = \frac{1}{2} m (\dot{r}^2 + r^2 \dot{\theta}^2) \qquad (5.6\text{-}5)$$

式中 $m$ 为行星的质量. 由开普勒第一定律,行星在以太阳为焦点的椭圆轨道上运动. 此轨道用极坐标表示为

$$r = \frac{r_0}{1 - e\cos\theta} \qquad (5.6\text{-}6)$$

式中 $r_0$ 为焦点参量,$e$ 为偏心率. 用椭圆半长、短轴 $a$、$b$ 表示,$r_0 = \dfrac{b^2}{a}$,$e = \sqrt{1 - \dfrac{b^2}{a^2}}$. 将 (5.6-6)式对时间求导:

$$\dot{r} = \frac{-r_0 e\sin\theta}{(1 - e\cos\theta)^2} \dot{\theta} = -\frac{r^2}{r_0} e\sin\theta \cdot \dot{\theta}$$

但由开普勒第二定律可知

$$r^2 \dot{\theta} = 2\dot{S} = C (\text{常量})$$

其中 $\dot{S}$ 为面积速度. 由此得

$$\dot{\theta} = \frac{C}{r^2}$$

代入 $\dot{r}$ 的表示式,得

$$\dot{r} = -\frac{Ce\sin\theta}{r_0}$$

将 $\dot{\theta}$ 和 $\dot{r}$ 代入 $E_k$ 的表示式,得

$$E_k = \frac{1}{2}m\left(\frac{C^2e^2\sin^2\theta}{r_0^2} + \frac{C^2}{r^2}\right)$$

于是有

$$
\begin{aligned}
F &= \frac{\mathrm{d}E_k}{\mathrm{d}r} = \frac{\mathrm{d}E_k}{\mathrm{d}t}\Big/\frac{\mathrm{d}r}{\mathrm{d}t} = \frac{1}{\dot{r}}\frac{\mathrm{d}E_k}{\mathrm{d}t}\\
&= \frac{m}{2\dot{r}}\left[\frac{C^2e^2}{r_0^2}2\sin\theta\cos\theta\cdot\dot{\theta} - \frac{2C^2}{r^3}\dot{r}\right]\\
&= m\left[\frac{C^2e^2\sin\theta\cos\theta\cdot\dot{\theta}}{r_0^2}\left(\frac{-r_0}{r^2e\sin\theta\cdot\dot{\theta}}\right) - \frac{C^2}{r^3}\right]\\
&= \frac{-mC^2}{r^2}\left(\frac{e\cos\theta}{r_0} + \frac{1}{r}\right)\\
&= -\frac{mC^2}{r_0r^2}
\end{aligned}
\tag{5.6-7}
$$

上式说明此力为引力(前有负号),且跟行星与太阳的距离 $r$ 的平方成反比. 为进一步说明此力与太阳性质的关系,可以再利用开普勒第三定律. 对半长轴、短轴为 $a$、$b$ 的椭圆,面积为 $\pi ab$,故行星的周期为

$$T = \frac{\pi ab}{\dot{S}} = \frac{2\pi ab}{C}$$

即

$$C = \frac{2\pi ab}{T}$$

将此式及 $r_0 = \dfrac{b^2}{a}$ 代入 $F$ 表示式,得

$$F = -\frac{mC^2}{r_0}\frac{1}{r^2} = -\frac{m\cdot4\pi^2a^2b^2}{T^2b^2/a}\frac{1}{r^2} = -m4\pi^2\frac{a^3}{T^2}\frac{1}{r^2} \tag{5.6-8}$$

由开普勒第三定律,$\dfrac{a^3}{T^2} = K$ 为与行星无关的太阳系普适常量,它只能与太阳的性质(质量 $m_s$)有关. 于是有

$$F = -G\frac{m_s m}{r^2} \tag{5.6-9}$$

式中

$$G = \frac{4\pi^2}{m_s}K \tag{5.6-10}$$

即为引力常量.

历史上,其实正是先有开普勒定律(开普勒第一、第二定律发表于 1609 年,第三定律发表于 1618 年),后有万有引力定律,牛顿正是在开普勒定律的基础上导出万有引力定律的.尽管牛顿所用的推导方法与我们上面的方法并不相同,但本质上是一致的.牛顿万有引力定律的发现,把天体所服从的规律与地上物体所服从的规律统一起来,对物理学、天文学的贡献是非常巨大的,在人类对自然的认识史上,也具有十分重大的意义.

### 5. 例题

**例** 质量为 $m_2$,半径为 $R$ 的均质球,球心在坐标原点处,如图 5.6-4 所示.在 $x=-\dfrac{R}{2}$ 处挖去半径为 $R/2$ 的球体,求在 $x$ 轴正方向上距离原点 $r(r>R)$ 处质点 $m_1$ 所受剩余物体的引力大小.

图 5.6-4

**解:**由壳层定理 1 可知,如果不挖走半径为 $R/2$ 的球体的话,即把挖走的球体填上的话,$m_1$ 所受的引力大小应为

$$G\frac{m_1 m_2}{r^2}$$

这是因为我们可以把 $m_2$ 分成无限多个壳层,第 $i$ 个壳层的质量为 $\Delta m_{2i}$,$m_1$ 受第 $i$ 个壳层的引力大小.相当于第 $i$ 个壳层质量集中于原点的质点与质点 $m_1$ 之间的引力大小.即为

$$G\frac{\Delta m_{2i} m_1}{r^2}$$

根据引力叠加原理,$m_1$ 受到整个球体的引力为每个壳层对 $m_1$ 引力的叠加.于是总引力大小应为

$$F_1 = \sum_{i=1}^{\infty} G\frac{\Delta m_{2i} m_1}{r^2} = G\frac{m_1}{r^2}\left(\sum_{i=1}^{\infty} \Delta m_{2i}\right) = G\frac{m_1 m_2}{r^2}$$

求 $m_1$ 受挖走半径为 $R/2$ 球体剩余物体的引力时,根据叠加原理,可以先求出 $F_1$,即把挖走的球体补上后,$m_1$ 所受的引力.然后减去 $m_1$ 所受补上球体的引力.由以上分析,此值可直接写出,为

$$F_2 = G\frac{m_1 \dfrac{m_2}{8}}{\left(r+\dfrac{R}{2}\right)^2}$$

于是 $m_1$ 所受剩余物体的引力大小为

$$F = F_1 - F_2 = G\frac{m_1 m_2}{r^2} - G\frac{m_1 m_2}{8\left(r+\dfrac{R}{2}\right)^2} = G\frac{m_1 m_2 (7r^2 + 8rR + 2R^2)}{8r^2\left(r+\dfrac{R}{2}\right)^2}$$

由此可见,解题过程中反复使用壳层定理和叠加原理.类似地,也可以计算 $m_2$ 在全空间处所受剩余物体的引力.

## §5.7 两体问题和约化质量

### 1. 两体问题和约化质量

所谓两体问题指的是质点彼此相互作用,但不受其他力的作用. 对于这样的两体问题,可以看作质心的运动和两质点相对运动. 质心的运动很简单,为静止或作匀速直线运动. 这一结论很容易从质心运动定律得出,因为该质点系不受外力. 两质点的相对运动可以等效于一质量为约化质量的质点在相同作用力下的运动. 可以证明相对运动图像下计算的角动量和动能等于两质点在质心系中相对于质心的角动量和动能. 下面结合行星系详细阐述两体问题及其相关结论.

对于行星系,由于太阳质量 $m_s$ 比行星质量 $m_p$ 大得多,可将太阳看作固定力心,行星的运动就是有固定力心的运动. 但如果两个星体的质量可以比拟,则相对惯性系,任何一个星体都不能看成固定力心. 其实即使在行星运动中,由于太阳质量并非无限大,把太阳看作固定力心也有一定的近似性. 但我们可以证明,对于质量可以比拟的孤立两体问题,总可以把其中一个物体看作固定力心,只要另一物体的质量用折合质量

$$\mu = \frac{m_1 m_2}{m_1 + m_2} \tag{5.7-1}$$

代替,式中 $m_1$ 和 $m_2$ 分别为两个物体的质量. 这就是说,无固定力心的两体问题等效于一质量为 $\mu$ 的质点在有固定力心的有心力作用下的运动.

设质量分别为 $m_1$ 和 $m_2$ 的两个质点相距 $r$,相互作用力为距离 $r$ 的函数,以 $f(r)$ 表示,方向沿两质点的连线,在相互作用力的作用下运动. 以惯性系中的固定点 $O$ 为原点,它们的运动学方程分别为

$$m_1 \ddot{\boldsymbol{r}}_1 = f(r) \boldsymbol{e}_r \tag{5.7-2}$$

$$m_2 \ddot{\boldsymbol{r}}_2 = -f(r) \boldsymbol{e}_r \tag{5.7-3}$$

式中 $\boldsymbol{e}_r$ 是从 $m_2$ 指向 $m_1$ 的矢量

$$\boldsymbol{r} = \boldsymbol{r}_1 - \boldsymbol{r}_2 \tag{5.7-4}$$

方向的单位矢量(图 5.7-1).

对于这个孤立系统,研究其运动的方便方法是研究质心的运动和它们的相对运动. 孤立体系的质心加速度为零,即质心作匀速直线运动.

为了求得相对运动,将(5.7-2)式、(5.7-3)式两边各除以 $m_1$、$m_2$ 然后相减,得

$$\ddot{\boldsymbol{r}}_1 - \ddot{\boldsymbol{r}}_2 = f(r) \boldsymbol{e}_r \left( \frac{1}{m_1} + \frac{1}{m_2} \right)$$

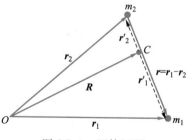

图 5.7-1 两体问题

$$= \frac{m_1+m_2}{m_1 m_2} f(r) \boldsymbol{e}_r$$

由(5.7-1)式,用 $\mu$ 表示 $\frac{m_1 m_2}{m_1+m_2}$,上式变为

$$\mu \ddot{\boldsymbol{r}} = f(r) \boldsymbol{e}_r \tag{5.7-5}$$

这个方程与(5.5-3)式完全相仿,只是由 $\mu$ 代替了 $m$. 这样,尽管 $m_2$ 本身并非固定,$m_1$ 相对 $m_2$ 的运动却与一个质量为 $\mu$ 的质点相对于固定质点 $m_2$ 的运动相同. $m_2$ 相对 $m_1$ 的运动也是如此. $\mu$ 称为**折合质量**,或**约化质量**.

现以两个质量相等的质点为例来说明上述观点. 设两质点质量都是 $m$,相距 $r$,它们之间的作用力为 $f(r)$. 设两质点均绕质心 $C$ 作圆周运动,则圆周运动的角速度满足

$$m\omega^2 \cdot \frac{r}{2} = f(r)$$

此即

$$\frac{m}{2} \omega^2 r = f(r)$$

而后一式正好是质量为 $\mu = \frac{m \cdot m}{m+m} = \frac{m}{2}$ 的质点绕另一质点作半径为 $r$ 的圆周运动的方程(图5.7-2).

知道了 $\boldsymbol{r}(t)$ 和质心的位矢 $\boldsymbol{R}(t)$,立刻可以求出 $\boldsymbol{r}_1(t)$ 和 $\boldsymbol{r}_2(t)$. 由

$$\boldsymbol{R} = \frac{m_1 \boldsymbol{r}_1 + m_2 \boldsymbol{r}_2}{m_1+m_2}$$

和(5.7-4)式可以解出 $\boldsymbol{r}_1$ 和 $\boldsymbol{r}_2$:

$$\boldsymbol{r}_1 = \boldsymbol{R} + \frac{m_2}{m_1+m_2} \boldsymbol{r} \tag{5.7-6}$$

$$\boldsymbol{r}_2 = \boldsymbol{R} - \frac{m_1}{m_1+m_2} \boldsymbol{r} \tag{5.7-7}$$

当用折合质量的质点运动来代替二体问题中实际质点的相对运动时,相应的角动量和能量也应用折合质量来表示,即

$$\boldsymbol{L}_\mu = \mu \boldsymbol{r} \times \dot{\boldsymbol{r}} \tag{5.7-8}$$

$$E_\mu = \frac{1}{2} \mu |\dot{\boldsymbol{r}}|^2 + V(r) \tag{5.7-9}$$

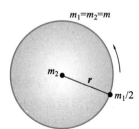

图5.7-2　$m_1$ 相对 $m_2$ 的运动犹如 $m_1/2$ 相对固定质点 $m_2$ 的运动

其中势能 $V(r)$ 的形式保持不变. 其实,$\boldsymbol{L}_\mu$ 和 $E_\mu$ 分别为 $m_1$、$m_2$ 相对质心的角动量 $\boldsymbol{L}'$ 和能量 $E'$. 这可以证明如下. 在质心坐标系中,$m_1$、$m_2$ 的位矢设为 $\boldsymbol{r}_1'$ 和 $\boldsymbol{r}_2'$(图5.7-1),由(5.7-6)式、(5.7-7)式,得

$$r'_1 = r_1 - R = \frac{m_2}{m_1 + m_2} r$$

$$r'_2 = r_2 - R = -\frac{m_1}{m_1 + m_2} r$$

故 $r'_1 - r'_2 = r_1 - r_2 = r$，而

$$\dot{r}'_1 = \frac{m_2}{m_1 + m_2} \dot{r}$$

$$\dot{r}'_2 = -\frac{m_1}{m_1 + m_2} \dot{r}$$

代入(5.7-8)式和(5.7-9)式，得

$$L_\mu = \frac{m_1 m_2}{m_1 + m_2} r \times (\dot{r}'_1 - \dot{r}'_2)$$

$$= m_1 r'_1 \times \dot{r}'_1 + m_2 r'_2 \times \dot{r}'_2$$

$$E_\mu = \frac{1}{2} \mu |\dot{r}|^2 + V(r) = \frac{1}{2} \mu \dot{r} \cdot \dot{r} + V(r)$$

$$= \frac{1}{2} \mu \dot{r} \cdot (\dot{r}'_1 - \dot{r}'_2) + V(r)$$

$$= \frac{1}{2} \frac{m_1 m_2}{m_1 + m_2} \dot{r} \cdot (\dot{r}'_1 - \dot{r}'_2) + V(r)$$

$$= \frac{1}{2} m_1 \dot{r}'_1 \cdot \dot{r}'_1 + \frac{1}{2} m_2 \dot{r}'_2 \cdot \dot{r}'_2 + V(r)$$

$$= \frac{1}{2} m_1 |\dot{r}'_1|^2 + \frac{1}{2} m_2 |\dot{r}'_2|^2 + V(r)$$

如果将行星与太阳作为两体问题来处理，那么，在与太阳相对静止的参考系中，描写行星运动的开普勒第一、第二定律保持不变，但是第三定律需略作修正.

## 2. 例题

**例** （1）将行星轨道视为以太阳为中心的圆，并设行星质量 $m$ 比太阳质量 $m_s$ 小得多，由此导出开普勒第三定律.（2）设行星轨道仍可视为以太阳为中心的圆，但行星质量并不比太阳质量小得多，即 $m \ll m_s$ 并不满足，由此讨论开普勒第三定律的正确性，并以木星为例作定量说明.

**解：**（1）如果行星质量与太阳质量相比可以忽略，太阳就静止在惯性系中. 设行星质量为 $m$，太阳质量为 $m_s$，行星的轨道半径为 $r$，速率为 $v$，则由牛顿运动定律和万有引力定律，有

$$G \frac{m_s m}{r^2} = m \frac{v^2}{r} \tag{1}$$

设行星运行的周期为 $T$，由 $T = \frac{2\pi r}{v}$ 和(1)式得

$$T^2 = \frac{4\pi^2 r^2}{Gm_s/r} = \frac{4\pi^2}{Gm_s}r^3$$

$$\frac{r^3}{T^2} = \frac{Gm_s}{4\pi^2} = K \tag{2}$$

(2) 式即是开普勒第三定律,其中 $K$ 为仅与太阳质量有关的常量(即开普勒常量),对所有行星相同.

(2) 当行星质量并不比太阳质量小得多时,根据对两体问题的讨论,只要用折合质量代替行星的实际质量,行星相对太阳的运动规律不变. 在(1)式右边以折合质量

$$\mu = \frac{mm_s}{m+m_s}$$

代替 $m$,则

$$T^2 = \frac{4\pi^2 r^2}{Gm_s m/\mu r} = \frac{4\pi^2}{Gm_s}\frac{m_s}{m+m_s}r^3 \tag{3}$$

$$= \frac{4\pi^2}{G(m_s+m)}r^3$$

可见,$K = \dfrac{r^3}{T^2} = \dfrac{G(m_s+m)}{4\pi^2}$ 对不同行星并非同一常量,而与行星质量有关. 由此可见,开普勒第三定律是近似正确的. 但由于 $m$ 比 $m_s$ 小很多,这一差异并不大. 以最大的行星——木星为例,因 $\dfrac{m_{木}}{m_s} \approx 9.5\times10^{-4}$,相对差异为

$$\frac{[r^3/T^2]_{精确值}}{[r^3/T^2]_{近似值}} = \frac{G(m_s+m)/4\pi^2}{Gm_s/4\pi^2}$$

$$= \frac{m_s+m}{m_s} = 1+\frac{m}{m_s} = 1+9.5\times10^{-4}$$

对其他行星,差异则更小.

## §5.8 守恒定律与对称性

现在我们已经有了三条守恒定律:动量守恒定律、机械能守恒定律和角动量守恒定律. 从微观角度看无所谓耗散力,故机械能守恒定律可更一般地表述为能量守恒定律. 在以后的课程中,我们还将遇到其他的守恒定律,如电荷守恒定律等. 守恒定律常被看成最基本的自然规律,它们以坚实的可靠性和广泛的普遍性,为我们认识复杂的客观世界提供了有力的工具.

德国数学家诺特(E.Noether,1882—1935)在 1918 年创建了一条定理——诺特定理,将守恒定律与自然界的对称性联系起来,认为每一条守恒定律都与某一种对称性相联系,每一种对称性也都对应着一条守恒定律. 所谓**对称性**,就是指事物经某种变动或操作后能完全复原的性质. 例如立方岩盐晶体绕中心轴转动 90° 后与自身完全重合,我们就说该晶体具有 90° 转动对称性. 既然守恒定律与自然界的某种对称性相联系,其基本性和普遍性也就不言而喻了. 例如上述三条守恒定律就分别与空间平移对称性(空间性质对平移操作保持不变)、时间平移对称性(事物性质对

时间的依赖关系不因时间计量的平移而改变)和空间转动对称性(空间性质对转动操作保持不变)相联系. 下面就此作些说明.

首先看动量守恒定律与空间平移对称性(即空间均匀性)的联系. 考虑一对粒子所组成的体系,设它们的相互作用势能为 $V$. 将这对粒子一起平移一小位移 $\Delta r$,由于空间平移对称性,它们的相互作用势能应保持不变(即相互作用势能仅与两粒子的相对位置有关). 设在此过程中粒子 1 和粒子 2 所受的力各为 $F_{12}$ 和 $F_{21}$(图 5.8-1),则应有

$$\Delta V = \Delta V_1 + \Delta V_2 = 0$$

即 $\qquad -F_{12} \cdot \Delta r - F_{21} \cdot \Delta r = -(F_{12}+F_{21}) \cdot \Delta r = 0$

但 $\Delta r$ 是任意的,故有

$$F_{12}+F_{21}=0$$

图 5.8-1 空间平移
对称性

这与牛顿第三定律一致. 由此即可导出动量守恒定律.

其次看能量守恒定律与时间平移对称性(即时间均匀性)的联系. 如果两粒子体系的互作用势能仅与两粒子的相对位置有关,而与时间无关,体系的总能量(动能与势能之和)自然守恒. 而如果两粒子体系的相互作用势能与时间有关,那么体系的总能量就将与时间有关,不再守恒. 我们可以利用这种现象制造出一种永动机. 例如在重力较弱时把水提升到高处的蓄水池中,在重力变强时把水从蓄水池中放出来. 提升水时所需能量较少,泄放水时释放的能量较多,这就成为一架能创造能量的永动机. 而这是与能量守恒定律相违背的. 时间平移对称性不允许这种情况发生.

最后,看角动量守恒定律与空间转动对称性(即空间各向同性)的联系. 仍考虑两粒子体系. 如图 5.8-2 所示,粒子 2 固定在 $B$ 点,粒子 1 从 $A$ 点沿着以 $B$ 为中心的圆弧移动到邻近的 $A'$ 点,体系互作用势能的增量为

$$\Delta V = -(F_{12})_t \Delta s$$

空间转动对称性要求两粒子体系的相互作用势能仅与它们的相对位置有关,而与两粒子连线在空间的取向无关. 因而应有 $\Delta V=0$,即 $F_{12t}=0$. 这就是说两粒子间的作用力沿两者的连线. 由此即可导出角动量守恒定律.

图 5.8-2 空间转动对称性

## 本章小结

本章讨论与质点和质点系的转动有关的问题. 力对转动的效应可用力矩来描写. 力矩最初是对轴而言的,将其推广至对点而言后,力矩成为一矢量,而且对轴的力矩成为对点的力矩的一个分量. 力矩对质点(或质点系)的冲量矩使质点(或质点系)的角动量发生变化,此即质点(或质点系)的角动量定理. 当力矩为零时,质点

（或质点系）的角动量守恒. 利用角动量定理和角动量守恒定律,可使与转动有关的力学问题的求解大大简化.

动量守恒定律、机械能守恒定律和角动量守恒定律是牛顿运动定律在质点系情况下的推广形式,它们大大拓宽了牛顿运动定律的适用范围. 事实上,它们是空间平移对称性、时间平移对称性和空间转动对称性的必然结果,因而是比牛顿运动定律更为基本的规律.

讨论了质点在有心力场中的运动,着重讨论了质点在引力场中的运动,并用有效势能分析了质点在引力场中运动轨道的基本特征. 介绍了行星运动所遵循的规律——开普勒定律、万有引力定律、引力势能,并由开普勒定律和牛顿运动定律导出了万有引力定律.

本章还介绍了两体问题和约化质量.

## 思考题

**5.1** 位矢、位移、速度、加速度、力、动量和角动量等矢量中,哪些矢量与参考系(指惯性参考系)的选择无关,哪些跟坐标原点的选取无关?

**5.2** 系于细绳一端的质点在水平面上运动,同时细绳逐渐缠绕在竖直圆柱上,使质点与圆柱中心的距离逐渐缩短,如思考题 5.2 图所示. 试问,在此过程中,质点对柱中心的角动量是否守恒? 动能是否守恒?

**5.3** 如果我国所有行人及车辆都从靠右走改为靠左走,这对地球的运动是否会有影响? 试分析之.

思考题 5.2 图

**5.4** 如果一个体系的动量守恒,它的角动量是否也一定守恒? 反过来,体系的角动量守恒,其动量是否一定守恒? 举例证明你的观点. 对机械能和角动量作相似的讨论.

**5.5** 试利用角动量和功、能概念说明荡秋千的原理.

**5.6** 试从角动量概念,重新分析猴子爬绳问题(第二章思考题 2.12 及第三章思考题 3.1).

**5.7** 何谓有心力? 何谓保守有心力? 试分别举出几个实例. 穿过小孔的绳子对于系在绳上的小球的拉力是有心力吗? 是保守有心力吗?

**5.8** 在有心力作用下物体的运动有哪些守恒量?

**5.9** 设人造卫星绕地球作圆周运动. 由于受到空气的轻微摩擦作用,人造地球卫星的速度和轨道半径将按下列何种方式改变? 说明理由:

(1) 速度减小,半径减小;

(2) 速度减小,半径增大;

(3) 速度增大,半径减小;

(4) 速度增大,半径增大.

**5.10** 何谓有效势能? 如何理解它的物理意义? 如何利用有效势能(曲线)求解径向运动问题?

**5.11** 设物体在有心力作用下运动,其势能可写成

$$V(r) = \frac{-A}{r^n} \quad (A>0)$$

的形式,若 $n<0$,物体可能作稳定的圆运动吗? 为什么?

若

$$V(r) = \frac{A}{r^n} \quad (A>0, n<0)$$

情况又如何?

**5.12** 导出开普勒第二定律和第三定律的依据,各是下列诸条件中的哪一条?

(1) 行星与太阳间的引力沿着两者的连线;

(2) 行星与太阳间的引力沿着两者的连线,大小与两者距离平方成反比,与两者质量的乘积成正比.

(3) 除(2)外,还要认为太阳质量比行星质量大得多.

**5.13** 试用有心力运动的观点解释落体偏东问题.

## 习题

**5-1** 若将地球绕太阳的公转看作是以太阳中心为圆心的圆周运动,试求地球相对太阳中心的角动量. 已知地球的质量 $m_e = 6.0 \times 10^{24}$ kg,轨道半径 $R = 1.49 \times 10^{11}$ m.

**5-2** 一颗卫星沿椭圆轨道绕地球运行. 在近地点,卫星与地球中心的距离为地球半径的 3 倍. 而在近地点,卫星的速度为在远地点时的 4 倍. 求在远地点时卫星与地球中心之间的距离为地球半径的多少倍.

**5-3** 由火箭将一颗人造地球卫星送入离地面很近的轨道,进入轨道时,卫星的速度方向平行于地面,其大小为在地面附近作圆运动的速度的 $\sqrt{1.5}$ 倍. 试求该卫星在运行中与地球中心的最远距离.

**5-4** 一质子从远处以速度 $v_0$ 射向一电荷量为 $Ze$ 的重核,其瞄准距离为 $b$,如题 5-4 图所示. 设质子的质量为 $m_p$,重核质量非常大,可认为静止不动. 求质子能接近重核的最近距离 $s$.

**5-5** 一宇宙飞船绕某一行星作半径为 $R_0$ 的圆轨道运动.

(1) 某一时刻,飞船若向轨道切线方向发射小型火箭,使飞船在原飞行方向获得一速度增量 $\Delta v_1$,以后便沿半长轴为 $\frac{4}{3} R_0$ 的椭圆轨道运动. 试求 $\Delta v_1$ 与原轨道速度 $v_0$ 的比值.

题 5-4 图

(2) 若沿轨道半径方向发射小型火箭,使飞船获得一径向的速度 $\Delta v_2$,以后同样沿半长轴为 $\frac{4}{3} R_0$ 的椭圆轨道运动. 求 $\Delta v_2$ 与 $v_0$ 的比值.

**5-6** 发射一宇宙飞船去考察一质量为 $m_0$、半径为 $R$ 的行星. 当飞船离行星中心 $5R$ 处相对行星

静止时,以相对行星的速度 $v_0$ 发射一包仪器,如题 5-6 图所示.仪器包的质量 $m$ 远小于飞船的质量,要使此仪器包恰好掠擦行星表面着陆,则发射方向与飞船和行星球心连线的夹角 $\theta$ 应是多大?

**5-7** 如题 5-7 图所示,一质量为 $m_A$、半径为 $r_A$ 的圆筒 A,与另一质量为 $m_B$、半径为 $r_B$ 的圆筒 B 同轴,均可各自绕轴自由旋转.在圆筒 A 的内表面上均匀散布了薄薄的一层质量为 $m$ 的砂子,并以 $\omega_0$ 的角速度绕轴匀速旋转,而圆筒 B 则静止.在 $t=0$ 时,A 筒的小孔打开,砂子以恒定的速率 $\lambda$（单位为:kg/s）飞出而贴附在 B 筒的内壁上,若忽略砂子从 A 筒飞到 B 筒的时间,求两筒以后的角速度 $\omega_A$ 和 $\omega_B$ 与时间 $t$ 的关系.

题 5-6 图　　　　　　题 5-7 图　　　　　　题 5-8 图

**5-8** 在一根长为 $3l$ 的轻杆上打一个小孔,孔离一端的距离为 $l$,再在杆的两端以及距另一端为 $l$ 处各系一质量为 $m'$ 的小球.然后通过此孔将杆悬挂于一光滑的水平细轴 $O$ 上,如题 5-8 图所示.开始时,轻杆静止,一质量为 $m$ 的小铅粒以 $v_0$ 的水平速度射入中间的小球,并留在里面.若铅粒相对小球静止时杆的角位移可以忽略,试求杆在以后摆动中的最大摆角.

**5-9** 在光滑的水平面上,两个质量分别为 $m_1$ 和 $m_2$ 的小球,用长为 $l$ 的轻线连接.开始时,线正好拉直,$m_1$ 和 $m_2$ 的速率分别为 $v_1$ 和 $v_2$($v_1 > v_2$),它们的方向相同且垂直于连线.试问:

(1) 系统相对质心的角动量为多大?

(2) 线中的张力为多大?

**5-10** 在光滑水平面上,质量均为 $m$ 的两小球由一长为 $l$ 的轻杆相连,另一质量也为 $m$ 的小球 P 以速率 $v_0$ 向着与杆成 $\theta = 45°$ 角的方向运动,与杆上某一小球发生弹性碰撞后,即沿垂直于原速度方向运动,如题 5-10 图所示.试求:

(1) 碰撞后小球 P 的运动速率 $v_f$;

(2) 碰撞后轻杆系统绕其质心转动的角速度 $\omega$.

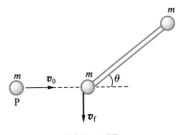

题 5-10 图

**5-11** 一根轻绳跨过具有光滑水平轴的定滑轮（质量可忽略）,两个质量分别为 $m_1$ 和 $m_2$ 的人各抓住绳子的一端.开始时,两人与水平轴的竖直距离分别为 $h_1$ 和 $h_2$,他们同时开始向上爬,并同时到达该滑轮的水平轴处.试求他们爬绳所经历的时间 $t$.

**5-12** 两个质量均为 60 kg 滑冰者,在两条相距 10 m 的平直跑道上以 6.5 m/s 的速率沿相反方向匀速滑行.当他们之间的距离恰好等于 10 m 时,他们分别抓住一根长 10 m 的绳子的两端.若将滑冰者看成质点,并略去绳子的质量.

(1) 求他们抓住绳子前后相对于绳子中点的角动量;

（2）两人都用力往自己这边拉绳子，当他们之间的距离为 5.0 m 时，各自的速率是多大？

（3）求此时绳中的张力；

（4）计算每个人在拉绳过程中所做的功.

**5-13** 两质量均为 $m$ 的质点相互吸引，引力的大小与两者之间距离 $r$ 的平方成反比，可表示为 $F = -\dfrac{k}{r^2}$，$k$ 为正的常量. 开始时，$r_0 = a$，一质点静止，另一质点以垂直于两者连线的方向以速率

$v_0 = \sqrt{\dfrac{8k}{ma}}$ 开始运动. 试求在质心系中两质点的总机械能和相对于质心的总角动量.

**5-14** 如题 5-14 图所示，在一半顶角 $\alpha = 37°$ 的光滑圆锥面上，质量为 $m = 0.4$ kg 的小球，由一根穿过锥顶小孔 $O$ 的细绳连接，以速率 $v_0 = 0.5$ m/s 作匀速圆周运动，小孔到小球的绳长 $r_0 = 1.5$ m. 现将绳的另一端缓慢向下拉，直至小球与锥面脱离. 试求此过程中拉绳力所做的功（$g = 10$ m/s$^2$）.

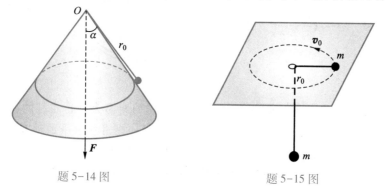

题 5-14 图　　　　　　　　题 5-15 图

**5-15** 如题 5-15 图所示，在水平的光滑桌面上开有一小孔，一条绳穿过小孔，其两端各系一质量为 $m$ 的物体. 开始时，用手握住下面的物体，桌上的物体则以 $v_0 = \dfrac{3}{2}\sqrt{2gr_0}$ 的速率作半径为 $r_0$（即桌上部分的绳长）的匀速圆周运动，然后放手. 求以后的运动过程中桌上部分绳索的最大长度和最小长度.

**5-16** 天狼星是天空中最明亮的恒星，因此人们很早就已开始观察它的运动. 1844 年德国天文学家弗里德里希·贝塞尔已注意到天狼星运动的异样情况，并据此预言它附近有伴星. 1862 年美国阿尔文·克拉克首次观测到这一伴星（属白矮星，肉眼看不见）. 根据以后的观测资料，该双星系统的运动轨迹如题 5-16 图所示. 图中粗、细实线分别表示天狼星与其伴星的运动轨迹，虚线为质心的运动轨迹，第一组黑点表示 1862 年的双星位置，其余各组黑点分别表示自 1870 年起直至 1940 年每隔 10 a 的双星位置. 双星的平均距离为 $a = 20.4$ AU（天文单位），它们与质心的距离之比约为 2：5.

（1）由图判断双星在相对作圆周运动还是椭圆运动？运动周期是多少年？

（2）假定双星相对作距离为 $a$ 的匀速圆周运动，试估算天狼星及其伴星的质量 $m_A$ 和 $m_B$（用太阳质量 $m_s$ 表示）.

**5-17** 一质量为 $m$ 的空间站沿半径为 $R$ 的圆周绕月球运动. 为使空间站能在月球上登陆，当空间站运行至轨道上 $P$ 点时向前发射一质量为 $m_1$ 的物体，来改变空间站的运行速度，从而使其沿

题 5-17 图所示的新轨道运动,并在月球表面着陆.已知月球的半径为 $R_m$,月球的质量为 $m_m$,试求 $m_1$ 的发射速度 $v_1$(相对月球参考系).

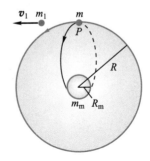

题 5-16 图　　　　　　　　　题 5-17 图

**5-18**　质量为 $m$ 的质点在质量为 $m'$ 的质点(视为固定)的引力场中以 $m'$ 为中心作半径为 $r_0$ 的圆周运动.若给 $m$ 以沿径向的冲量 $I$,并设 $I$ 与质点的原动量之比为一小量,求 $m$ 在以后运动过程中矢径的最大值 $r_2$ 与最小值 $r_1$,并证明在忽略二级以上小量的情况下,$r_2-r_0 \approx r_0-r_1$,即质点 $m$ 的运动轨道近似为一偏心的圆.

**5-19**　质量皆为 $m$ 的两珠子可在光滑轻杆上自由滑动,杆可在水平面内绕过 $O$ 点的光滑竖直轴自由旋转.原先两珠子对称地位于 $O$ 点的两边,与 $O$ 相距 $a$,在 $t=0$ 时刻,对杆施以冲量矩,使杆在极短时间内即以角速度 $\omega_0$ 绕竖直轴旋转,求 $t$ 时刻杆的角速度 $\omega$、角加速度 $\alpha$ 及两珠子与 $O$ 点的距离 $r$.

**5-20**　质量均为 $m$ 的小球 1、2 用长为 $4a$ 的细线相连,以相同速度 $v$ 沿着与线垂直的方向在光滑水平台面上运动,线处于伸直状态.在运动过程中,线上距离小球 1 为 $a$ 的一点与固定在台面上的一竖直光滑细钉相碰,设在以后的运动过程中两球不相碰.求:(1) 小球 1 与钉的最大距离;(2) 线中的最小张力.

第五章习题参考答案

欧拉(Leonhard Euler,1707—1783)瑞士数学家、力学家和物理学家. 变分法的奠基人,复变函数论的先驱,理论流体力学的创始人. 他在数论和微分方程等方面有重大成就,在分析力学、刚体力学、天文学和物理学等方面均有重大贡献.

# 第 三 篇

# 刚体与流体

在前两篇中,我们讨论了质点与质点系运动的一般规律. 本篇将讨论两种特殊的质点系:刚体与流体. 作为质点系,它们当然遵循质点系力学的基本规律,即动量定理、功能原理、角动量定理和相应的守恒定律;将这些规律与这两种质点系本身所具有的特殊性质相结合,将呈现出特殊的形式.

# 第六章
# 刚体力学

## §6.1　刚体运动概述

### 1. 刚体

所谓刚体,是指整体及其各部分的形状和大小均保持不变的物体,也就是各质点(或质元)间的距离均保持不变的质点系. 刚体是实际物体(固体)的一种抽象. 实际物体在外力作用下,其形状和大小或多或少会有一些变化,但当这种变化与物体的几何线度相比很小,对所讨论的问题的影响可以忽略时,我们就可以把该物体看成刚体.

### 2. 刚体的自由度

为了确定一个质点在空间的位置,需要三个独立的坐标变数,如直角坐标 $x$、$y$、$z$,柱面坐标 $\rho$、$\varphi$、$z$,或球面坐标 $r$、$\theta$、$\varphi$. 为了确定由两个自由质点所组成的体系在空间的几何位形,就需要 6 个独立坐标变数. 我们把确定一个力学体系在空间的几何位形所需的独立变数的个数称为**自由度**. 一般而言,由 $N$ 个自由质点组成的体系有 $3N$ 个自由度. 但当质点的运动受到某种约束时,自由度就会减少. 例如当一个质点限制在平面上运动时,只要两个独立坐标就可确定其位置,因而其自由度为 2. 对于距离保持不变的两质点体系,由于两个质点间距离 $\sqrt{(x_1-x_2)^2+(y_1-y_2)^2+(z_1-z_2)^2}=l$ 恒定不变,6 个坐标中只有 5 个是独立的,因而该体系只有 5 个自由度. 对于彼此距离保持不变的 3 个不共线质点的体系,由于有每两个质点间距离保持不变的 3 个约束联系,自由度从 9 个减为 6 个.

刚体由无数个质点组成,但由于各质点间的距离保持不变,因而确定刚体几何位形的变数只要 6 个. 这是因为,只要刚体上任意三个不共线的点的位置确定,整个刚体的位置也就确定,因而刚体的自由度与上述三质点系统的自由度相同. 这 6 个变数当然也可理解为确定刚体上某一点(例如质心)位置的 3 个变数、确定刚体上过该点的一轴线的方位的 2 个变数及刚体绕该轴转动角度的 1 个变数.

### 3. 刚体运动的几种形式

由于受到不同的约束,刚体可以有各种运动形式,每种运动形式对应的自由度也不相同.

(1) 平动　刚体作平动时,固连在刚体上的任一条直线在各个时刻的位置始终保持彼此平行,故刚体上每一点的运动情况完全相同,刚体的运动可用一质点来代表,因而这种运动的描述与质点相同. 其自由度为3.

（2）定轴转动 当刚体上某两点（当然包括过这两点的连线上的所有点）固定时,刚体只能绕着过这两点的固定轴转动,这种运动称为刚体的**定轴转动**. 显然,定轴转动的刚体只有一个自由度.

（3）平面平行运动 刚体在运动过程中,其上每一点都在与某固定平面相平行的平面内运动,这种运动称为刚体的**平面平行运动**. 这时,刚体内任一与固定平面相垂直的直线上所有点的运动情况完全相同,因而刚体的运动可用与固定平面相平行的任一截面的运动来代表,而该截面在通过自身平面内的运动可以看成其上任一点 $A$（称为基点）在平面上的移动与该截面绕过该点且垂直于平面的轴线的转动的组合（图6.1-1）. 在与基点相对静止的参考系上,刚体的运动成为绕过基点的固定轴的转动,即定轴转动. 显然,平面平行运动的刚体的自由度为3.

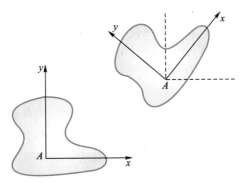

图 6.1-1 刚体的平面平行运动可看作其上一点 $A$ 的
平面运动与绕过 $A$ 点轴线的定轴转动的组合

（4）定点转动 当刚体上某一点固定时,刚体只能绕该点转动,这种运动称为刚体的**定点转动**. 可以证明,作定点转动的刚体,在任一瞬时,总可看成绕通过该定点的某一瞬时轴的转动（下一瞬时则为绕另一瞬时轴的转动）. 不难看出,定点转动的刚体的自由度为3.

（5）一般运动 刚体的一般运动可以看成随刚体上某一基点 $A$（例如质心）的移动和绕该点的转动的组合. 在与基点相对静止的参考系上,绕该点的转动即为定点转动. 因此,作一般运动的刚体的自由度为6.

由以上分析可见,平动和定轴转动是刚体最基本的运动形式. 平动与质点的运动相当,不必另加讨论. 所以我们将在下节着重讨论刚体的定轴转动.

### 4. 作用在刚体上的力系

刚体的各种形式的运动,是与外力的作用密切相关的. 刚体的内力使刚体各质元之间保持刚性联结,在研究刚体的运动时不必考虑其作用. 不同运动形式下外力与运动的具体关系,将在各有关章节中讨论,这里先就作用在刚体上的力作些总的说明.

（1）作用在刚体上的力是滑移矢量. 力有大小、方向、作用点三个要素，就它对物体所产生的效果而言，三者都起作用. 因而，在一般情况下，即使保持大小和方向不变，力亦不能平移，因为这将造成作用点的变动，效果就将不同. 这就是说，力不是像速度、加速度那样的**自由矢量**. 但由于刚体是一个刚性整体，当力沿着作用线在刚体上滑移时，对刚体的作用不变，因而称作用在刚体上的力为**滑移矢量**.

（2）刚体作为一个刚性整体，与一般质点系不同，作用在其上的诸力的合力（即与诸力作用完全等效的一个力）是有意义的. 但合力只在某些情况下存在.

（3）作用在刚体上的力系的分类：

a. 共点力系 所有力的作用线（或其延长线）交于一点的力系称为**共点力系**. 显然，这样的力系可以等效为大小和方向等于诸力矢量和、作用点就是该交点的一个力，这就是合力.

b. 平行力系 所有的力都互相平行的力系称为**平行力系**. 这样的力系一般也存在合力. 为简单起见，先考虑两个平行力的合力. 如图 6.1-2 所示，平行力 $F_1$ 和 $F_2$ 作用在刚体上的 $A$、$B$ 两点. 为求合力，设想在 $A$、$B$ 上各施加一沿 $AB$ 的等值反向的力 $-F'$ 和 $F'$，由于力是滑移矢量，这一对力的作用与它们作用于同一点相同，因而对刚体运动不会有影响. $F_1$ 与 $-F'$ 的合力 $F_1'$、$F_2$ 与 $F'$ 的合力 $F_2'$ 两者互不平行，它们的作用线必交于某一点 $D$，它们的合力 $F$ 也就是 $F_1$ 和 $F_2$ 的合力，即 $F = F_1 + F_2$. $F$ 的作用线交于 $AB$ 上的 $C$，且有 $AC/CB = F_2/F_1$. 用类似方法，可以求任意多个平行力的合力.

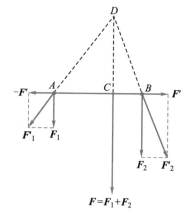

图 6.1-2 求平行力的合力

如果诸力的矢量和为零，这样的平行力系就成为一个力偶. 力偶不能等效为一个合力.

由上面的讨论不难看出，当作用在各质元上的平行力的大小与质元质量成正比时，合力的作用线通过质心，因而通常说刚体重力的合力作用在质心上. 此结果与一般质点系中重力对质心的总力矩为零相一致，尽管在质点系为非刚体的情况下，合力并不存在.

c. 共面力系 所有力的作用线位于同一平面的力系称**共面力系**. 若共面力系的诸力互相平行，则可按求平行力合力的方法求出合力. 若诸力不平行，则必有交点，可直接依次求出合力.

d. 一般力系 一般力系是指既不互相平行，又不共面的力系. 这样的力系是否存在合力，情况比较复杂，这里不作讨论. 一般而言，这样的力系可等效为一个力和一个方向与之平行的力偶矩.

## §6.2　刚体的定轴转动

### 1. 定轴转动的描述

#### （1）角位移、角速度和角加速度

当刚体绕固定轴转动时,刚体上的各点将沿不同半径的
圆周运动,各点的位移、速度和加速度都不相同. 但是刚体上
各点到转轴的垂直线在同样的时间内所转过的角度 $\Delta\varphi$ 都相
同,适当选择 $\varphi$ 的零点,就可用转角 $\varphi(t)$ 描写刚体的定轴转
动. 在 $\Delta t$ 时间内刚体所转过的角度 $\Delta\varphi$ 叫**角位移**(图6.2-1).

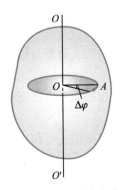

图 6.2-1　定轴转动
刚体的角位移

在 $t\sim t+\Delta t$ 时间内的角位移 $\Delta\varphi$ 与 $\Delta t$ 之比称为刚体的平
均角速度,用 $\overline{\omega}$ 表示:

$$\overline{\omega}=\frac{\Delta\varphi}{\Delta t}$$

当 $\Delta t\to 0$ 时,平均角速度的极限称为瞬时角速度,简称**角速
度**,用 $\omega$ 表示:

$$\omega=\lim_{\Delta t\to 0}\frac{\Delta\varphi}{\Delta t}=\frac{\mathrm{d}\varphi}{\mathrm{d}t} \tag{6.2-1}$$

刚体的定轴转动有两种不同的转动方向,当我们顺着转轴观察时,刚体可以按顺时
针方向转动,也可以按逆时针方向转动. 如果把一种转向的角速度取为正,另一种
转向的角速度取为负,则角速度的大小反映了定轴转动的快慢,角速度的正负描写
了定轴转动的方向. 角速度的单位是 rad/s(弧度每秒).

在 $\Delta t$ 时间内,角速度的改变量 $\Delta\omega$ 与 $\Delta t$ 之比称为该段时间内的平均角加速
度,用 $\overline{\alpha}$ 表示:

$$\overline{\alpha}=\frac{\Delta\omega}{\Delta t}$$

当 $\Delta t\to 0$ 时,平均角加速度的极限称为瞬时角加速度,简称**角加速度**,用 $\alpha$ 表示:

$$\alpha=\lim_{\Delta t\to 0}\frac{\Delta\omega}{\Delta t}=\frac{\mathrm{d}\omega}{\mathrm{d}t} \tag{6.2-2}$$

当 $\omega$ 与 $\alpha$ 同号时表示转动逐渐加快,$\omega$ 与 $\alpha$ 异号时表示转动逐渐减慢. 角加速度的
单位是 rad/s$^2$(弧度每二次方秒).

由以上讨论可知,刚体的定轴转动与质点的直线运动相似,都属一个自由度的
运动,只要在描写质点直线运动各物理量(位移、速度、加速度)前加一个"角"字,就
成了描写刚体定轴转动的各相应物理量(角位移、角速度、角加速度),两者的运动
学关系亦完全相似:

<table>
<tr><td style="text-align:center">定轴转动</td><td style="text-align:center">直线运动</td></tr>
</table>

$$\omega = \frac{\mathrm{d}\varphi}{\mathrm{d}t}, \qquad v = \frac{\mathrm{d}x}{\mathrm{d}t};$$

$$\alpha = \frac{\mathrm{d}\omega}{\mathrm{d}t}, \qquad a = \frac{\mathrm{d}v}{\mathrm{d}t};$$

$$\omega - \omega_0 = \int_0^t \alpha \mathrm{d}t, \qquad v - v_0 = \int_0^t a\mathrm{d}t;$$

$$\varphi - \varphi_0 = \int_0^t \omega \mathrm{d}t, \qquad x - x_0 = \int_0^t v\mathrm{d}t.$$

**（2）角量与线量的关系**

刚体定轴转动的角位移、角速度和角加速度确定后，刚体内任一点的位移、速度和加速度也就完全确定. 若某点至转轴的距离为 $\rho$，则该点的线速度为

$$v = \omega\rho \tag{6.2-3}$$

而切向加速度和法向加速度分别为

$$a_{\mathrm{t}} = \alpha\rho \tag{6.2-4}$$

$$a_{\mathrm{n}} = \omega^2\rho \tag{6.2-5}$$

由此可见，尽管刚体是一个复杂的质点系，但引入角量后，刚体定轴转动的描写就显得十分简单.

在质点的圆周运动中，我们曾把圆周运动的角速度看作矢量，其方向沿垂直圆周平面的轴线，指向满足右手定则. 在刚体的定轴转动中，我们也可以把角速度看成矢量，角速度矢量的方向沿转轴，指向仍满足右手定则. 引入角速度矢量后，定轴转动刚体上各点的速度、加速度与角速度的关系可以写成更简洁、明了的形式，而且可以同时把这些线量的大小和方向表示出来. 在转轴上任取一点作为坐标原点，则刚体上任一点的位置可用位矢 $\boldsymbol{r}$ 表示. 由图 6.2-2 不难看出，位矢为 $\boldsymbol{r}$ 的点 $P$ 的速度为

图 6.2-2　定轴转动刚体上任一点 $P$ 的速度、加速度与角速度的矢量关系

$$\boldsymbol{v} = \boldsymbol{\omega} \times \boldsymbol{r} \tag{6.2-6}$$

切向加速度为

$$\boldsymbol{a}_{\mathrm{t}} = \frac{\mathrm{d}\boldsymbol{\omega}}{\mathrm{d}t} \times \boldsymbol{r} \tag{6.2-7}$$

法向加速度为

$$\boldsymbol{a}_{\mathrm{n}} = \omega^2 r\sin\alpha\,\boldsymbol{e}_{\mathrm{n}} \\ = \boldsymbol{\omega} \times (\boldsymbol{\omega} \times \boldsymbol{r}) \tag{6.2-8}$$

所以

$$a = a_t + a_n = \frac{d\boldsymbol{\omega}}{dt} \times \boldsymbol{r} + \boldsymbol{\omega} \times (\boldsymbol{\omega} \times \boldsymbol{r}) \qquad (6.2\text{-}9)$$

#### (3) 角速度矢量

将角速度看作矢量后,定轴转动中线量与角量之间的关系可表示成简洁的形式. 但是这样规定的角速度矢量是否具有矢量的性质? 尽管在定轴转动中,我们规定了角速度的大小和方向,但有大小、有方向的量不一定是矢量. 矢量的一个重要特征是应满足平行四边形求和法则. 角速度矢量是否满足这一法则? 这只有在刚体同时参与绕两个轴的转动时才能判定.

为此,我们先来考察角位移是否是矢量的问题. 我们可以用规定角速度的大小和方向的同样方法来规定角位移的大小和方向. 不难发现,有限的角位移并不符合矢量相加的平行四边形法则. 平行四边形法则表明矢量求和满足交换律,但有限大角位移相加时不满足交换律,即 $\Delta\boldsymbol{\varphi}_1 + \Delta\boldsymbol{\varphi}_2 \neq \Delta\boldsymbol{\varphi}_2 + \Delta\boldsymbol{\varphi}_1$. 图 6.2-3 用一本书的转动为例说明这一点,这里 $\Delta\boldsymbol{\varphi}_1 = 90°$,绕 $x$ 轴转;$\Delta\boldsymbol{\varphi}_2 = 90°$,绕 $y$ 轴转. 显然,由于次序不同,造成的结果不同. 但是,当角位移很小时,这种次序先后所造成的差别就会减小. 即当 $\Delta\boldsymbol{\varphi}_1 \to 0, \Delta\boldsymbol{\varphi}_2 \to 0$ 时,有

$$\Delta\boldsymbol{\varphi}_1 + \Delta\boldsymbol{\varphi}_2 = \Delta\boldsymbol{\varphi}_2 + \Delta\boldsymbol{\varphi}_1$$

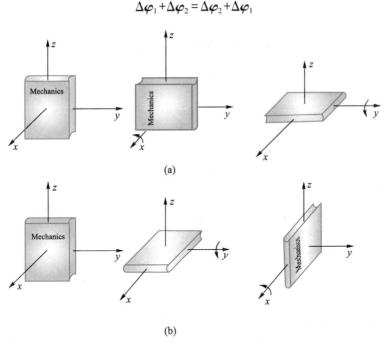

图 6.2-3　有限角位移不遵守加法交换律,因而不是矢量

(a) 先绕 $x$ 轴转 $90°$,再绕 $y$ 轴转 $90°$;(b) 先绕 $y$ 轴转 $90°$,再绕 $x$ 轴转 $90°$.

这就是说,尽管有限角位移不满足交换律,但无限小角位移满足交换律. 而且可以证明,它们可按平行四边形法则相加. 因此,无限小的角位移是矢量. 也就是说,当刚体发生两个方向不同的,但都是无限小的角位移 $\Delta\boldsymbol{\varphi}_1$ 和 $\Delta\boldsymbol{\varphi}_2$ 时,其结果与发生一个角位移 $\Delta\boldsymbol{\varphi} = \Delta\boldsymbol{\varphi}_1 + \Delta\boldsymbol{\varphi}_2$ 相同.

考察刚体上任一点的运动可以说明这一点. 设刚体上任一点 $P$ 以 $O$ 为原点的位矢为 $\boldsymbol{r}$, 当 $P$ 点随刚体绕 $OA$ 轴转过角 $\Delta\varphi_1$ 时, 其位移 $\Delta\boldsymbol{r}_1$ 本为从 $P$ 所走圆弧的起点指向终点的弦, 但当 $\Delta\varphi_1$ 很小时, $\Delta\boldsymbol{r}_1$ 可看成沿圆弧的切线, 从而与 $\boldsymbol{r}$ 和 $\Delta\varphi_1$ (沿 $OA$) 两矢量组成的平面垂直, 大小则近似等于该段圆弧长, 即 $\Delta\varphi_1$、$r$ 及 $\boldsymbol{r}$ 与 $\Delta\varphi_1$ 的夹角的正弦的乘积(图 6.2-4), 故 $\Delta\boldsymbol{r}_1$ 可写成 $\Delta\varphi_1$ 与 $\boldsymbol{r}$ 的矢积:

$$\Delta\boldsymbol{r}_1 = \Delta\boldsymbol{\varphi}_1 \times \boldsymbol{r}$$

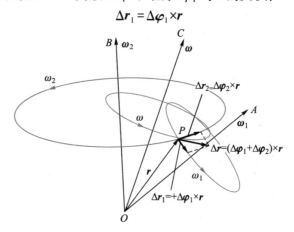

图 6.2-4 无限小角位移可按矢量相加的说明

当 $P$ 点再随刚体绕 $OB$ 轴转过一小角度 $\Delta\varphi_2$ 时, 同理, 其位移 $\Delta\boldsymbol{r}_2$ 可写成

$$\Delta\boldsymbol{r}_2 = \Delta\boldsymbol{\varphi}_2 \times (\boldsymbol{r} + \Delta\boldsymbol{r}_1) = \Delta\boldsymbol{\varphi}_2 \times \boldsymbol{r} + \Delta\boldsymbol{\varphi}_2 \times \Delta\boldsymbol{r}_1$$

略去二级小量, 有

$$\Delta\boldsymbol{r}_2 = \Delta\boldsymbol{\varphi}_2 \times \boldsymbol{r}$$

根据位移叠加原理, $P$ 点的实际位移为

$$\Delta\boldsymbol{r} = \Delta\boldsymbol{r}_1 + \Delta\boldsymbol{r}_2 = (\Delta\boldsymbol{\varphi}_1 + \Delta\boldsymbol{\varphi}_2) \times \boldsymbol{r} = \Delta\boldsymbol{\varphi} \times \boldsymbol{r}$$

其中 $\Delta\boldsymbol{\varphi} = \Delta\boldsymbol{\varphi}_1 + \Delta\boldsymbol{\varphi}_2$ 表示两小角位移的矢量和, 方向沿 $OC$ 轴. 当 $P$ 点先随圆盘绕 $OB$ 轴转 $\Delta\varphi_2$, 再绕 $OA$ 轴转 $\Delta\varphi_1$ 时, 最终位移与此相同, 均等于 $P$ 点绕 $OC$ 轴转 $\Delta\varphi$ 角所产生的位移. 这就说明无限小角位移是矢量.

角速度总是与无限小角位移相联系, 它是无限小角位移与相应无限小时间间隔之比. 既然无限小角位移是矢量, 角速度也是矢量.

### 2. 转动定律

现在我们来讨论刚体作定轴转动时的动力学关系.

设刚体绕 $z$ 轴转动, 如图 6.2-5 所示(图中 $z$ 轴与纸面垂直, 它与纸面交点为 $O$). 考察刚体上质量为 $\Delta m_i$ 的第 $i$ 个质元, 它与 $z$ 轴的垂直距离为 $\rho_i$. 设它所受外力的合力沿纸面方向的分量为 $\boldsymbol{F}_i$, 内力的合力沿纸面方向的分量为 $\boldsymbol{F}_i^{(\mathrm{i})}$(垂直于纸面方向的分量对刚体的定轴转动不起作用). 显然我们只需考察质元的切向运动, 即与 $\rho_i$ 垂直的方向上的运动. 设 $\boldsymbol{F}_i$ 和 $\boldsymbol{F}_i^{(\mathrm{i})}$ 的切向分量分别为 $F_{it}$ 和 $F_{it}^{(\mathrm{i})}$. 由牛顿运动定律, 并利用(6.2-4)式, 有

$$F_{it} + F_{it}^{(\mathrm{i})} = \Delta m_i a_{it} = \Delta m_i \rho_i \alpha$$

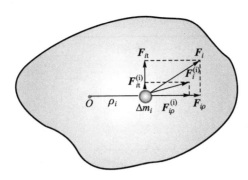

图 6.2-5　转动定律的导出

与转动相联系的是力矩;在上式两边乘以 $\rho_i$,得

$$\rho_i F_{it} + \rho_i F_{it}^{(i)} = \Delta m_i \rho_i^2 \alpha$$

将上式对刚体上所有的质元求和,得

$$\sum_i \rho_i F_{it} + \sum_i \rho_i F_{it}^{(i)} = \sum_i \Delta m_i \rho_i^2 \alpha$$

上式左边第一项即作用在刚体上的所有外力对 $z$ 轴的总力矩 $M_z$,第二项即内力对 $z$ 轴的总力矩,显然为零. 右边 $\alpha$ 对所有质元相同,与求和无关. 右边求和部分与质量关于 $z$ 轴的分布有关,是一个常量,可记为 $J_z$. 于是上式成为

$$M_z = J_z \alpha \tag{6.2-10}$$

式中

演示实验:赛跑

$$J_z = \sum_i \Delta m_i \rho_i^2 \tag{6.2-11}$$

称为刚体绕 $z$ 轴的**转动惯量**. (6.2-10)式就是刚体作定轴转动的**转动定律**. 它表明,对作定轴转动的刚体,外力矩沿固定轴的分量的代数和等于对该轴的转动惯量与角加速度的乘积. 转动定律与牛顿运动定律在直线运动中的形式 $F = ma$ 很相似,力矩与力相当,角加速度与加速度相当,转动惯量与质量相当.

### 3. 转动惯量

由(6.2-11)式,省去下标 $z$,刚体绕某固定轴的转动惯量为

$$J = \sum_i \Delta m_i \rho_i^2$$

其中 $\rho_i$ 是质元 $\Delta m_i$ 到转轴的距离. 转动定律中转动惯量的地位与牛顿第二定律中的质量相当,它反映了刚体转动状态改变的难易程度,即刚体转动的惯性. 转动惯量不仅与质量有关,而且与质量的分布有关,质量越大,质量分布离轴越分散,转动惯量则越大. 同一刚体对不同的转轴,转动惯量亦不同.

对于质量连续分布的刚体,其转动惯量表示式可改写成积分形式:

$$J = \int \rho^2 \mathrm{d}m \tag{6.2-12}$$

**(1) 几种典型形状刚体的转动惯量**

具有规则几何形状的刚体绕对称轴的转动惯量不难计算,现将结果列于表 6-1 中,表示式中的 $m$ 为刚体的总质量.

表 6-1 刚体绕对称轴的转动惯量

| 几种典型刚体 | 形状和转轴 | 转动惯量 |
|---|---|---|
| 圆环 | | $J = mR^2$ |
| 圆柱 | | $J = \dfrac{1}{2}mR^2$ |
| 圆筒 | | $J = \dfrac{1}{2}m(R_1^2 + R_2^2)$ |
| 细棒 | | $J = \dfrac{1}{12}ml^2$ |
| 圆球 | | $J = \dfrac{2}{5}mR^2$ |
| 薄球壳 | | $J = \dfrac{2}{3}mR^2$ |

（2）**回转半径**

任何转动惯量都可以写成总质量与一个长度平方的乘积，即

$$J = mk^2 \tag{6.2-13}$$

式中 $k$ 称为**回转半径**. 例如，圆球的回转半径 $k = \sqrt{\dfrac{2}{5}}R$，圆柱的回转半径 $k = \sqrt{\dfrac{1}{2}}R$

等. 质量相同的刚体，转动惯量越大，回转半径越大.

（3）**平行轴定理和垂直轴定理**

这两条定理反映了刚体绕不同轴的转动惯量之间的关系，它们将有助于我们计算转动惯量.

a. 平行轴定理

此定理给出了刚体对任一转轴的转动惯量和对与此轴平行且通过质心的转轴的转动惯量之间的关系. 设刚体绕过质心 $C$ 的转轴($C$ 轴)的转动惯量为 $J_C$,绕过 $A$ 点的转轴($A$ 轴)的转动惯量 $J_A$,$A$ 轴与 $C$ 轴互相平行,相距为 $d$. 根据定义

$$J_C = \sum_i \Delta m_i \rho_i^2$$

$$J_A = \sum_i \Delta m_i \rho_i'^2$$

$\rho_i$、$\rho_i'$分别为质元 $\Delta m_i$ 与 $C$ 轴和 $A$ 轴的距离. 过 $C$ 点作与轴垂直的平面,如图 6.2-6 所示,它与 $A$ 轴相交于 $A$ 点. 设 $\Delta m_i$ 在该平面上的垂足为 $B$,则 $CB=\rho_i$,$AB=\rho_i'$,$CA=d$,由图,

$$\rho_i'^2 = \rho_i^2 + d^2 + 2\rho_i d\cos \varphi_i$$

式中 $\varphi_i$ 为 $CB$ 与 $AC$ 连线的延长线的夹角. 于是

$$J_A = \sum_i \Delta m_i \rho_i'^2 = \sum_i \Delta m_i (\rho_i^2 + d^2 + 2\rho_i d\cos \varphi_i)$$

$$= \sum_i \Delta m_i \rho_i^2 + \sum_i \Delta m_i d^2 + \sum_i \Delta m_i \rho_i \cos \varphi_i \cdot 2d$$

$$= J_C + md^2 + 2d \sum_i \Delta m_i \rho_i \cos \varphi_i$$

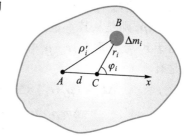

图 6.2-6　平行轴定理的推导

若取 $AC$ 为 $x$ 轴,$C$ 为原点,则 $\sum_i \Delta m_i \rho_i \cos \varphi_i = \sum_i \Delta m_i x_i = mx_C$,即质心的 $x$ 坐标,今质心就在原点,故 $x_C = 0$,即 $\sum_i \Delta m_i \rho_i \cos \varphi_i = 0$,故

$$J_A = J_C + md^2 \tag{6.2-14}$$

(6.2-14)式即称**平行轴定理**.

根据平行轴定理,细棒绕通过其一端而垂直于棒的轴的转动惯量为

$$J = J_C + m\left(\frac{l}{2}\right)^2 = \frac{1}{12}ml^2 + \frac{1}{4}ml^2 = \frac{1}{3}ml^2$$

b. 垂直轴定理

如果已知一块薄板绕位于板上两相互垂直的轴(设为 $x$ 轴和 $y$ 轴)的转动惯量为 $J_x$ 和 $J_y$,则薄板绕 $z$ 轴的转动惯量为

$$J_z = J_x + J_y \tag{6.2-15}$$

此即**垂直轴定理**. 此定理证明很简单,留给读者作为练习(图 6.2-7).

圆盘绕通过中心且垂直盘面的转轴的转动惯量为$\frac{1}{2}mR^2$,由垂直轴定理知,圆盘绕其直径的转动惯量为$\frac{1}{4}mR^2$.

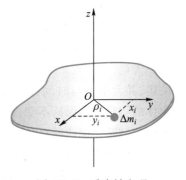

图 6.2-7　垂直轴定理

### 4. 定轴转动刚体的角动量与角动量定理

#### (1) 定轴转动刚体的角动量

考察绕固定轴(取为 $z$ 轴)转动的刚体在某瞬时对轴上某定点 $O$ 的角动量(图 6.2-8). 设刚体第 $i$ 个质元的质量为 $\Delta m_i$,位矢为 $\boldsymbol{r}_i$,速度为 $\boldsymbol{v}_i$,则该质元对 $O$ 点的角动量为

$$\Delta \boldsymbol{L}_i = \boldsymbol{r}_i \times (\Delta m_i \boldsymbol{v}_i)$$

将 $\boldsymbol{r}_i$ 写成沿 $z$ 轴的分矢量 $\boldsymbol{r}_{iz} = r_i\cos\alpha_i \boldsymbol{k}$ 和与轴垂直的分矢量 $\boldsymbol{r}_{ih} = \boldsymbol{\rho}_i$ 两部分,其中 $\boldsymbol{\rho}_i$ 为质元与轴的垂直距离,$\boldsymbol{\rho}_i$ 则是从其垂足指向质元的矢量(图 6.2-8). 由于 $\boldsymbol{r}_i$ 与 $\boldsymbol{v}_i$ 垂直,$\boldsymbol{r}_{iz}$、$\boldsymbol{\rho}_i$ 也与 $\boldsymbol{v}_i$ 垂直,而 $v_i = \rho_i\omega$,于是有

$$\begin{aligned}
\Delta \boldsymbol{L}_i &= (\boldsymbol{\rho}_i + \boldsymbol{r}_{iz}) \times \Delta m_i \boldsymbol{v}_i \\
&= \Delta m_i \boldsymbol{\rho}_i \times \boldsymbol{v}_i + \Delta m_i \boldsymbol{r}_{iz} \times \boldsymbol{v}_i \\
&= \Delta m_i \rho_i^2 \omega \boldsymbol{k} + (-\Delta m_i r_i \cos\alpha_i \boldsymbol{\rho}_i)\omega \\
&= \Delta m_i \rho_i^2 \boldsymbol{\omega} + (-\Delta m_i r_i \cos\alpha_i \boldsymbol{\rho}_i)\omega \\
&= \Delta \boldsymbol{L}_{iz} + \Delta \boldsymbol{L}_{ih}
\end{aligned}$$

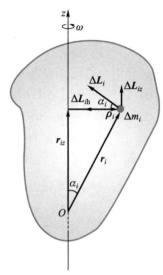

图 6.2-8 计算定轴转动刚体对轴上一点 $O$ 的角动量

定轴转动刚体的总角动量为所有质元角动量的矢量和. 对 $\Delta \boldsymbol{L}_{iz}$ 和 $\Delta \boldsymbol{L}_{ih}$ 分别求和,得

$$\sum_i \Delta \boldsymbol{L}_{iz} = \left(\sum_i \Delta m_i \rho_i^2\right)\boldsymbol{\omega} = \boldsymbol{L}_z \tag{6.2-16}$$

$$\sum_i \Delta \boldsymbol{L}_{ih} = \sum_i (-\Delta m_i r_i \cos\alpha_i \boldsymbol{\rho}_i)\omega = \boldsymbol{L}_h \tag{6.2-17}$$

因而定轴转动刚体的角动量为

$$\boldsymbol{L} = \boldsymbol{L}_z + \boldsymbol{L}_h \tag{6.2-18}$$

由(6.2-18)式可以看出,$\boldsymbol{L}$ 由两项组成,第一项 $\boldsymbol{L}_z$ 与 $\boldsymbol{\omega}$ 同方向,第二项 $\boldsymbol{L}_h$ 则与 $\boldsymbol{\omega}$ 垂直,因为它是 $\Delta \boldsymbol{L}_{ih}$ 之和,而 $\Delta \boldsymbol{L}_{ih}$ 均与 $\boldsymbol{\omega}$ 垂直. 可见,一般 $\boldsymbol{L}$ 与 $\boldsymbol{\omega}$ 并不同方向. 但二项的大小均与 $\omega$ 成正比. 第一项的比例系数与时间无关,它就是刚体对 $z$ 轴的转动惯量,第二项的比例系数为一矢量,由各质元的分布及其位矢的分矢量 $\boldsymbol{\rho}_i$ 共同决定,其大小亦与时间无关,故该项所代表的矢量与刚体的相对方位保持不变,而随刚体一起绕 $z$ 轴旋转. 因而定轴转动刚体的总角动量 $\boldsymbol{L}$ 的大小与 $\omega$ 成正比,方向与角速度方向间的夹角保持不变,且随着刚体一起以角速度 $\boldsymbol{\omega}$ 绕轴旋转(图 6.2-9). 当 $\boldsymbol{\omega}$ 大小一定时,$\boldsymbol{L}$ 的大小不随时间而变,但 $\boldsymbol{L}$ 的方向随时间变化(以恒定角速度 $\boldsymbol{\omega}$ 绕 $z$ 轴旋转). 当角速度 $\boldsymbol{\omega}$ 增加若干倍时,不仅角动量 $\boldsymbol{L}$ 绕轴的转速增加若干倍,而且角

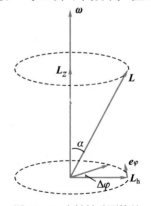

图 6.2-9 定轴转动刚体的角动量 $\boldsymbol{L}$ 随刚体一起绕轴旋转

动量 $L$ 的大小也增加若干倍,但角动量 $L$ 与角速度 $\omega$ 之间的夹角 $\alpha$ 保持不变.

但当固定轴为刚体的对称轴时,对每一个 $\Delta m_i$,在与轴对称处必有一个相应的 $\Delta m_j$,使 $r_i\cos\alpha_i\boldsymbol{\rho}_i = -r_j\cos\alpha_j\boldsymbol{\rho}_j$,若取 $\Delta m_i = \Delta m_j$,则 $\Delta m_i\cos\alpha_i\boldsymbol{\rho}_i + \Delta m_j\cos\alpha_j\boldsymbol{\rho}_j = 0$. 因而 (6.2-18) 式的第二项为零,于是有

$$L = L_z = \boldsymbol{\omega}\sum_i \Delta m_i\rho_i^2 = J\boldsymbol{\omega} \qquad (6.2\text{-}19)$$

这时 $L$ 与 $\omega$ 同方向. 当 $L$ 与 $\omega$ 同方向时的转轴称为刚体的**惯量主轴**,刚体对惯量主轴的转动惯量称主转动惯量. 显然,对称轴必为惯量主轴. 但对刚体上任一点,不一定有对称轴,这时,过该点必能找到一组互相正交的惯量主轴.

### (2) 定轴转动刚体的角动量定理

在外力矩的作用下,刚体的角动量将发生变化. 根据质点系的角动量定理:

$$M = \frac{\mathrm{d}L}{\mathrm{d}t}$$

当固定轴不是刚体的惯量主轴时,$L$ 可分解为沿 $z$ 轴的分矢量 $L_z$ 和与之垂直的分矢量 $L_h$ 两部分,$M$ 也可分解为 $M_z$ 和 $M_h$ 两部分,则有

$$M_z = \frac{\mathrm{d}L_z}{\mathrm{d}t} \qquad (6.2\text{-}20)$$

$$M_h = \frac{\mathrm{d}L_h}{\mathrm{d}t} \qquad (6.2\text{-}21)$$

由以上两式可以看出,只要角动量中与固定轴垂直的分矢量不为零,则在刚体转动的过程中,$L_h$ 矢量也以相同角速度随刚体一起转动,因而 $L_h$ 将随时间变化. 即使在角动量 $L$ 的大小恒定,即 $\omega$ 为恒量的情况下,$L_h$ 的方向也将随时间变化,这时有 $\left|\dfrac{\mathrm{d}L_h}{\mathrm{d}t}\right| = L_h\omega$,方向沿矢量 $L_h$ 的端点所画圆周的切线,即沿 $e_\varphi$(图 6.2-9),从而有

$$M_h = L_h\omega \qquad (6.2\text{-}22)$$

由此可见,只要转轴不是刚体的惯量主轴,即使刚体以恒定角速度绕固定轴旋转,也受力矩作用. 当 $\omega$ 随时间变化时,不仅 $L_h$ 的方向随时间变化,其大小也随时间变化,因而 $\dfrac{\mathrm{d}L_h}{\mathrm{d}t}$ 还包含有 $L_h$ 大小变化的成分. 该成分与 $\omega$ 的变化率即角加速度相联系.

刚体作定轴转动时,转轴 $z$ 的方向是固定的,故该方向的角动量定理可以写成标量形式:

$$M_z = \frac{\mathrm{d}L_z}{\mathrm{d}t}$$

只要用正、负即可表示方向. 根据 (6.2-16) 式,角动量沿 $z$ 轴的分量为

$$L_z = \left(\sum_i \Delta m_i\rho_i^2\right)\omega = J_z\omega \qquad (6.2\text{-}23)$$

$$M_z = \frac{\mathrm{d}L_z}{\mathrm{d}t} = J_z\frac{\mathrm{d}\omega}{\mathrm{d}t} = J_z\alpha$$

此即转动定律(6.2-10)式. 可见转动定律其实就是角动量定理沿固定轴方向的分量式.

### 5. 定轴转动刚体的角动量守恒定律

绕对称轴转动的刚体的角动量,根据(6.2-19)式,为

$$L = J\omega \tag{6.2-24}$$

演示实验:茹可夫斯基凳

当刚体不受外力矩作用时,角动量不变,即 $\omega$ 不变,此即角动量守恒. 其实,从(6.2-19)式的推导过程可知,(6.2-24)式也适用于 $J$ 可变的物体,只要在 $J$ 变化过程中不破坏对称性,又保持所有质点的 $\omega$ 相同. 这样,角动量守恒定律的表示式就成为

$$当 M = 0, \quad J\omega = 常量 \tag{6.2-25}$$

当 $J$ 增大时,$\omega$ 减小;$J$ 减小时 $\omega$ 增大. 双手握哑铃的人站在旋转的平台上,当他伸开双臂(意味着 $J$ 增大)时转速减小,当他垂下双臂(意味着 $J$ 减小)时转速增大(图 6.2-10),就是这个道理.

一般而言,当转轴不是对称轴(或惯量主轴)时,由于角动量不在转轴方向,即使刚体绕固定轴作匀角

图 6.2-10 角动量守恒的实验演示

速转动,刚体的角动量亦不守恒,因为角动量时刻在变化(至少方向在时刻变化),刚体也必受外力矩作用. 但当外力矩在转轴($z$ 轴)上的分量为零时,刚体角动量在该轴上的分量保持不变,即

$$当 M_z = 0, \quad L_z = J\omega = 常量 \tag{6.2-26}$$

因此,上例中的人即使将一个手臂伸、缩,仍有角速度减少和增大的现象.

### 6. 例题

**例1** 阿特伍德机.

如图 6.2-11 所示的阿特伍德机中,$m_1 > m_2$,求 $m_2$ 的上升加速度. 设滑轮质量为 $m$,半径为 $R$,可看作匀圆盘.

**解:** $m_2$、$m_1$ 的运动方程分别为

$$F_{T2} - m_2 g = m_2 a \tag{1}$$

$$m_1 g - F_{T1} = m_1 a \tag{2}$$

因滑轮有质量,故 $F_{T1} \neq F_{T2}$,根据转动定律,有

$$F_{T1} R - F_{T2} R = \frac{1}{2} m R^2 \alpha = \frac{1}{2} m R a \tag{3}$$

由(1)式、(2)式、(3)式解得

$$a = \frac{m_1 - m_2}{m_1 + m_2 + m/2} g$$

图 6.2-11 计及滑轮质量的阿特伍德机

**例 2** 旋转哑铃.

质量为 $m$ 的两个质点,系在长为 $2b$ 的轻杆两端,杆的中点固连在竖直轴上,杆与竖直轴斜交成 $\alpha$ 角,并以恒定角速度 $\omega$ 绕竖直轴旋转.(1)求质点的速度、加速度;(2)求体系的角动量;(3)设转轴被轴承 $MN$ 固定,$MO = NO = R$,求转轴对轴承的水平作用力.(图 6.2-12).

**解**:(1)取杆中心 $O$ 为坐标原点. 由(6.2-6)式,质点的速度为

$$\boldsymbol{v} = \boldsymbol{\omega} \times \boldsymbol{r}$$

今 $\boldsymbol{\omega}$ 与质点 $A$ 的位矢 $\boldsymbol{r}_A$ 的夹角为 $\alpha$,与质点 $B$ 的位矢 $\boldsymbol{r}_B$ 的夹角为 $\pi - \alpha$,因而

$$v_A = |\boldsymbol{v}_A| = |\boldsymbol{\omega} \times \boldsymbol{r}_A| = \omega b \sin \alpha$$

$$v_B = |\boldsymbol{v}_B| = |\boldsymbol{\omega} \times \boldsymbol{r}_B|$$
$$= \omega b \sin \alpha$$

图 6.2-12

在图示位置,质点 $A$ 的速度由纸面向外,$B$ 向里. 由(6.2-9)式,可得

$$\boldsymbol{a} = \frac{\mathrm{d}\boldsymbol{\omega}}{\mathrm{d}t} \times \boldsymbol{r} + \boldsymbol{\omega} \times (\boldsymbol{\omega} \times \boldsymbol{r})$$

今 $\dfrac{\mathrm{d}\boldsymbol{\omega}}{\mathrm{d}t} = 0$,而 $\boldsymbol{\omega}$ 与 $\boldsymbol{\omega} \times \boldsymbol{r}$ 相互垂直,于是

$$|\boldsymbol{a}_A| = \omega \cdot |\boldsymbol{\omega} \times \boldsymbol{r}_A| = \omega^2 b \sin \alpha$$

$$|\boldsymbol{a}_B| = \omega \cdot |\boldsymbol{\omega} \times \boldsymbol{r}_B| = \omega^2 b \sin \alpha$$

方向均指向轴.

(2)至于角动量,最简单的是以体系的质心为定点来考察. 由于质心不动,这样求出的角动量也就是体系相对任一固定点的角动量. 根据定义,每个质点的角动量 $\boldsymbol{L}' = \boldsymbol{r} \times m\boldsymbol{v}$,在图示位置,每个质点的角动量均沿纸面向右上方,与竖直轴成 $\dfrac{\pi}{2} - \alpha$ 角,且 $|\boldsymbol{L}'| = bmv = bm\omega b \sin \alpha = mb^2 \omega \sin \alpha$,故体系角动量 $|\boldsymbol{L}| = |2\boldsymbol{L}'| = 2mb^2 \omega \sin \alpha$,方向如图. $\boldsymbol{L}$ 与 $\boldsymbol{\omega}$ 并不同方向.

(3)体系角动量沿转轴 $z$ 方向的分量 $L_z = L \sin \alpha = 2mb^2 \omega \sin^2 \alpha$ 的大小和方向都不随时间变化,角动量在水平方向的分量

$$L_h = L \cos \alpha = 2mb^2 \omega \sin \alpha \cos \alpha$$

大小不变,但方向随时间变化. 使 $L_h$ 方向变化的力矩来自轴承对转轴的作用力. 轴承对转轴的作用力 $\boldsymbol{F}_M$ 和 $\boldsymbol{F}_N$ 始终与 $L_h$ 在同一平面内,随着 $\boldsymbol{L}_h$(或 $\boldsymbol{L}$)方向的改变,$\boldsymbol{F}_M$ 和 $\boldsymbol{F}_N$ 的方向也在改变. $\boldsymbol{F}_M$ 和 $\boldsymbol{F}_N$ 的反作用力便是转轴对轴承的作用力. 设 $\boldsymbol{F}_M$ 和 $\boldsymbol{F}_N$ 的大小为 $F$,由角动量定理,有

$$F \cdot 2R = \left| \frac{\mathrm{d}\boldsymbol{L}_h}{\mathrm{d}t} \right| = L_h \omega = 2mb^2 \omega^2 \sin \alpha \cos \alpha$$

$$F = \frac{1}{R} mb^2 \omega^2 \sin \alpha \cos \alpha$$

显然,在图示位置,$M$ 处受力向左,$N$ 处受力向右.

**例 3** 质量为 $m'$、长为 $l$ 的均匀细杆,静置于光滑的水平面上,可绕过杆中点 $O$ 的固定铅垂轴自由转动. 一质量为 $m$ 的子弹以 $v_0$ 的速度自杆的左方沿垂直于杆的方向射来,嵌入杆的上端 $A$ 点,求子弹嵌入杆后杆的角速度(图 6.2-13).

**解**:在子弹与杆端 $A$ 碰撞的 $\Delta t$ 时间内,设杆受到的平均冲力为 $F$,根据转动定律,杆得到角加速度 $\alpha$,则

$$F\frac{l}{2}=J\alpha$$

在发生相互作用的 $\Delta t$ 时间内,杆得到的角速度 $\boldsymbol{\omega}$ 的大小为

$$\omega=\alpha\Delta t=\frac{l}{2J}F\Delta t \qquad (1)$$

子弹受到反方向的冲力 $F$,也得到与 $v_0$ 反向的加速度 $a$,而有

$$F=ma$$

在 $\Delta t$ 时间内子弹的动量变化为

$$mv_0-mv=ma\Delta t=F\Delta t \qquad (2)$$

但子弹在嵌入杆端 $A$ 后与杆一起运动,应有

$$v=\omega\cdot\frac{l}{2} \qquad (3)$$

图 6.2-13

代入(2)式,有

$$F\Delta t=mv_0-\frac{1}{2}m\omega l$$

代入(1)式,得

$$\omega=\frac{l}{2J}\left(mv_0-\frac{ml\omega}{2}\right)=\frac{mv_0l}{2J}-\frac{ml^2\omega}{4J}$$

即

$$\omega\left(J+\frac{ml^2}{4}\right)=mv_0\frac{l}{2}$$

$$\omega=\frac{mv_0\dfrac{l}{2}}{J+ml^2/4}=\frac{mv_0\dfrac{l}{2}}{m'l^2/12+ml^2/4}$$

本题也可用另一种方法求解:体系(子弹和杆)在过程中只受轴承上的外力作用,故体系对 $O$ 点的角动量守恒,于是有

$$mv_0\cdot\frac{l}{2}=\left[J+m\left(\frac{l}{2}\right)^2\right]\omega$$

$$\omega=\frac{mv_0l/2}{J+ml^2/4}$$

结果相同. 可见,直接用守恒定律解题要简捷得多. 值得强调的是,在子弹与杆相互作用的过程中,体系的动量是不守恒的,因为在 $O$ 轴处存在外力的作用.

**例 4** 质量和半径分别为 $m_1$、$m_2$、$R_1$、$R_2$ 的两均质圆柱体各绕它们的光滑轴以角速度 $\Omega_1$、$\Omega_2$ 自转,两轴平行,自转方向相同. 让两柱互相接触,求达到稳定时每个圆柱体的角速度(图 6.2-14).

**解:** 两圆柱接触后,相互有摩擦力作用,摩擦力方向均阻碍转动. 设摩擦力为 $F_f$,则由转动定律,各圆柱的角速度 $\omega_1$、$\omega_2$ 将随时间变化,从而有

$$J_1\frac{d\omega_1}{dt}=-F_fR_1 \qquad (1)$$

$$J_2\frac{d\omega_2}{dt}=-F_fR_2 \qquad (2)$$

将 $J_1=\frac{1}{2}m_1R_1^2$,$J_2=\frac{1}{2}m_2R_2^2$ 代入以上两式,得

$$\frac{1}{2}m_1R_1\frac{d\omega_1}{dt}=-F_f$$

图 6.2-14

$$\frac{1}{2}m_2R_2\frac{\mathrm{d}\omega_2}{\mathrm{d}t}=-F_\mathrm{f}$$

即

$$m_1R_1\frac{\mathrm{d}\omega_1}{\mathrm{d}t}=m_2R_2\frac{\mathrm{d}\omega_2}{\mathrm{d}t}\tag{3}$$

两边积分,得

$$m_1R_1(\omega_1-\Omega_1)=m_2R_2(\omega_2-\Omega_2)\tag{4}$$

稳定时,相互间无滑动,设其时角速率分别为$\omega_1$、$\omega_2$,则有

$$\omega_1R_1=-\omega_2R_2$$

代入(4)式,得

$$m_1R_1\omega_1-m_1R_1\Omega_1=-m_2R_1\omega_1-m_2R_2\Omega_2$$
$$(m_1+m_2)R_1\omega_1=m_1R_1\Omega_1-m_2R_2\Omega_2$$

所以

$$\omega_1=\frac{m_1R_1\Omega_1-m_2R_2\Omega_2}{(m_1+m_2)R_1}\tag{5}$$

$$\omega_2=-\frac{m_1R_1\Omega_1-m_2R_2\Omega_2}{(m_1+m_2)R_2}\tag{6}$$

有人这样来解本题:他认为,摩擦力是内力,对体系角动量变化无贡献,因而体系角动量守恒.令最后两圆柱的角速率分别为$\omega_1$、$\omega_2$,则有

$$J_1\omega_1+J_2\omega_2=J_1\Omega_1+J_2\Omega_2\tag{7}$$

而由稳定时的条件,有

$$R_1\omega_1=-R_2\omega_2\tag{8}$$

由(7)式、(8)式可解得

$$\omega_1=\frac{m_1R_1^2\Omega_1+m_2R_2^2\Omega_2}{(m_1R_1-m_2R_2)R_1}\tag{9}$$

$$\omega_2=-\frac{m_1R_1^2\Omega_1+m_2R_2^2\Omega_2}{(m_1R_1-m_2R_2)R_2}\tag{10}$$

结果与(5)式、(6)式不同.你认为哪一种做法对?

**例5**　一质量为$m$、半径为$R$的圆盘可绕过中心的竖直轴$AB$旋转,盘面法线与轴成$\alpha$角,如图6.2-15所示,求圆盘绕竖直轴的转动惯量.

**解**:设圆盘以角速度$\omega$绕轴旋转.只要求出圆盘对盘心的角动量沿转轴的分量,即可求出此转动惯量.由于固定转轴不沿圆盘的对称轴(惯量主轴),其角动量显然不沿转轴方向,且这里角动量不易用直接积分求得.为求出体系角动量的大小与方向,建立与圆盘固连的坐标系1、2、3,使轴3沿盘面法线,轴1和轴2沿盘面直径,并使1在转轴和轴3组成的平面内,如图所示.显然,1、2、3都是对称轴(对$O$点的惯量主轴).

将$\omega$分解为$\omega_3$和$\omega_1$两个分矢量,其中$\omega_3=\omega\cos\alpha$,$\omega_1=\omega\sin\alpha$,任一瞬时,圆盘以$\omega$绕固定转轴的转动可看成以$\omega_3$绕3轴的转动

图 6.2-15

和以 $\omega_1$ 绕 1 轴的转动的合成,而 3 轴和 1 轴都是主轴,且 $J_3 = \dfrac{1}{2}mR^2$, $J_1 = \dfrac{1}{4}mR^2$,故刚体对 $O$ 点的角动量为

$$L = L_3 + L_1 = \frac{1}{2}mR^2\boldsymbol{\omega}_3 + \frac{1}{4}mR^2\boldsymbol{\omega}_1$$

$$= \frac{1}{2}mR^2\omega\cos\alpha\,\boldsymbol{e}_3 + \frac{1}{4}mR^2\omega\sin\alpha\,\boldsymbol{e}_1$$

式中 $\boldsymbol{e}_3$ 和 $\boldsymbol{e}_1$ 各为主轴 3 和主轴 1 方向的单位矢量. 由此式可见,$L$ 沿主轴 3 和主轴 1 的分量保持不变,但因主轴随刚体以 $\omega$ 绕竖直轴旋转,$L$ 也以 $\omega$ 绕竖直轴旋转. $L$ 的竖直分量 $L_z$ 为 $L_3$ 与 $L_1$ 在竖直方向的分量之和:

$$L_z = L_3\cos\alpha + L_1\sin\alpha$$

$$= \frac{1}{2}mR^2\omega\cos\alpha \cdot \cos\alpha + \frac{1}{4}mR^2\omega\sin\alpha \cdot \sin\alpha$$

$$= \left(\frac{1}{2}mR^2\cos^2\alpha + \frac{1}{4}mR^2\sin^2\alpha\right)\omega$$

由(6.2-23)式,即得圆盘绕竖直轴的转动惯量:

$$J = \frac{1}{2}mR^2\cos^2\alpha + \frac{1}{4}mR^2\sin^2\alpha$$

## §6.3 刚体的平面平行运动

### 1. 平面平行运动的运动方程

刚体的平面平行运动可以看成质心在与空间某固定平面平行的平面内的运动和刚体绕通过质心并垂直于固定平面的轴的转动的结合. 因此,确定了质心在平行于固定平面的平面上的运动和刚体绕通过质心并垂直于固定平面的轴线的转动,就确定了刚体的平面平行运动.

刚体的平面平行运动,通常是在约束情况下实现的. 例如平底刚体在平面上的滑动,圆形刚体在平面或曲面上的滚动等. 由于约束力的存在,刚体的受力情况比较复杂,但当过质心而垂直于固定平面的轴为刚体对称轴(或惯量主轴)时,刚体在运动过程中,角动量始终与该轴平行,在这种情况下,可将作用在刚体上的力看成(或简化为)都在质心运动的平面内. 对于不受约束的刚体,只要作用在刚体上的外力都在质心运动平面内,过质心且垂直于质心运动平面的轴又是对称轴(或惯量主轴),在一定的初条件下,刚体也作平面平行运动. 我们的讨论主要限于这些情况. 刚体平面平行运动的求解可分两步进行.

(1) 求质心的运动. 利用质心运动定律(它对刚体显然适用)

$$\boldsymbol{F}_{\text{ex}} = m\boldsymbol{a}_C \tag{6.3-1}$$

即可求得质心的运动. 其中 $\boldsymbol{F}_{\text{ex}}$ 表示所有外力的矢量和,$m$ 是刚体的质量.

(2) 在质心坐标系中讨论刚体绕通过质心并垂直于空间固定平面的轴的转动. 根据质心系中角动量定理的分量形式,即(5.4-1)式的 $z$ 分量形式,取过质心的转轴

为 $z$ 轴,并注意到 $L'_z = J_C \omega$,有

$$M_z = J_C \alpha \tag{6.3-2}$$

其中 $M_z$ 是外力对质心的力矩在 $z$ 轴方向分量的代数和,$\alpha$ 是绕 $z$ 轴转动的角加速度. 在过质心的转轴是对称轴(或惯量主轴)的情况下,$M_z$ 也就是合力对质心的力矩.

(6.3-2)式可看成质心系中的定轴转动定律. 尽管质心系为非惯性系,但惯性力对质心并无力矩.

### 2. 滚动

这里主要讨论圆形物体(圆柱、圆盘、圆环、球等)在平面或曲面上的滚动. 通常,质心就在圆的中心.

#### (1) 有滑动滚动和无滑动滚动

接触面之间有相对滑动的滚动称为**有滑动滚动**,接触面之间无相对滑动的滚动称为**无滑动滚动**,或称**纯滚动**.

对于纯滚动,除满足(6.3-1)式、(6.3-2)式运动方程外,还应满足约束条件:

$$v_C = R\omega, \quad a_C = R\alpha \tag{6.3-3}$$

对于平面上的滚动,式中 $v_C$、$a_C$ 是圆心(通常即质心)的速度和加速度的大小,$\omega$ 和 $\alpha$ 为滚动物体的角速度和角加速度(即物体在质心参考系中的角速度和角加速度),$R$ 是滚动物体的圆半径. 其实,上式对曲面上的滚动也成立,不论曲面是凸的还是凹的,但这时式中的 $a_C$ 应理解为圆心的切向加速度(思考题6.10).

#### (2) 滚动中的摩擦力

滚动物体将受承滚面的支承力(与承滚面垂直)和摩擦力(与承滚面平行)的作用.

若忽略滚动物体和承滚面的形变,如理想刚体在刚性平面上的滚动,在有滑动滚动中,摩擦力为动摩擦力;在纯滚动中,摩擦力为静摩擦力,它是一种约束力. 静摩擦力的方向不易判断,必须视具体情况而定. 可这样来判断静摩擦力的方向:设想在考察的瞬时静摩擦力突然消失,这时若刚体上与承滚面相接触的那一点向右运动(或者有向右运动的趋势),则静摩擦力向左;如果该点向左运动(或者有向左运动的趋势),则静摩擦力向右;如果该点不运动(也无运动趋势),则静摩擦力为零. 例如,当圆柱体受过质心的向右外力作用时,静摩擦力向左[图6.3-1(a)];当圆柱体受过 $A$ 点的向右外力作用时,静摩擦力向右[图6.3-1(b)];当刚体在水平面上作匀速纯滚动时,静摩擦力为零. 当刚体的承滚面也运动时,则要看两接触点的相对运动或其趋势.

实际物体在水平面上滚动时,若不加外力,都会逐渐减速. 这不能用静摩擦力来解释. 如图6.3-2所示,若向前滚动的轮子受向

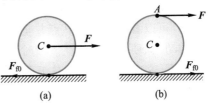

图 6.3-1 纯滚动中静摩擦力的方向

后的静摩擦力 $F_{f0}$ 的作用,这固然可以解释质心慢下来,但却不能解释转动慢下来,因为力 $F_{f0}$ 对质心 $C$ 的力矩只会使物体的转动加快. 原来,这里还存在由物体(或地面)的非弹性形变所产生的一种阻力. 假设滚轮在接触区有形变,而地面无形变,如图 6.3-3 所示. 此时,轮与地接触面呈长方形,前半部处于挤压状态,后半部处于形状趋于即将恢复的状态. 如果轮子形变是完全弹性的,地面对前、后半部的作用力相等,无阻力矩. 但若轮子的形变有非弹性的成分,即有塑性形变的成分,后半部的弹力就将小于前半部的弹力,从而造成一个合力 $F_N$,其作用点在前半部,如图中所示. 此力的大小等于轮的重力,与重力构成一力偶,对质心产生一与滚动反向的力矩 $M$,称为**滚动摩擦力矩**. 滚动摩擦力矩使物体角速度减少,但不影响质心速度,这就使接触面上各点有向前滑动的趋势,从而产生一个反向摩擦力 $F_f$,$F_f$ 可能是静摩擦力,也可能是动摩擦力. $F_N$ 和 $F_f$ 的合力矩使转动减慢,$F_f$ 则使质心运动减慢,$F_N$ 和 $F_f$ 的合力 $F$ 就代表了滚动中摩擦力的总效果.

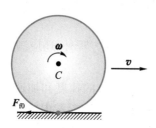

图 6.3-2 静摩擦力 $F_{f0}$ 使质心减速,但使转动加速,故不能解释滚动减慢

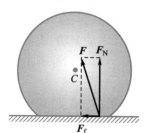

图 6.3-3 滚动摩擦的总效果可用合力 $F$ 代表

通常,滚动摩擦要比滑动摩擦小得多.

### 3. 瞬时转轴

在刚体的平面平行运动问题中,有时可以利用瞬时转轴概念,将问题简化为单纯的转动问题.

#### (1) 纯滚动中的瞬时转轴

当刚体作纯滚动时,刚体上与承滚面接触的那一点(或线)是瞬时静止的,如图 6.3-4 中的 $P$ 点,如果我们在该瞬时附近的 $\Delta t$ 时间内,以固连在刚体上的 $P$ 点为原点建立平动坐标系,在该瞬时附近的 $\Delta t$ 时间内,刚体的纯滚动(它本来包含质心的平动和绕通过质心的轴的转动)可以看成绕通过 $P$ 点并垂直于固定平面的转轴的纯转动. 只要求出刚体在该瞬时坐标系中的角速度和角加速度,这也就是刚体相对于质心坐标系或固定坐标系的角速度和角加速度,因为瞬时坐标系是平动坐标系.

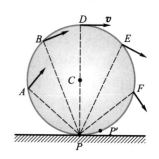

图 6.3-4 瞬时转轴

而一旦求出角速度和角加速度,由约束方程(6.3-3)式,该瞬时圆心(通常即质心)的速度、加速度(法向和切向加速度)均可求出,从而刚体上各点在该瞬时的速度和

加速度都可求出. 过 $P$ 点并垂直于空间固定平面的轴叫**瞬时转轴**. 瞬时转轴与刚体上平行于固定平面的某一截面(例如过质心的截面)的交点称为**瞬时转动中心**, 简称**瞬心**, 例如 $P$ 点即是瞬心. 在下一瞬时, 刚体上与承滚面接触的一点将不再是 $P$, 而是 $P'$(图 6.3-4), 瞬心也由 $P$ 点变为 $P'$ 点. 下一瞬间的坐标系亦应以 $P'$ 为原点.

那么, 对于相对于瞬时转轴的转动问题, 是否可以直接应用转动定律? 诚然, 在上述瞬时平动参考系中, 瞬时转轴是瞬时固定轴, 在 $\Delta t$ 时间内, 刚体作定轴转动, 但该参考系相对固定参考系(惯性系)的加速度不为零, 是非惯性系, 只有在引入惯性力对瞬时转轴的力矩后转动定律才成立. 故对于瞬时转轴 $P$, 转动定律应为

$$M_P + M_{P\text{惯}} = J_P \alpha \tag{6.3-4}$$

其中 $M_P$ 为外力对瞬时转轴的力矩, $M_{P\text{惯}}$ 是惯性力对瞬时转轴的力矩, $J_P$ 是刚体对瞬时转轴的转动惯量. 惯性力由加速参考系相对于固定参考系的加速度决定, 亦即由瞬间与刚体固连的 $P$ 点的加速度决定. $P$ 点的加速度 $\boldsymbol{a}_P$ 可由质心加速度 $\boldsymbol{a}_C$ 及 $P$ 点在质心系中的加速度 $\boldsymbol{a}'_P$ 之和决定, 即

$$\boldsymbol{a}_P = \boldsymbol{a}_C + \boldsymbol{a}'_P \tag{6.3-5}$$

而 $\boldsymbol{a}'_P$ 又可分解为切向和法向两部分:

$$\boldsymbol{a}'_P = \boldsymbol{a}'_t + \boldsymbol{a}'_n \tag{6.3-6}$$

考虑圆形物体在平面上的纯滚动, 若质心即圆心, 由纯滚动约束条件, $a_C = R\alpha = a'_t$, 但两者方向相反, 即 $\boldsymbol{a}_C = -\boldsymbol{a}'_t$, 代入(6.4-5)式,

$$\boldsymbol{a}_P = \boldsymbol{a}_C + \boldsymbol{a}'_P = \boldsymbol{a}_C + \boldsymbol{a}'_t + \boldsymbol{a}'_n = \boldsymbol{a}'_n \tag{6.3-7}$$

而 $\boldsymbol{a}'_n$ 沿着 $P$ 点的半径方向, 因而 $\boldsymbol{a}_P$ 也沿过 $P$ 点的半径方向. 惯性力的合力与 $\boldsymbol{a}_P$ 反方向, 作用点通过质心, 因而惯性力通过 $P$ 点. 于是 $M_{P\text{惯}} = 0$, (6.3-4)式变为

$$M_P = J_P \alpha \tag{6.3-8}$$

以上讨论只要求质心位于圆形滚动物体的圆心, 这对均质圆形刚体或质量呈轴对称分布的圆形刚体都满足. 上述结论尽管是在平面上的纯滚动情况下导出的, 但它对在曲面上的纯滚动也适用.

### (2) 一般平面平行运动的瞬时转轴

在一般的平面平行运动中, 也存在瞬时转轴. 设某瞬时, 刚体上的某一点(例如质心) $C$ 以速度 $\boldsymbol{v}_C$ 运动, 同时刚体以角速度 $\boldsymbol{\omega}$ 绕过 $C$ 的轴转动. 过 $C$ 且平行固定平面的截面如图 6.3-5 所示. 这时, 截面上任一点相对固定参考系的速度为

$$\boldsymbol{v} = \boldsymbol{v}_C + \boldsymbol{\omega} \times \boldsymbol{r}'$$

式中 $\boldsymbol{r}'$ 是该点以 $C$ 为原点的位矢. 因而我们总可以在刚体上找到某一点 $P$, 使

$$\boldsymbol{v}_P = \boldsymbol{v}_C + \boldsymbol{\omega} \times \boldsymbol{r}'_P = 0$$

或

$$\boldsymbol{\omega} \times \boldsymbol{r}'_P = -\boldsymbol{v}_C$$

于是过 $P$ 点(在考察的 $\Delta t$ 时间内与刚体固连)且垂直于固定平面的轴即为该时刻的瞬时转轴, $P$ 点即为瞬心.

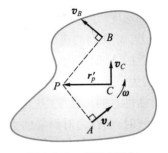

图 6.3-5 求平面平行运动的瞬时转轴

由图不难看出,$r'_P$ 必与 $v_C$ 垂直,而且,因 $\boldsymbol{\omega}$ 与 $r'_P$ 垂直,$r'_P$ 的大小 $r'_P$ 可由

$$\omega r'_P = v_C$$

求得. 因而,该时刻的瞬时转轴位置可由该时刻的 $v_C$ 和 $\boldsymbol{\omega}$ 求得. 在下一时刻,瞬时转轴位置又可以由下一时刻的 $v_C$ 和 $\boldsymbol{\omega}$ 求得.

实际上,在任一瞬时,截面上任一点的速度方向均与该点相对瞬心的位置矢量垂直. 利用这一性质,已知截面上任两点的速度方向也可求得瞬心的位置,只要过这两点引两条与速度方向垂直的直线,两直线的交点即为瞬心的位置. 如图中 $PA$ 与 $PB$ 两线分别与 $v_A$、$v_B$ 垂直,它们的交点即为 $P$.

对于作平面平行运动的刚体,在相对瞬时转轴应用转动定律时,由于瞬心的加速度并不为零,也必须考虑惯性力的力矩. 而在一般情况下,惯性力对瞬时转轴的力矩并不为零,这一点与圆形的均质(或质量呈轴对称分布)刚体作纯滚动的情况不同.

### (3) 几点说明

(1) 代表瞬时转轴位置的瞬心 $P$ 点可以在刚体上,也可以在刚体外与刚体保持刚性连接的空间点上,就像质心可以在刚体外一样. 但质心是刚体内(或刚体外)的一个确定点,它相对刚体各质元的相对位置保持不变,而不同时刻的瞬心是刚体内(或刚体外)的不同的点,它相对刚体各质元有不同的位置. 例如,在纯滚动中,现时刻瞬心在 $P$ 点,下一时刻将在 $P'$ 点(图 6.3-6).

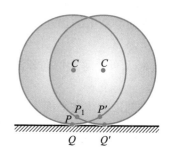

图 6.3-6 瞬心在刚体上的
位置不断变动

(2) 为了将刚体的平面平行运动问题化为对瞬时转轴的纯转动问题,我们建立了以瞬心为原点的瞬时平动参考系. 在我们的讨论中,该作为原点的瞬心在考察的瞬时附近的 $\Delta t$ 时间内视为固连在刚体上,因而瞬心的速度和加速度是指与刚体固连的该点的速度和加速度,而不是指瞬心在空间位置的变动速度和加速度. 例如,在纯滚动中,瞬心的速度和加速度是指 $P$ 点的速度和加速度(下一时刻,$P$ 点将位于 $P_1$ 点),而不是指与 $P$ 点重合的空间点 $Q$ 的速度和加速度(下一时刻,$Q$ 点将位于 $Q'$ 点). 在匀速纯滚动中,$P$ 点的速度为零,加速度向上,而 $Q$ 点的速度向右,加速度为零. 在这样的瞬时平动参考系中,在所考察瞬时附近的 $\Delta t$ 时间内,刚体的平面平行运动变为绕固定轴的转动,只要引进惯性力矩(因为该平动参考系不是惯性系),转动定律照样适用. 当该固连在刚体上的瞬心相对惯性系的加速度(这也就是瞬时平动参考系的加速度)平行于瞬心与刚体质心的连线时,惯性力对瞬心的力矩为零. 均质或质量呈轴对称分布的圆形刚体作纯滚动时,情况就是如此. 对质量不呈轴对称分布的圆形物体或有圆形表面的物体,例如半圆柱或半圆球,惯性力矩对瞬心的力矩将不为零,这时用瞬时转轴讨论问题必须考虑惯性力矩的作用*.

---

* 刚体对瞬心的转动问题有多种处理方法,这里所采用的是其中的一种. 较全面的讨论可参阅有关书籍和文献,例如"关于刚体绕瞬心的转动方程的来稿总结"[喀兴林. 大学物理. 1986(7)].

### 4. 作平面平行运动的刚体的角动量

刚体作为质点系,应满足质点系的所有性质. 根据(5.4-4)式,作平面平行运动的刚体对空间任一固定点的角动量等于质心相对该点的角动量和刚体相对质心角动量的矢量和,即

$$L = L_C + L' = r_C \times p + \sum_i r_i' \times (m_i v_i')$$

刚体相对质心作绕过质心的轴的转动,故有 $v_i' = \omega \times \rho_i$,因此

$$L' = \sum_i r_i' \times (m_i v_i') = \sum_i r_i' \times m_i (\omega \times \rho_i) = \left( \sum_i m_i \rho_i^2 \right) \omega = J_C \omega$$

因而可得

$$L = r_C \times p + J_C \omega \tag{6.3-9}$$

### 5. 例题

**例 1** 一均质细棒,质量为 $m$、长为 $L$,原处水平方位且静止不动,受竖直向上的冲力 $F$ 作用,力的冲量为 $F \Delta t$,$F$ 的作用点与质心的距离为 $l$,求棒的运动(图 6.3-7).

**解**:在棒受冲力的短时间内,重力的作用可忽略,因而质心的运动方程为

$$F = m a_C$$

故

$$F \Delta t = m v_C$$

质心以 $v_C = \dfrac{F \Delta t}{m}$ 的初速作上抛运动.

绕通过质心的轴的转动由转动定律决定:

$$Fl = J\alpha$$

$$Fl \Delta t = J \alpha \Delta t = J \omega$$

$$\omega = \frac{Fl \Delta t}{J} = \frac{F \Delta t l}{mL^2/12}$$

由于重心即为质心,重力对绕过质心的轴的转动无作用,故在上抛过程中棒以恒定角速度 $\omega$ 绕质心转动. 棒的整个运动如图 6.3-7 所示.

图 6.3-7

**例 2** 半径为 $r$、质量为 $m$、对过质心轴的转动惯量为 $J = mk^2$ 的圆形刚体自倾角为 $\theta$ 的斜面无滑动地滚下,求质心的加速度(图 6.3-8).

**方法一**:考察质心的运动和绕过质心的轴的转动. 圆柱受重力 $mg$、斜面支承力 $F_N$ 和摩擦力 $F_f$ 三个力作用,设 $F_f$ 沿斜面向上. 取沿斜面下落方向为 $x$ 轴,与斜面垂直的方向为 $y$ 轴.

质心沿 $y$ 方向无运动,故

$$F_N - mg\cos\theta = 0$$

即

$$F_N = mg\cos\theta$$

沿 $x$ 方向,有

$$mg\sin\theta - F_f = ma_C \tag{1}$$

对过质心轴的转动,有

$$F_{\mathrm{f}}r = J\alpha \tag{2}$$

约束条件为

$$a_c = \alpha r \tag{3}$$

解以上三式,得

$$a_c = \frac{r^2}{r^2 + k^2}g\sin\theta$$

图 6.3-8

**方法二**:用瞬时转轴解. 对于通过 $P$ 点的轴,仅重力有力矩,而摩擦力无力矩,故有

$$mgr\sin\theta = J_P\alpha = (J + mr^2)\alpha$$

所以

$$a_c = \alpha r = \frac{r^2}{r^2 + k^2}g\sin\theta$$

结果与方法 1 相同.

**讨论**:

a. 质心的加速度小于 $g\sin\theta$,且转动惯量越大,质心加速度越小. 对均质圆柱,$\rho^2 = \frac{1}{2}\cdot r^2$,则

$$a_c = \frac{r^2}{r^2 + r^2/2}g\sin\theta = \frac{2}{3}g\sin\theta$$

对均质球,$k^2 = \frac{2}{5}r^2$,则

$$a_c = \frac{r^2}{r^2 + 2r^2/5}g\sin\theta = \frac{5}{7}g\sin\theta$$

b. 为实现纯滚动,摩擦力 $F_{\mathrm{f}}$ 是不可少的. 由(1)式,

$$F_{\mathrm{f}} = mg\sin\theta - ma_c = mg\sin\theta\left(1 - \frac{r^2}{r^2 + k^2}\right)$$

$$= mg\sin\theta\,\frac{k^2}{k^2 + r^2}$$

刚体的转动惯量越大,所需的摩擦力也越大. 斜面所能提供的最大静摩擦力为 $\mu F_{\mathrm{N}}$,故当 $F_{\mathrm{f}} \leqslant \mu mg\cos\theta$ 时,能维持纯滚动;当 $F_{\mathrm{f}} > \mu mg\cos\theta$ 时,不能维持纯滚动,出现滑动. 故维持纯滚动的静摩擦因数必须大于一定值,此值由

$$mg\sin\theta\,\frac{k^2}{r^2 + k^2} \leqslant \mu mg\cos\theta$$

决定,即

$$\mu \geqslant \frac{k^2}{r^2 + k^2}\tan\theta$$

对均匀圆柱, $\mu \geqslant \dfrac{1}{3} \tan \theta$; 对均质球, $\mu \geqslant \dfrac{2}{7} \tan \theta$.

　　c. 关于摩擦力 $F_f$ 的方向. 由题意不能明显看出 $F_f$ 的方向, 该方向可根据上文介绍的方法来判断. 在本题中, 若斜面完全光滑, 在 $F_N$ 和 $mg$ 共同作用下, 刚体只发生平动, 而无相对质心的转动, $P$ 点将随质心向下滑动, 由此可见, $P$ 点有相对斜面向下滑动的趋势, 故 $F_f$ 向上. 但解题时也可先任意假定一个方向, 从所得摩擦力的正、负来判定其方向, 本题就是这样做的.

　　**例 3**　质量为 $m$、半径为 $r$ 的均质球置于粗糙的水平桌面上, 球与桌面的摩擦因数为 $\mu$, 球在水平冲力作用下获得一平动初速度 $\boldsymbol{v}_0$, 问球经过多少距离后变为纯滚动? 纯滚动时质心的速率为多大?（图 6.3-9）.

图 6.3-9

　　**解**：球在受冲击后水平方向只受摩擦力 $F_f = \mu mg$ 的作用, 可得质心的运动方程

$$ma_C = -\mu mg \tag{1}$$

及转动方程

$$\mu mgr = J\alpha \tag{2}$$

由(1)式得

$$a_C = -\mu g, \quad v_C = v_0 - \mu gt$$

由(2)式得

$$\alpha = \frac{\mu mgr}{J} = \frac{\mu mgr}{2mr^2/5}$$

$$= \frac{5}{2}\frac{\mu g}{r}$$

$$\omega = \alpha t = \frac{5}{2}\frac{\mu g}{r}t$$

随着时间增加, $v_C$ 逐渐减小, $\omega$ 逐渐增大. 经过时间 $t$ 后, 终于使 $v_C$ 和 $\omega$ 满足纯滚动条件, $v_C = r\omega$, 即

$$v_0 - \mu gt = \frac{5}{2}\mu gt$$

$$t = \frac{2v_0}{7\mu g}$$

质心在 $t$ 时间内共经过的距离为

$$s = v_0 t + \frac{1}{2}a_C t^2 = \frac{12}{49}\frac{v_0^2}{\mu g} \tag{3}$$

纯滚动时质心的速率为

$$v_C = v_0 - \mu gt = 5v_0/7 \tag{4}$$

　　若以桌面上固定点 $O$（与球心位于同一竖直平面内）为参考点, 由于摩擦力方向通过该点, 球对 $O$ 点的角动量守恒. 注意到纯滚动时的约束条件 $v_C = r\omega$, 于是有

$$mv_0 r = mv_C r + J_C \omega = mv_C r + \frac{2}{5}mv_C r$$

即得(4)式.

**例 4** 质量为 $m$、长为 $l$ 的细杆位于竖直面内,其一端 $B$ 置于光滑水平地面,另一端 $A$ 靠在光滑墙面上. 起初,让杆与墙面成 $\theta_0$ 角,如图 6.3-10 所示,然后由静止释放. 求刚释放瞬时墙与地面对杆的作用力 $F$ 和 $F_N$.

**解**:取坐标系 $Oxy$ 如图所示. 释放瞬时,杆有下滑趋势,列出质心的运动方程和杆绕质心的转动方程如下:

图 6.3-10

$$m\ddot{x}_C = F \tag{1}$$

$$m\ddot{y}_C = F_N - mg \tag{2}$$

$$J_C\ddot{\theta} = F_N\frac{l}{2}\sin\theta - F\frac{l}{2}\cos\theta \tag{3}$$

$\ddot{x}_C$、$\ddot{y}_C$ 和 $\ddot{\theta}$ 并不独立,有约束方程相联系. 在杆下滑的短时间内,杆两端分别与墙和地面接触,质心保持在以 $O$ 为圆心、$\frac{l}{2}$ 为半径的圆周上运动,质心坐标满足:

$$x_C = \frac{l}{2}\sin\theta \tag{4}$$

$$y_C = \frac{l}{2}\cos\theta \tag{5}$$

于是有

$$\ddot{x}_C = \frac{l}{2}\cos\theta\,\ddot{\theta} - \frac{l}{2}\sin\theta\,\dot{\theta}^2 \tag{6}$$

$$\ddot{y}_C = -\frac{l}{2}\sin\theta\,\ddot{\theta} - \frac{l}{2}\cos\theta\,\dot{\theta}^2 \tag{7}$$

在刚释放的瞬时,杆尚无角速度,即 $\dot{\theta}=0$,于是有

$$\ddot{x}_C = \frac{l}{2}\cos\theta\,\ddot{\theta} \tag{8}$$

$$\ddot{y}_C = -\frac{l}{2}\sin\theta\,\ddot{\theta} \tag{9}$$

由(1)式、(2)式、(3)式、(8)式、(9)式及 $J_C = \frac{1}{12}ml^2$,$\theta = \theta_0$,即可解得

$$\ddot{\theta} = \frac{3}{2}\frac{g}{l}\sin\theta_0 \tag{10}$$

$$\ddot{y}_C = -\frac{3}{4}g\sin^2\theta_0,\ \ddot{x}_C = \frac{3}{4}g\sin\theta_0\cos\theta_0 \tag{11}$$

于是有

$$F = m\ddot{x}_C = \frac{3}{4}mg\sin\theta_0\cos\theta_0 \tag{12}$$

$$F_N = m\ddot{y}_C + mg = mg\left(1 - \frac{3}{4}\sin^2\theta_0\right) \tag{13}$$

**例 5** 长为 $l$、质量为 $m$ 的两根均质棒 $AO$、$OB$ 位于光滑的水平面上,两棒用光滑的铰链连接于 $O$ 点,使它们可绕过 $O$ 点的竖直轴自由转动. 起初,两棒成一直线. 今在 $B$ 端施以水平冲力,冲量为 $I$,方向与棒垂直向右,如图 6.3-11(a)所示. 当冲力刚结束的瞬时,求:

（1）两棒质心 $C_1$、$C_2$ 的速率 $v_1$、$v_2$（以向右为正）；

（2）两棒的角速率 $\omega_1$、$\omega_2$（以逆时针方向为正）.

**解**：设想 $AO$ 棒不存在，在 $I$ 作用下，$OB$ 棒的质心 $C_2$ 将向右运动，同时棒绕 $C_2$ 点向逆时针方向转动，结果 $O$ 点获得一向左的速度，从而使 $AO$ 棒下端 $O$ 受到向左的冲力，使其质心 $C_1$ 向左运动. 因而在冲力刚结束的瞬时，$C_1$、$C_2$ 的速率 $v_1$、$v_2$ 均沿水平方向，根据质点系动量定理，有

$$mv_1 + mv_2 = I \tag{1}$$

根据质点系角动量定理，以与棒开始运动前的 $O$ 点重合的空间固定点为参考点，有

$$mv_2 \frac{l}{2} + J\omega_2 - mv_1 \frac{l}{2} + J\omega_1 = Il \tag{2}$$

由于两棒在 $O$ 点相连，有约束方程：

$$v_1 + \omega_1 \frac{l}{2} = v_2 - \omega_2 \frac{l}{2} \tag{3}$$

以上三个方程式中含有 $v_1$、$v_2$、$\omega_1$、$\omega_2$、四个未知数，还缺少一个方程. 原来，$AO$ 棒是在 $BO$ 棒施于它的水平冲力 $F$ 作用下运动的，它的质心速率 $v_1$ 与绕质心的角速率 $\omega_1$ 间有一定联系. 由动量定理，有

$$mv_1 = -F \tag{4}$$

由角动量定理，有

$$J\omega_1 = -F \frac{l}{2} \tag{5}$$

由（4）式、（5）式消去 $F$ 即得

$$J\omega_1 = mv_1 \frac{l}{2} \tag{6}$$

由（1）式、（2）式、（3）式及（6）式及 $J = \frac{1}{12}ml^2$，即可解得

$$v_1 = -\frac{1}{4}\frac{I}{m}, \quad v_2 = \frac{5}{4}\frac{I}{m}$$

$$\omega_1 = -\frac{3}{2}\frac{I}{ml}, \quad \omega_2 = \frac{9}{2}\frac{I}{ml}$$

图 6.3-11

阅读材料：
体育运动中的
角动量守恒定
律

# §6.4 刚体的能量

刚体作为质点系，应服从质点系的功能原理. 刚体的特殊性，使其机械能（包括动能与势能）的表示式具有比一般质点系更简单的形式.

## 1. 定轴转动刚体的动能与动能定理

### （1）定轴转动刚体的动能

根据动能的定义，当刚体以角速度 $\omega$ 绕定轴转动时，其动能为

$$E_k = \sum_i \frac{1}{2} \Delta m_i v_i^2 = \sum_i \frac{1}{2} \Delta m_i \omega^2 \rho_i^2$$
$$= \frac{1}{2} \left( \sum_i \Delta m_i \rho_i^2 \right) \omega^2$$

而 $\sum_i \Delta m_i \rho_i^2 = J$，为刚体对该定轴的转动惯量，于是有

$$E_k = \frac{1}{2} J \omega^2 \qquad (6.4-1)$$

这与质点动能的表示式 $\frac{1}{2} mv^2$ 相似.

### （2）力矩的功

刚体作定轴转动时，外力对刚体所做的功可以用力矩的功表示. 取定轴为 $z$ 轴，设外力为 $\boldsymbol{F}$，外力作用点 $P$ 与轴的垂直距离为 $\rho$（图 6.4-1）. 当刚体有角位移 $\mathrm{d}\varphi$ 时，$P$ 点随刚体产生位移 $\mathrm{d}\boldsymbol{r}$，则 $|\mathrm{d}\boldsymbol{r}| = \rho \mathrm{d}\varphi$. 在此过程中 $\boldsymbol{F}$ 所做的元功等于 $\boldsymbol{F}$ 在 $\mathrm{d}\boldsymbol{r}$ 方向上的分量 $F_\varphi$ 与 $|\mathrm{d}\boldsymbol{r}|$ 的乘积：

$$\mathrm{d}W_{外} = \boldsymbol{F} \cdot \mathrm{d}\boldsymbol{r} = F_\varphi |\mathrm{d}\boldsymbol{r}| = F_\varphi \rho \mathrm{d}\varphi$$

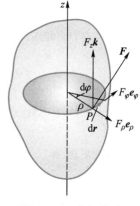

$\boldsymbol{F}$ 沿另外两个方向的分力（沿 $z$ 方向的分力 $F_z \boldsymbol{k}$ 和沿 $\rho$ 方向的分力 $F_\rho \boldsymbol{e}_\rho$）对定轴转动刚体不做功，而 $F_\varphi \rho$ 即力 $\boldsymbol{F}$ 对 $z$ 轴的力矩 $M_z$，故上式可写成

$$\mathrm{d}W_{外} = M_z \mathrm{d}\varphi$$

图 6.4-1　力矩的功

于是外力所做的功可表示成力矩的功：

$$W_{外} = \int M_z \mathrm{d}\varphi \qquad (6.4-2)$$

当刚体受几个外力作用时，只要将 $M_z$ 理解为所有外力对 $z$ 轴的总力矩，(6.4-2)式仍然适用.

### （3）定轴转动刚体的动能定理

将转动定律 $M_z = J\alpha$ 代入上式，得

$$W_{外} = \int M_z \mathrm{d}\varphi = J \int \alpha \mathrm{d}\varphi = J \int \frac{\mathrm{d}\omega}{\mathrm{d}t} \mathrm{d}\varphi$$
$$= J \int_{\omega_0}^{\omega} \omega \mathrm{d}\omega = \frac{1}{2} J\omega^2 - \frac{1}{2} J\omega_0^2$$

或

$$W_{外} = \frac{1}{2} J\omega^2 - \frac{1}{2} J\omega_0^2 \qquad (6.4-3)$$

即外力矩的功等于定轴转动刚体动能的增量. 这就是作定轴转动的刚体的动能定理. 刚体的动能定理是由转动定律导出的，但反过来，转动定律也可由动能定理导出. 这与质点作直线运动的情况相似. 在质点作直线运动的情况下，动能定理可由牛顿运动定律导出，牛顿运动定律也可以由动能定理导出. 这里又一次表现出定轴

转动刚体与作直线运动质点的相似性. 这种相似性是与两者都只有一个自由度相联系的.

### 2. 平面平行运动刚体的动能

将柯尼希定理(4.6-1)式应用于作平面平行运动的刚体,刚体的动能可以写成质心的平动能与刚体绕过质心的轴的转动能之和:

$$E_k = \frac{1}{2}mv_C^2 + \frac{1}{2}J_C\omega^2 \qquad (6.4-4)$$

将柯尼希定理应用于作定轴转动的刚体,将得出相同的结果. 设作定轴转动刚体的质心与固定轴相距 $d$,则 $v_C = \omega d$,代入上式得

$$E_k = \frac{1}{2}m(\omega d)^2 + \frac{1}{2}J_C\omega^2$$

$$= \frac{1}{2}\left[(md)^2 + J_C\right]\omega^2$$

由平行轴定理,$J_C + md^2 = J$,$J$ 即绕固定轴的转动惯量,于是上式变为

$$E_k = \frac{1}{2}J\omega^2$$

与(6.4-1)式一致.

由于平面平行运动也可以看成绕瞬时转轴的纯转动,因而作平面平行运动的刚体的动能也可以表示为(6.4-1)式,只要将式中的 $J$ 理解为刚体对瞬时转轴的转动惯量. 当然,一般而言,由于瞬时转轴在刚体上的位置随时间变化,刚体对瞬时转轴的转动惯量也随时间变化.

### 3. 刚体的重力势能

由于刚体各质元间距离保持不变,不必考虑刚体各质元之间的相互作用势能. 因而刚体只有与其他物体间的相互作用势能. 刚体与地球之间的相互作用势能即为重力势能. 作为质点系,刚体的重力势能应为各质元重力势能之和:

$$E_p = \sum_i \Delta m_i g y_i = \left(\sum_i \Delta m_i y_i\right) g = mg y_C \qquad (6.4-5)$$

可见,刚体的重力势能与质量集中在质心上的一个质点的重力势能相同,只由质心的位置决定,而与刚体的具体方位无关.

至于刚体与其他物体间的其他形式的相互作用势能,可作相似讨论,这里不再赘述.

### 4. 例题

**例 1**　用能量法重新求解 §6.3 例 2.

取地球和圆柱为体系,在圆柱从斜面滚下的过程中,无其他外力做功,体系的机械能守恒. 圆柱质心滚下 $x$ 后,其重力势能减少 $mgx\sin\theta$,它应等于圆柱动能的增加,即

$$mgx\sin\theta = \frac{1}{2}mv_C^2 + \frac{1}{2}J_C\omega^2$$

$$= \frac{1}{2}mv_C^2 + \frac{1}{2}mk^2\left(\frac{v_c}{r}\right)^2$$

$$gx\sin\theta = \frac{1}{2}v_C^2\left(1+\frac{k^2}{r^2}\right)$$

$$v_C^2 = \frac{2gx\sin\theta}{1+\frac{k^2}{r^2}} = \frac{2r^2xg\sin\theta}{r^2+k^2}$$

由 $v_C^2 = 2a_C x$，可得

$$a_C = \frac{v_C^2}{2x} = \frac{r^2}{r^2+k^2}g\sin\theta$$

也可以用瞬时转轴的概念解本题. 这时, 圆柱绕瞬时转轴作纯转动, 由动能定理, 力矩的功等于动能的增量, 相应的微分形式为

$$mgr\sin\theta\frac{d\varphi}{dt} = \frac{d}{dt}\left(\frac{1}{2}J\omega^2\right)$$

$$= J\omega\frac{d\omega}{dt}$$

但 $\dfrac{d\varphi}{dt} = \omega$，于是

$$\frac{d\omega}{dt} = \frac{mgr\sin\theta}{J} = \frac{mgr\sin\theta}{m(r^2+k^2)}$$

所以

$$a_C = r\cdot\frac{d\omega}{dt} = \frac{r^2g\sin\theta}{r^2+k^2}$$

上面我们没有考虑静摩擦力对圆柱能量的影响. 从最终结果看, 由于静摩擦力的作用点没有位移, 静摩擦力对圆柱不做功. 但是, 静摩擦力对于圆柱能量在平动能和转动能两方面的分配上, 是有作用的. 设想在圆柱质心上作用着一对反向力 $F_1$ 和 $-F_1$, 大小与静摩擦力 $F_{f0}$ 相等, 方向分别与静摩擦力相同和相反(图 6.4-2). 其中 $F_1$(与 $F_{f0}$ 同向)使质心减速, $-F_1$ 与 $F_{f0}$ 构成的力偶则使圆柱转动加速. 当质心下滚 $x$ 时, $F_1$ 对质心做的功为 $-F_{f0}x$, 而由 $-F_1$ 和 $F_{f0}$ 构成的力偶对圆柱所做的功为 $F_{f0}r\varphi$, 前者使圆柱的平动能减少, 后者使转动能增加, 由于 $x = r\varphi$, 所以摩擦力做的总功为 $F_{f0}r\varphi - F_{f0}x = 0$. 如果没有摩擦力, 仅在重力作用下的圆柱只能有平动能, 不可能有转动能.

图 6.4-2　计算静摩擦力对平动和转动所做的功

**例 2**　§6.3 例 4 中, 如果让杆自 $\theta = \theta_0$ 位置静止释放后继续下滑, 杆是否会脱离墙或地面? 如果会, 试确定脱离时的角度 $\theta_m$.

**解**：为判定杆是否会脱离墙或地,不妨设杆的两端始终约束在墙和地面上,求出 $F$、$F_N$ 与杆角位置 $\theta$ 的关系. 杆质心的运动方程和绕质心的转动方程仍为

$$m\ddot{x}_C = F \tag{1}$$

$$m\ddot{y}_C = F_N - mg \tag{2}$$

$$J_C\ddot{\theta} = F_N\frac{l}{2}\sin\theta - F\frac{l}{2}\cos\theta \tag{3}$$

而 $x_C$、$y_C$ 与 $\theta$ 及它们的时间导数间仍有如下关系:

$$x_C = \frac{l}{2}\sin\theta, \quad y_C = \frac{l}{2}\cos\theta \tag{4}$$

$$\dot{x}_C = \frac{l}{2}\cos\theta\,\dot{\theta}, \quad \dot{y}_C = -\frac{l}{2}\sin\theta\,\dot{\theta} \tag{5}$$

$$\ddot{x}_C = \frac{l}{2}\cos\theta\,\ddot{\theta} - \frac{l}{2}\sin\theta\,\dot{\theta}^2 \tag{6}$$

$$\ddot{y}_C = \frac{-l}{2}\sin\theta\,\ddot{\theta} - \frac{l}{2}\cos\theta\,\dot{\theta}^2 \tag{7}$$

在杆的下滑过程中,不再有 $\dot{\theta}=0$,但在下滑过程中杆的机械能守恒,因而有

$$mg\frac{l}{2}\cos\theta_0 = mg\frac{l}{2}\cos\theta + \frac{1}{2}m(\dot{x}_C + \dot{y}_C) + \frac{1}{2}J_C\dot{\theta}^2$$

将(5)式及 $J_C = \frac{1}{12}ml^2$ 代入,得

$$mg\frac{l}{2}(\cos\theta_0 - \cos\theta) = \frac{1}{2}m\frac{l^2}{4}\dot{\theta}^2 + \frac{1}{2}J_C\dot{\theta}^2 \tag{8}$$

$$= \frac{1}{6}ml^2\dot{\theta}^2$$

由(1)式、(2)式、(3)式、(6)式、(7)式、(8)式及 $J_C = \frac{1}{12}ml^2$,即可解得

$$\ddot{\theta} = \frac{3g\sin\theta}{2l}$$

$$\ddot{x}_C = \frac{3}{4}g\sin\theta(3\cos\theta - 2\cos\theta_0)$$

$$\ddot{y}_C = \frac{1}{4}g(9\cos^2\theta - 3 - 6\cos\theta\cos\theta_0)$$

$$F = \frac{3}{4}mg\sin\theta(3\cos\theta - 2\cos\theta_0)$$

$$F_N = \frac{1}{4}mg(1 + 9\cos^2\theta - 6\cos\theta\cos\theta_0)$$

当 $\theta=\theta_0$,此结果与 §6.3 例 4 相同. 可将 $F_N$ 的表示式改写成

$$F_N = \frac{1}{4}mg\left[(3\cos\theta - \cos\theta_0)^2 + 1 - \cos^2\theta_0\right]$$

在 $\theta$ 从 $\theta_0$ 增加到 $\frac{\pi}{2}$ 的过程中,$F_N$ 恒大于零,这表明杆的下端不会脱离地. 但在 $\theta$ 从 $\theta_0$ 增大到 $\frac{\pi}{2}$ 的过程中,$F$ 随着 $\cos\theta$ 值的逐渐减小,将从正值变为负值,$F=0$ 时 $\theta$ 的值 $\theta_m$ 由

$$3\cos\theta_m - 2\cos\theta_0 = 0$$

决定,由此得

$$\theta_m = \arccos\left(\frac{2}{3}\cos\theta_0\right)$$

即若杆不受其他约束,则当 $\theta$ 增大到 $\arccos\left(\dfrac{2}{3}\cos\theta_0\right)$ 时,杆的上端将脱离墙.

## §6.5 刚体静力学

### 1. 刚体平衡的条件

刚体静力学研究刚体在平衡(即相对某个惯性系静止或作匀速直线运动)情况下的受力分布. 刚体静力学在工程、建筑等部门中有广泛的应用,是材料力学、结构力学等学科的基础.

处于平衡(通常指静止)状态的刚体的动量和角动量均不随时间改变(通常等于零),根据动量定理和角动量定理,刚体平衡的充要条件是

$$\sum \boldsymbol{F}_{ex} = 0 \tag{6.5-1}$$
$$\sum \boldsymbol{M} = 0 \tag{6.5-2}$$

(6.5-1)式表示外力的矢量和为零,(6.5-2)式表示外力对某一定点(例如 $A$)的力矩的矢量和为零. 其实,当这两个条件满足时,外力对任何定点的力矩的矢量和也为零. 例如,对任一点 $B$,

$$\sum \boldsymbol{M}_B = \sum \boldsymbol{r}_{iB} \times \boldsymbol{F}_i$$

而对点 $A$ 有 $\qquad \sum \boldsymbol{M}_A = \sum \boldsymbol{r}_{iA} \times \boldsymbol{F}_i$

式中 $\boldsymbol{r}_{iA}$ 和 $\boldsymbol{r}_{iB}$ 分别为外力 $\boldsymbol{F}_i$ 在刚体上的作用点对 $A$ 点和 $B$ 点的位矢. 设 $A$ 对 $B$ 的位矢为 $\boldsymbol{d}$(图6.5-1),则

$$\boldsymbol{r}_{iB} = \boldsymbol{r}_{iA} + \boldsymbol{d}$$

代入 $\sum \boldsymbol{M}_B$ 表示式,并利用 $\sum \boldsymbol{F}_i = 0$ 的条件,即可证明 $\sum \boldsymbol{M}_B = \sum \boldsymbol{M}_A = 0$.

如果我们的讨论限于共面力系,并设力系的作用面为 $xy$ 面,则(6.5-1)、(6.5-2)式简化为

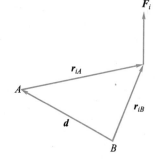

图 6.5-1

$$\sum F_x = 0, \quad \sum F_y = 0 \tag{6.5-3}$$
$$\sum M_z = 0 \tag{6.5-4}$$

这样,(6.5-1)式、(6.5-2)式所对应的 6 个方程简化为 3 个. 显然,这里 $M_z$ 也是指对任一 $z$ 方向的固定轴的力矩. 在具体问题中,我们可以视具体情况选择最方便的轴计算力矩.

如果刚体仅受三个力作用而平衡,根据(6.5-1)式和(6.5-2)式,这三个力不仅必共面,而且必共点.

## 2. 静不定问题

静力学问题常有不定解. 例如质量为 $m$ 的物体放在桌面上,桌面的支承力应等于物体的重力 $mg$. 但如果物体与桌面间有其他引力(如磁力)作用,支承力就可以超过 $mg$. 对刚体,也有类似情况. 例如一张重为 $G$ 的方桌放在地上,其四个脚所受地面的支承力可以都等于 $G/4$,也可以让一对对角线上的脚各受 $G/2$,另一对不受力,也可一对脚各受 $3G/8$,另一对各受 $G/8$,等等,这都不破坏桌子的平衡. 这种情况称为"静不定". 究其原因,是在刚体上加一对大小相等、方向相反又沿同一直线的力,并不破坏刚体的平衡方程(6.5-1)式和(6.5-2)式. 但这并不构成力学问题的不确定性. 其实,这是刚体模型的局限性造成的,如果考虑物体的形变及与形变相联系的力(如弹力),这种不确定性就不再存在.

## 3. 例题

**例1** 长为 $l$ 的梯子下端搁在地面上,上端靠在光滑墙面上,梯子与地面成倾角 $\theta$. (1)求地面对梯子的摩擦力 $F_f$;(2)若梯子与地面的摩擦因数为 $\mu$,为了使梯子不至滑下,它与地面的最小倾角 $\theta$ 为多大?(图 6.5-2).

**解**:(1)梯子受重力 $mg$、地面支承力 $F_{N1}$、地面静摩擦力 $F_f$ 和墙面支承力 $F_{N2}$ 四个力作用,处于静止状态,故有

$$mg + F_{N1} + F_{N2} + F_f = 0$$

取 $x$、$y$ 坐标如图,上式化为两个方程:

$$F_{N2} - F_f = 0 \tag{1}$$

$$F_{N1} - mg = 0 \tag{2}$$

以 $B$ 为支点,力矩的平衡方程为

$$mg\frac{l}{2}\cos\theta - F_{N2}l\sin\theta = 0 \tag{3}$$

图 6.5-2

由(3)式得

$$F_{N2} = \frac{1}{2}mg\cot\theta$$

由(2)式得

$$F_{N1} = mg$$

由(1)式得

$$F_f = F_{N2} = \frac{1}{2}mg\cot\theta$$

(2)由于

$$F_f \leq \mu F_{N1} = \mu mg$$

所以

$$\frac{1}{2}mg\cot\theta \leq \mu mg$$

$$\theta \geq \arctan\frac{1}{2\mu} = \theta_{min}$$

本题也可以这样来求解:作用在 $B$ 点的支承力 $F_{N1}$ 和地面摩擦力 $F_f$ 可合成为一个力 $F$,这样,梯子就在重力 $mg$、墙面支承力 $F_{N2}$ 和 $F$ 三个力的作用下而平衡,它们必须共点. $F_{N2}$ 和 $mg$ 两力交于 $D$ 点,则 $F$ 的延长线也应交于 $D$ 点(图 6.5-2). 设 $F$ 与竖直方向的夹角为 $\alpha$,由图中几何关系不难得出 $\cot\theta = 2\tan\alpha$,故 $F_f = F_{N1}\tan\alpha = \frac{1}{2}mg\cot\theta$.

而 $\tan\alpha\le\mu$，故 $\cot\theta\le2\mu$. 结果与上述相同.

如果墙面也有摩擦，$A$ 处墙面对梯子的作用力除法向支承力外，还有静摩擦力，在一定 $\theta$ 角下，此摩擦力的大小（和方向）可有多种取值，使 $F_{N1}$ 和 $F_{N2}$ 也相应有多种取值.

**例 2** 一个圆桶 $C$ 无顶无底，置于水平面上，轴沿竖直方向，桶的半径为 $R$，两个质量均为 $m$、半径均为 $r\left(r>\dfrac{R}{2}\right)$ 的光滑圆球置于桶内，如图 6.5-3 所示. 试问，为使圆桶不倾侧，其质量 $m'$ 至少应多大？

图 6.5-3

**解**：圆桶共受四个力的作用：$A$ 球对它的向左作用力 $F_1$，$B$ 球对它的向右作用力 $F_2$，向下的自身重力 $m'g$ 以及地面支承力的合力 $F$（方向向上），如图 6.5-4(a) 所示. 这些力中 $F_1$、$F_2$、$m'g$ 的方向和作用点均为已知，因而，必须求出 $F_1$、$F_2$ 和 $F$ 的大小及 $F$ 的作用点，才能解出 $m'$ 的最小值.

$B$ 球在重力 $mg$、圆桶向左的反作用力 $F_2$ 和 $A$ 球对它的作用力 $F_3$ 的作用下达到平衡 [图 6.5-4(b)]. 由此得

$$F_2 = mg\cot\alpha \tag{1}$$

$$F_3 = mg/\sin\alpha \tag{2}$$

$A$ 球在重力 $mg$、圆桶向右的反作用力 $F_1$、$B$ 球对它反作用力 $F_3$ 和地面支承力 $F_4$ 四个力的作用下平衡 [图 6.5-4(c)]，由此可得

图 6.5-4 受力图

(a) 圆桶；(b) $B$ 球；(c) $A$ 球

$$F_1 = F_3\cos\alpha \tag{3}$$

$$F_4 = F_3\sin\alpha + mg \tag{4}$$

由 (1) 式、(2) 式、(3) 式、(4) 式，即得

$$F_1 = F_2 = mg\cot\alpha \tag{5}$$

$$F_4 = 2mg$$

由几何关系（图 6.5-3 中 $\triangle ABD$），有

$$\cos\alpha = \frac{R-r}{r} \tag{6}$$

现在来分析圆桶 $C$ 的受力情况. 由力的平衡条件,因 $\boldsymbol{F}_1$、$\boldsymbol{F}_2$ 均沿水平方向,故在竖直方向有

$$F - m'g = 0$$

即 $F = m'g$. 以 $O$ 为支点,设 $F$ 的作用点在 $O$ 点左方相距 $x$ 处[图 6.5-4(a)],由力矩平衡条件,注意到 $F = m'g$,有

$$F_1 r + m'g(R - x) - F_2(2r\sin\alpha + r) = 0 \tag{7}$$

为使 $m'$ 最小,应有 $x = 0$. 将(5)式、(6)式代入(7)式,得 $m'$ 的最小值:

$$m' = m\frac{2(R - r)}{R}$$

## §6.6　陀螺的运动

绕对称轴高速旋转的刚体称为**陀螺**,或称**回转仪**.

陀螺在运动过程中通常有一点保持固定,所以属刚体的定点运动. 利用角动量和角速度的矢量性质,不难解释陀螺的运动. 陀螺有许多奇妙的性质,并有着广泛的应用.

### 1. 不受外力矩作用的陀螺

当高速自转着的陀螺不受外力矩作用时,其角动量守恒,陀螺将保持其自转轴的方位和自转角速度不变. 将陀螺架设在如图 6.6-1 所示的装置(称为"常平架")上即可演示这一效应. 这时陀螺绕 $x$(自转轴)、$y$、$z$ 三个光滑轴均可以自由转动,外力无法对陀螺施加力矩,由于其质心位于原点 $O$,陀螺也不受重力矩作用,因而即使整个装置的方位发生些许变动,陀螺的自转轴方位也将保持不变. 陀螺的这一特性被广泛应用于导弹、飞机、鱼雷等飞行体的航向控制中.

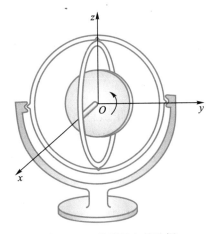

图 6.6-1　常平架上的陀螺

### 2. 陀螺的进动

#### (1) 杠杆陀螺的进动

图 6.6-2(a)为杠杆陀螺的示意图. A 为陀螺主体(旋转圆盘),P 为重物,$O$ 为支点. 陀螺以一定角速度 $\omega$ 快速自转,自转轴沿水平方向. 若陀螺自身重量和重物 P 的共同重心偏离 $z$ 轴一距离 $l$,则有一重力矩 $M = mgl$ 作用于陀螺,方向水平向后,与自转轴垂直,如图 6.6-2 所示. 设陀螺绕对称轴的转动惯量为 $J$,则陀螺的自转角动量 $\boldsymbol{L} = J\boldsymbol{\omega}$,在力矩 $M$ 的作用下,经 $\Delta t$ 时间后,角动量将有一增量 $\Delta \boldsymbol{L} = \boldsymbol{M}\Delta t$,$\Delta \boldsymbol{L}$ 的方向与 $\boldsymbol{M}$ 相同. 由图 6.6-2(b)可见,$\Delta t$ 时间后,陀螺的角动量应绕 $z$ 轴转过一 $\Delta\varphi$ 角,因而陀螺的自转轴也转过 $\Delta\varphi$,当 $\Delta t$ 很小时,$\boldsymbol{L}' = \boldsymbol{L} + \Delta \boldsymbol{L}$ 与 $\boldsymbol{L}$ 的大小相等,仅方

向不同. 在新的位置,由于力矩仍与自转轴垂直,再经 $\Delta t$ 时间,角动量又转过 $\Delta\varphi$ 角,此过程将持续进行,结果,陀螺绕 $z$ 轴以一定角速度 $\Omega$ 旋转,这种现象称为**进动**. 进动角速度 $\Omega$ 可由角动量定理求得,即

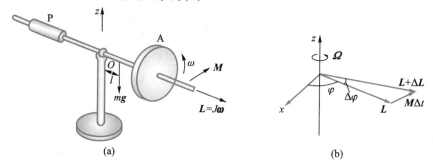

图 6.6-2 杠杆陀螺

$$\Delta L = L\Delta\varphi = M\Delta t$$

而 $\Omega=\dfrac{\Delta\varphi}{\Delta t}$,因此

$$\Omega=\frac{M}{L} \tag{6.6-1}$$

为表示出进动角速度的方向,可将上式写成矢量形式:

$$\boldsymbol{M}=\boldsymbol{\Omega}\times\boldsymbol{L} \tag{6.6-2}$$

因 $M=mgl$,$L=J\omega$,(6.6-1)式又可写成

$$\Omega=\frac{mgl}{J\omega} \tag{6.6-3}$$

式中 $m$ 是杠杆陀螺总质量.

### (2) 玩具陀螺的进动

图 6.6-3 为玩具陀螺示意图. 它的进动原理与杠杆陀螺相同. 设其自转轴与竖直方向成 $\theta$ 角,质心与支点 $O$ 的距离为 $l$,由角动量定理,

$$mgl\sin\theta\Delta t = J\omega\sin\theta\cdot\Delta\varphi$$

$$\Omega=\frac{\Delta\varphi}{\Delta t}=\frac{mgl}{J\omega}$$

写成矢量式,仍有

$$\boldsymbol{M}=\boldsymbol{\Omega}\times\boldsymbol{L}$$

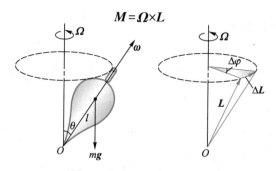

图 6.6-3 玩具陀螺的进动

结果与(6.6-3)式和(6.6-2)式相同. 但不能用(6.6-1)式,因为现在角动量不在水平方向.

从以上对进动的讨论可以看出,陀螺有两种行为是相当奇特的. 其一是,当对旋转着的有一点固定的陀螺施加外力时,它不顺着外力方向偏斜,而向着与外力垂直的方向即力矩的方向偏斜. 陀螺在重力作用下并不往下掉而沿水平方向进动. 这与不旋转的陀螺大不一样. 不旋转的陀螺(一点固定),在外力下,将顺着外力方向偏斜. 其二是,在外力矩作用下,陀螺并不产生与力矩成正比的角加速度,使其角速度随时间增大,而产生与力矩成正比的进动角速度,这也与不旋转物体的性质大不相同. 这一切都是由于陀螺在高速旋转着的缘故.

陀螺在外力矩作用下,其角动量矢量(从而其自转轴)有向外力矩方向偏斜的趋势,当外力矩方向也随之不断改变时,这种偏斜方向也不断改变,这就是进动的原理.

在上面的讨论中,我们忽略了陀螺因进动而产生的角动量. 在自转轴沿水平方向的杠杆陀螺中,由于进动角速度与陀螺的对称轴垂直,这一附加角动量 $L_\perp = J_\perp \Omega$ 与 $\Omega$ 同方向[*](这里 $J_\perp$ 是陀螺绕竖直轴的转动惯量),沿着竖直轴向上,它使总角动量略向上翘,如图 6.6-4 所示. 但在杠杆陀螺中,这一附加角动量对进动无影响,因为在进动过程中它并不改变. 但如果陀螺在初始时刻的角动量沿水平方向,然后由此静止释放,那么,由于重力矩与竖直轴垂直,不可能对体系提供沿竖直方向的角动量分量,因而,在稳定进动时,陀螺的头将略向下倾,使总角动量仍沿水平方向,如图 6.6-5 所示.

图 6.6-4　因进动而产生的附加角动量

图 6.6-5

📖 阅读材料:
地球在太阳(月球)引力矩作用下的进动　岁差

📖 阅读材料:
回转罗盘

以上我们从角动量的矢量性和角动量定理解释了陀螺在重力作用下并不倒下而作进动的道理. 我们还可以从另一个更直接的角度来理解这一问题.

相对跟着陀螺一起进动的参考系而言,陀螺的角动量的大小和方向保持不变. 进动参考系是匀速转动参考系,是一非惯性系. 在这一非惯性系中,陀螺除受到重力作用外,还受到惯性力作用. 作用于各质元的惯性离心力的合力通过支点 $O$,可由支点上的约束力相抵. 作用于各质元的科里奥利力取决于质元的速度. 例如,如图 6.6-6 所示,陀螺上的 $B$、$D$ 两点的速度与进动角速度 $\Omega$ 平行,不受科里奥利力作用,但 $A$、$C$ 两点受到如图所示的科里奥利力 $F_{A\text{cor}}$ 和 $F_{C\text{cor}}$ 的作用,$F_{A\text{cor}}$ 和 $F_{C\text{cor}}$ 构成沿 $-y$ 方向的惯性力矩,与重力矩方向相反. 不难看出,陀螺上所有各点都受到大小不

---

[*]　事实上,这里的竖直轴是陀螺的另一条惯量主轴.

阅读材料：
陀螺的章动

等的科里奥利力作用，它们的力矩的矢量和沿$-y$方向，即沿自旋角速度与进动角速度的矢积$(\boldsymbol{\omega}_s \times \boldsymbol{\Omega})$方向，与重力矩方向相反。在进动参考系中，陀螺受到的这种惯性力矩叫**回转力矩**。可以证明，回转力矩的大小与重力矩相等。因此，相对进动参考系，陀螺所受重力矩被回转力矩平衡，所以它的角动量保持不变。

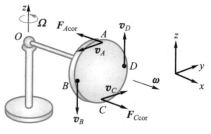

图 6.6-6 陀螺在进动参考系中
受科里奥利力

### 3. 例题

**例 1** 在长为 $l$ 的轴的一端，装上回转仪的轮子，轴的另一端吊在长为 $L$ 的绳子上。当轮子绕轴快速转动时，轮将在水平面上绕过支点 $O$ 的竖直轴作均匀进动。轮子的质量为 $m$，对过质心的自转轴的转动惯量为 $J_0$，自转角速度为 $\omega_s$，求绳和竖直线所成的小角度 $\beta$（图 6.6-7）。

**解**：轮子在自身重力的作用下，作均匀进动，进动角速度可由式（6.6-3）求得

$$\Omega = \frac{mgl}{J_0 \omega_s}$$

因而质心作半径近似为 $l$ 的圆周运动。由质心运动定律，体系必受一指向过支点 $O$ 的竖直轴的力。此力只能来自绳的张力的分力，而张力的大小近似等于轮子的重量，从而有

$$mg\beta = m\Omega^2 l$$

所以

$$\beta = \frac{\Omega^2 l}{g} = \frac{m^2 g l^3}{J_0^2 \omega_s^2}$$

图 6.6-7

**例 2** 陀螺由一质量为 $m$、半径为 $R$ 的均质圆盘和一轻杆轴组成，杆的一端 $O$ 固定，盘缘贴着水平台面作纯滚动，使杆以恒定角速度 $\Omega$ 绕过 $O$ 点的竖直轴旋转，杆与竖直轴成 $\alpha$ 角[图 6.6-8(a)]，求台面对盘的支承力 $F_N$。

**解**：在陀螺运动过程中，它相对参考点 $O$ 的角动量随时间变化。任一瞬时，陀螺的运动可看作以 $OA$ 为瞬时转轴、以 $\omega$ 为角速度的转动，而 $\omega$ 又可以看成沿竖直轴的角速度 $\boldsymbol{\Omega}$ 和沿自转轴的角速度 $\boldsymbol{\omega}_s$ 的矢量和。由约束关系有

$$\frac{\omega}{\Omega} = \tan \alpha \tag{1}$$

将 $\omega$ 投影到陀螺对 $O$ 点的主轴方向，设陀螺自转轴（沿杆方向）为主轴 1，与之垂直且位于铅垂面上的轴为主轴 2，则由图 6.6-8(b)不难看出：

$$\omega_1 = \omega \sin \alpha = \Omega \sin^2 \alpha / \cos \alpha \tag{2}$$

$$\omega_2 = \omega \cos \alpha = \Omega \sin \alpha \tag{3}$$

于是陀螺的角动量[图 6.6-8(c)]为

$$\boldsymbol{L} = J_1 \boldsymbol{\omega}_1 + J_2 \boldsymbol{\omega}_2 \tag{4}$$

式中 $J_1$ 为圆盘绕轻杆的转动惯量，$J_2$ 为圆盘绕过 $O$ 而与杆垂直的轴的转动惯量。不难求出：

图 6.6-8

$$J_1 = \frac{1}{2}mR^2$$

$$J_2 = \frac{1}{4}mR^2 + mOC^2 = \frac{1}{4}mR^2 + mR^2\tan^2\alpha \tag{5}$$

在陀螺滚动的过程中,角动量的竖直分量不变,而水平分量 $L_h$ 以角速度 $\Omega$ 绕铅垂轴转动,但保持大小不变. 由图 6.6-8(c),

$$L_h = J_2\omega_2\cos\alpha + J_1\omega_1\sin\alpha \tag{6}$$

由角动量定理,有

$$F_N OA - mgOC\sin\alpha = L_h\Omega$$

即

$$F_N \frac{R}{\cos\alpha} - mgR\tan\alpha\sin\alpha = L_h\Omega$$

$$F_N = \frac{L_h\Omega\cos\alpha}{R} + mg\sin^2\alpha \tag{7}$$

将(6)式、(5)式、(2)式、(3)式代入上式,得

$$F_N = \frac{1}{4}m\Omega^2 R\sin\alpha(1 + 5\sin^2\alpha) + mg\sin^2\alpha$$

## 本章小结

　　本章讨论刚体的运动. 刚体运动可以看成平动和转动的组合. 刚体的平动可用质心运动定律描述. 刚体的转动中最基本的是定轴转动. 定轴转动可以用一个变量——角度来描述,与质点的直线运动相仿. 定轴转动的动力学规律是转动定律.

转动定律与直线运动的牛顿运动定律相对应:与力对应的是力矩,与加速度对应的是角加速度,与质量对应的是转动惯量. 转动惯量反映了刚体转动时的惯性,它不仅与质量有关,还与质量对轴的分布有关. 定轴转动刚体(对轴上一点)的角动量(矢量)一般与角速度(也是矢量,方向沿轴)并不同方向,只有在转轴是对称轴(或更一般地,是惯量主轴)时,两者才同方向. 转动定律实际上是角动量定理沿转轴方向的分量形式. 定轴转动刚体的动能和功能关系也与作直线运动的质点相仿,只需将相关的量换为对应量即可. 刚体的平面平行运动可以看成质心的移动和绕过质心的轴的转动的组合,因而可以用质心运动定律和在质心系上运用转动定律来解决. 用这两条定律也可以解决刚体静力学问题. 本章最后用角动量定理讨论了陀螺的进动.

# 思考题

**6.1** 如思考题 6.1 图所示为一幅幽默画,你能否从物理上对它作一注释?

思考题 6.1 图

**6.2** 如果作用在刚体上的外力的矢量和为零,则刚体的运动状态是否一定不变?

**6.3** 有人说,刚体的转动惯量就是把质量集中在质心上的一个质点的转动惯量,你认为对吗?

**6.4** 用手指顶着一根长竹竿,使之在竖直方位保持平衡,比起顶一支钢笔来哪个容易些? 为什么?

**6.5** 作用在定轴转动刚体上的诸力,是否可以等效为一个合力? 试分析之.

**6.6** 对于定轴转动的刚体,其角动量与参考点在轴上的位置是否有关? 其角动量在轴方向上的分量与参考点在轴上的位置是否有关?

**6.7** 有人说,当物体作纯滚动时,摩擦力总是与物体质心的运动方向相反,你的意见如何? 试举例说明你的观点.

**6.8** 为什么走钢丝的杂技演员拿一根水平长棒容易使自己保持平衡?

**6.9** 将两个鸡蛋在桌上旋转,就能判断哪个是生的,哪个是熟的. 如何判断? 请说明理由.

**6.10** 为什么平面上的纯滚动满足约束条件(6.3-3)式? 对曲面(包括凸曲面和凹曲面)上的纯滚动,该式是否成立? 证明你的观点. 此时,$\omega$ 和 $\beta$ 的含义如何?

**6.11** 一个体系的动量守恒,它的角动量是否也守恒? 反过来,体系的角动量守恒,其动量是否守恒? 举例证明你的观点. 对机械能和角动量作相似的讨论.

**6.12** 自行车在拐弯时,人总是向拐弯的一侧倾斜. 试从角动量的观点解释之.

**6.13** 如果地球的形状是球形,而不是略扁,是否会有岁差现象?

**6.14** 汽车高速转弯时,内侧轮上的负荷大大减小,外侧轮上的负荷则大大增加,从而有造成翻车的危险. 为了避免这种现象,可在汽车上安装一个飞轮,为了使汽车在不论右转还是左转的情况下都能减少内、外侧轮子的负荷差,应在汽车上安装一个向什么方向转动的飞轮?

**6.15** 试从角动量和转动惯量的概念出发说明荡秋千的原理.

**\*6.16** 运动员在进行空翻动作时,借助于左、右手臂各向前、后的运动,可同时完成转体动作(图 6.4–6). 试在跟随运动员空翻的参考系(转动系)上用科里奥利力解释这一现象,同时由此判定转体方向.

## 习题

**6-1** 一根长为 $l$ 的不均匀细杆,其线密度 $\rho_l = a + bx$($x$ 为离杆的一端 $O$ 的距离. $a$、$b$ 为已知常量). 求该杆对过 $O$ 端并垂直于杆的轴的转动惯量.

**6-2** 一块边长为 $a$、质量为 $m$ 的正三角形均质薄板,求该板对过其某一边的轴的转动惯量.

**6-3** 在质量为 $m$、半径为 $R$ 的均质圆盘上,有三个半径均为 $\frac{1}{3}R$ 的小圆孔,圆孔的圆心分别在三条半径的中心处,此三条半径把圆盘分割成相等的三块,如题 6-3 图所示. 求此圆盘对过其圆心且与盘面垂直的轴的转动惯量.

**6-4** 两块质量均为 $m$、半径均为 $R$ 的均质薄圆盘间连有一均质细杆,细杆长为 $l$、质量为 $m'$,过两盘的圆心且与两盘垂直,如题 6-4 图所示. 求此装置对通过某一圆盘直径的轴的转动惯量.

题 6-3 图　　　　　　　　　　题 6-4 图

**6-5** 一质量为 $m_1$、半径为 $R$ 的均质圆盘,可绕过其圆心且垂直于盘面的光滑水平轴在竖直平面内转动. 在盘边上绕有一不可伸长的细绳,绳的一端连有一质量为 $m_2$ 的物体. 开始时,绳子伸直,物体 $m_2$ 的高度为 $h$,并由静止开始下降,设绳子与盘边之间无相对滑动. 试求:

(1) 绳中的张力 $F_T$;

(2) 物体 $m_2$ 到达地面所需的时间 $t$.

**6-6** 质量分别为 $m_1 = 200\,\text{g}$、$m_2 = 250\,\text{g}$ 的两个物体用细绳相连,绳子套在质量 $m_0 = 100\,\text{g}$、半径 $r = 10\,\text{cm}$ 的滑轮上,$m_2$ 放在光滑的水平桌面上,$m_1$ 悬挂着,如题 6-6 图所示. 设滑轮为一质量均匀的圆盘,绳子的长度不变,绳子的质量及滑轮轴承处的摩擦均可忽略不计,绳子与滑轮之间无滑动. 求 $m_1$ 的加速度 $a$ 以及绳子各处的张力 $F_{T1}$ 和 $F_{T2}$.

**6-7** 在粗糙的水平面上,一半径为 $R$ 的均质圆盘绕过其中心,且与盘面垂直的竖直轴转动,如题 6-7 图所示. 已知圆盘的初角速度为 $\omega_0$,圆盘与水平面之间的摩擦因数为 $\mu$,若忽略圆盘轴承处的摩擦,问经过多少时间圆盘将静止?

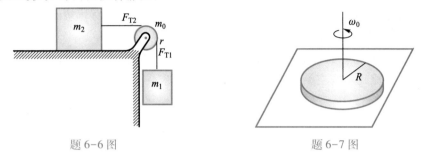

题 6-6 图                                         题 6-7 图

**6-8** 两个半径均为 $R$、质量分别为 $3m$ 和 $m$ 的圆盘装在同一轴上,均可绕轴无摩擦地旋转,如题 6-8 图所示. 质量为 $3m$ 的圆盘的初角速度为 $\omega_0$,而另一个圆盘开始时静止. 现将上圆盘放下,使两者相互接触.

题 6-8 图                                         题 6-9 图

(1) 若两者之间的摩擦因数为 $\mu$,则需经多少时间两圆盘将以相同角速度旋转?

(2) 试求出此角速度.

**6-9** 在如题 6-9 图所示的阿特伍德机中,两物体的质量分别为 $m_1$ 和 $m_2$,滑轮的半径为 $R$、质量为 $m$. 若物体运动时,绳与滑轮之间有相对滑动,两者之间的摩擦因数为 $\mu$. 设绳不可伸长,忽略滑轮轴承处的摩擦. 试求:

(1) $m_1$ 与 $m_2$ 的加速度 $a$;

(2) 滑轮的角加速度 $\alpha$.

**6-10** 同一平面内的半径分别为 $R_1$ 和 $R_2$,质量分别为 $m_1$ 和 $m_2$ 的轮子以皮带相联结,可绕各自的轴转动. 今在 $m_1$ 轮上作用一力矩 $M$ 方向如题 6-10 图所示,试求两轮的角加速度. 设两轮的质量均集中在轮边,皮带与轮之间无滑动,皮带的质量和两轴承处的摩擦均可忽略.

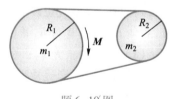

题 6-10 图

**6-11** 质量为 $m_0$、长为 $l$ 的均质细棒以一端为支点悬挂起来. 一质量为 $m$ 的子弹以 $v_0$ 的水平速度射入棒的另一端,且留在棒内. 试求在子弹射入棒后,棒的最大偏转角 $\theta$. 设在棒偏转时,支点处的摩擦可忽略.

**6-12** 如题 6-12 图所示, 一质量为 $m$、长为 $l$ 的均匀细杆, 与竖直轴成 $\theta$ 角. 并以恒定角速度 $\omega$ 绕轴转动, 转轴被上、下两轴承 $A$、$B$ 固定, 已知 $AO = BO = R$.

(1) 求轴承对转轴的水平作用力;

(2) 如某时位于 $O$ 点上方的半段杆的中点突然断裂, 使最上方的 $\frac{1}{4}$ 段杆飞落. 求以后轴承对转轴的水平作用力.

**6-13** 在 §6-2 的例 5 题中, 若竖直轴并非通过盘心, 而是通过某一半径的中点. 试求轴承处所受水平作用力, 设 $OA = OB = l$.

**6-14** 一直角尺由长度分别为 $a$ 和 $b$ 的两根棒构成, 能在竖直平面内绕过直角顶点的光滑水平轴自由转动, 如题 6-14 图所示. 设长为 $a$ 的棒与竖直线之间的夹角为 $\theta$. 开始时, 将尺拉至 $\theta = 0$ 的位置, 然后由静止开始释放. 求 $\theta$ 的最大值.

**6-15** 一根长为 $2l$、质量为 $2m_0$ 的均匀细杆, 可以绕过中点的固定轴在水平面内自由转动. 在离中心 $\frac{1}{3}l$ 处各套有两个质量均为 $m$ 的小珠子. 开始时杆的转动角速度为 $\omega_0$, 而两小珠相对杆静止. 当释放小珠后, 小珠将沿杆无摩擦地向两端滑动. 试问:

(1) 当小珠滑至杆端时, 杆的角速度为多大?

(2) 当小珠滑至杆端时, 小珠相对杆的速度为多大?

(3) 当小珠滑离杆时, 小珠的速度为多大?

**6-16** 一个高为 $h$、底半径为 $R$ 的圆锥体, 可以绕其固定的竖直轴自由旋转. 在其表面沿母线刻有一条光滑的斜槽, 如题 6-16 图所示. 开始时, 锥体以角速度 $\omega_0$ 旋转. 此时, 将质量为 $m$ 的小滑块从槽顶无初速地释放. 设在滑块沿槽滑下的过程中始终不脱离斜槽, 而锥体绕竖直轴的转动惯量为 $J_0$. 试问:

(1) 当滑体到达底边时, 圆锥体的角速度为多大?

(2) 当滑块到达底边时, 滑块相对地面的速度为多大?

题 6-12 图

题 6-16 图

题 6-14 图

题 6-17 图

**6-17** 将一根长为 $l$、质量为 $m$ 的均匀杆的一端搁在桌边, 另一端用手托住, 使杆处于水平位置, 如题 6-17 图所示. 试求将手释放瞬间杆对桌边的作用力.

**6-18** 将一根长为 $L$、质量为 $m$ 的均匀杆上长为 $l\left(l<\dfrac{1}{2}L\right)$ 的一段搁在桌边,另一端用手托住,使杆处于水平状态,如题 6-18 图所示. 现释放手托的一端,试问,当杆转过的角度 $\theta$ 为多大时,杆开始滑离桌边? 设杆与桌边之间的摩擦因数为 $\mu$.

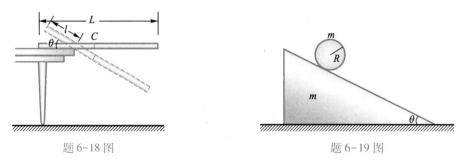

题 6-18 图　　　　　　　　　题 6-19 图

**6-19** 如题 6-19 图所示,一质量为 $m$、倾角为 $\theta$ 的斜面体放置在光滑水平面上,另一质量也为 $m$、半径为 $R$ 的圆柱体沿斜面无滑动地滚下. 求斜面体的运动加速度.

**6-20** 如题 6-20 图所示,一圆柱体从桌边角处由静止开始滚下,圆柱体与桌边角处的摩擦因数 $\mu=0.25$. 滚下过程中所转过的角度用 $\theta$ 表示,试求圆柱体开始相对桌边角滑动时的 $\theta$ 值.

**6-21** 如题 6-21 图所示,质量为 $m_1$ 的板受水平力 $F$ 的作用沿水平面运动,板与水平面之间的摩擦因数为 $\mu$. 板上放着一质量为 $m_2$、半径为 $R$ 的圆柱体.

(1) 若圆柱体在板上的运动为纯滚动,求板的加速度;

(2) 为使圆柱体在板上作纯滚动,求 $F$ 的最大值. 设圆柱体与板之间的摩擦因数也是 $\mu$.

题 6-20 图　　　　　　　　题 6-21 图　　　　　　　　题 6-22 图

**6-22** 一质量为 $m_2$、半径为 $R_2$ 的圆盘,盘边缠绕着质量可忽略且不可伸长的带子,带子跨过一质量为 $m_1$、半径为 $R_1$ 的定滑轮,带子的另一端悬挂一质量为 $m$ 的重物,如题 6-22 图所示. 设圆盘沿竖直线下落,假定带子与定滑轮之间无相对滑动,定滑轮轴承处的摩擦可以忽略. 试求:

(1) 重物 $m$ 的加速度 $a_1$;

(2) 圆盘质心的加速度 $a_2$.

**6-23** 一圆柱体沿倾角为 $\theta$ 的斜面滚下,圆柱体与斜面之间的摩擦因数为 $\mu$. 为使圆柱体沿斜面作纯滚动,试求 $\theta$ 的最大值.

**6-24** 质量为 $m$、半径为 $r$ 的均质球置于粗糙的水平面上,球与水平面之间的摩擦因数为 $\mu$.

开始时,球的转动角速度为 $\omega_0$,而质心静止.试问:

(1) 经过多少时间球开始作纯滚动?

(2) 球作纯滚动时质心的速度为多大?

**6-25** 质量为 $m$、半径为 $r$ 的均质球位于倾角为 $\theta$ 的斜面的底端.开始时,球的质心速度为零,球相对质心的转动角速度为 $\omega_0$,如题 6-25 图所示.球与斜面之间的摩擦因数为 $\mu$,球在摩擦力的作用下沿斜面向上运动.求球所能上升的最大高度.

題 6-25 图　　　　　　　　　題 6-26 图

**6-26** 如题 6-26 图所示,在倾角为 $\theta$ 的斜面上,一质量为 $m$、半径为 $r$ 的圆柱体上绕有细绳.绳的一端缠绕在装置在斜面顶端的定滑轮上,定滑轮为一质量为 $m_0$、半径也为 $r$ 的圆盘.设圆柱体沿斜面滚下时细绳拉直且不能伸长,并与斜面平行,细绳与圆柱体及定滑轮之间无相对滑动,忽略滑轮轴承处的摩擦.

(1) 若圆柱体的滚动为纯滚动,求其质心的加速度;

(2) 求圆柱体作纯滚动的条件.

**6-27** 质量为 $m$ 的线轴上绕有细线,如题 6-27 图所示,其外半径为 $R$,绕线部分的半径为 $r$.设其绕轴线的转动惯量为 $J$.今将绕线的一端以一恒力 $F$ 拉它,$F$ 与水平面成 $\theta$ 角.设 $F\sin\theta < mg$.

(1) 为使线轴向后(即与 $F$ 的水平分量方向相反)作纯滚动,

(i) 求 $\theta$ 的范围;

(ii) 若 $\theta$ 满足(i)中条件,则摩擦因数 $\mu$ 至少应为多大?

(iii) 求出线轴质心运动的加速度.

(2) 为使线轴向前作纯滚动,同样求出(1)中的三个问题.

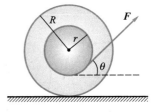

題 6-27 图

**6-28** 一根长为 $l$、质量为 $m$ 的均匀细棒,放置在光滑的水平桌面上,一个水平的冲量 $I$ 突然垂直地作用于棒的一端.试问:

(1) 当棒旋转了 360° 时,其质心运行了多远?

(2) 冲击后棒的动能为多大?

**6-29** 如题 6-29 图所示,一质量为 $m$、半径为 $r$ 的小球,从高为 $H$ 的斜坡顶端由静止开始滚下,并从高为 $h(h < H)$ 的斜坡的另一端飞离.离开时,小球球心的速度竖直向上.若小球与斜坡之间的摩擦因数足够大,使小球始终作纯滚动.求小球飞离后所能上升的最大高度.

**6-30** 质量为 $m$ 的子弹,以速度 $v_0$ 水平射入放在光滑水平面上质量为 $m_0$、半径为 $R$ 的圆盘的边缘,并留在该处,$v_0$ 的方向与射入处的半径垂直,如题 6-30 图所示.试就以下两种情况:(1) 盘心有一竖直的光滑固定轴;(2) 圆盘是自由的,求子弹射入后圆盘系统总动能之比 $E_{k1}/E_{k2}$.

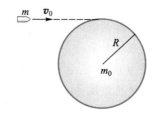

题 6-29 图　　　　　　　　　　　　　题 6-30 图

**6-31**　两根质量均为 $m$、长度均为 $l$ 的相同均质细杆 $AC$ 与 $CB$，两杆的 $C$ 端用一光滑的铰链相连. 将两杆分开一定角度，让 $A$、$B$ 端与光滑地面接触，并使两杆均在竖直平面内. 开始时，两杆与地面间的夹角均为 $\theta$. 现无初速地释放两杆，问两杆着地时 $C$ 点的速度.

**6-32**　一质量为 $m$、半径为 $R$ 的均质球 1 在水平面上作纯滚动，球心速度为 $v_0$，与另一完全相同的静止球 2 发生对心碰撞，如题 6-32 图所示. 设碰撞时各接触面间的摩擦均可以忽略，碰撞是弹性的.

(1) 碰撞后，各自经过一段时间，两球开始作纯滚动，求出此时各球心的速度；

(2) 求此过程中系统机械能的损失.

**6-33**　如题 6-33 图所示，质量为 $m$、半径为 $R$ 的弹性球在水平面上作纯滚动，球心速度为 $v_0$，与一粗糙的墙面发生碰撞后，以相同的球心速度反弹. 设球与墙面间的摩擦因数为 $\mu$，在碰撞时球与水平面间的摩擦可以忽略.

(1) 碰撞后，球经过一段时间开始作纯滚动，求出此时的球心速度；

(2) 若球与墙面间的碰撞时间为 $\Delta t$，为使碰撞时球不会跳起，则摩擦因数应满足什么关系? 设碰撞中的相互作用力为恒力.

题 6-32 图　　　　　　　　题 6-33 图　　　　　　　题 6-34 图

**6-34**　将一水平方向的冲量 $I$ 作用在质量为 $m$、半径为 $R$ 的原先静止的均质小球上，作用点位于球心的上方，距地面的高度为 $h$，作用线位于过球心而平行于纸面的平面内，如题 6-34 图所示. 试分析小球以后的运动情况，并求出小球作纯滚动时的角速度 $\omega$.

**6-35**　在质量为 $m$、边长为 $a$ 的正方形板的一个顶点上系一根绳，绳的长度也是 $a$，其另一端与光滑墙面相连. 把板的另一顶点靠在墙上，使绳与板平面处在同一与墙面垂直的竖直平面内，如题 6-35 图所示. 求平衡时绳中的张力.

**6-36**　两光滑墙面相互垂直. 在墙面 B 上离墙面 A 距离 $s$ 处，有一光滑的钉子. 将一长度为 $2l$、质量为 $m$ 的均匀杆的一端抵在墙 A 上，杆身斜搁在钉子上. 使杆位于垂直于墙面 A 的竖直平面内. 求平衡时杆与水平面所成的角度 $\theta$.

**6-37**　如题 6-37 图所示，质量为 $m$、长为 $l$ 的均匀细杆竖直支在地面上. 杆下端与地面间的摩擦因数为 $\mu$. 杆上端用绳索拉住，绳与杆之间的夹角为 $\theta$，

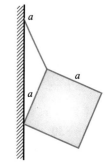

题 6-35 图

在离地面高度为 $h$ 处以水平力 $F$ 作用于细杆. 试问为了使细杆保持平衡, 则 $F$ 的最大值为多大?

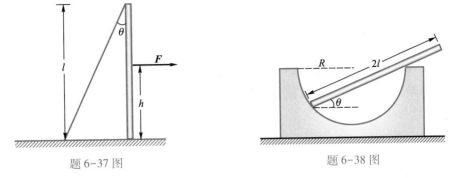

题 6-37 图　　　　　　　　　　题 6-38 图

**6-38** 如题 6-38 图所示, 在半径为 $R$ 的光滑半球形凹面内, 搁有一长为 $2l$ 的杆, 其一部分露在半球面外. 试求平衡时杆与水平之间的夹角 $\theta$.

**6-39** 两个相同的长方体, 边长分别为 $a$ 和 $b$, 一个直立在地面上, 另一个斜靠在它的侧面, 如题 6-39 图所示, 已知两长方体与地面之间的摩擦因数均为 $\mu$, 忽略两长方体之间的摩擦. 试问为了使两长方体都能平衡, $\alpha$ 的取值范围如何?

题 6-39 图

题 6-40 图

**6-40** 质量分别为 $m_1$ 和 $m_2$ 的两小球 A 和 B 用长为 $l$ 的轻杆相连, 静置于题 6-40 图所示位置; A 球与光滑墙面接触, 杆斜搁在桌角上, 已知杆与桌角之间的摩擦因数为 $\mu$, 墙与桌角之间的水平距离为 $a$, 试问: 为了使此系统能保持平衡, 则已知量 $m_1$、$m_2$、$\mu$、$\theta$、$a$、$l$ 之间应满足什么条件?

**6-41** 一陀螺由一质量为 $m$、半径为 $R$ 的厚圆盘构成, 通过圆心且垂直于盘面的自转轴为一轻杆, 杆的尖端自由地支在离盘质心为 $l$ 处的枢纽上. 现陀螺绕自转轴以 $\omega_0$ 的角速度高速自转, 其自转轴以与水平面成 $\theta$ 的倾角作均匀进动. 试求:

(1) 进动角速度;

(2) 枢纽所受到的力.

**6-42** 如题 6-42 图所示, 一飞轮以 $\omega_0$ 的角速度高速转动, 其转动惯量为 $J_0$. 试问, 为了使水平圆台以恒定角速度 $\Omega$ 转动 ($\Omega \ll \omega_0$), 则所需加在圆台上的力矩为多大?

**6-43** 为了避免高速行驶的汽车在转弯时容易发生的翻车现象, 可在车上安装一高速自转的大飞轮.

题 6-42 图

(1) 试问, 飞轮轴应安装在什么方向上? 飞轮应沿什么方向转动?

(2) 设汽车的质量为 $m_0$, 其行驶速度为 $v$, 飞轮是质量为 $m$、半径为 $R$ 的圆盘, 汽车 (包括飞轮) 的质心距地面的高度为 $h$. 为使汽车在绕一曲线行驶时, 两边车轮的负荷均等, 试求飞轮的转速.

**6-44**  一半径为 $r$ 的硬币,在桌面上绕半径为 $R$ 的圆滚动,其质心速度为 $v$,如题 6-44 图所示. 设硬币的滚动为纯滚动. 求其轴线与水平线所成的角 $\theta$. (已知 $\theta \ll 1, R \gg r$. )

**6-45**  一陀螺由半径为 $R$、质量为 $m$ 的薄圆盘及过其圆心且垂直于盘面的轻杆组成,盘缘及杆的一端 $O$ 搁在桌面上,杆与桌面成 45°角,如题 6-45 图所示. 今陀螺以杆的一端 $O$ 为支点,盘缘在桌面上作无滑动滚动,使杆绕竖直轴作匀速转动,角速度为 $\Omega$. 求:(1)桌面对盘缘的支承力 $F_N$;(2)陀螺的动能.

题 6-44 图

题 6-45 图

第六章习题参考答案

# 第七章
# 流体力学

液体和气体统称为流体. 流体最显著的特征是各部分之间极易发生相对移动, 这种性质称为**流动性**. 在外力作用下, 固体各部分之间也能发生相对移动, 使固体形变, 但位移较小, 而且邻近各部分之间的相对顺序仍保持不变. 流体各部分移动的大小及相对顺序一般不受什么限制, 故流体的形状由盛流体的容器决定. 从微观角度看, 固体中分子之间的作用力很强, 分子只能在各自的平衡位置附近作微小的振动, 外力的作用通常只能使分子的平衡位置发生微小的改变, 从而使固体产生形变. 流体(气体和液体)则不同. 气体中的分子, 除了在相互碰撞的瞬间外, 几乎完全不受其他分子的作用力. 液体邻近分子间的作用力比较大, 通常若干分子通过近距相互作用组成暂时的分子团(称为**类晶区**), 在团内, 分子只能作微小的相对运动, 但团与团之间的相对运动却是相当自由的. 这些分子团犹如一些表面相当光滑的球. 这就是流动性的来由. 液体的分子间距已相当紧密, 因而, 尽管液体容易流动, 它的体积(因而密度)却基本上保持不变. 但气体的体积(和密度)较易改变.

尽管我们从微观的观点分析了流体的性质, 但在流体力学中对流体运动规律的讨论却纯粹是宏观的, 我们把流体看作由连续分布的质元组成, 每个质元(即流体微团)在宏观上是足够小的, 故可以当作质点处理, 但在微观上又相当大, 它包含着大量分子, 对液体而言, 每个质元应包含大量分子团.

流体力学研究流体的宏观平衡与运动的规律及其与物体的相互作用. 本章主要以液体为例讨论流体力学的基本规律, 但一些主要结论也适用于气体.

流体力学是水力学、空气动力学、磁流体动力学、化学流体力学、生物流体力学等学科的基础. 近年来, 流体力学本身也得到很大发展, 如湍流理论、边界层理论等, 就是其中相当活跃的领域. 关于流体静力学的内容可扫旁边二维码阅读.

阅读材料:
流体静力学

## §7.1 流体的定常流动

### 1. 描写流体运动的两种方法

由于流体由许多质元组成, 各质元间的相对位置又可以不断变化, 对它的运动的描述比单个质点要复杂得多, 比刚体也要复杂得多. 一般可用两种方法描述流体的运动. 一种是直接从质点运动学中套用过来的方法, 就是把流体中每个质元作为考察对象, 认定并考察它们的位置随时间的变化. 这时, 给不同的质元以不同的标记是必要的. 一种方便的标记是各质元在初始时刻, 即 $t=0$ 时刻的坐标 $x_0$、$y_0$、$z_0$, 不同的 $x_0$、$y_0$、$z_0$ 值就代表不同的质元, 于是, 初始位置为 $x_0$、$y_0$、$z_0$ 的质元, 在任何时刻

$t$ 的坐标 $x$、$y$、$z$ 可表示成

$$\begin{cases} x = f(x_0, y_0, z_0, t) \\ y = g(x_0, y_0, z_0, t) \\ z = h(x_0, y_0, z_0, t) \end{cases} \quad (7.1-1)$$

这种描述方法称为**拉格朗日法**. (7.1-1) 式也就是初始位置为 $x_0$、$y_0$、$z_0$ 的那个质元的运动轨迹的参数方程. 消去参数 $t$，就得到该质元的轨迹方程. 不同的 $x_0$、$y_0$、$z_0$ 值对应于不同初始位置的质元，它们有不同的轨迹，在流体力学中，把质元的轨迹称为**迹线**. 将 (7.1-1) 式对时间求导，就可以求得初始位置为 $x_0$、$y_0$、$z_0$ 的质元的速度和加速度，用 $u$、$v$、$w$ 表示速度的三个分量，则

$$\begin{cases} u = \dfrac{\partial f}{\partial t}\bigg|_{x_0, y_0, z_0} \\[3mm] v = \dfrac{\partial g}{\partial t}\bigg|_{x_0, y_0, z_0} \\[3mm] w = \dfrac{\partial h}{\partial t}\bigg|_{x_0, y_0, z_0} \end{cases} \quad (7.1-2)$$

而加速度则为

$$\begin{cases} a_x = \dfrac{\partial^2 f}{\partial t^2}\bigg|_{x_0, y_0, z_0} \\[3mm] a_y = \dfrac{\partial^2 g}{\partial t^2}\bigg|_{x_0, y_0, z_0} \\[3mm] a_z = \dfrac{\partial^2 h}{\partial t^2}\bigg|_{x_0, y_0, z_0} \end{cases} \quad (7.1-3)$$

偏导数表示求导时 $x_0$、$y_0$、$z_0$ 保持不变. 由此可见，流体质元的速度和加速度都是 $x_0$、$y_0$、$z_0$ 和 $t$ 的函数，从而也是 $x$、$y$、$z$ 的函数，所以同一流体质元，即对应给定 $x_0$、$y_0$、$z_0$ 值的质元，在不同时刻处于不同的位置，并具有不同的速度和加速度. 不同的流体质元，即对应于不同 $x_0$、$y_0$、$z_0$ 值的质元，在同一时刻，它们在空间所处的位置及速度和加速度等也各不相同；而在空间某一位置，即给定 $x$、$y$、$z$ 值的位置，不同时刻将被不同的流体质元，即与不同的 $x_0$、$y_0$、$z_0$ 值对应的流体质元所占据，因而它们的速度和加速度也将各不相同. 既然拉格朗日法所考察的是每个确定的流体质元的运动，对每个质元，牛顿运动定律当然适用.

也可以用另一种方法来描写流体的运动. 如果我们不去跟踪每个确定的流体质元的运动，而去注意不同时刻经过空间给定位置处的流体质元的速度和加速度，则可将速度 $\boldsymbol{v}$ 或其三个分量 $u$、$v$、$w$ 表示为坐标和时间的函数：

$$\boldsymbol{v} = \boldsymbol{v}(x, y, z, t) \quad (7.1-4)$$

或

$$\begin{cases} u = F(x, y, z, t) \\ v = G(x, y, z, t) \\ w = H(x, y, z, t) \end{cases} \quad (7.1-5)$$

加速度也可作类似表示. 这种表示流体运动的方法称为**欧拉法**. 除速度和加速度外,也可将压强、密度等表示为坐标和时间的函数. 欧拉法是把流体看成一个场,考察场中各点(作为位置的函数)的诸量(速度、加速度、压强、密度等)与时间的关系,对应的场分别称为**速度场**、**加速度场**、**压强场**和**密度场**,前两者为矢量场,后两者为标量场.

从(7.1-4)和(7.1-5)两式可以看出,在空间的确定位置$(x,y,z)$处,速度是时间的函数;在确定的时刻,速度则是位置的函数. 但在空间确定位置处,不同时刻由不同的流体质元所占据,因而(7.1-5)式表示的速度是指该确定位置处不同时刻所观察到的不同流体质元的速度. 同样,在某一时刻,不同位置处也由不同的流体质元所占据. 正因如此,我们不能简单地对(7.1-4)式或(7.1-5)式求时间的偏导数而得到流体质元的加速度. 因为这样得到的是经过空间一给定位置处两个流体质元的速度的差异与相应的时间间隔之比,并不是同一流体质元的速度随时间的变化率. 从欧拉方法来看,同一质元在两个不同时刻的速度必对应于空间两不同地点在两不同时刻的速度,只有知道了这两个速度,才能求得该质元的加速度.

由于在流体力学里通常并不需要求出某一个别质元的运动全过程,而往往只需知道空间各点的运动情况及其与时间的关系,因而欧拉法比拉格朗日法更常用. 下面我们将主要用欧拉法讨论流体的运动.

## 2. 定常流动

如果空间各点流体的速度$v$(亦即各分量$u$、$v$、$w$)不随时间变化,则称流体的运动为**定常流动**(或称稳恒流动). 在定常流动中,压强和密度等量也不随时间而变. 但空间各点的速度、压强和密度等量一般并不相等.

在定常流动中,尽管速度仅是坐标的函数,与时间无关,但对确定的流体质元,其速度仍可随时间而变,因为速度还是位置的函数,当流体质元从一点流到另一点时,速度仍可发生变化,即加速度仍然可不为零.

## 3. 流线与流管

为了形象地描绘流体的运动,常引进**流线**. 流线是经想象而画出的一些曲线,其切线与该点流体的运动方向相同. 因为空间一点通常只有一个速度,所以流线一般不会相交. 引入流线后,给定时刻空间的速度分布就与该时刻的流线分布相对应. 在定常流动中,流线分布不随时间改变;在非定常流动中,流线分布一般随时间改变.

某确定流体质元的运动轨迹称为**迹线**,已如上述. 在定常流动中,流线与迹线重合. 在非定常流动中,流线与迹线一般不重合.

流线的形状可由实验观测而得到. 图 7.1-1 表示流体绕过障碍物时的流线.

由于流线的切线与速度方向一致,因而流线满足微分方程:

$$\frac{\mathrm{d}x}{u}=\frac{\mathrm{d}y}{v}=\frac{\mathrm{d}z}{w} \tag{7.1-6}$$

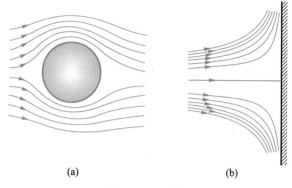

(a)                           (b)

图 7.1-1  流线

流线围成的细管,称为**流管**. 由于流线不相交,所以流管内的流体不可能流到流管外,流管外的流体也不可能流到流管内. 因此,可以分别考察各流管内流体的运动. 掌握了各个流管内流体的运动规律,也就掌握了整个流体的运动规律.

在流管内流动着的流体称为**流束**.

### 4. 连续性方程

在定常流动场中取一细流管,如图 7.1-2 所示. 在流管上任取两个横截面 $\Delta S_{10}$、$\Delta S_{20}$(图中有影线的截面),它们固定在空间,并不随流体一起运动. 设 $\Delta S_{10}$ 所在处,流速为 $v_1$,流体密度为 $\rho_1$;在 $\Delta S_{20}$ 所在处,流速为 $v_2$,密度为 $\rho_2$. 则在 $\Delta t$ 时间内,有质量为 $\rho_1 v_1 \Delta S_{10} \Delta t$ 的流体流入流管的 $\Delta S_{10}$ 和 $\Delta S_{20}$ 之间的区域内,有 $\rho_2 v_2 \Delta S_{20} \Delta t$ 的流体流出该区域. 由质量守恒可知,$\rho_1 v_1 \Delta S_{10} \Delta t - \rho_2 v_2 \Delta S_{20} \Delta t$ 应等于该区域内的质量增量 $\Delta m$,或

$$\rho_1 v_1 \Delta S_{10} - \rho_2 v_2 \Delta S_{20} = \frac{\Delta m}{\Delta t} \tag{7.1-7}$$

如果所取截面 $\Delta S_1$、$\Delta S_2$ 不与流体速度垂直,其法线与速度分别成 $\theta_1$、$\theta_2$ 角,则在 $\Delta t$ 时间内流过 $\Delta S_1$、$\Delta S_2$ 的流体量仍与流过 $\Delta S_{10}$、$\Delta S_{20}$ 的相同,这说明决定流量的不是截面积大小本身,而是截面积在垂直于流速方向上的投影,即等于横截面积,$\Delta S_1 \cos \theta_1 = \Delta S_{10}$;$\Delta S_2 \cos \theta_2 = \Delta S_{20}$(图 7.1-2),于是(7.1-7)式又可以写成

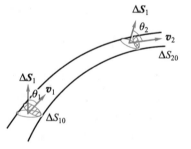

图 7.1-2  流管中连续性方程的推导

$$\rho_1 \Delta S_1 v_1 \cos \theta_1 - \rho_2 \Delta S_2 v_2 \cos \theta_2 = \frac{\Delta m}{\Delta t}$$

将面积看成矢量,其方向沿法线,上式又可以写成矢量形式:

$$\rho_1 \boldsymbol{v}_1 \cdot \Delta \boldsymbol{S}_1 - \rho_2 \boldsymbol{v}_2 \cdot \Delta \boldsymbol{S}_2 = \frac{\Delta m}{\Delta t} \tag{7.1-8}$$

当流体作定常流动时,上式右边只能为零. 因为不论 $\frac{\Delta m}{\Delta t} > 0$ 或 $\frac{\Delta m}{\Delta t} < 0$,当经足够

长时间后,该区域内的质量将变得非常大或减为零,甚至为负,这都是不合理的. 因而,对真正的定常流动,应有 $\dfrac{\Delta m}{\Delta t}=0$,即

$$\rho_1 \boldsymbol{v}_1 \cdot \Delta \boldsymbol{S}_1 = \rho_2 \boldsymbol{v}_2 \cdot \Delta \boldsymbol{S}_2$$

或

$$\rho \boldsymbol{v} \cdot \Delta \boldsymbol{S} = 常量 \tag{7.1-9}$$

(7.1-9)式称为定常流的**连续性方程**. 若流体密度处处相同并保持不变,则有

$$\boldsymbol{v} \cdot \Delta \boldsymbol{S} = 常量 \tag{7.1-10}$$

密度保持不变的流体常称为**不可压缩流体**. 因而(7.1-10)式为不可压缩流体作定常流的连续性方程. 此式告诉我们,不可压缩流体作定常流时,在同一流管中,横截面 $\Delta S_0$ 小的地方流速大,而在横截面 $\Delta S_0$ 大的地方,流速小.

连续性方程可以写成更一般的形式,这种形式适用于任意方式的流动. 在流体流动区域内取一固定在空间的封闭曲面 $S$,则一般而言,既有流体从 $S$ 面外流入 $S$ 面内,也有流体从 $S$ 面内流出 $S$ 面外(图7.1-3).

为计算从 $S$ 面流出的流体净量,可在 $S$ 面上取面元 d$\boldsymbol{S}$,并规定它的法线正方向从面内指向面外,则在单位时间内通过 d$\boldsymbol{S}$ 面流出 $S$ 面的流体质量为

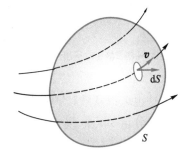

图 7.1-3 一般形式连续性方程的推导

$\rho \boldsymbol{v} \cdot$ d$\boldsymbol{S}$,当 $\boldsymbol{v}$ 与 d$\boldsymbol{S}$ 的夹角 $\theta < \dfrac{\pi}{2}$ 时,$\boldsymbol{v} \cdot$ d$\boldsymbol{S} > 0$,表示流体从 $S$ 面内流出,当 $\theta > \dfrac{\pi}{2}$ 时,$\boldsymbol{v} \cdot$ d$\boldsymbol{S} < 0$,则表示流体从 $S$ 面外流入. 因而单位时间内流出 $S$ 面的净流体量为 $\rho \boldsymbol{v} \cdot$ d$\boldsymbol{S}$ 对 $S$ 面的积分 $\displaystyle\int_S \rho \boldsymbol{v} \cdot$ d$\boldsymbol{S}$,根据质量守恒定律,它应等于单位时间内 $S$ 面内流体质量的减少,而 $S$ 面内流体的质量为 $\displaystyle\int \rho$d$V$,因而有

$$\int_S \rho \boldsymbol{v} \cdot \mathrm{d}\boldsymbol{S} = -\frac{\mathrm{d}}{\mathrm{d}t} \int_V \rho \mathrm{d}V \tag{7.1-11}$$

式中右边的积分遍及 $S$ 所围的体积 $V$. 上式即连续性方程的一般形式.

当流动为定常流动时,连续性方程化为

$$\int_S \rho \boldsymbol{v} \cdot \mathrm{d}\boldsymbol{S} = 0 \tag{7.1-12}$$

当流体密度恒定时,上式变为

$$\int_S \boldsymbol{v} \cdot \mathrm{d}\boldsymbol{S} = 0 \tag{7.1-13}$$

在 $S$ 面为一段流管表面的情况下,以上两式分别简化为(7.1-9)式、(7.1-10)式.

### 5. 流体流动形态与参考系的关系

我们知道,质点运动情况因参考系而异. 对于相互作匀速直线运动的两个参考

系来说,它们所观察到的同一质点的运动情况的差异,可以通过伽利略变换得到.由此不难想见,流体运动作为大量质点运动的组合,它的运动情况也因参考系而异.因此,相对不同的参考系,描述同一流体运动的流线的形状及其分布情况是不同的.

特别值得指出的是,在某个参考系看来,流体作定常流动,在另一参考系看来未必作定常流动,反之亦然. 图 7.1-4(a)、(b)分别表示木板在水中运动的两幅流线图,(a)是在相对远处的水静止的参考系中画出的,(b)是在相对木板静止的参考系中画出的. 图(b)所表示的流动可看成是定常流动,而图(a)则不是. 这不难理解,因为在(a)的情形,经过 $\Delta t$ 时间后,木板向前移动了一段距离,木板周围的流动也一起向前移了一段距离,空间各点的流动情况显然与 $\Delta t$ 时间前不同了.

(a) 观测者静止时画出的流线 (非定常流)　　(b) 观测者与板一起运动时画出的流线 (定常流)

图 7.1-4 流体运动形态与参考系有关

这也可以从欧拉表示式中得到说明. 设在参考系 S 中,流体作定常流动,速度的三个分量 $u$、$v$、$w$ 仅为位置的函数:

$$u = f(x, y, z)$$
$$v = g(x, y, z)$$
$$w = h(x, y, z)$$

在相对 S 以速度 $V$ 沿 $x$ 方向作匀速直线运动的参考系 S′ 看来,速度的三个分量分别变为 $u-V$、$v$、$w$,但相应的坐标也变化了,即

$$u' = f(x' + Vt, y', z') - V$$
$$v' = g(x' + Vt, y', z')$$
$$w' = h(x' + Vt, y', z')$$

可见 $u'$、$v'$、$w'$ 不再与时间无关. 因而在 S′ 系看来不再是定常流(除非流速既与时间无关,也与坐标无关).

## 6. 例题

**例** 用拉格朗日法描述流体质元的位置与时间的关系为

$$\begin{cases} x = \sqrt{x_0^2 + y_0^2} \cos\left(\omega t + \arctan\dfrac{y_0}{x_0}\right) \\ y = \sqrt{x_0^2 + y_0^2} \sin\left(\omega t + \arctan\dfrac{y_0}{x_0}\right) \\ z = 0 \end{cases}$$

式中 $x_0$、$y_0$ 为质元在 $t=0$ 时刻的坐标.(1)试改用欧拉法描述流体的运动;(2)流动是定常的还是非定常的? 并画出流线(在 $xy$ 平面内);(3)若从另一参考系 S′ 观察(S′ 系相对原参考系 S 以恒定速率 $V$ 沿 $x$ 方向运动),写出流体运动的欧拉表述,并说明流动是否是定常的,画出相应的流线.

**解**:(1)用欧拉描述运动,就是写出流体质元的速度分量与空间位置和时间的关系. 将拉格朗日描述中的 $x$、$y$、$z$ 对时间求导即可求出质元的速度分量:

$$u = \dot{x} = -\omega \sqrt{x_0^2+y_0^2} \sin\left(\omega t + \arctan\frac{y_0}{x_0}\right)$$

$$v = \dot{y} = \omega \sqrt{x_0^2+y_0^2} \cos\left(\omega t + \arctan\frac{y_0}{x_0}\right) \tag{1}$$

$$w = \dot{z} = 0$$

与 $x$、$y$、$z$ 表示式比较,不难看出欧拉表述为

$$\begin{cases} u = -\omega y \\ v = \omega x \\ w = 0 \end{cases} \tag{2}$$

(2)欧拉表述中,$u$、$v$、$w$ 与时间无关,流体作定常流动. 速度矢量 $\boldsymbol{v}$ 的大小为

$$|\boldsymbol{v}| = \sqrt{u^2+v^2+w^2} = \omega\sqrt{x^2+y^2} = \omega r \tag{3}$$

而由

$$\boldsymbol{v}\cdot\boldsymbol{r} = ux + vy + wz = -\omega yx + \omega xy + 0 = 0 \tag{4}$$

可见 $\boldsymbol{v}$ 的方向与 $\boldsymbol{r}$ 垂直,因而流线为以原点为圆心的一系列同心圆,如图 7.1-5 所示.

图 7.1-5　S 参考系中的流线　　　　　图 7.1-6　在 S′ 参考系中 $t=0$ 时刻的流线,整个图形随时间以速率 $V$ 向左移动

(3)在 S′ 参考系中,$x'=x-Vt$,$y'=y$,$z'=z$,因而有

$$\begin{cases} u' = u - V = -\omega y' - V \\ v' = v = \omega(x'+Vt) \\ w' = w = 0 \end{cases} \tag{5}$$

$\boldsymbol{v}'$ 与时间有关,流动是非定常的. $t=0$ 时刻的流线如图 7.1-6 所示. 随着时间的推移,整个图形将以速率 $V$ 向左移动,故流动不是定常的.

## §7.2 伯努利方程及其应用

现在来讨论定常流动情况下流体动力学的基本规律,即流速、压强与位置的关系. 设流体处在重力场中.

### 1. 理想流体

当实际流体各部分间有相对运动时,就会出现阻碍这种相对滑动的力,叫黏性力,又叫内摩擦力. 流体的这种性质叫**黏性**. 但多数流体,如水、空气、酒精等,黏性力很小,即黏性很小. 为简化问题的讨论,先忽略黏性. 完全无黏性的流体称为**理想流体**[*].

对于理想流体,由于在有相对运动时也无切向应力存在,所以静止流体中压强的两个特征(即压强与截面垂直,大小与截面取向无关)也适用于运动中的理想流体.

本节的讨论限于不可压缩的理想流体.

### 2. 伯努利方程

文档:伯努利简介

流体质元是在周围流体对它的压力和其他非接触力作用下运动的,它的运动服从牛顿运动定律. 在运动流体中取出一体积为 $\Delta V$ 的质元,作用在此小体积上的压力与彻体力之和应等于其质量与加速度的乘积:

$$-\oint_S p\mathrm{d}\boldsymbol{S}+\int_{\Delta V}\boldsymbol{F}\rho\mathrm{d}V=\rho\Delta V\boldsymbol{a} \tag{7.2-1}$$

式中 $S$ 为包围 $\Delta V$ 的面积. 这就是关于流体质元的动力学方程.

但现在我们要讨论的是不可压缩的理想流体在定常流动情况下压强、流速与位置的关系. 在定常流动中,流线分布(因而流管)和形状都不随时间改变,流体各质元,都被限制在"光滑"的固定流管内运动,犹如限制在光滑轨道上运动的质点,根据第四章的讨论,对这种流体质元的运动,利用功能原理进行讨论最为方便.

在作定常流动的流体中任取一细流管,在管中取一小段流体 $AB$,如图 7.2-1 所示. 当该段流体处于位置 1 时,其截面积为 $\Delta S_1$,长度为 $\Delta l_1$,速度(流速)为 $v_1$,高度为 $z_1$,该处压强为 $p_1$. 当它处于位置 2 时,相应的量为 $\Delta S_2$、$\Delta l_2$、$v_2$、$z_2$ 和 $p_2$. 设该段流体在位置 1 和 2 时的机械能各为 $E_1$ 和 $E_2$,则功能原理告诉我们,

图 7.2-1 伯努利方程的推导

---

[*] 有的书上称不可压缩、无黏性的流体为理想流体.

$$E_2 - E_1 = W_{外} + W_{非保内} \qquad (7.2-2)$$

对于理想流体,黏性可忽略,$W_{非保内} = 0$,故

$$E_2 - E_1 = W_{外} \qquad (7.2-3)$$

处在重力场中的流体,其机械能包含动能和重力势能两部分,故有

$$E_1 = \frac{1}{2}\rho\Delta V v_1^2 + \rho\Delta Vgz_1 \text{ 和 } E_2 = \frac{1}{2}\rho\Delta V v_2^2 + \rho\Delta Vgz_2$$

其中 $\Delta V = \Delta S_1\Delta l_1 = \Delta S_2\Delta l_2$ 为该段流体的体积,由于流体不可压缩,它在运动过程中保持不变. 作用于该体元的外力是其他流体对它的压力. 管外流体对它的压力与管壁垂直(理想流体),在该段流体的运动过程中不做功. 只有管内除该段流体以外的流体对它产生的压力才对它做功. 在从位置 1 到位置 2 的过程中,外力所做的功为

$$W_{外} = \int_A^{A'} p\Delta Sdl - \int_B^{B'} p\Delta Sdl$$

$$= \int_A^B p\Delta Sdl + \int_B^{A'} p\Delta Sdl - \int_B^{A'} p\Delta Sdl - \int_{A'}^{B'} p\Delta Sdl$$

由于流动是定常的,压强只与位置有关,而与时间无关,因而在 $B$ 到 $A'$ 这段路程中,压力对 $A$ 截面所做的功与对 $B$ 截面所做的功等值异号,互相抵消,于是

$$W_{外} = \int_A^B p\Delta Sdl - \int_{A'}^{B'} p\Delta Sdl = p_1\Delta S_1\Delta l_1 - p_2\Delta S_2\Delta l_2$$

代入(7.2-3)式:

$$\frac{1}{2}\rho\Delta V v_2^2 + \rho\Delta Vgz_2 - \frac{1}{2}\rho\Delta V v_1^2 - \rho\Delta Vgz_1$$

$$= p_1\Delta S_1\Delta l_1 - p_2\Delta S_2\Delta l_2 = (p_1 - p_2)\Delta V$$

消去 $\Delta V$,得

$$\frac{1}{2}\rho v_2^2 + \rho gz_2 + p_2 = \frac{1}{2}\rho v_1^2 + \rho gz_1 + p_1$$

即

$$\frac{1}{2}\rho v^2 + \rho gz + p = 常量 \qquad (7.2-4)$$

上式称为**伯努利方程**,由瑞士科学家伯努利(D. Bernoulli,1700—1782)于 1738 年首先导出. 它实质上是流体运动中的功能关系式,即单位体积流体的机械能的增量等于压力差所做的功.

必须指出,伯努利方程右边的常量,对于不同的流管,其值并不一定相同.

### 3. 伯努利方程的应用

#### (1) 等高流管中流速与压强的关系
根据伯努利方程,在水平流管中,有

$$p + \frac{1}{2}\rho v^2 = 常量$$

故流速 $v$ 大的地方压强 $p$ 小,$v$ 小的地方压强 $p$ 大. 在粗细不均匀的水平流管中,根

据连续性方程,管细处流速大,管粗处流速小,因而管细处压强小,管粗处压强大.
图 7.2-2 所示的演示实验说明了这一点. 图中 $p_1$ 即大气压. 由于 $p_2<p_1$,竖直管中的
液面上升. 从动力学角度分析,当流体沿水平管道运动时,其质元从管粗处流向管
细处时将加速,使质元加速的作用力来源于粗处压强大于细处压强的压力差. 水流
抽气机(图 7.2-3)和喷雾器就是基于这一原理制成的. 在水流抽气机中,尽管水流
沿竖直方向,但这里使水流加速的力主要来自压强差,重力的作用是次要的.

图 7.2-2 流速大处压强小          图 7.2-3 水流抽气机

### (2) 射流速率

如果在盛水的容器底部开一小孔,则水流从小孔射出,射流速率可用伯努利方
程求得.

设小孔离自由液面的竖直距离为 $h$,如图 7.2-4(a)所示. 如果从小孔口处起追
逐流线,就会发现它们都通到自由液面. 当小孔面积比容器横截面积小得多时,液
面高度几乎不变,流动可近似看成定常的. 对任一条流线列伯努利方程. 在自由液面
处,$v_A \approx 0$,$p = p_0$(大气压),$z = h$;在小孔 $B$ 处,$p = p_0$,$z = 0$,故有

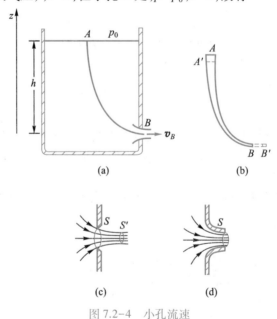

图 7.2-4 小孔流速

$$\frac{1}{2}\rho \cdot 0+\rho gh+p_0=\frac{1}{2}\rho v_B^2+0+p_0$$

由此得

$$v_B=\sqrt{2gh} \tag{7.2-5}$$

此速度恰好与物体自 $h$ 高处自由下落所获得的速度相同. 这是可以理解的, 因为对某个细流管 $AB$ 来说[图 7.2-4(b)], 随着自由液面的下降, 成为 $A'B'$, 整个流管重力势能的减小等效于液柱 $AA'$ 与 $BB'$ 的重力势能之差, 它应等于整个流管动能的增加, 这恰等于出射液体的动能. (7.2-5)式所表示的关系首先由托里拆利发现, 所以又叫**托里拆利定律**.

当小孔为薄壁圆孔时, 这里的 $v_B$, 严格说并不是小孔截面 $S$ 处的流速, 而应为出射一段距离后的 $S'$ 处的流速, 如图 7.2-4(c)所示. 因为在 $S$ 处, 流线是不平行的, 流管的截面还在向中心收缩, 每个水的质元均有加速度, 不能认为该处流体的压强等于大气压. 只有在到达 $S'$ 处后, 流线才成平行线, 此处流体的压强才可认为等于大气压. 通常, $S'$ 为 $S$ 的 $\alpha$ 倍, $\alpha$ 约为 61 %~64 %. $\alpha$ 称为**收缩系数**. 但对喇叭形圆孔[图 7.2-4(d)], 则几乎不存在收缩现象.

虹吸现象的原理与此相仿, 出射处的流速 $v_B$ 也由(7.2-5)式决定(图 7.2-5). 通常认为液体内不能承受负压, 因而在图 7.2-5 中, $B$、$C$(和 $A$、$C$)两点的高度差不能太大, 以保证液体中的压强为正. 例如在管内是水的情况下, 此高度差不能大于 10 m. 但实际上, 液体分子间有内聚力, 可以承受一定的负压, 因而上述条件并不是必需的. 事实上, 已有人在真空中实现了虹吸现象. 不过, 液体承受负压有一定限度(反映了内聚力有一定限度), 虹吸现象中的高度不能无限地增大; 而且, 在液体受负压的情况下, 稍一扰动, 液柱就会断裂, 因而在通常实验条件下, 液体内不能承受负压的讲法还是符合实际情况的.

图 7.2-5 虹吸管

图 7.2-6 驻点压强

### (3) 皮托管

当流体在障碍物前受阻时(图 7.2-6), 在障碍物前会有一点, 在该点处流体静止不动, 如图中的 $A$ 点, 该点常称为驻点. 沿流线 $BA$ 列出伯努利方程, $A$ 点处的压强可求得为

$$p_A=p+\frac{1}{2}\rho v^2 \tag{7.2-6}$$

$p$ 为远处 $B$ 点的压强. 在工程学科中,常把流体中的压强 $p$ 称为静压,而把 $\frac{1}{2}\rho v^2$ 称为动压,把 $p+\frac{1}{2}\rho v^2$ 称为总压. 若能测出动压,就可求出流速. **皮托管**就是根据这一原理制成的.

最简单的皮托管是一个管口迎着流动流体的"L"形管子,如图 7.2-7 所示. 管中液面上升的高度比自由液面高 $h$,$h$ 与动压成正比,即 $\frac{1}{2}\rho v^2=\rho gh$,由此即可求得液体的流速:

$$v=\sqrt{2gh} \tag{7.2-7}$$

图 7.2-7 皮托管

另两种可以直接测出总压与静压之差(即动压)的装置如图 7.2-8 所示. 在这两种皮托管中,开口 $B$ 的压强为静压,开口 $A$ 的压强为总压,它们分别与"U"形压强计的两臂相连,两臂的液面差 $h$ 与动压成正比. 不难求出流速:

$$v=\sqrt{\frac{2gh(\rho'-\rho)}{\rho}} \tag{7.2-8}$$

式中 $\rho$ 为流体密度,$\rho'$ 为压强计工作液密度.

(a)U形皮托管　　　　　(b)普朗特管

图 7.2-8 其他形式的皮托管

### (4) 文丘里流量计

如图 7.2-9 所示的装置称为**文丘里流量计**,它是串接在流体主管道中的一根喉形管(称文丘里管),由粗细管中的压强差及有关参量可以测量流量,即单位时间内流过管道的流体体积. 由伯努利方程

$$图 7.2\text{-}9 \quad 文丘里流量计$$

$$\frac{1}{2}\rho v_2^2 - \frac{1}{2}\rho v_1^2 = p_1 - p_2 = \rho g h$$

和连续性方程

$$v_1 S_1 = v_2 S_2$$

可解得 $v_1$ 和 $v_2$（表示为 $h$、$S_1$、$S_2$ 的函数），从而求出流量 $Q$：

$$Q = \sqrt{\frac{2gh}{\dfrac{1}{S_2^2} - \dfrac{1}{S_1^2}}} \tag{7.2-9}$$

实际应用时，由于流体黏性等因素的影响，上式要乘上一个小于 1 的修正常数.

### 4. 机翼的升力　马格努斯效应

作为伯努利方程的又一个应用，我们来讨论飞机机翼的升力问题.

在相对机翼静止的参考系里，气流是自左向右的定常流动. 起初的流动如图 7.2-10 所示，机翼上、下气流速度几乎相等. 不久，由于机翼形状的不对称和流体黏性的影响，下部气流速度超过上部，于是在机翼尾部两股气流汇合处形成逆时

图 7.2-10　绕机翼的初始气流

针方向的涡旋[图 7.2-11(a)]，此涡旋脱离机翼而漂向下游，对机翼不起作用. 而由角动量守恒定律，机翼周围就形成一个顺时针方向的环流，如图 7.2-11(b)所示，此环流叠加在原气流上，使机翼上部的气流速度增大，下部的气流速度减小，最后机翼周围形成如图 7.2-12 所示的定常气流，此气流在机翼上部的流速比下部的大. 根据伯努利方程，下部压强将大于上部，此压差就形成对机翼的升力. 升力的大小可大致计算如下.

(a) 机翼尾部形成涡旋　　(b) 绕机翼的环流

图 7.2-11　绕机翼环流的形成

图 7.2-12　绕机翼的气流

设环流速度为 $u$,机翼远前方气流的速度和压强可视为常量,与位置无关,分别设为 $v$ 和 $p_0$,机翼上部的压强为 $p_1$,下部为 $p_2$,则由伯努利方程,有

$$p_0+\frac{1}{2}\rho v^2=p_1+\frac{1}{2}\rho(v+u)^2$$

$$p_0+\frac{1}{2}\rho v^2=p_2+\frac{1}{2}\rho(v-u)^2$$

由此得

$$p_2-p_1=\frac{1}{2}\rho\left[(v+u)^2-(v-u)^2\right]=2\rho uv$$

设机翼宽为 $d$,长为 $l$,则升力

$$F=l\cdot d(p_2-p_1)=2\rho uvld=\rho vl\Gamma \tag{7.2-10}$$

式中

$$\Gamma=u\cdot 2d \tag{7.2-11}$$

称为环流,它等于环流速度与环流周长的乘积.(7.2-10)式称为**茹科夫斯基公式**.

当绕着自身轴旋转着的圆柱或圆球形物体在流体中运动时,由于黏性作用,物体周围也会形成类似于机翼周围的环流,在随跟物体一起移动的参考系中,此环流叠加在迎面来的气流上,最终也在物体周围形成上、下不对称的定常气流,形成一个与物体移动方向和自转轴方向均垂直的横向力 $F$,力的方向总是从气流与环流方向相反的一方指向相同的一方(图7.2-13).这个现象以其发现者命名,称为**马格努斯效应**.网球、乒乓球中的"弧圈球"以及足球中的"香蕉球"偏离原运动方向的现象,就是由这一效应造成的.

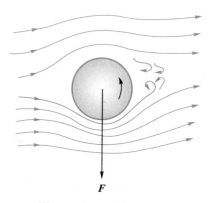

图 7.2-13 马格努斯效应

请注意,我们对机翼的升力和马格努斯效应等问题的讨论,都在相对机翼或球静止的参考系中进行的,并应用了伯努利方程.是否可以在与流体相对静止的参考系中进行讨论并应用伯努利方程?(参见思考题7.16).

## 5. 例题

**例1** 某大楼由铺设在地下的同一自来水管道供水.打开二楼的水龙头,测得流速为 12.0 m/s.求打开一楼水龙头时的流速.设大楼的层高为 4 m.

**解**:设地下管道中水的压强为 $p$,流速为 $v$,高度为 $z$,一楼、二楼水龙头的高度分别为 $z_1$、$z_2$,相应流速分别为 $v_1$、$v_2$,由伯努利方程,有

$$p+\frac{1}{2}\rho v^2+\rho gz=p_0+\frac{1}{2}\rho v_1^2+\rho gz_1$$

$$p+\frac{1}{2}\rho v^2+\rho gz=p_0+\frac{1}{2}\rho v_2^2+\rho gz_2$$

式中 $\rho$ 为水的密度, $p_0$ 为大气压. 由以上两式即可解得

$$v_1 = \sqrt{v_2^2 + 2g(z_2 - z_1)}$$

将 $v_2 = 12 \text{ m/s}, z_2 - z_1 = 4 \text{ m}$ 代入,得

$$v_1 = \sqrt{12^2 + 2 \times 9.8 \times 4} \text{ m/s} = 14.9 \text{ m/s}$$

**例 2** 一由旋转对称表面组成的水壶,其对称轴沿竖直方向,壶底开有一半径为 $r$ 的小孔,为使液体从底部小孔流出的过程中壶中液面下降的速率保持不变,壶的形状应怎样?

**解**:取竖直方向为 $z$ 轴,水平方向为 $x$ 轴,小孔处为坐标原点(如图 7.2-14 所示). 水壶的形状由壶的水平截面半径与 $z$ 的关系决定. 设当液面离底高度为 $z$ 时,液面所呈的圆半径为 $x$,此时液体从小孔中流出的速率为 $v$,液面以恒定速度 $u$ 下降,则由伯努利方程,有

$$\frac{1}{2}\rho v^2 = \frac{1}{2}\rho u^2 + \rho g z \qquad (1)$$

由连续性方程, $u$ 与 $v$ 间有关系:

$$u \cdot \pi x^2 = v \pi r^2 \qquad (2)$$

由(1)式、(2)式即可解得

$$u^2\left(\frac{x^4}{r^4} - 1\right) = 2gz$$

为使 $u =$ 常量,由上式即得 $z$ 与 $x$ 的关系:

$$z = \frac{u^2(x^4 - r^4)}{2gr^4}$$

图 7.2-14 漏壶

但 $r \ll x$(这也正是流动可看成定常流的条件),上式又可简化为

$$z = \frac{u^2 x^4}{2gr^4}$$

这正是古代某些用液面下降速率计时的漏壶的形状.

# §7.3 黏性流体的流动

实际流体都有黏性. 即使是黏性很小的流体,如水、空气等,在长距离流动过程中,由黏性所造成的与理想流体的偏离也很大. 从能量角度看,黏性产生附加的能量损耗(转为热能),这是流体输运、流动过程中不能忽视的问题. 实际流体是否可以看成理想流体,与所讨论问题的性质及具体条件有关.

物体在流体中运动时所受的力(阻力、曳力)也与流体的黏性有关.

## 1. 流体的黏性

### (1) 黏性

理想流体不论在静止或运动中都不存在切向力. 但实际流体当其各部分间发生相对滑动时就存在阻碍相对滑动的力,此即黏性力. 设想流体中两层的速度不

同,则快的一层对慢的一层有拉力作用,而慢的一层对快的一层有阻力的作用. 这一对力就叫**黏性力**或**内摩擦力**. 流体的这种性质称为**黏性**.

从分子运动的观点来看,气体的黏性是由于不同速度的相邻流体层间发生动量交换(动量最终从速度快的流体层向速度慢的流体层传递)的结果. 这种过程是分子本身的运动所引起的. 气体与器壁的黏性作用则是气体分子与器壁间动量交换的结果. 液体的黏性只有一小部分直接起因于分子的动量传递,而主要起因于流动中分子团的形变.

### (2) 牛顿黏度定律

现在从宏观上来考察决定黏性力大小的各个因素. 设有两平行平板,两板之间夹有流体,如图 7.3-1 所示. 保持下板不动,以一定的力拉上板,实验发现,上板的速度不会一直增大,而将达到一个极限值. 所施的力 $F$ 越大,达到的速度极限值 $v$ 也越大,两者成正比. 这表明,上板在运动过程中除了受到拉力 $F$ 作用外,还受到流体的阻力作用. 由于与板相接触的那一层流体完全附着在板上,这阻力实际上是附在板上的那层流体与其下面紧靠的那层流体之间的黏性力. 当板的速度达到极限值时,黏性力等于拉力 $F$. 而在拉力非常小的情况下上板也会被拉动则表明,流体无静摩擦力. 进一步的实验发现,当 $F$ 一定时,上板达到的极限速度 $v$ 还与两板之间的距离 $z$ 有关,$z$ 越大,$v$ 也越大. 这说明黏性力与比值 $v/z$ 成正比,即

图 7.3-1  黏性力与速度梯度成正比

$$F \propto \frac{v}{z}$$

$\dfrac{v}{z}$ 是速度的横向变化率,称为速度梯度.

另外,$F$ 与板的面积 $\Delta S$ 成正比,写成等式,即

$$F = \eta \Delta S \frac{v}{z} \tag{7.3-1}$$

其中 $\eta$ 称为**黏度**. 在上面的实验中,黏性力其实也存在于速度各不相同的相邻流体层之间,但因速度在两板间是均匀变化的,各层间的黏性力都相同. 如果速度的变化不均匀,只要将(7.3-1)式中的 $\dfrac{v}{z}$ 改为 $\dfrac{\mathrm{d}v}{\mathrm{d}z}$ 即可,这时有

$$F = \eta \Delta S \frac{\mathrm{d}v}{\mathrm{d}z} \tag{7.3-2}$$

这也就是两相邻液层间的黏性力公式,确切地说,是坐标为 $z$ 处的液层受坐标为 $z+\mathrm{d}z$ 处液层黏性力的表示式;当 $\dfrac{\mathrm{d}v}{\mathrm{d}z}>0$ 时,$F>0$(拉力),$\dfrac{\mathrm{d}v}{\mathrm{d}z}<0$ 时,$F<0$(阻力).

式(7.3-2)就是**牛顿黏度定律**. 它在一定程度上反映了实际流体的情况. 符合此定律的流体称为牛顿流体. 大多数流体与牛顿流体相接近,但也有很重要的非牛顿流体,如血液.

**黏度**

黏度 $\eta$ 是反映流体黏性大小的物理量. 在 SI 单位中,黏度的单位是 Pa·s(帕秒):

$$1\,\text{Pa}\cdot\text{s}=1\,\text{kg}/(\text{m}\cdot\text{s})$$

一些主要流体和气体的黏度列于表 7-1 中. 黏度与温度有密切关系. 对液体,黏度随温度升高而减小;对气体,黏度随温度升高而增大. 黏度与压强的关系不大.

表 7-1 流体的黏度

| 液体 | $t/℃$ | $\eta/(\text{Pa}\cdot\text{s})$ | 气体 | $t/℃$ | $\eta/(\text{Pa}\cdot\text{s})$ |
|---|---|---|---|---|---|
| 乙 醇 | 20 | $16\times10^{-3}$ | 空气 | 20 | $18.1\times10^{-6}$ |
| 甘 油 | 20 | $830\times10^{-3}$ | 二氧化碳 | 20 | $14.8\times10^{-6}$ |
| 重机油 | 15 | $660\times10^{-3}$ | 氨 | 23 | $19.6\times10^{-6}$ |
| 轻机油 | 15 | $113\times10^{-3}$ | 氢 | 20 | $8.8\times10^{-6}$ |
| 水 银 | 20 | $1.55\times10^{-3}$ | 氧 | 15 | $19.6\times10^{-6}$ |
| 水 | 20 | $1.00\times10^{-3}$ | 氮 | 23 | $17.7\times10^{-6}$ |

实验发现,氦的同位素 $^4\text{He}$ 和 $^3\text{He}$(液态),在温度低到 2.19 K 时,黏性完全消失(黏度为零),这种现象称为**超流性**.

上面定义的黏度又称**动力黏度**. 动力黏度与密度之比 $\nu=\eta/\rho$ 称为**运动黏度**,又称**比黏度**,其单位是 $\text{m}^2/\text{s}$(平方米每秒).

黏度的测定有重要的实际意义. 在水利工程上,黏度直接与工程设计有关. 在化学和医学上,黏度的测定也有重要意义,因为黏度与物质的分子结构有关,血液的病变对黏度有明显影响. 因此黏度的测定可以对分子结构或病情诊断提供有用的信息.

### 2. 黏性流体的运动规律

当流体有黏性时,流体质元在运动过程中除受彻体力和压强差造成的压力外,还要受黏性力作用,因而,在(7.2-1)式中加上黏性力,就成为黏性流体质元的动力学方程:

$$-\oint_S p\mathrm{d}\boldsymbol{S}+\int_{\Delta V}\boldsymbol{F}\rho\mathrm{d}V+\boldsymbol{F}_{粘}=\rho\Delta Va \tag{7.3-3}$$

这里 $p$ 的意义要说明一下. 当流体黏性可忽略(理想流体)时,流体中只存在法向应力,法向应力的大小与面元的取向无关,只与位置有关,因而可将其定义为压强. 在流体具有黏性的情况下,流体中还存在切向应力,从而法向应力不再与面元取向无关,但这时法向应力仍可看成为两部分之和,一是设想流体失去黏性成为理想流体时所具有的压强,一是完全由于黏性而引起的附加法向应力. 前者仍只是位置的函数,后者与面元的取向有关. 但当流体黏性不大,流动时的速度梯度也不大时,后者相对前者为一小量,因此黏性流体中压强概念仍可以沿用.

　　对黏性流体,伯努利方程不再成立. 例如在图 7.3-2 所示的装置中,油从水平的粗细均匀的管中流出时,流动是定常的. 尽管管道的各个截面所处的高度相同,各截面处油的流速相同,但管道各截面处的压强不等. 伯努利方程是关于不可压缩的理想流体作定常流动的动力学规律. 大部分实际流体,特别是液体,压缩性仍很小,但黏性却不能忽略. 因此,适当修改伯努利方程便可使之适用于不可压缩的黏性流体的定常流动. 在推导伯努利方程的过程中,如果考虑到黏性力的作用,则有

$$\frac{1}{2}\rho v_2^2 + \rho g z_2 - \frac{1}{2}\rho v_1^2 - \rho g z_1 = (p_1 - p_2) - w$$

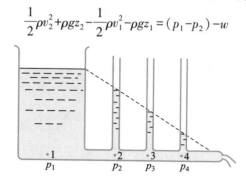

图 7.3-2　黏性流体在水平均匀管中流动时,上游压强比下游大

即

$$p_1 + \rho g z_1 + \frac{1}{2}\rho v_1^2 = p_2 + \frac{1}{2}\rho v_2^2 + \rho g z_2 + w \tag{7.3-4}$$

式中 $w$ 是单位体积的流体在从 1 位置运动到 2 位置的过程中克服黏性力而消耗的机械能,其中包括流管外流体在管壁处施的黏性力(外力)对所考察流体所做的功,和流管内流体自身在运动过程中因各部分流速不同出现内摩擦而消耗的机械能. 前者可能使所考察流体的机械能增加,也可能使其机械能减少,视黏性力表现为曳力还是阻力而定. 后者总是使所考察的流体的机械能减少.

　　对于粗细均匀的水平细管中的定常流动,由于 $v_1 = v_2$(连续性方程要求),$z_1 = z_2$,从而有

$$p_1 - p_2 = w \tag{7.3-5}$$

由于管壁阻碍流体流动,$w$ 为正,即流体必须克服管壁阻力做功. 因此黏性流体要在水平管中作定常流动,上游的压强也必须大于下游的压强. 这就像在粗糙水平台面上要使物体作匀速运动必须有推力一样. 图 7.3-2 所示的实验演示的正是这一现象.

　　如果黏性流体要在开放的管道(如渠道)内维持定常流动,由于 $v_1 = v_2$,$p_1 = p_2 = p_0$(大气压),故有

$$\rho g z_1 - \rho g z_2 = w \tag{7.3-6}$$

即必须有高度差. 这也就是俗话说的"水往低处流"的科学道理,就像在粗糙斜面上的物体匀速下滑一样.

### 3. 黏性流体在水平圆管内的流动　泊肃叶公式

　　黏性流体在管道内流动时,截面上各点的速度是不同的. 对作定常流动的黏性流体,当流速不大时,通常是分层流动的. 在水平圆管的情形下,流速只与离轴的距离有关. 在管壁处流体质元的速度 $v=0$,离管壁越远,流速越大,在中心处,速度最大. 速度在截面上的分布有图 7.3-3 那样的形状.

　　由于流体有黏性,要维持流体作定常流动,两端必须有压强差. 设管的左端压强为 $p_1$,右端为 $p_2$. 管的内径为 $R$,管长为 $l$,流体自左向右流动,如图 7.3-4 所示. 取管中半径为 $r$ 的一段流体为考察对象. 这段流体两端所受的压力差为

图 7.3-3　黏性流体在水平圆
管中流动时的速度分布

图 7.3-4　泊肃叶公式的推导

$$F=(p_1-p_2)\pi r^2$$

除压力外,此段流体还受到其他流体对它的黏性力作用. 由于中心速度大,此力必为阻力(侧面所受的法向压力四周相互抵消). 黏性阻力的值由黏度定律(7.3-2)式求得,即

$$F_f=\eta \cdot 2\pi rl\frac{\mathrm{d}v}{\mathrm{d}r}$$

既然流体作定常流动,且各质元的速度不变,这段流体的动量不随时间改变,故它所受的水平外力的合力为零,即

$$F+F_f=0$$

这里 $F_f$ 的正、负已包含在 $\dfrac{\mathrm{d}v}{\mathrm{d}r}$ 的正、负之中. 将 $F$、$F_f$ 的表示式代入上式,即得

$$(p_1-p_2)\pi r^2=-2\pi rl\eta\frac{\mathrm{d}v}{\mathrm{d}r}$$

或

$$\mathrm{d}v=-\frac{p_1-p_2}{2l\eta}r\mathrm{d}r$$

将上式两边从 $r=0$ 到 $r=r$ 积分,得

$$v-v_0=-\frac{p_1-p_2}{2l\eta}\frac{r^2}{2}$$

这里 $v_0$ 为 $r=0$ 处的流速. $v_0$ 的值可由 $r=R$ 处 $v=0$ 的条件求得:

$$0-v_0 = \frac{-(p_1-p_2)}{4l\eta}R^2$$

$$v_0 = \frac{p_1-p_2}{4l\eta}R^2$$

最后得

$$v = \frac{p_1-p_2}{4l\eta}(R^2-r^2) \qquad (7.3-7)$$

可见 $v$ 与 $r$ 的关系曲线是一条抛物线.

再来计算流量. 在截面上取半径为 $r \sim r+dr$ 的一个圆环(图7.3-5),单位时间内流过此圆环的流体体积,即流量为

$$dQ = v \cdot 2\pi r dr$$

将(7.3-7)式代入上式:

$$dQ = \frac{2\pi(p_1-p_2)}{4l\eta}(R^2-r^2)r dr$$

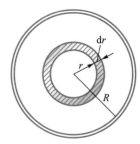

图 7.3-5

两边积分,即得总流量:

$$Q = \int_0^R \frac{\pi(p_1-p_2)}{2l\eta}(R^2-r^2)r dr$$

$$Q = \frac{\pi(p_1-p_2)R^4}{8l\eta} \qquad (7.3-8)$$

上式称为**泊肃叶公式**,首先由法国科学家泊肃叶(J. L. Poiseuille, 1799—1869)于1842年根据实验建立. 黏度越大,流速越小,管子越细,此式与实验符合得越好. 泊肃叶公式告诉我们,流过水平圆管的流量,与管两端的压强差成正比,与黏度和管长成反比,与半径的四次方成正比. 流量与半径 $R$ 的这种敏锐关系可说明医生打针所用的针头粗细比起推力对于打药水的速率有更大的影响.

### 4. 层流与湍流 雷诺数

#### (1) 层流与湍流

以上讨论的是黏性流体的定常流动. 这种流动的另一个特点是流体分层流动,各层互不混杂,只作相对滑动. 这种各层互不相扰的分层流动称为**层流**,又称**片流**. 黏度定律即是决定层流情况下各层相互作用的实验规律.

当流速增大到一定程度时,定常流动的状态会被破坏,流动会不稳定,并出现周期性的变化,但流动仍具有部分层流的特征.

当流速进一步增大,层流状态将被破坏,流体将作不规则流动. 以沿水平管的流动为例,这时的流动有两个特征:a. 各点的速度随时间而改变(不再是定常流动);b. 各点速度不仅有轴向分量,而且有垂直于轴向的横向分量(不再是层流). 这样的流动称为**湍流**. 如果把各点速率的时间平均值与位置的关系画出来,将得到如图 7.3-6 所示的曲线. 此曲线不是抛物线,在边界附近速率的变化较快. (在边界

层中流动仍为层流),中间变化较慢(为湍流),因而黏性阻力大大增加,能量损失也增加. 流量与压强差的关系也偏离原来的直线(根据泊肃叶公式,两者成正比),而向下弯折,如图 7.3-7 所示.

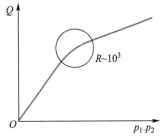

图 7.3-6　湍流时流速的时间平均值沿截面的分布　　图 7.3-7　流量与压强差的关系

层流和湍流可用如图 7.3-8 所示的实验演示出来.

图 7.3-8　层流与湍流的实验演示

**（2）雷诺数**

速度究竟达到多大时,才由层流过渡到湍流呢? 实验表明,这个使流动从一种状态过渡到另一种状态的临界速度值与流体的黏度、密度及管子的线度(半径)有关. 或者说,流动从层流向湍流过渡的条件不仅由流速 $v$ 决定,还与流体的黏度 $\eta$、密度 $\rho$ 和管子半径 $r$ 有关. 英国物理学家雷诺(O. Reynolds, 1842—1912)在 1883 年综合考虑了以上各个因素后指出,这种过渡的条件由量

$$Re = \frac{\rho v r}{\eta} \tag{7.3-9}$$

决定,$Re$ 称为**雷诺数**,是一个量纲为 1 的数. 实验指出,对水平管中的流动,当 $Re > 2\,000$ 左右时,流动完全成湍流;当 $1\,000 < Re < 2\,000$ 时,流动不稳定,亦即有时是层流,有时是湍流;当 $Re < 1\,000$ 左右时则为层流,但可能是随时间变化的层流;当 $Re$ 更小(比如几十时),则为稳定的层流. 这些值还与管口和管壁的粗糙程度有关,因此是不太确切的.

由(7.3-9)式可以看出,在流速和管径相同的条件下,运动黏度($\nu = \eta/\rho$)小的流体容易发生湍流,运动黏度大的流体不易发生湍流. 例如半径为 1 cm 的水平管中,若流体为水(当温度为 20 ℃时,$\nu = 1.0 \times 10^{-6}$ m²/s),当 $v < 0.1$ m/s 时为层流,当 $v > 0.20$ m/s 时为湍流. 若流体为空气($t = 20$ ℃时,$\nu = 1.4 \times 10^{-5}$ m²/s),当 $v < 1.40$ m/s 时为层流,$v > 2.80$ m/s 时为湍流. 对甘油($t = 20$ ℃时,$\nu = 1.0 \times 10^{-3}$ m²/s),$v < 80$ m/s 时

为层流,$v>160\ \mathrm{m/s}$ 时才为湍流.

### （3）动力相似性

雷诺数的另一个重要意义是作为动力相似的判据. 实验发现,两种流动,只要雷诺数相同,其动力学性质也相似,即流动形态、流线分布等都是相似的. 这就为航空、航海及水利工程等提供了一个做模拟试验的方法. 例如要试验一架设计好的飞机的飞行性能,就不必用实物直接做试验,只需把飞机的模型放在风洞中进行试验,若试验的雷诺数与实际情况相同,则试验结果就与实际相符. 当考察飞机的飞行性能时,$Re$ 表示式中的 $r$ 应为飞机的线度.

### 5. 黏性流体中运动物体所受的阻力 斯托克斯公式

圆球、圆柱等物体在不可压缩的理想流体中作匀速直线运动时不受阻力. 例如,一棒状物体在流体中自右向左匀速运动,在与棒相对静止的参考系中,棒静止不动,流体自左向右作定常流动,其流线分布如图 7.3-9(a) 所示,由流线对称性和伯努利方程可知,压强分布也是对称的,又不存在黏性力,故物体不受任何阻力作用. 图 7.3-9(b) 表示沿物体表面的压强分布,$p_0$、$v$ 分别是远离物体处流体的压强和流速. 图 7.3-10 是理想流体相对圆球运动时,相应的流线分布,情况与上面相仿.

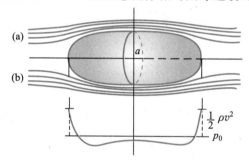

图 7.3-9 理想流体绕棒状物体的流动
(a) 流线分布,(b) 沿物体表面的压强分布

图 7.3-10 理想流体沿圆球的流动

进一步的研究表明,一个在无穷大静止的不可压缩理想流体中作匀速直线运动的有限物体,不论其形状如何,它所受的沿运动方向的总阻力或垂直于运动方向的总升力都等于零. 对于以运动方向为对称轴的对称物体,则根本不受力的作用. 这一结论与能量观点是一致的. 当摩擦力不存在时,如果物体受阻力,那么为克服阻力所做的功只能以动能的形式储存在流体中. 但是,流体就像在物体前面分开那样,又在物体后面汇合,最终在流体中没有遗留下任何扰动,也就无储存的动能可言,因而就不应当存在任何阻力.

但当物体作加速运动时,即使流体是没有黏性的,物体也会受到一种阻力,称为**惯性阻力**. 这是因为外力在克服物体惯性使之加速的同时,还要不断克服流体的惯性,使其动量不断增加. 该力的效果犹如物体的质量增大了一样. 另外,当物体在无黏性流体的自由表面上运动时,也会受到阻力,称为**波阻**,这时物体克服阻力作用所做的功转化为表面波系的动能.

当物体在黏性流体中运动时,情况就不同了,即使物体作匀速运动,它也将受到阻力. 这种阻力有黏性阻力和压差阻力两种,下面分别讨论.

**(1) 黏性阻力**

当物体在黏性流体中运动时,附着在物体表面的流体随物体一起运动,从而使物体表面流体层与邻近流体层间产生相对运动,这种相对运动产生的黏性力将阻碍物体的运动,称为**黏性阻力**. 由于黏性力与流体层相对速度的横向变化率成正比,与相对运动的接触面积成正比,故黏性阻力与物体相对流体的速度和物体的表面积两者成正比. 当物体运动速度较小时,黏性阻力是阻力的主要来源. 对于在流体中运动的球,其黏性阻力可大致估算如下. 此阻力可看成与球的表面积 $4\pi r^2$ 成正比,与流体速度的横向变化率的平均值 $\left\langle \dfrac{\mathrm{d}v}{\mathrm{d}r} \right\rangle$ 成正比,即

$$F_{\mathrm{f}} = 4\pi r^2 \eta \left\langle \frac{\mathrm{d}v}{\mathrm{d}r} \right\rangle$$

$\dfrac{\mathrm{d}v}{\mathrm{d}r}$ 在球面上各点不同,但其数值必与 $v/r$ 同数量级,于是

$$F_{\mathrm{fv}} \approx 4\pi r^2 \eta \frac{v}{r} = 4\pi r v \eta$$

**(2) 压差阻力**

当物体在黏性流体中运动时,前方流体受挤压,后方流体则松弛,因而使前方流体的压强增大,后方流体的压强减小,从而造成压差. 由此压差造成的对物体运动的阻力叫**压差阻力**. 当物体运动速度较小时,在物体静止的参考系中看,流线分布与理想流体情况相仿. 以球为例,流线仍前后对称,但压强前后不对称. 随着速度增大,流线分布不再对称(参看图 7.1-1),压差也增大. 当物体速度较大时,物体尾部将产生涡旋(图 7.3-11),并使前、后方压强差明显增大,此时,压差阻力将成为阻力的主要来源. 此时的前后压强可大致估计如下. 在物体静止的参考系中,前方压强可看成驻点压强,即

图 7.3-11　涡旋形成使后面压强减小

$$p_A = p_0 + \frac{1}{2}\rho v^2$$

而后方压强可看成仍是流体中的静压 $p_0$,即

$$p_B = p_0$$

故压差为

$$p_A - p_B = \frac{1}{2}\rho v^2$$

$v$ 即为远处流体的流速,亦即物体相对流体的运动速度. 可见当速度较大时,压差阻力与速度的平方成正比,而不像黏性阻力那样与速度的一次方成正比.

在分析黏性流体中的运动物体所受的阻力时,雷诺数仍是一个有用的量. 此时 $Re$ 表示式中的 $r$ 为物体的线度,$v$ 为物体运动的速度. 物体所受的压差阻力 $F_\mathrm{f}'$ 与黏性阻力 $F_\mathrm{f}$ 之比 $F_\mathrm{f}'/F_\mathrm{f}$:

$$\frac{F_\mathrm{f}'}{F_\mathrm{f}} \approx \frac{\rho v^2 r^2}{\eta v r} = \frac{\rho v r}{\eta} = Re$$

正好是雷诺数. 这说明当雷诺数小($Re<1$)时,黏性阻力占主要地位,雷诺数大($Re>1$)时,压差阻力占主要地位.

由于压差阻力与物体前、后方流体的流动情况密切相关,因而压差阻力与物体的形状关系很大. 图 7.3-12 表示具有相同运动速度和相同横截面积的不同形状的物体,所受阻力(主要是压差阻力)的相对大小.

为减少压差阻力,应尽量减少涡旋和前部迎流面积. 各种流线型(图 7.3-13)就是为达到这两个要求而设计的. 但当速度较小时,流线型没有什么好处,因为它会增加与流体接触的面积,从而增大黏性阻力. 所以,自然界只有流线型的鸟(燕子、麻雀等),而无流线型的昆虫.

图 7.3-12 截面和运动速度相同、外形不同的物体所受阻力的相对大小

(a)飞船外形          (b)支柱截面

图 7.3-13 流线型

### (3) 斯托克斯公式

一个半径为 $r$ 的小球以速度 $v$ 在静止流体中作匀速直线运动时所受的阻力在实践中有重要意义. 当 $v$ 较小,使雷诺数较小时,此阻力可精确计算出来. 在球体静止的参考系中,流体作定常流动,只要求出球体周围流体的流速和压强分布,就可算出黏性阻力和压差阻力. 上文已估算出小球所受的黏性阻力 $F_{\mathrm{fv}} = 4\pi\eta rv$. 严格的计算表明,黏性阻力恰好与上式所表示的粗略估计值相同,而这时压差阻力 $F_{\mathrm{fp}}$ 也与 $v$ 成正比,其值为黏性阻力的一半,于是,总阻力为

$$F_\mathrm{f} = F_{\mathrm{fv}} + F_{\mathrm{fp}} = 6\pi\eta rv \tag{7.3-10}$$

上式称为**斯托克斯公式**,为英国科学家斯托克斯(G.G.Stokes,1819—1903)发现,故名. 根据此公式,我们可用小球在黏性流体中自由下落时的终极速度(可以通过实验测量)来求出流体的黏度 $\eta$.

## 本章小结

　　流体的流动可用拉格朗日方法描述,也可用欧拉方法描述.欧拉方法更常用.欧拉方法不着眼于某个特定的流体质元,而把流体的运动看成一个流场,用流速作为位置和时间的函数来描述流体的运动.当流速仅与位置有关,而与时间无关时,流体的流动称为定常流动.对于作定常流动的不可压缩的理想流体,利用功能原理,可导出伯努利方程,它可看成对流体运动的动力学描述.对黏性流体,由于流动中有能量损失,伯努利方程不再成立,而应作出修正.

　　流体的流动形态(层流或湍流),可用一个量纲为 1 的数——雷诺数来判定.雷诺数相同的流动,还具有动力相似性.在黏性流体中运动的物体,将受到阻力(包括黏性阻力和压差阻力)的作用.

## 思考题

　　**7.1**　思考题 7.1 图中三个容器的底面积相同,液面高度相同.试问容器底面受到的压力是否相同? 它们对台面的压力是否相同?

(a)　　　　　(b)　　　　　(c)

思考题 7.1 图

　　**7.2**　木船满载着石块浮在水池上.若将石块全部投入池中,试问池中水面将升高、降低还是不变?

　　**7.3**　一球浮于盛在容器里的液面上,设球和液体的密度各为 $\rho$ 和 $\rho_2$.今在容器中缓慢注入另一种液体,其密度为 $\rho_1(\rho_1<\rho)$,直至盖没球(见思考题 7.3 图),试问:

　　(1) 球将下沉一些还是上浮一些?

　　(2) 注入的液体对球的作用力是向下的压力还是向上的浮力? 你的结果是否与(1)矛盾?

　　**7.4**　一只小试管,其中盛一部分水,倒立地浮在一个盛水的瓶里,管的下端是开口的,而瓶口上盖有一张密闭的橡皮膜,整个装置如思考题 7.4 图所示.当向下压橡皮膜时,试管就下沉,放开手,试管又浮起,试解释这一现象.(这样的小试管称为"笛卡儿浮沉子".)

思考题 7.3 图

　　**7.5**　一根木棒总是水平地浮在水面上,为什么不能竖直地浮在水面上?

思考题 7.4 图                    思考题 7.6 图

**7.6** 如思考题 7.6 图所示,用手捏住悬挂着细木棒的细绳的一端,让木棒缓慢地逐渐浸入水中. 试讨论在此过程中木棒和绳的倾斜情况.

**7.7** 静止流体中的应力有哪些特征? 为什么静止流体中可以引进压强的概念?

**7.8** 试问下列论述各是流线的属性还是迹线的属性?

(1) 其上诸点切线代表同一流体质元在不同时刻的速度方向;

(2) 其上诸点切线代表同一时刻不同流体质元的速度方向.

**7.9** 为什么说在定常流动中,流线与迹线重合?

**7.10** 在 S 参考系中,流体作定常流动,其速度的 3 个分量 $u$、$v$、$w$ 与时间无关. 那么,在相对 S 系沿 $x$ 方向以速率 $V$ 作匀速直线运动的 S′ 参考系中,其速度的 3 个分量分别为 $u-V$、$v$、$w$,也与时间无关,因而也作定常流动. 你认为此结论对吗?

**7.11** 为什么静止流体中应力的特征在运动的理想流体中也适用? 对运动的黏性流体适用吗?

**7.12** 试分析家用喷雾器的工作原理. 它在真空中可以使用吗?

**7.13** 当两船在行驶中比较靠近时,就容易相撞,试说明之.

**7.14** 为了使小口罐中的液体倒出来快些,可在底部再开一孔,试说明之.

**7.15** 如何理解黏性流体中的压强? 分静止和流动两种情况进行分析.

**7.16** 有人说,当网球沿逆时针方向自转,又自右向左运动时(见思考题 7.16 图),球上部质点 $A$ 相对地球的速度大,因而因黏性作用带动上部空气流动的速度也大,而下部质点 $B$ 相对地面的速度小,带动下部空气流动的速度也小. 根据伯努利方程,球下面空气压强比上面的大,球应受到一向上的升力. 此结果与课文中不同,你的看法如何?

**7.17** 试解释垂直喷水流可使乒乓球停留在空中这一演示实验的原理.

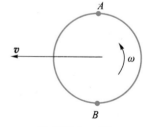

思考题 7.16 图

**7.18** 何谓雷诺数? 它有哪些意义?

**7.19** 在流体力学(和空气动力学)等学科中,由于影响效应的因素比较复杂,许多规律不易直接从动力学角度导出,往往借助于量纲分析法. 例如从实验上知道决定从层流到湍流的临界流

速 $v_c$ 的因素有管径 $r$、密度 $\rho$ 和黏度 $\eta$，将 $v_c$ 写成 $r$、$\rho$、$\eta$ 的函数：

$$v_c = f(r, \rho, \eta) = Re_c r^p \rho^q \eta^s$$

试由量纲分析法决定 $p$、$q$、$s$ 的值，并由此写出量纲为 1 的比例系数 $Re_c$（即临界雷诺数）与 $v_c$、$r$、$\rho$、$\eta$ 的关系.

**7.20**　当物体在流体表面运动时，在流体表面形成的波系的相似性由一个称为弗罗德数的量纲为 1 的数 $Fr$ 决定，只要 $Fr$ 相同，波系就相同. $Fr$ 由物体的线度 $r$、物体运动速率 $v$ 以及重力加速度 $g$ 决定. 试由量纲法写出 $Fr$ 与 $v$、$r$、$g$ 的关系式. 取 $v$ 的指数为 1.

## 习题

**7-1**　一根横截面积 $S_1 = 5.00\ \mathrm{cm}^2$ 的细管，连接在一个容器上，容器的横截面积 $S_2 = 100\ \mathrm{cm}^2$，高度 $h_2 = 5.00\ \mathrm{cm}$. 今把水注入，使水对容器底部的高度 $h_1 + h_3 = 100\ \mathrm{cm}$，如题 7-1 图所示. 求：

（1）水对容器底部的作用力为多大？

（2）此装置内水的重量为多大？

（3）解释（1）和（2）中所求得的结果为何不同？

题 7-1 图

题 7-2 图

**7-2**　在如题 7-2 图所示的装置中，已知容器与容器内液体的总质量为 5.0 kg，吊在弹簧秤下的重物是边长为 8.0 cm 的立方体，弹簧秤的读数为 6.0 kg，磅秤的读数为 8.1 kg. 求：

（1）重物的质量；

（2）容器内液体的密度.

**7-3**　一正立方形的钢块平正地浮在容器内的水银中. 已知钢块的密度为 7.8 $\mathrm{g/cm}^3$，水银的密度为 13.6 $\mathrm{g/cm}^3$.

（1）问钢块露出水银面之上的高度与边长之比为多大？

（2）如果在水银面上加水，使水面恰与钢块的顶相平，问水层的厚度与钢块边长之比为多大？

**7-4**　在某水池的边上装有一宽为 1.0 m 的小门，其下边与水池底相平，并用铰链与池壁连接. 试问，当池内的水深为 2.0 m 时，门受到的水的作用力相对于铰链的力矩为多大？

**7-5**　一根长为 $l$、密度为 $\rho$ 的均质细杆，浮在密度为 $\rho_0$ 的液体里. 杆的一端由一竖直细绳悬挂着，使该端高出液面的距离为 $d$，如题 7-5 图所示. 试求：

（1）杆与液面的夹角 $\theta$；

（2）绳中的张力 $F_T$. 设杆的截面积为 $S$.

**7-6** 如图 7-6 所示，为测量密度比水小的液体的密度，可采用如图所示的双 U 形管. 现测得左、右两 U 形管中水面的高度差分别为 $h_1$ 和 $h_2$，中间一段待测液体（用斜线表示）与两边水的界面高度差为 $h$，已知水的密度为 $\rho_0$，试求待测液体的密度 $\rho$.

题 7-5 图

题 7-6 图

**7-7** 一粗细均匀的 U 形管内装有一定量的液体. U 形管底部的长度为 $l$. 当 U 形管以加速度 $a$ 沿水平方向加速时（如题 7-7 图所示），求两管内液面的高度差 $h$.

题 7-7 图

题 7-8 图

**7-8** 如题 7-8 图所示，一半径为 $r$ 的圆球悬浮于两种液体的交界面上，两种液体的密度分别为 $\rho_1$ 和 $\rho_2$. 位于交界面上方的球冠的高度 $d = \dfrac{1}{3}r$，液面与交界面的高度差为 $h$.

（1）求圆球的质量；

（2）试问密度为 $\rho_1$ 的液体对圆球的作用力是什么方向？

（3）试不用积分的方法分别求出两种液体对圆球的作用力 $F_1$ 和 $F_2$ 的大小.

**7-9** 利用一根跨过水坝的粗细均匀的虹吸管，从水库里取水，如题 7-9 图所示. 已知水库的水深 $h_A = 2.00 \text{ m}$，虹吸管出水口的高度 $h_B = 1.00 \text{ m}$，坝高 $h_C = 2.50 \text{ m}$. 设水在虹吸管内作定常流动.

（1）求 $A$、$B$、$C$ 管内三处的压强；

（2）若虹吸管的截面积为 $7.00 \times 10^{-4} \text{ m}^2$，求水从虹吸管流出的体积流量.

（3）虹吸管跨过河坝的最高点 $C$ 最多能高出河面多少米？设大气压为 $1.00 \times 10^5 \text{ Pa}$.

**7-10** 液体在一水平管道中流动，$A$ 处和 $B$ 处的横截面积分别为 $S_A$ 和 $S_B$. $B$ 管口与大气相通，压强为 $p_0$. 若在 $A$ 处用一细管与容器相通，如题 7-10 图所示，试证明，当 $h$ 满足关系：

$$h = \frac{Q^2}{2g}\left(\frac{1}{S_A^2} - \frac{1}{S_B^2}\right)$$

时，$A$ 处的压强刚好能将从比水平管低 $h$ 处的同种液体吸上来. 其中 $Q$ 为体积流量.

题 7-9 图　　　　　　　　　　　　　题 7-10 图

**7-11**　如题 7-11 图所示,一水平管下面装有一 U 形管,U 形管内盛有水银. 已知水平管中粗、细处的横截面积分别为:$S_A = 5.0 \times 10^{-3}$ m$^2$,$S_B = 1.0 \times 10^{-3}$ m$^2$. 当水平管中有水流作定常流动时,测得 U 形管中水银面的高度差 $h = 3.0 \times 10^{-2}$ m. 求水流在粗管处的流速 $v$. 已知水和水银的密度分别为: $\rho = 1.0 \times 10^3$ kg/m$^3$,$\rho' = 13.6 \times 10^3$ kg/m$^3$.

**7-12**　利用压缩空气把水从一密封的容器内通过一管子压出,如题 7-12 图所示. 已知管子的出口处比容器内水面高 $h = 0.50$ m. 当水从管口以 1.5 m/s 的流速流出时,求容器内空气的计示压强.

题 7-11 图　　　　　　　　　　题 7-12 图

**7-13**　一喷泉竖直喷出高度为 $H$ 的水流,喷泉的喷嘴具有上细下粗的截锥形状. 上截面的直径为 $d$,下截面的直径为 $D$,喷嘴高为 $h$. 设大气压强为 $p_0$,求:

（1）水的体积流量;

（2）喷嘴的下截面处的压强.

**7-14**　如题 7-14 图所示,在一大容器的底部接一竖直管,在 $B$ 处装有一压力计,竖直管的下口 $C$ 处用软木塞塞住. 若 $A$（容器内液面处）、$B$ 和 $C$ 点的高度分别为 $h_A$、$h_B$ 和 $h_C$. 求:

（1）此时压力计中液面的高度 $h_1$;

（2）拔去软木塞,当水作定常流动后,压力计中液面的高度 $h_2$.

题 7-14 图

**7-15**　在一直径很大的圆柱形水桶壁的近底部处有一直径为 0.04 m 的小孔. 若桶内水的深度为 1.60 m.

（1）求此时水从小孔中流出的体积流量 $Q_1$;

（2）若小孔为薄壁圆孔,其收缩系数为 61%.

求实际的体积流量 $Q_2$,并求由于收缩现象的存在而造成的计算值与实际值之间的百分误差.

**7-16**　在一大容器的底部有一小孔,容器截面积与小孔面积之比为 100,容器内盛有高度 $h = 0.80$ m 的水. 求容器内水流完所需的时间. 设在整个过程中,水的流动可视为定常流动.

**7-17** 一倒立的圆锥形容器,高为 $h$,底面半径为 $R$,容器内装满水,下方锥顶角处有一面积为 $S$ 的小孔,水从小孔中流出.试求水面下降到 $\dfrac{h}{2}$ 高度时所需的时间.

**7-18** 油泵把黏度 $\eta = 0.30\ \text{Pa·s}$、密度 $\rho = 0.90 \times 10^3\ \text{kg/m}^3$ 的油从宽口槽经过半径 $R = 0.10\ \text{m}$ 的水平光滑钢管抽运到相距 $l = 100\ \text{m}$ 的另一槽中.已知水平管高出供油槽液面 5 m,抽油时的体积流量 $Q = 0.50\ \text{m}^3/\text{s}$.试求:

(1) 油泵的计示压力为多少大气压?

(2) 油泵消耗的功率为多大?

**7-19** 某种黏性液体,在重力作用下,在一半径为 $R$ 的竖直管中作稳定层流.测得每秒从管口流出的体积流量为 $Q$.已知液体的密度为 $\rho$.试求:

(1) 液体的黏度 $\eta$;

(2) 管轴处的流速 $v$.

**7-20** 一个半径 $r = 0.10 \times 10^{-2}\ \text{m}$ 的小空气泡在黏性液体中上升,液体的黏度 $\eta = 0.11\ \text{Pa·s}$,密度为 $0.72 \times 10^3\ \text{kg/m}^3$.求其上升的终极速度.

**7-21** 一个半径 $r = 0.20 \times 10^{-2}\ \text{m}$ 的小球落入密度 $\rho = 0.90 \times 10^3\ \text{kg/m}^3$ 的黏性液体中.已知小球的密度 $\rho' = 6.5 \times 10^3\ \text{kg/m}^3$,并测得小球在该液体中的终极速度 $v_r = 0.24\ \text{m/s}$.试求:

(1) 液体的黏度 $\eta$;

(2) 小球在下降过程中加速度为 $\dfrac{1}{3}g$ 时刻的速度 $v$.

**7-22** 抽水机通过一根半径 $r = 5 \times 10^{-2}\ \text{m}$ 的水平光滑管子把 20 ℃ 的水从一容器中抽出.测得抽出水的体积流量为 $Q = 4.1 \times 10^{-3}\ \text{m}^3/\text{s}$.已知 20 ℃ 水的黏度 $\eta = 1.0 \times 10^{-3}\ \text{Pa·s}$.试问,管中水的流动是层流还是湍流?

**7-23** 一根长为 $L$ 的水平粗管与一根竖直细管连接成如题 7-23 图所示的形状.把细管的下端插入密度为 $\rho$ 的液体中,然后将粗管的管口封住,并使其绕细管以恒定的角速度 $\omega$(很小)旋转.已知空气的密度为 $\rho_0$,压强为 $p_0$.设细管的体积与粗管相比可以忽略,粗管在垂直于纸面方向上的线度很小,并忽略毛细现象.求细管中液体上升的高度 $h$.设温度不变.

题 7-23 图

第七章习题参考答案

惠更斯（Christian Huygens, 1629—1695）　荷兰物理学家、天文学家、数学家. 他在伽利略研究的基础上发展了力学, 建立向心力定律, 提出动量守恒定律, 研究了物理摆及一系列有关问题, 改进了计时器, 他建立光的"波动说", 并由此说明了一系列光学现象. 在数学和天文学方面, 他也有卓越成就, 是近代自然科学的一位重要开拓者.

文档: 惠更斯简介

# 第 四 篇

# 振动与波

**本**篇讨论一种特殊而又常见的运动形态——振动与波. 这种运动形态在单个质点或刚体上表现为振动, 而在连续介质中则往往表现为波. 振动与波的基本特征之一是其周期性. 波是振动在介质中的传播. 发生波动的介质中, 每个质元仍在作振动, 但各质元的振动以一定的次序联系着, 因而波动也就是各质元相互关联的集体振动.

振动与波这种运动形态不仅存在于力学领域, 而且广泛存在于物理学的其他领域, 如电学、光学、原子物理及量子物理, 不过各个领域中发生的这种运动的动力学过程并不相同. 首先在力学中讨论这种运动形态, 有助于在其他领域中对类似运动形态的学习和理解.

# 第八章
# 振　动

　　一般地说,任何一个物理量(物体的位置、电流、电压、电场强度、磁感强度等)在某一定值附近的反复变化都称为**振动**.各种振动形式的内容虽然各不相同,但都有着共同的规律性,可以用统一的数学形式来描述.因此,研究了一种形式的振动,也就了解了普遍的振动.

　　本章讨论力学中的振动现象,即与物体的位置变化相联系的振动现象,这种振动称为**机械振动**.

## §8.1　简谐振动

### 1. 弹簧振子的运动

　　质量为 $m$ 的物体系于一端固定的轻弹簧的自由端,置于光滑水平台面上,就构成一弹簧振子,如图 8.1-1 所示.在运动过程中,物体在水平方向只受弹性力作用.取 $x$ 轴沿水平方向,以弹簧松弛位置作为坐标原点,物体的运动方程为

图 8.1-1　弹簧振子

$$m\ddot{x}=-kx \quad \text{或} \quad \ddot{x}=-\frac{k}{m}x \tag{8.1-1}$$

式中 $k$ 为弹簧的劲度系数.我们可以用能量守恒定律讨论方程(8.1-1)的解,也可以从该方程直接得出其解.此方程告诉我们,$x$ 对 $t$ 的二次导数是此函数本身乘以一个负的常量.在实数范围内,只有余弦或正弦函数有此性质,因而我们可直接写出其解为

$$x=A\cos(\omega t+\varphi) \tag{8.1-2}$$

式中

$$\omega=\sqrt{\frac{k}{m}} \tag{8.1-3}$$

而常量 $A$ 和 $\varphi$ 可由初始条件($t=0$ 时刻的位置 $x_0$ 和速度 $v_0$)得出.由 $t=0, x=x_0$,得

$$x_0=A\cos\varphi \tag{8.1-4}$$

由 $t=0, \dot{x}=v_0$,得

$$v_0 = -\omega A \sin\varphi \tag{8.1-5}$$

由(8.1-4)式和(8.1-5)式即可求得

$$\begin{cases} A = \sqrt{x_0^2 + \dfrac{v_0^2}{\omega^2}} \\[2mm] \tan\varphi = \dfrac{-v_0/\omega}{x_0} \end{cases} \tag{8.1-6}$$

至于 $\varphi$ 角所在的象限(这不能由正切值唯一地确定),则应再由 $\sin\varphi$ 或 $\cos\varphi$ 的符号确定之.

位置与时间的关系可用(8.1-2)式的形式表示的运动称为**简谐振动**(又称**简谐运动**).

### 2. 简谐振动的频率、振幅和相位

振动的特征之一是运动具有周期性. 完成一次完整的振动所经历的时间称为**周期**,用 $T$ 表示,单位是 s(秒). 所谓完成一次完整的振动所经历的时间,也就是从一个振动状态到另一个完全相同的振动状态所经历的最短时间. 振动状态由位置 $x$ 和速度 $v$ 共同确定. 对简谐振动,由(8.1-2)式及

$$v = \dot{x} = -\omega A \sin(\omega t + \varphi) \tag{8.1-7}$$

按照周期定义,应有

$$A\cos(\omega t + \varphi) = A\cos[\omega(t+T) + \varphi]$$
$$-\omega A\sin(\omega t + \varphi) = -\omega A\sin[\omega(t+T) + \varphi]$$

同时满足以上两方程的 $T$ 的最小值应为 $2\pi/\omega$,所以

$$T = \frac{2\pi}{\omega} \tag{8.1-8}$$

单位时间内完成的振动次数称为**频率**,用 $\nu$ 或 $f$ 表示,单位是 $s^{-1}$,称为 Hz(**赫兹**). 显然,

$$\nu = \frac{1}{T} = \frac{\omega}{2\pi} \tag{8.1-9}$$

而 $\omega$ 与 $\nu$ 有简单关系:

$$\omega = 2\pi\nu \tag{8.1-10}$$

$\omega$ 称为**圆频率**或**角频率**. 对于弹簧振子,由(8.1-3)式可知

$$\nu = \frac{1}{2\pi}\sqrt{\frac{k}{m}} \tag{8.1-11}$$

$$T = 2\pi\sqrt{\frac{m}{k}} \tag{8.1-12}$$

可见,弹簧振子的频率(或周期)由其固有参量 $k$ 和 $m$ 决定,而与初始条件无关,故称为振子的**固有频率**.

$A$ 称为**振幅**,是振动位移的最大值,它确定振动的范围.

尽管决定简谐振动状态的物理量——位置 $x$ 和速度 $v$ 都随时间变化,但它们都

由宗量$(\omega t+\varphi)$决定.不论$t$为何值,只要它对应的$(\omega t+\varphi)$相同,振动的状态就相同. 所以$(\omega t+\varphi)$是决定简谐振动状态的物理量,称为**相位**,单位是$\mathrm{rad}$(弧度),$\varphi$称为**初相位**,即$t=0$时刻的相位.因而角频率$\omega$也就是相位的变化速率,其单位是$\mathrm{rad/s}$(弧度每秒).由于三角函数以$2\pi$为周期,所以相位比时间更直接而清晰地反映振子运动的状态.

与频率不同,振幅与初相位不是振子的固有性质,而由初始条件决定,如上所述.

### 3. 简谐振动的表示法

简谐振动可以用$(8.1\text{-}2)$式那样的三角函数表示,也可用$x\text{-}t$的曲线表示,如图$8.1\text{-}2$所示.图上已将振幅、周期和初相位标出.

图 8.1-2 振动曲线

简谐振动还可以用旋转振幅矢量(简称振幅矢量,也称相矢量)来表示.自原点画一模等于所要表示的简谐振动的振幅$A$的矢量$\boldsymbol{A}$,开始时$(t=0)$,让矢量$\boldsymbol{A}$与$x$轴的夹角等于该振动的初相位$\varphi$,令$\boldsymbol{A}$以该振动的角频率$\omega$作为角速度绕原点$O$沿逆时针方向旋转,则矢量$\boldsymbol{A}$在$x$轴上的投影就是所要表示的简谐振动的位移$x$(图$8.1\text{-}3$).这种表示简谐振动的方法清晰明了,它能比较直观地把振幅、频率和初相位表示出来,我们以后将经常用到这种表示法.我们特意将图$8.1\text{-}3$转过$90°$后和图$8.1\text{-}2$中的曲线并排在一起,以便看清两者的联系.曲线表示法中的初相位,本来不易明显看出,但借助于它与振幅矢量法的联系,不难得出.自曲线与$x$轴的交点$P$引平行于横轴的直线,它与振幅矢量端点所描出的圆相交于$P_1$和$P_2$两点,其中$P_1$与圆心$O$的连线$P_1O$和$x$轴的夹角即为初相角$\varphi$(为什么?).

图 8.1-3 用旋转振幅矢量表示简谐振动

由简谐振动的振幅矢量表示法可以看出简谐振动与圆运动的联系:简谐振动与匀速圆周运动的质点在过圆心的一条轴线上的投影点的运动完全相同,圆运动的角速度就是投影点作简谐振动的角频率.图$8.1\text{-}4$所示的实验可以演示这一点.

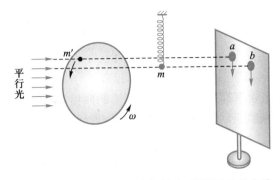

图 8.1-4　圆运动与简谐振动的联系. 作圆运动的小球 $m'$
和弹簧振子 $m$ 两者在屏上的投影 $a$、$b$ 的运动完全相同

利用三角函数与复数的关系,简谐振动也可用复数

$$x = A\mathrm{e}^{\mathrm{i}(\omega t + \varphi)} \tag{8.1-13}$$

或

$$x = A'\mathrm{e}^{\mathrm{i}\omega t} \tag{8.1-14}$$

表示,这里 $A' = A\mathrm{e}^{\mathrm{i}\varphi}$ 是复数,称复振幅,它已包含了初相位. 但要注意,有意义的是
(8.1-13)式或(8.1-14)式的实部(或虚部).

### 4. 谐振子的能量

弹簧振子的机械能是守恒的(其值由初条件决定),但其动能和势能都随时间
变化. 动能

$$E_{\mathrm{k}} = \frac{1}{2}m\dot{x}^2 = \frac{1}{2}m\omega^2 A^2 \sin^2(\omega t + \varphi) \tag{8.1-15}$$

势能

$$E_{\mathrm{p}} = \frac{1}{2}kx^2 = \frac{1}{2}kA^2 \cos^2(\omega t + \varphi) \tag{8.1-16}$$

但 $\dfrac{k}{m} = \omega^2$,故势能又可写成

$$E_{\mathrm{p}} = \frac{1}{2}m\omega^2 x^2 = \frac{1}{2}m\omega^2 A^2 \cos^2(\omega t + \varphi) \tag{8.1-16a}$$

于是总能量

$$E = E_{\mathrm{k}} + E_{\mathrm{p}} = \frac{1}{2}m\omega^2 A^2 = \frac{1}{2}kA^2 \tag{8.1-17}$$

由(8.1-15~17)式可见,动能和势能都随时间周期性地变化,它们的幅值相同,它们
的和则为常量. 利用三角函数的性质可将 $E_{\mathrm{k}}$ 和 $E_{\mathrm{p}}$ 表示为

$$E_{\mathrm{k}} = \frac{1}{2}m\omega^2 A^2 \sin^2(\omega t + \varphi)$$

$$= \frac{1}{2}m\omega^2 A^2 \cdot \frac{1}{2}\left[1 - \cos 2(\omega t + \varphi)\right] \tag{8.1-15a}$$

$$E_p = \frac{1}{2}m\omega^2 A^2 \cos^2(\omega t + \varphi)$$

$$= \frac{1}{2}m\omega^2 A^2 \cdot \frac{1}{2}[1 + \cos 2(\omega t + \varphi)] \qquad (8.1\text{-}16b)$$

可见 $E_k$ 和 $E_p$ 的变化频率都是原振子振动频率的两倍,如图 8.1-5 所示. 图中细实线为 $x(t)$,动能与势能之和为平行于 $t$ 轴的(粗)直线.

图 8.1-5 谐振子的动能、势能及总能量与时间的关系曲线

由(8.1-15a、16b)式不难得出,一个周期内动能、势能的时间平均值都等于总能量的二分之一:

$$\langle E_k \rangle = \frac{1}{T}\int_0^T E_k \mathrm{d}t = \frac{1}{T}\int_0^T \frac{1}{2}m\omega^2 A^2 \cdot \frac{1}{2}[1 - \cos 2(\omega t + \varphi)]\mathrm{d}t$$

$$= \frac{1}{2}\left(\frac{1}{2}m\omega^2 A^2\right) = \frac{1}{2}E \qquad (8.1\text{-}18)$$

$$\langle E_p \rangle = \frac{1}{T}\int_0^T E_p \mathrm{d}t = \frac{1}{T}\int_0^T \frac{1}{2}kA^2 \cdot \frac{1}{2}[1 + \cos 2(\omega t + \varphi)]\mathrm{d}t$$

$$= \frac{1}{2}\left(\frac{1}{2}kA^2\right) = \frac{1}{2}E \qquad (8.1\text{-}19)$$

以上讨论了弹簧振子的能量,其基本性质,包括(8.1-15)式、(8.1-16a)式、(8.1-18~19)式也适用于一般谐振子.

### 5. 简谐振动的应用

上面以弹簧振子为例讨论了简谐振动. 下面作为简谐振动的应用来讨论单摆的运动.

一质点用轻绳悬挂起来,并使质点保持在一竖直平面内摆动,就构成一个**单摆**,如图 8.1-6 所示.

设质点的质量为 $m$,绳长为 $l$. 当绳偏离竖直方向 $\theta$ 角时,质点受重力和绳的张力两个不共线力作用. 张力 $F_T$ 和重力的法向分力 $mg\cos\theta$ 的合力决定质点的法向加速度,重力的切向分力 $mg\sin\theta$ 决定质点沿圆周的切向加速度. 这里我们只需讨论切向运动. 质点的切向运动方程为

$$ml\ddot{\theta} = -mg\sin\theta \qquad (8.1\text{-}20)$$

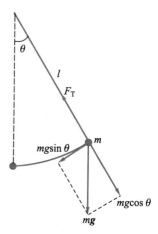

图 8.1-6 单摆

当 $\theta$ 很小时，$\sin\theta \approx \theta$，上式变为

$$ml\ddot{\theta} = -mg\theta$$

即

$$\ddot{\theta} = -\frac{g}{l}\theta \tag{8.1-21}$$

此方程与弹簧振子的运动方程（8.1-1）有相似的形式，不难看出 $\theta$ 与时间也呈余弦关系，即单摆也是简谐振动：

$$\theta = \Theta\cos(\omega t + \varphi) \tag{8.1-22}$$

式中

$$\omega = \sqrt{\frac{g}{l}} \tag{8.1-23}$$

为单摆的角频率. 单摆的周期

$$T = 2\pi\sqrt{\frac{l}{g}} \tag{8.1-24}$$

角振幅 $\Theta$、初相位 $\varphi$ 由初始条件决定.

在单摆中，物体所受的切向力并不是弹性力，而是重力的分力. 但在 $\theta$ 很小时，此力与角位移 $\theta$ 成正比，方向指向平衡位置. 这些性质与弹性力十分相似. 这样的力称为**准弹性力**. 受弹性力或准弹性力作用的质点必作简谐振动.

当 $\theta$ 角不是很小时，摆球所受的切向力不再与 $\theta$ 成正比，而与 $\sin\theta$ 成正比. 由于 $\sin\theta$ 总是小于 $\theta$，可以想见，当摆动角幅度较大时，单摆的振动周期将增大，振动也不再是简谐振动. 可以证明，这时单摆的周期 $T$ 与角幅 $\Theta$ 的关系可表示为

$$T = T_0\left(1 + \frac{1}{4}\sin^2\frac{\Theta}{2} + \frac{9}{64}\sin^4\frac{\Theta}{2} + \cdots\right) \tag{8.1-25}$$

其中 $T_0$ 为 $\Theta$ 很小时单摆的周期. 周期随 $\Theta$ 增大而增大的情形如图 8.1-7 所示.

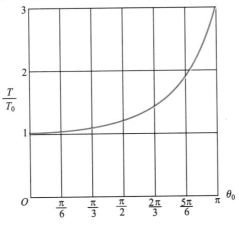

图 8.1-7　单摆周期与角幅的关系

弹簧振子和单摆这两个系统很不相同，但它们都是在弹性力或准弹性力作用下作简谐振动的保守系统，振动频率仅由系统本身的性质决定. 这样的振动系统称

为**谐振子**. 若用 $\omega$ 表示谐振子的固有角频率,$x$ 表示其位移(或角位移),则由(8.1-1)式不难看出,谐振子的运动满足共同的动力学方程:

$$\ddot{x}+\omega^2 x = 0 \tag{8.1-26}$$

推广到一般的物理过程,若 $x$ 表示任何随时间变化的物理量,$x$ 随时间的变化满足方程(8.1-26),其中 $\omega^2$ 由系统的本身性质决定,则 $x$ 随时间的变化必为角频率为 $\omega$ 的简谐振动.

## 6. 例题

**例 1** 复摆.

一可绕水平固定轴摆动的刚体称为复摆(图8.1-8).求复摆的振动周期.

**解**:设复摆的转动惯量为 $J$,质量为 $m$,质心与固定轴的距离为 $h$,则当摆角较小时,复摆的转动运动方程为

$$J\ddot{\theta}=-mgh\sin\theta\approx -mgh\theta$$

即

$$\ddot{\theta}=-\frac{mgh}{J}\theta \tag{1}$$

令

$$\omega=\sqrt{\frac{mgh}{J}} \tag{2}$$

代入(1)式,式(1)就成为标准的简谐振子运动方程[式(8.1-26)]. 因而复摆的角位移也作简谐振动:

$$\theta=\Theta\cos(\omega t+\varphi)$$

若令

$$L=\frac{J}{mh}=\frac{k^2}{h} \tag{3}$$

式中 $k$ 为复摆绕固定轴的回转半径,则角频率表示式(2)又可写成

$$\omega=\sqrt{\frac{g}{L}}$$

周期为

$$T=2\pi\sqrt{\frac{L}{g}}$$

与单摆的角频率表示式和周期表示式形式相似. $L$ 称为**等值单摆长**. 当摆角较大时,复摆的周期也将增大,情况与单摆相仿.

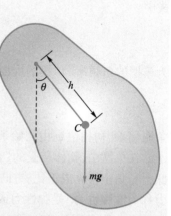

图 8.1-8 复摆

**例 2** (1)一质量为 $m$ 的盘子系于竖直悬挂的轻弹簧下端,平衡时,弹簧伸长了 $l$,求盘子作上、下振动时的角频率.

(2)一质量为 $m'=m$ 的砝码自 $h=l$ 高处自由落下掉在盘上,以砝码掉在盘上的瞬时为时间零点,求盘子的位移与时间的关系.

**解**:(1)取 $x$ 轴沿竖直方向,向下为正,以弹簧松弛位置为坐标原点,如图 8.1-9 所示,设弹簧的劲度系数为 $k$,则盘子的运动方程为

$$m\ddot{x} = mg - kx \tag{1}$$

由题意可知

$$mg = kl \tag{2}$$

代入上式,得

$$m\ddot{x} = -k(x-l)$$

令 $x-l=x'$,$x'$ 就是盘子离开平衡位置的位移,则有

$$m\ddot{x}' = -kx' \tag{3}$$

上式与 $(8.1-1)$ 式相仿,故盘子以平衡位置为中心作简谐振动,角频率与水平放置的弹簧振子一样:

$$\omega_1 = \sqrt{\frac{k}{m}} \tag{4}$$

图 8.1-9

而 $k = \dfrac{mg}{l}$,于是

$$\omega_1 = \sqrt{\frac{g}{l}} \tag{5}$$

与摆长等于 $l$ 的单摆的角频率相同. 由本题还可见,恒力只影响振子的平衡位置,而不影响振子的固有频率.

(2) 砝码掉在盘上后与盘子一起运动,于是系统的固有频率变为

$$\omega_2 = \sqrt{\frac{k}{m'+m}} = \sqrt{\frac{k}{2m}} \tag{6}$$

而且盘子的平衡位置也变了,设新的平衡位置对应于弹簧伸长 $L$,则

$$kL = (m'+m)g = 2mg$$

$$L = \frac{m'+m}{k}g = 2l \tag{7}$$

$\omega_2$ 也可用 $L$ 表示为

$$\omega_2 = \sqrt{\frac{g}{L}} = \sqrt{\frac{g}{2l}} \tag{8}$$

为求盘子的位移与时间关系,还要知道振幅和初相位. 这可用初条件求得. 设以新的平衡位置为原点时,盘子的位移为 $x''$,即 $x''=x-L$,则初始时刻盘子的位移为

$$x_0'' = -(L-l) = -\frac{m}{k}g = -l \tag{9}$$

这里我们利用了 $(2)$ 式和 $(7)$ 式. 初速度即砝码掉在盘上后两者合为一体时的共同速度. 砝码掉在盘上的过程很迅速,可看成完全非弹性碰撞过程,由动量守恒定律,砝码掉到盘上前一瞬时的动量应等于两者合为一体时的动量,而砝码自由下落 $h$ 后的速度为 $\sqrt{2gh}$,故有

$$m'\sqrt{2gh} = (m'+m)v_0$$

$v_0$ 即为所求的初速度:

$$v_0 = \dot{x}_0'' = \frac{m'}{m'+m}\sqrt{2gh} = \sqrt{\frac{gl}{2}} \tag{10}$$

将 $(9)$ 式、$(10)$ 式代入 $(8.1-6)$ 式,即得振幅和初相位:

$$A = \sqrt{(-l)^2 + \left(\frac{\sqrt{gl/2}}{\sqrt{g/2l}}\right)^2} = \sqrt{2}\,l \tag{11}$$

$$\tan \varphi = -\frac{\sqrt{gl/2}}{(-l)\sqrt{g/2l}} = 1 \tag{12}$$

因 $\cos \varphi = x_0''/A < 0$，$\varphi$ 在第三象限，故 $\varphi = -\frac{3}{4}\pi$. 于是盘子的位移 $x''$ 与时间的关系为

$$x'' = \sqrt{2}l\cos\left(\sqrt{\frac{g}{2l}}t - \frac{3\pi}{4}\right) \tag{13}$$

以弹簧松弛点为原点时的盘子位移 $x$ 与时间的关系则为

$$x = L + x'' = 2l + \sqrt{2}l\cos\left(\sqrt{\frac{g}{2l}}t - \frac{3\pi}{4}\right) \tag{14}$$

**例 3** 有些湖泊有时会产生一种叫做"湖震"的奇异现象. 发生这种现象的湖泊一般都是长而浅的. 为建立湖震的模型，选取一个长为 $L$、宽为 1、水深为 $h$ 的容器. 当受扰动时，水将发生振荡. 假定振荡时，水面仍为平面，只是它与水平面的小夹角随时间变化. 求振荡周期 $T$(图 8.1-10).

图 8.1-10 "湖震"模型

**解**：现在考察的是容器中水的振动，不能归结为一个质点的振动. 当然，每个水质元都作同频率的振动，我们可以考察任一质元的振动. 但任一质元的受力情况和运动情况相当复杂，求解其运动很困难. 但我们可以考察质心的运动. 质心的运动仅由体系所受的合外力决定，比起某个质元的受力情况来，要容易分析得多. 当然，质心并不跟某个具体的质元相重合，它在某一时刻与某个水质元相重合，下一时刻也许和另一水质元相重合.

取坐标如图所示，原点在平衡时水体的中心. 平衡时，质心就在原点. 当水面倾侧时，质心偏离原点. 当水面右端升高 $\xi$ 时，质心就是梯形 $CEFG$ 的质心. 与第七章文档：流体静力学中例 1 相仿，梯形 $CEFG$ 可看成矩形 $BDFG$ 加上 $\triangle ABC$，减去 $\triangle ADE$ 而成，于是质心的坐标为

$$x_C = \frac{\dfrac{1}{4}L\xi \dfrac{1}{3}L + \left[-\dfrac{1}{4}L\xi\left(-\dfrac{1}{3}L\right)\right]}{Lh} = \frac{L\xi}{6h} \tag{1}$$

$$y_C = \frac{\dfrac{1}{4}L\xi\left(\dfrac{h}{2} + \dfrac{1}{3}\xi\right) + \left[-\dfrac{1}{4}L\xi\left(\dfrac{h}{2} - \dfrac{1}{3}\xi\right)\right]}{Lh} = \frac{\xi^2}{6h} \tag{2}$$

对小振动，$\xi \ll h$、$L$，可见 $y_C \ll x_C$，即质心主要作水平方向的运动，竖直方向的运动可以忽略. 下面我们只需考察质心的水平运动.

在水平方向，体系所受的力为侧壁的压力以及大气作用在上表面上的力在水平方向的分量，而侧壁对水的压力等于水对侧壁的压力. 由于各水质元在竖直方向的运动很小，水中任一点的压强与该位形下静止流体的压强差不多，于是右壁上的压力比水未受扰动时有增大，增大量为

$$\Delta F_右 = +\rho g \xi h + p_0 \xi$$

式中 $\rho$ 为水的密度，$p_0$ 为大气压. 同理左壁上的压力比水未受扰动时的增大量为

$$\Delta F_左 = -\rho g \xi h - p_0 \xi$$

而大气作用于上表面的力的水平分量为

$$F_上 = +p_0 \cdot 2\xi$$

因而作用于水上的水平方向的合力为

$$F = \Delta F_左 - \Delta F_右 + F_上 = -2\rho g h \xi \tag{3}$$

由(1)式,$\xi=\dfrac{6h}{L}x_c$,代入上式,得

$$F=-2\rho gh\cdot\frac{6h}{L}x_c=-\frac{12\rho gh^2}{L}x_c$$

而水的质量 $m=\rho Lh$,质心运动方程

$$m\ddot{x}_c=-\frac{12\rho gh^2}{L}x_c$$

或

$$\ddot{x}_c=-\frac{12\rho gh^2}{L\rho Lh}x_c=-\frac{12gh}{L^2}x_c \tag{4}$$

与(8.1-26)式形式相同. 于是质心作简谐振动,周期为

$$T=\frac{2\pi}{\omega}=\frac{2\pi L}{\sqrt{12gh}}=\frac{\pi L}{\sqrt{3gh}} \tag{5}$$

## §8.2  振动的合成与分解

简谐振动是最简单、最基本的振动,任何一个复杂的振动都可以看成若干个简谐振动的合成.

### 1. 同方向、同频率的两个简谐振动的合成

设物体同时参与两个同方向、同频率的简谐振动,每个振动的位移与时间关系可表示为

$$\begin{cases} x_1=A_1\cos(\omega t+\varphi_1) \\ x_2=A_2\cos(\omega t+\varphi_2) \end{cases} \tag{8.2-1}$$

将每个振动用振幅矢量表示,并利用"矢量投影的和等于矢量和的投影"的性质,则合运动的振幅矢量即为上面两个振幅矢量的和,如图 8.2-1 所示. 不难看出,合运动仍是同频率的简谐振动,即

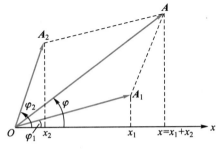

图 8.2-1  振动合成的振幅矢量图

$$x=x_1+x_2=A\cos(\omega t+\varphi) \tag{8.2-2}$$

且有

$$A=\sqrt{A_1^2+A_2^2+2A_1A_2\cos(\varphi_2-\varphi_1)} \tag{8.2-3}$$

$$\tan\varphi=\frac{A_1\sin\varphi_1+A_2\sin\varphi_2}{A_1\cos\varphi_1+A_2\cos\varphi_2} \tag{8.2-4}$$

由(8.2-3)式可知,合振动的振幅取决于两振动的相位差 $\varphi_2-\varphi_1$.

(1)若 $\varphi_2-\varphi_1=2k\pi,k=0,\pm1,\pm2,\cdots,$则

$$A=A_1+A_2$$

即当两分振动的相位差为 $\pi$ 的偶数倍时,合振动的振幅为两分振动振幅之和. 对应的振动曲线如图 8.2-2(a).

(a) 两振动同相位　　　　　　　　(b) 两振动反相位

(c) 一般情况

图 8.2-2　振动合成的曲线图

(2)若 $\varphi_2-\varphi_1=(2k+1)\pi,k=0,\pm1,\pm2,\cdots,$则

$$A=|A_1-A_2|$$

即当分振动的相位差为 $\pi$ 的奇数倍时,合振动的振幅为两分振动振幅之差. 振动曲线如图 8.2-2(b). 当 $A_1=A_2$ 时,合振幅为零.

(3)若 $\varphi_2-\varphi_1$ 为一般值,则

$$|A_1-A_2|<A<A_1+A_2$$

振动曲线如图 8.2-2(c).

### 2. 同方向、相近频率的两个简谐振动的合成　拍

设

$$x_1=A_1\cos(\omega_1 t+\varphi_1)$$
$$x_2=A_2\cos(\omega_2 t+\varphi_2) \tag{8.2-5}$$

为简单起见,设 $A_1=A_2=A$;由于 $\omega_1\neq\omega_2$,我们总能找到某一时刻,两振动的相位相同. 若以此时刻作为时间的起点,则两振动的初相位相等,即 $\varphi_1=\varphi_2=\varphi$,则合运动为

$$x = x_1 + x_2 = 2A\cos\frac{\omega_1-\omega_2}{2}t\cos\left(\frac{\omega_1+\omega_2}{2}t+\varphi\right) \tag{8.2-6}$$

当 $\omega_1$ 与 $\omega_2$ 相差不多时,$\cos\frac{\omega_1-\omega_2}{2}t$ 比 $\cos\frac{\omega_1+\omega_2}{2}t$ 的变化缓慢得多,因而,$x$ 就犹如

振幅随时间缓慢变化着的简谐振动,此简谐振动的频率为 $\frac{\omega_1+\omega_2}{2}\approx\omega_1\approx\omega_2$,与原来

演示实验:拍
现象

两振动频率几乎相等,而振幅随时间的变化由 $\cos\frac{\omega_1-\omega_2}{2}t$ 决定. 由于振幅所涉及的

是绝对值,故其变化周期即 $\left|\cos\frac{\omega_1-\omega_2}{2}t\right|$ 的周期,它由 $\left|\frac{\omega_1-\omega_2}{2}\right|T=\pi$ 决定,因而振

幅变化频率为

$$\nu = \frac{1}{T} = \left|\frac{\omega_1-\omega_2}{2\pi}\right| = |\nu_1-\nu_2| = |\Delta\nu| \tag{8.2-7}$$

(a) 两振动等幅

(b) 两振动不等幅

图 8.2-3 拍的振动曲线图

即为两频率之差. 这一现象称为**拍**,$\Delta\nu$ 称为拍频. 拍的振动曲线如图 8.2-3(a)所示. 当两振动的振幅不等,即 $A_1\neq A_2$ 时,也有拍现象,此时合振幅仍有时大时小的变化,但不会达到零,如图 8.2-3(b)所示.

拍现象也可以用振幅矢量法描述. 由于 $\omega_1\neq\omega_2$,振幅矢量 $A_1$ 和 $A_2$ 之间的夹角不再固定,若 $\omega_2>\omega_1$,则 $A_2$ 相对 $A_1$ 以 $(\omega_2-\omega_1)$ 的角速度旋转,$A_1$ 又以 $\omega_1$ 的角速度旋转,$A_1$ 和 $A_2$ 的合矢量 $A$ 的大小就随时间不断变化,如图8.2-4所示. 很显然,$|A|$ 的变化角频率为 $\omega_2-\omega_1$.

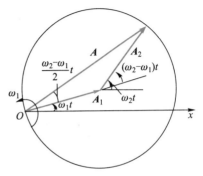

图 8.2-4 拍的振幅矢量表示

### 3. 互相垂直、同频率的两个简谐振动的合成

振动系统也可以同时参与方向互相垂直的两个振动, 例如单摆, 就可以同时参与这样的两个振动. 设一个振动沿 $x$ 方向, 一个沿 $y$ 方向, 即

$$\begin{cases} x = A_x\cos(\omega t + \varphi_x) \\ y = A_y\cos(\omega t + \varphi_y) \end{cases} \tag{8.2-8}$$

它们实际上就是合振动的坐标的参量方程. 可用振幅矢量法作出合振动的轨迹, 只要把由振幅矢量法得到的 $x$、$y$ 画在同一 $x$、$y$ 图上, 则坐标为 $x$、$y$ 的点描绘的曲线就是合振动的轨迹. 我们将这一过程画在图 8.2-5 上. 注意这时 $(\omega t + \varphi_y)$ 是振幅矢量与 $y$ 轴的夹角. 在一般情况下, 合振动的轨迹是一椭圆. 轨迹方程可直接由 (8.2-8) 式消去时间求得, 即

$$\frac{x^2}{A_x^2} + \frac{y^2}{A_y^2} - \frac{2xy}{A_xA_y}\cos(\varphi_x - \varphi_y) = \sin^2(\varphi_x - \varphi_y) \tag{8.2-9}$$

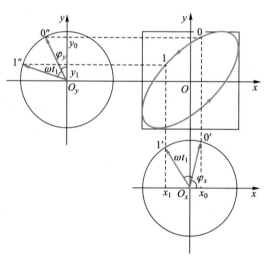

图 8.2-5　两个互相垂直振动的合成的振幅矢量图

这是一个椭圆方程. 对应于不同的相位差 $\delta = \varphi_x - \varphi_y$, 可得不同形状、不同绕向的椭圆, 如图 8.2-6 所示. 图中已设 $A_x = A_y$.

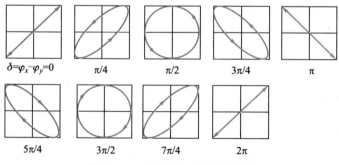

图 8.2-6　不同相位差对应的椭圆

### 4. 互相垂直、不同频率的两个简谐振动的合成   李萨如图形

如果 $x$ 方向振动的频率 $\nu_x$ 和 $y$ 方向振动的频率 $\nu_y$ 不相等,它们的合成振动也可以用振幅矢量法求得,不再赘述. 当 $\nu_x$ 与 $\nu_y$ 成整数比时,合振动的轨迹仍是一些闭合曲线,如图 8.2-7 所示,称为**李萨如图形**. 当 $\nu_x、\nu_y$ 的比例一定时,初相位及其差不同,曲线的形状和走向也不同. 图 8.2-7 中给出了几种频率比和几种初相位差(设 $\varphi_y$ 均为零)的图形. 当 $\nu_x$ 与 $\nu_y$ 不成整数比时,合振动的轨迹不再是闭合曲线. 利用李萨如图形的这些性质,可精确判定两种频率是否成整数比,并可据此由已知频率确定未知频率.

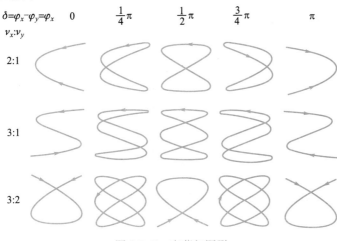

图 8.2-7   李萨如图形

### 5. 振动的分解   谐波分析

#### (1)**倍频简谐振动的合成**

在本节"2"中,讨论过频率相近的两同方向简谐振动的合成(拍). 当频率并不相近时,合振动要更复杂些,甚至没有周期性. 但当两振动的频率成简单整数比时,合振动表现出一定规则性. 特别是一个频率为另一频率的整数倍时,合振动仍为周期性运动,其周期与频率最低的分振动的周期相等. 图 8.2-8 画出了频率比为 $2:1$ 和 $3:1$ 的两振动的合振动曲线(对应不同初相位的差),图中虚线和锁线表示分振动,实线表示合振动. 不难想见,如果分振动不止两个,但都是某最低频率分振动(称为**基频振动**)的倍频(两倍、三倍……)振动,则合振动仍为周期运动,其周期与基频振动的周期相等.

#### (2)**周期运动的分解**

既然一系列倍频简谐振动的合成是频率等于基频的周期运动,那么,该周期运动就可以分解为一系列倍频振动. 可以证明,任一周期为 $T$ 的周期运动都可以分解为一系列频率为 $\omega = \dfrac{2\pi}{T}$(基频)整数倍的简谐振动. 即

若 $f(t) = f(t+T)$,则

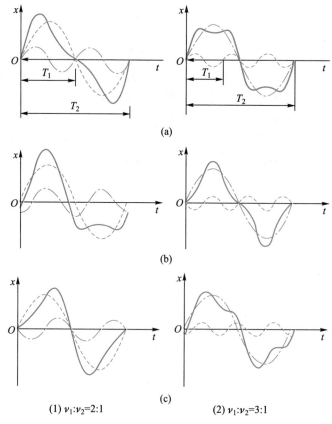

(1) $\nu_1:\nu_2=2:1$          (2) $\nu_1:\nu_2=3:1$

图 8.2-8  倍频振动的合成

[图(a)、(b)、(c)对应不同的初相位差]

$$f(t) = \frac{a_0}{2} + \sum_{n=1}^{\infty} a_n \cos n\omega t + \sum_{n=1}^{\infty} b_n \sin n\omega t \qquad (8.2\text{-}10)$$

或

$$f(t) = \frac{A_0}{2} + \sum_{n=1}^{\infty} A_n \cos(n\omega t + \varphi_n) \qquad (8.2\text{-}11)$$

其中

$$\omega = \frac{2\pi}{T}$$

式中频率为 $n\omega$ 的分振动称为 **$n$ 次谐频振动**，又称 **$n$ 次谐波**. (8.2-10)式或(8.2-11)式称为**傅里叶级数**，式(8.2-11)中的 $A_n$ 和 $\varphi_n$ 分别表示 $n$ 次谐频振动的振幅和初相位. $A_n$ 和 $\varphi_n$(或 $a_n$ 和 $b_n$)可根据 $f(t)$ 的具体形式求得. 将周期运动分解为一系列谐频振动的方法常称为**谐波分析**.

(8.2-10)式中的系数 $a_0$、$a_n$、$b_n$ 可利用三角函数的正交性求得：

$$a_0 = \frac{2}{T} \int_{t}^{t+T} f(t)\, \mathrm{d}t \qquad (8.2\text{-}12\text{a})$$

$$a_n = \frac{2}{T} \int_t^{t+T} f(t) \cos n\omega t \mathrm{d}t \qquad (8.2\text{-}12\mathrm{b})$$

$$b_n = \frac{2}{T} \int_t^{t+T} f(t) \sin n\omega t \mathrm{d}t \qquad (8.2\text{-}12\mathrm{c})$$

而(8.2-11)式中的系数 $A_n$ 和 $\varphi_n$ 可由 $a_n$ 和 $b_n$ 求得,即

$$A_n = \sqrt{a_n^2 + b_n^2} \qquad (8.2\text{-}13\mathrm{a})$$

$$\tan \varphi_n = -\frac{b_n}{a_n} \qquad (8.2\text{-}13\mathrm{b})$$

可见 $a_n$、$b_n$(或 $A_n$、$\varphi_n$)完全由原周期运动的形式 $f(t)$ 决定. 所谓三角函数的正交性,就是指下述性质:

$$\int_t^{t+T} \cos m\omega t \cos n\omega t \mathrm{d}t = \begin{cases} 0 & (m \neq n) \\ \dfrac{T}{2} & (m = n) \end{cases} \qquad (8.2\text{-}14)$$

$$\int_t^{t+T} \sin m\omega t \sin n\omega t \mathrm{d}t = \begin{cases} 0 & (m \neq n) \\ \dfrac{T}{2} & (m = n) \end{cases} \qquad (8.2\text{-}15)$$

以上结果不难由直接积分证明. 三角函数的正交性可用图示意出来. 图 8.2-9(a)、(b)分别表示频率为 1:2 和 1:1 的两振动,它们的乘积以用影线画出的面积表示,在坐标轴以上的面积为正,以下为负. 由图可见,(a)部分面积之和为零,(b)部分则不等于零.

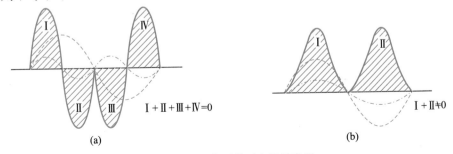

图 8.2-9 三角函数正交性示意图

$A_n$ 反映了 $n$ 次谐频振动对周期运动 $f(t)$ 的贡献(但未反映分振动的相位),因而 $A_n$ 形成的数列就反映了所考察周期运动所包括的各个谐频成分以及它们对周期运动贡献的大小. 若用横坐标表示各谐频成分的频率,纵坐标表示对应的振幅,就得到谐频成分的振幅对频率的分布图,称为**频谱**. 不同的周期运动,具有不同的频谱. 周期运动的各谐频成分的频率都是基频的整数倍,故它的频谱是离散谱. 图 8.2-10(b)、(c)表示锯齿波和方脉冲的频谱.

不同乐器奏出的同一音调的音色各不相同,就是由于各种乐器所包含的谐频振动的振幅不同所致. 图 8.2-10(a)表示钢琴所发的音的频谱. 频谱只表示各谐频振动的振幅,而不能表示其相位[(8.2-11)式中的 $\varphi_n$]. 实验证明,人耳只对谐频振动的振幅敏感,对相位不敏感.

图 8.2-10 几种周期振动的频谱

### (3) 非周期振动的分解

非周期性振动一般可以看成周期 $T \to \infty$，或基频 $\omega \to 0$ 的周期运动，所以可以分解为频率为连续分布的一系列简谐振动[*]。

可以证明，对非周期振动 $f(t)$，有

$$f(t) = \int_0^\infty a(\omega) \cos \omega t \mathrm{d}\omega + \int_0^\infty b(\omega) \sin \omega t \mathrm{d}\omega \qquad (8.2\text{-}16)$$

或

$$f(t) = \int_0^\infty A(\omega) \cos[\omega t + \varphi(\omega)] \mathrm{d}\omega \qquad (8.2\text{-}17)$$

以上两式称为傅里叶积分. 其中

$$a(\omega) = \frac{1}{\pi} \int_{-\infty}^\infty f(t) \cos \omega t \mathrm{d}t \qquad (8.2\text{-}17a)$$

$$b(\omega) = \frac{1}{\pi} \int_{-\infty}^\infty f(t) \sin \omega t \mathrm{d}t \qquad (8.2\text{-}17b)$$

而

$$A(\omega) = \sqrt{[a(\omega)]^2 + [b(\omega)]^2} \qquad (8.2\text{-}18a)$$

$$\tan \varphi(\omega) = -\frac{b(\omega)}{a(\omega)} \qquad (8.2\text{-}18b)$$

注意这时 $a(\omega)$、$b(\omega)$ 和 $A(\omega)$ 不具有振幅的量纲，$a(\omega)\mathrm{d}\omega$、$b(\omega)\mathrm{d}\omega$ 和 $A(\omega)\mathrm{d}\omega$ 才具有振幅的量纲.

也可以用频谱表示非周期性振动. 这时频谱不再为离散谱，而是连续谱（参见

---

[*] 不排除有些非周期性振动可分解为频率不可通约的若干个分立的分振动.

图 8.3-2).

## 6. 例题

**例** 平均深度 6 m 的某海峡的潮汐涨落可看成由太阳引起的潮汐和月亮引起的潮汐两个成分组成,每个成分的潮汐均随时间作简谐变化,设太阳潮的幅度为 0.5 m,周期为 12 h,月亮潮的幅度为 0.8 m,周期为 12.5 h,试求该海峡的潮汐涨落与时间的关系.

**解**:这是两个不同频率的振动的合成问题,而且两振动的幅度也不同. 设太阳潮的位移为 $x_1$,月亮潮的位移为 $x_2$,取两者同时达最大值时为时间零点,则

$$x_1 = A_1 \cos \omega_1 t$$
$$x_2 = A_2 \cos \omega_2 t$$

尽管 $A_1 \neq A_2$,但利用 $A_1 = \frac{1}{2}[(A_1+A_2)+(A_1-A_2)]$,$A_2 = \frac{1}{2}[(A_1+A_2)-(A_1-A_2)]$,我们仍可以将两位移之和写成如下形式:

$$x = x_1 + x_2 = \frac{1}{2}[(A_1+A_2)(\cos \omega_1 t + \cos \omega_2 t) + (A_1-A_2)(\cos \omega_1 t - \cos \omega_2 t)]$$

利用三角公式,上式可化为

$$x = (A_1+A_2)\cos \frac{\omega_1-\omega_2}{2}t \cos \frac{\omega_1+\omega_2}{2}t + (A_2-A_1)\sin \frac{\omega_1-\omega_2}{2}t \sin \frac{\omega_1+\omega_2}{2}t$$

$x$ 为两个拍之和. 当 $\left|\cos \frac{\omega_1-\omega_2}{2}t\right| = 1$,即 $(\omega_1-\omega_2)t/2 = k\pi$,或 $\left(\frac{1}{T_1}-\frac{1}{T_2}\right)t = k$($k$ 为整数)时,亦即当

$$t = k\frac{T_1 T_2}{T_2 - T_1} = k\frac{12 \times 12.5}{12.5 - 12} \text{ h} = k \cdot 300 \text{ h}$$

时,$x = A_1 + A_2 = 0.5 \text{ m} + 0.8 \text{ m} = 1.3 \text{ m}$,为大潮,其时水深为 6 m+1.3 m=7.3 m(涨潮)或 6 m-1.3 m=4.7 m(落潮). 此时第二项为零. 当 $|\sin(\omega_1-\omega_2)t/2| = 1$,即 $(\omega_1-\omega_2)t/2 = (2k+1)\pi/2$,或 $(1/T_1-1/T_2)t = (2k+1)/2$ 时,亦即当

$$t = (2k+1)\frac{1}{2} \cdot \frac{T_1 T_2}{T_2 - T_1} = (2k+1) \cdot 150 \text{ h}$$

时,$x = A_2 - A_1 = 0.8 \text{ m} - 0.5 \text{ m} = 0.3 \text{ m}$,为小潮,其时水深为 6 m+0.3 m=6.3 m(涨潮)或 6 m-0.3 m=5.7 m(落潮). 此时第一项为零.

## §8.3 阻尼振动

§8.1 所讨论的振动,振幅保持不变,振动能量也保持不变. 这只能是实际情况的一种抽象. 实际振动系统的振动,当无外界能量补充时,振幅都要随时间逐渐衰减. 衰减的原因,一是有摩擦力存在,将振动能量逐渐变为热能耗散了;二是振动能量以波的形式向四周传播,使振动能量逐渐变为波的能量. 本节讨论有摩擦力存在

的振动.

### 1. 运动方程及其解

我们主要考虑摩擦力与速度成正比的情形. 当速度不大时, 黏性阻力就属这种情形. 在考虑了黏性阻力后, 弹簧振子的运动方程变为

$$m\ddot{x} = -kx - C\dot{x}$$

或

$$m\ddot{x} + C\dot{x} + kx = 0 \tag{8.3-1}$$

$C$ 称为**阻力系数**. 当物体处在黏性流体中时, $C$ 就是与黏度成正比的一个常量.

令

$$\omega_0^2 = \frac{k}{m}, \quad 2\delta = \frac{C}{m} \tag{8.3-2}$$

$\omega_0$ 是阻力不存在时振子的固有角频率, $\delta$ 称为**阻尼系数**或**衰减常量**. 于是方程 (8.3-1) 变为

$$\ddot{x} + 2\delta\dot{x} + \omega_0^2 x = 0 \tag{8.3-3}$$

这是常系数二阶线性微分方程, 其解的形式与方程中两个同量纲参量 $\delta$、$\omega_0$ 的相对大小有关. 此方程不能像简谐振动方程那样直接积分求解, 但我们可从物理上定性分析振子运动的主要特征.

当阻尼较小, 即 $\delta < \omega_0$ 时, 振子受力以弹性恢复力为主, 因而振子仍将在平衡位置附近作振动, 但因受阻力作用, 能量逐渐减少, 振幅随时间逐渐衰减. 而随着振幅 (从而速度) 的逐渐变小, 因摩擦使能量减少的速率也逐渐变慢, 因而振幅随时间衰减的速率也逐渐递减. 严格计算表明, 这时振子位移与时间的关系可表示为

$$x = A_0 e^{-\delta t} \cos(\omega_f t + \varphi_f) \tag{8.3-4}$$

其中

$$\omega_f = \sqrt{\omega_0^2 - \delta^2} \tag{8.3-5}$$

$x$ 与时间的关系曲线如图 8.3-1 所示. 图中 (a) 表示阻尼较小的情形, (b) 表示阻尼较大的情形. 与简谐振动的解 (8.1-2) 式相比, (8.3-4) 式多了指数项 $e^{-\delta t}$, 而且余弦项的角频率 $\omega_f$ 也变小了. 这正是摩擦力的反映. 摩擦力越大, $\delta$ 也越大, 振幅衰减越快. $\delta$ 称为衰减常量, 即源于此. 此时振子的运动严格讲已不再是周期运动, 但仍可看作振幅逐渐衰减的周期运动, 仍可用

(a) $\delta$ 较小　　　　　(b) $\delta$ 较大

图 8.3-1　阻尼振动曲线

$$T_f = \frac{2\pi}{\omega_f}$$

表示周期,它表示振子两次从同一方向经过平衡位置或两次位移达最大值之间的时间间隔. 摩擦力的存在,使振子的速度减小,于是振子周期增大,频率减小.

式(8.3-4)中的 $A_0$ 和 $\varphi_f$ 由初始条件决定. 由

$$\begin{cases} x_0 = A_0 \cos \varphi_f \\ v_0 = -\delta A_0 \cos \varphi_f - \omega_f A_0 \sin \varphi_f = -\delta x_0 - \omega_f A_0 \sin \varphi_f \end{cases} \quad (8.3\text{-}6)$$

即得

$$\begin{cases} A_0 = \sqrt{x_0^2 + \left(\dfrac{v_0 + \delta x_0}{\omega_f}\right)^2} \\ \tan \varphi_f = \dfrac{-(v_0 + \delta x_0)}{\omega_f x_0} \end{cases} \quad (8.3\text{-}7)$$

$\varphi_f$ 的所在象限可再由 $\cos \varphi_f$ 的符号确定. 当 $\delta = 0$ 时,(8.3-7)式化为(8.1-6)式.

阻尼振动作为非周期性运动,可分解为连续谱. 图 8.3-2 给出了阻尼振动的频谱. 由于阻尼振动可近似看成振幅逐渐衰减的简谐振动,因而其频谱在对应简谐振动的频率 $\omega_f$ 处出现峰值,阻尼越大,频谱曲线越平坦,阻尼越小,曲线越尖锐.

(a) 阻尼振动曲线  (b) 阻尼振动的频谱

图 8.3-2  阻尼振动的频谱

## 2. 阻尼振子的能量

阻尼振子的能量仍等于动能与势能之和,但总能量不再为常量:

$$E = \frac{1}{2}kx^2 + \frac{1}{2}m\dot{x}^2 \quad (8.3\text{-}8)$$

从(8.3-4)式可得

$$\dot{x} = -\delta A_0 e^{-\delta t} \cos(\omega_f t + \varphi_f) - \omega_f A_0 e^{-\delta t} \sin(\omega_f t + \varphi_f) \quad (8.3\text{-}9)$$

对于小阻尼即 $\delta \ll \omega_0 \approx \omega_f$ 的情况,上式第一项可略去,而有

$$\dot{x} \approx -\omega_f A_0 e^{-\delta t} \sin(\omega_f t + \varphi_f) \quad (8.3\text{-}10)$$

将(8.3-4)式和(8.3-10)式代入(8.3-8)式,得

$$E = \frac{1}{2}kA_0^2 e^{-2\delta t} \cos^2(\omega_f t + \varphi_f) + \frac{1}{2}m\omega_f^2 A_0^2 e^{-2\delta t} \sin^2(\omega_f t + \varphi_f)$$

由于 $k=m\omega_0^2 \approx m\omega_{\mathrm{f}}^2$，所以

$$E \approx \frac{1}{2}m\omega_0^2 A_0^2 \mathrm{e}^{-2\delta t} = E_0 \mathrm{e}^{-2\delta t} \approx \frac{1}{2}m\omega_0^2 A^2 \tag{8.3-11}$$

其中

$$A = A_0 \mathrm{e}^{-\delta t} \tag{8.3-12}$$

为 $t$ 时刻的振幅. 可见当阻尼很小时, 能量仍与 $t$ 时刻的振幅平方成正比.

### 3. 品质因数

衰减常数的大小反映了阻尼的大小. 我们也可以用一周中振子损失的能量在总能量中所占的比例来描写阻尼的大小. 通常定义时刻 $t$ 振子的能量 $E$ 与经一周后损失的能量 $\Delta E$ 之比的 $2\pi$ 倍为振子的**品质因数**, 并用 $Q$ 表示:

$$Q = 2\pi \frac{E}{\Delta E} \tag{8.3-13}$$

在小阻尼情况下, 根据上面的能量表示式, 可得

$$Q = 2\pi \frac{\frac{1}{2}m\omega_0^2 A_0^2 \mathrm{e}^{-2\delta t}}{\frac{1}{2}m\omega_0^2 A_0^2 \mathrm{e}^{-2\delta t}(1-\mathrm{e}^{-2\delta T})} = 2\pi \frac{1}{1-\mathrm{e}^{-2\delta T}}$$

因 $\delta \ll \omega_0 = \dfrac{2\pi}{T}$, 故 $\delta T \ll 1, 1-\mathrm{e}^{-2\delta T} \approx 1-(1-2\delta T)=2\delta T$, 所以

$$Q = \frac{2\pi}{2\delta T} = \frac{\omega_0}{2\delta} \tag{8.3-14}$$

可见, $Q$ 仅由振动系统本身的性质决定.

以上我们讨论了(8.3-3)式在阻尼较小, 即 $\delta < \omega_0$ 时的解. $\delta < \omega_0$ 的情形称为**欠阻尼**. 欠阻尼情形的解的特征是仍有振动存在.

### 4. 临界阻尼与过阻尼

当 $\delta > \omega_0$ 时, 振子受力以阻力为主, 因而振子不再作振动, 而仅作由初始位置逐渐趋向平衡位置的缓慢运动. 具体运动过程还与初速度 $v_0$ 有关. 对 $x_0 > 0$, 对应不同的 $v_0$, $x$ 与 $t$ 的关系曲线如图 8.3-3 所示. 这种情形称为**过阻尼**. 通常这一趋向平衡位置的过程将经历相当长的时间.

当 $\delta = \omega_0$ 时, 阻力与弹性恢复力的大小相近, 这时振子仍无振动, 其运动情况与过阻尼情况相仿, $x$ 与 $t$ 的关系曲线也与之相仿, 但过程所经历的时间比过阻尼情况要短许多. 这种情况称为**临界阻尼**.

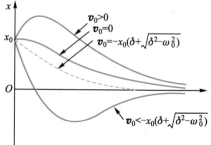

图 8.3-3 过阻尼振动曲线

根据微分方程理论,常系数二阶线性微分方程(8.3-3)的解具有如下形式:

$$x = A_1 e^{\lambda_1 t} + A_2 e^{\lambda_2 t} \tag{8.3-15}$$

其中
$$\lambda_1 = -\delta + \sqrt{\delta^2 - \omega_0^2}, \lambda_2 = -\delta - \sqrt{\delta^2 - \omega_0^2}$$

对阻尼比较小,即 $\delta < \omega_0$ 的情形,有

$$\lambda_1 = -\delta + i\sqrt{\omega_0^2 - \delta^2}, \lambda_2 = -\delta - i\sqrt{\omega_0^2 - \delta^2}$$

令 $\omega_f = \sqrt{\omega_0^2 - \delta^2}$,则

$$x = (A_1 e^{i\omega_f t} + A_2 e^{-i\omega_f t}) e^{-\delta t} \tag{8.3-16}$$

式中 $A_1$ 和 $A_2$ 由初条件确定. 上式经整理改写,即为欠阻尼情况下的解(8.3-4)式:

$$x = A_0 e^{-\delta t} \cos(\omega_f t + \varphi_f)$$

当 $\delta > \omega_0$ 时,(8.3-15)式中 $\lambda_1$、$\lambda_2$ 皆为实数,于是该解成为

$$x = A_1 e^{(-\delta + \sqrt{\delta^2 - \omega_0^2})t} + A_2 e^{(-\delta - \sqrt{\delta^2 - \omega_0^2})t} \tag{8.3-17}$$

此即过阻尼情况下的解. $A_1$、$A_2$ 可由初条件决定:

$$\begin{cases} A_1 = \dfrac{x_0}{2} + \dfrac{\delta x_0}{2\sqrt{\delta^2 - \omega_0^2}} + \dfrac{v_0}{2\sqrt{\delta^2 - \omega_0^2}} \\[4mm] A_2 = \dfrac{x_0}{2} - \dfrac{\delta x_0}{2\sqrt{\delta^2 - \omega_0^2}} - \dfrac{v_0}{2\sqrt{\delta^2 - \omega_0^2}} \end{cases} \tag{8.3-18}$$

图 8.3-3 即由以上两式得出.

当 $\delta = \omega_0$ 时,方程(8.3-3)的解不能由(8.3-15)式直接得出,而应由欠阻尼解(8.3-4)式或过阻尼解(8.3-17)式取 $\delta \to \omega_0$ 时的极限得到,即

$$x = e^{-\delta t} [x_0 + (v_0 + \delta x_0)t] \tag{8.3-19}$$

这就是临界阻尼状态下位移与时间的关系.

### 5. 例题

**例** 测得某欠阻尼振子的角频率为 $\omega_f$,相继两次振动的最大位移为 $x_1$ 和 $x_2$,求阻尼系数 $\delta$.

**解:** 由(8.3-4)式,$x_1 = A_0 e^{-\delta t}$,$x_2 = A_0 e^{-\delta(t+T)}$,故

$$\frac{x_1}{x_2} = \frac{A_0 e^{-\delta t}}{A_0 e^{-\delta(t+T)}} = e^{\delta T}, \delta T = \ln \frac{x_1}{x_2}$$

而 $T = \dfrac{2\pi}{\omega_f}$,所以

$$\delta = \frac{\omega_f}{2\pi} \ln \frac{x_1}{x_2}$$

通常定义

$$\Lambda = \ln \frac{x_1}{x_2} = \ln \frac{A_0 e^{-\delta t}}{A_0 e^{-\delta(t+T)}} = \delta T \tag{8.3-20}$$

为**对数减缩**,也是表征阻尼大小的一个物理量.

## §8.4 受迫振动

只受弹性力(矩)或准弹性力(矩)和黏性阻力(矩)作用的振动系统,其振幅总是随时间衰减,振动不能持久. 如果要使振动持久不衰,就必须由外界不断供给能量. 对机械振动来说,可由外界驱动力对系统不断做功,向系统供给能量. 外界驱动力可以是非周期性的,如小孩荡秋千时,大人不时推小孩一下;亦可以是周期性的,如钟、表里的擒纵系统提供的推力. 在周期性驱动力中,正弦型外力最为重要. 质心偏离转轴的马达对底座的作用力;弹簧支点作正弦振动时对振子产生的力等都属于简谐驱动力. 振动系统在周期性外界驱动力作用下的振动,叫**受迫振动**. 本节主要研究振动系统在简谐驱动力作用下的受迫振动. 简谐驱动力特别重要的原因是:

视频:桥的振动

(1)简谐驱动力最简单,也很常见;

(2)任何非简谐驱动力都可以看成简谐驱动力的线性叠加. 研究了振动系统对简谐驱动力的响应,也就从原则上解决了振动系统对任何外力的响应问题.

### 1. 运动方程及其解

设简谐驱动力为 $F_0\cos\omega t$,弹簧振子的运动方程为

$$m\ddot{x}+C\dot{x}+kx=F_0\cos\omega t \tag{8.4-1}$$

其中 $F_0$ 为力幅. 令 $\dfrac{C}{m}=2\delta$,$\dfrac{k}{m}=\omega_0^2$,$\dfrac{F_0}{m}=f_0$,上式变为

$$\ddot{x}+2\delta\dot{x}+\omega_0^2x=f_0\cos\omega t \tag{8.4-2}$$

方程右边是 $\cos\omega t$,而三角函数的导数还是同宗量的三角函数,故方程(8.4-2)的解可设为

$$x_1=B\cos(\omega t-\varphi) \tag{8.4-3}$$

将(8.4-3)式代入(8.4-2)式,就可以得到 $B$ 和 $\varphi$ 的表示式. 最方便的方法是把方程(8.4-2)两边各项都用振幅矢量表示(因它们都是简谐振动量),并注意各量的相位关系,可得图8.4-1的矢量图. 由图可得

$$f_0^2=\left[(\omega_0^2-\omega^2)^2+(2\delta\omega)^2\right]B^2$$

所以

图 8.4-1 受迫振动方程的振幅矢量图

$$B=\frac{f_0}{\sqrt{(\omega_0^2-\omega^2)^2+4\delta^2\omega^2}} \tag{8.4-4}$$

由图还可看出:

$$\tan\varphi=\frac{2\delta\omega}{\omega_0^2-\omega^2} \tag{8.4-5}$$

　　但 $x_1$ 并不是方程(8.4-2)的通解. 因为,即使振动系统不受简谐驱动力,在一定初始条件下,也会发生阻尼振动. 即使系统原来静止于平衡位置,在从 $t=0$ 时刻起突然施于其上的简谐驱动力触发下,阻尼振动也能发生. 因而,若用 $x_2(t)$ 表示阻尼振动的位移与时间的关系,则

$$x = x_1 + x_2$$

仍是方程的解. 事实上,当以 $x$ 代入方程(8.4-1)时,由于 $m\ddot{x}_2 + C\dot{x}_2 + kx_2 = 0$,$x$ 必满足方程. $x$ 就是方程的通解. 这也正是微分方程理论告诉我们的. 在小阻尼情况下,可将方程的通解写成

$$x = A_0 e^{-\delta t}\cos(\omega_f t + \varphi_f) + B\cos(\omega t - \varphi) \tag{8.4-6}$$

其中第一项即阻尼振动,它随着时间衰减,故称**暂态解**;第二项不随时间衰减,称为**稳态解**. 开始时,振子的运动比较复杂,为暂态解和稳态解的叠加,经过一段时间以后,暂态解衰减掉了,只留下稳态解(图8.4-2).

图8.4-2　受迫振动位移与时间的关系.
虚线为驱动力($\delta \approx 0.1\omega_0$)

　　稳态解(8.4-3)的特点是它的频率与驱动力频率相同,它的振幅及初相位与初始条件无关,完全由驱动力和系统的固有参量决定. 而暂态解的频率由系统本身性质决定,振幅及初相位则由初条件决定.

　　2. 稳态解的振幅、相位与驱动力频率的关系　共振

　　我们只讨论 $\delta < \omega_0$ 的阻尼较小的情况.

（1）$\dfrac{\omega}{\omega_0} \ll 1$（**频率甚低**）

此时 $\omega^2 \ll \omega_0^2, \delta\omega \ll \omega_0^2$，由（8.4-4）式，

$$B = B_0 \approx \frac{f_0}{\omega_0^2} = \frac{F_0}{k} \tag{8.4-7}$$

此即弹簧在力 $F_0$ 作用下的静伸长. 因 $\omega$ 很小，物体加速度和速度均很小，故阻力可忽略，弹力几乎时时与外力相平衡. 由（8.4-5）式，

$$\varphi \approx \arctan \frac{2\delta\omega}{\omega_0^2} \approx 0 \tag{8.4-8}$$

振动与外力同相位. 故有

$$x = \frac{F_0}{k}\cos \omega t \tag{8.4-9}$$

对应的振幅矢量图如图 8.4-3 所示.

图 8.4-3 $\omega \ll \omega_0$ 时的振幅矢量图

（2）$\dfrac{\omega}{\omega_0} \gg 1$（**频率甚高**）

此时 $\omega^2 \gg \omega_0^2, \omega^2 \gg \omega\omega_0 > \delta\omega$，由（8.4-4）式，

$$B = B_\infty \approx \frac{f_0}{\omega^2} \approx 0 \tag{8.4-10}$$

$$\varphi \approx \arctan \frac{2\delta\omega}{-\omega^2} = \arctan(-0) \approx \pi \tag{8.4-11}$$

因 $\omega$ 很大，即使加速度很大，速度并不大，位移更不大，阻力和弹力均可忽略，物体几乎只在外力作用下振动，而且振幅很小；也因 $\omega$ 很大，物体有惯性，使位移与外力几乎反相位，而有

$$x = -\frac{f_0}{\omega^2}\cos \omega t \tag{8.4-12}$$

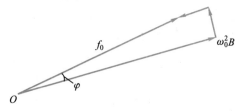

图 8.4-4 $\omega \gg \omega_0$ 时的
振幅矢量图

对应的振幅矢量图如图 8.4-4 所示.

（3）$\dfrac{\omega}{\omega_0} \approx 1$，**共振**

此时，由（8.4-4、5）式，可得

$$B = B_r \approx \frac{f_0}{2\delta\omega} \tag{8.4-13}$$

$$\varphi \approx \arctan \infty = \frac{\pi}{2} \qquad (8.4\text{-}14)$$

$$x \approx \frac{f_0}{2\delta\omega}\sin\omega t = \frac{f_0}{2\delta\omega}\cos\left(\omega t - \frac{\pi}{2}\right) \qquad (8.4\text{-}15)$$

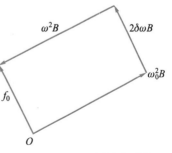

随着驱动力频率 $\omega$ 逐渐接近振子固有频率 $\omega_0$，振幅 $B$ 急剧增大，当 $\omega \approx \omega_0$ 时，振幅将达很大的值 $B_r$，这种现象称为**共振**. 不难看出，$B_r = QB_0$，即共振时的振幅为 $\omega \ll \omega_0$ 时振幅的 $Q$ 倍. 此时外力与阻力相抵，振子只在弹力作用下作振幅不衰减的自由振动，位移比外力落后相位 $\frac{\pi}{2}$. 对应的振幅矢量图如图 8.4-5 所示.

图 8.4-5 $\omega = \omega_0$（共振）时的振幅矢量图

共振时的振幅与外力的幅值及阻尼大小有关，阻尼越小，共振时的振幅越大. 因为此时外力与阻力等值反相，而阻力与速度成正比（从而与振幅成正比），与阻尼系数成正比，当阻尼小时，只有大的振幅才能造成与外力相抵的阻力.

综上讨论，可将 $B$、$\varphi$ 与 $\omega$ 的关系画成曲线，如图 8.4-6 所示. $B$-$\omega$ 图常称**频率响应曲线**或称**共振曲线**. 由图可见，在阻尼较大（$Q$ 小）时，共振曲线的峰值并不出现在 $\omega = \omega_0$ 处，而略向 $\omega$ 小的方向偏，这反映了阻尼项的影响. 读者不难由（8.4-4）式证明，$B$ 的峰值出现在

$$\omega_r = \sqrt{\omega_0^2 - 2\delta^2} \qquad (8.4\text{-}16)$$

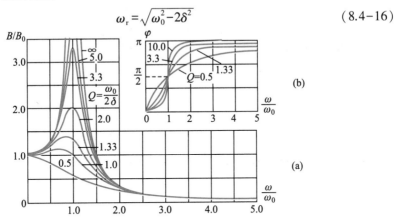

图 8.4-6 稳态受迫振动的振幅 $B$、相位差 $\varphi$ 与驱动力频率 $\omega$ 的关系

处（$\omega_r$ 称为位移共振频率），其时 $B = B_r = \dfrac{f_0}{2\delta\sqrt{\omega_0^2 - \delta^2}}$，$\varphi = \varphi_r = \arctan\dfrac{\sqrt{\omega_0^2 - 2\delta^2}}{\delta}$，而速度幅的峰值则出现在 $\omega = \omega_0$ 处，故 $\omega_0$ 实为速度共振频率，式（8.4-13, 14, 15）表示的其实是速度共振时各量的相应值（这时"$\approx$"应改为"$=$"）. 但当阻尼小（$Q$ 大）时，$\omega_r$ 与 $\omega_0$ 十分接近.

### 3. 共振曲线的锐度

由共振曲线图 8.4-6 可见,当阻尼小时,曲线尖锐,阻尼大时,曲线不尖锐. 可将共振曲线的尖锐程度与振子的阻尼系数或品质因数联系起来.

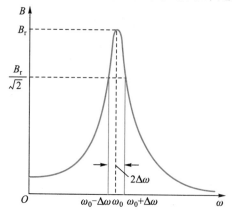

图 8.4-7 共振曲线的锐度

通常用锐度来描写共振曲线的尖锐程度,其意义如下. 当 $\omega = \omega_r$ 即共振时,(设 $\delta$ 很小,$\omega_r \approx \omega_0$),$B = B_r$. 当 $\omega$ 偏离 $\omega_r$ 时,$B$ 值将迅速减小. 当 $B = B_r/\sqrt{2}$ 时,对应的角频率分别为 $\omega_1 = \omega_r - \Delta\omega_1$ 和 $\omega_2 = \omega_r + \Delta\omega_2$(图 8.4-7),则称 $\omega_r$ 与 $\omega_2 - \omega_1$ 之比为**锐度**,用 $S$ 表示:

$$S = \frac{\omega_r}{\omega_2 - \omega_1} \approx \frac{\omega_0}{\omega_2 - \omega_1} \tag{8.4-17}$$

$\omega_2 - \omega_1 = \Delta\omega_1 + \Delta\omega_2$ 称为共振峰宽度. 当 $\delta$ 很小时,$\Delta\omega_1$ 与 $\Delta\omega_2$ 实际上相等,即 $\Delta\omega_1 \approx \Delta\omega_2 = \Delta\omega$,锐度又可以写成

$$S = \frac{\omega_0}{2\Delta\omega} \tag{8.4-17a}$$

$\Delta\omega$ 值可由(8.4-4)式求得. 由该式,当 $B = B_r/\sqrt{2}$ 时,必有 $\omega_0^2 - \omega^2 = \pm 2\delta\omega$,即 $(\omega_0 + \omega) \cdot (\omega_0 - \omega) = \pm 2\delta\omega$. 因 $\omega \approx \omega_0$,此即 $2\omega_0(\pm\Delta\omega) = \pm 2\delta\omega_0$,故有

$$\Delta\omega = \delta$$

于是锐度恰好等于品质因数:

$$S = \frac{\omega_0}{2\delta} = Q \tag{8.4-18}$$

### 4. 受迫振动中的功能关系

稳定受迫振动的振幅保持不变,因而振动一周后机械能也保持不变. 从功能关系看,一周中体系因阻力所损耗的能量将从外力对体系所做的功中得到补偿.

由(8.4-3)式,稳定受迫振动的速度为

$$v = \dot{x}_1 = -\omega B \sin(\omega t - \varphi) \tag{8.4-19}$$

驱动力对体系做功的功率为

$$p_F = F \cdot v = F_0 \cos \omega t \left[ -\omega B \sin(\omega t - \varphi) \right] \tag{8.4-20}$$

而阻力所损耗的功率为

$$p_f = (-C\dot{x}_1) \left[ -\omega B \sin(\omega t - \varphi) \right] = -C\omega^2 B^2 \sin^2(\omega t - \varphi) \tag{8.4-21}$$

$p_F$ 与 $p_f$ 都与时间有关,但两者并不时时相抵(事实上,$p_F$ 时正时负,而 $p_f$ 恒为负),可见体系的机械能并不是与时间无关的常量. 这是可以理解的,因为现在振子并不是以固有频率振动,而以驱动力的频率振动,动能与势能之和不再与时间无关. 但经一周后,两者所做的功互相抵消. 一周中驱动力所做的功为

$$\int_t^{t+T} p_F \mathrm{d}t = \int_t^{t+T} -F_0 \omega B \cos \omega t \sin(\omega t - \varphi) \, \mathrm{d}t$$

$$= -F_0 \omega B \int_t^{t+T} (\cos \omega t \sin \omega t \cos \varphi - \cos^2 \omega t \sin \varphi) \, \mathrm{d}t$$

$$= F_0 \omega B \sin \varphi \cdot \frac{T}{2} = F_0 \omega B \frac{T}{2} \cdot \frac{2\delta \omega B}{f_0}$$

$$= 2m\delta \omega B^2 \pi = C\omega B^2 \pi$$

这里我们应用了 $\sin \varphi = \dfrac{2\delta \omega B}{f_0}$ 的结果,这从图 8.4-1 中可立即得出. 而一周中阻力所做的功为

$$\int_t^{t+T} p_f \mathrm{d}t = \int_t^{t+T} -C\omega^2 B^2 \sin^2(\omega t - \varphi) \, \mathrm{d}t = -C\omega B^2 \pi$$

可见

$$\int_t^{t+T} p_f \mathrm{d}t = -\int_t^{t+T} p_F \mathrm{d}t \tag{8.4-22}$$

当 $\omega = \omega_0$,即速度共振时,$\varphi = \dfrac{\pi}{2}$,这时有

$$p_F = F_0 \cos \omega t \left[ -\omega B_r \sin\left( \omega t - \frac{\pi}{2} \right) \right]$$

$$= F_0 \cos \omega t \omega B_r \cos \omega t$$

$$= F_0 \omega B_r \cos^2 \omega t \tag{8.4-23}$$

$$p_f = -C \dot{x}_1^2 = -C\omega^2 B_r^2 \sin^2\left( \omega t - \frac{\pi}{2} \right)$$

$$= -C\omega^2 B_r^2 \cos^2 \omega t \tag{8.4-24}$$

而 $B_r = \dfrac{f_0}{2\delta \omega}$,$C\omega B_r = C\omega \dfrac{f_0}{2\delta \omega} = mf_0 = F_0$,代入(8.4-24)式,得

$$p_f = -F_0 \omega B_r \cos^2 \omega t$$

于是

$$p_F = -p_f \tag{8.4-25}$$

这表明,共振时驱动力的功率时刻与阻力的功率相抵,因而振子的机械能恒定不变. 这时振子以固有频率振动,犹如一个不受阻力的自由振子,故动能与势能之和与时

间无关. 同时,共振时驱动力与速度同相位,因而时刻对体系做正功,这正是共振开始时振幅急剧增大的原因所在. 但随着振幅的增大,阻力的功率也不断增大,最后与驱动力的功率相抵,遂使振子的振幅保持恒定. 以上其实是 $\omega = \omega_0$ 时的结果,也就是速度共振时的结果. 当阻尼很小时,此结果与位移共振时基本一致. 当阻尼不很小时,位移共振的情形与此略有不同.

## 5. 例题

**例** 质量为 $m$ 的重物悬挂于劲度系数为 $k$ 的弹簧下端,平衡于 $O$ 点. 从 $t=0$ 开始,弹簧上端 $O'$ 以 $x' = a\sin \omega t$ 的方式作上、下振动(以向下为正),问:(1) 稳定后,物体将如何运动? 设系统的阻尼系数为 $\delta$. (2) 物体运动与时间的关系如何?(图 8.4-8).

**解**:(1) 取 $x$ 轴竖直向下. 只要以 $O$ 为 $x$ 轴的原点($O$ 为振子的平衡位置),重力不必考虑. 故物体的运动方程为

$$m\ddot{x} = -C\,\dot{x} + k(x' - x)$$

即

$$m\ddot{x} + C\dot{x} + kx = ka\sin \omega t$$

此即受迫振动方程,力幅 $F_0 = ka$,故其稳态解为

$$x = B\sin(\omega t - \varphi)$$

其中 $B$ 和 $\varphi$ 由(8.4-4)式和(8.4-5)式决定:

$$B = \frac{ka/m}{\sqrt{(\omega_0^2 - \omega^2)^2 + 4\delta^2\omega^2}}$$

$$\tan \varphi = \frac{2\delta\omega}{\omega_0^2 - \omega^2}$$

图 8.4-8

$B$、$\varphi$ 与 $\omega$ 的关系即如图 8.4-6 所示. 当 $\omega = \omega_0$ 时,

$$B = \frac{ka/m}{2\delta\omega_0} = \frac{a\omega_0^2}{2\delta\omega_0} = Qa \tag{1}$$

就是说,当速度共振(当 $\delta$ 很小时,这也是位移共振)时,物体的振幅为 $O'$ 点振幅的 $Q$ 倍.

某些精密仪器或工作台需要避免外来扰动所引起的振动. 怎样才能做到这一点? 我们可把本题中的物体看作需要防震的仪器,而把 $O'$ 点看作外界振源. 从本题结果可以看出,如果能使 $\omega_0 \ll \omega$,亦即使系统的固有频率远小于外界振源的频率,物体的振幅 $B$ 就极小,从而达到防震的目的,$\omega_0$ 由系统的质量 $m$ 及劲度系数 $k$ 决定,$m$ 越大,$k$ 越小,$\omega_0$ 就越小. 通常精密仪器的工作台用铸铁或水泥制成,质量很大,底座垫以柔软的橡皮,甚至用气缸作坐垫,这样就使 $\omega_0$ 很低,有效地避免了外来干扰的影响.

(2) 由(8.4-6)式,在达到稳态前,振子的运动由下式表示:

$$x = A_0 e^{-\delta t}\cos(\omega_f t + \varphi_f) + B\sin(\omega t - \varphi) \tag{2}$$

其中

$$\omega_f = \sqrt{\omega_0^2 - \delta^2} = \omega_0\sqrt{1 - \frac{\delta^2}{\omega_0^2}} \tag{3}$$

$$B = \frac{\omega_0^2 a}{\sqrt{(\omega_0^2 - \omega^2)^2 + 4\delta^2\omega^2}} \tag{4}$$

$$\tan \varphi = \frac{2\delta\omega}{\omega_0^2 - \omega^2} \tag{5}$$

而 $A_0$ 和 $\varphi_f$ 可由初条件决定. $t = 0$ 时, $x_0 = 0, v_0 = 0$, 故有

$$x_0 = 0 = A_0 \cos \varphi_f - B\sin \varphi \tag{6}$$

$$v_0 = 0 = -\delta A_0 \cos \varphi_f - \omega_f A_0 \sin \varphi_f + \omega B\cos \varphi \tag{7}$$

由(6)式得

$$A_0 \cos \varphi_f = B\sin \varphi$$

由(6)式、(7)式得

$$A_0 \sin \varphi_f = (\omega B\cos \varphi - \delta B\sin \varphi)/\omega_f$$

由此解得

$$A_0 = B\sqrt{\sin^2\varphi + \left(\frac{\omega\cos \varphi - \delta\sin \varphi}{\omega_f}\right)^2} \tag{8}$$

$$\tan \varphi_f = \frac{\omega\cos \varphi - \delta\sin \varphi}{\omega_f \sin \varphi} \tag{9}$$

将(3)式、(4)式、(5)式、(8)式、(9)式所表示的诸量代入(2)式,即得振子运动与时间关系. 今以 $\omega = \omega_0$, $\delta = 0.1\omega_0$ 为例来看 $x$ 的具体变化情况. 将之代入(3)式、(4)式、(5)式、(8)式、(9)式,得

$$\omega_f = \omega_0 \sqrt{1 - (0.1)^2} \approx 0.995\omega_0$$

$$B = \frac{\omega_0^2 a}{2\delta\omega_0} = 5a$$

$$\varphi = \arctan \infty = \frac{\pi}{2}, \sin \varphi = 1, \cos \varphi = 0$$

$$A_0 = B\sqrt{1 + \left(\frac{\delta}{\omega_f}\right)^2} \approx B\sqrt{1 + \left(\frac{\delta}{\omega_0}\right)^2} = B\sqrt{1 + 0.1^2} = 1.005B$$

$$\tan \varphi_f = \frac{-\delta}{\omega_f} \approx -\frac{\delta}{\omega_0} = -0.1$$

$$\varphi_f = \arctan(-0.1) = 5.7°$$

$$\sin \varphi_f \approx -0.1, \cos \varphi_f \approx 1 - 0.005$$

代入(2)式,得

$$x = 1.005 \times 5a e^{-0.1\omega_0 t}\cos(0.995\omega_0 t + 5.7°) - 5a\cos \omega_0 t \tag{10}$$

由(10)式可见,振子的运动为频率相差很少的一个阻尼振动和一个简谐振动的叠加,相当于拍,其拍频为

$$\Delta\nu = \frac{1}{2\pi}|\omega_f - \omega_0| = 0.005\frac{\omega_0}{2\pi}$$

在初始时刻,两振动振幅几乎相等,相位几乎相反,故合位移为零. 以后振幅逐渐增大. 但因阻尼振动随时间衰减,其时间常量 $\tau = 1/\delta = 1/0.1\omega_0$ 比拍的周期 $T = 2\pi/0.005\omega_0$ 小得多,故拍现象实际上很快消失,经时间 $\tau$ 后,振动即已达稳态. 整个振动位移与时间关系如图8.4-2(c)所示.

## §8.5 两个自由度的振动和简正模式

### 1. 耦合摆和简正模式

研究存在相互作用多自由度系统的振动,采用简正坐标是比较方便的. 本节以耦合摆这种两自由度系统为例介绍简正坐标、简正模式和简正频率的概念,并通过演示实验加深对这些概念的理解.

两个单摆由一根弹簧耦合起来(图 8.5-1),就叫做**耦合摆**. 由于弹簧的作用,原本两个完全独立的单摆对应的两个完全独立的自由度之间发生了耦合. 确定这个系统的位置,需要两个变数,例如 $\theta_1$ 和 $\theta_2$. 图中箭头指明 $\theta_1$ 和 $\theta_2$ 的正向. 为简便计,设两个单摆的摆长相等,两个摆球的质量相等.

图 8.5-1

当研究振动时,$\theta_1$、$\theta_2$ 都是很小的量,可看成一级小量. 在一级小量近似下,根据几何关系不难得到振动过程中弹簧与水平的夹角为 $\theta_1$ 或者 $\theta_2$ 的二级小量或更小,即在竖直方向摆球运动忽略不计. 由此可导出 $F_{T1}=mg$,$F_{T2}=mg$. 于是在一级小量近似下摆球在水平 $x$ 方向的动力学方程为

$$m\ddot{x}_1=-k(x_1-x_2)-F_{T1}\sin\theta_1=-k(x_1-x_2)-mg\theta_1$$
$$m\ddot{x}_2=-k(x_2-x_1)-F_{T2}\sin\theta_2=-k(x_2-x_1)-mg\theta_2$$

其中 $x_1=l\theta_1$,$x_2=l\theta_2$. 整理得

$$\begin{cases} ml\ddot{\theta}_1+mg\theta_1=-kl(\theta_1-\theta_2) & (8.5-1) \\ ml\ddot{\theta}_2+mg\theta_2=-kl(\theta_2-\theta_1) & (8.5-2) \end{cases}$$

求解微分方程组(8.5-1)式和(8.5-2)式的常用办法是令

$$\theta_1=A\cos(\omega t+\varphi_0), \quad \theta_2=B\cos(\omega t+\varphi_0)$$

代入(8.5-1)式和(8.5-2)式,即得 $A$ 和 $B$ 的代数方程组

$$\begin{cases} (-ml\omega^2+mg+kl)A-klB=0 \\ -klA+(-ml\omega^2+mg+kl)B=0 \end{cases} \quad (8.5-3)$$

这是齐次联立代数方程组. 齐次联立代数方程组,存在着 $A$ 和 $B$ 不都是零的解是有条件的,这条件就是系数行列式为零,即

$$\begin{vmatrix} -ml\omega^2+mg+kl & -kl \\ -kl & -ml\omega^2+mg+kl \end{vmatrix}=0$$

即

$$(-ml\omega^2+mg+kl)^2=(kl)^2$$

由此解得

$$\omega^2 = \frac{g}{l}, \quad \text{或} \frac{g}{l} + \frac{2k}{m}$$

以 $\omega^2 = g/l$ 代入(8.5-3)式可求出 $A : B = +1$. 这样就求得第一个特解

$$\theta_1^{(1)} = A_1 \cos\left(\sqrt{\frac{g}{l}}\, t + \varphi_0^{(1)}\right), \theta_2^{(1)} = A_1 \cos\left(\sqrt{\frac{g}{l}}\, t + \varphi_0^{(1)}\right)$$

以 $\omega^2 = g/l + 2k/m$ 代入(8.5-3)式可求出 $A : B = -1$. 这样就求得第二个特解

$$\theta_1^{(2)} = A_2 \cos\left(\sqrt{\frac{g}{l} + \frac{2k}{m}}\, t + \varphi_0^{(2)}\right)$$

$$\theta_2^{(2)} = -A_2 \cos\left(\sqrt{\frac{g}{l} + \frac{2k}{m}}\, t + \varphi_0^{(2)}\right)$$

于是,问题的通解是

$$\begin{cases} \theta_1 = A_1 \cos\left(\sqrt{\frac{g}{l}}\, t + \varphi_0^{(1)}\right) + A_2 \cos\left(\sqrt{\frac{g}{l} + \frac{2k}{m}}\, t + \varphi_0^{(2)}\right) \\ \theta_2 = A_1 \cos\left(\sqrt{\frac{g}{l}}\, t + \varphi_0^{(1)}\right) - A_2 \cos\left(\sqrt{\frac{g}{l} + \frac{2k}{m}}\, t + \varphi_0^{(2)}\right) \end{cases} \quad (8.5\text{-}4)$$

角坐标 $\theta_1$ 和 $\theta_2$ 分别是两个谐振动叠加而成的复杂振动. 那么,有没有办法简化这种描写方式?

对于第一个特解,显然有 $\theta_1 - \theta_2 = 0$ 而

$$\theta_1 + \theta_2 = 2A_1 \cos\left(\sqrt{\frac{g}{l}}\, t + \varphi_0^{(1)}\right)$$

对于第二个特解,显然有 $\theta_1 + \theta_2 = 0$ 而

$$\theta_1 - \theta_2 = 2A_2 \cos\left(\sqrt{\frac{g}{l} + \frac{2k}{m}}\, t + \varphi_0^{(2)}\right)$$

把 $\theta_1 + \theta_2$ 记作 $q_1$,把 $\theta_1 - \theta_2$ 记作 $q_2$,则第一个特解可记作

$$q_1 = 2A_1 \cos\left(\sqrt{\frac{g}{l}}\, t + \varphi_0^{(1)}\right), q_2 = 0$$

第二个特解可记作

$$q_1 = 0, q_2 = 2A_2 \cos\left(\sqrt{\frac{g}{l} + \frac{2k}{m}}\, t + \varphi_0^{(2)}\right)$$

通解也就可以记作

$$\begin{cases} q_1 = 2A_1 \cos\left(\sqrt{\frac{g}{l}}\, t + \varphi_0^{(1)}\right) \\ q_2 = 2A_2 \cos\left(\sqrt{\frac{g}{l} + \frac{2k}{m}}\, t + \varphi_0^{(2)}\right) \end{cases} \quad (8.5\text{-}5)$$

$A_1$ 和 $A_2$ 是两个独立常量. (8.5-5)式指出 $q_1$ 和 $q_2$ 各自独立地作谐振动.

对于 $N$ 自由度系统,如果能找到 $N$ 个独立的变数,它们可以确定系统的位置,并且当系统振动时,这些变数各自独立地作谐振动,这些变数就叫做系统的**简正坐**

标. 各个简正坐标的谐振动频率叫做**简正频率**. 某一简正坐标作谐振动, 其他简正坐标保持为零, 就叫做振动系统的一个**模式**或简称**模**.

$q_1 = \theta_1 + \theta_2$ 和 $q_2 = \theta_1 - \theta_2$ 正是耦合摆的两个简正坐标. 其实, 这两个简正坐标具有很明白的物理意义: $q_1 = \theta_1 + \theta_2$ 是两个摆球的质心的角坐标; $q_2 = \theta_1 - \theta_2$ 是 $\theta_1$ 相对于 $\theta_2$ 的角坐标, 也可说是代表弹簧的变形程度.

耦合摆的振动模式之一是

$$q_2 = 0, \quad q_1 = 2A_1 \cos\left(\sqrt{\frac{g}{l}}\, t + \varphi_0^{(1)}\right).$$

这里 $q_2 = 0$ 意味着两个摆球没有相对运动, 弹簧不变形, 就是说两个摆球和弹簧作为不变形的整体而运动. $q_1$ 作谐振动表明两个摆球和弹簧作为不变形的整体而作谐振动. 既然弹簧不变形, 它就相当于弹簧不起作用, 因而简正圆频率 $\omega_1 = \sqrt{g/l}$ 是很容易理解的. 其振动模式如图 8.5-2(a) 所示, 两个单摆同振幅同向振动.

(a)          (b)

图 8.5-2

耦合摆的另一振动模式是

$$q_1 = 0, \quad q_2 = 2A_2 \cos\left(\sqrt{\frac{g}{l} + \frac{2k}{m}}\, t + \varphi_0^{(2)}\right).$$

这里 $q_1 = 0$ 意味着两个摆球的质心保持不动, 就是说两个摆球对称地相向而运动或相背而运动. $q_2$ 作谐振动意味着两球的相对运动是谐振动, 在这里就是两球对称地时而相向时而相背作谐振动. 既然两球对称地拉伸弹簧或对称地压缩弹簧, 弹簧中的弹性力必然是一端固定情况下弹性力的二倍, 因而简正角频率 $\omega_2 = \sqrt{g/l + 2k/m}$ 也是很容易理解的. 其振动模式如图 8.5-2(b) 所示, 两个单摆同振幅反向振动.

上面是在求得通解(8.5-4)之后才引入简正坐标. 其实, 完全可以从一开始就引入简正坐标. 事实上, (8.5-1)和(8.5-2)式相加给出

$$ml \frac{d^2}{dt^2}(\theta_1 + \theta_2) + mg(\theta_1 + \theta_2) = 0.$$

这是说, $\theta_1 + \theta_2$ 满足谐振动方程, 所以 $\theta_1 + \theta_2$ 是一个简正坐标, 相应的简正圆频率为 $\sqrt{g/l}$. 又, (8.5-1)和(8.5-2)式相减给出

$$ml \frac{d^2}{dt^2}(\theta_1 - \theta_2) + mg(\theta_1 - \theta_2) = -2kl(\theta_1 - \theta_2),$$

即

$$ml \frac{d^2}{dt^2}(\theta_1 - \theta_2) + (mg + 2kl)(\theta_1 - \theta_2) = 0.$$

这就是说，$\theta_1-\theta_2$ 满足谐振动方程，所以 $\theta_1-\theta_2$ 是一个简正坐标，相应的简正圆频率为 $\sqrt{g/l+2k/m}$.

应当指出，如(8.5-4)两式所示，两个摆球的角坐标 $\theta_1$ 和 $\theta_2$ 分别是频率不同的两个谐振动的叠加，它们各自有拍的现象. (8.5-4)的两式，一个是相加，一个是相减，所以 $\theta_1$ 和 $\theta_2$ 的拍正好错开，其一振动最强的时候，另一振动恰好最弱.

简正模式是系统的整体性质的反映，它是反映相互作用或耦合系统振动情况最简单的描述，每个简正模式对应耦合系统的一种整体的振动，相应的简正频率都是系统的固有频率. 这些简正模式可以分别激发，即当初始条件适当时，仅有某个特定的简正模式振动被激发或出现.

扫描旁边二维码，可以通过观看演示实验加深对简正模式和简正频率的理解. 演示实验为耦合复摆的振动. 其相应的动力学方程与耦合单摆在形式上完全相同. 于是，相应的简正模式也完全相同. 当我们选择某个初始条件正好是其中一个简正模式振动时某一时刻的状态，则这个简正模式被单独激发，你将看到这个模式的振动. 即两个复摆同振幅同向振动或两个复摆同振幅反向振动. 而当我们选择的初始条件不是上述情况，即既不是这个简正模式振动时某个时刻的状态，也不是另一个简正模式振动时某一时刻的状态，则两个简正模式均被激发. 这种情况下，根据上述分析，单个复摆的振动具有拍现象，两个复摆的拍振动正好错开，一个复摆振幅最大时，另一个复摆振幅最小（为零）. 两个简正模式对应的简正频率都是该系统的固有频率. 受迫振动时，你将分别看到系统在两个频率下的共振现象，分别对应于两个简正模式的共振激发.

演示实验：耦合复摆的振动

2. 例题

**例**　设想 $CO_2$ 分子中仅在 C 原子和 O 原子之间有弹性力作用，试用原子质量 $m_C$ 和 $m_O$ 表示图 8.5-3 所示 $CO_2$ 振动模式 1、2 的简正频率之比 $\omega_1:\omega_2$.

图 8.5-3　三原子分子 $CO_2$ 和 $H_2O$ 的简正振动

**解**：可设想在 C 原子和 O 原子之间有轻弹簧相连，其劲度系数为 $k$. 在模式 1 中，C 原子不动，每个 O 原子的振动犹如一个弹簧振子，故其频率为

$$\omega_1 = \sqrt{\frac{k}{m_0}} \tag{1}$$

在模式 2 中，两个 O 原子的位移时间相同，可看成一个质量为 $2m_0$ 的质点，故有运动方程：

$$m_C \ddot{x}_C = 2k(x_0 - x_C) \tag{2}$$

$$2m_0 \ddot{x}_0 = -2k(x_0 - x_C) \tag{3}$$

两式相加，得 $m_C \ddot{x}_C + 2m_0 \ddot{x}_0 = 0$，此即质心运动定律. 设质心不动，则有

$$m_C x_C + 2m_0 x_0 = 0 \tag{4}$$

将(4)式代入(2)式，得

$$\ddot{x}_C = -2k \frac{m_C + 2m_0}{2m_0 m_C} x_C \tag{5}$$

由此得

$$\omega_2 = \sqrt{\frac{k(m_C + 2m_0)}{m_0 m_C}} \tag{6}$$

由(1)式和(6)式可得

$$\frac{\omega_1}{\omega_2} = \sqrt{\frac{m_C}{2m_0 + m_C}}$$

（应用描述两体运动的折合质量概念，立即可得(6)式，请读者自行解之.）将 $m_C = 12$ u，$m_0 = 16$ u，代入上式得 $\frac{\omega_1}{\omega_2} = \sqrt{\frac{3}{11}} = 0.522$，与图中所列数据之比（0.59）不甚符合，说明我们的模型是近似的.

## 本章小结

　　本章首先从运动学和动力学角度分析了简谐振动的特征. 振幅、频率和相位是描述简谐振动的三个主要参量，其中频率是振动系统的固有特征，振幅和初相位则由初始条件决定. 受弹性力或准弹性力作用的物体必作简谐振动. 受保守力作用而作简谐振动的体系称为谐振子. 弹簧振子和单摆是最典型的谐振子. 谐振子的机械能守恒.

　　当物体同时参与两种简谐振动时，其实际运动为两种振动的叠加. 当两种振动同频率、同方向时，用振幅矢量法很容易求出其合振动仍为同频率的简谐振动，合振动的振幅依赖于两振动的相位差. 不同频率、不同方向两振动的合成可仿此进行.

　　实际振动系统都有摩擦损耗，其振动能量将逐渐衰减，振动表现为振幅逐渐减小的阻尼振动. 当阻力为黏性摩擦力时，在阻尼不大的情况下，振动表现为欠阻尼的，其振幅随时间按指数规律逐渐减小，振动的频率也比无阻力时有所减小. 当阻尼增大到一定值后，系统将出现临界阻尼和过阻尼的情况，这时系统不再表现出以往返为特征的振动. 阻尼的大小可用阻尼系数或品质因数来描写.

当振动系统受周期性驱动力作用时,将作受迫振动. 当驱动力为简谐力时,系统的稳态响应是作与驱动力同频率的振幅恒定的简谐振动,其相位总是落后于驱动力,而其振幅的大小敏感地依赖于系统的固有频率与驱动力频率的相对大小. 在小阻尼情况下,当驱动力频率接近以至等于系统的固有频率时,驱动力时时对系统做正功,使受迫振动的振幅急剧增大,即为共振. 共振现象在物理学各个领域都有着广泛的应用.

本章最后简单介绍了二自由度振动和简正坐标. 简正模与简正频率,并配有相应的演示实验视频.

## 思考题

**8.1** 试从运动学和动力学两个方面说明简谐振动的特征.

**8.2** 简谐振动的哪些参量取决于振动系统的动力学性质,哪些参量取决于初始条件?

**8.3** 对一定振动系统,已知振幅和相位,就能求得位移,已知振幅和位移,是否可求得相应的相位? 为什么?

**8.4** 试分析如下观点:在稳定平衡位置附近的运动是振动;在稳定平衡位置附近的小振动总是谐振动. 如果物体在不稳定平衡位置附近,它会作振动吗?

**8.5** 将质量为 $m$ 的物体与下列弹簧组成弹簧振子,其振动周期各为多少? (1)劲度系数各为 $k_1$ 和 $k_2$ 的两根弹簧串联而成的弹簧;(2)由劲度系数为 $k$ 的弹簧分为相等的两段中的一段;(3)劲度系数各为 $k_1$ 和 $k_2$ 的两个弹簧并联而成的弹簧(设它们的自然长度相同).

**8.6** 在劲度系数为 $k$ 的弹簧两端各系上质量为 $m_1$ 和 $m_2$ 的物体,在水平光滑台面上将之拉伸后静止释放,其振动周期如何?

**8.7** 如果弹簧的劲度系数不是常量,而随形变的增大而略有增大,用它作成的弹簧振子的振动周期是否与振幅有关? 振幅增大时,周期增大还是减小?

**8.8** 如果弹簧质量不可忽略,弹簧振子的振动周期比原表示式的结果大还是小,还是不变? 试定性说明之.

**8.9** 将一个单摆的摆线拉至与竖直线成 $\varphi$ 角后释放之,有人说,其振动的初相位就是 $\varphi$,角频率就是角速度 $\dfrac{\mathrm{d}\varphi}{\mathrm{d}t}$,你认为对吗?

**8.10** 当单摆的摆角较大时,它的周期将增大还是减小? 定性分析之.

**8.11** 如果摆线的质量不可忽略,单摆的周期比原公式表示的大还是小,还是不变? 定性分析之.

**8.12** 有人说,复摆的周期与质量集中在质心的一个单摆的周期相同,你认为对吗?

**8.13** 有两个钟摆,都由一个圆盘系于一轻杆而构成,除了圆盘与杆之间的连接方法不同外,其他都一样. 在一摆中,杆固定在圆盘上,而在另一摆中,则用了滚珠轴承以使圆盘可绕杆端自由地旋转,问两个摆哪个周期长些? 为什么?

**8.14** 试定性讨论二自由度陀螺的振动.

**8.15** 在电梯中并排悬挂一弹簧振子和一单摆,在它们振动过程中,电梯突然从静止开始自由下落,试分别讨论两个振动系统的运动情况.

**8.16** 阻尼的存在对简谐振动有哪些影响? 试以小阻尼情况讨论之.

**8.17** 是否可用振幅矢量法表示阻尼振动? 如何表示?

*** 8.18** 处于临界阻尼状态的振子,若 $x_0 > 0$,试证明:欲使振子穿过平衡位置的条件是

$$v_0 < -\delta x_0$$

*** 8.19** 试分别从欠阻尼振动表示式(8.3-4)和(8.3-6)式及过阻尼振动表示式(8.3-17)和(8.3-18)式取 $\delta \to \omega_0$ 时的极限得出临界阻尼振动表示式(8.3-19).

**8.20** 当阻尼不太小时,位移共振的共振峰将由 $\omega_0$ 向 $\omega$ 小的方向移动,试定性分析之.再由(8.4-4)式证明位移共振的共振频率 $\omega_r = \sqrt{\omega_0^2 - 2\delta^2}$.

**8.21** 试证速度共振频率恰为 $\omega_0$.

**8.22** 当强迫力的频率很高($\omega \gg \omega_0$)时,振子所受弹力和阻力均可忽略,几乎只受驱动力作用. 那么,振子的运动是否与一个只受该驱动力作用的质点相同? 试直接计算比较之.

## 习题

**8-1** 一质点沿 $x$ 轴作简谐振动,其运动方程为

$$x = 0.4\cos 3\pi\left(t + \frac{1}{6}\right)$$

式中 $x$ 和 $t$ 的单位分别为 m 和 s. 求:

(1) 振幅、周期和角频率;

(2) 初相位、初位移和初速度;

(3) $t = 1.5$ s 时的位移、速度和加速度.

**8-2** 一质点作振幅 $A = 0.30$ m 的简谐振动. 当质点的位移 $x = 0.15$ m 时的速度大小为 $v = 0.9$ m/s. 求振动频率 $\nu$.

**8-3** 一质点作正弦简谐振动,在某一相位时,其位移为 $x_0$,当相位增大一倍时,其位移为 $\sqrt{3}x_0$. 求振幅 $A$.

**8-4** 一谐振子质量 $m = 0.10$ kg,作周期 $T = 2.5$ s 的简谐振动,质点振动的总能量 $E = 0.20$ J. 求作用在质点上力的最大值.

**8-5** 如题 8-5 图所示,在一竖直放置的、横截面均匀的 U 形管内装有一段长为 $l$ 的液体. 由于某一小扰动使管内的液体发生振动,若不计黏性阻力和毛细作用,求振动周期.

**8-6** 一根质量为 $m$ 的均匀杆,放在两个完全相同的等高竖直轮子上,两轮心间距离为 $2l$,并沿题 8-6 图所示的方向高速旋转,杆与轮子间的摩擦因数为 $\mu$. 当 $t = 0$ 时,杆子静止,杆的质心与两轮中点的距离为 $x_0$.

(1) 证明杆子沿水平方向将作简谐振动,并求出振动的角频率;

(2) 若两轮均沿与图示的相反方向旋转,求杆的运动.

题 8-5 图

题 8-6 图

**8-7** 一摆长为 $l$、摆锤质量为 $m$ 的单摆悬挂在火车顶上. 当火车以加速度 $a_0$ 行驶时,

(1) 求证:单摆平衡时,摆线与竖直线之间将有一夹角 $\theta_0$,$\theta_0$ 的值为

$$\theta_0 = \arctan \frac{a_0}{g}$$

(2) 将摆锤偏离平衡位置少许后释放,求其振动周期.

**8-8** 一半径为 $R$ 的光滑圆环以恒定的角速度 $\omega$ 绕其竖直的直径旋转,圆环上套有一小珠,试求:

(1) 小珠相对圆环的平衡位置(以小珠与圆心的连线同竖直直径之间的夹角 $\theta_0$ 表示);

(2) 小珠在平衡位置附近作小振动的角频率.

**8-9** 一根杆与竖直轴固连,两者之间恒成 $\theta$ 角,一劲度系数为 $k$,原长为 $l_0$ 的弹簧套在杆上,其一端与竖直轴相连,另一端与一也套在杆上的质量为 $m$ 的小圆环相连,如题 8-9 图所示. 开始时杆以恒定角速度 $\omega$ 绕竖直轴旋转,小圆环相对杆静止.

(1) 求此时小圆环的位置 $x_0$;

(2) 若转动角速度突然变为 $2\omega$,则小圆环从位置 $x_0$ 运动到离轴最远处所需的时间 $t$ 为多大?

题 8-9 图

**8-10** 在光滑的水平桌面上开有一小孔,一条穿过小孔的细绳两头各系一质量分别为 $m_1$ 和 $m_2$ 的小球,位于桌面上的小球 $m_1$ 以 $v_0$ 的速度绕小孔作匀速圆周运动,而小球 $m_2$ 则悬在空中,保持静止.

(1) 求位于桌面部分的细绳的长度 $l_0$;

(2) 若给 $m_1$ 一个径向的小冲量,则 $m_2$ 将作上下小振动,求振动角频率 $\omega_0$.

**8-11** 如在质量均匀分布的球形行星上沿任一直径挖一隧道. 将一物体由静止开始从一道口自由释放.

(1) 求证物体到达隧道的另一道口所需的时间与物体的质量无关,与行星的直径无关,只与行星的密度 $\rho$ 有关,并计算该时间.

(2) 若隧道是沿行星的任一弦挖的,求证该时间与弦的长短,位置均无关,并证明该时间与(1) 中的完全一样.

(3) 若行星以角速度 $\omega_0$ 匀速自旋,角速度方向与隧道垂直,则(1)、(2) 中的时间又为多大?

(4) 若上述行星为地球. 已知地球密度 $\rho_e = 5.52 \times 10^3 \, kg/m^3$,$G = 6.67 \times 10^{-11} \, N \cdot m^2/kg^2$. 由于地球自旋角速度很小. 故可忽略. 试计算(1)、(2) 两问中所提及的时间.

**8-12** 一质量为 $m$、边长为 $a$ 的正三角形薄板,通过其某一角悬挂在与板面垂直的光滑水平轴上,构成一复摆. 求此复摆的周期和等值单摆长.

**8-13** 由一长为 $l$、质量为 $m$ 的杆和一质量为 $m_0$、半径为 $R$ 的均质圆盘组成的复摆,如题 8-13 图所示. 求此复摆在以下两种情况下的周期和等值单摆长:

（1）圆盘与杆固连;

（2）圆盘与杆之间由一光滑轴相连,故圆盘可绕此轴自由旋转.

**8-14** 半径为 $r$ 的均匀重球,可以在一半径为 $R$ 的球形碗底部作纯滚动. 求圆球在平衡位置附近作小振动的周期.

题 8-13 图

**8-15** 由质量为 $m_0$ 的小球和长为 $l$、质量为 $m$ 的杆组成的复摆,被刚性地固定在一横轴上,而横轴被架在一平台的两个支架上,如题 8-15 图所示. 当平台以恒定的较小角速度 $\omega$ 绕其中心轴(通过摆的上端)旋转时,求该复摆的振动周期. 设小球的半径可忽略.

**8-16** 如题 8-16 图所示的直角形均匀细杆,由长为 $l$、质量为 $m$ 的水平杆和长为 $2l$、质量为 $2m$ 的竖直杆构成,细杆可绕直角处垂直图面的水平固定轴 $O$ 无摩擦地转动. 水平杆的一端与劲度系数为 $k$ 的弹簧相连,平衡时,竖直杆竖直下垂,试求杆微小摆动的周期.

题 8-15 图　　　　　　　题 8-16 图　　　　　　　题 8-17 图

**8-17** 如题 8-17 图所示,一深水池中竖立着一根光滑的细杆,一长度为 $L$ 的匀质细管套在杆上. 用手持管,使其下端正好与水面接触,然后放手. 设水的密度为 $\rho_0$.

（1）若管运动到最低位置时,其上端正好与水面持平,求管的密度 $\rho_1$;

（2）证明在(1)中情况下,细管将作简谐振动. 求出振幅和周期;

（3）若管的密度为 $\dfrac{4}{3}\rho_1$,求管下沉到最低位置所需的时间.

**8-18** 如题 8-18 图所示,一弹簧振子由劲度系数为 $k$ 的弹簧和质量为 $m_0$ 的物块组成,将弹簧的一端与顶板相连,如图所示. 开始时物块静止,一颗质量为 $m$、速度为 $v_0$ 的子弹由下而上射入物块,并停留在物块中.

（1）求振子以后的振动振幅 $A$ 与周期 $T$;

（2）求物块从初始位置运动到最高点所需的时间 $t$.

**8-19** 一质量为 $m$ 的物块置于一光滑水平面上,物块的两端各系有一弹簧,弹簧的自然长度均为 $20 \text{ cm}$,其劲度系数分别为 $k_1$ 与 $k_2$. 现将两弹簧分别与两壁相连,两壁与两弹簧原来的自由端都相距 $10 \text{ cm}$,如题 8-19 图所示. 设 $k_1 = 1.0 \text{ N/m}$. $k_2 = 3.0 \text{ N/m}$,$m = 1.0 \text{ kg}$.

（1）当物块处于平衡位置时,求每个弹簧的长度;

（2）若将此物块略微偏离平衡位置后释放之，试求其振动周期；

（3）设此物块振动的振幅为 5 cm，当其通过平衡位置时，有一质量为 1.0 kg 的泥灰垂直地落于其上，并与之一起运动，试求此系统的振动周期和振幅；

（4）若（3）中的泥灰在物块运动到最大位移处时落于其上，求这种情况下系统振动的周期和振幅.

题 8-18 图　　　　　　　　题 8-19 图　　　　　　　　题 8-20 图

**8-20** 一面积为 $S$、质量为 $m$ 的薄板连在弹簧的下端，弹簧的上端固定，薄板浸在黏性液体中，如题 8-20 图所示. 设薄板在黏性液体中受到的阻力 $F_f = -2\mu A v$，式中 $v$ 为薄板在竖直方向上的运动速度，$\mu$ 是一个与液体黏性有关的较小的常量. 设此系统的振动周期为 $T$，求此系统在空气中时的振动周期 $T_0$.

**8-21** 一质量为 0.2 kg 的物体，悬于劲度系数为 80 N/m 的弹簧下. 此物体受到的阻力 $F_f = -bv$，其中 $v$ 是物体的速度（单位是 m/s），$b$ 为一较小的常量.

（1）写出系统振动的运动方程；

（2）若系统振动频率比无阻尼时小了万分之一，即 $\dfrac{\omega_0 - \omega_f}{\omega_0} = 10^{-4}$，则常量 $b$ 为多大？

（3）此系统的 $Q$ 值为多大？振动经一个整周后，振幅减弱为几分之几？

**8-22** 某阻尼振动的振幅在一个周期后减为原来的 $\dfrac{1}{4}$，问此振动周期比无阻尼存在时的周期大百分之几？

**8-23** 一摆长为 $l = 0.750$ m 的单摆作阻尼振动. 经 1 min 后，其振幅衰减为开始时的 $\dfrac{1}{8}$，求对数减缩 $\Lambda$.

**8-24** 某振动系统从开始振动，经过 16 次振动后，能量减为开始时的 0.60 倍. 问再经过 16 次振动后，系统能量将减为开始时的几分之几？

**8-25** 当在某钢琴上弹响"中音 C"这个琴键时，其振动能量在 1 s 内减至初始值的一半. 已知中音 C 的频率为 256 Hz. 求此系统的 $Q$ 值.

**8-26** 一质量为 10 kg 的物体，从 0.50 m 高处静止下落到弹簧秤的秤盘里，并黏附在盘上. 已知秤盘的质量为 2.0 kg，弹簧的劲度系数为 980 N/m. 为使秤盘在最短时间内停下来，就须附上一阻尼系统. 求出所必需的阻尼因数 $\delta$，并写出秤盘的位置 $y$ 随时间 $t$ 的变化关系（$y$ 的零点取在平衡位置,$t$ 的零点取在物体掉上秤盘的瞬间).

**8-27** 摆长为 1 m 的单摆,在振动 50 次后振幅减为原来的 $1/e$. 现使其悬点作振幅为 1 mm 的水平方向简谐振动.

(1) 若摆锤的水平位移为 $x_1$,悬点的水平位移为 $x_2$,试证摆锤作微小振动时的运动学方程为

$$\frac{\mathrm{d}^2 x_1}{\mathrm{d}t^2} + 2\delta \frac{\mathrm{d}x_1}{\mathrm{d}t} + \frac{g}{l}x_1 = \frac{g}{l}x_2$$

如果 $x_2 = A\cos \omega t$,试求此方程的稳态解.

(2) 求共振时摆锤运动的振幅;

(3) 在角频率为多大时,其振幅为共振时的一半?

**8-28** 一物体悬挂于弹簧下,系统的固有振动周期为 0.50 s. 今在物体上加一竖直方向的正弦力,其最大值 $F = 10^{-3}$N;此外物体还受到一摩擦阻力 $F_f = -C\dot{x}$ 的作用,$C$ 为一较小的常量. 已知系统在共振时的振幅为 $A = 5.0$ cm,求物体在运动过程中受到的最大摩擦力的数值 $F_{\text{fmax}}$.

**8-29** 作受迫振动的振子,若其速度与驱动力同相位,求驱动力的频率. 设振子的固有频率为 $\omega_0$.

**8-30** 一振子在驱动力 $F = F_0\cos \omega t$ 的驱动下作受迫振动. 已知振子的质量 $m = 0.2$ kg,弹簧的劲度系数 $k = 80$ N/m,阻力系数 $C = 4$ N·s/m,若 $F_0 = 2$ N,$\omega = 30$ s$^{-1}$. 试问:

(1) 振子系统在一周内反抗阻力而耗散的能量是多少?

(2) 输入系统的平均功率是多少?

**8-31** 某振动系统的固有频率为 1 000 Hz,品质因数为 50. 若其共振时驱动力所提供的平均功率为 5.0 mW,求此时振子的能量.

**8-32** 如题 8-32 图所示,为某振动系统在驱动力 $F = F_0\sin \omega t$ 的驱动下的功率共振曲线. 此处 $F_0$ 是常量.

(1) 求出此系统的固有频率 $\omega_0$ 和品质因数 $Q$ 的数值;

(2) 若撤去驱动力,则系统经过多少周后能量降至初始值的 $e^{-5}$?

题 8-32 图

题 8-33 图

**8-33** 两个质量都为 $m$ 的质点,如题 8-33 图连接在三个劲度系数都是 $k$ 的弹簧上,两质点间连接一质量可以忽略的阻尼减震器,阻尼减震器所施的力为 $bv$,这里 $v$ 是它两端的相对速度,$b$ 为常量. 该力阻止其两端之间(即两质点之间)的相对运动. 令 $x_1$、$x_2$ 分别为两质点离开各自平衡位置的位移.

(1) 写出每个质点的运动方程;

（2）证明运动方程可以用新的变量 $y_1=x_1+x_2$ 和 $y_2=x_1-x_2$ 来求解；

（3）证明：如果两质点原来静止于平衡位置，在 $t=0$ 时给质点 1 以初速度 $v_0$，质点 2 静止，则在足够长的时间以后，两个质点的运动方程为

$$x_1=x_2=\frac{v_0}{2\omega}\sin\omega t$$

并求出 $\omega$.

**8-34**　两个同方向同频率的简谐振动 $x_1=0.4\cos\left(0.5\pi t+\frac{\pi}{6}\right)$，$x_2=0.2\cos\left(0.5\pi t+\varphi_2\right)$，其中 $x$ 以 m 为单位，$t$ 以 s 为单位.试问：

（1）$\varphi_2$ 为何值时合振动的振幅最大？并求出此振幅值；

（2）若合振动的初相位 $\varphi=\varphi_2+\frac{\pi}{2}$，则 $\varphi_2$ 为何值？

**8-35**　如题 8-35 图所示，一弹簧振子，其质量 $m_1=98$ g，弹簧的劲度系数 $k_1=0.098$ N/m，它的影子水平地投射到一质量 $m_2=980$ g 的屏上，屏挂在一劲度系数 $k_2=0.98$ N/m 的弹簧下.开始时把两者都从各自平衡位置拉下 10 cm，先释放弹簧振子使之振动.如果要使影子在屏上振动的振幅为 5 cm，试问应隔几秒钟后释放屏使之振动？并写出此时影子在屏上的振动方程.

题 8-35 图

**8-36**　一架钢琴的"中音 C"有些不准，为了校准的需要，另取一架标准的钢琴，同时弹响这两架钢琴的"中音 C"键，在 1 min 内听到 24 拍.试求待校正钢琴此键音的频率.

**8-37**　两个互相垂直的振动的表达式为

$$x=3\cos 2\pi t,\quad y=3\cos\left(4\pi t+\frac{\pi}{3}\right)$$

其中 $x$、$y$ 以 m 为单位，$t$ 以 s 为单位.试作出合振动的轨迹图.

**8-38**　试作出下列两振动的合振动的李萨如图：

（1）$x=\cos\omega t$，$y=\cos 2\omega t$；

（2）$x=\cos 2\omega t$，$y=\cos(3\omega t+\pi)$.

**8-39**　由劲度系数为 $k$ 的轻弹簧和质量为 $m$ 的质点构成的两个相同弹簧振子串联地竖直悬挂，求此系统沿竖直方向作振动的简正频率.

**8-40**　一均匀杆（长为 $l$，质量为 $m$）可绕其一端摆动，另一相同的杆可绕前一杆的另一端在同一竖直面内摆动，求该双杆体系作小摆动时的简正频率.

第八章习题参考答案

# 第九章
# 波

在空间某处发生的扰动,以一定的速度由近及远向四处传播,这种传播着的扰动称为**波**.机械扰动在介质内的传播形成机械波,电磁扰动在真空或介质内的传播形成电磁波.不同性质的扰动的传播机制虽不相同,但由此形成的波却具有共同的规律性.波是能量传播的形式之一.此外,近代物理指出,微观粒子以至任何物体都具有波性,这种波叫物质波.尽管物质波与机械波或电磁波有本质的不同(例如它并不传播能量),但在传播、叠加等方面仍与上述两种波有着共同的性质.

本章以机械波为具体内容,讨论波的运动规律.

## §9.1 机械波的形成与传播

### 1. 机械波的形成

要形成机械波,必须有两个条件:一是有扰动源,称为振源或波源,二是有介质.介质可看作大量质元的集合,每个质元具有质量,各质元之间可有某种作用(即力)联系着,如弹性介质的各质元之间有弹性力相联系.质元间的相互作用(如弹性)使波得以传播,质元的惯性使波以有限的速度传播.

考察沿一弹性绳传播的弹性波.可以用一组由轻弹簧相连的质点来代表弹性直绳(或棒),质点的质量集中了介质组元的质量,弹簧代表组元间的弹性联系,如图9.1-1所示.当第一个质点受到扰动并向上运动后,它就对第2个质点施一向上的作用力,同时第1个质点又受到第2个质点的向下作用力,于是,第1个质点有回复到平衡位置的趋势,而第2个质点则有向上运动的趋势.由于质点有惯性,第2个质点并未立即向上位移,第1个质点亦不会立即回到平衡位置,而需经过一定的时间后,第2个质点才离开自己的平衡位置并向上有一定的位移,结果第2个质点

图 9.1-1 横向扰动的传播

与第 3 个质点间发生相互作用力,再经过一定时间,第三个质点离开自己的平衡位置,并与第 4 个质点产生相互作用力,再经一定时间,第 4 个质点发生位移……这样,扰动就以一定的速度由一个质点传给另一个质点,而后一个质点开始进入扰动的时刻略晚于前一质点,如图 9.1-1 所示.

若质点受到的扰动沿着弹性绳方向(纵向扰动),也发生类似于上面的情况,不过,质点的位移将使弹簧压缩(或伸长).纵向扰动的传播过程如图 9.1-2 所示.

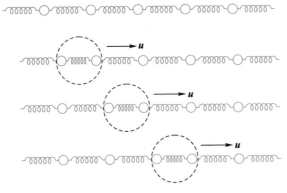

图 9.1-2 纵向扰动的传播

横向扰动的传播表现为峰(或谷)的移动.纵向扰动的传播则表现为密(或疏)状态的移动.

## 2. 周期性波的形成 横波与纵波

如果波源的扰动是周期性的,则波源的振动状态随时间周期性地变化,波源在一个周期内的一系列不同的振动状态与前一周期内各对应时刻的振动状态完全相同,前一个周期内的各个扰动传播到离波源较远的各质元,后一周期内的各个扰动传播到离波源稍近的各个质元,振动状态在空间各点的分布亦具有周期性,即呈现周期性分布的峰、谷或疏、密,而且周期性的峰、谷或疏、密以一定的速度移动着.

如果波源作横向的周期性扰动,就会形成周期性峰、谷的传播,这就是**横波**.其具体形成过程如图 9.1-3 所示.图中每隔 $\frac{1}{4}T$ 画出各质点的位置($T$ 是振动的周期).如果波源作纵向的周期性扰动,就会形成周期性疏、密的传播,这就是**纵波**.纵波的形成过程如图 9.1-4 所示.

由图可以看出,周期性波的传播有两个特点:

(1)各质点都作与波源同方向、同频率的振动;

(2)各质点振动的相位不同.离波源越远的点,相位越落后.

可见,波是振动状态(由相位表征)的传播,而不是质点向波传播方向的移动.

振动相位相差 $2\pi$ 的两点的距离叫做**波长**,常用 $\lambda$ 表示.它实际上就是相邻两振动状态相同的点之间的距离.在图 9.1-3 中,每隔 12 个点的距离(0~12,1~13,

图 9.1-3 横波的形成

图 9.1-4 纵波的形成

等等)就是波长. 波长也就是波扰动在振动一个周期内传播的距离.

横波中,相邻波峰(或相邻波谷)间的距离为一波长,而纵波中,相邻密集区(或相邻稀疏区)之间的距离亦为一波长.

以质点的平衡位置为横坐标,以质点的位移为纵坐标所画的曲线称为**波形曲线**. 在横波中,波形曲线就是具体的波形图. 在纵波中则不是. 纵波的波形曲线在图 9.1-4 中用细实线表示,它与横波的波形曲线相似. 图中虚线为各质点的振动曲线.

### 3. 波长、频率与波速的关系

既然波长是在一个振动周期内扰动所传播的距离,就有下列关系:

$$\lambda = uT \tag{9.1-1}$$

式中 $u$ 是波的传播速度. 将 $T=1/\nu$ 代入上式, 得

$$\lambda\nu = u \tag{9.1-2}$$

此式的物理意义很清楚: 每振动一次, 波就前进一个波长的距离. 既然 1 s 振动 $\nu$ 次, 故 1 s 内波前进 $\lambda\nu$ 的距离, 此即波速.

### 4. 球面波和平面波

如果波在各向同性的均匀无限介质中传播, 那么, 从一个点波源发出的扰动, 经过一定时间后, 将到达一个球面上, 如果扰动是周期性的, 介质中各处也相继发生同频率的周期性扰动. 介质中振动相位相同的点的轨迹称为**波阵面**, 简称**波面**. 最前面的波阵面称为**波前**. 波阵面是球面的波称为**球面波**. 在离波源足够远处, 在观察的不大范围内, 球面可看成平面, 这种波就称为**平面波**. 自波源出发且沿着波的传播方向所画的线叫**波线**. 在各向同性介质中, 波线与波面互相垂直 (图 9.1-5).

(a) 球面波

(b) 平面波

(c) 柱面波

图 9.1-5　球面波、平面波与柱面波的波面与波线

## §9.2　简谐波

如果波源作简谐振动, 介质中各质点也将相继作同频率的简谐振动. 这样形成的波叫**简谐波**.

### 1. 简谐波的运动学方程

我们以绳索上的横波为例, 来建立简谐波的运动学方程, 即波在传播过程中, 任一点的位移与时间的关系式.

如图 9.2-1 所示, 设一简谐波沿正 $x$ 方向传播, 已知在 $t$ 时刻坐标原点 $O$ 处振动位移的表示式为

图 9.2-1 简谐波运动学方程的推导

$$y = A\cos \omega t \qquad (9.2\text{-}1)$$

在同一时刻 $t$，离 $O$ 为 $x$ 的 $P$ 点的振动表示式将是怎样的？$P$ 点的振动与 $O$ 点的振动具有相同的振幅与频率，但相位比 $O$ 点落后，这是因为 $P$ 点开始振动的时刻比 $O$ 点晚，所晚的时间就是波从 $O$ 点传到 $P$ 点所经历的时间，为 $t' = \dfrac{x}{u}$. 于是 $P$ 点的位移为

$$y = A\cos \omega\left(t - \frac{x}{u}\right) \qquad (9.2\text{-}2)$$

这就是简谐波的运动学方程. 利用 $u = \lambda\nu$，$\omega = \dfrac{2\pi}{T}$，上式又可写成

$$y = A\cos\left(\frac{2\pi t}{T} - \frac{2\pi x}{\lambda}\right) \qquad (9.2\text{-}3)$$

令

$$\frac{2\pi}{\lambda} = k \qquad (9.2\text{-}4)$$

$k$ 称为**波数**，它表示在 $2\pi$ 的距离内所含的波长数. 引入 $k$ 后，简谐波方程又可以写成

$$y = A\cos(\omega t - kx) \qquad (9.2\text{-}5a)$$

式（9.2-2）、式（9.2-3）、式（9.2-5a）就是简谐波运动学方程的不同形式.（$\omega t - kx$）决定位于 $x$ 处的质元在 $t$ 时刻的振动状态，可称为**波的相位**. 当然更一般的形式是在余弦的宗量中再加一相位常量 $\varphi$，例如

$$y = A\cos(\omega t - kx + \varphi) \qquad (9.2\text{-}5b)$$

2. 讨论

波的运动学方程是一个二元函数，位移 $y$ 既是时间 $t$ 的函数，又是位置 $x$ 的函数.

（1）当 $x$ 一定，即盯住某一位置看，$y$ 仅为 $t$ 的函数. 例如 $x = x_1$ 时，

$$y = A\cos\left(\frac{2\pi}{T}t - \frac{2\pi}{\lambda}x_1\right)$$
$$= A\cos(\omega t - \varphi_1)$$

它表示 $x = x_1$ 这一质点随时间作简谐振动，时刻 $t$ 和 $t+T$ 的振动状态相同，说明波动过程在时间上具有周期性，振动的周期（频率）和振幅与波源相同，相位落后 $\varphi_1 = \dfrac{2\pi}{\lambda}x_1$.

同理 $x=x_2$ 的点也作同频率、同振幅的振动,相位落后 $\varphi_2=\dfrac{2\pi}{\lambda}\cdot x_2$,$x$ 越大,相位落后得越多. 相距 $\Delta x=x_2-x_1$ 的两点,相位差为

$$\Delta\varphi=\varphi_2-\varphi_1=\frac{2\pi}{\lambda}(x_2-x_1)=\frac{2\pi}{\lambda}\Delta x \qquad (9.2-6)$$

(2) $t$ 一定,则 $y$ 仅为 $x$ 的函数. 当 $t=t_1$ 时,有

$$y=A\cos\left(\frac{2\pi}{T}t_1-\frac{2\pi}{\lambda}x\right)$$
$$=A\cos(kx-\omega t_1)$$

位移 $y$ 随位置 $x$ 而变化,在 $x$ 和 $x+\lambda$ 处振动状态相同,表明波动过程在空间上具有周期性,波长就是波动的空间周期. 上式给出了某一瞬时($t=t_1$)的波形曲线.

(3) $y$ 一定,则波表示式的宗量($\omega t-kx$)即波的相位一定. 例如当 $y=y_1$ 时,

$$\omega t-kx=\arccos\frac{y_1}{A}$$

波的相位既是时间的函数,又是位置的函数,它随时间的增加而增加,随离开原点距离的增加而减少,而上式给出的与 $y=y_1$ 所对应的某一恒定的相位在时间 $t$ 和位置 $x$ 变化的过程中保持不变,就要求一定的相位,随着时间的增加,必须在空间传播一定的距离. 将上式对时间求导,得

$$\omega-k\frac{\mathrm{d}x}{\mathrm{d}t}=0$$

由此便得确定的相位在单位时间内传播的距离,即**相位速度**,简称**相速**:

$$v_{\mathrm{p}}=\frac{\mathrm{d}x}{\mathrm{d}t}=\frac{\omega}{k}$$

而

$$\frac{\omega}{k}=\lambda\nu=u \qquad (9.2-7)$$

就是波速,所以波速就是相位传播的速度.

(4) 如果波向 $x$ 负方向传播,则位于 $x$ 的质点比位于原点处的质点较早开始振动,即 $x$ 处的振动相位比原点振动的相位超前,因此有

$$y=A\cos\omega\left(t+\frac{x}{u}\right) \qquad (9.2-8)$$

同理

$$y=A\cos\left(\frac{2\pi}{T}t+\frac{2\pi}{\lambda}x\right) \qquad (9.2-9)$$

或

$$y=A\cos(\omega t+kx) \qquad (9.2-10)$$

(9.2-8)式、(9.2-9)式和(9.2-10)式就是与(9.2-2)式、(9.2-3)式和(9.2-5a)式对应的向 $x$ 负方向传播的简谐波的运动学方程.

## 3. 例题

**例**　在水面上有两木块随着水波作反相位的振动. 观察发现,木块连线沿着水波的行进方向,两木块相距 1 m,振动周期为 1.1 s,求水波的波速.

**解**: 既然两木块振动反相位,它们的相位差 $\Delta\varphi = (2n+1)\pi$,而两木块相距 $x_2 - x_1 = 1$ m,代入(9.2-6)式,得水波的波长为

$$\lambda = \frac{2\pi}{\Delta\varphi}(x_2 - x_1) = \frac{2}{2n+1}(x_2 - x_1)$$

代入(9.1-2)式,波速

$$u = \lambda\nu = \frac{\lambda}{T} = \frac{2(x_2 - x_1)}{(2n+1)T}$$

对应不同的整数 $n$,可得不同的波长和波速值. 取 $n = 0$,得 $\lambda_0 = 2(x_2 - x_1) = 2$ m,波速

$$u_0 = \frac{2(x_2 - x_1)}{T} = \frac{2}{1.1} \text{ m/s} \approx 1.8 \text{ m/s}$$

取 $n = 1$,得波长 $\lambda_1 = \frac{2}{3}(x_2 - x_1) = \frac{2}{3}$ m,波速

$$u_1 = \frac{2}{3}\frac{x_2 - x_1}{T} \approx 0.61 \text{ m/s}.$$

$n$ 究竟取何值,可由观察判定(视两木块距离与水波波长的相对长度而定). 根据深水波波速与波长关系(见下节),本题中应取 $n = 0, u = 1.8$ m/s.

## §9.3　波动方程与波速

上节从运动学角度,导出了简谐波的位移与位置及时间的关系. 其中波速是作为一个已知参量出现在方程中的. 本节将从动力学角度来分析波动过程,导出波动的动力学方程,从而将波速与介质的性质联系起来.

### 1. 弹性棒中的波动方程与波速

在均匀弹性棒中取横截面坐标为 $x \sim x + \Delta x$ 的一段作为考察对象(图 9.3-1). 令棒的截面积为 $S$,密度为 $\rho$. 当棒中有纵向扰动传播时,各截面的位移并不相同,棒中发生纵向形变,从而出现应力(弹性力). 所考察的这段棒受到左方介质所施的弹力 $F(x)$ 和右方介质所施弹力 $F(x + \Delta x)$ 的作用. $F(x)$ 由 $x$ 处的相对形变决定. 设 $x$ 处的横截面的位移为 $y$,$x + \mathrm{d}x$ 处的横截面的位移为 $y + \mathrm{d}y$,则 $x$ 处的相对形变为 $\mathrm{d}y/\mathrm{d}x$. 根据胡克定律,作用在 $x$ 处横截面上的正应力 $\dfrac{F}{S}$ 与该处纵向相对形变(应变)成正比:

图 9.3-1　推导弹性棒中的波动方程

$$\frac{F}{S} = E\frac{\mathrm{d}y}{\mathrm{d}x} \tag{9.3-1}$$

式中 $E$ 称为**弹性模量**. 于是, $x$ 处的弹力为

$$F(x) = SE\frac{\mathrm{d}y}{\mathrm{d}x}\bigg|_{x=x} \tag{9.3-2a}$$

同理,在 $x+\Delta x$ 处的弹力为

$$F(x+\Delta x) = SE\frac{\mathrm{d}y}{\mathrm{d}x}\bigg|_{x=x+\Delta x} \tag{9.3-2b}$$

当 $\mathrm{d}y/\mathrm{d}x>0$ 时为伸长形变,应力是张力,相应的 $F(x)$ 应取负号, $F(x+\Delta x)$ 应取正号,故所考察的这段棒的运动方程为

$$\rho S\Delta x\frac{\mathrm{d}^2 y}{\mathrm{d}t^2} = SE\frac{\mathrm{d}y}{\mathrm{d}x}\bigg|_{x+\Delta x} - SE\frac{\mathrm{d}y}{\mathrm{d}x}\bigg|_{x=x} = SE\frac{\mathrm{d}^2 y}{\mathrm{d}x^2}\Delta x$$

两边消去 $S\Delta x$,并将求导符号改为偏导符号,即得

$$\frac{\partial^2 y}{\partial t^2} = \frac{E}{\rho}\frac{\partial^2 y}{\partial x^2} \tag{9.3-3}$$

(9.3-3)式就是波动过程所满足的动力学方程,称为**波动方程**. 这是一个线性偏微分方程.

既然简谐波可以在弹性介质中传播,简谐波的运动学方程应满足波动方程. 将

$$y = A\cos \omega\left(t-\frac{x}{u}\right)$$

代入(9.3-3)式:

$$-\omega^2 A\cos \omega\left(t-\frac{x}{u}\right) = \frac{E}{\rho}\left(-\frac{\omega^2}{u^2}\right)A\cos \omega\left(t-\frac{x}{u}\right)$$

当波速

$$u_{/\!/} = \sqrt{\frac{E}{\rho}} \tag{9.3-4}$$

时,方程成立. 这就将波速与介质的常量 $E$、$\rho$ 联系起来了. $E$ 反映介质的弹性, $\rho$ 反映介质的惯性. 由于所讨论的是纵波,故在 $u$ 旁加了脚标" $/\!/$ ".

当介质中有横向扰动传播时,介质发生切形变,在与波传播方向相垂直的横截面上出现切应力,因而横波的传播速度与介质的切向弹性模量有关,而有

$$u_\perp = \sqrt{\frac{G}{\rho}} \tag{9.3-5}$$

式中 $G$ 称为**切变模量**,它是切应力 $\dfrac{F}{S}$ 与横向相对形变 $\mathrm{d}y/\mathrm{d}x$ 之比,而有

$$\frac{F}{S} = G\frac{\mathrm{d}y}{\mathrm{d}x} \tag{9.3-6}$$

将(9.3-4)式代入(9.3-3)式,(9.3-3)式变为

$$\frac{\partial^2 y}{\partial t^2} = u^2\frac{\partial^2 y}{\partial x^2} \tag{9.3-7}$$

(9.3-7)式就是一般形式的波动方程.

(9.3-4、5)两式表示,介质中的波速只与介质的参量有关,而与所传播的简谐波的频率无关,而波动方程又是线性的,因此,任意频率的简谐波以及它们的叠加都满足波动方程. 就像任一形式的振动可以看成许多简谐振动的叠加一样,任一形式的波动(如脉冲波)可以看成是许多简谐波的叠加,因而任意形式的波也是波动方程的解.

设有一任意形式的波,如脉冲波

$$y = f(x, t)$$

以速度 $u$ 向正 $x$ 传播,而保持形状不变. 为了写出这种波的运动学方程,我们跟着波形一起运动,在运动参考系 S′ 中看来,波形不是时间的函数,即在 S′ 系中,

$$y' = f(x')$$

但 S′ 系以速度 $u$ 沿 $x$ 方向运动,由伽利略变换

$$x = x' + ut, \quad y = y'$$

或

$$x' = x - ut, \quad y' = y$$

代入 $y' = f(x')$,得

$$y = f(x - ut) \qquad (9.3-8)$$

(9.3-8)式即任意的向正 $x$ 方向传播的波的运动学方程. 同理可得

$$y = f(x + ut) \qquad (9.3-9)$$

则代表向负 $x$ 方向传播的任意波的运动学方程.

将(9.3-8)式代入波动方程(9.3-7),以撇"′"表示对宗量 $(x \pm ut)$ 的导数,

$$\frac{\partial^2 y}{\partial t^2} = u^2 f'', \quad \frac{\partial^2 y}{\partial x^2} = f''$$

所以

$$\frac{\partial^2 y}{\partial t^2} = u^2 \frac{\partial^2 y}{\partial x^2}$$

可见,(9.3-8)式满足波动方程(9.3-7). 同理,(9.3-9)式也满足波动方程. 而任意波扰动的传播速度就是波动方程中仅由介质性质决定的常量 $u$.

## 2. 柔软弦中的横波

在以一定张力 $F_T$ 拉紧的柔软弦中施一横向扰动时,此扰动也会以一定速度向前传播.

弦中的波动方程可推导如下. 当弦上有横向扰动时,各点有不同的位移,设坐标为 $x$ 的点的位移为 $y$. 设扰动很小,由扰动引起的弦的附加伸长与因弦中存在张力而原有的伸长相比可以忽略,张力 $F_T$ 可视为与无扰动时相同. 取坐标为 $x \sim x + \Delta x$ 的一段弦为考察对象(图9.3-2),设弦的线密度为 $\rho_l$,则作用在该段弦两端的张力的 $x$ 分量互相抵消,$y$ 分量之和使该段弦产生横向运动加速度. 张力沿 $y$ 方向的分量为 $F_T \dfrac{\partial y}{\partial x}$,由牛顿运动定律可知

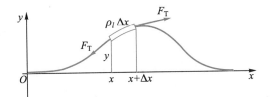

图 9.3-2　弦中的横波

$$F_{\text{T}}\left[\left(\frac{\partial y}{\partial x}\right)_{x+\Delta x}-\left(\frac{\partial y}{\partial x}\right)_{x}\right]=\rho_l\Delta x\frac{\partial^2 y}{\partial t^2}$$

即

$$F_{\text{T}}\frac{\partial^2 y}{\partial x^2}\Delta x=\rho_l\Delta x\frac{\partial^2 y}{\partial t^2}$$

或

$$\frac{\partial^2 y}{\partial t^2}=\frac{F_{\text{T}}}{\rho_l}\frac{\partial^2 y}{\partial x^2} \tag{9.3-10}$$

可见弦中横波的波速为

$$u=\sqrt{\frac{F_{\text{T}}}{\rho_l}} \tag{9.3-11}$$

$F_{\text{T}}$ 反映了介质的弹性, $\rho_l$ 反映了介质的惯性.

### 3. 相速度与群速度

对于有色散的介质,当其中同时有不同频率的波在传播时,合成波的峰(波包)的传播速度将与相位传播速度不同. 以频率相当靠近的两列波为例:

$$y_1=A\cos(\omega_1 t-k_1 x)$$
$$y_2=A\cos(\omega_2 t-k_2 x)$$

利用三角函数公式可得

$$\cos\alpha+\cos\beta=2\cos\frac{\alpha+\beta}{2}\cos\frac{\alpha-\beta}{2}$$

合成波为

$$y=y_1+y_2$$
$$=2A\cos\left(\frac{\omega_1-\omega_2}{2}t-\frac{k_1-k_2}{2}x\right)\cdot\cos\left(\frac{\omega_1+\omega_2}{2}t-\frac{k_1+k_2}{2}x\right)$$

合成波可看作振幅为

$$A_{\text{m}}=2A\cos\left(\frac{\omega_1-\omega_2}{2}t-\frac{k_1-k_2}{2}x\right)$$

相位为 $\left(\dfrac{\omega_1+\omega_2}{2}t-\dfrac{k_1+k_2}{2}x\right)$ 的"简谐波". 当 $\omega_1\approx\omega_2\approx\omega$ 时, $k_1\approx k_2\approx k$, 则 $\omega_1-\omega_2\ll\omega_1+\omega_2$, $k_1-k_2\ll k_1+k_2$, 在不长的时间和不大的空间范围内, 可以认为合成波的振幅几乎不变, 一定的振动状态的传播速度也就是合成波的一定的相位传播的速度, 即相速度

$$u_{\mathrm{p}} = \frac{\omega_1 + \omega}{2} \bigg/ \frac{k_1 + k_2}{2} \approx \frac{\omega}{k} \tag{9.3-12}$$

与原成分波的相速度基本相同. 而合成波的振幅由 $\cos\left(\dfrac{\omega_1 - \omega_2}{2}t - \dfrac{k_1 - k_2}{2}x\right)$ 决定, 一定的振幅 (如最大振幅) 与 $(\omega_1 - \omega_2)\,t/2 - (k_1 - k_2)\,x/2 = $ 常量对应, 当 $t$ 增加 $\mathrm{d}t$ 时, 该一定的振幅将沿 $x$ 方向移动, 增加的 $\mathrm{d}x$ 应保证 $(\omega_1 - \omega_2)\,t/2 - (k_1 - k_2)\,x/2$ 的变化为零, 即

$$\frac{\omega_1 - \omega_2}{2}\mathrm{d}t - \frac{k_1 - k_2}{2}\mathrm{d}x = 0$$

于是一定值的振幅在空间移动的速度为

$$u_{\mathrm{g}} = \frac{\mathrm{d}x}{\mathrm{d}t} = \frac{\omega_1 - \omega_2}{2} \bigg/ \frac{k_1 - k_2}{2} = \frac{\omega_1 - \omega_2}{k_1 - k_2} = \frac{\Delta\omega}{\Delta k} \tag{9.3-13}$$

合成波的任一给定的振幅传播的速度称为**群速度**.

此过程可用图 9.3-3 表示. 图中用虚线表示角频率为 $\omega_1$ 的波 1, 用点画线表示角频率为 $\omega_2$ 的波 2, 用实线表示合成波. (a) 是 $t=0$ 时刻的情形, (b) 是若干时间 $t$ 后的情形. 设 $\omega_1 < \omega_2$, $\lambda_1 > \lambda_2$, $u_1 > u_2$, 即 $\dfrac{\mathrm{d}u}{\mathrm{d}\lambda} > 0$. 合成波的波峰值出现在两波的峰重叠的地方. 在行进过程中, 1 波将赶过 2 波, 经过若干时间 $t$, 两波峰重叠的地方将出现在原来重叠的峰的后面一个峰上. 这时, 两分波行进了 $u_{\mathrm{p}}t$ 的距离, 而合成波的峰则只行进了 $u_{\mathrm{g}}t = u_{\mathrm{p}}t - \lambda$ 的距离, 可见 $u_{\mathrm{g}} < u_{\mathrm{p}}$. 因 $t = \dfrac{\lambda_1 - \lambda_2}{u_1 - u_2} = \dfrac{\Delta\lambda}{\Delta u}$, 所以

$$u_{\mathrm{g}} = u_{\mathrm{p}} - \frac{\lambda}{t} = u_{\mathrm{p}} - \lambda\frac{\Delta u}{\Delta\lambda} \tag{9.3-14}$$

图 9.3-3　相速与群速

此式与 (9.3-13) 式一致. 对频率 (波长) 连续分布的一群波, 可以证明, (9.3-13) 式和 (9.3-14) 式中的 "$\Delta$" 应用微分代替, 从而有

$$u_{\mathrm{g}} = \frac{\mathrm{d}\omega}{\mathrm{d}k} \tag{9.3-15}$$

$$u_{\mathrm{g}} = u_{\mathrm{p}} - \lambda\frac{\mathrm{d}u}{\mathrm{d}\lambda} \tag{9.3-16}$$

读者可以证明 (9.3-15、16) 两式是一致的.

$\dfrac{\mathrm{d}u}{\mathrm{d}\lambda}>0$ 的色散,叫正常色散,对正常色散的介质,$u_\mathrm{g}<u_\mathrm{p}$;$\dfrac{\mathrm{d}u}{\mathrm{d}\lambda}<0$ 的色散叫反常色散,对反常色散介质,$u_\mathrm{g}<u_\mathrm{p}$.

### 4. 例题

**例1**　一根很长的弦线沿 $x$ 轴放置,弦线中的张力为 $F_\mathrm{T}$,弦线的线密度为 $\rho_l$,在端点 $x=0$ 处施以横向简谐外力 $F=F_0\cos\omega t$,求弦中激起的波的运动学方程.

**解:** 设所求的波的运动学方程为

$$y=A\cos(\omega t-kx+\varphi)\tag{1}$$

则在 $x=0$ 处,弦上张力的横向分量应与外力相抵,即

$$F=-F_\mathrm{T}\frac{\partial y}{\partial x}\bigg|_{x=0}\tag{2}$$

于是有

$$F_0\cos\omega t=-F_\mathrm{T}kA\sin(\omega t+\varphi)$$

所以

$$A=\frac{F_0}{F_\mathrm{T}k},\qquad \varphi=-\frac{\pi}{2}\tag{3}$$

代入(1)式,得

$$y=\frac{F_0}{F_\mathrm{T}k}\cos\left(\omega t-kx-\frac{\pi}{2}\right)=\frac{F_0}{F_\mathrm{T}k}\sin(\omega t-kx)\tag{4}$$

由(4)式可得弦上 $x=0$ 处质点的速度:

$$v\bigg|_{x=0}=\frac{\partial y}{\partial t}\bigg|_{x=0}=\frac{F_0\omega}{F_\mathrm{T}k}\cos\omega t=\frac{F\omega}{F_\mathrm{T}k}$$

利用关系 $F_\mathrm{T}=\rho_l u^2$ 和 $u=\dfrac{\omega}{k}$,得

$$v\bigg|_{x=0}=\frac{F}{\rho_l u}\tag{5}$$

将(5)式与电学中的欧姆定律相对照,$F$ 与电压相对应,$v$ 与电流相对应,则 $\rho_l u$ 与电阻相对应,故 $\rho_l u$ 常称为弦的**特征阻抗**或**波阻抗**,并记为 $Z_0$:

$$Z_0=\rho_l u\tag{9.3-17}$$

**例2**　试导出空气中声波的波动方程和波速.

**解:** 声波也是一种纵波,在传播过程中,声波表现为疏、密状态的移动,因而其压强在平衡压强(大气压)$p_0$ 附近有起伏,波也表现为这种压强起伏的传播.

如图 9.3-4 所示,设有平面声波沿均匀管传播. 取 $x\sim x+\Delta x$ 一段空气柱作为考察对象. 设此空气柱左面受到的压强为 $p_1$,右面受到的压强为 $p_2$. 压强与该处空气的体积、温度有关,由于声波的频率比较高,气体的压缩和膨胀过程进行得极为迅速,所考察的气体来不及与周围气体进行热交换,因而过程实际上是绝热的. 在绝热过程中,气体的压强 $p$ 和体积 $V$ 满足绝热方程,即

图 9.3-4　声波动力学方程的导出

$$pV^{\gamma} = 常量 \tag{1}$$

式中 $\gamma$ 是摩尔定压热容 $C_{p,\mathrm{m}}$ 与摩尔定容热容 $C_{V,\mathrm{m}}$ 之比,称为摩尔热容比,与气体的种类有关,可由实验测定. 在 $x$ 点附近,由于波扰动而形成体积变化,体积的相对变化为 $\dfrac{\partial y}{\partial x}$,对应的压强变化可由 (1) 式求得. (1) 式两边对 $x$ 求导:

$$V^{\gamma} \frac{\partial p}{\partial x} + p\gamma V^{\gamma-1} \frac{\partial V}{\partial x} = 0$$

两边除以 $pV^{\gamma}$

$$\frac{1}{p} \frac{\partial p}{\partial x} + \frac{\gamma}{V} \frac{\partial V}{\partial x} = 0$$

即

$$\mathrm{d}p = -\gamma p \frac{\mathrm{d}V}{V} = -\gamma p \frac{\partial y}{\partial x}$$

所以

$$p_1 = p_0 + (\mathrm{d}p)_x = p_0 - \gamma p \left.\frac{\partial y}{\partial x}\right|_x$$

$$p_2 = p_0 + (\mathrm{d}p)_{x+\Delta x} = p_0 - \gamma p \left.\frac{\partial y}{\partial x}\right|_{x+\Delta x}$$

$$p_1 - p_2 = \gamma p \left( \left.\frac{\partial y}{\partial x}\right|_{x+\Delta x} - \left.\frac{\partial y}{\partial x}\right|_x \right)$$

$$= \gamma p \frac{\partial^2 y}{\partial x^2} \Delta x$$

设管的截面积为 $S$,空气的密度为 $\rho$,由牛顿运动定律,有

$$S(p_1 - p_2) = \rho S \Delta x \frac{\partial^2 y}{\partial t^2}$$

所以

$$\gamma p \frac{\partial^2 y}{\partial x^2} = \rho \frac{\partial^2 y}{\partial t^2}$$

或

$$\frac{\partial^2 y}{\partial t^2} = \frac{\gamma p}{\rho} \frac{\partial^2 y}{\partial x^2} \tag{9.3-18}$$

此即声波的波动方程. 因而声速为

$$u_{声} = \sqrt{\frac{\gamma p}{\rho}} = \sqrt{\frac{\gamma RT}{M}} \tag{9.3-19}$$

式中 $R$ 是摩尔气体常量,$T$ 是热力学温度,$M$ 是气体的摩尔质量.

## §9.4 波的能量和强度

### 1. 波的能量与能量密度

扰动在介质中传播时,介质各部分发生振动,因而具有动能,同时因为各部分位移不同,介质各组元相对位形发生变化,因而具有势能,扰动由近及远地传播,能量也由近及远地传播,所以波的传播过程也是能量的传播过程. 下面,我们以弹性

棒中的简谐纵波为例来讨论波的能量. 取截面为 $\Delta S$、长为 $\Delta x$ 的体积元 $\Delta V = \Delta S \Delta x$ 作为考察对象, 设介质的密度为 $\rho$, 此体积元在波扰动的某一瞬时的动能为

$$\Delta E_{\text{k}} = \frac{1}{2}\rho\Delta V\left(\frac{\partial y}{\partial t}\right)^2 \tag{9.4-1}$$

为了求弹性势能, 先考察一段长为 $L$、截面积为 $S$ 的弹性介质发生形变时具有的弹性势能, 这势能就是外力在迫使介质形变的过程中克服弹性力所做的功. 在伸长 $\Delta L$ 的过程中, 外力 $F$ 所做的功(即势能)为

$$E_{\text{p}} = \int_0^{\Delta L} F\text{d}x = \int_0^{\Delta L} ES\,\frac{x}{L}\text{d}x = \frac{ES(\Delta L)^2}{L}\,\frac{1}{2}$$
$$= \frac{1}{2}ESL\left(\frac{\Delta L}{L}\right)^2$$

其中 $E$ 为弹性模量. $\dfrac{\Delta L}{L}$ 即相对形变. 对我们所考察的体积元来说, 相对形变即 $\dfrac{\partial y}{\partial x}$, 故所考察体积元的势能为

$$\Delta E_{\text{p}} = \frac{1}{2}E\Delta V\left(\frac{\partial y}{\partial x}\right)^2 \tag{9.4-2}$$

将简谐波运动方程 $y = A\cos\omega\left(t - \dfrac{x}{u}\right)$ 代入, 不难求得

$$\Delta E_{\text{k}} = \frac{1}{2}\rho\Delta V\omega^2 A^2\sin^2\omega\left(t - \frac{x}{u}\right) \tag{9.4-3}$$

$$\Delta E_{\text{p}} = \frac{1}{2}E\Delta V\frac{\omega^2}{u^2}A^2\sin^2\omega\left(t - \frac{x}{u}\right) \tag{9.4-4}$$

但

$$u^2 = \frac{E}{\rho}$$

所以

$$\Delta E_{\text{k}} = \Delta E_{\text{p}} = \frac{1}{2}\rho\Delta V\omega^2 A^2\sin^2\omega\left(t - \frac{x}{u}\right) \tag{9.4-5}$$

$$\Delta E = \Delta E_{\text{k}} + \Delta E_{\text{p}} = \rho\Delta V\omega^2 A^2\sin^2\omega\left(t - \frac{x}{u}\right) \tag{9.4-6}$$

以上两式表明, 在波传播过程中, 介质中任一质元的动能和势能都随时间变化, 动能最大的时刻势能亦最大, 动能为零时势能也为零, 动能与势能的总和即机械能也随时间变化. 波扰动时, 介质的势能取决于所考察质元的形变. 从波形曲线(图9.4-1)可以看出, 在 $A$ 处, 质点已达最大位移, 动能为零, 但相邻质点间的相对位移最小,

图 9.4-1　波扰动到达的地方, 动能与势能同相位

该处质元几乎无形变,故势能也为零. 而在 $B$ 处,质点通过平衡位置,速度最大,动能最大,而其时相邻质点间的相对位移最大(最密集),质元的形变也最大,故势能也最大. $C$ 处与 $A$ 处相仿,$D$ 处与 $B$ 处相仿(但 $D$ 处质点最稀疏).

这与单个谐振子的情形不同. 单个谐振子的势能最大时动能最小,动能最大时势能最小,两者之和为常量,即机械能守恒. 在波的传播过程中,动能与势能的变化同相位,说明介质的每个质元的机械能并不守恒. 这是因为在波的传播过程中,介质的任一质元与其邻近的质元之间在不断进行能量交换,机械能不守恒正表明波的传播过程也是能量的传播过程.

波的能量与所考察介质元的体积有关. 通常用单位体积的介质所具有的能量即能量密度来表示波的能量在介质中的分布情况. 动能密度和势能密度为

$$\varepsilon_k = \varepsilon_p = \frac{\Delta E_k}{\Delta V} = \frac{1}{2}\rho\omega^2 A^2 \sin^2\omega\left(t - \frac{x}{u}\right) \tag{9.4-7}$$

波的能量密度为

$$\varepsilon = \frac{\Delta E}{\Delta V} = \rho\omega^2 A^2 \sin^2\omega\left(t - \frac{x}{u}\right) \tag{9.4-8}$$

以上对能量的讨论是针对纵波而论的,但其结论,包括(9.4-5)式—(9.4-8)式,对横波也成立. 对其他的波(如弦中的波、声波等),动能、势能的具体形式不同,但动能与势能同相位的结论仍成立.

### 2. 波的强度和功率

单位时间内,波通过与其传播方向相垂直的单位截面积的能量称为波的瞬时能流密度. 若在某瞬时以该单位截面为底、以比波长小得多的长度 $\Delta x$ 为高取一柱体,则经时间 $\Delta t = \Delta x/u$ 后,柱内各质元的振动状态连同其所携带的波能量全部通过此单位截面,因而瞬时能流密度 $i$ 等于波的能量密度 $\varepsilon$ 与波速 $u$ 的乘积,即

$$i = \varepsilon u$$

由于 $\varepsilon$ 与时间和位置有关,$i$ 也与时间、位置有关,在确定位置处,$i$ 与时间有关. 由于波的周期通常比人或大多数仪器的反应时间小得多,所以常取 $i$ 的时间平均值作为对波的能流的量度,称为平均能流密度,简称**能流密度**,或波的**强度**,用 $I$ 表示. 显然,$I = \overline{\varepsilon u}$. 通常把 $I$ 看成矢量,方向沿波的传播方向,即 $\boldsymbol{u}$ 的方向,并写成 $\boldsymbol{I}$:

$$\boldsymbol{I} = \overline{\varepsilon}\boldsymbol{u} \tag{9.4-9}$$

对弹性介质中的简谐波,由于时间平均值 $\langle \sin^2\omega t \rangle = \frac{1}{2}$,有

$$\boldsymbol{I} = \frac{1}{2}\rho\omega^2 A^2 \boldsymbol{u} \tag{9.4-10}$$

波在单位时间内通过某一面 $S$ 的平均能量称为波通过该面的平均功率,简称功率,用 $P$ 表示.

当 $S$ 与 $\boldsymbol{I}$ 垂直时,$P = IS$;当 $\boldsymbol{I}$ 与 $S$ 不垂直,而与 $S$ 的法向成 $\theta$ 角时,$P = IS\cos\theta$,把 $S$ 看成矢量,令 $\boldsymbol{S}$ 的方向沿其法线方向,则

$$P = I \cdot S \qquad (9.4\text{-}11)$$

当 $S$ 为任意曲面时,可将 $S$ 分为许多小面元 $\Delta S$,于是

$$P = \sum I \cdot \Delta S = \int_S I \cdot dS \qquad (9.4\text{-}12)$$

波源的功率是对包围波源的闭合曲面的功率:

$$P = \oint I \cdot dS$$

对球面波,$P = I \cdot 4\pi r^2$,由于波源功率是常量,故对球面波,有

$$I = \frac{P}{4\pi r^2} \propto \frac{1}{r^2}$$

即

$$\frac{1}{2}\rho\omega^2 A^2 u \propto \frac{1}{r^2}$$

所以对球面波而言

$$A \propto \frac{1}{r}$$

因此球面波的简谐波方程应写为

$$y = \frac{A_0}{r}\cos\,\omega\left(t - \frac{r}{u}\right) \qquad (9.4\text{-}13)$$

式中 $A_0$ 是 $r = 1$ 处的振幅. 而 $y = A\cos\,\omega\left(t - \dfrac{x}{u}\right)$ 则适用于平面简谐波.

### 3. 声强级

机械振动的频率范围很宽,但能引起听觉的频率只占很小的频段. 对大多数人而言,能引起听觉的频率范围约为 $16 \sim 2 \times 10^4$ Hz. 这一频段称为**声频**. 低于 16 Hz 的称为**次声**,高于 $2 \times 10^4$ Hz 的称为**超声**.

人的听觉不仅与频率有关,还与声波的强度(简称**声强**)有关. 能引起听觉的最低声强称为**闻阈**,声强超过某一上限,也不能引起听觉而只能引起痛觉,这一声强的上限值称为**痛阈**. 闻阈和痛阈对不同的频率有不同值,如图 9.4-2 的曲线所示. 即使对声频范围内的某一频率而言,人耳对声音的感觉也并不与声强成正比,而更接近于与声强的对数成正比,所以通常用**声强级**来表示声音的强弱,它定义为声强 $I$ 对某一基准值 $I_0 = 10^{-12}$ W/m$^2$($I_0$ 接近 1 000 Hz 时的闻阈)之比的以 10 为底的对数,用 $L$ 表示,即

$$L = \lg\frac{I}{I_0}\,(\text{B})$$

单位是 B(贝尔). 在听觉范围内,$I$ 的最大值约为 10 W/m$^2$,故声强级的最大值为 13 B. 更常用的声强级单位是分贝,它是贝尔的十分之一,记为 dB,于是

$$L = 10\lg\frac{I}{I_0}\,(\text{dB}) \qquad (9.4\text{-}14)$$

因而在听觉范围,声强级的数值从零到 130 dB. 当然,仅用声强级尚不能完全反映

图 9.4-2　闻阈和痛阈及等响度曲线

人耳对声音响度的感觉,因为人对声音的感觉还与频率有关. 例如,同为 50 dB 声强级的声音,当频率为 1 000 Hz 时,人耳听起来已相当响,而当频率为 50 Hz 时,则还听不见. 考虑到这一效应,图 9.4-2 中画出了等响度线. 由于通常声源的频谱较宽,(9.4-14)式表示的声强级是对各种频率成分的积分效应. 常见声源的声强级数值大致如下:微风吹拂树叶的声音约为 14 dB;房间里正常谈话声(相距 1 m 处)约 70 dB,交响乐队演奏声(相距 5 m 处)约 84 dB,飞机发动机的声音(相距 5 m 处)约 130 dB.

由于实验中声强不易测量,常用声压(在声波传播过程中空气压强与大气压之差)的平方代替声强,用相应的声压级代替声强级,两者在数值上几乎相等.

### 4. 例题

**例** 求弦中横波的能量密度及波源的平均功率,设波的运动学方程为

$$y = A\cos(\omega t - kx)$$

弦的线密度为 $\rho_l$.

**解**:取长为 $\Delta x$ 的一段弦,其动能为

$$\Delta E_k = \frac{1}{2}\rho_l \Delta x \left(\frac{\partial y}{\partial t}\right)^2$$

将 $y$ 的表示式代入,即得

$$\Delta E_k = \frac{1}{2}\rho_l \Delta x \cdot \omega^2 A^2 \sin^2(\omega t - kx)$$

动能线密度

$$\varepsilon_k = \frac{\Delta E_k}{\Delta x} = \frac{1}{2}\rho_l \omega^2 A^2 \sin^2(\omega t - kx) \tag{9.4-15}$$

弦的势能为在波扰动引起弦的形变过程中外力所做的功,由于弦的张力保持不变,故在弦的形变(即伸长)过程中外力的功就是张力与弦伸长量的乘积. 如图 9.4-3,原长为 $\Delta x$ 的弦在受波扰动时其长变为 $\frac{\Delta x}{\cos\theta}$,而 $\frac{1}{\cos\theta} \approx \sec\theta = \sqrt{1+\tan^2\theta} \approx 1 + \frac{1}{2}\left(\frac{\partial y}{\partial x}\right)^2$,故

图 9.4-3　弦中横波的势能

$$\Delta E_p = F_T \left( \frac{\Delta x}{\cos \theta} - \Delta x \right)$$

$$= F_T \Delta x \left[ 1 + \frac{1}{2} \left( \frac{\partial y}{\partial x} \right)^2 - 1 \right]$$

$$= \frac{1}{2} F_T \Delta x \left( \frac{\partial y}{\partial x} \right)^2$$

将 $y$ 的表示式代入上式,得

$$\Delta E_p = \frac{1}{2} F_T \Delta x k^2 A^2 \sin^2(\omega t - kx)$$

但 $k = \dfrac{\omega}{u}$,$F_T = \rho_l u^2$,故

$$\varepsilon_p = \frac{\Delta E_p}{\Delta x} = \frac{1}{2} \rho_l \omega^2 A^2 \sin^2(\omega t - kx) \tag{9.4-16}$$

即

$$\varepsilon_k = \varepsilon_p$$

与棒中纵波的情况相同,总能量密度为

$$\varepsilon = \varepsilon_k + \varepsilon_p = \rho_l \omega^2 A^2 \sin^2(\omega t - kx) \tag{9.4-17}$$

因 $\langle \sin^2(\omega t - kx) \rangle = \dfrac{1}{2}$,波源的平均功率为

$$P = \overline{\varepsilon} u = \frac{1}{2} \rho_l \omega^2 A^2 u \tag{9.4-18}$$

## §9.5 波的衍射、反射与折射

### 1. 惠更斯原理

当波在行进过程中遇到障碍物或两种介质的交界面时,其传播情况将发生变化. 在历史上,为了解释光(电磁波)在这些情况下发生的现象,惠更斯提出:在波的传播过程中,波前上的每一点均可看成一个子波源,在 $t$ 时刻的波前上的这些子波源发出的子波,经 $\Delta t$ 时间后形成半径为 $u \Delta t$($u$ 为波速)的球面,在波的前进方向上,这些子波的包迹就成为 $t + \Delta t$ 时刻的新波前(图 9.5-1). 这一思想常称为**惠更斯原理**. 在各向同性的均匀介质中,根据惠更斯原理,$t$ 时刻波前为球面(或平面),则 $t + \Delta t$ 时刻的波前仍为球面(或平面). 惠更斯原理也适用于机械波. 利用惠更斯原理很容易解释波绕过障碍物的衍射及波遇到两种介质的交界面时的反射与折射现象.

图 9.5-1 惠更斯原理

### 2. 波的衍射

设平面波在行进中遇到开有小孔的障碍物,当波前到达孔面时,孔面上各点成

为子波源,它们所发子波的包迹不再是平面,在边缘成为球面,使波线偏离原方向而向外延展(图9.5-2).这就解释了波会绕过障碍物而转弯的衍射现象.实验表明,当孔的线度可与波长相比拟时,衍射现象明显,孔越小,衍射越严重.

### 3. 波的反射和折射

当平面波以入射角 $\theta$ 倾斜地入射到两种介质的交界面 $MN$ 时(图9.5-3),波前 $AB$ 上各点将先后到达交界面,当 $A$ 点到达交界面时,$C$、$D$、$B$ 诸点均尚未到达. 当 $B$ 点到达交界面上 $B'$ 点时,$A$ 点所发子波已行经了时间 $BB'/u_1$($u_1$ 为介质1中波速),它在介质1中形成半径为 $AA'=u_1 \cdot BB'/u_1=BB'$ 的半球面,在介质2中则形成半径为 $AA''=u_2 \cdot BB'/u_1=(u_2/u_1)AA'$ 的半球面($u_2$ 为介质2中波速). $C$ 点比 $A$ 点晚一段时间到达交界面上的 $C_1$ 点,当 $B$ 点到达 $B'$ 点时,$C_1$ 点所发子波行经了比 $BB'/u_1$ 略短的时间,它在介质1中形成半径为 $C_1C'<AA'$ 的半球面,在介质2中形成半径为 $C_1C''<AA''$ 的半球面. 同理,$D$ 点又比 $C$ 点略晚一段时间到达交界面上的 $D_1$ 点,$D_1$ 点所发子波在介质1中形成半径为 $D_1D'<C_1C'$ 的半球面,在介质2中则形成半径为 $D_1D''<C_1C''$ 的半球面,等等. 返回介质1的子波形成反射波,透入介质2的子波形成透射波. 不难看出,在介质1中,子波的包迹 $A'B'$ 仍为平面,以后波将沿着 $AA'$ 方向行进,而 $AA'$ 与交界面法线所成的角 $\theta'$ 与入射角 $\theta$ 相等:

$$\theta'=\theta \tag{9.5-1}$$

图 9.5-2 波的衍射　　　　图 9.5-3 波的反射与折射

$\theta'$ 称为反射角. 这就是说,反射波的波线在入射波的波线与交界面法线所构成的平面(称为入射面)内,且反射角等于入射角. 这称为波的**反射定律**.

同理,在介质2中,子波的包迹 $A''B'$ 也是平面,透射波的传播方向沿 $AA''$,它也在入射面内,它与交界面法线的夹角为 $\gamma$,由图不难看出,$\gamma$ 满足

$$\frac{\sin \gamma}{\sin \theta}=\frac{AA''}{AA'}=\frac{u_2}{u_1} \tag{9.5-2}$$

这称为波的**折射定律**. 可见透射波将偏离入射方向,这时的透射波又叫折射波.

尽管惠更斯原理能定性解释波的衍射、反射和折射现象,但它不能解释为什么孔越小衍射越严重及衍射波的强度分布,也不能得出反射波和折射波相对入射波的强度. 在光学中将对这些问题作更深入的讨论.

## 4. 例题

**例** 角频率为 $\omega$ 的入射波在弦线上沿正 $x$ 方向传播，弦线的质量线密度和张力各为 $\rho_l$ 和 $F_T$，在 $x=0$ 处有一质量为 $m$ 的质点固定于弦上（图 9.5-4），求反射波和透射波的运动学方程. 入射波的运动学方程设为 $y_i = A\cos(\omega t - kx)$.

**解**：设反射波和透射波的运动学方程各为

$$y_r = B\cos(\omega t + kx + \varphi_r) \tag{1}$$

$$y_t = C\cos(\omega t - kx + \varphi_t) \tag{2}$$

图 9.5-4

在质点 $m$ 以左（$x<0$ 处），既有入射波，又有反射波，在质点 $m$ 以右（$x>0$ 处）则只有透射波. 质点所在处（$x=0$）成为三种波交界的边界. 由于质点的存在，三种波或它们的叠加在该处应满足一定的运动学和动力学条件，称为**边界条件**. 由题意，现在的边界条件为

（a）$y_i + y_r = y_t$，当 $x=0$；

（b）$-F_T \dfrac{\partial}{\partial x}(y_i + y_r) + F_T \dfrac{\partial}{\partial x}y_t = m\ddot{y}_t$，当 $x=0$.

其中，（a）是连续性要求，（b）是动力学条件. 由（a）可知

$$A\cos\omega t + B\cos(\omega t + \varphi_r) = C \cdot \cos(\omega t + \varphi_t)$$

由 $\cos\omega t$、$\sin\omega t$ 的系数分别相等，得

$$A + B\cos\varphi_r = C\cos\varphi_t \tag{3}$$

$$B\sin\varphi_r = C\sin\varphi_t \tag{4}$$

由（b）可知

$$-F_T k A\sin\omega t + F_T k B\sin(\omega t + \varphi_r) + F_T k C\sin(\omega t + \varphi_t) = -\omega^2 m C\cos(\omega t + \varphi_t)$$

因 $F_T k = F_T \cdot \dfrac{\omega}{u} = \omega\rho_l u$，代入上式，再由 $\sin\omega t$、$\cos\omega t$ 的系数分别相等，可得

$$-\omega\rho_l u A + \omega\rho_l u B\cos\varphi_r + \omega\rho_l u C\cos\varphi_t = \omega^2 m C\sin\varphi_t \tag{5}$$

$$\omega\rho_l u B\sin\varphi_r + \omega\rho_l u C\sin\varphi_t = -\omega^2 m C\cos\varphi_t \tag{6}$$

由（3）式、（4）式、（5）式、（6）式即可解得 $B$、$C$、$\varphi_r$、$\varphi_t$. 略去演算过程，可得

$$B\sin\varphi_r = \frac{-2m\omega\rho_l u}{m^2\omega^2 + 4\rho_l{}^2 u^2} A = C\sin\varphi_t$$

$$B\cos\varphi_r = -\frac{m^2\omega^2}{m^2\omega^2 + 4\rho_l{}^2 u^2} A$$

$$C\cos\varphi_t = \frac{4\rho_l{}^2 u^2}{m^2\omega^2 + 4\rho_l{}^2 u^2} A$$

由此解得

$$\tan\varphi_r = \frac{2\rho_l u}{m\omega} \tag{7}$$

由于 $\sin\varphi_r < 0$，$\varphi_r$ 在第三象限，有

$$\tan\varphi_t = -\frac{m\omega}{2\rho_l u} \tag{8}$$

由于 $\sin\varphi_t < 0$，$\varphi_t$ 在第四象限，有

$$B = \frac{m\omega}{\sqrt{m^2\omega^2 + 4\rho_l^2 u^2}}A \tag{9}$$

$$C = \frac{2\rho_l u}{\sqrt{m^2\omega^2 + 4\rho_l^2 u^2}}A \tag{10}$$

## §9.6 波的叠加 驻波

### 1. 波的叠加原理

实验表明,当空间同时存在两列或两列以上的波时,每列波在传播中将不受其他波的干扰而保持其原有特性(频率、波长、振幅、振动方向和传播方向)不变,而空间任一点的振动位移则等于各列波单独在该点引起的振动位移的矢量和. 这一表述称为**波的叠加原理**. 就像振动的叠加原理的基础是振动的动力学方程为线性微分方程一样,波的叠加原理的基础是波动方程为线性微分方程. 如果 $y_1(x,t)$ 和 $y_2(x,t)$ 分别满足波动方程:

$$\frac{\partial^2 y_1}{\partial t^2} = u^2 \frac{\partial^2 y_1}{\partial x^2}, \quad \frac{\partial^2 y_2}{\partial t^2} = u^2 \frac{\partial^2 y_2}{\partial x^2}$$

其中 $u$ 对 $y_1$ 和 $y_2$ 相同,则 $y_1 + y_2$ 显然也满足波动方程:

$$\frac{\partial^2 (y_1 + y_2)}{\partial t^2} = u^2 \frac{\partial^2 (y_1 + y_2)}{\partial x^2}$$

### 2. 波的干涉

当空间存在两列频率相同、振动方向相同的波时,在两列波的交叠区,有的地方合振动将增强,有的地方合振动将减弱,这种现象叫波的**干涉**,能产生干涉现象的两列波叫**相干波**.

设两波源 $S_1$ 和 $S_2$(图 9.6-1)的振动方程分别为

$$y_{10} = A_{10}\cos(\omega t + \varphi_1)$$

$$y_{20} = A_{20}\cos(\omega t + \varphi_2)$$

由 $S_1$、$S_2$ 发出的两列波在空间 $P$ 点引起的振动分别为

$$y_1 = A_1\cos(\omega t + \varphi_1 - kr_1)$$

$$y_2 = A_2\cos(\omega t + \varphi_2 - kr_2)$$

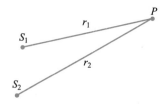

图 9.6-1 波的干涉

式中 $k$ 为波数,$r_1$、$r_2$ 为 $P$ 点至 $S_1$、$S_2$ 的距离. 根据波的叠加原理,$P$ 点的合振动为

$$y = y_1 + y_2 = A_1\cos(\omega t + \varphi_1 - kr_1) + A_2\cos(\omega_2 + \varphi_2 - kr_2) \tag{9.6-1}$$

这是两个同方向、同频率的振动的合成,根据 §8.2 的讨论,当两振动的相位差

$$\Delta = \varphi_1 - \varphi_2 + k(r_2 - r_1) = 2n\pi \quad (n = 0, \pm 1, \pm 2, \cdots) \tag{9.6-2}$$

时，$P$ 点振动的振幅为 $A_1+A_2$，振动加强，这样的点称为干涉相长点. 当相位差

$$\Delta = \varphi_1 - \varphi_2 + k(r_2 - r_1) = (2n+1)\frac{\pi}{2} \quad (n=0,\pm1,\pm2,\cdots) \tag{9.6-3}$$

时，$P$ 点振动的振幅等于 $|A_1-A_2|$，振动减弱，这样的点称为干涉相消点. 相位差等于其他值的点的振幅介于 $A_1+A_2$ 与 $|A_1-A_2|$ 之间.

要在空间维持稳定的干涉现象，各点的振幅应保持恒定. 为此，两波源的振动相位差 $(\varphi_1-\varphi_2)$ 必须保持恒定，因为对固定的波源而言，空间确定点的程差 $(r_2-r_1)$ 是恒定的. 因而，只有频率和振动方向相同，同时相位差保持恒定的波源所发出的波才是真正的相干波，才能产生稳定的、可观察的干涉现象. 这样的波源称为**相干波源**.

### 3. 驻波

当介质中有反向行进的两个同方向、同频率的波扰动存在时，这两个波叠加后也将产生干涉现象.

为简单起见，设两列波具有相同的振幅，它们的运动学方程分别为

$$y_1 = A\cos(\omega t - kx + \varphi_1) \quad \text{沿 } x \text{ 正方向行进}$$
$$y_2 = A\cos(\omega t + kx + \varphi_2) \quad \text{沿 } x \text{ 负方向行进}$$

合成后，弦上的运动成为

$$y = y_1 + y_2 = 2A\cos\left(kx + \frac{\varphi_2 - \varphi_1}{2}\right)\cos\left(\omega t + \frac{\varphi_2 + \varphi_1}{2}\right) \tag{9.6-4}$$

在合成波的表示式中，$y$ 与 $t$ 和 $x$ 的关系分别出现在两个因子之中，不同 $x$ 处，合成波的振幅不同，由因子 $2A\cos[kx+(\varphi_2-\varphi_1)/2]$ 决定，只要 $\cos[kx+(\varphi_2-\varphi_1)/2]$ 的值不变符号，不同 $x$ 处的合成振动的相位都是 $\omega t+(\varphi_1+\varphi_2)/2$，这些点的振动相位仅随 $t$ 增加，不再随 $x$ 的增加而减少，亦即不呈现相位在空间的传播，仅在 $\cos[kx+(\varphi_2-\varphi_1)/2]$ 易号时，相位才发生 $\pi$ 的变化. 因此，合成波实际上是一种振动，不再是振动的传播，故称为**驻波**. 相位逐点传播的波，即通常意义下的波称为**行波**. 驻波中，振动的振幅在空间有一定的分布规律：

a. 当 $kx+\dfrac{\varphi_2-\varphi_1}{2}=n\pi$，即

$$x = \frac{n\pi-(\varphi_2-\varphi_1)/2}{k} = \frac{n\lambda}{2} - \frac{\lambda}{2\pi}\cdot\frac{\varphi_2-\varphi_1}{2} \quad (n=0,\pm1,\pm2,\cdots)\text{时}, \left|\cos\left(kx+\frac{\varphi_2-\varphi_1}{2}\right)\right|=1,$$

振幅最大，这种位置称为**波腹**，这时质点的振幅为分波振幅的两倍. 相邻波腹的距离为 $\lambda/2$.

b. 当 $kx+\dfrac{\varphi_2-\varphi_1}{2}=(2n+1)\dfrac{\pi}{2}$，即

$$x = (2n+1)\frac{\lambda}{4} - \frac{\lambda}{2\pi}\cdot\frac{\varphi_2-\varphi_1}{2} \quad (n=0,\pm1,\pm2,\cdots)$$

时, $\cos\left(kx+\dfrac{\varphi_2-\varphi_1}{2}\right)=0$, 振幅为零, 这种位置称为**波节**. 相邻波节的距离也是 $\lambda/2$.

驻波可以用波形曲线具体地表示出来, 如图 9.6-2 所示.

图 9.6-2 驻波波形与时间的关系

$\varphi_1$、$\varphi_2$ 的值不同, 则波节、波腹的具体位置不同, 但相邻波节或相邻波腹的距离不变. 当 $\varphi_1=\varphi_2=0$ 时, 原点为波腹; 当 $\varphi_1=0$, $\varphi_2=\pi$ 时, 原点为波节. 图 9.6-2 中已设 $\varphi_1=\varphi_2=0$.

由以上分析可知, 驻波有以下几个特征:

a. 没有相位的逐点不同和逐点的传播, 在相邻两波节之间, 各点的振动相位相同, 在波节两边, 振动反相位.

b. 各点振幅不同, 波腹处振幅最大, 波节处振幅最小. 相邻波节和相邻波腹间距为 $\dfrac{\lambda}{2}$.

c. 波的总能流为零, 因为反向行进的波的能流等值且反向. 但由于瞬时能流密度与时间有关, 两反向波的瞬时能流密度并不时时相抵, 从而使在两波节之间的区域中, 仍有净能量的传播. 当波节两边各质元的位移的数值最大时, 能量全部为势能, 主要集中在波节附近; 当它们通过平衡位置时, 能量全部为动能, 主要集中在波腹附近. 但在波节(或波腹)两边, 最终并无能量交换. 因而, 每一个相邻的波节与波腹之间的区域, 实际上构成一个独立的振动系统, 它与外界不交换能量, 因而总能量不变.

和横波一样, 纵波也可以形成驻波. 图 9.6-3 表示纵波的驻波. 在纵驻波中, 波节两边的质点在某一时刻涌向波节, 使波节附近成为质点密集区, 半周期后, 又向两边散开, 使波节附近成为质点稀疏区, 相邻波节附近质点的密集和稀疏情况正好相反.

图 9.6-3　纵驻波

### 4. 多自由度振动、简正模式与简正频率

由以上讨论可见,驻波实质上是一种振动,是多自由度的振动. 因而,对一定的驻波系统,也有固有频率,只是固有频率不止一个,而有许多个.

例如,对两端固定的弦,其上任一波扰动经两端反射即成两列反向行进波,叠加后成驻波. 这样的系统所能激发的驻波,在弦的两端必须为波节,因而其波长有一定限制,弦长 $l$ 必为半波长的整数倍,即

$$l = n \cdot \frac{\lambda}{2}, \quad \lambda = \frac{2l}{n}$$

而 $u = \lambda\nu$,从而对频率也有限制,允许存在的频率为

$$\nu_n = \frac{u}{\lambda} = \frac{n}{2l}u \quad (n = 1, 2, \cdots) \tag{9.6-5}$$

对弦来说,有

$$\nu_n = \frac{n}{2l}\sqrt{\frac{F_T}{\rho_l}} \tag{9.6-6}$$

其中与 $n = 1$ 对应的频率称为**基频**:$\nu_1 = \frac{1}{2l}u = \frac{1}{2l}\sqrt{\frac{F_T}{\rho_l}}$,其他频率依次称为 2 次、3 次……**谐频**(对声驻波则分别称**基音**和**泛音**). 类似 8.5 节中讨论两个自由度振动时引入的简正模式和简正频率,各种允许频率所对应的驻波(即简谐振动方式)即为简正模式,相应的频率为简正频率,都是系统的固有频率. 对两端固定的弦这一驻波系统,有无限多个简正模式和简正频率,这正与系统有无限多个自由度相对应. 这无限多的自由度来自于弦可以看成由无限多个质元组成并且质元之间允许相对运动. 而在 8.5 节中的耦合摆或演示实验的耦合复摆只有两个自由度,对应于摆角 $\theta_1$ 与 $\theta_2$. 这是因为对于耦合摆,摆球可看成质点,摆线与弹簧的质量不考虑;对于耦合复摆,复摆是刚性的,也不考虑弹簧的质量. 因此,这种情况下,两个自由度对应两个简正模式和两个简正频率.

对一端固定另一端自由的弦,有 $l = (2n-1)\frac{\lambda}{4}, \lambda = \frac{4l}{2n-1}$,允许频率为

$$\nu_n = \frac{2n-1}{4l}u \quad (n = 1, 2, \cdots) \tag{9.6-7}$$

对弦,有

$$\nu_n = \frac{2n-1}{4l}\sqrt{\frac{F_\text{T}}{\rho_l}} \tag{9.6-8}$$

图 9.6-4 所示为弦的几种简正模式.

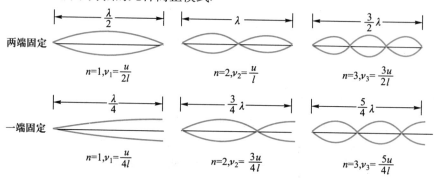

图 9.6-4  弦振动的简正模式

就像二自由度振动系统中任一种振动都可看成两种简正模式的简谐振动的线性叠加一样,多自由度驻波系统中的任一波扰动也可看成一系列简正模式驻波的线性叠加. 不同的波扰动,所对应的每一种模式成分的大小(和相位)不同. 其中某些模式也可以不出现. 例如,对两端固定的弦,当其中点受拨或受击而振动时,中点为波节的那些模式(对应 2 次、4 次、6 次……谐频)就不出现. 当距一端 $l/n$($n$ 为整数)的点受拨或受击而振动时,该点为波节的那些模式(对应 $n$ 次、$2n$ 次等谐频)就不出现. 利用这一原理,在乐器演奏中,选择适当位置的击点,就可以有效地避免某些谐频(泛音)的出现,使演奏的音色更美.

类似地,在二维、三维情况下连续系统也有简正模式和简正频率,这些简正频率都是连续系统的固有频率. 二维情况下连续系统的简正模式对应二维情况下的驻波. 扫描右侧二维码可观看克拉尼图形介绍,视频中可以看到二维情况下连续系统的驻波图样,即驻波波节连成的图样.

▶ 视频:克拉尼图形

### 5. 例题

**例1** 两人各执长为 $l$ 的绳的两端,以相同角频率和振幅在绳上激起波动,右端的人的振动比左端的人的振动相位超前 $\varphi$,试以中点为坐标原点描写合成驻波. 由于绳很长,不必考虑反射. 绳上的波速设为 $u$.

**解:** 不妨设左端的振动为 $y_1 = A\cos\omega t$,则右端振动为 $y_2 = A\cos(\omega t + \varphi)$. 设右行波的运动学方程为

$$y_1 = A\cos(\omega t - kx + \varphi_1)$$

左行波的运动学方程为

$$y_2 = A\cos(\omega t + kx + \varphi_2)$$

由题意,当 $x = -\dfrac{l}{2}$ 时,$y_1 = A\cos\omega t$,即

$$A\cos\left(\omega t + k \cdot \frac{l}{2} + \varphi_1\right) = A\cos\omega t$$

故

$$\varphi_1 = -k \cdot \frac{l}{2}$$

当 $x=\dfrac{l}{2}$ 时, $y_2=A\cos(\omega t+\varphi)$, 即

$$A\cos\left(\omega t+k\cdot\dfrac{l}{2}+\varphi_2\right)=A\cos(\omega t+\varphi)$$

故

$$\varphi_2=\varphi-\dfrac{kl}{2}$$

于是

$$y_1=A\cos\left(\omega t-kx-\dfrac{kl}{2}\right)$$

$$y_2=A\cos\left(\omega t+kx+\varphi-\dfrac{kl}{2}\right)$$

合成波

$$y=y_1+y_2=2A\cos\left(kx+\dfrac{\varphi}{2}\right)\cos\left(\omega t-\dfrac{kl}{2}+\dfrac{\varphi}{2}\right)$$

其中 $k=\dfrac{\omega}{u}$, 所以

$$y=2A\cos\left(\dfrac{\omega x}{u}+\dfrac{\varphi}{2}\right)\cos\left(\omega t-\dfrac{\omega l}{2u}+\dfrac{\varphi}{2}\right)$$

当 $\varphi=0$ 时, $x=0$ 处为波腹; 当 $\varphi=\pi$ 时, $x=0$ 处为波节.

**例 2** 长为 $l$ 的弦右端固定, 左端受简谐横向力 $F=F_0\cos\omega t$ 的作用, 求在弦上激起的驻波的表示式. 设弦的特征阻抗为 $Z_0(Z_0=\rho_l u)$.

**解**: 在弦上激起的驻波必具有 (9.6-4) 式的形式:

$$y=A\cos(kx+\varphi)\cos(\omega t+\psi) \tag{1}$$

取左端为坐标原点, 则右端坐标为 $x=l$, 右端固定, 必为波节, 于是有

$$\cos(kl+\varphi)=0$$

由此得

$$\varphi=(2n+1)\dfrac{\pi}{2}-kl \quad (n\text{ 为整数}) \tag{2}$$

代入 (1) 式, 得

$$y=A\cos\left[kx-kl+(2n+1)\dfrac{\pi}{2}\right]\cos(\omega t+\psi)$$

$$=\pm A\sin k(l-x)\cos(\omega t+\psi) \tag{3}$$

其中 $A$、$\psi$ 可由 $x=0$ 处的边界条件决定, 即由

$$F=-F_{\mathrm{T}}\dfrac{\partial y}{\partial x}\bigg|_{x=0}$$

或

$$F_0\cos\omega t=\pm F_{\mathrm{T}}kA\cos kl\cos(\omega t+\psi)$$

决定. 可见 $\psi=0$ 或 $\pi$, 且

$$A=\dfrac{F_0}{F_{\mathrm{T}}k\cos kl}=\dfrac{F_0}{\omega Z_0\cos kl} \tag{4}$$

代入 (3) 式, 得

$$y=\dfrac{F_0}{\omega Z_0\cos kl}\sin k(l-x)\cos\omega t \tag{5}$$

由(4)式,当 $\cos kl = 0$ 即 $kl = (2n+1)\dfrac{\pi}{2}$,或

$$\lambda_n = \frac{4l}{2n+1} \tag{6}$$

时,$A$ 趋于无限大,此即共振. 对应的角频率为

$$\omega_n = \frac{(2n+1)\pi}{2l}u \tag{7}$$

此时原点处质点的速度为

$$v\,|_{x=0} = \frac{\partial y}{\partial t}\bigg|_{x=0} = -\omega A \sin\,kl\sin\,\omega t = \omega A \sin\,kl\cos\left(\omega t + \frac{\pi}{2}\right) \tag{8}$$

其相位比外力超前 $\pi/2$. 若将力幅与原点(受力点)速度幅之比称为输入阻抗,记为 $Z$,则

$$Z = \frac{F_0}{\omega A \sin\,kl} = Z_0 \cot\,kl \tag{9}$$

## §9.7 多普勒效应

演示实验:多普勒效应

在无色散情况下,波在介质中的传播速度是恒定的,不会因波源运动而改变,也不因观察者运动而改变. 但当波源(或观察者)相对介质运动时,观察者所接收到的频率却可以改变. 当我们站在铁路旁,有火车高速经过时,汽笛声会由高亢变为低沉,就是这个缘故. 如果观察者运动,而火车静止,也有类似的现象. 这种由于波源或观察者(或两者)相对介质运动而造成的观察者接收频率发生改变的现象,称为**多普勒效应**.

### 1. 多普勒频移

下面就来导出接收频率的改变(频移)与观察者和波源速度的关系. 为简单起见,设波源 S 或观察者 R 的运动都在波源与观察者的连线上,并以 $v_R$ 表示观察者相对介质的速度,以趋近波源为正;以 $v_S$ 表示波源相对介质的速度,以趋近观察者为正;介质中的波速为 $u$;波源发射频率为 $\nu$.

**(1)波源静止,观察者运动**

这时 $v_S = 0, v_R \neq 0$. 所谓观察者的接收频率,就是单位时间内通过观察者的完整波长数. 波在 1 s 内相对介质行进了距离 $u$,当观察者不运动时,波在 1 s 内相对观察者也行进了距离 $u$,观察者接收到的频率为 $\dfrac{u}{\lambda} = \nu$. 由于观察者运动,1 s 内波相对观察者行进 $u + v_R$,故观察者接收到的频率为

$$\nu' = \frac{u + v_R}{\lambda} = \frac{u}{\lambda}\left(1 + \frac{v_R}{u}\right) = \left(1 + \frac{v_R}{u}\right)\nu \tag{9.7-1}$$

如图 9.7-1 所示. 当 $v_R > 0$ 时,$\nu' > \nu$;当 $v_R < 0$ 时,上式仍可用,但 $\nu' < \nu$.

### （2）波源运动，观察者静止

这时 $v_S \neq 0$，$v_R = 0$。波在 1 s 内相对观察者行进的距离仍为 $u$，但由于波源的运动，使波长缩短。当波源静止时，相邻两相位相等的等相面之间的距离为 $\lambda$。波源运动时，当第一个等相面自波源发出后，该面即以速度 $u$ 向前行进，在第二个同相位的等相面发出时，波源已向前移动了 $uT$ 的距离，而这时第一个等相面已向前行进 $uT = \lambda$ 的距离，结果两同相位等相面之间的距离变为 $\lambda - v_S T$，这就是现在的波长 $\lambda'$，所以

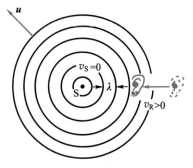

图 9.7-1　观察者朝波源运动使接收频率增加

$$\lambda' = \lambda - v_S T$$

如图 9.7-2 所示。故观察者接收到的频率

$$\nu' = \frac{u}{\lambda'} = \frac{u}{\lambda - v_S T} = \frac{u}{\lambda\left(1 - \dfrac{v_S}{u}\right)} = \frac{1}{1 - \dfrac{v_S}{u}}\,\nu \tag{9.7-2}$$

可见 $\nu' > \nu$。当 $v_S < 0$ 时，上式仍适用，但 $\nu' < \nu$。

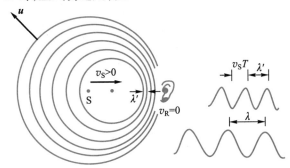

图 9.7-2　波源朝观察者运动使波长缩短

### （3）波源和观察者都运动

这时 $v_S \neq 0$，$v_R \neq 0$。只要把 1、2 结合起来，即可得波源和观察者都运动时观察者接收到的频率为

$$\nu' = \frac{u + v_R}{\lambda - v_S T} = \frac{u + v_R}{\lambda\left(1 - \dfrac{v_S}{u}\right)} = \frac{u\left(1 + \dfrac{v_R}{u}\right)}{\lambda\left(1 - \dfrac{v_S}{u}\right)}$$

$$= \frac{1 + \dfrac{v_R}{u}}{1 - \dfrac{v_S}{u}}\,\nu \tag{9.7-3}$$

如果两者运动不在连线上，只要把速度在连线上的分量算作 $v_S$、$v_R$ 即可。

### 2. 多普勒效应测血流速度

多普勒效应有广泛的应用. 利用超声波的多普勒效应测量血流速度,就是一例. 图 9.7-3 是多普勒超声血流计的原理图. 频率为 $\nu$ 的超声波由探头 I 发出,经血流中的红细胞反射后,由探头 II 接收,由接收频率与发射频率的差,就可求出红细胞的运动速度. 由于红细胞随血浆一起运动,这也就是血流速度. 设红细胞速度为 $v$, 超声束与血流方向夹角为 $\theta$,超声波在人体组织中传播速度为 $u$,当红细胞受到超声波照射时,它犹如"观察者",当它反射超声波时,又犹如"声源",由(9.7-3)式并考虑到超声束与血流的夹角,不难得出探头 II 接收到的频率为

$$\nu' = \frac{1+\dfrac{v\cos\theta}{u}}{1-\dfrac{v\cos\theta}{u}}\,\nu \tag{9.7-4}$$

图 9.7-3　多普勒超声血流计原理图

通常 $v \ll u$,上式简化为

$$\nu' = \left(1 + \frac{2v\cos\theta}{u}\right)\nu \tag{9.7-4a}$$

由上式,不难由 $\Delta\nu = \nu' - \nu$ 求出 $v$.

利用多普勒效应测其他含颗粒物液体流速的原理与此相仿.

### 3. 冲击波

当波源速度 $v_s > u$ 时,波前的包迹将形成一个顶角为 $\alpha$ 的锥面,如图 9.7-4 所示. 由图不难看出,此锥顶角满足

$$\sin\alpha = \frac{u}{v_s} \tag{9.7-5a}$$

$$\alpha = \arcsin\frac{u}{v_s} \tag{9.7-5b}$$

图 9.7-4　冲击波的形式

$\dfrac{v_s}{u}$ 通常称为**马赫数**,$\alpha$ 称马赫角. 锥形包迹的向前推进,形成冲击波,超音速飞机所发出的一种刺耳声音,就是这种冲击波引起的.

由于水波的传播速度较小，船速很易超过它，因而这种现象在水面上很易观察到. 这时，由波前包迹所造成的波叫舷波. 当带电粒子在介质中以大于介质中光速的速度运动时，相应的波前包迹所造成的波形成切连科夫辐射.

### 4. 例题

**例** 一人手执一音叉向一高墙以 5 m/s 的速度运动，音叉的频率为 500 Hz，声音传播速度为 $\frac{1}{3}$ km/s. 试计算此人所听到的声音的拍频.

**解**：对墙来说，波源在运动，故墙所接收的频率由(9.7-2)式决定. 对人来说，当他听见自墙反射的声音时，他又在运动，他所听到的频率与墙反射的频率的关系由(9.7-1)式联系，故人所听到的自墙反射的声音的频率为

$$\nu'' = \left(1 + \frac{v_R}{u}\right)\nu' = \left(1 + \frac{v_R}{u}\right)\frac{1}{\left(1 - \frac{v_R}{u}\right)}\nu$$

将 $v_R = 5$ m/s，$u = \frac{1}{3} \times 1\,000$ m/s，$\nu = 500$ Hz 代入上式，得

$$\nu'' = 515.2 \text{ Hz}$$

人一方面听到直接发自音叉的声音，频率为 500 Hz，又听到自墙壁反射的声音，频率为 515.2 Hz，两者形成拍，拍频为

$$\Delta\nu = \nu'' - \nu = 515.2 \text{ Hz} - 500 \text{ Hz} = 15.2 \text{ Hz}$$

## 本章小结

本章首先分析了波扰动在介质中传播而形成波的物理机制，介绍了诸如横波、纵波、波前等波的几何学描述，讨论了波长、频率和波速的意义及它们之间的相互关系. 在此基础上，着重从运动学、动力学和能量等方面讨论了波的特征. 首先讨论了简谐波的运动学描述，导出简谐波的表达式，它实质上是质元振动的位移与质元所在位置和时间的关系. 接着从动力学角度分析了波扰动的传播过程，导出了波动方程，进而说明波的传播速度与介质性质的联系：介质的弹性越大，波速越快，惯性越大，波速越慢，并在导出水面波波速的基础上讨论了色散和群速度的概念. 继而在分析波扰动传播过程中各质元动能与势能如何随时间变化的基础上，说明波的传播过程也是能量的传播过程，并引进波的能流密度和强度等概念.

本章后半部分应用前半部分提出的概念和方法，讨论了波的传播过程所遵循的规律和两束波互相交叠时所发生的现象. 利用惠更斯原理，定性分析了波在两种介质交界面上的反射和折射所遵循的规律及波在遇到障碍物时的衍射现象；介绍了两列相干波交叠时所发生的干涉现象. 着重从运动学、动力学和能量角度分析了两列反向行进的波交叠后所形成的驻波的特征：它是一种完全消失了行波特征的干涉现象，因而实质上是无穷多自由度的振动，它有无穷多种以单一频率振动的方

式(简正模式)和相应的频率(简正频率),当以某一模式振动时,相邻波节(或波腹)的间距为半波长. 最后分析了波源或观察者相对介质运动时,观察者所接收到的频率发生变化的现象——多普勒效应.

## 思考题

**9.1**  当介质中传播着某种频率的简谐波时,(1)每个质元的振动周期与波动周期是否相同? (2)每个质元的运动速度与波的传播速度是否相同?

**9.2**  试判断下列几种关于波长的说法的正确性:

(1)在波传播方向上相邻两个位移相同点的距离;

(2)在波传播方向上相邻两个运动速度相同点的距离;

(3)在波传播方向上相邻两个振动相位相同点的距离.

**9.3**  根据波长、频率、波速的关系式 $u=\lambda\nu$,能否用提高频率的方法来增大波在介质中的传播速度 $u$?

**9.4**  当波从一种介质透入另一种介质时,波长、频率、波速、振幅诸量中,哪些量会改变,哪些量不会改变?

**9.5**  波可以传递能量,粒子也可传递能量,这两种传递能量的方式有什么不同?

**9.6**  波动运动学方程 $y=A\cos\omega\left(t-\dfrac{x}{u}\right)$ 中,$\dfrac{x}{u}$ 表示什么意思? 如果把上式改写成 $y=A\cos\left(\omega t-\dfrac{\omega x}{u}\right)$,$\dfrac{\omega x}{u}$ 又表示什么意思?

**9.7**  在波动运动学方程 $y=A\cos\omega\left(t-\dfrac{x}{u}\right)$ 中,$x=0$ 的点是否一定是振源?

**9.8**  在气体中,是否可能传播光频机械波? (光频 $\approx10^{14}\sim10^{15}$ Hz)为什么?

**9.9**  波能传递能量,它是否也传递动量? 是否也传递角动量?

**9.10**  入射波到达两种介质的交界面,部分反射,部分透入,试判断下列几种关于反射波与透射波振幅的说法的正确性:

(1)反射波与透射波的振幅都一定比入射波的小;

(2)反射波与透射波的振幅都可能比入射波的大;

(3)反射波的振幅一定比入射波的小,透射波的振幅可能比入射波的大;

(4)反射波的振幅可能比入射波的大,透射波的振幅一定比入射波的小.

**9.11**  波在铅中的传播速度比在铜中的小,试定性分析之.

\* **9.12**  对于深水波,每个水质元都作同频率的圆运动,那么,水面波的波形是否仍是正弦曲线? 试分析之.

\* **9.13**  "长江后浪推前浪"这句话从物理上说,是否有根据?

\* **9.14**  试证明群速度两种表示式 $u_{g}=\dfrac{\mathrm{d}\omega}{\mathrm{d}k}$ 和 $u_{g}=u_{p}-\lambda\dfrac{\mathrm{d}u_{p}}{\mathrm{d}\lambda}$ 的一致性.

**9.15** 在波传播过程中,每个质元的能量随时间而变,这是否违反能量守恒原理?

**9.16** 在波传播过程中,动能密度与势能密度相等的结论,对非简谐波是否成立?为什么?

**9.17** 驻波中,每个质元均作同相位的简谐振动,那么,每个振动质元的能量是否保持不变?

**9.18** 有人提出一个问题:"既然驻波是两个反向行进波的叠加,其能流应永远为零,何以在驻波的两个波节之间的区域中,仍有能量的局部流动?"你将如何回答?

**9.19** 在弦线上有两个对称的正负脉冲沿相反方向行进,如思考题 9.19 图所示,在它们相遇的某一瞬时,弦线上所有质点都没有位移,试问,在该瞬时,两个波脉冲的能量是否消失了?

思考题 9.19 图

**9.20** 每当管弦乐队起劲地演奏时,管乐器的音调升高而弦乐器的音调降低,试说明之.

**9.21** 如果小提琴没有共鸣板,则拨动后的琴弦其振动时间将长些还是短些?试说明之.

**9.22** 在上海博物馆保存有我国古代的一个铜面盆,称为"鱼洗",盆底雕刻着两条鱼,在盆中盛水,用手在盆边轻轻摩擦,就能在两条鱼的嘴上方激起很高水柱,试从物理上给这一现象作个合理的解释.

**9.23** 一根管子可以起声学滤波器作用,也就是说,它不允许不同于自己固有频率的声波通过管子,汽车上的消声器就是一例.(1)试说明这种滤波器是怎样工作的?(2)如何确定它的截止频率,在这频率以下的声波就不能通过了.

**9.24** 在某一参考系中,声源与观察者都是静止的,但传播声波的介质相对于参考系运动.试问,观察者接收到的声波的波长是否改变?频率是否改变?如果介质静止,而声源与观察者以相同速度向同一方向运动,则情况又如何?

## 习题

**9-1** 人耳能听到的声音,其频率范围一般为 20 ~ 20 000 Hz. 试计算在 25 ℃的海水中人耳能听到的声音的波长范围. 已知声音在 25 ℃海水中的传播速度为 1 531 m/s.

**9-2** 设有一简谐横波:

$$y = 5.0\cos 2\pi\left(\frac{t}{0.05} - \frac{x}{10}\right)$$

其中 $x$、$y$ 的单位为 cm,$t$ 的单位为 s. 试求:

(1)振幅 $A$、频率 $\nu$、波长 $\lambda$ 以及波速 $v$;

(2)若某处振动的初相位为 $\frac{3}{5}\pi$,求该处的位置 $x$.

**9-3** 一正弦横波沿一弦线自左向右传播,传播速度为 80 cm/s. 观察弦上某点的运动,发现该点在作振幅为 2 cm,频率为 10 Hz 的简谐振动. 若取该点为坐标 $x$ 的原点,当 $t=0$ 时,该点正好位于原点,且具有向 $y$ 正方向运动的速度. 试求:

(1)此波的波长 $\lambda$;

(2)弦上该点的振动方程;

（3）此波的运动学方程；

（4）弦上 $x=4\,\text{cm}$ 处质点振动的初相位 $\varphi'$.

**9-4** 一平面简谐波以 $2.0\,\text{m/s}$ 的速度向 $x$ 负方向传播,若波源的位置在 $x=0$ 处,则在 $x=-0.50\,\text{m}$ 处质点的振动方程为:$y=0.10\cos\left(\pi t+\dfrac{\pi}{12}\right)$,其中 $y$ 以 m 为单位,$t$ 以 s 为单位. 试求:

（1）波长 $\lambda$；

（2）波源的振动方程；

（3）波的运动学方程.

**9-5** 一波沿 $x$ 轴传播,观察到 $x$ 轴上两点 $x_1$ 和 $x_2$ 处介质的质点均作频率为 $2.0\,\text{Hz}$ 的简谐振动,$x_1$ 处振动相位比 $x_2$ 处落后 $\dfrac{\pi}{4}$. 已知 $x_2-x_1=3.0\,\text{cm}$.

（1）试问此波是沿 $x$ 正方向传播,还是沿 $x$ 负方向传播?（设 $\lambda>3\,\text{cm}$）

（2）试求波长 $\lambda$ 和波速 $v$.

**9-6** 一平面简谐波沿 $x$ 方向传播,在 $t=0$ 时刻的波形如题 9-6 图所示.

（1）试分别画出 $t=\dfrac{1}{4}T,\dfrac{1}{2}T,\dfrac{3}{4}T$ 三个时刻的波形图；

（2）试分别画出 $x=0,x_1,x_2,x_3$ 四处的振动曲线图.

题 9-6 图

**9-7** 一根质量线密度为 $4\times10^{-3}\,\text{kg/m}$ 的均匀钢丝,被 $10\,\text{N}$ 的力所拉紧. 钢丝的一端有一正弦式的横向波扰动,经过 $0.1\,\text{s}$,此波扰动即传到钢丝的另一端,而扰动源正好经历 $100$ 个周期. 求此波的波长.

**9-8** 在拉紧的弦上传播的一个波脉冲,可表示为

$$y(x,t)=\frac{b^3}{b^2+(2x-ut)^2}$$

式中 $b$、$u$ 均为常量.

（1）画出 $t=0$ 时的波形图；

（2）波脉冲传播的速率及方向如何?

（3）试求 $t=0$ 时刻弦上任一点 $x$ 的横向速度.

**9-9** 在一半径为 $10\,\text{cm}$ 的圆柱形管子里,一平面简谐空气波沿轴向传播,波长和频率分别为 $\lambda=0.80\,\text{m},\nu=425\,\text{Hz}$,波的能流密度为 $1.7\times10^{-2}\,\text{J/(s}\cdot\text{m}^2)$. 试求:

（1）管中波的平均能量密度和最大能量密度；

（2）两个相邻同相位面间的总能量.

**9-10** 一波源以 $35\,000\,\text{W}$ 的功率发射球面电磁波. 在某处测得该波的平均能量密度为 $7.8\times10^{-15}\,\text{J/m}^3$. 求该处离波源的距离. 电磁波的传播速度为 $3.0\times10^8\,\text{m/s}$.

**9-11** 以下两列波在介质中叠加:

$$y_1=A\cos(6t-5x)$$
$$y_2=A\cos(5t-4x)$$

式中 $x$、$y_1$、$y_2$ 的单位是 m,$t$ 的单位是 s.

（1）求此两列波的相速度 $v_{p1}$、$v_{p2}$；

（2）写出合成波的方程，并求出振幅为零的相邻两点之间的距离；

（3）求群速度 $v_g$.

**9-12**　把两根连在一起的弦线拉紧. 设想有一行波入射到相接处，为使反射波的振幅 $B$ 与入射波的振幅 $A$ 之比 $\dfrac{B}{A} = \dfrac{1}{3}$. 试求：

（1）两根弦线的线密度之比 $\rho_{l1}/\rho_{l2}$（设入射波从弦线 1 向弦线 2 方向传播）；

（2）透射波的振幅 $C$ 与入射波振幅 $A$ 之比 $\dfrac{C}{A}$.

**9-13**　一声源在空气中向各方向均匀地发射频率 $\nu = 440\ \text{Hz}$ 的声波，在与声源相距 5 m 处的声强级为 $L = 80\ \text{dB}$. 已知空气密度 $\rho_0 = 1.294 \times 10^{-3}\ \text{kg/m}^3$，声速 $v = 331\ \text{m/s}$，试求：

（1）该处声振动的振幅和声源的功率；

（2）声强级为 $L' = 60\ \text{dB}$ 处离声源的距离.

**9-14**　一列纵波在两种介质的界面上发生反射. 设入射波与反射波的振动方向不变，在入射波所在的介质中纵波的波速是横波波速的 $\sqrt{3}$ 倍. 试问为了使反射波是一横波，入射角应为多大？

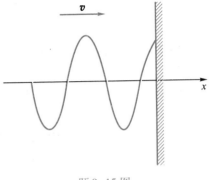

**9-15**　一入射波在固定端全反射，某一瞬时的波形如题 9-18 图所示. 试画出此瞬时反射波的波形图.

**9-16**　在绳索上传播的波，其表示式为

$$y = 3\cos\left[2\pi\left(\frac{t}{0.1} - \frac{x}{10}\right) - \frac{\pi}{3}\right]$$

题 9-15 图

式中 $x$、$y$ 的单位为 cm，$t$ 的单位为 s. 为在绳索上形成驻波（在 $x = 0$ 处为波节），则应叠加一个什么样的波？写出此波的表示式. 并写出驻波的表示式.

**9-17**　设入射波的方程为

$$y = 0.2\cos(\pi t - 1.5\pi x + 0.4\pi)$$

其中 $x$、$y$ 的单位是 m，$t$ 的单位是 s. 波在 $x = 0$ 处反射. 试就以下两种情况，求在振幅不衰减情况下合成驻波的方程. 并指出 $x = 0$ 处是波节还是波腹.

（1）$x = 0$ 处是自由端；

（2）$x = 0$ 处是固定端.

**9-18**　一平面简谐波沿 $x$ 方向传播，其表示式为

$$y = A\cos(\omega t - kx + \varphi_0)$$

在 $x = x_0$ 固定端处反射. 求反射波的表示式. 设振幅不衰减.

**9-19**　如题 9-22 图所示，一沿 $x$ 方向传播的波，在固定端 $B$ 点处反射. $A$ 点处的质点由入射波引起的振动方程为

$$y_A = A\cos(\omega t + 0.2\pi)$$

已知入射波的波长为 $\lambda$，$OA = 0.9\lambda$，$AB = 0.2\lambda$. 设振幅不衰减. 试求：

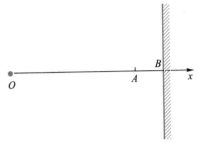

题 9-19 图

（1）入射波方程；

（2）反射波方程；

（3）合成驻波方程.

**9-20**　若上题中的波介质是线密度为 1.0 g/cm 的弦线，而 $A = 2.0$ cm，$\omega = 40\pi$ s$^{-1}$，$\lambda = 20$ cm. 求相邻两波节间的总能量.

**9-21**　如题 9-24 图所示，一根线密度为 0.15 g/cm 的弦线，其一端与一频率为 50 Hz 的音叉相连，另一端跨过一定滑轮后悬一重物给弦线提供张力，重物质量为 $m$，音叉到滑轮间的距离 $l = 1$ m. 当音叉振动时，为使弦上形成一个、两个、三个波腹，则重物的质量 $m$ 应各为多大？

题 9-21 图

**9-22**　某乐器为一根一端封闭，一端开放的细管，为使此乐器的基音频率为 256 Hz（即中音 C），求管的长度. 设空气中的声速为 334 m/s.

**9-23**　两根完全相同的琴弦，它们的基频都是 357 Hz. 其中一根琴弦的弦轴略有松动，以致该弦的张力以恒定的速率减小，其每秒减小量 $\Delta F_T$ 与原张力 $F_{T0}$ 之比为 0.001. 问经过多少时间，此两琴弦同时发声时会产生 1 Hz 的拍频？

**9-24**　火车以 25 m/s 的速率行驶，其汽笛声的频率为 500 Hz. 一个人站在铁轨旁，当火车从他身边驶过时，他听到汽笛声的频率变化是多大？设声速为 340 m/s.

**9-25**　上题中的人若坐在一辆汽车里，而汽车在铁轨旁的公路上以 18 m/s 的速率迎着火车行驶. 试问此人听到汽笛声的频率为多大？

**9-26**　题 9-27 中的人若站在离铁轨 100 m 处. 当 $t = 0$ 时，人与汽笛的连线与火车速度垂直. 问 $t$ 为多少时，人所听到的汽笛声的频率比原频率低 25 Hz（即 475 Hz）？

**9-27**　一装置于海底的超声波探测器，发出一束频率为 30 000 Hz 的超声波，被向着探测器驶来的潜艇反射回来，反射波与原来的波合成后，得到频率为 241 Hz 的拍. 求潜艇的速率. 设超声波在海水中的波速为 1 500 m/s.

**9-28**　某多普勒超声血流计探头发出频率为 1 MHz 的超声波，接收到的频率比发射频率增加 35.0 Hz，超声波束与血流方向夹角为 45°，超声波在人体组织中的传播速度为 $1.50 \times 10^3$ m/s，求血流速度.

第九章习题参考答案

爱因斯坦（Albert Einstein, 1879—1955） 20世纪最伟大的自然科学家,物理学革命的旗手,近代物理学的创始人之一.他在物理学的三个不同领域中取得了历史性成就,特别是狭义相对论的建立和光量子论的提出,推动了物理学理论的革命.

📄 文档:爱因斯坦简介

# 第 五 篇

# 相 对 论

📖 阅读材料:爱因斯坦与光量子学说和相对论的创立

经典物理学向近代物理学的过渡,主要是由两项独立的发现促成的.一是1900年普朗克提出的关于辐射能量的吸收和发射的量子假说,二是1905年爱因斯坦提出的狭义相对论.相对论的核心是关于空间和时间观念的论述,它指出,作为整个牛顿力学基础的时间和空间的观念,尽管与人们已有的经验相符,实际上并不是普遍正确的.相对论涉及的是物理学中的一些最基本的观念,很难把它归属于物理学的哪一分支;相反它却以不同的程度影响着物理学的所有内容.与物理学中的其他理论不同,相对论既不是直接从实验引出来的,也不是为消除分歧的观点而寻找到的.相对论完全是在对已被普遍接受的物理概念进行缜密审查的基础上提出的.狭义相对论以爱因斯坦的两条基本假设为基础.这两条基本假设是爱因斯坦以实验事实为背景,对时间和空间概念进行了深刻分析后提出的.在狭义相对论中,空间和时间是彼此密切联系的统一体,空间的距离和时间的进程都是相对的,在相对尺和钟运动的参考系看,尺的长度变短,钟走得慢了.狭义相对论对空间和时间概念所进行的革命性的变革,对牛顿力学乃至整个物理学产生了深远的影响.

狭义相对论也使牛顿的万有引力定律出现了新问题.牛顿提出的万有引力被认为是一种超距作用,引力以无穷大的速度传递,它的产生和到达是同时的.这与光速是传播速度的极限相矛盾,而且与狭义相对论关于同时性的相对性相抵触.因此必须对牛顿的万有引力定律加以改造.根据物体的引力质量与惯性质量成正比的事实,爱因斯坦认为万有引力效应是空间、时间弯曲的一种表现,从而提出了广义相对论. 在引力较弱,空间和时间弯曲很小的情况下,广义相对论的预言与牛顿的万有引力定律的预言趋向一致.

本篇重点介绍狭义相对论的时空观念,着重讨论狭义相对论的运动学效应,讨论在狭义相对论的基础上建立起来的质点动力学的定律,最后,极其简单地介绍一点广义相对论的基本思想.

# 第十章
# 相对论和相对论力学

## §10.1 牛顿时空观和伽利略变换回顾

### 1. 牛顿时空观评述

从 17 世纪起,经过伽利略、开普勒、牛顿以及其他科学家如惠更斯、胡克、莱布尼茨、伯努利、玻意耳等人的努力,经典力学已发展到非常完善的地步,其中牛顿的成就当然是最杰出的. 由于牛顿的时空观与人们的日常经验相一致,加之牛顿所确立的力学基本定律和万有引力定律对自然现象(包括地上的和天上的)解释的成功,直到 19 世纪 70 年代,几乎没有人对牛顿力学的基础——牛顿的时空观产生过疑问.

牛顿的时空观念是绝对时空观念,在第二章中已有介绍. 按照牛顿的观念,空间是与物质及其运动无关的框架. 时间被认为与空间无关地独立存在着,而诸如过去、现在和将来等词语的意义被认为是绝对明确的. 经典力学就是建立在这样一个看起来和人们的日常体验一致的时空概念上的.

绝对时空概念并未在经典力学中造成什么麻烦. 尽管牛顿认为绝对运动是客观存在的,但是在牛顿力学中研究的运动都是相对运动,而对力学的规律来说,静止或相互作匀速直线运动的惯性系都是等价的,从此意义上讲,牛顿虽然提出了绝对空间的概念,但他自己也没有提出寻找这种真正的绝对空间的方法. 实际上,力学相对性原理表明,对绝对运动的需要已被一组惯性系所替代. 然而绝对时间的概念则一直在牛顿力学中发挥着作用.

历史上,最早对牛顿的时空观念发生怀疑并进行挑战的是马赫. 1883 年,马赫发表了他的教科书《力学发展史》,书中对牛顿力学作了批判,这是牛顿的力学原理受到的第一次尖锐的批评. 马赫指出了牛顿力学的主要缺点集中在牛顿关于时间、空间和运动的观念上. 牛顿认为时间是绝对的,不管任何外部事物如何,总是均匀、不停地流逝着. 相对的、表观的和普适的时间,在某种意义上是可觉察的,是通过对物体的运动所估计出来的绝对时间的外部测量,无论正确与否,通常是用诸如一小时、一天、一月、一年这样的量度来表示真实时间. 马赫指出:既然时间必须通过某个物理系统的重复运动来测量,例如时钟的摆动或地球绕太阳的公转,那么时间的性质就必须和描述这些物理系统运动的定律联系起来,简单地说,牛顿的没有时钟的时间概念是形而上学的. 要了解时间的性质,我们必须考察时钟的性质. 对于空间的概念,牛顿也存在类似的缺点. 马赫认为,既然在空间的位置是用测量杆,例如米尺来确定的,那么空间的性质只能通过研究米尺的性质才可以理解. 我们必须依

文档:马赫简介

赖自然去理解空间和时间,而不是依赖抽象的推测.

马赫的特殊贡献在于他检验了牛顿思想的最基本方面,用批判的眼光去考察那些似乎是最简单的不值得一提的问题,并坚持认为,要理解自然界的性质,必须依靠经验,而不是依赖于头脑里的抽象概念. 从这种观点来看,牛顿关于时间和空间的观念仅能看成是一种假设或前提. 古典力学正是从这些假设或前提下得出来的结果,但其他假设或前提也是可能的,并可由此得出不同的力学定律.

马赫对牛顿力学的批判,并未立即取得什么效果,但其影响终究是深远的. 尤其是当年轻的爱因斯坦在 1897—1900 年还是苏黎世技术学院的学生的时候,就已经深深地为马赫关于牛顿物理基础方面的见解,以及他所极力主张的物理概念要用观察到的事实来定义的想法所吸引.

然而,推翻牛顿力学的直接原因,并不是马赫对牛顿思想的批判,而与古典物理的另一辉煌成果——麦克斯韦的电磁理论有关.

### 2. 再论伽利略变换

在第二章中,我们已导出了伽利略变换,对于图 10.1-1 中的两个坐标系,变换式为

$$\begin{cases} x' = x - vt \\ y' = y \\ z' = z \\ t' = t \end{cases} \qquad (10.1\text{-}1)$$

图 10.1-1 在两个坐标系中的同一事件的时空坐标

其中,$x$、$y$、$z$、$t$ 是事件相对惯性系 S 的空间时间坐标,$x'$、$y'$、$z'$ 和 $t'$ 为同一事件相对惯性系 S′的空间时间坐标. 这里"事件"一词是指与参考系无关而发生的某件事情. 例如两质点碰撞,无论相对 S 系还是 S′系,大家都一致承认发生碰撞这一事件. 但是,对事件发生的地点和时间,不同参考系中的观测者会给以不同的坐标. 在相对论中,常把一事件发生的时刻和位置称为一时空点,$x$、$y$、$z$、$t$ 就是时空点相对 S 系的"坐标". 伽利略变换给出了同一时空点在 S 系和 S′系中时空坐标的变换公式.

伽利略变换的这种简单形式除了与坐标系 $Oxyz$ 与 $O'x'y'z'$ 的特定选择相联系

外,主要与我们关于时空特性的假定密切有关. 假定之一是我们定义了一个与参考物无关的统一的时间,即存在一种与运动状态无关的计时器,其数学表述就是 $t'=t$. 可以这样说,$t'=t$ 是牛顿绝对时间观念的数学表述,是一个没有经过实验检验的假设. 根据这一假设,在静止状态下校正并同步的两只钟,即使在进入相对运动之后,它们的读数和时率的快慢仍是一致的. 假定之二是在任何给定时刻,空间两点之间的距离或物体的长度是绝对的,与参考系无关,即存在一种与运动状态无关的测量杆. 根据这一假定,在静止状态下经校正的长度相等的两把米尺,即使它们彼此进入相对运动后,它们的长度仍然相等. 这些假定在经典物理中是作为常识被接受下来的.

实际上,绝对时间的假设,必然引出长度具有绝对性的结论. 我们知道,测量一把尺的长度,就得测量尺体两端的坐标. 例如,一尺相对参考系 S 静止,我们测得它的一端 A 的坐标 $x_A$、$y_A$、$z_A$,另一端 B 的坐标 $x_B$、$y_B$、$z_B$,则该尺的长度为

$$L=\sqrt{(x_B-x_A)^2+(y_B-y_A)^2+(z_B-z_A)^2}$$

由于该尺相对 S 系是静止的,不论两端的坐标是否同时测量,这结果总是正确的. 但是相对 S′ 系,该尺与 S 系一起以 $v$ 沿 $x$ 负方向运动,欲在 S′ 系内确定此尺的长度,就必须在同一时刻 $t'$,分别测得尺两端 A、B 的坐标 $x'_A$、$y'_A$、$z'_A$ 和 $x'_B$、$y'_B$、$z'_B$,这里在 S′ 系中测得的尺的长度为

$$L'=\sqrt{(x'_B-x'_A)^2+(y'_B-y'_A)^2+(z'_B-z'_A)^2}$$

若 $x'_A$、$y'_A$、$z'_A$ 和 $x'_B$、$y'_B$、$z'_B$ 在不同时刻测得,则上式并不代表尺的长度. 好比在某一时刻测量一条游鱼的尾巴的位置,却在后一时刻测量这游鱼的头的位置,这样测得的首尾位置的差值并不能给出鱼的长度(图 10.1-2).

$x_A(t_0)$　　$x_B(t_0)$　　$x_A(t_0)$　　　　　　$x_B(t)$

图 10.1-2　相对某参考系测量游鱼的长度

如果时间是绝对的,只要相对某一惯性系两点的坐标是同时测量的,则相对其他惯性系这测量也是同时进行的,那么物体的长度将与参考系无关. 相反,若时间不是绝对的,则相对某一惯性系,通过同时测量物体两端的位置确定了物体的长度,但相对其他惯性系,并不认为这测量是同时进行的,因此,该两端坐标不能确定物体的长度,这样,物体的长度也就与参考系有关了.

伽利略坐标变换导致加速度与参考系的匀速直线运动状态无关的结论,因此,只要物体的质量与其运动状态无关,牛顿运动定律的数学形式对所有的惯性系都相同. 这表明只要坐标和时间满足伽利略变换,牛顿运动定律就服从相对性原理. 若一定律的数学形式,不因坐标系的变换而发生变化,则称这定律是这一坐标变换的协变式或不变式. 若一个物理量,不因坐标变换而改变,则称这一物理量是对这一变换的不变量. 对伽利略变换,加速度是不变量,牛顿第二定律的数学表示式是协变式.

## §10.2 狭义相对论的实验背景

### 1. 相对性原理与电磁学

电磁学的基本定律是麦克斯韦方程组,这组方程预言了电磁波的存在,并为尔后的实验所证实. 由麦克斯韦方程可求得电磁波在真空中传播的速度:

$$c = 2.997\ 924\ 58 \times 10^{8}\ \text{m/s}$$

它等于真空中的光速,并由此建立了光的电磁理论,认为光是一种特殊频率的电磁波. 但在 19 世纪末、20 世纪初,电磁波能在"真空"中传播的思想尚未被人们所接受. 由于机械波必须在介质中传播的思想是如此根深蒂固,以致认为真空中的电磁波乃至光波都在一种特殊的"以太"介质中传播着. 如果认为电磁波在相对以太静止的参考系中的传播速度为 $c$,则根据伽利略的速度变换公式,在以速度 $v$ 相对以太作匀速直线运动的参考系中,电磁波的传播速度应在 $c+v$ 和 $c-v$ 之间.

光速经过伽利略变换后发生变化,表明麦克斯韦方程组对伽利略变换不具有协变性,即相对某一惯性参考系,电磁场的方程表现为麦克斯韦方程,由它可导出电磁波在真空中的传播速度为 $c$;相对另一惯性参考系,电磁场的方程将不同于麦克斯韦方程,由它应导出电磁波在真空中的传播速度不同于 $c$. 如果承认两惯性参考系之间的坐标变换是伽利略变换,那么,电磁学的基本定律与相对性原理是不相容的,因而,通过电磁学的实验,可以发现惯性系是处在静止还是匀速直线运动状态. 不相容的原因可能是:

(1) 相对性原理只适用于力学定律,不适用于电磁学的定律. 若果然如此,则就可能找到一个特殊的惯性系,相对这一惯性系,麦克斯韦方程组成立,电磁波以及光在"真空"以太中的传播速度为 $c$,这意味着至少在电磁学的范围内绝对参考系是存在的.

(2) 存在一普遍的相对性原理,它既适用于力学,也适用于电磁学,两个惯性系之间的坐标变换为伽利略变换,麦克斯韦方程组对伽利略变换不具有协变性,表明麦克斯韦方程组不是电磁学的基本定律,因此必须找到真正反映电磁现象规律的方程组.

(3) 存在一普遍的相对性原理,它既适用于力学,也适用于电磁学,电磁学的基本定律是麦克斯韦方程组. 但伽利略变换不是代表普遍的相对性原理的变换式,因此必须寻找保证麦克斯韦方程为协变式的新的变换公式. 如果对此新的变换公式,牛顿运动定律不符合相对性原理,就得修改牛顿运动定律.

### 2. 寻找绝对参考系的尝试 迈克耳孙–莫雷实验

第一种看法与当时占统治地位的绝对空间观点相一致. 既然相对不同的惯性参考系光的传播速度不同,那么测定并比较光相对不同参考系的传播速度,找到光

阅读材料:
迈克耳孙–莫雷
实验

在其中的传播速度正好是麦克斯韦方程组所预言的光速数值 $c$ 的参考系,也就找到了绝对参考系. 迈克耳孙-莫雷实验就是为发现和寻找绝对参考系而设计的. 迈克耳孙在 1881 年、迈克耳孙和莫雷一起在 1887 年都做了这样的实验.

　　牛顿定律阐明了机械波的产生和传播机制,机械波的传播速度由介质的性质决定. 当机械波在大片介质的某一局部中传播时,波速是相对于与大片介质固定在一起的参考系而言的. 当观测者相对该参考系静止或运动时,观测者测到的波速与伽利略速度变换公式一致. 声音的多普勒效应不仅取决于声源和接收器之间的相对运动,而且取决于两者相对介质的绝对运动.

　　19 世纪,光的波动理论已获得胜利,把光描述为在某种介质中传播的振动的观点已无懈可击,但是光的波动理论仍把光等同于机械波. 按机械波理论,传播波速如此大的光的介质应是一种异常奇特的介质,当时,把这种介质称为**以太**. 以太被假定充满整个空间,麦克斯韦电磁理论预言的光速 $c$ 被认为就是对相对以太静止的参考系的速度. 于是,相对以太以速度 $v$ 运动的观察者将测得光的传播速度 $c'=c-v$. 只要测得 $c'$,就可能求出观察者相对以太运动的速度 $v$.

　　测量地球相对以太的速度首先引人注意. 我们知道,地球既有公转,又有自转,若地球相对以太运动,地球上的观察者将感受到以太风. 如果认为太阳相对以太静止,以太风主要来自地球绕太阳的公转运动(自转速度比公转速度小得多),那么,以太风的速度应等于地球轨道运动的速度,约为 30 km/s,比光速小得多,因此,以太风速的测量比较困难. 迈克耳孙发明了一种光学干涉仪,这种仪器的灵敏度非常高,它可以担当测定以太风速的任务. 图 10.2-1 是迈克耳孙干涉仪的原理图,光源 $S$ 发出一光束,在 $A$ 点由半透明反射镜分成两束,一束光(Ⅰ)在干涉仪中由 $A$ 透射到 $C$,经过 $C$ 点的平面镜反射又返回到 $A$;另一束光(Ⅱ)则由 $A$ 反射向 $B$,经 $B$ 点平面镜反射后也返回到 $A$. 这两束光沿各自的闭合路径传播之后,又重新在 $A$ 点会合,然后在屏上形成干涉条纹,干涉光强由两束光在干涉仪两臂 $AB$、$AC$ 传播的时间差决定.

图 10.2-1　迈克耳孙-莫雷实验原理图

设干涉仪两臂长分别为 $AB=l_{II}$，$AC=l_I$，以太风的速度为 $v$，方向沿 $CA$. 根据以上讨论，沿 $AC$ 的光速为 $c-v$，沿 $CA$ 的光速为 $c+v$，沿 $AB$ 和 $BA$ 的光速为 $\sqrt{c^2-v^2}$，因此，光束（I）由 $A$ 到 $C$ 再加到 $A$ 所经历的时间为

$$t_I = \frac{l_I}{c-v} + \frac{l_I}{c+v} = \frac{2l_I c}{c^2-v^2}$$

光束 II 从 $A$ 到 $B$ 再回到 $A$ 所经历的时间为

$$t_{II} = \frac{2l_{II}}{\sqrt{c^2-v^2}}$$

两束光重新会合时的时间差为

$$\Delta t = t_I - t_{II} = \frac{2}{c}\left( \frac{l_I}{1-\dfrac{v^2}{c^2}} - \frac{l_{II}}{\sqrt{1-\dfrac{v}{c^2}}} \right)$$

如果把干涉仪在图 10.2-1 所示的平面内转动 90°，这时以太风速度的方向将与 $AB$ 平行. 两光束相会时的时间差为

$$\Delta t' = t_I' - t_{II}' = \frac{2}{c}\left( \frac{l_I}{\sqrt{1-\dfrac{v^2}{c^2}}} - \frac{l_{II}}{1-\dfrac{v^2}{c^2}} \right)$$

由此可得，在干涉仪转动前后时间差的改变为

$$\delta t = \Delta t - \Delta t'$$

$$= \frac{2(l_I + l_{II})}{c}\left( \frac{1}{1-\dfrac{v^2}{c^2}} - \frac{1}{\sqrt{1-\dfrac{v^2}{c^2}}} \right)$$

$$\approx \frac{l_I + l_{II}}{c}\left( \frac{v^2}{c^2} \right)$$

根据干涉原理，与此时间差改变所对应的干涉条纹的移动数为

$$\Delta N = \frac{c}{\lambda}\delta t = \frac{l_I + l_{II}}{\lambda}\left( \frac{v^2}{c^2} \right)$$

其中 $\lambda$ 是光波的波长.

1881 年，在迈克耳孙所做的实验中，取 $l_I = l_{II} = 1.2$ m，以钠黄光作光源，其光波的波长 $\lambda = 589.3$ nm，取 $v = 3\times10^4$ m/s，由此可求得 $\Delta N = 0.04$. 按迈克耳孙实验的精度，只要 $\Delta N$ 能达到 0.02 的值，便可测得，但实验结果表明，无干涉条纹的移动发生（至少干涉条纹的移动数比 0.02 小得多）.

1887 年迈克耳孙与莫雷合作，对实验作了改进，他们利用多次反射的方法使光程 $l$ 延长到 $l = 11$ m，按以上讨论，条纹的移动数应为

$$\Delta N = 0.4$$

但实验中亦未观察到条纹移动,虽然该实验的精度能测得 $\Delta N = 0.01$ 的条纹移动.

迈克耳孙-莫雷实验的结果表明,实验无法测得地球相对以太的运动速度. 在狭义相对论建立以后,人们又在不同的条件下反复做过迈克耳孙-莫雷实验,而且精度越提越高,但都未观察到地球相对以太的运动. 例如,Kennedy(1926) 和 Illingworth(1927)分别用不等臂长的干涉仪进行实验,得到的以太漂移速度至多只有 5.1 km/s 和 2.3 km/s. Joos(1930)用改进了的干涉仪进行实验,得到的以太漂移速度至多只是 1.5 km/s. 自激光问世后,1969 年,Shamir 和 Fox 使用 He-Ne 激光作光源,实验的精度可测出 $10^{-5}$ 的条纹移动,但同样未观察到条纹移动.

迈克耳孙-莫雷实验得不到预期的结果,表明光沿地球运动方向往返传播与沿垂直于地球运动方向的往返传播的速度并无差别,即光波往返于给定长度的直线路径所经历的时间与该直线路径在空间的方位无关. 地球的运动并未带来以太风,地球与绝对参考系无差别. 因此,即使在电磁学的范围内,绝对参考系也不存在.

从历史上看,迈克耳孙-莫雷实验的结果并没有立即导致对绝对参考系的否定. 为了解释这个实验的否定结果,物理学家曾提出过多种假设. 最主要的假设有两类:发射理论和以太引曳假设.

发射理论认为,光相对于光源的传播速度为 $c$,与传播光的介质的运动状态无关. 这种理论虽能解释迈克耳孙-莫雷实验,但与双星的天文观测结果相矛盾. 许多实验证明,光的传播速度与光源的运动无关,把光速与光源联系在一起的发射理论不能成立.

以太引曳假设认为以太是存在的,但它被物体引曳一起运动,在地球附近的以太被地球引曳,随地球一起运动. 这种说法也可以解释迈克耳孙-莫雷实验,但也与其他实验相矛盾,最重要的是光行差现象和菲佐实验. 这两种实验不但否定了以太引曳假设,而且对爱因斯坦建立相对论也起过作用.

### 3. 对牛顿力学的偏离

牛顿力学的基础是牛顿三定律以及由此导出的动量定理、角动量定理、功能原理等,在牛顿力学建立后的差不多 200 年的时间内,牛顿力学一直很顺利,从未发生过任何麻烦. 然而,到 19 世纪后期,牛顿力学这所大厦开始出现某些裂痕,而这些裂痕一旦出现,就变得越来越大,几乎无法修补,以致不得不建立新的理论来替代牛顿力学,这些裂痕都与高速运动粒子的现象相联系.

按照牛顿力学,粒子的运动速率原则上不存在极限. 设某粒子受恒力作用,恒力的大小等于该粒子在重力场中所受的重力,则粒子将获得 $a=g$ 的加速度. 若粒子从静止开始加速,持续一年时间,粒子的速率将达到 $3\times10^8$ m/s,等于真空中的光速,经过两年,其速率可达到 $6\times10^8$ m/s. 若粒子的质量很小,把比重力大若干倍的力作用于粒子,使粒子获得比 $g$ 大得多的加速度,使它在不太长的时间内速率超过光速,似乎并不是不能实现的. 或者,根据动能定理,作用于粒子的力做功,使其动能 $E_k$ 增大,而其速率 $v=(2E_k/m)^{\frac{1}{2}}$,只要外力做的功无限制地增大,则粒子的动能因而速率亦将无限制的增大. 但是, 实验的结果表明, 虽然我们可以无限制地给粒子能量, 但粒子的速率却不会无限制的增大, $v^2 \sim E_k$ 并不成立. 相反粒子的速率存在一个极限, 该极限就是光速.

用加速器加速电子, 电子的动能 (用 MeV 为单位) 与对应的速率如表 10.1 所示. 这些数据表明, 当电子的速率很大时, 动能的表示式 $E_k = \dfrac{1}{2}mv^2$ 不再成立.

表 10.1　电子动能和速率的关系

| 动能 $E_k$/MeV | 电子速率/$(\mathrm{m \cdot s^{-1}})$ | 由 $v = (2E_k/m)^{1/2}$ 计算值/$(\mathrm{m \cdot s^{-1}})$ |
| --- | --- | --- |
| 0.5 | $2.60 \times 10^8$ | $4.20 \times 10^8$ |
| 1.0 | $2.73 \times 10^8$ | $5.93 \times 10^8$ |
| 1.5 | $2.88 \times 10^8$ | $7.27 \times 10^8$ |
| 4.5 | $2.96 \times 10^8$ | $12.59 \times 10^8$ |
| 15 | $\approx 3.00 \times 10^8$ | $22.98 \times 10^8$ |

我们也可以从另一种观点来考察这一问题. 设想电子被限制在一根很长的直线管道中加速, 当其动能达到 0.5 MeV, 对应的速度为 $2.6 \times 10^8$ m/s 时, 从以恒定的速率 $2.6 \times 10^8$ m/s 跟随电子一起运动的参考系看, 电子速率为零. 相对这一参考系加速电子, 使其动能达到 0.5 MeV, 于是电子相对新参考系的速率应为 $2.6 \times 10^8$ m/s. 根据速率的伽利略变换公式, 这电子相对原来参考系的速率应为 $2 \times 2.6 \times 10^8$ m/s, 超过光速. 然而, 正如极限速率的实验表明, 电子不可能获得如此大的速度. 这表明经典的速度叠加公式也有问题.

## §10.3　狭义相对论的基本假设

### 1. 爱因斯坦的基本假设

阅读材料: 爱因斯坦创建狭义相对论的基本思路

迈克耳孙–莫雷实验的零结果, 表明寻找以太, 寻找绝对参考系的尝试失败了, 电磁学的定律、相对性原理以及伽利略变换之间的不一致的原因不在麦克斯韦方程组这一边. 相反, 自从麦克斯韦方程组建立以后, 从未发生过任何麻烦, 而牛顿力学却存在着某种缝隙. 尽管在迈克耳孙–莫雷实验未取得预期的目的之后, 甚至在爱因斯坦狭义相对论提出之后, 还出现过许多保卫牛顿力学和以太理论的各种尝试, 但都以失败而告终. 1905 年, 爱因斯坦发表了"论动体的电动力学"一文, 其中爱因斯坦写道: "……对力学方程成立的所有坐标系来说, 相应的电动力学和光学方程也应成立……下面我们用了这些假设 (以后将称为相对性原理), 同时引出另一假设——一个初看起来是与上一假设不相容的假设——光在真空中以速度 $c$ 传播, 其值与发光物体运动状态无关. 这两个假设完全可以在静止物体的麦克斯韦理论基础上导出动体的电动力学的简单而又一致的理论". 这一段简单的叙述, 就是

爱因斯坦建立狭义相对论的全部假设,它可归纳为:

（1）物理学的定律在所有的惯性系中具有不变的形式. 这就是爱因斯坦的相对性原理.

（2）自由空间中,光的传播速度具有相同的数值 $c$,与惯性参考系的运动速度无关,因而与光源速度无关. 这就是爱因斯坦光速不变原理.

爱因斯坦的相对性原理把原来只适用于力学的伽利略相对性原理推广到物理学的所有领域,它说明在任何惯性系内观察同一体系,尽管对某些量的测量可能会得出不同的数值,但联系这些观测量的物理定律,即这些量之间的定量关系都相同. 在一个惯性系内进行的任何物理学的实验,都无法判断该惯性系是处于静止还是处于匀速直线运动状态. 爱因斯坦的相对性原理也表明:应该存在一组联系两个惯性参考系的坐标变换公式,这组公式应保证所有的物理定律具有协变性.

早在1895年,16岁的爱因斯坦还在瑞士阿劳中学读书的时候,他就想到了一个追光的假想实验. 他想,如果我们以速度 $c$ 追随一条光线运动,那么我们就应看到,这样一条光线就好像一个在空间里振荡着却停滞不前的电磁振动,犹如驻波那样. 但无论依据经验或麦克斯韦方程,都不会有这样的事实. 爱因斯坦认为,从这样一位观察者来判断,一切都应当像一个相对地球静止的观察者所看到的那样按同样的规律进行.

这一佯谬的提出体现了少年爱因斯坦具有非凡的洞察问题的本领. 爱因斯坦似乎已经意识到在相互作匀速直线运动的惯性参考系中,所观察到的物理现象都是按同样规律进行的.

爱因斯坦的光速不变原理表明,真空中光沿任何方向传播的速度都相等,这是爱因斯坦的一个大胆假设. 光速不变原理可以解释迈克耳孙-莫雷实验的零结果,但迈克耳孙-莫雷实验并未证明光速不变原理. 因为在这实验中涉及的是光线往返所经历的时间,故这类实验不能作为单程光速不变性的依据,至多只是双程光速不变性的实验依据. 把光速作为普适常量而且放在重要地位的含义是非常深刻的. 我们知道,机械振动在介质中的传播过程是介质中各部分的质元相互作用的结果,研究介质中的机械波,可使我们获得介质内部相互作用的某些信息. 光能在真空中传播,研究真空中光波将可获得空间特性的某些信息. 由光速不变原理所表现出来的时间和空间的特性,与牛顿观念下的时间和空间的特性是完全不同的.

## 2. 时间是值得怀疑的

爱因斯坦的两条假设看起来十分简单,但这两个假设以及由此推出的某些结论却与人们日常生活的经验极不一致,以致很难被人们所理解和接受. 例如,若有两个彼此作匀速直线运动的惯性系 S 和 S′,在两参考系的坐标原点 $O$ 和 $O'$ 重合的时刻,从原点发出一光脉冲. 按光速不变原理,相对 S 系,自原点 $O$ 发出的光,将以恒定的速率向各个方向传播,在任何时刻,光的波阵面是以 $O$ 为中心的球面. 相对 S′系,自原点 $O'$ 发出的光以同样的速度向各个方向传播,任何时刻波阵面将是以 $O'$ 为中心的球面,虽然 $O'$ 相对 $O$ 以恒定的速度运动着(图 10.3-1). 在两个参考系内都得到光波是以各自原点为中心的球面波的结论与相对性原理相一致. 或许你要问,光脉冲的波面到底是以 $O$ 为中心的球面还是以 $O'$ 为中心的球面? 期望得到只有相对这两个参考系中的某一个,光的波阵面才是球面的答案本身就期望存在一特殊的惯性系,这意味着你还没有完全摆脱绝对参考系的影响. 尽管 $O'$ 相对 $O$ 作匀速直线运动,但相对各自的参考系光的波阵面都是以各自的原点为球心的球面,这正是空间本身所具有的特性的一种反映.

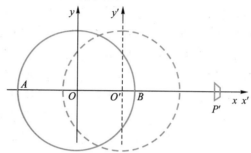

图 10.3-1　在两个惯性系中各自观察到的光波都是球面波

再如,相对 S′ 系,在 $x'$ 轴上离原点 $O'$ 的距离为 $x'$ 的 $P'$ 点放置一接收器,则光信号传到接收器的时刻为 $t'=x'/c$. 但是,从 S 系看来,$P'$ 向 $x$ 方向运动,光波传到 $P'$ 的时刻应比 $x'/c$ 更晚一点. 对光波到达接收器这一事件的时刻,不同的参考系有不同的结论,这与我们已有的经验也是不一致的.

我们知道,存在一个对一切惯性系都可应用的时间标度,是牛顿力学的一个基本前提. 在原始的伽利略变换中,本来就没有时间的变换公式,实际上就认为 $t'=t$ 这一点是显然的,理所当然的,不成问题的,因而是无须进行变换的. 我们在写出伽利略变换时,有意列出 $t'=t$ 这一公式,其目的是把伽利略变换中隐含着的假设明显的表示出来. 爱因斯坦在建立狭义相对论时,恰恰抓住了这个所谓显然的,理所当然的,不成问题的问题,这一问题正是一切矛盾的根源. 在爱因斯坦提出狭义相对论后,曾有人问爱因斯坦,在 1905 年以前花了多少时间在研究狭义相对论,爱因斯坦的回答是:从 16 岁开始考虑这个问题,共花了 10 年,在放弃了许多没有效果的尝试后,终于认识到"时间是值得怀疑的".

### 3. 同时性的相对性

真空中的光速是普适常量的假设,促使我们重新审查牛顿的时间和空间的观念. 光速不变原理的第一个重要的推论是同时性具有相对性. 同时性是研究事件发生时刻必然涉及的一个概念,通常所谓某事件发生在某时刻,如火箭在时刻 $t$ 击中目标,其含义就是指火箭击中目标与计时器的指针指示 $t$ 时刻这两个事件同时发生. 换句话说,表明任一事件在何时发生,实际上就是判断两事件的同时性.

在给定的参考系中,判断同一地点的两事件是否同时是比较容易的事,只要在该处置一时钟,若两事件发生时,时钟的读数相同,则这两个事件同时发生. 但要判断空间不同地点的两事件的同时性,就会遇到麻烦. 如 A 点的观测者获得 B 点事件

发生的信息并读下 $A$ 点时钟的读数,这读数表示的是 $B$ 点事件的信息传到 $A$ 点的时刻,并非 $B$ 点事件发生的时刻,除非信息传递的速度为无限大. 要确定 $A$、$B$ 两处事件发生的时刻,可在 $A$、$B$ 两点各置一时钟,每一时钟记录时钟所在处的事件发生的时刻,然后把两钟的读数加以比较,就可能判断 $A$、$B$ 两处事件是否同时发生. 但进行这种比较并作出判断时,要求位于 $A$ 点和 $B$ 点的两只钟必须预先经过同步校正.

值得注意,某些显而易见的校正时钟的方法未必正确. 对位于同一位置的两钟进行校正是不困难的,这就是判断发生在同一地点的两事件的同时性问题. 但把位于某处的校正过的钟搬到他处的过程中,我们无法保证这种搬动不影响钟的读数. 实际上,在搬动过程中,钟将获得速度,而且还有加速度,即使在经典物理中,加速运动也可能影响时钟运转的快慢. 而要校正位于两地的时钟,亦即让 $A$ 处的钟指示某一读数的同时,使 $B$ 处的钟指示同一读数,这本身就是判断发生在两地的事件的同时性问题. 后者解决了,前者也就解决了.

基于光速不变原理设计的判断两事件的同时性或校正两时钟的方法是最理想的方法,它可避免引入可能违背光速不变原理的假设. 例如设想在地面上有一条平直的轨道,一车厢在轨道上以速度 $v$ 匀速行驶,我们把地面作为惯性系 S,车厢作为另一惯性系 S′. 设 $A$、$B$ 是固定在轨道上的两个标记,$M$ 是 $AB$ 的中点,即 $AM = MB$,这一点相对 S 系是完全可以确定的. $B'$ 是车厢首部的标记,$A'$ 是车厢尾部的标记,$M'$ 是两标记 $A'$ 和 $B'$ 的中点,这一点相对 S′ 系也是完全可以确定的. 假定各标记处安有某种装置,当车厢上的标记经过轨道上的对应标记时,能发出光信号. 在 $M$ 和 $M'$ 处各有一光信号的接收器. 如图 10.3-2 所示.

图 10.3-2　平直轨道 S 系和以速度 $v$ 运动的车厢 S′ 系

在车厢相对轨道运动的过程中,可以发生以下各事件:标记 $B'$ 与 $B$ 对准,并发出一光信号,我们称之为 $BB'$ 事件;标记 $A'$ 与 $A$ 对准,并发出一光信号,我们称之为 $AA'$ 事件. $AA'$ 事件和 $BB'$ 事件是发生在不同地点的事件. 在 $M$ 处的接收器接收到来自 $A$ 方向的光信号,和在 $M$ 处的接收器接收到来自 $B$ 方向的光信号,这是发生在同一地点的两事件. 位于 $M'$ 处的接收器接收到来自 $A'$ 方向的光信号,和位于 $M'$ 处的接收器接收到来自 $B'$ 方向的光信号,这也是发生在同一地点的两事件.

如果在 S 系中的观测者测量到的结果是来自 $A$ 方和来自 $B$ 方的光信号同时到达 $M$(判断发生在同一地点的两事件的同时性是不困难的),则因为相对 S 系,$AM = BM$,S 系内的观察者便断定这两个光信号是同时从 $A$ 点和 $B$ 点发出的,或 $AA'$ 事件和 $BB'$ 事件是同时发生的,即车厢的 $B'$ 端经过地面上的 $B$ 点的同时,车厢的 $A'$ 端经过地面上的 $A$ 点. 这一情况可用图 10.3-3 来表示.

对跟随车厢一起运动的观测者,即相对 S′ 系,会得出什么结论呢? 来自 $A$ 方的光信号和来自 B 方的光信号同时到达接收器 M, 对这一事实, S′系中的观测者并无异议, 因为这是发生在同一地点的两事件. 但相对 S′系, 地面轨道以速度 **v** 向左运动, 根据光速不变原理, 相对 S′系光的传播速度仍是 c, 固定在地面上的接收器 M 迎着来自 A 方发出的光信号运动, 最后接收到此光信号, 而自 B 方发出的光信号追赶运动着的接收器, 最后到达接收器 M. 由于两个光信号同时到达 M, 故 S′系的观测者断定, B 处的光信号先发出, A 处的光信号后发出, 即车厢的 B′端先经过地面上的 B 点, 车厢的 A′端后经过地面上的 A 点, AA′事件与 BB′事件不同时发生, BB′事件先发生. 这一情况可用图 10.3-4 来表示.

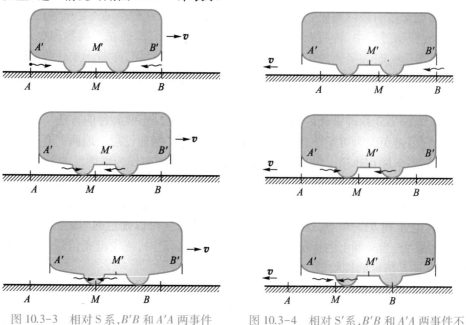

图 10.3-3 相对 S 系, B′B 和 A′A 两事件同时发生, 两处发出的光信号同时到达 M

图 10.3-4 相对 S′系, B′B 和 A′A 两事件不同时发生, 但两处发出的光信号同时到达 M

　　由此可见, 相对 S 系, 发生在不同地点的两事件是同时性事件, 但相对 S′系, 这两事件并不同时发生. 尽管对所发生的事件, 两参考系中的观测者并无不同的看法, 但对发生在两地的事件的先后次序, 或发生时刻的早晚, 两个参考系中的观测者却有完全不同的看法: 相对 S 系, 两事件同时发生, 相对 S′系, 两事件不同时发生. 两地事件的同时性具有相对性, 不存在绝对的同时. 狭义相对论的正确性表明, 那种认为发生在两地的事件同时与否只有一种答案的看法, 是一种片面的经验, 在新的事实面前必须放弃.

　　相对 S 系的同时性事件, 相对 S′系为非同时性事件, 这并不表示两个参考系中, 有哪一个更加优越. 事实上若 S′系中的观测者测得来自 A′方和 B′方的光信号同时到达接收器 M′, 则因 A′M′=B′M′, S 系的观测者便可得到事件 AA′和事件 BB′是同时发生的. 即相对 S′系, 车厢的 B′端经过地面上的 B 点和车厢的 A′端经过地面上的 A 点是同时发生的两事件, 这一情况如图 10.3-5 所示.

　　对于地面轨道上的观测者, 虽然对两个光信号同时到达接收器 M′并无异议, 但

因车厢以速度 $v$ 向右运动,位于车厢上的 $M'$ 处的接收器迎着 $B'$ 来的光运动,背离 $A'$ 来的光运动,根据光速不变原理,$A'$ 处的光信号先发出,$B'$ 处的光信号后发出,从而构成两个光信号同时到达 $M'$ 的事实. 所以,相对 S 系,$AA'$ 事件和 $BB'$ 事件是不同时发生的,车厢上的 $A'$ 端先对准地面上的 $A$ 点,车厢上的 $B'$ 点后对准地面上的 $B$ 点,相对 $S'$ 系发生在两地的同时性事件,相对 S 系则为非同时性事件. 任何一个惯性参考系都不具有特殊的优越性,情况对两个参考系完全是对等的,都表明同时性是一个相对概念. 这一情况可用图 10.3-6 来表示.

图 10.3-5　相对 $S'$ 系,两事件同时发生,两处发出的光信号同时到达 $M'$

图 10.3-6　相对 S 系,两事件不同时发生,但两处发出的光信号同时到达 $M'$

### 4. 时钟的同步问题

在一给定的参考系中,使位于不同处的两时钟同步的问题也就是判定发生在不同地点的事件的同时性问题. 设 $A$、$B$ 两钟相距一定距离,$M$ 是 $AB$ 间的中点,则可从中点 $M$ 发出一光信号,当每只钟接收到光信号时,便把指针放在零读数,这样两只钟便校正同步. 如果已知 $AB$ 之间的距离为 $L$,那么也可这样来校正两钟:当 $A$ 钟指示读数 $t_1$ 时,发出一光信号,在 $B$ 钟接到光信号时,便把钟放在读数 $t_2 = t_1 + \dfrac{L}{c}$,这样两钟也就校正好了. 利用光信号所设计的校钟方法虽然不是唯一的校正方法,但这种方法直接以光速不变原理为基础. 不管采用何种校正方法,对于给定的参考系都可获得一系列位于不同位置的彼此校正同步的时钟,每一时钟只用于测定并记录发生在钟所在处的事件的时刻. 而相对论中的观测者的作用是把各处记录下的测量结果进行比较和分析,作出判断. 今后,我们认为,在给定的参考系中,除了安装适当的坐标系外,还分布了一系列的钟,这些钟都经过同步校正,坐标系和所有的钟相对这参考系都是静止的,如图 10.3-7 所示.

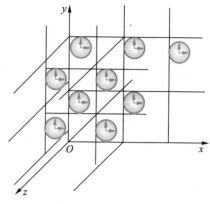

图 10.3-7 固定在给定参考系中的坐标系和一系列校正好的钟.

当参考系中分布有同步校正的时钟后,上面所讨论的标记 $B'$ 与标记 $B$ 对准,标记 $A'$ 与标记 $A$ 对准的时刻都可用各自参考系中钟的读数来表示,并用这些读数来比较两事件是否同时发生.

设在 $S$ 系内,各有一时钟固定在标记 $A$ 和 $B$ 处,这两种相对 $S$ 系是校正同步的. 在 $S'$ 系内,各有一钟固定在 $A'$ 和 $B'$ 处,它们相对 $S'$ 系也是校正同步的. 在车厢相对地面向右运动的过程中,在 $B'$ 与 $B$ 对准的时刻,位于 $B$ 处和 $B'$ 处的钟各自给出自己的读数 $T_B$ 和 $T_{B'}$;在 $A'$ 与 $A$ 对准的时刻,位于 $A$ 处和 $A'$ 处的钟也各自给出一读数 $T_A$ 和 $T_{A'}$.如果在校正时钟前我们约定:当 $A'A$ 事件发生时,取 $A$ 钟指示为零,取 $A'$ 钟指示也为零,则 $A'A$ 事件发生时,$T_A = T_{A'} = 0$.

若相对 $S$ 系,$BB$ 事件与 $A'A$ 事件同时发生,则当这两事件发生时,$T_A = 0$,$T_B = 0$. 因为相对 $S$ 系,$A$、$B$ 两钟是校正同步的. 但相对 $S'$ 系,这两事件不同时发生,$B'B$ 事件发生在 $A'A$ 事件之前,由于 $A'$ 和 $B'$ 两钟相对 $S'$ 系是校正同步的,且 $A'A$ 事件发生时,$A'$ 钟的读数 $T_{A'} = 0$,故 $BB$ 事件发生时,$B'$ 钟的读数 $T_{B'}$ 尚未到零,即 $T_{B'} < 0$. 当然相对 $S'$ 系,此刻 $A'$ 处的读数 $T_{A'}$ 亦尚未到零,但是此刻 $A$ 钟的读数并不代表事件 $A'A$ 发生的时刻,而是 $BB'$ 事件发生的时刻,因为 $A'A$ 事件尚未发生. 当 $A'A$ 事件发生时,$A'$ 钟的读数便到达零,即 $T_{A'} = 0$. 图10.3-8 给出了固定在 $S$ 系的两钟 $A$ 和 $B$ 以及固定在 $S'$ 系的两钟 $A'$ 和 $B'$ 所指示的各钟所在处的事件 $A'A$ 和 $B'B$ 发生的时刻. 其中 $A$、$B$ 两钟的读数相同,表明相对 $S$ 系,两事件同时发生;$A'$、$B'$ 两钟的读数不同,表明相对 $S'$ 系,两事件不同时发生,事件 $B'B$ 发生较早. 相对 $S$ 系,事件 $A'A$ 和 $B'B$ 发生在同一时刻,对于同一个时刻,$A'$ 和 $B'$ 两钟竟会给出不同的读数,这表明,相对 $S$ 系,$A'$ 和 $B'$ 两钟实际上并未校正同步. 于是我们得到结论:相对 $S'$ 系静止的两只校正同步的钟,从相对钟运动的参考系 $S$ 看来,这两只钟并未校正同步,沿着钟运动的方向,前面的那只钟给出较早的时刻.

图 10.3-8 按照 $S$ 系的观点,$A'A$ 事件和 $B'B$ 事件发生时,各时钟指示的读数.

其实,根据以上的事实,$S'$ 系的观察者同样得到静止在 $S$ 系中的两钟并未校正同步的结论. 因为相对 $S'$ 系,$A'A$ 和 $B'B$ 两事件不同时发生. 在轨道向左运动的过程中,当标记 $B$ 对准 $B'$ 时,标记 $A$ 尚未到达 $A'$. 这时,$B'$ 钟给出事件 $B'B$ 发生的时刻,$T_{B'} < 0$,$A'$ 钟亦给出 $T_{A'} < 0$. 这两钟给出的是同一时刻,即事件 $B'B$ 的时刻. 当 $B'B$

事件发生时,静止在 S 系中的 B 钟给出 $T_B = 0$,但 A 钟给出的读数 $T_A < 0$,因为 $A'A$ 事件尚未发生,如图 10.3-9 所示. 经过一段时间后,$A'A$ 事件发生,这时,$A'$ 钟指示 $T_{A'} = 0$,$B'$ 钟指示 $T_{B'} = 0$. 这两钟指示的都是同一时刻,即事件 $A'A$ 的时刻. 在此时刻,A 钟给出 $T_A = 0$,但 B 钟的读数已超过零,即 $T_B > 0$,如图 10.3-10 所示. 这就是说,相对 S' 系,某一事件 $B'B$(或 $A'A$)发生在时刻 $T_{B'} < 0$(或 $T_{A'} = 0$),静止在 S 系中的 A 钟和 B 钟竟会给出不同的读数 $T_A < 0$,$T_B = 0$(或 $T_A = 0$,$T_B > 0$),这表明,相对 S' 系,A 和 B 两钟实际上并未校正同步. 于是我们得到相同的结论:相对 S 系静止的两只校正同步的钟,从相对钟的运动的参考系 S' 来看,这两只钟并未校正同步,沿着钟运动的方向,前面的那只钟给出较早的时刻.

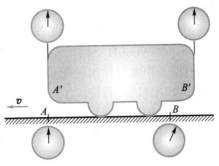

图 10.3-9　按照 S' 系的观点,事件 $B'B$ 发生时,各钟指示的读数　　　图 10.3-10　按照 S' 系的观点,事件 $A'A$ 发生时,各时钟指示的读数

　　总之,用校正同步的各钟指示事件发生的时刻时,同时性的相对性就表现为相对一个惯性系静止的同步的一系列钟,对相对钟运动的惯性系而言,这一系列钟并未校正同步,沿着钟运动的方向,越在前方的钟,指示的时刻越早. 图 10.3-11 给出了相对 S 系向右运动的参考系和相对 S 系向左运动的参考系中的一系列钟的读数. 尽管每个参考系中的钟相对各自的参考系都是校正同步的. 但 S 系中一个给定的时刻,运动参考系中各钟给出不同的读数. 向右运动的参考系中的最右侧的钟的读数最早,向左运动的参考系中,最左侧的钟的读数最早.

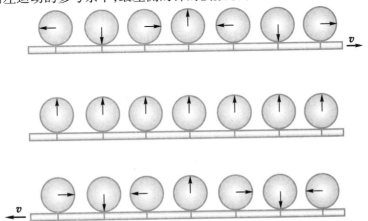

图 10.3-11　一系列校正同步的钟,在这些钟运动的参考系看来它们并未校正同步

以上我们仅分析了相对 S 系为同时发生的事件,读者可自行分析相对 S' 系为同时发生的事件. 可以看到,两种情况是完全对等的.

## § 10.4 时间延缓和长度收缩

### 1. 光信号钟

根据光速不变原理,利用光信号传送信息,得到了同时性具有相对性,并由此导致两时钟是否校正同步与参考系有关的结论. 本节我们将进一步研究相对不同的参考系进行时间间隔和长度的测量问题. 测量时间的工具是时钟,时钟可以有不同的结构和工作原理. 利用光的传播进行计时并由此设计出的光信号钟,有利于保证钟的运行与光速不变原理的一致性.

图 10.4-1 光信号钟

两块光的反射镜片,相对某一惯性系保持静止,让光束往返于两镜片之间,如图 10.4-1 所示. 下方的反射镜处装有一计数器,记录光在两镜之间往返的次数,每往返一次所经历的时间为 $2L/c$,$L$ 为两镜片之间的距离. 我们仍以平直的轨道作为 S 系,其中安置了一系列校正同步的光信号钟;以匀速运动的车厢作为 S' 系,其中也安置了一系列校正同步的光信号钟. 两个参考系中的钟,结构完全相同,光束在两镜片之间的往返一次经历的时间都是 $2L/c$,所有的光信号钟,在其静止的参考系中,其光束传播的方向与两参考系相对运动的方向垂直, 如图 10.4-2 所示. 若在某一时刻,S' 系中的一只钟经过 S 系的某一只钟,这两钟的读数都指示零,那么,按 S 系的观点,S 系内

图 10.4-2 分别置于 S 系和 S' 系中的一系列光信号钟

所有的钟在此刻的读数都为零. 按 S′系的观点,S′系内所有的钟在此刻的读数也都为零,因为在每个参考系中所有的钟都是校正同步的.

　　相对各个参考系,静置于其中的光信号钟的两反射镜片之间的距离都为 L,但是相对钟运动的参考系,镜片之间的距离是否也是 L 呢? 我们知道,测量一物体的长度,就是同时测量物体两端的位置,但同时性具有相对性,相对某一个参考系,测量两端位置是同时的,但相对另一参考系,测量并非同时进行,因而认为长度是绝对的,与参考系无关的看法值得重新审查. 下面,我们暂时先研究一种特殊情形,即长度沿与相对运动垂直方向的情形.

　　设相对 S′系,在沿垂直于两参考系相对运动的方向上,有固定的两点 $a'$、$b'$,它们之间的距离为 L,相对 S 系,在沿垂直于两参考系相对运动方向上,也有固定的两点 $a$、$b$,它们之间的距离也是 L,如图 10.4-3(a)所示. 若相对 S 系,$a'$、$b'$之间的距离小于 $a$、$b$ 之间的距离,则当 $a'b'$ 相对 S 系向右运动时,将在 $ab$ 之间通过 $a'b'$. 如果在 $a'b'$ 通过 $ab$ 时,在 $ab$ 间留下了某种痕迹,这种痕迹将是可察觉到的,如图 10.4-3(b)所示. 故相对 S 系 $ab$ 之间的距离大于 $a'b'$ 之间的距离. 但是,相对 S′系,$ab$ 与 S 系一起向左运动,根据 $a'b'$ 在 $ab$ 间留下的痕迹,$ab$ 将在 $a'b'$ 两端之外,因此,相对 S′也是 $ab$ 之间的距离大于 $a'b'$ 之间的距离,这就破坏了两个惯性系之间的对等关系,因而违反相对性原理. 这表明 S 系的观测者作出的 $a'b'$ 之间的距离小于 $ab$ 之间的距离的假设不成立. 同样,$ab$ 之间的距离小于 $a'b'$ 之间的距离的假设也不成立. 于是唯一可能的结论是:对于垂直于相对运动方向的两点之间的距离,与参考系无关.

图 10.4-3　在两个参考系中比较垂直于相对运动方向的两点间的距离

## 2. 时间延缓

　　若相对 S′系静止的某一只光信号钟发出一光信号,经反射镜 M 反射后被接收器接收. 不管发出光这一事件还是接收到反射光这一事件,都发生在同一地点,如图 10.4-4(a)所示. 两事件经历的时间间隔为

$$\Delta t' = \frac{2L'}{c} = \frac{2L}{c} \qquad (10.4-1)$$

但 S′系相对 S 系以速度 $v$ 向右运动,因此固定在 S′系中的反射镜和接收器都以速度 $v$ 向右运动. 信号发出时,钟位于某一位置,接收到反射光时,钟已移到另一位置,发射光和接收光这两事件发生在空间不同位置,如图 10.4-4(b)所示. 设发出光信号

发生在 S 系中的 A 钟所在的地点,接收光信号发生在 S 系中的 B 钟所在的地点,光信号在空间的路径是折线 AMB,水平距离 AB 等于在光信号传播过程中,S′ 系向右移动的距离. 若 Δt 为 S 系中测得的光信号在空间传播的时间,则有

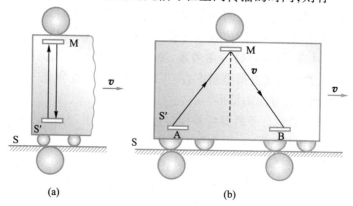

图 10.4-4 (a)相对 S′ 系,光信号钟的信号发出和接收发生在空间同一处;(b)相对 S 系,光信号钟的信号发出和接收发生在空间不同处.

$$\left(\frac{1}{2}c\Delta t\right)^2 = L^2 + \left(\frac{1}{2}v\Delta t\right)^2$$

由此得

$$\Delta t = \frac{2L/c}{\sqrt{1-v^2/c^2}}$$

由(10.4-1)式,得

$$\Delta t = \frac{\Delta t'}{\sqrt{1-v^2/c^2}} \tag{10.4-2}$$

由于 $v<c$,故 $\Delta t > \Delta t'$. (10.4-2)式表示,当用 S 系中的两只钟去测量由 S′ 系内一只钟测得的时间间隔 $\Delta t'$ 时,将获得一个放大的时间间隔,被拉长的时间间隔,这就是时间延缓. 这一结果,也可以看成跟随 S′ 系一起运动的钟的时间标度膨胀了. 因而时钟的读数小了,钟走慢了,所以时间延缓也可表示成运动的时钟走慢.

所谓时间延缓或运动的钟走慢是一种概括的表述,都是光速不变原理得出的结论,带有非常强的神秘色彩,其实质更难捉摸. 因为运动是相对的,如果说 S′ 系相对 S 系运动,故 $\Delta t'$ 应小于 $\Delta t$,那么相对 S′ 系,S 系也是运动的,$\Delta t$ 是否应小于 $\Delta t'$ 呢? 这就导致了谬误.

这里,我们遇到的是相对两个参考系进行时间间隔的测量问题,尽管任一参考系中的观测者都认为另一参考系中的钟是运动的,但是有些因素对两个参考系中的观测者来说是不对称的. 即:光信号的发出和接收这两事件,相对 S′ 系,发生在同一地点,两事件的时间间隔是由静止在车厢内的同一钟测得的,它由同一只钟的前后两个读数决定. 但相对 S 系,这两事件发生在不同的地点,两事件的时间间隔由静止在轨道上的两只钟测得,它由不同地点的两只钟的读数决定. 明确这些确定的含义后,所谓时间延缓或运动的钟走慢的神秘性也就消失了. 时间延缓的实质在于

把从单一时钟上记录得到的时间流逝与相对这单一时钟运动的位于异处的两时钟测得的时间差进行比较时,单一时钟测出的时间间隔 $\Delta t'$ 小于由两只时钟测出的该时间间隔的起止时刻所求得的时间差 $\Delta t$,亦即当用两只时钟去测量单一时钟给出的时间间隔时,该时间间隔被拉长或膨胀为稍长的时间间隔,即 $\Delta t = \dfrac{\Delta t'}{\sqrt{1-v^2/c^2}}$,如图 10.4-5 所示. 若光信号钟发出光信号时会伴随"滴"的声音,接收光信号时会伴随着"答"的声音,那么当静止在车厢内的一只钟完成一个"滴答"所经历的时间间隔比相对车厢运动的位于轨道上的一只钟发出"滴",另只钟发出"答"所确定的时间间隔要短,如果车厢内的观测者记录一个"滴答"经历 1 s,则轨道上的观测者收集到一只钟的"滴",另一只钟的"答"所经历的时间,将膨胀为 $1/\sqrt{1-v^2/c^2}$. 若单一运动的钟测得该钟经过静置于异处的两钟的时间间隔为 $\Delta t'$,对应的静置在异处的两钟的读数差为 $\Delta t$,则单一时钟测得的时间间隔 $\Delta t'$ 比较小,$\Delta t' = \Delta t\sqrt{1-v^2/c^2}$,即运动的那只钟的时标变大了,膨胀了,时钟则走慢了,变慢一个因子 $\sqrt{1-v^2/c^2}$,如图 10.4-6 所示. 固定在参考系中的一只钟测得的两事件的时间间隔具有特别重要的意义,它是发生在同一地点的两事件的时间间隔,我们称这一时间间隔为**本征时间间隔**或**原时间隔**、**静时间隔**. 位于参考系中两处的钟测得的时间间隔称为**非本征时间间隔**,它是发生在不同地点的两事件的时间间隔. 若相对某一惯性系,两事件发生在同一地点,该两事件的时间间隔是本征的,则相对另一惯性系,该两事件必发生在不同地点,因而该两事件的时间间隔必为非本征的. 时间延缓的实质是两事件的本征时间间隔小于这两事件的非本征时间间隔. 若 $\Delta\tau$ 为本征时间间隔,$\Delta t$ 为非本征时间间隔,则有

$$\Delta\tau = \Delta t\sqrt{1-v^2/c^2} \qquad\qquad (10.4\text{-}3)$$

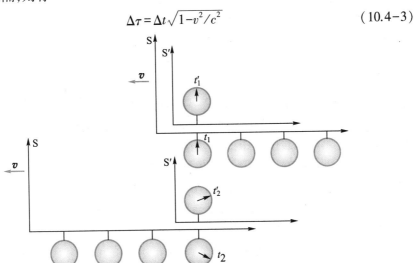

图 10.4-5　静止的一只钟给出相继两次读数,其时间间隔 $\Delta t' = t_2' - t_1'$,运动的两只钟分别给出这时间间隔的起始时刻 $t_1$ 和终止时刻 $t_2$,两读数差代表的时间间隔 $\Delta t = t_2 - t_1$,则 $\Delta t = \Delta t'/\sqrt{1-v^2/c^2}$.

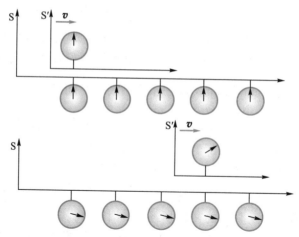

图 10.4-6  运动的钟走慢. 运动的钟测得的时间间隔 $\Delta t' = t_2' - t_1'$,

静止的两钟测得的时间间隔 $\Delta t = t_2 - t_1$, 而 $\Delta t' = \Delta t \sqrt{1 - v^2/c^2}$.

时间延缓或相对观测者运动的钟变慢的效应与钟的具体结构无关. 如果仅仅是运动的光信号钟变慢, 别的类型的钟不变慢, 那么车厢内的观测者就可能利用两种类型的钟的不一致来确定车厢的运动, 这与相对性原理是相抵触的.

运动的钟变慢意味着相对观测者运动的人的脉搏跳动也变慢, 思维过程以致衰老的过程都以同样的比率变慢.

时间延缓或运动的钟变慢这一结论与我们日常的经验极不一致, 以致难以使人相信. 但是, 高速运动粒子的衰变现象为这一论断提供了确凿无疑的证据. 我们知道 $\pi^+$ 介子要衰变成一个 $\mu^+$ 介子和一个中微子. $\pi^+$ 介子在其自身静止的参考系中, 衰变前的平均寿命约为 $2.5 \times 10^{-8}$ s, 如果产生一速度 $v = 0.9c$ 的 $\pi^+$ 介子, 从实验室参考系看, $\pi^+$ 介子的寿命将是

$$\Delta t = \frac{2.5 \times 10^{-8}}{\sqrt{1 - \left(\frac{0.9c}{c}\right)^2}} \approx 5.7 \times 10^{-8} \text{ s}$$

这样, 平均说来, 衰变前粒子通过的距离将是非相对论的预期值的两倍, 因此通过实验求得 $\pi^+$ 介子的平均寿命就能验证时间延缓的正确性. 早在 1941 年, Rossi 和 Hall 通过测量宇宙射线中 $\mu$ 子的衰变速率与 $\mu$ 子动量的关系, 得到了与相对论预言相一致的结果. 随着加速器的产生和发展, 人们获得了加速粒子的有效方法. 1969 年, Greenberg 等人利用加速器中出射的质子打在铍靶上产生荷电的 $\pi^+$ 介子, 并测量了介子的平均寿命, 结果与相对论的预言值在 0.4% 的精度内相符合. 1971 年, Ayres 等人也测量了飞行的 $\pi^+$ 介子的寿命, $\pi^+$ 介子的速度为 $0.92c$, 相应的时间膨胀因子为 2.44, 通过测量飞行的 $\pi^+$ 介子的衰变和飞行时间, 得到 $\pi^+$ 介子的固有寿命为 $(26.02 \pm 0.04)$ ns, 这个值与静止 $\pi^+$ 介子的寿命的实验值在 0.4% 内相符.

### 3. 长度收缩

现在,我们讨论关于相对两个惯性系的长度测量问题. 我们曾指出,相对性原理要求,当杆长方向与参考系间的相对运动方向垂直时,杆长与参考系无关. 若一杆沿着相对运动方向放置,两参考系对杆长进行测量的结果又如何呢? 为了确定起见,我们仍从轨道和车厢两个参考系来考察问题. 取轨道为 $x$ 轴,一杆静止在车厢内,沿 $x'$ 轴放置,其两端分别为 $A'$ 和 $B'$. 在 $A'$ 和 $B'$ 处各置一相对 $S'$ 系是校正同步的钟. $A$ 是轨道上的一固定点,并有一钟位于此处,如图 10.4-7 所示. 因杆以速度 $v$ 相对 $S$ 系向右运动,当杆的 $B'$ 端通过 $A$ 点时,$A$ 钟的读数为 $t_1$,当杆的 $A'$ 端通过 $A$ 点时,$A$ 钟的读数为 $t_2$,于是 $S$ 系的观测者测得杆的长度为

$$l = v(t_2 - t_1)$$

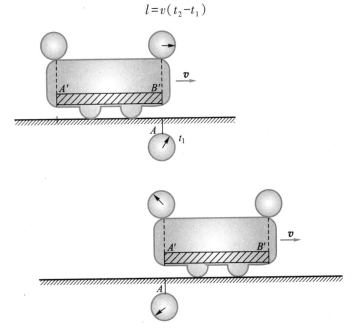

图 10.4-7　相对轨道参考系测量运动杆 $A'B'$ 的长度

相对 $S'$ 系,轨道以速度 $v$ 向左运动. 由于杆相对 $S'$ 系静止,不论是否同时测得杆两端 $A'$ 和 $B'$ 的位置,都可求得杆长 $l'$. 在轨道的运动过程中,当轨道上的 $A$ 点通过杆的 $B'$ 端时,$B'$ 处的钟的读数为 $t_1'$,当 $A$ 点通过杆的 $A'$ 端时,$A'$ 处的钟的读数为 $t_2'$. 故相对 $S'$ 系,$A$ 点通过 $B'$ 和 $A'$ 两端所经历的时间为 $t_2' - t_1' = \dfrac{l'}{v}$.

$B'$ 和 $A'$ 分别通过 $A$,是两个事件. 相对 $S$ 系,这两个事件发生在同一地点,$t_2 - t_1$ 是由固定在 $S$ 系中的同一时钟测得的两事件的时间间隔,因而是本征时间间隔,$t_2' - t_1'$ 则是相应的非本征时间间隔,由于时间延缓

$$t_2' - t_1' = \frac{t_2 - t_1}{\sqrt{1 - v^2/c^2}}$$

于是得

$$l = v(t_2' - t_1')\sqrt{1 - v^2/c^2}$$

或

$$l = l'\sqrt{1 - v^2/c^2} \tag{10.4-4}$$

$l'$ 是杆在其中静止的参考系中的长度, $l$ 是杆在其中运动的参考系中的长度. $l < l'$ 表明物体的长度沿其运动方向要缩短,这就是长度收缩. 长度收缩最早是为了解释迈克耳孙-莫雷实验而由洛伦兹和斐兹杰惹提出的,通常称为洛伦兹-斐兹杰惹收缩. 但是,长度收缩是狭义相对论的基本假设得到的一个重要结论,与洛伦兹-斐兹杰惹当时提出的假设在意义上是根本不同的.

　　相对杆静止的参考系中测得的杆的长度称为杆的**本征长度**或**原长度**、**静长度**. $S'$ 系是杆静止的参考系,故 $l'$ 是杆的本征长度. 相对杆运动的参考系测得的杆的长度为杆的非本征长度. $S$ 系是杆在其中运动的参考系, $l$ 是杆的非本征长度. 长度收缩表明杆的本征长度大于非本征长度. 若用 $l_0$ 表示杆的本征长度, $l$ 为杆的非本征长度,本征长度与非本征长度的关系为

$$l = l_0\sqrt{1 - v^2/c^2} \tag{10.4-5}$$

　　通过上面的讨论,我们看到与一个物体(包括时钟)固定在一起的参考系似乎特别重要,我们称这参考系为**本征参考系**,在本征参考系进行的测量称为**本征测量**或**原测量**,测得的物体的长度为本征长度,测得的时间间隔是本征时间间隔. 我们强调本征参考系的重要性并未从相对论的观点后退一步. 尽管每个观测者或每个物体,都有唯一的本征参考系,但并不存在一个对所有的观测者或所有的物体都是本征的普适参考系.

### 4. 时间延缓、长度收缩与时钟同步的相互关系

　　时间延缓、长度收缩以及时钟的校正同步与参考系有关等特性都与同时性的相对性有关,了解它们的相互关系,对理解相对论的时空观念是有帮助的,而时间延缓和长度收缩这两个相对论效应可以给出时钟同步与否的定量讨论.

　　设杆静止在车厢参考系 $S'$ 内,其两端 $A'$ 和 $B'$ 位于 $x'$ 轴上,在 $A'$ 和 $B'$ 处各置一相对车厢是校正同步的钟,相对 $S'$ 系,杆的长度为 $L'_{A'B'}$,它是杆的本征长度. 相对轨道参考系,杆向右运动,要测量 $A'B'$ 之间的距离,就得同时测量 $A'$ 和 $B'$ 在 $S$ 系中的位置.

　　当 $B'$ 经过 $B$ 时,位于地面轨道上 $B$ 点的时钟的读数为 $t_B$,位于车厢上的 $B'$ 点的时钟的读数为 $t_{B'}'$,它们分别给出了 $BB'$ 事件相对 $S$ 系和 $S'$ 系的时刻. 当 $A'$ 经过 $A$ 时,位于地面轨道上 $A$ 点的时钟的读数为 $t_A$,位于车厢上的 $A'$ 点的时钟的读数为 $t_{A'}'$,它们分别给出了 $AA'$ 事件相对 $S$ 系和 $S'$ 系的时刻. 我们仍约定,把 $AA'$ 事件的时刻作为两个参考系中的时间的零点,即 $AA'$ 事件发生时, $S$ 系把时钟 $A$ 的读数作为零点,记作 $t_A = 0$, $S'$ 系把时钟 $A'$ 的读数作为零点,记作 $t_{A'}' = 0$. 所以,当 $A'$ 经过 $A$ 时, $t_A = t_{A'}' = 0$. 如果相对 $S$ 系, $BB'$ 事件与 $AA'$ 事件同时发生,由于相对 $S$ 系静止在各处的钟都是校正同步的,故 $BB'$ 发生时, $B$ 钟的读数也为零,即 $t_B = 0$. 但相对 $S$ 系,车厢上

的钟没有校正同步,沿着运动方向,前面的钟走慢,在 $BB'$ 事件与 $AA'$ 事件同时发生的时刻,$A'$ 钟和 $B'$ 钟的读数不同,$t'_{A'}=0$. $t'_{B'}<0$. 这一情况如图 10.4-8 所示. 相对 S 系,$B'$ 钟走慢,走慢多少,是我们要进一步研究的问题.

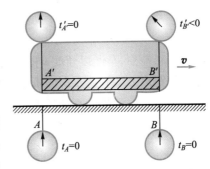

图 10.4-8　$AA'$ 事件和 $BB'$ 事件的时刻,S 系和 S′ 系中时钟的读数

相对车厢,S′ 系中所有的钟也都是校正同步的. 位于 $B'$ 处的钟的读数 $t'_{B'}<0$,给出的是 $BB'$ 事件的时刻,位于 $A'$ 处的钟的读数 $t'_{A'}=0$,给出的是 $AA'$ 事件的时刻,因为 $BB'$ 和 $AA'$ 两事件不是同时发生的,$BB'$ 先发生,$AA'$ 后发生,而相对 S′ 系所有的时钟都是校正同步的,故 $t'_{A'}=0$,$t'_{B'}<0$. 在 $BB'$ 发生的时刻,不仅位于 $B'$ 处的读数 $t'_{B'}$ 小于零,S′ 系中所有的时钟,包括 $A'$ 处的钟的读数都小于零. 当 $AA'$ 事件发生时,不仅位于 $A'$ 处的钟指到零,S′ 系中的所有的钟,包括 $B'$ 钟的读数都指到零. 从 S 系看,$B'$ 处的钟走慢 $\Delta t'$,但从 S′ 系看,$\Delta t'$ 乃是 $BB'$ 事件先于 $AA'$ 事件发生的时间,也就是 $BB'$ 事件到 $AA'$ 事件所经过的时间.

由于相对 S′ 系,当 B 点到达 $B'$ 时,A 点尚未到达 $A'$,刚到达 $A''$. 要经过 $\Delta t'$ 时间后 A 点才到达 $A'$. A 点到达 $A''$ 时,位于 $A''$ 处的钟的读数与 $B'$ 钟的读数相同,也就是说,相对 S′ 系,$AA''$ 事件与 $BB'$ 事件是同时发生的两事件,如图 10.4-9 所示. 而 $\Delta t'$ 就是 A 点由 $A''$ 运动到 $A'$ 所经历的时间,即

$$\Delta t' = \frac{A'A''}{v} = \frac{\Delta L'}{v} \qquad (10.4-6)$$

$\Delta L'$ 是相对车厢,$A'$ 与 $A''$ 之间的距离,它等于在车厢中测得的 $A'B'$ 之间的距离 $L'_{A'B'}$ 与 $A''B'$ 之间的距离 $L'_{A''B'}$ 之差,即

$$\Delta L' = L'_{A'B'} - L'_{A''B'} \qquad (10.4-7)$$

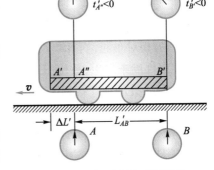

图 10.4-9　相对 S′ 系,$BB'$ 事件与 $AA''$ 事件同时发生

由于相对车厢,B 经过 $B'$ 的同时 A 经过 $A''$,故车厢上的观测者测得地面上 A、B 两点的距离 $L'_{AB}$ 与车厢上 $A''$、$B'$ 之间的距离是相等的,即

$$L'_{A''B'} = L'_{AB}$$

由于地面相对车厢以速度 $v$ 向左运动,车厢上的观测者所测得的地面上的 A、B 之间的距离(即 AB 的长度)是 AB 的非本征长度,AB 相对地面的长度即地面上的观测者所测得的 AB 的长度 $L_{AB}$ 才是本征长度. 由长度收缩关系,有

$$L'_{AB} = L_{AB}\sqrt{1 - \frac{v^2}{c^2}}$$

但相对地面参考系,$B'$ 经过 B 与 $A'$ 经过 A 是同时发生的,故地面参考系中的观测者测得车厢上的 $A'$ 与 $B'$ 之间的距离 $L_{A'B'}$ 与地面上的 A 与 B 之间的距离 $L_{AB}$ 是相等

的,即

$$L_{A'B'} = L_{AB}$$

由于相对地面,车厢以速度 $v$ 向右运动,地面上的观测者所测得的车厢上的 $A'$ 与 $B'$ 之间的距离 $L_{A'B'}$ 不是 $A'B'$ 的本征长度,只有车厢上的观测者测得的 $A'$ 与 $B'$ 之间的距离 $L'_{A'B'}$ 才是 $A'B'$ 的本征长度. 由长度收缩关系,有

$$L_{A'B'} = L'_{A'B'} \sqrt{1 - \frac{v^2}{c^2}}$$

将以上各式代入(10.4-7)式,得

$$\Delta L' = \frac{v^2 L'_{A'B'}}{c^2}$$

代入(10.4-6)式,得

$$\Delta t' = \frac{v L'_{A'B'}}{c^2} \tag{10.4-8}$$

即 S′ 系中静止的、相距为 $L'$ 的经过同步校正的两只钟 $A'$ 和 $B'$,相对 S 系,这两钟没有校正同步,沿着运动方向,前面的钟走慢,走慢的时间 $\Delta t'$ 与两钟间的距离——本征长度成正比,与 S′ 系运动的速度成正比. 其实,在 S 系中静止的,相距为 $L$ 的经同步校正的钟,相对 S′ 系,这两只钟也未校正同步,沿运动方向前面的钟走慢,走慢的时间也与这两只钟之间的距离——本征长度成正比.

因为相对车厢,当 $BB'$ 事件发生时,地面轨道上位于 $B$ 点的钟的读数 $t_B = 0$,这时 $AA'$ 事件尚未发生,故位于地面轨道上的 $A$ 点的钟的读数尚未到零,即 $t_A < 0$;要经过 $\Delta t'$ 后,$A$ 处的钟才指到零,所以地面轨道上 $A$、$B$ 两处的钟并未校正同步. 必须注意,$\Delta t'$ 是位于车厢中 $A''$ 和 $A'$ 两处的两钟给出的,即 $A''$ 处的钟给出初读数,$A'$ 处的钟给出末读数,两者之差给出 $\Delta t'$,所以,$\Delta t'$ 是非本征时间间隔,是发生在 $A''$ 和 $A'$ 两地的两事件的时间间隔. 当地面轨道上的 $A$ 钟相继经过 $A''$ 和 $A'$ 时读出的时间间隔为 $AA''$ 和 $AA'$ 两事件的本征时间间隔,是同一钟即 $A$ 钟测得的时间间隔,由时间延缓关系,$A$ 钟给出的时间间隔 $\Delta t$ 与 $\Delta t'$ 之间的关系为

$$\Delta t = \Delta t' \sqrt{1 - \frac{v^2}{c^2}}$$

$$= \frac{v L'_{A'B'}}{c^2} \sqrt{1 - \frac{v^2}{c^2}}$$

注意到 $L'_{A'B'} \sqrt{1 - v^2/c^2} = L_{A'B'} = L_{AB}$,得

$$\Delta t = \frac{v L_{AB}}{c^2}$$

由此可见,在任一参考系中,相距为 $l$ 的静止的经校正同步的两钟,从以速度 $v$ 相对此参考系运动的参考系来看,这两只钟以速度 $v$ 在运动,它们没有校正同步,沿着运动方向,前面的钟走慢的时间为

$$\Delta t = \frac{vl}{c^2} \qquad\qquad (10.4-9)$$

式中 $l$ 为两钟之间的本征长度间隔.

### 5. 例题

**例1** 一辆火箭列车,以 $v = 0.8c$ 的速度行驶,当驶经地面上的某一时钟时,驾驶员注意到地面上的那只钟指向 $t_1 = 0$,于是他立即把自己的钟也拨到 $t_1' = 0$,后来当他自己的钟指到 $6\ \mu\text{s}$ 时,驾驶员又看他经过的地面上的另一只钟,问此钟的读数为多少?

**解**:驾驶员测得的时间间隔 $6\ \mu\text{s}$,是本征时间间隔 $\Delta\tau$,而地面上用两只钟测得这时间间隔 $\Delta t$,为相应的非本征时间间隔,由于时间延缓,可知

$$\Delta t = \Delta\tau \Big/ \sqrt{1 - v^2/c^2} = 0.6 \Big/ \sqrt{1 - \left(\frac{0.8c}{c}\right)^2}\ \mu\text{s} = 10\ \mu\text{s}$$

故地面上的那只钟在此刻的读数为 $t_2 = t_1 + \Delta t = 10\ \mu\text{s}$.

**例2** 一根 $1\ \text{m}$ 长的尺以 $10^8\ \text{m/s}$ 的速率沿平行于它的长度方向运动,通过一假想的实验室,实验室中的工作人员测得这尺的长度是多少?

**解**:尺的本征长度 $l_0 = 1\ \text{m}$,实验室测得的是运动尺的长度,

$$l = l_0 \sqrt{1 - \frac{v^2}{c^2}} = 1 \times \sqrt{1 - \frac{1}{9}}\ \text{m} = 0.943\ \text{m}$$

**例3** 超音速飞机的驾驶员相对地球以 $v = 600\ \text{m/s}$ 的速度飞行. 试问,他要飞行多久,才能使他的表比地球上的钟慢 $1\ \text{s}$?

**解**:若驾驶员经过相对地面静止的某一钟时,驾驶员手表的读数为 $t_1'$,该钟的读数为 $t_1$. 经过足够长的飞行后,驾驶员飞经相对地面静止的另一钟,这时,驾驶员表的读数为 $t_2'$,该钟的读数为 $t_2$,则 $t_2' - t_1'$ 为本征时间间隔,即

$$t_2' - t_1' = (t_2 - t_1)\ \sqrt{1 - v^2/c^2}$$

而 $(t_2' - t_1') = (t_2 - t_1) - 1$,注意到 $v^2/c^2 = (6 \times 10^2/3 \times 10^8)^2 = 4 \times 10^{-12} \ll 1$,故有

$$(t_2' - t_1') \approx (t_2 - t_1)\left(1 - \frac{1}{2}\frac{v^2}{c^2}\right) = \left[(t_2' - t_1') + 1\right]\left(1 - \frac{1}{2}\frac{v^2}{c^2}\right)$$

即

$$\frac{1}{2}(t_2' - t_1')\frac{v^2}{c^2} = 1 - \frac{1}{2}\frac{v^2}{c^2} \approx 1$$

所以

$$t_2' - t_1' = \frac{2}{v^2/c^2} = \frac{2}{4 \times 10^{-12}}\ \text{s} = 5 \times 10^{11}\ \text{s}$$

这大约等于 $16\,000\ \text{a}$(年)(显然飞机只能环绕地球飞行,但这对结果无多大影响).

**例4** 一列车上置有一钟 K,列车以 $v = 0.8c$ 的速度沿平直轨道向右行驶. 轨道上 $A$、$B$ 两点的距离为 $AB = 40\ \text{l.m.}$($\text{l.m.}$ 为光分,$1\ \text{l.m.}$ 即光在 $1\ \text{min}$ 内所传播的距离). 试分别以地面和车厢为参考系,计算 K 钟通过 $A$、$B$ 两点的时间和 $A$、$B$ 间的距离.

**解**：(1) 以地面为参考系,则列车向右运动,此 K 钟通过 $A$、$B$ 两点所经历的时间为

$$t_B - t_A = \frac{AB}{v} = \frac{40 \times c}{0.8c} \text{ min} = 50 \text{ min}$$

若 K 钟通过 $A$ 点时,位于 $A$ 点的钟的读数为 $t_A = 12:00$,则此 K 钟经过 $B$ 时,$B$ 钟的读数为 $t_B = 12:50$,如图 10.4-10 所示.

图 10.4-10　相对地面参考系测量运动的 K 钟经过地面上 $A$、$B$ 两点的时刻

(a) K 钟经过 $A$ 点；(b) K 钟经过 $B$ 点.

(2) 以车厢为参考系,则地面向左运动. 当地面上的 $A$ 点经过 K 钟时,K 钟的读数为 $t'_A$,$B$ 点经过 K 钟时,K 钟的读数为 $t'_B$. 于是 $A$ 和 $B$ 经过 K 钟这两事件的时间间隔 $t'_B - t'_A$ 是本征时间间隔,因此此有

$$t'_B - t'_A = (t_B - t_A) \sqrt{1 - v^2/c^2} = 50 \sqrt{1 - 0.8^2} \text{ min} = 30 \text{ min}$$

(这一问题也可以这样来分析:相对车厢,运动地面上 $A$、$B$ 两点间的距离为 $l = l_0 \sqrt{1 - v^2/c^2} = 40 \sqrt{1 - 0.8^2}$ l.m. $= 24$ l.m.,于是 $t'_B - t'_A = l/v = \dfrac{24}{0.8}$ min $= 30$ min. )

若 $A$ 点经过 K 钟时,K 钟的读数 $t'_A = 12:00$,则 $B$ 点经过 K 钟时,K 钟的读数 $t'_B = 12:30$,这就是图 10.4-10 中 K 钟所指示的读数.

(3) 车厢中的观测者测得 $A$、$B$ 之间的距离为

$$l = v(t'_B - t'_A) = 0.8c \times 30 \text{ min} = 24 \text{ l.m.}$$

这结果也可以直接从长度收缩公式求得. 图 10.4-11 中标出了车厢观测者测出的 $A$、$B$ 之间的距离.

(4) 车厢中的观测者发现,跟随地面一起运动着的 $A$、$B$ 两钟未校正同步,沿运动方向,前面的 $A$ 钟走慢了,故后面的 $B$ 钟读数比前面的 $A$ 钟读数超前(即增加)$\Delta t$ 的数值,

$$\Delta t = \frac{L_{AB} v}{c^2} = \frac{40 \times c \times 0.8c}{c^2} \text{ min} = 32 \text{ min}$$

即在车厢观察者看来,当 $A$ 点经过 K 钟时,$A$ 钟指示 12:00,这时 $B$ 钟的读数为 12:32. 当 $B$ 点经过 K 钟时,$B$ 钟的读数为 12:50 时,$A$ 钟的读数为 12:18. 如图 10.4-11 所示.

(5) 通过以上的讨论,我们得到以下结论:

a. 从地面参考系看,运动的 K 钟经过 $A$、$B$ 两点所经历的时间为 50 min,这时间间隔是由位于 $A$、$B$ 两处的钟的读数给出,它表示发生在异地的两事件的时间间隔,此时间间隔用 K 钟去测量为 30 min. 因为运动的 K 钟的

图 10.4-11　车厢中的观测者测得运动的地面上 $A$、$B$ 两点经过 K 钟的时刻

（a）$A$ 点经过 K 钟；（b）$B$ 点经过 K 钟.

时标膨胀了,钟走慢了.

b. 从车厢参考系看,地面上的 $A$、$B$ 两点间的距离不是 40 l.m.,而是 24 l.m.,因为运动物体的长度在其运动方向要收缩.

c. $A$ 点经过 K 钟,$A$ 钟读数为 12：00,K 钟的读数也是 12：00;$B$ 点经过 K 钟时,$B$ 钟的读数为 12：50,K 钟的读数为 12：30,这些事实不论对车厢还是对地面,都是相同的. 车厢中的观测者以一只 K 钟的两次读数确定了该两事件的时间间隔为 30 min,此时间间隔不涉及钟的校正同步. $A$、$B$ 两钟的读数能否给出两事件的时间间隔,取决于这两钟是否校正同步. 相对地面,两钟是同步的,两钟给出的时间间隔为 50 min,不是 30 min,因为时间被拉长了,时间延缓了,或 K 钟走慢了. 相对车厢,$A$、$B$ 两钟并未校正同步:$A$ 钟指示 12：00 时,$B$ 钟指示 12：32,当 $B$ 钟指示 12：50 时,$A$ 钟指示 12：18,但不论 $A$ 钟还是 $B$ 钟,给出的时间间隔都为 18 min,不是 30 min,因为相对车厢,这两只钟都走慢. 由于 $B$ 钟比 $A$ 钟超前 32 min,结果 18 min 的时间间隔变成 50 min 的时间间隔,即（12：50-12：32）+（12：32-12：00）= 50 min.

## §10.5　洛伦兹变换

### 1. 洛伦兹变换的导出

时间延缓和长度收缩与伽利略变换是矛盾的,这表明承认狭义相对论的基本假设,必将导致用新的变换来代替伽利略变换的结论. 这个新的变换就是洛伦兹变换. 从历史上看,为了让电磁学的基本定律——麦克斯韦方程在所有惯性系中具有相同的形式,早在爱因斯坦提出狭义相对论之前,洛伦兹就找到了这一变换公式,这就是洛伦兹变换这一名称的由来. 然而,当时人们无法理解和解释这组变换公式.

阅读材料:
洛伦兹变换的
提出

根据狭义相对论的基本假设,可以用不同的方法导出洛伦兹变换. 我们并不打算在这里介绍导出洛伦兹变换的一般方法,读者有兴趣,可阅读有关参考书. 下面,我们将以时间延缓和长度收缩为基础导出洛伦兹变换. 尽管这种方法比较特殊,但却能较好地说明变换公式所包含的物理内容. 时间延缓和长度收缩是相对论时间空间之间的最基本关系,它告诉我们相对一个惯性系静止的一系列校正同步的钟,在另一惯性系看来,这些运动着的钟并不同步,沿着运动方向,前面的钟给出较早的时刻,或后面的钟的读数超过前面的钟. 每一惯性系中的观测者都发现相对自己运动的每一只钟都走慢了.

考察两个作相对运动的惯性系 S 和 S′. 固定在 S 系中的坐标系为 $Oxyz$,固定在 S′系中的坐标系为 $O'x'y'z'$. 设两坐标系的对应坐标轴相互平行,$Ox$ 轴与 $O'x'$ 轴重合,$O'x'y'z'$坐标沿 $Oxyz$ 的 $x$ 轴的正方向运动,速度为 $v$. 当 $O'$ 经过 $O$ 时,即 $O'$ 与 $O$ 重合时,每个参考系中的观测者都把各自的钟指示的时刻作为时间的起点,即 $t = t' = 0$,每个参考系中都有一系列相对本参考系为校正同步的钟.

图 10.5−1(a)给出了在 $t = t' = 0$ 时刻的两坐标系,(b)为以后任何时刻的两个坐标系. 若空间某处发生一事件,S 系内的观测者可以用时空坐标$(x, y, z, t)$表示事件的时空点坐标,而 S′系内的观测者则用$(x', y', z', t')$表示事件的时空点坐标. 我们要找的变换公式,就是同一事件在两个参考系中的时空点坐标之间的关系.

(a) $t = t' = 0$         (b) 任何时刻

图 10.5−1 分别固定在 S 系和 S′系中的坐标系

我们已经证明,垂直于相对运动方向的长度与参考系无关. S 系测得的事件在垂直于 $x$ 轴的两个坐标 $y$ 和 $z$,与 S′系测得的垂直于 $x'$ 轴的两个坐标 $y'$ 和 $z'$ 彼此相等,即

$$y = y', z = z'$$

为了找到 $x'$ 与 $x$、$t'$ 与 $t$ 的变换关系,我们研究发生在公共的 $x$ 轴上的事件. 当坐标原点 $O'$ 经过 $O$ 时,我们把这一事件称为 $OO'$ 事件,发生在 $x = x' = 0$ 处,事件的时刻是 $t = t' = 0$. 这时,S 系中所有的钟都指示 $t = 0$. 因为这些钟都经过同步校正. 如图 10.5−2 所示. 但相对 S 系,S′系中的各钟,除了位于 $O'$ 处的那钟指示 $t' = 0$ 外,其他各种钟都指示 $t' < 0$,而且离 $O'$ 越远的钟的指示数比零小得越多. 在 $t$ 时刻,$P$ 事件发生,$P$ 点在 S 系中的坐标为 $x$. 相对 S′系,$P$ 事件发生在 $t'$ 时刻,坐标为 $x'$. $P$ 事件与 $OO'$ 事件,既不同时,也不同地,不论相对 S 系还是 S′系都是如此. $P$ 事件在 S 系和

S'系中的时空坐标如图 10.5-3 所示. 在 $OO'$ 事件到 $P$ 事件的时间内, $O'$ 相对 S 系运动了一段距离,并到达 S 系中的 $x_1$ 处,若把 $O'$ 到达 $x_1$ 作为一事件,则相对 S 系, $x_1O'$ 事件与 $P$ 事件是同时发生的两事件,它们都发生在时刻 $t$. 由于相对 S 系,S'系中的钟没有校正同步,所以在 $P$ 事件发生的时刻,S'系中位于 $x'$ 处和位于 $O'$ 处的两钟的读数是不同的,位于 $x'$ 处的钟走慢. 当 $x'$ 处的钟指示 $t'$ 时刻时,由(10.4-9)式,可知 $O'$ 处的钟的读数为

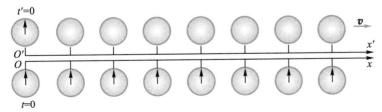

图 10.5-2 $OO'$ 事件发生时,S 系中各钟都指示 $t=0$

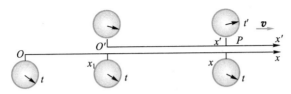

图 10.5-3 $P$ 事件在 S 系和 S'系中的时空坐标

$$t'_{O'} = t' + \frac{vx'}{c^2} \tag{10.5-1}$$

我们已经知道,当 $O'$ 钟经过 $O$ 点时,其读数为零,当 $O'$ 钟经过 $x_1$ 处时,其读数为 $t' + vx'/c^2$, $O'$ 钟的两次读数给出了 $OO'$ 事件和 $x_1O'$ 事件的本征时间间隔,而 S 系中位于 $O$ 处和 $x_1$ 处的两只钟的读数 $t=0$ 和 $t=t$ 给出了 $OO'$ 和 $x_1O'$ 两事件的非本征时间间隔,因为时间延缓,两时间间隔应满足

$$t' + \frac{vx'}{c^2} = t\sqrt{1 - v^2/c^2}$$

由此得

$$t = \frac{t' + \dfrac{vx'}{c^2}}{\sqrt{1 - v^2/c^2}} \tag{10.5-2}$$

这便是 $t'$ 与 $t$ 的变换关系式.

相对 S 系, $P$ 事件的位置

$$x = Ox_1 + x_1x \tag{10.5-3}$$

注意到 $Ox_1 = vt$,由于 $O'$ 经过 $x_1$ 与 $P$ 事件即 $x'$ 经过 $x$ 两事件同时发生,故 $x_1x$ 等于相对 S 系测得的 $O'$ 到 $x'$ 之间的距离,即 $x_1x = L_{O'x'}$. $L_{O'x'}$ 是 $O'x'$ 的非本征长度,而 $x'$ 为 $O'x'$ 的本征长度,根据长度收缩. 有

$$L_{O'x'} = x'\sqrt{1 - v^2/c^2}$$

把上面的结果代入(10.5-3)式,得

$$x = vt + x'\sqrt{1-\frac{v^2}{c^2}}$$

式中的 $t$ 用(10.5-2)式代入,得

$$x = \frac{x'+vt'}{\sqrt{1-v^2/c^2}} \qquad (10.5-4)$$

这就是 $x'$ 与 $x$ 的变换关系式.

综合以上的讨论,我们得到

$$\begin{cases} x = \dfrac{x'+vt'}{\sqrt{1-v^2/c^2}} \\ y = y' \\ z = z' \\ t = \dfrac{t'+\dfrac{x'v}{c^2}}{\sqrt{1-v^2/c^2}} \end{cases} \qquad (10.5-5)$$

这就是洛伦兹变换. 其逆变换为

$$\begin{cases} x' = \dfrac{x-vt}{\sqrt{1-v^2/c^2}} \\ y' = y \\ z' = z \\ t' = \dfrac{t-\dfrac{vx}{c^2}}{\sqrt{1-v^2/c^2}} \end{cases} \qquad (10.5-6)$$

洛伦兹变换与伽利略变换的差别有两个方面:一是因子 $\sqrt{1-v^2/c^2}$ ,这个因子称为收缩因子,它的存在导致了长度收缩和时钟变慢效应. 二是时间变换公式中 $\frac{vx}{c^2}$ 项,这项称为同时性因子,它是爱因斯坦同时性定义的直接结果. 它的存在导致了不同地点同时性的相对性,并把时间和空间交织在一起,体现了空间和时间的相互联系.

洛伦兹变换包含了一个重要的事实,即两个观测者的相对速度 $v$ 不能大于 $c$,否则收缩因子将会是虚数,这表明 $c$ 是自然界中实物运动或能量传递的极限速度. 现有大量证据表明,所有已知的物理实体的运动的确不能超过这一极限速率. 电子已被加速到 0.999 999 999 7$c$(在加利福尼亚州的斯坦福直线加速器中得到),但仍未超过光速 $c$. 当相对速度 $v \ll c$ 时,洛伦兹变换便退化为伽利略变换.

### 2. 洛伦兹变换的几个推论

从洛伦兹变换来考察和比较相对 S 系和 S′系进行的时间测量,便可立即得到时间延缓的结论. 我们先从 S 参考系的观测者来考察静止在 S′系中的钟. 设一钟静止在 S′系,其坐标为 $(x_0', y_0', z_0')$,在这只钟跟随 S′系相对 S 系一起运动的过程中,相继给出两个读数 $t_1'$ 和 $t_2'$. 我们把此钟指示读数 $t_1'$ 作为一事件,其时空点坐标为 $(x_0', y_0', z_0', t_1')$,此钟指示读数 $t_2'$ 作为另一事件,其时空点坐标为 $(x_0', y_0', z_0', t_2')$,但相对 S 系,一事件发生在空间坐标为 $(x_1, y_1, z_1)$ 处,即 $(x_1, y_0', z_0')$ 处,由位于该处的钟指出事件发生的时间为 $t_1$,另一事件发生在空间另一处,其坐标为 $(x_2, y_2, z_2)$,即 $(x_2, y_0', z_0')$,由位于此处的钟指出事件发生的时刻为 $t_2$.

根据洛伦兹变换,有

$$t_1 = \frac{t_1' + \frac{vx_0'}{c^2}}{\sqrt{1 - v^2/c^2}}, \quad t_2 = \frac{t_2' + \frac{vx_0'}{c^2}}{\sqrt{1 - v^2/c^2}}$$

因此,相对 S 系测得的两事件的时间间隔为

$$t_2 - t_1 = \frac{t_2' - t_1'}{\sqrt{1 - v^2/c^2}}$$

这就是我们曾得到的关于时间延缓的公式,其中 $t_2' - t_1'$ 是本征时间间隔. 所得结果与 (10.4-3) 式相同.

从洛伦兹变换出发,考察和比较在 S 系和 S′系进行的长度测量,便得到长度收缩. 考察相对 S′系静止、并沿 $x'$ 轴放置的杆,其两端的坐标为 $(x_1', 0, 0)$ 和 $(x_2', 0, 0)$,故相对 S′系测得杆的长度 $l'$ 为

$$l' = x_2' - x_1'$$

由于杆相对 S′系是静止的,不论杆两端的坐标 $x_1'$ 和 $x_2'$ 是否同时测得,$x_2' - x_1'$ 总等于杆的长度 $l'$. 但相对 S 系,杆是运动的,必须在同一时刻如 $t_0$ 测得杆两端的坐标 $x_1$ 和 $x_2$,杆的长度才等于 $x_2 - x_1$,即

$$l = x_2 - x_1$$

根据洛伦兹变换得

$$x_2' - x_1' = \frac{x_2 - x_1}{\sqrt{1 - v^2/c^2}}$$

或

$$l = l'\sqrt{1 - v^2/c^2}$$

则相对 S 系测得的杆的长度 $l$ 小于 S′系测得的杆长,这就是长度收缩. $l'$ 即杆的本征长度 $l_0$. 此结果与 (10.4-5) 式相同.

时间延缓说明一只钟测得的时间间隔小于相对这只钟运动的两只钟测得的时间间隔,这两只运动的钟除了时率都慢一个因子外,而且亦未校正同步. 相对 S 系,某一时刻 $t$,在 S′系中,位于不同处(不同的 $x'$)的钟将有不同的读数 $t'$,由洛伦兹变

换得

$$t' = t\sqrt{1-v^2/c^2} - \frac{x'v}{c^2} \tag{10.5-7}$$

$x'$越大,该处的钟给出的读数 $t'$ 的值越小.

### *3. 事件之间的间隔和因果性

如前所述,相对某一惯性系,两事件同时发生,但相对另一惯性系,这两事件非同时发生. 反过来,如果相对某一惯性系,两事件非同时发生,我们能否找到一个惯性系,在其中两事件同时发生呢? 相对某一惯性系,两事件发生在同一地点,但相对另一惯性系,这两事件发生在不同地点. 反过来,如果相对某一惯性系,两事件发生在不同地点,我们能否找到一个惯性系,在其中两事件发生在同一地点呢? 这也就是说,我们能否通过时空坐标变换,把非同时的两事件变成同时的事件,把非同地的两事件变成同地事件? 为此,我们进一步研究两事件的时间间隔和空间间隔问题.

设某事件发生在惯性系 S 中的时刻 $t_1$ 和位置 $x_1$、$y_1$、$z_1$ 处,另一事件发生在时刻 $t_2$ 和位置 $x_2$、$y_2$、$z_2$ 处,这两事件相对惯性系 S′ 的时空点坐标分别为 $x_1'$、$y_1'$、$z_1'$、$t_1'$ 和 $x_2'$、$y_2'$、$z_2'$、$t_2'$,S′系相对 S 系以速度 $v$ 沿 $x$ 轴运动. 按伽利略变换将有 $x_2-x_1 = x_2'-x_1'+v(t_2'-t_1')$,$y_2-y_1 = y_2'-y_1'$,$z_2-z_1 = z_2'-z_1'$ 以及 $t_2-t_1 = t_2'-t_1'$;即按照伽利略变换,两事件的时间间隔是不变量. 如果 $t_2-t_1$ 和 $t_2'-t_1'$ 为零,则有

$$(x_2-x_1)^2+(y_2-y_1)^2+(z_2-z_1)^2 = (x_2'-x_1')+(y_2'-y_1')^2+(z_2'-z_1')^2$$

即按伽利略变换,在 S 和 S′系中同一时刻测量到的两点之间的距离是不变量. 也就是说,按照伽利略变换,时间间隔和长度都是绝对的.

按照洛伦兹变换,则有

$$\begin{cases} x_2-x_1 = \dfrac{x_2'-x_1'+v(t_2'-t_1')}{\sqrt{1-v^2/c^2}} \\ y_2-y_1 = y_2'-y_1' \\ z_2-z_1 = z_2'-z_1' \\ t_2-t_1 = \dfrac{t_2'-t_1'+\dfrac{v(x_2'-x_1')}{c^2}}{\sqrt{1-v^2/c^2}} \end{cases} \tag{10.5-8}$$

即两事件的时间间隔不是不变量. 但不难证明下面的关系式成立:

$$(x_2-x_1)^2+(y_2-y_1)^2+(z_2-z_1)^2-c^2(t_2-t_1)^2$$
$$= (x_2'-x_1')^2+(y_2'-y_1')^2+(z_2'-z_1')^2-c^2(t_2'-t_1')^2 \tag{10.5-9}$$

这表明,在洛伦兹变换下,

$$\sigma^2 = (x_2-x_1)^2+(y_2-y_1)^2+(z_2-z_1)^2-c^2(t_2-t_1)^2 \tag{10.5-10}$$

是不变量. 我们称 $\sigma$ 为两事件的间隔,它是由两事件的空间间隔和时间间隔组合而成的. 两事件的间隔对一切惯性系都有相同值,即具有不变性,这是光速不变原理的结果. 故通常把(10.5-9)式看作光速不变原理的数学表述,而凡是能使(10.5-9)式成立的变换称为洛伦兹变换. 我们给出的洛伦兹变换只是一种最简单形式的洛伦兹变换.

设想我们能找到一个惯性系 S′,使两事件同时发生,亦即使两事件的时间间隔 $t_2'-t_1' = 0$,由(10.5-9)式得

$$\sigma^2 = (x_2-x_1)^2+(y_2-y_1)^2+(z_2-z_1)^2-c^2(t_2-t_1)^2$$

$$= (x_2' - x_1')^2 + (y_2' - y_1')^2 + (z_2' - z_1')^2 > 0$$

可见,只有当 $\sigma^2 > 0$,即两事件的间隔 $\sigma$ 为实数时,使两事件同时发生的参考系才可能存在. 实数间隔称为**类空间隔**. 由(10.5-8)式不难证明,对于由类空间隔联系的两事件,我们总可以找到一惯性系 S′(它以小于 $c$ 的速度 $v$ 相对 S 系运动),使这两个事件同时发生,甚至还可找到一惯性系,使两事件发生的先后次序颠倒. 这在绝对时间的观念下是不可思议的. 以类空间隔相联系的两事件,其空间间隔大于光信号在这两事件的时间间隔内所传播的距离,即使用光信号传播信息,亦无法使这两事件发生任何影响,因而这两事件间不可能有任何直接的因果联系. 对于这样的两事件,哪一先发生,哪一后发生,是无关紧要的,因为任一事件都不会影响另一事件. 例如,人们不能影响一千光年以外的星体上正在进行的或将在近千年内进行的事情,因为即使现在向该星体发射一光束,这光束在今后一千年内也不会到达这星体. 人们甚至不能影响月球上此刻正在进行的事情,因为光信号到达月球也得经历 1.28 s.

设想我们能找到一个惯性系,使两事件发生在同一地点,亦即使两事件的空间间隔 $(x_2' - x_1')^2 + (y_2' - y_1')^2 + (z_2' - z_1')^2 = 0$,由(10.5-9)式得

$$\sigma^2 = (x_2 - x_1)^2 + (y_2 - y_1)^2 + (z_2 - z_1)^2 - c^2(t_2 - t_1)^2$$
$$= -c^2(t_2' - t_1')^2 < 0$$

可见,只有当 $\sigma^2 < 0$,即两事件的间隔 $\sigma$ 为虚数时,使两事件发生在同一地点的参考系才可能存在. 虚数间隔称为**类时间隔**. 由(10.5-8)式不难证明,对于由类时间隔所联系的两事件,总可以找到一个惯性系 S′(它以小于 $c$ 的速度 $v$ 相对 S 系运动),使两事件发生在同一地点. 若两事件发生在同一物体(质点)上,这两事件的间隔必为类时的. 以类时间隔相联系的两事件,其空间间隔小于光在两事件之间的时间间隔内所行进的距离,这样的两事件就可能存在某种联系和影响,至少我们可用光信号使两事件相互影响,因而这样的两事件间可能存在因果联系. 例如,我们可以向月球发射光子火箭,影响月球上 1.28 s 之后发生的事件,因而分别发生在地球和月球上、时间间隔不小于 1.28 s 的两事件,就是可能存在因果联系的两事件.

间隔是不变量,表示对某一惯性系有因果关系的两事件,不论从那个惯性系去考察,其因果关系总存在,因而事件先后的次序不可能颠倒;相反,对于不可能有因果关系的两事件,不论从哪个惯性系看,都不可能存在因果关系,因而可能改变这两事件的先后次序.

### 4. 例题

**例 1** 在一以恒定速度 $v$ 沿平直轨道行驶的车厢中央有一旅客,已知他到车厢两端 $A$ 和 $B$ 的距离都是 $L_0$,今旅客点燃一火柴,光脉冲以速度 $c$ 向各个方向传播,并到达车厢两端 $A$ 和 $B$,试从车厢和地面两个参考系分别计算光脉冲到达 $A$ 和 $B$ 的时刻.

**解**:设车厢为参考系 S′,轨道为参考系 S,取 $x$ 轴与 $x'$ 轴平行,并都与轨道重合,$O'$ 与旅客所在处重合,车厢沿正 $x$ 方向运动. 当 $O'$ 与 $O$ 重合时,$t = t' = 0$,在这时刻,旅客点燃火柴,光脉冲到达车厢的后端 $A$ 为一事件,光脉冲到达车厢的前端 $B$ 为另一事件,则相对 S′系,两事件的时空点坐标分别为

$$x_A' = -L_0, \quad y_A' = 0, \quad z_A' = 0, \quad t_A' = \frac{L_0}{c} = T$$

$$x_B' = L_0, \quad y_B' = 0, \quad z_B' = 0, \quad t_B' = \frac{L_0}{c} = T$$

因此,两事件的时间间隔 $t_B' - t_A' = 0$,即为同时发生. 两事件的空间间隔 $x_B' - x_A' = L_0 - (-L_0) = 2L_0$,这就是车厢的本征长度.

根据洛伦兹变换,这两事件相对 S 系的时空点坐标分别为

$$x_A = \frac{x_A' + vt_A'}{\sqrt{1-v^2/c^2}} = \frac{-(L_0 - vT)}{\sqrt{1-v^2/c^2}} = -L_0\sqrt{\frac{1-v/c}{1+v/c}}$$

$$t_A = \frac{t_A' + \frac{vx_A'}{c^2}}{\sqrt{1-v^2/c^2}} = \frac{T - \frac{vL_0}{c^2}}{\sqrt{1-v^2/c^2}} = T\sqrt{\frac{1-v/c}{1+v/c}}$$

$$x_B = \frac{x_B' + vt_B'}{\sqrt{1-v^2/c^2}} = \frac{L_0 + vT}{\sqrt{1-v^2/c^2}} = L_0\sqrt{\frac{1+v/c}{1-v/c}}$$

$$t_B = \frac{t_B' + \frac{vx_B'}{c^2}}{\sqrt{1-v^2/c^2}} = \frac{T + \frac{vL_0}{c^2}}{\sqrt{1-v^2/c^2}} = T\sqrt{\frac{1+v/c}{1-v/c}}$$

两事件的时间间隔为

$$t_B - t_A = T\sqrt{\frac{1+v/c}{1-v/c}} - T\sqrt{\frac{1-v/c}{1+v/c}} = \frac{2Tv/c}{\sqrt{1-v^2/c^2}} = \frac{2L_0 v/c^2}{\sqrt{1-v^2/c^2}}$$

由于 $t_B - t_A \neq 0$,光脉冲先到达车厢后端 $A$,后到达车厢前端 $B$. 两事件的空间间隔为

$$x_B - x_A = L_0\sqrt{\frac{1+v/c}{1-v/c}} + L_0\sqrt{\frac{1-v/c}{1+v/c}} = \frac{2L_0}{\sqrt{1-v^2/c^2}}$$

尽管 $x_B - x_A > 2L_0$,但这并不导致相对 S 系运动的车厢的长度大于其本征长度的错误结论. 因为上面的 $x_A$ 和 $x_B$ 不是同时测得的,$x_B - x_A$ 不等于车厢相对 S 系的长度. 实际上在光脉冲传到 $A$ 端之后、在传到 $B$ 端之前,车厢向前行进了一段 $v(t_B - t_A)$ 的距离,因此有

$$x_B - x_A = L + v(t_B - t_A)$$

式中 $L$ 才是在 S 系中测得的车厢长度,而

$$L = x_B - x_A - v(t_B - t_A)$$

$$= \frac{2L_0}{\sqrt{1-v^2/c^2}} - \frac{2L_0 v^2/c^2}{\sqrt{1-v^2/c^2}} = 2L_0 \frac{1-v^2/c^2}{\sqrt{1-v^2/c^2}}$$

$$= 2L_0\sqrt{1-v^2/c^2}$$

即在 S 系中测得的车厢长度小于 $2L_0$,这正是长度收缩的结果.

**例2** 一根长为 $l_0$ 的棒,静置在坐标系的 $x'$-$y'$ 平面内,与 $x'$ 轴成 $\theta_0$ 角(图 10.5-4),相对实验室参考系 $Oxy$,棒以速度 $v$ 沿 $x$ 轴向右运动,求在此参考系中棒的长度和取向.

**解**:令棒的两端为 $A$ 和 $B$,在相对棒静止的参考系中,两端的坐标分别为

$$A: \quad x_A' = 0, \quad y_A' = 0$$

$$B: \quad x_B' = l_0\cos\theta_0, \quad y_B' = l_0\sin\theta_0$$

要得到相对实验室参考系的棒的长度,就得在某同一时刻 $t$,测得 $A$、$B$ 两端的坐标. 应用洛伦兹变换,有

$$x' = \frac{x - vt}{\sqrt{1-v^2/c^2}}, \quad y' = y$$

图 10.5-4 与 $x'$ 轴成 $\theta_0$ 角的运动的棒

可得

$$x'_A = \frac{x_A - vt}{\sqrt{1 - v^2/c^2}} = 0, \quad x_A = vt$$

$$y'_A = y_A$$

$$x'_B = \frac{x_B - vt}{\sqrt{1 - v^2/c^2}} = l_0 \cos\theta_0, \quad x_B = l_0\sqrt{1 - v^2/c^2}\cos\theta_0 + vt$$

$$y'_B = y_B = l_0 \sin\theta_0$$

于是

$$x_B - x_A = l_0 \cos\theta_0 \sqrt{1 - v^2/c^2}$$

$$y_B - y_A = l_0 \sin\theta_0$$

棒的长度为

$$l = \sqrt{(x_B - x_A)^2 + (y_B - y_A)^2} = \sqrt{l_0^2 \cos^2\theta_0 \left(1 - \frac{v^2}{c^2}\right) + l_0^2 \sin^2\theta_0}$$

$$= l_0 \sqrt{1 - \frac{v^2}{c^2}\cos^2\theta_0}$$

棒与 $x$ 轴的夹角满足

$$\tan\theta = \frac{y_B - y_A}{x_B - x_A} = \tan\theta_0 / \sqrt{1 - v^2/c^2}$$

$\theta > \theta_0$，由此可见，运动的棒既收缩、又转向.

**例 3**　一粒子相对实验室参考系作匀速直线运动，在 $t_1 = \frac{2}{3} \times 10^{-8}$ s 时刻，粒子到达坐标为 $x_1 = 1$ m、$y_1 = z_1 = 0$

处，在 $t_2 = \frac{5}{3} \times 10^{-8}$ s 时刻，粒子到达坐标为 $x_2 = 3$ m，$y_2 = z_2 = 0$ 处.

（1）求粒子相对实验室参考系的速度；

（2）若另一惯性系相对实验室以恒定的速度 $\boldsymbol{v} = \frac{4}{5}c\boldsymbol{i}$ 运动，求粒子相对该参考系的速度.

**解**：（1）粒子相对实验室参考系的速度为

$$u = \frac{x_2 - x_1}{t_2 - t_1} = \frac{3 - 1}{\left(\frac{5}{3} - \frac{2}{3}\right) \times 10^{-8}} \text{ m/s} = 2 \times 10^8 \text{ m/s}$$

（2）取此坐标系的原点与实验室坐标系的原点重合的时刻为 $t = t' = 0$，粒子的初、末坐标相对此参考系的
值为

$$x'_1 = \frac{x_1 - vt_1}{\sqrt{1 - v^2/c^2}} = \frac{1 - \frac{4}{5} \times 3 \times 10^8 \times \frac{2}{3} \times 10^{-8}}{\sqrt{1 - \left(\frac{4}{5}\right)^2}} \text{ m} = -1 \text{ m}$$

$$t'_1 = \frac{t_1 - \frac{vx_1}{c^2}}{\sqrt{1 - v^2/c^2}} = \frac{\frac{2}{3} \times 10^{-8} - \frac{\frac{4}{5} \times 1}{3 \times 10^8}}{\sqrt{1 - \left(\frac{4}{5}\right)^2}} \text{ s} = \frac{2}{3} \times 10^{-8} \text{ s}$$

同理得

$$x_2' = -\frac{5}{3} \text{ m}, \quad t_2' = \frac{13}{9} \times 10^{-8} \text{ s}$$

相对这惯性系,两事件的空间间隔为

$$x_2' - x_1' = -\frac{5}{3} - (-1) \text{ m} = -\frac{2}{3} \text{ m}$$

两事件的时间间隔为

$$t_2' - t_1' = \left(\frac{13}{9} - \frac{2}{3}\right) \times 10^{-8} \text{ s} = \frac{7}{9} \times 10^{-8} \text{ s}$$

相对此参考系,粒子的速度为

$$u' = \frac{x_2' - x_1'}{t_2' - t_1'} = \frac{-\dfrac{2}{3}}{\dfrac{7}{9} \times 10^{-8}} \text{ m/s} = -\frac{6}{7} \times 10^8 \text{ m/s}$$

可以看出 $u' \neq u - v = \left(2 - \dfrac{4}{5} \times 3\right) \times 10^8 \text{ m/s} = -\dfrac{2}{5} \times 10^8 \text{ m/s}$.

**例 4** 宇航员乘一宇宙飞船从地球飞向离地球为 8 l.y. 的某星体. 飞船相对地球的速度 $v = 0.8c$,问宇航员何时到达这星体?

**解**:假定地球和星体相对静止. 取地球和星体为参考系 S,飞船为参考系 S′,使两个参考系中的坐标系的 $x$ 轴都与飞船与地球的相对速度方向平行,当两个坐标系的原点 $O$ 与 $O'$ 重合时,位于原点的时钟各自指示零,即 $t = 0, t' = 0$. 在 S 系中,地球和星体的坐标分别为 $x_1 = 0, x_2 = L_0 = 8$ l.y.. 若宇航员离开地球时,S 系中的钟指示时刻 $t_1 = 0$,到达星体时,S 系中的钟指示 $t_2$,则

$$t_2 - t_1 = \frac{x_2 - x_1}{v} = \frac{8 \times c}{0.8c} \text{ a} = 10 \text{ a}$$

这便是在地球参考系中测得宇航员到达该星体所需的时间.

飞船中的宇航员也可用他自己的钟测量地球经过飞船到星体经过飞船的时间. 所谓星体经过飞船,也就是宇航员到达星体. 若宇航员在某一时刻 $t'$,同时测得地球和星体在 S′ 系中的坐标 $x_1'$ 和 $x_2'$,则由洛伦兹变换,

$$x_1 = \frac{x_1' + vt'}{\sqrt{1 - v^2/c^2}} = 0, \quad x_1' = -vt'$$

$$x_2 = \frac{x_2' + vt'}{\sqrt{1 - v^2/c^2}}, \quad x_2' = x_2 \sqrt{1 - v^2/c^2} - vt'$$

于是,相对 S′ 系,地球到星体的距离为

$$L' = x_2' - x_1' = x_2 \sqrt{1 - v^2/c^2} = L_0 \sqrt{1 - v^2/c^2} = 8 \sqrt{1 - 0.8^2} \text{ l.y.}$$
$$= 4.8 \text{ l.y.}$$

地球经过飞船到星体经过飞船所经历的时间为

$$t_2' - t_1' = \frac{x_2' - x_1'}{v} = \frac{L_0 \sqrt{1 - v^2/c^2}}{v} = (t_2 - t_1) \sqrt{1 - \frac{v^2}{c^2}}$$
$$= 10 \times 0.6 \text{ a} = 6 \text{ a}$$

此即飞船参考系中测得的宇航员到达星体所需的时间.

所得的结果表明:宇航员从地球飞抵这星体时,静止在地球上的观测者测得其共经历时间为 10 a,但静止在

飞船中的观测者则测得时间仅为 6 a,图 10.5-5 给出了这一情况.当飞船离开地球的时刻,飞船与地球位于同一位置,这时,地球和飞船上的钟都指示零读数.当飞船飞抵星体时,飞船又和星体在同一位置,这时,星体上的钟指示 10 a,而飞船上的钟指示 6 a.

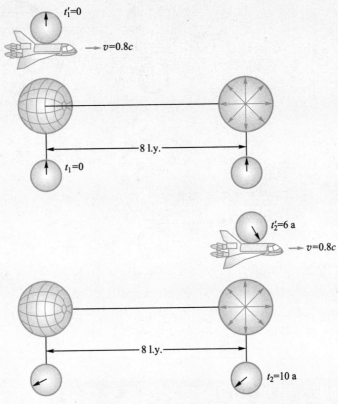

图 10.5-5 根据相对地球(和星体)静止的参考系的观点,位于地球和星体的
两只钟是同步的.飞船在 $t_1 = 0$ 时刻经过地球(此时飞船钟指示 $t_1' = 0$),
在 $t_2 = 10$ a 时刻飞经星体,此时飞船上的钟指示 $t_2' = 6$ a.

对于飞船离开地球时,飞船和地球上时钟的读数和飞船到达星球时,飞船和星体上时钟的读数,两个参考系中的观测者并无异议,但是,相对飞船参考系,位于地球和星体上的两只钟并不同步,地球和星体间的距离为 4.8 l.y.. 由洛伦兹变换,对于飞船上某一特定的时刻 $t'$,相对飞船以 $v$ 向 $x$ 负方向运动的各钟的读数 $t$ 由下式决定:

$$t' = \frac{t - vx/c^2}{\sqrt{1 - v^2/c^2}}$$

当 $t' = t_1' = 0$,即飞船上的钟读数为零时,位于地球($x = 0$)上的钟的读数也为零,但与地球相距 $L_0$ 的位于星体($x = L_0$)上的钟的读数 $t_{20} = \frac{vL_0}{c^2} = \frac{0.8c \times 8 \times c}{c^2} = 6.4$ a. 经过 6 a 之后,星体经过飞船,这时,$t' = t_2' = 6$ a,而地球上钟的读数 $t_{10} = 6 \times 0.6$ a $= 3.6$ a,星体上钟的读数 $t_2 = 6 \times 0.6 + 6.4$ a $= 10$ a,两钟显然不同步.实际上,每一只钟仅运行 3.6 a.这一情况如图 10.5-6 所示.

图 10.5-6　根据相对飞船静止的参考系的观点，地球钟与星体钟并不同步. 地球飞经飞船时，飞船上的钟指示 $t_1' = 0$（地球上的钟指示 $t_1 = 0$），但星体上的钟指示 $t_{20} = 6.4$ a. 星体飞经飞船时，飞船钟指示 $t_2' = 6$ a，星体钟指示 $t_2 = 10$ a，但此时地球钟指示 $t_{10} = 3.6$ a.

## § 10.6　相对论的速度和加速度变换

### 1. 相对论的速度变换公式

经典力学中的速度变换公式是从伽利略变换求得的，它与光速不变原理相抵触. 爱因斯坦关于相对论的假设要求用洛伦兹变换来代替伽利略变换. 因此，经典力学的速度变换公式也将由与洛伦兹变换相一致的速度变换公式来代替.

若一质点相对 S 系的速度为 $\boldsymbol{u}$，在任何时刻 $t$，其空间位置的坐标为 $x$、$y$、$z$，速度变换公式应给出质点相对 S′系的速度 $\boldsymbol{u}'$. 根据洛伦兹变换，该质点相对 S′系的时空坐标为（10.5-6）式，对（10.5-6）式微分，得

$$dx' = \frac{dx - v dt}{\sqrt{1 - v^2/c^2}}$$
$$dy' = dy$$
$$dz' = dz$$

$$dt' = \frac{dt - \dfrac{vdx}{c^2}}{\sqrt{1 - v^2/c^2}}$$

于是

$$u'_x = \frac{dx'}{dt'} = \frac{dx - vdt}{dt - \dfrac{vdx}{c^2}} = \frac{u_x - v}{1 - \dfrac{vu_x}{c^2}}$$

$$u'_y = \frac{dy'}{dt'} = \frac{dy}{dt - \dfrac{vdx}{c^2}}\sqrt{1 - \frac{v^2}{c^2}} = \frac{u_y}{1 - \dfrac{vu_x}{c^2}}\sqrt{1 - \frac{v^2}{c^2}}$$

$$u'_z = \frac{dz'}{dt'} = \frac{dz}{dt - \dfrac{vdx}{c^2}}\sqrt{1 - \frac{v^2}{c^2}} = \frac{u_z}{1 - \dfrac{vu_x}{c^2}}\sqrt{1 - \frac{v^2}{c^2}}$$

由此得到相对论的速度变换公式:

$$\begin{cases} u'_x = \dfrac{u_x - v}{1 - \dfrac{vu_x}{c^2}} \\[4mm] u'_y = \dfrac{u_y\sqrt{1 - v^2/c^2}}{1 - \dfrac{vu_x}{c^2}} \\[4mm] u'_z = \dfrac{u_z\sqrt{1 - v^2/c^2}}{1 - \dfrac{vu_x}{c^2}} \end{cases} \tag{10.6-1}$$

其逆变换为

$$\begin{cases} u_x = \dfrac{u'_x + v}{1 + \dfrac{vu'_x}{c^2}} \\[4mm] u_y = \dfrac{u'_y\sqrt{1 - v^2/c^2}}{1 + \dfrac{vu'_x}{c^2}} \\[4mm] u_z = \dfrac{u'_z\sqrt{1 - v^2/c^2}}{1 + \dfrac{vu'_x}{c^2}} \end{cases} \tag{10.6-2}$$

(10.6-1)式和(10.6-2)式告诉我们:

(1) 若 $u$ 和 $v$ 都比 $c$ 小得多,则相对论的速度变换公式退化成经典的速度变换公式.

（2）若 $u=c$，则 $u'=c$，表示在所有的惯性系中光速相同，这是我们所预期的.

（3）只要 $u<c,v<c$，经过变换后，$u'<c$，即不论参考系的速度 $v$ 如何（当然 $v<c$），永远不可能通过变换得到 $u'>c$ 的结论. 这一点与经典的速度变换公式完全不同.

（4）若相对 S 系，质点在垂直于 $x$ 轴的平面内运动，即 $u_x=0,u_y\neq0,u_z\neq0$，但经过变换得

$$u'_x=-v$$

$$u'_y=u_y\sqrt{1-v^2/c^2}\neq u_y$$

$$u'_z=u_z\sqrt{1-v^2/c^2}\neq u_z$$

相对论的速度变换公式与经典的速度变换公式的差别起因于长度收缩和时间延缓两个相对论效应. 当质点限制在垂直于相对运动方向的平面内时，尽管横向的空间间隔并不存在收缩效应，但时间延缓效应对速度的横向分量的影响仍然存在.

### 2. 相对论的加速度变换公式

在经典力学中，加速度对于伽利略变换是不变量，即质点运动的加速度相对一切惯性参考系都相等，这就导致了伽利略的力学相对性原理. 但是加速度经过洛伦兹变换后要改变，即在狭义相对论中，加速度并不是不变量.

对速度变换公式(10.6-2)微分，得

$$du_x=\frac{du'_x}{1+\dfrac{vu'_x}{c^2}}-\left[\frac{u'_x+v}{\left(1+\dfrac{vu'_x}{c^2}\right)^2}\frac{vdu'_x}{c^2}\right]$$

所以

$$a_x=\frac{du_x}{dt}=\frac{du'_x/dt'\,(1-v^2/c^2)^{3/2}}{\left(1+\dfrac{vu'_x}{c^2}\right)^3}$$

$$a_y=\frac{du_y}{dt}=\frac{du'_y/dt'\,(1-v^2/c^2)}{\left(1+\dfrac{vu'_x}{c^2}\right)^2}-\frac{u'_y(1-v^2/c^2)}{\left(1+\dfrac{vu'_x}{c^2}\right)^3}\frac{v}{c^2}\frac{du'_x}{dt'}$$

$$a_z=\frac{du_z}{dt'}=\frac{du'_z/dt'\,(1-v^2/c^2)}{\left(1+\dfrac{vu'_x}{c^2}\right)^2}-\frac{u'_z(1-v^2/c^2)}{\left(1+\dfrac{vu'_x}{c^2}\right)^3}\frac{v}{c^2}\frac{du'_x}{dt'}$$

注意到 $a'_x=\dfrac{du'_x}{dt'},a'_y=\dfrac{du'_y}{dt'},a'_z=\dfrac{du'_z}{dt'}$，便得到加速度的变换公式：

$$\begin{cases} a_x = \dfrac{\left(1-\dfrac{v^2}{c^2}\right)^{3/2}}{\left(1+\dfrac{vu_x'}{c^2}\right)^3}a_x' \\[4mm] a_y = \dfrac{1-\dfrac{v^2}{c^2}}{\left(1+\dfrac{vu_x'}{c^2}\right)^2}a_y' - \dfrac{(vu_y'/c^2)\left(1-\dfrac{v^2}{c^2}\right)}{\left(1+\dfrac{vu_x'}{c^2}\right)^3}a_x' \\[4mm] a_z = \dfrac{1-\dfrac{v^2}{c^2}}{\left(1+\dfrac{vu_x'}{c^2}\right)^2}a_z' - \dfrac{(vu_z'/c^2)\left(1-\dfrac{v^2}{c^2}\right)}{\left(1+\dfrac{vu_x'}{c^2}\right)^3}a_x' \end{cases} \qquad (10.6\text{-}3)$$

在相对论中,加速度不是不变量,其变换公式冗长而复杂,各个分量的变换式亦极不一样,所以加速度在牛顿力学中所具有的那种优越地位,在相对论中不复存在.

# § 10.7　多普勒效应　孪生子佯谬

## 1. 多普勒效应

电磁波的波长 $\lambda$、频率 $\nu$ 和波速 $c$ 满足以下关系:

$$\lambda\nu = c$$

波长 $\lambda$ 涉及空间间隔,频率 $\nu$ 涉及时间间隔,都与参考系有关. 而 $c$ 为普适常量. 因而可以预言,相对不同的参考系测得的光的频率和波长都不同,但两者的乘积与参考系无关. 当光源与观测者(接收器)之间存在相对运动时,接收器接收到的光的频率要发生变化. 光源与观测者的相对运动对频率的影响称为**多普勒效应**,在声波中曾讨论过这种效应.

### (1) 纵向多普勒效应

我们先讨论一种简单的情况:光源与观测者的相对运动沿着两者的连线,这种运动引起的多普勒效应称为纵向多普勒效应. 我们取相对观测者静止的参考系为 S 系,相对光源静止的参考系为 S′系. 假定 S′系相对 S 系以速度 $v$ 沿 $x$ 正方向运动. 设想一光源位于 $O'$ 点,在某一时刻 $t'$ 发出一光波,波的某一相位的等相面以速度 $c$ 向各个方向传播. 若此光波相对 S′系的频率为 $\nu'$,则经过时间 $\dfrac{1}{\nu'}$ 后,即在时刻 $t'+1/\nu'$,此光源又发出第二个同相位的等相面,我们把光源发出某一相位的等相面作为一事件,那么,相对 S′系相继发出同相位的两个等相面这两事件是发生在同一处($x'=0$)的两事件,两事件的时间间隔为本征时间间隔 $\tau'$,即

$$\tau' = \frac{1}{\nu'}$$

根据洛伦兹变换,相对 S 系,第一个等相面发出的时刻为

$$t = \frac{t' + \frac{vx'}{c^2}}{\sqrt{1 - v^2/c^2}} = \frac{t'}{\sqrt{1 - v^2/c^2}}$$

第二等相面发出的时刻为

$$t + \Delta t = \frac{t' + \frac{1}{\nu'}}{\sqrt{1 - v^2/c^2}}$$

两等相面发出的地点的坐标分别为

$$x = \frac{x' + vt'}{\sqrt{1 - v^2/c^2}} = \frac{vt'}{\sqrt{1 - v^2/c^2}}$$

$$x + \Delta x = \frac{x' + v\left(t' + \frac{1}{\nu'}\right)}{\sqrt{1 - v^2/c^2}} = \frac{vt' + \frac{v}{\nu'}}{\sqrt{1 - v^2/c^2}}$$

若光源向着接收器运动,则在第二个等相面发出的时刻,第一个等相面已行进 $c\Delta t$ 的距离,而两等相面之间的距离为 $c\Delta t - \Delta x$,故接收器接收到这两个等相面的时间间隔为

$$\tau = \frac{c\Delta t - \Delta x}{c} = \Delta t - \frac{\Delta x}{c}$$

$$= \frac{1}{\nu'\sqrt{1 - v^2/c^2}} - \frac{\frac{v}{c}}{\nu'\sqrt{1 - v^2/c^2}}$$

$$= \frac{1 - \frac{v}{c}}{\sqrt{1 - v^2/c^2}} \frac{1}{\nu'}$$

$\tau$ 的倒数即为相对 S 系的频率,故有

$$\nu = \frac{1}{\tau} = \frac{\sqrt{1 - v^2/c^2}}{1 - v/c} \nu'$$

或

$$\nu = \sqrt{\frac{c + v}{c - v}} \nu' \tag{10.7-1}$$

若光源背离接收器运动,则有

$$\nu = \sqrt{\frac{c - v}{c + v}} \nu' \tag{10.7-2}$$

当取相对光源静止的参考系为 S 系,相对观察者静止的参考系为 S′系时,结果相同.

我们知道,在声音的多普勒效应中,声源相对介质运动与接收器相对介质运动产生的多普勒效应有所不同,而真空中相对论性的多普勒效应却只与源和接收器的相对运动有关,源运动与接收器运动处在完全对称的地位. 实际上,对于真空中的光波或电磁波,是光源在运动还是接收器在运动两者无法区别.

**（2）接收器不在相对运动方向上的多普勒效应**

在一般情况下,光源与接收器相对运动的方向并不在两者的连线上. 例如,人造卫星向地面发射信号时（图 10.7-1）,地面上的接收器到人造卫星的连线与卫星相对地面运动的速度方向之间存在一夹角. 这时接收到的信号中的多普勒效应就属这种情况. 我们仍从 S 和 S′ 两个参考系来考察这一问题. 设光源位于 S′ 系的 $y'$ 轴上,S′ 系相对 S 系以速度 $v$ 沿正 $x$ 方向运动. 相对 S′ 系,在某一时刻 $t'$,光源发出某一相位的等相面 $F_1$. 经过时间 $\dfrac{1}{\nu'}$,即在时刻 $t'+\dfrac{1}{\nu'}$,光源又发出同一相位的等相面 $F_2$,但此刻等相面 $F_1$ 已传播到 $F_1'$ 处,如图 10.7-2 所示. 如果光源离接收器很远,我们可以把等相面看作平面. 相对 S 系发射等相面 $F_1$ 和 $F_2$ 两事件的时空坐标分别为

图 10.7-1 地面接收站接收
人造地球卫星发出的信号

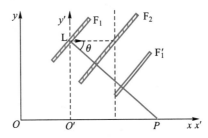

图 10.7-2 相对 S 系运动的光源
发出的等相面

$$t = \frac{t'}{\sqrt{1-v^2/c^2}}, \quad x = \frac{vt'}{\sqrt{1-v^2/c^2}}, \quad y = y'$$

$$t+\Delta t = \frac{t'+\dfrac{1}{\nu'}}{\sqrt{1-v^2/c^2}}, \quad x+\Delta x = \frac{v\left(t'+\dfrac{1}{\nu'}\right)}{\sqrt{1-v^2/c^2}}, \quad y = y'$$

$F_1'$ 与 $F_2$ 的距离等于光波在 $\Delta t$ 时间内传播的距离 $c\Delta t$ 减去 $\Delta x\cos\theta$,故接收器接收到这两个等相面的时间间隔为

$$\tau = \frac{c\Delta t - \Delta x\cos\theta}{c} = \frac{1}{\nu'\sqrt{1-v^2/c^2}}\left(1-\frac{v\cos\theta}{c}\right)$$

$\tau$ 的倒数就是接收器接收到的光的频率 $\nu$:

$$\nu = \frac{1}{\tau} = \frac{\nu'\sqrt{1-v^2/c^2}}{1-\dfrac{v\cos\theta}{c}} \tag{10.7-3}$$

若接收器在运动方向上,即 $\theta=0$,这就是(10.7–1)式. 当 $\theta=\dfrac{\pi}{2}$,即接收器在与相对速度垂直的方向上,则

$$\nu=\nu'\sqrt{1-v^2/c^2} \tag{10.7–4}$$

这时仍有多普勒效应,通常称为横向多普勒效应. 横向多普勒效应与 $\dfrac{v^2}{c^2}$ 有关,它是由时间延缓效应引起的,按照经典理论,这一效应是不会出现的. 光的横向多普勒效应的存在是对洛伦兹变换的一个有力证明. 其实声的横向多普勒效应也是存在的,但由于一般波源的速度比光速小得多,故声波的横向多普勒效应非常弱,在大部分情况下可忽略不计.

### 2. 孪生子佯谬和孪生子佯谬的一种说明

我们在上节的例 4 中,分析了一飞船从地球飞向遥远的星体的宇宙旅行问题. 若地球到星体的距离为 8 l.y.,宇宙飞船相对地球的速度为 $v=0.8c$,则相对地球静止的参考系,单程旅行需历时 10 a. 飞船到达星体时各钟的读数如图 10.7–3 所示. 但相对飞船静止的参考系,单程旅行只需历时 6 a. 如果飞船到达星体后,在极短的时间内迅速转向,并以 $0.8c$ 的速度返回地球,则重复该例题的类似计算,不难得到飞船飞回地球所经历的时间:相对地球是 10 a,相对飞船为 6 a. 这样一次往返的宇宙旅行,地球上的观测者测得需经时间 20 a,而飞船上的观测者测得仅需时间 12 a. 若有一对孪生兄弟出生后,一位 A 留在地球上,另一位 B 被带上飞船进行宇宙旅行,当他回到地球上时,留在家里的 A 已是 20 岁的成年人,而旅行回归的 B 尚是 12 岁的儿童. 这一结论当然难以使人接受. 持不同意此结论者的依据是:作匀速相对运动的两个参考系是等价的,A 留在地球上,B 乘宇宙飞船去旅行这一情况也可以看作宇宙飞船静止,而地球和星体相对飞船运动,那么,根据上节例 4 的分析,飞船上的观测者测得 6 a 的时间,从运动的地球来看只有 3.6 a,故当地球经历 3.6 a 离开飞船,又经过 3.6 a 回到飞船时,地球上的 A 只有 7.2 岁,而飞船上的 B 已达 12 岁. 两

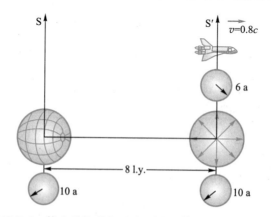

图 10.7–3　按 S 系的观点,飞船到达星体时各钟指示的时刻

个互不相容的答案表示,唯一可能的是两人年龄相同. 这个问题就是历史上著名的孪生子佯谬,亦称时钟佯谬.

认为地球上的 $A$ 是 20 岁,飞船上的 $B$ 仅是 12 岁的结论是爱因斯坦在他的第一篇关于相对论的论文(1905 年)中阐明的,这一结论在 1939 年经历了一场初步的规模不大的争论,而在 20 世纪 50 年代末变成物理文献中的一个激烈争论的问题. 直到现在,关于这一结论的解释也还不断发生着不同看法的争论. 由于飞船到达星球后要转向才能作返回地球的运动,而在转向过程中,飞船经历了加速运动因而与飞船联系的参考系就不会永远是惯性系,而加速参考系的问题已超出狭义相对论,属于广义相对论的范畴,因此,解释孪生子佯谬,必须使用广义相对论,另一种看法认为飞船虽经历加速过程,但不能认为有了加速度,一定是广义相对论问题,孪生子佯谬应归属于狭义相对论范畴,是一个纯狭义相对论问题. 环绕孪生子佯谬的不同看法,在一定程度上是人们对相对论——狭义相对论和广义相对论——理解和认识的深化过程. 近几十年来,尽管不时出现不同的看法,但许多与相对论有关的教科书都没有回避这一问题. 都以不同的篇幅和不同的观点涉及了这一佯谬,这对人们学习相对论仍是有积极作用的.

下面,我们试图对孪生子佯谬作出一些说明,说明的基础是读者对狭义相对论略有一些粗浅的认识和理解,对广义相对论则一无所知. 这种说明在一定程度上可以看作是对狭义相对论中某些结论的具体应用. 在另一种意义上亦可看作是对读者关于狭义相对论理解的某种检验. 如果读者有机会对狭义相对论和广义相对论进行较深入的学习和研究,可以回过头来对下面的说明重新审查,作出自己的判断和结论,从而进一步加深对相对论的理解和认识.

一个重要的问题是地球和星体静止的参考系与飞船静止的参考系并不等价. 飞船在到达星体时将立即转向,而转向过程是一个加速过程,飞船的速度由向右的 $0.8c$ 减到零,又反向加速到向左的 $0.8c$,从而经历了从一个惯性系变换成另一惯性系的过程,但留在地球上的 $A$ 则始终处在惯性系中. $A$、$B$ 两人中谁经历过加速过程,谁进入非惯性系是完全确定的. 所以,$A$ 未经过加速,而 $B$ 经过加速,这是不能忽视的问题. 正是这一点,破坏了 $A$、$B$ 两人的对等地位.

如果飞船加速的时间很短,比单程旅行的时间短得多,以致可以忽略(显然,加速产生的作用是不能忽略的),那么应用粗浅的狭义相对论的知识,也可对孪生子佯谬作出一点说明.

考虑到飞船必须经历加速过程,在 $B$ 返回地球时,$A$ 和 $B$ 谁年轻的结论是唯一的,即使按飞船中观测者的观点也可对此结论作出正确的说明. 设地球和星体都位于 $x$ 轴上,地球位于原点. 有一惯性系 $S'$,以 $v=0.8c$ 的速度沿 $x$ 轴的正方向运动. 在飞船飞向星体的旅程中,飞船(因而 $B$)相对 $S'$ 系是静止的,飞船到达星体时刻的情况如图 10.7-3 所示(S 系的观点). 相对 $S'$ 系,地球和星体以 $v=0.8c$ 的速度向 $x$ 负方向运动. 如上节例 4 所得,自地球离开飞船到星体经过飞船,飞船上的观测者测得经历的时间为 6 a. 从 6 a 这时刻起,飞船转向并开始作返回地球的运动,即经历一极短的加速过程,使飞船的最终速度变为 $u=-0.8c$(相对地球),负号表示沿 $x$ 负方向. 但必须注意,在返回地球的过程中,飞船相对 $S'$ 系是运动的. 由于 $S'$ 系相对地球的速度 $v=0.8c$,飞船相对地球的速度 $u=-0.8c$,由速度变换公式,飞船相对 $S'$ 系的速度为

$$u'=\frac{u-v}{1-\dfrac{uv}{c^2}}=\frac{-0.8c-0.8c}{1+\dfrac{0.8c\times0.8c}{c^2}}=-\frac{1.6}{1.64}c=-\frac{40}{41}c$$

负号表示速度沿 $x$ 的负方向. 因此从 $S'$ 系看, 飞船返回地球的过程是飞船追赶地球的过程, 飞船自星体出发时的情况如图 10.7-4 所示(按 $S'$ 系的观点). 相对 $S'$ 系, 地球与星体间的距离为 4.8 l.y., 飞船追上地球经历的时间为

$$\frac{4.8\ \text{l.y.}}{\left(\dfrac{40}{41}-0.8\right)c}=\frac{4.8\ \text{l.y.}}{\dfrac{36}{205}c}=\frac{82}{3}\ \text{a}$$

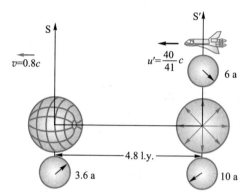

图 10.7-4 按 $S'$ 系的观点, 飞船开始从星体飞回地球时,
各钟指示的读数以及飞船相对 $S'$ 系的速度

由于地球的钟走慢, 相对 $S'$ 系为 $\dfrac{82}{3}$ a 的时间, 地球上的钟测量结果则为

$$\frac{82}{3}\times\sqrt{1-0.8^2}\ \text{a}=16.4\ \text{a}$$

故从 $S'$ 系看来, 在星体经过飞船的时刻, 星体上的时钟指示 10 a, 而地球上的时钟指示 3.6 a, 故当飞船追上地球时, 地球时钟的读数为 3.6 a+16.4 a=20 a, 即 $B$ 回到地球时, 地球上已经过了 20 a, 如图 10.7-5 所示. 飞船上的时间是多少年呢? 飞船飞往星球经历 6 a, 在返回地球的过程中, 相对 $S'$ 系, 飞船上的钟将走慢一个因子 $\sqrt{1-\dfrac{u'^2}{c^2}}=\sqrt{1-\left(\dfrac{40}{41}\right)^2}=9/41$, 故相对 $S'$ 系为 $\dfrac{82}{3}$ a 的时间, 在飞船上表示为 $\dfrac{9}{41}\times\dfrac{82}{3}$ a=6 a, 即从飞船开始返回旅程直到赶上地球, 飞船的钟记录为 6 a, 这样往

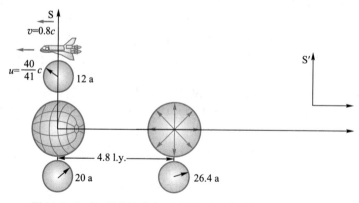

图 10.7-5 按 $S'$ 系的观点, 飞船回到地球时各钟指示的读数

返一次共经历 6 a+6 a＝12 a,亦即当 B 回到地球时,地球上的 A 已经历了 20 a,但飞船上的 B 仅经历 12 a,故 A 比 B 的年龄大.

李生子佯谬也可用多普勒效应来解释. 设固定在飞船内的光信号钟以 $1/\nu'$ 的时间间隔向地球发射光信号,$\nu'$ 可看作为光信号相对飞船的频率. 根据多普勒效应,飞船飞向星体的运动使地球上的接收器接收到的频率变为 $\nu_1 = \nu'\sqrt{\dfrac{c-v}{c+v}}$,飞船飞回地球的运动使地球上接收到的频率变为 $\nu_2 = \nu'\sqrt{\dfrac{c+v}{c-v}}$. 若飞船由地球到达星体所经历的时间相对地球为 $t_1$,相对飞船为 $t_1'$,由星体返回地球所经历的时间相对地球为 $t_2$,相对飞船为 $t_2'$,则飞船经历一次往返旅行所需的时间相对地球为 $T=t_1+t_2$,相对飞船为 $T'=t_1'+t_2'$. 从地球参考系看,飞船在 $t_1$ 时刻到达星体,并立即转向. 转向后飞船发出的光信号并不能立即到达地球,因为飞船离开地球的距离为 $vt_1$,转向后发出的光信号将在 $vt_1/c$ 时间以后才陆续到达地球. 但在飞船回到地球时,转向后发出的全部光信号也全部到达地球. 由此可见,地球上的接收器在 0 到 $t_1+\dfrac{vt_1}{c}$ 这段时间内接收到的光信号数等于飞船转向前所发出的即飞船上的光信号钟在 $0\sim t_1'$ 时间内所发出的光信号数,这些信号相对地球的频率为 $\nu_1$,相对飞船的频率为 $\nu'$,接收到的信号数与发射出的信号数分别为 $\nu_1\left(t_1+\dfrac{vt_1}{c}\right)$ 和 $\nu't_1'$,故有

$$\nu_1\left(t_1+\frac{vt_1}{c}\right)=\nu't_1'$$

或

$$t_1+\frac{vt_1}{c}=\frac{\nu'}{\nu_1}t_1'=\sqrt{\frac{c+v}{c-v}}\,t_1' \qquad (10.7-5)$$

接收器在 $t_1+\dfrac{vt_1}{c}\sim t_1+t_2$ 这段时间内接收到的光信号数等于飞船在转向后所发出的即飞船上的光信号钟在 $t_1'\sim t_1'+t_2'$ 时间内发出的光信号数. 这些光信号相对地球的频率为 $\nu_2$,相对飞船的频率为 $\nu'$. 接收到的光信号数和发出的光信号数分别为 $\left(t_2-\dfrac{vt_1}{c}\right)\nu_2$ 和 $\nu't_2'$,故有

$$\nu_2\left(t_2-\frac{vt_1}{c}\right)=\nu't_2'$$

或

$$t_2-\frac{vt_1}{c}=\frac{\nu'}{\nu_2}t_2'=\sqrt{\frac{c-v}{c+v}}\,t_2' \qquad (10.7-6)$$

将(10.7-5)式和(10.7-6)式相加,得

$$t_1+t_2=\sqrt{\frac{c+v}{c-v}}\,t_1'+\sqrt{\frac{c-v}{c+v}}\,t_2'$$

相对飞船,往返的时间是相等的,即 $t_1'=t_2'$,由此得

$$t_1+t_2=\frac{t_1'+t_2'}{\sqrt{1-v^2/c^2}}$$

即

$$T=\frac{T'}{\sqrt{1-v^2/c^2}}$$

故完成一次往返旅行,地球上经历时间为 $T$,而飞船上经历时间为 $T'$,$T'<T$.

## §10.8 相对论的动量和能量

### 1. 相对论动量

狭义相对论要求以洛伦兹变换替代伽利略变换,因此,对伽利略变换具有协变性的力学基本定律——牛顿运动定律亦将被新的力学定律所代替. 牛顿力学与相对论的不一致表现在这些定律的数学方程式经过洛伦兹变换后,形式会改变,因而违反狭义相对论的相对性原理. 由洛伦兹变换导出的加速度变换式异常复杂,似已表明加速度这一概念在相对论力学中的地位将大大降低. 其实即使在牛顿力学中,动量、能量等概念以及与这些概念相联系的定理和定律,特别是动量守恒定律和机械能守恒定律,在处理某些问题中的重要作用已显得比力和加速度更为有效. 不过,在牛顿力学中,这两个守恒定律是从牛顿运动定律导出来的. 在这一节中,我们不是去寻找新的动力学定律和相应的守恒定律,而是修改在牛顿力学中已证实而且被广泛应用的动量守恒定律和包括质量在内的能量守恒定律,修改的途径是在承认动量和能量仍然守恒和相对论的相对性原理的条件下,寻找动量和能量的具体定义和表示形式.

我们从质点间的碰撞着手来研究相对论的质点动量. 由于碰撞发生在极短的时间内,在这一极短的时间内,质点间的距离可以忽略,可认为发生在空间同一点. 尽管在这时间内质点经历了加速和减速的过程,但在碰撞前和碰撞后,质点都作匀速运动. 为了保证在相对论的范围内,守恒定律仍有效,我们期望质点的动量应具有以下性质:

(1) 对于一孤立的质点系内部发生的过程,例如两质点间的碰撞,新的动量应守恒;

(2) 当质点的速度 $u \ll c$ 时,新的动量应过渡到 $m\boldsymbol{u}$,$m$ 为质点的质量.

为此,可以设想新的动量为

$$\boldsymbol{p} = m(u)\boldsymbol{u} \qquad (10.8\text{-}1)$$

即在形式上仍是 $m\boldsymbol{u}$,但 $m$ 不是常量,而与速度的大小有关. 为了找到 $\boldsymbol{p} = m(u)\boldsymbol{u}$ 的具体形式,我们研究两个光滑质点的弹性碰撞.

两个完全相同的质点,分别处在惯性系 S 和 S′中,只要这两个质点相对各自的惯性的运动状态相同,则在每个惯性系中观测到的质点的各种行为应是相同的. 例如,质点相对 S 系静止时,其质量为 $m$,则另一质点相对 S′系静止时,其质量亦为 $m$;若质点相对 S 系以速度 $u$ 运动,其质量为 $m'$,则另一质点相对 S′系以速度 $u$ 运动时,其质量亦为 $m'$. 总之,只要质点相对惯性系的运动状态相同,在该惯性系中所测到的质点的各种情况都一样,我们无法区分是在哪个惯性系中获得这些信息的. 现假定质点 $A$ 相对 S 系沿 $y$ 方向运动,速率为 $u_0$,质点 $B$ 相对 S′系沿 $y$ 负方向运动,速率为 $u_0$,并使 $A$ 和 $B$ 发生碰撞,碰撞的地点正好在共同的 $x$ 轴上. 图 10.8-1 为两质点碰撞前的情形.

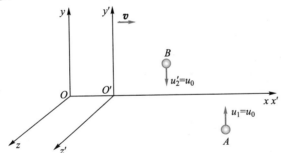

图 10.8-1　质点 $A$ 相对 $S$ 系沿 $y$ 方向运动,质点
$B$ 相对 $S'$ 系沿 $y'$ 负方向运动

　　下面,我们分别从两个参考系来研究这两个质点的碰撞过程. 根据速度变换公式,碰撞前,质点 $A$ 和 $B$ 相对 $S$ 系的速度分别为

$$u_{1x}=0,\ u_{1y}=u_0,\ u_{1z}=0$$
$$u_1=u_0$$
$$u_{2x}=v,\ u_{2y}=-u_0\sqrt{1-v^2/c^2},\ u_{2z}=0$$
$$u_2=\sqrt{v^2+u_0^2(1-v^2/c^2)}$$

碰撞后,从 $S$ 系看,质点 $A$ 将沿 $y$ 方向被弹回,在 $x$ 方向仍无运动,设其速率为 $\bar{u}_0$,故质点 $A$ 相对 $S$ 系的速度为

$$\bar{u}_{1x}=0,\ \bar{u}_{1y}=-\bar{u}_0,\ \bar{u}_{1z}=0$$
$$\bar{u}_1=\bar{u}_0$$

从 $S'$ 系看,质点 $B$ 所处的地位与质点 $A$ 相对 $S$ 系所处的地位是相同的,故碰撞后质点 $B$ 相对 $S'$ 系仍然只有 $y'$ 方向的速度,即

$$\bar{u}'_{2x}=0,\ \bar{u}'_{2y}=-\bar{u}_0,\ \bar{u}'_{2z}=0$$

碰撞后,质点 $B$ 相对 $S$ 系的速度为

$$\bar{u}_{2x}=v,\ \bar{u}_{2y}=\bar{u}_0\sqrt{1-v^2/c^2},\ \bar{u}_{2z}=0$$
$$\bar{u}_2=\sqrt{v^2+\bar{u}_0^2(1-v^2/c^2)}$$

碰撞前后,两质点相对 $S$ 系的速度如图 10.8-2 所示.

图 10.8-2　相对 $S$ 系,两质点碰撞前后的速度

碰撞前,两质点的动量

$$\sum p_x = m(u_1)u_{1x} + m(u_2)u_{2x} = m(u_2)v$$

$$\sum p_y = m(u_1)u_{1y} + m(u_2)u_{2y} = m(u_1)u_0 - m(u_2)u_0\sqrt{1-v^2/c^2}$$

碰撞后,两质点的动量为

$$\sum \bar{p}_x = m(\bar{u}_1)\bar{u}_{1x} + m(\bar{u}_2)\bar{u}_{2x} = m(\bar{u}_2)v$$

$$\sum \bar{p}_y = m(\bar{u}_1)\bar{u}_{1y} + m(\bar{u}_2)\bar{u}_{2y} = -m(\bar{u}_1)\bar{u}_0 + m(\bar{u}_2)\bar{u}_0\sqrt{1-v^2/c^2}$$

相对 S 系,碰撞前后动量守恒,即有

$$m(u_2)v = m(\bar{u}_2)v \tag{10.8-2}$$

$$m(u_1)u_0 - m(u_2)u_0\sqrt{1-v^2/c^2}$$

$$= -m(\bar{u}_1)\bar{u}_0 + m(\bar{u}_2)\bar{u}_0\sqrt{1-v^2/c^2} \tag{10.8-3}$$

由(10.8-2)式,得

$$m(u_2) = m(\bar{u}_2)$$

故

$$u_2 = \bar{u}_2$$

即

$$v^2 + u_0^2(1-v^2/c^2) = v^2 + \bar{u}_0^2(1-v^2/c^2)$$

由此得

$$u_0 = \bar{u}_0$$

将此关系代入(10.8-3)式,得

$$m(u_1)u_0 - m(u_2)u_0\sqrt{1-v^2/c^2} = -m(u_1)u_0 + m(u_2)u_0\sqrt{1-v^2/c^2}$$

即

$$m(u_1)u_0 = m(u_2)u_0\sqrt{1-v^2/c^2}$$

$$m(u_1) = m(u_2)\sqrt{1-v^2/c^2}$$

或

$$m(u_2) = \frac{m(u_1)}{\sqrt{1-v^2/c^2}}$$

若碰撞前,$u_1 = 0$,即 $u_0 = 0$,这时 $u_2 = v$,故上式变成

$$m(v) = \frac{m_0}{\sqrt{1-v^2/c^2}}$$

$m_0$ 为 $u_0 = 0$ 时质点的质量,$v$ 为质点相对 S 系的速度. 这表示,相对 S′系静止的质点,其质量为 $m_0$,但相对 S 系该质点的速度为 $v$,质量变成 $m(v)$. 在一般情况下,任一质点,相对某一惯性系静止时,其质量 $m_0$ 称为**静质量**,当该质点相对该惯性系以速率 $u$ 运动时,其质量为

$$m(u) = \frac{m_0}{\sqrt{1-u^2/c^2}} \tag{10.8-4}$$

$m(u)$ 则称为**动质量**. 在相对论的情况下,质点的质量不再是常量,而与其速率有关,(10.8-4)式称为质速关系. 于是质点的动量为

$$\boldsymbol{p} = m(u)\boldsymbol{u} = \frac{m_0}{\sqrt{1-\dfrac{u^2}{c^2}}}\boldsymbol{u} \tag{10.8-5}$$

当动量具有以上形式时,孤立体系的动量在所有惯性系中都守恒.

### 2. 相对论中的力

在牛顿力学中,作用于质点上的力等于该质点动量的变化率,即

$$\boldsymbol{F} = \frac{\mathrm{d}\boldsymbol{p}}{\mathrm{d}t} = \frac{\mathrm{d}(m\boldsymbol{u})}{\mathrm{d}t}$$

由于 $m$ 是恒量, $\frac{\mathrm{d}\boldsymbol{u}}{\mathrm{d}t} = \boldsymbol{a}$, 便得熟知的牛顿第二定律的表示式: $\boldsymbol{F} = m\boldsymbol{a}$. 在相对论中,仍然保留力作为动量的变化率这一定义. 但动量由(10.8-5)式决定,故

$$\boldsymbol{F} = \frac{\mathrm{d}}{\mathrm{d}t}\left(\frac{m_0}{\sqrt{1-u^2/c^2}}\boldsymbol{u}\right)$$

这时, $\boldsymbol{F}$ 与 $\boldsymbol{a} = \frac{\mathrm{d}\boldsymbol{u}}{\mathrm{d}t}$ 不再是正比关系.

### 3. 相对论中的能量

在相对论中,动能定理仍然成立,但动能的形式将不同.

$$A = \int_a^b \boldsymbol{F} \cdot \mathrm{d}\boldsymbol{r} = E_{k2} - E_{k1}$$

或

$$E_{k2} - E_{k1} = \int_a^b \frac{\mathrm{d}\boldsymbol{p}}{\mathrm{d}t} \cdot \mathrm{d}\boldsymbol{r} = \int_a^b \mathrm{d}\boldsymbol{p} \cdot \frac{\mathrm{d}\boldsymbol{r}}{\mathrm{d}t}$$

$$= \int_a^b \boldsymbol{u} \cdot \mathrm{d}\boldsymbol{p} = \int_a^b \frac{\boldsymbol{p} \cdot \mathrm{d}\boldsymbol{p}}{m}$$

注意到

$$m\sqrt{1-\frac{u^2}{c^2}} = m_0, p = mu$$

得

$$m^2 c^2 - p^2 = m_0^2 c^2$$

对等式两边微分,得

$$\boldsymbol{p} \cdot \mathrm{d}\boldsymbol{p} = mc^2 \mathrm{d}m$$

将此关系代入 $E_{k2} - E_{k1}$ 等式:

$$E_{k2} - E_{k1} = \int_a^b \frac{mc^2 \mathrm{d}m}{m} = \int_a^b c^2 \mathrm{d}m$$

若取初态 $u=0$,对应的动能 $E_{k1}=0$,质点的质量为 $m_0$;终态 $u=u$,对应的动能为 $E_k$,质量 $m=m(u)$,则有

$$E_k = c^2 \int_{m_0}^{m(u)} \mathrm{d}m = m(u)c^2 - m_0 c^2$$

式中 $m_0 c^2$ 与质点处在静止状态相对应,我们把 $m_0 c^2$ 称为质点的**静能**. 任何具有静止质量的质点都具有静能,其数值为 $m_0 c^2$, $m(u)c^2$ 为质点处在运动状态的能量,它在数值上等于动能 $E_k$ 和静能 $mc^2$ 之和,爱因斯坦把 $m(u)c^2$ 称为质点的总能量,用

$E$ 表示:

$$E = m(u)c^2 = \frac{m_0 c^2}{\sqrt{1 - \dfrac{u^2}{c^2}}} \qquad (10.8\text{-}6)$$

式中 $u$ 为质点运动的速度,(10.8-6)式称为**质能关系**. 质点的动能等于其总能量与静能之差:

$$E_k = m(u)c^2 - m_0 c^2 = \frac{m_0 c^2}{\sqrt{1 - \dfrac{u^2}{c^2}}} - m_0 c^2 \qquad (10.8\text{-}7)$$

这就是相对论中质点动能的表示式. 当 $u \ll c$ 时,

$$(1 - u^2/c^2)^{-\frac{1}{2}} \approx 1 + \frac{1}{2} \frac{u^2}{c^2}$$

于是,$E_k \approx \dfrac{1}{2} m_0 u^2$,这表明牛顿力学中动能的表示式是(10.8-7)式在 $u \ll c$ 时的特殊情况.

质量为 $m(u)$ 的质点的总能量 $E = m(u)c^2$ 是爱因斯坦的一个重要假设,因为质点的总能量等于质点的动能与静能之和,而质点的动能是外界对质点做的功,亦即是外界以做功的方式传递给质点的能量,其结果导致该质点的能量由原来的静能 $m_0 c^2$ 增加到 $m(u)c^2$,或者说使质点的质量由原来的静质量 $m_0$ 变为 $m_0/\sqrt{1 - u^2/c^2}$. 这意味着,传递给质点的能量将引起质点质量的变化. 反之质点质量的变化(减少)将以某种方式改变(释放出)能量. 这就大大拓宽了我们关于质量和能量这两个概念的认识,把质量的变化和能量的变化联系起来. 若质点的总能量增加 $\Delta E$,则其质量将增加 $\Delta m$,两者间的关系为

$$\Delta E = \Delta m c^2 \qquad (10.8\text{-}8)$$

即在一物理过程中,若质点的质量有一微小的变化 $\Delta m$,则质点的能量将发生 $c^2$ 倍于 $\Delta m$ 的变化,因而,$\Delta E$ 将是一个非常大的值. 例如,在原子核反应中,当轻的原子核发生聚变反应时,静质量减少(称为质量亏损),这时便有大量的能量释放出. 氢弹就是利用这一原理制成的. 在重原子核的裂变反应中,静质量也会减少,因而也能放出大量的能量. 原子弹和核反应堆就是根据这一原理制成的. 尽管质能关系是爱因斯坦的一种假设,但现在已在实践中被证实,它为人类开发和利用能源提出了一条新途径.

### 4. 能量与动量的关系

由质能关系式(10.8-7)与动量表示式(10.8-5)可求得相对论的能量与动量之间的关系. 因

$$E = \frac{m_0 c^2}{\sqrt{1 - u^2/c^2}}$$

可得

$$E^2 = \frac{m_0^2 c^4}{1 - \dfrac{p^2}{m^2 c^2}} = \frac{m_0^2 c^4}{1 - \dfrac{p^2 c^2}{E^2}}$$

即
$$E^2 = p^2 c^2 + m_0^2 c^4 \qquad\qquad (10.8{-}9)$$

这便是能量与动量的关系式.

### 5. 静质量为零的粒子

在牛顿力学中,一个没有质量的粒子既无动量,也无能量,也无其他任何可测量的性质. 实际上,按经典的观点,无质量的粒子什么都不是. 但在相对论中则不然,没有静质量的可测量物理实体是能够存在的. 我们已经知道自然界中存在的几种无静质量的粒子,如光子就是熟知的没有静止质量的粒子. 当 $m_0$ 趋向于零时,粒子的能量和动量

$$E = \frac{m_0 c^2}{\sqrt{1 - u^2/c^2}}, \qquad \boldsymbol{p} = \frac{m_0 \boldsymbol{u}}{\sqrt{1 - u^2/c^2}}$$

是否仍然有意义呢? 当 $m_0$ 趋向于零时,这两表示式的分子都趋于零. 但如果同时让分母也趋向于零,即 $u$ 趋向于 $c$,则仍保持 $E$ 和 $\boldsymbol{p}$ 为有限值是可能的. 这就是说,如果一个粒子的质量逐渐减少的同时速度增大,则在极限情况下,当 $m_0 = 0, u = c$,则粒子的能量 $E$ 仍有确定的有限值. 这表明,具有确定能量的静止质量为零的粒子,其速度必为光速.

在 $m_0 = 0$ 的情况下,$E$ 和 $p$ 的表示式的右边成为不定式,但 $E$ 和 $p$ 的比值仍然有限. 实际上,不论粒子的质量是有限值还是零,$E$ 和 $p$ 的比值为

$$\frac{E}{p} = \frac{c^2}{u} \qquad\qquad (10.8{-}10)$$

不过,对零质量粒子,因 $u = c$,故

$$E = pc \qquad\qquad (10.8{-}11)$$

光子的能量和动量就满足这一关系. 对于像光子这类零质量粒子,其速度为 $c$,因而动量不再是速度的函数. 但动量仍可以有不同的值. 同样,能量也不再是速率的函数,但仍可有不同的值.

### 6. 例题

**例 1**　两全同粒子的弹性碰撞.

两完全相同的质点,静止质量都是 $m_0$,今一质点相对某一惯性系静止,另一质点以恒定的速率射向静止质点,其动能为 $E_{ki}$,两质点发生弹性碰撞后,入射质点以与入射速度方向成 $\theta$ 角的方向被散射,$\theta$ 称为散射角. 原来静止的质点则沿与入射方向成 $\varphi$ 角的方向运动,$\varphi$ 称为反冲角. 设在碰撞过程中,散射角与反冲角恰好相等. 求此散射角.

**解**:弹性碰撞的特点是在碰撞前后,不仅体系的动量不变,而且动能亦不变. 由于在碰撞过程中体系的总能

量守恒,故在碰撞前后粒子的静质量相同. 设两粒子在碰撞前的动量和能量分别为 $\boldsymbol{p}_1$、$\boldsymbol{p}_2$ 和 $E_1$、$E_2$,碰撞后的动量和能量分别为 $\boldsymbol{p}_3$、$\boldsymbol{p}_4$ 和 $E_3$、$E_4$,则有

$$\boldsymbol{p}_1+\boldsymbol{p}_2=\boldsymbol{p}_3+\boldsymbol{p}_4$$
$$E_1+E_2=E_3+E_4$$

根据题意 $p_2=0, E_2=E_0$,故有

$$p_1=p_3\cos\theta+p_4\cos\varphi$$
$$0=p_3\sin\theta-p_4\sin\varphi$$
$$E_{ki}+E_0+E_0=E_3+E_4$$

因 $\theta=\varphi$,得 $p_3=p_4$,由 $E^2=c^2p^2+E_0^2$,可得 $E_3=E_4$ 以及

$$p_1=2p_3\cos\theta$$
$$2E_0+E_{ki}=2E_3$$

由

$$c^2p_1^2=E_1^2-E_0^2=(E_{ki}+E_0)^2-E_0^2=E_{ki}(2E_0+E_{ki})$$
$$c^2p_3^2=E_3^2-E_0^2=\left[\frac{1}{4}(2E_0+E_{ki})^2-E_0^2\right]$$
$$=\frac{1}{4}E_{ki}(E_{ki}+4E_0)$$

于是

$$\cos^2\theta=\frac{p_1^2}{4p_3^2}=\frac{2E_0+E_{ki}}{4E_0+E_{ki}}$$

或

$$\cos 2\theta=\frac{E_{ki}}{4E_0+E_{ki}}$$

当 $E_{ki}\ll E_0$ 时,$\cos 2\theta\rightarrow 0, \theta\rightarrow\dfrac{\pi}{4}$;当 $E_{ki}\gg E_0$ 时,$\cos 2\theta\rightarrow 0, \theta\rightarrow 0$,即入射质点的动能由小到大变化时,$\theta$ 由大到小变化. 但在非相对论碰撞中,$\theta+\varphi=\dfrac{\pi}{2}$. 散射角的相对论压缩最先由钱皮恩(F. C. Champion)于 1932 年对快速电子所做的实验中证实.

**例 2** 两质点的非弹性碰撞.

考察两个完全相同的质点,静止质量都为 $m_0$,以等值反向的速度 $\boldsymbol{u}_0$ 沿同一直线运动,并发生碰撞. 碰撞后,两质点粘成一个大质点. 求此大质点的质量.

**解:** 按经典的观点,碰撞前,两质点组成的体系的动能为 $2\cdot\left(\dfrac{1}{2}mu_0^2\right)=mu_0^2$,其中 $m$ 为质点的牛顿质量. 根据动量守恒定律,碰撞后,大质点处于静止状态. 在碰撞过程中机械能不守恒,动能 $mu_0^2$ 转化为热而散逸掉,发生机械能与非机械能之间的转变. 按照相对论的观点,碰撞前,两个质点有动能,每个质点的能量为

$$E_1=E_k+m_0c^2=\frac{m_0c^2}{\sqrt{1-u_0^2/c^2}}=E_2$$

系统的总能量为

$$E_i = E_1 + E_2 = 2E_1 = \frac{2m_0 c^2}{\sqrt{1 - u_0^2/c^2}}$$

根据动量守恒定律,碰撞后合成的大质点仍处在静止状态. 因而无动能,则系统的能量为

$$E_f = m_0' c^2$$

$m_0'$ 为大质点的静止质量. 根据能量守恒定律,$E_i = E_f$,

$$m_0' = \frac{2m_0}{\sqrt{1 - u_0^2/c^2}} > 2m_0$$

即发生非弹性碰撞后,体系的静止质量增加了. 注意到

$$\frac{1}{\sqrt{1 - u_0^2/c^2}} \approx 1 + \frac{u_0^2}{2c^2} + \cdots$$

$$m_0' - 2m_0 = \frac{2}{c^2}\left(\frac{1}{2}m_0 u_0^2\right) = \frac{1}{c^2}(m_0 u_0^2)$$

这表明,两质点复合成的大质点的静止质量不仅包括两质点的静止质量之和,而且还包括与它们的动能成正比的另一部分质量. 在这一非弹性碰撞过程中,存在着动能到质量的转换. 在这两质点的非弹性碰撞中,全部动能转化成热,即转变成"热质点"的静质量.

**例3** 光子的吸收和发射.

一质量为 $m_0$ 的静止粒子,如原子核或原子,受到一能量为 $E$ 的光子的撞击,粒子将光子的能量全部吸收,求此合并系统的速度(反冲速度)及其静止质量. 一静止质量为 $m_0'$ 的静止粒子,发出一能量为 $E$ 的光子,求发射光子后的粒子的静止质量.

**解**:设合并系统的质量为 $m'$,对应的静止质量为 $m_0'$,在吸收光子的过程中,能量守恒

$$m_0 c^2 + E = m' c^2$$

能量为 $E$ 的光子,具有 $E/c$ 的动量. 在吸收光子的过程中动量守恒.

$$\frac{E}{c} = m' u$$

$u$ 为合并系统的速度,解这两个方程式,得

$$u = \frac{Ec}{m_0 c^2 + E}, \quad m' = m_0 + \frac{E}{c^2}$$

由能量动量关系,合并系统的能量得

$$(m' c^2)^2 = c^2 (m' u)^2 + m_0^2 c^4$$
$$= E^2 + m_0'^2 c^4$$

将 $m' c^2 = m_0 c^2 + E$ 代入,经整理得

$$m_0' = m_0 \sqrt{1 + \frac{2E}{m_0 c^2}}$$

即吸收光子后,合并系统的质量增大,且其质量异于静止质量,这是因为吸收光子后,合并系统因反冲而有速度 $u$,

在发射光子的过程中,能量也守恒,设粒子发射光子后的质量为 $m$,对应的静止质量为 $m_0$,则有

$$m_0' c^2 = m c^2 + E$$

设粒子发射光子后的速度为 $u$,则由动量守恒定律,

$$mu = E/c$$

由动量能量关系可知

$$(mc^2)^2 = c^2(mu)^2 + m_0^2 c^4 = E^2 + m_0^2 c^4$$

或

$$(m_0' c^2 - E)^2 = E^2 + mc^2$$

解得

$$m_0 = m_0' \sqrt{1 - \frac{2E}{m_0' c^2}}$$

若令 $E_0$ 代表粒子在发射光子前后静能量之差,即

$$m_0' c^2 = m_0 c^2 + E_0$$

则不难得到

$$E = E_0 \left( 1 - \frac{E_0}{2m_0' c^2} \right)$$

即发射出的光子的能量 $E$ 比粒子处在初态和末态之间的静能差小,这是由于在发射光子后,粒子因反冲而获得动量,即具有速度. 粒子原来具有的静能除一部分变成光子的能量外,还有一部分变成粒子自身的动能.

## §10.9 质量、动量和力的变换公式

### 1. 质量的变换公式

设 $m$ 是质点以速度 $\boldsymbol{u}$ 相对 S 系运动时的质量,$m'$ 和 $\boldsymbol{u}'$ 是同一质点相对 S' 系的质量和速度,S' 系相对 S 系以速度 $v$ 运动. 若该质点的静止质量为 $m_0$,则动质量由 (10.8-4)式决定:

$$m = \frac{m_0}{\sqrt{1 - u^2/c^2}}$$

$$m' = \frac{m_0}{\sqrt{1 - u'^2/c^2}}$$

于是

$$m' = m \frac{\sqrt{1 - u^2/c^2}}{\sqrt{1 - u'^2/c^2}}$$

注意到

$$u'^2 = u_x'^2 + u_y'^2 + u_z'^2$$

$$= \left( \frac{u_x - v}{1 - \frac{vu_x}{c^2}} \right)^2 + \frac{u_y^2(1 - v^2/c^2)}{\left( 1 - \frac{vu_x}{c^2} \right)^2} + \frac{u_z^2(1 - v^2/c^2)}{\left( 1 - \frac{vu_x}{c^2} \right)^2}$$

$$= \frac{(u_x - v)^2 + (u_y^2 + u_z^2)(1 - v^2/c^2)}{\left(1 - \dfrac{vu_x}{c^2}\right)^2}$$

$$= \frac{(u_x - v)^2 + (u^2 - u_x^2)(1 - v^2/c^2)}{\left(1 - \dfrac{vu_x}{c^2}\right)^2}$$

$$1 - \frac{u'^2}{c^2} = \frac{1 - v^2/c^2 - u^2/c^2 + v^2 u^2/c^4}{\left(1 - \dfrac{vu_x}{c^2}\right)^2}$$

$$= \frac{(1 - v^2/c^2)(1 - u^2/c^2)}{\left(1 - \dfrac{vu_x}{c^2}\right)^2} \qquad (10.9-1)$$

两边开方得

$$\sqrt{1 - \frac{u'^2}{c^2}} = \sqrt{1 - \frac{u^2}{c^2}} \frac{\sqrt{1 - v^2/c^2}}{1 - \dfrac{vu_x}{c^2}} \qquad (10.9-2)$$

因此

$$m' = m \frac{1 - \dfrac{vu_x}{c^2}}{\sqrt{1 - v^2/c^2}} \qquad (10.9-3)$$

其逆变换为

$$m = m' \frac{1 + \dfrac{vu_x'}{c^2}}{\sqrt{1 - v^2/c^2}} \qquad (10.9-4)$$

### 2. 动量和能量的变换公式

在 S 系中,速度为 $\boldsymbol{u}$ 的质点的动量定义为

$$p_x = \frac{m_0 u_x}{\sqrt{1 - u^2/c^2}}, \quad p_y = \frac{m_0 u_y}{\sqrt{1 - u^2/c^2}}, \quad p_z = \frac{m_0 u_z}{\sqrt{1 - u^2/c^2}}$$

总能量定义为

$$E = mc^2 = \frac{m_0 c^2}{\sqrt{1 - u^2/c^2}}$$

在 S′系中,动量和能量的表示式分别为

$$p_x' = \frac{m_0 u_x'}{\sqrt{1 - u'^2/c^2}}, \quad p_y' = \frac{m_0 u_y'}{\sqrt{1 - u'^2/c^2}}, \quad p_z' = \frac{m_0 u_z'}{\sqrt{1 - u'^2/c^2}}$$

$$E' = m'c^2 = \frac{m_0 c^2}{\sqrt{1 - u'^2/c^2}}$$

由(10.9-2)式和 $u_x$ 的变换公式,

$$p'_x = \frac{m_0(u_x - v)}{\left(1 - \dfrac{vu_x}{c^2}\right)} \frac{1 - vu_x/c^2}{\sqrt{1 - v^2/c^2}\sqrt{1 - u^2/c^2}}$$

$$= \frac{m_0}{\sqrt{1 - u^2/c^2}} \frac{u_x - v}{\sqrt{1 - v^2/c^2}}$$

$$= \frac{p_x - vE/c^2}{\sqrt{1 - v^2/c^2}}$$

$$p'_y = \frac{m_0 u_y \sqrt{1 - v^2/c^2}}{1 - \dfrac{vu_x}{c^2}} \frac{1 - \dfrac{vu_x}{c^2}}{\sqrt{1 - v^2/c^2}\sqrt{1 - u^2/c^2}}$$

$$= \frac{m_0 u_y}{\sqrt{1 - u^2/c^2}} = p_y$$

同理有

$$p'_z = p_z$$

$$E' = m'c^2 = mc^2 \frac{1 - \dfrac{vu_x}{c^2}}{\sqrt{1 - v^2/c^2}} = \frac{E - vp_x}{\sqrt{1 - v^2/c^2}}$$

所以动量和总能量的变换式为

$$\begin{cases} p'_x = \dfrac{p_x - \dfrac{vE}{c^2}}{\sqrt{1 - v^2/c^2}} \\[4mm] p'_y = p_y \\[2mm] p'_z = p_z \\[2mm] E' = \dfrac{E - vp_x}{\sqrt{1 - v^2/c^2}} \end{cases} \qquad (10.9\text{-}5)$$

其逆变换为

$$\begin{cases} p_x = \dfrac{p'_x + \dfrac{vE'}{c^2}}{\sqrt{1 - v^2/c^2}} \\[4mm] p_y = p'_y \\[2mm] p_z = p'_z \\[2mm] E = \dfrac{E' + vp'_x}{\sqrt{1 - v^2/c^2}} \end{cases} \qquad (10.9\text{-}6)$$

可以看出，$p_x'$、$p_y'$、$p_z'$ 和 $E'/c^2$ 的变换公式与时空坐标 $x'$、$y'$、$z'$ 和 $t'$ 的变换公式相似.

### 3. 力的变换公式

在惯性系 S 中，作用于质点的力定义为

$$\boldsymbol{F} = \frac{\mathrm{d}(m\boldsymbol{u})}{\mathrm{d}t}$$

其分量为

$$F_x = \frac{\mathrm{d}(mu_x)}{\mathrm{d}t} = \frac{\mathrm{d}p_x}{\mathrm{d}t}$$

$$F_y = \frac{\mathrm{d}(mu_y)}{\mathrm{d}t} = \frac{\mathrm{d}p_y}{\mathrm{d}t}$$

$$F_z = \frac{\mathrm{d}(mu_z)}{\mathrm{d}t} = \frac{\mathrm{d}p_z}{\mathrm{d}t}$$

根据（10.9-5）式，有

$$F_x' = \frac{\mathrm{d}p_x'}{\mathrm{d}t'} = \frac{\dfrac{\mathrm{d}p_x}{\mathrm{d}t'} - \dfrac{v}{c^2}\dfrac{\mathrm{d}E}{\mathrm{d}t'}}{\sqrt{1 - v^2/c^2}}$$

而

$$\frac{\mathrm{d}t}{\mathrm{d}t'} = \frac{1}{\dfrac{\mathrm{d}t'}{\mathrm{d}t}} = \frac{1}{\dfrac{\mathrm{d}}{\mathrm{d}t}\dfrac{\left(t - \dfrac{vx}{c^2}\right)}{\sqrt{1-v^2/c^2}}} = \frac{\sqrt{1 - \dfrac{v^2}{c^2}}}{1 - \dfrac{vu_x}{c^2}}$$

$$\frac{\mathrm{d}E}{\mathrm{d}t} = \frac{\mathrm{d}}{\mathrm{d}t}(E_k + m_0 c^2) = \frac{\mathrm{d}E_k}{\mathrm{d}t} = \boldsymbol{F} \cdot \boldsymbol{u} = F_x u_x + F_y u_y + F_z u_z$$

代入（10.9-6）式，经整理得

$$F_x' = F_x - \frac{vu_y}{c^2 - vu_x}F_y - \frac{vu_z}{c^2 - vu_x}F_z$$

$$= F_x - \frac{\dfrac{vu_y}{c^2}F_y}{1 - \dfrac{vu_x}{c^2}} - \frac{\dfrac{vu_z}{c^2}F_z}{1 - \dfrac{vu_x}{c^2}} = \frac{f_x - \dfrac{v}{c^2}\boldsymbol{u} \cdot \boldsymbol{F}}{1 - \dfrac{vu_x}{c^2}}$$

$$F_y' = \frac{\mathrm{d}p_y'}{\mathrm{d}t'} = \frac{\mathrm{d}p_y}{\mathrm{d}t}\frac{\mathrm{d}t}{\mathrm{d}t'} = F_y\frac{\mathrm{d}t}{\mathrm{d}t'} = \frac{F_y\sqrt{1 - v^2/c^2}}{1 - \dfrac{vu_x}{c^2}}$$

$$F'_z = \frac{F_z\sqrt{1-v^2/c^2}}{1-\dfrac{vu_x}{c^2}}$$

由此得力的变换式：

$$\begin{cases} F'_x = \dfrac{F_x - \dfrac{v}{c^2}\boldsymbol{u}\cdot\boldsymbol{F}}{1-\dfrac{vu_x}{c^2}} \\[3mm] F'_y = \dfrac{F_y\sqrt{1-v^2/c^2}}{1-\dfrac{vu_x}{c^2}} \\[3mm] F'_z = \dfrac{F_z\sqrt{1-v^2/c^2}}{1-\dfrac{vu_x}{c^2}} \end{cases} \qquad (10.9\text{--}7)$$

其逆变换为

$$\begin{cases} F_x = \dfrac{F'_x + \dfrac{v}{c^2}\boldsymbol{u}'\cdot\boldsymbol{F}'}{1+\dfrac{vu'_x}{c^2}} \\[3mm] F_y = \dfrac{F'_y\sqrt{1-v^2/c^2}}{1+\dfrac{vu'_x}{c^2}} \\[3mm] F_z = \dfrac{F'_z\sqrt{1-v^2/c^2}}{1+\dfrac{vu'_x}{c^2}} \end{cases} \qquad (10.9\text{--}8)$$

## §10.10 广义相对论简介

### 1. 从狭义相对论到广义相对论

阅读材料：
广义相对论基
本原理的建立

  自从爱因斯坦提出狭义相对论之后，人们认识到重新认识和修改原有物理理论的重要性. 所有的物理定律对洛伦兹变换应具有协变性，即物理定律的数学形式经洛伦兹变换，从一个惯性系变换到另一惯性系应保持不变. 电磁场的麦克斯韦方程组与相对论是相容的，不需要修改，只要把它写成"四维形式"就可以. 牛顿运动定律对洛伦兹变换不具有协变性，故牛顿力学要用相对论力学来替代，牛顿力学是相对论力学在低速条件下的近似结果. 牛顿的引力理论与狭义相对论亦不相容.

　　牛顿的万有引力定律用于研究引力问题曾取得了一系列辉煌的成果,应用万有引力定律,正确解释了潮汐现象、地球的形状,求得了行星和卫星的运行轨道,导致了海王星的发现等. 但随着观察手段的改进,测量精度的提高,在天文观测中也发现了某些牛顿引力理论不能解释的现象,如水星近日点的进动. 爱因斯坦的狭义相对论建立后,随即便发现牛顿万有引力定律无法纳入狭义相对论的框架中,牛顿万有引力定律认为物体间的引力作用是超距作用. 尽管引入了引力场的概念,但引力场中任一给定点的引力场的强度或引力势是由同一时刻的空间质量分布所决定的,这意味着引力场的传播速度是无限大的,这显然与狭义相对论关于场以有限速度传递,真空中的光速是最大传递速度的结论相抵触. 我们知道,牛顿万有引力定律与静电的库仑定律非常相似,但库仑定律却是麦克斯韦电磁理论的重要基础,把库仑定律推广再与其他定律相结合,导出了与狭义相对论协调的麦克斯韦方程组,为什么不能推广牛顿万有引力定律而导出与狭义相对论相协调的引力理论呢? 从历史上看,这种企图和尝试并不少,但都未见成效. 一个重要的原因是自然界存在两类电荷. 同类电荷相斥,异类电荷相吸,但质量只有一类,虽属同类,但却只有吸引作用,没有排斥作用.

　　狭义相对论与惯性参考系紧密联系在一起,而所谓惯性参考系,是惯性定律成立的参考系,这就把惯性定律放至一个极为突出的位置上. 惯性定律是指不受力作用的物体将保持静止或匀速直线运动的状态,但由于引力不能绝对避免,严格不受力作用的物体并不存在,因此严格的惯性参考系实际上是找不到的.

　　广义相对论是在狭义相对论的基础上发展起来的,爱因斯坦把相对性原理推广到任意参考系,认为引力的实质是时空弯曲. 在引力非常弱的条件下,物体的运动就可以用狭义相对论处理;在弱引力和低速条件下,牛顿力学和广义相对论可以得到相同的结论.

### 2. 等效原理

　　在牛顿力学中,惯性力不是真实力,其大小等于受力物体的惯性质量与非惯性系相对惯性系的加速度的乘积,方向与此加速度的方向相反. 因此,在非惯性系中,任何物体在惯性力作用下的加速度都相等,与非惯性系相对惯性系的加速度等值反向. 惯性力的这种性质与引力非常相似. 作用于物体的引力与物体的引力质量成正比. 由于同一物体的引力质量与惯性质量成正比(或相等),故任何物体在引力作用下的加速度也相等. 引力与惯性力的这种相似性,使我们有可能进一步认识引力和惯性力的本质. 正如爱因斯坦所说:"……在引力场中,一切物体都具有同一加速度. 这条定律也可以表述为惯性质量同引力质量相等的定律. 它当时就使我认识到它的全部重要性,我为它的存在感到极为惊奇,并猜想其中必定有一把可以更加深入地了解惯性和引力的钥匙."

　　爱因斯坦通过一个理想实验来认识这个问题. 设一架电梯相对地球静止,则电梯里的一切物体都受到一种力作用,如果没有其他力作用于这些物体与该力平衡,那么所有的物体都以同样的加速度 $g$ 落向地板. 电梯里的观测者根据这些现象和自己长期生活在地球上的经验以及已知电梯相对地球静止的条件,便可得出结论:物体受到电梯外的地球的引力作用. 若设想把地球搬到无穷远处,让电梯处在无引力作用的空间,并以加速度 $g$ 相对固定的恒星"向上"运动,则处在电梯中的不受其他力作用的物体,在惯性力作用下亦以加速度 $g$ 落向地板. 就关闭在电梯中的观测者而言,如果他先前不知道电梯是否存在于地球的引力场中,亦不知道电梯是否在作加速运动,仅根据在电梯中进行的力学实验,他无法判断该电梯是相对地球静止而受地球引力作用,还是该电梯远离地球不受引力作用而本身在作加速运动,亦即对于电梯中进行的实验,引力的作用与惯性力的作用完全等价(图 10.10-1),一个均匀的引力场与一作匀加速直线运动的非惯性系等价.

图 10.10-1 处在地球引力场中的静止电梯和无引力场的空间中以 $g$ 作加速上升的电梯等效

若处在地球引力场作用下的电梯以加速度 $g$ 自由下落,则作用于电梯内所有物体上的引力和惯性力平衡,物体可以停留在电梯内任何地方而不"下落",电梯内的观测者可以在电梯地板上步行,也可以在电梯的墙壁或顶部步行,即电梯中的观测者"看不到"任何引力作用的迹象. 如果观测者知道电梯在引力作用下作自由落体运动,那么电梯内的现象可看作是引力和惯性力平衡的结果. 若设想把地球"搬到"无穷远处,并让电梯相对固定的恒星静止,则电梯内的现象可看作是不受重力作用处在惯性状态的结果. 但是就关闭在电梯中的观测者而言,如果他事先不知道电梯是否在地球的引力作用下自由落下,亦不知道电梯是否静止在无引力作用的空间,仅根据电梯内的力学实验,他无法判断电梯是受引力作用而作加速运动,还是静止在无引力的空间(图 10.10-2).

图 10.10-2 在地球引力场自由下落的电梯与无引力空间中的静止电梯等效

　　电梯内的理想实验表明:在一个参考系内的观测者无法通过力学实验来判断该区域中存在引力场还是参考系本身在作加速运动,也无法区别该区域中无引力场存在还是存在某个引力场而参考系本身又在作加速运动. 一个相对固定恒星以恒定加速度运动的参考系与在均匀的引力场中静止的惯性系是完全等效的. 这就是**等效原理**.

　　爱因斯坦进一步把力学范围中的等效原理推广到物理学的一切领域,认为惯性力与均匀的引力的任何物理效应都是等效的. 任何物理实验都无法区分在一定的空间范围内存在引力场还是无引力场但参考系在作匀加速运动. 这是爱因斯坦的一个大胆假设,无法从原有的理论加以证明,判断它的正确性只能看由此假设得到的推论是否与实验相一致.

　　等效原理表明,在引力场均匀的区域中,用变换到一个加速参考系的方法,可使引力场"变换掉". 该参考系沿引力场方向加速,加速度的数值等于该引力场引起的加速度. 在某一参考系中,可以把引力消除是引力所具有的特殊性质. 一辆匀速行驶的汽车,突然急刹车时,汽车内所出现的现象,与一辆静止的汽车前面突然出现一巨大的质量所产生的现象是完全相同的. 爱因斯坦指出:引力与惯性力不仅紧密联系,而且是相同的,不可区分的. 这种不可区分性说明在某种意义下两者是一回事,如果我们一直认为惯性力具有虚拟性,那么等效原理表明引力也有虚拟性,它的存在与否,取决于参考系的选择. 这种性质,对物理学中的其他性质的作用力是没有的.

　　等效原理保证了在任何一个局部范围中,一定存在着引力被消除的参考系. 在这种参考系中,一切不受外力(不包括引力)作用的质点都作匀速直线运动,所以按照惯性参考系的定义,这种"加速参考系"倒是真正的惯性参考系. 它被称为局部惯性系. 在牛顿力学中,一个参考系是否是惯性系,是用牛顿第一定律来判断的,即当质点处在不受任何外力作用的环境中能否保持作匀速直线运动. 但是由于引力无法消除,这种不受任何外力作用的环境实际上并不存在. 因而,我们无法找到一个真正的惯性系,只能找到在实用上方便的近似惯性系. 但在局部惯性系中,引力作用完全被消除,提供了一个不受任何外力作用的环境,在这环境中,不受外力作用的质点相对局部惯性系静止或作匀速直线运动状态,因而局部惯性系更符合惯性系的本来要求.

　　由于引力场实际上的非均匀性,只有在不大的局部范围内,才可以通过选定某一特定的局部惯性系,使该区域中的引力消除. 在不同的区域中应选择不同的局部惯性系,这就是为什么把这种惯性系称为局部惯性系的原因. 在每一个局部惯性系中,引力都不存在. 但各不同的局部惯性系的相互联系中存在引力的影响,因为各局部惯性系间存在相对加速度,这种相对加速度是引力作用的一种反映.

　　以上的讨论以及等效原理的提出都以物体的引力质量和惯性质量成正比为基础. 所以,证明引力质量与惯性质量相等的厄特沃什实验,可看作是爱因斯坦提出等效原理的实验基础.

### 3. 光线在引力场中的弯曲

等效原理得出的一个推论是光线通过引力场时将发生弯曲. 设想一处在无引力场作用的区域中的封闭电梯,这电梯以恒定的加速度 $g$ 相对某一固定的恒星"向上"运动,在电梯上方的侧壁上有一小狭缝,一光束从狭缝透入电梯,如图 10.10-3 所示.

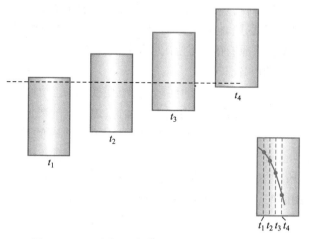

图 10.10-3 在加速参考系中发现光束路径弯曲

图 10.10-3 中给出了四个不同时刻电梯在空间的连续位置. 因为电梯在加速,每一段相等的时间间隔内移动的距离随时间而增加,故电梯内的观测者测得光束相对电梯的路径是一条抛物线. 根据等效原理,我们无法把不受引力场作用的加速电梯与在引力作用下静止或作匀速运动的电梯区分开来. 因此,我们断言,光束在引力场中被加速的方式与质量较大的物体在引力作用下加速的方式相同. 在接近地面的区域中,光束会以加速度 $g$ 向地面一侧偏转. 这一现象与我们所具备的经验很不一致,其原因是因为光速太大,对于 3 000 km 的距离,光行进只花 0.01 s,在这段时间内,光束向下偏转的距离只有 0.5 mm. 爱因斯坦指出,来自遥远星体的光靠近太阳时,光束在太阳引力作用下的弯曲可以被观测到. 但是,由于太阳光很强,无法看到那些在天空中位于太阳附近的星体. 只有在日全食时,才可能对太阳附近一些星体的表观位置进行短时间的测量. 1919 年日全食时所进行的测量的结果证实了爱因斯坦的预言:引力使光线发生偏折(图 10.10-4).

图 10.10-4 太阳使星光偏折
(图中夸大了这种效应)

### 4. 引力与时间 引力红移

广义相对论的另一个重要预言是在引力场中的时间间隔和光的频率的改变.

位于引力场强的地方的时钟比位于引力场弱的地方的时钟走得慢. 在广义相对论中, 常用引力势——单位质量的引力势能来表示引力. 在引力场中, 若取无限远处的引力势为零, 则引力势为负. 若 $\Delta t_1$ 为位于引力势为 $\varphi_1$ 处的钟测得的时间间隔, $\Delta t_2$ 为位于引力势为 $\varphi_2$ 处的钟测得的时间间隔, 则广义相对论预言:

$$\Delta t_2 = \Delta t_1 \left( 1 + \frac{\varphi_2 - \varphi_1}{c^2} \right) \tag{10.10-1}$$

当 $\varphi_2 > \varphi_1$ 时, $\Delta t_2 > \Delta t_1$, 即对于两事件的时间间隔, 低引力势处的钟测得较小的数值, 高引力势处的钟测得较大的时间间隔. 因此, 低引力势处也就是引力场强的地方的钟走得慢些.

用狭义相对论中的时间延缓知识和等效原理, 可以对引力场中钟的速率变化作出解释. 设有一转台, 相对惯性系以恒定的角速度 $\omega$ 旋转, 在转台中心放置一钟, 在转台边缘放置另一钟. 若转台的半径为 $R$, 则相对惯性系, 位于转台边缘处的钟以速度 $v = \omega R$ 运动, 而转台中心处的钟是静止的. 若位于边缘处的那只钟测得两事件的时间间隔为 $\Delta t_R$, 则因运动的钟走慢, 这时间间隔小于相对惯性系静止的钟所测得的时间间隔, 亦即小于转台中心处的钟所测得的时间间隔 $\Delta t_0$. 而

$$\Delta t_R = \Delta t_0 \sqrt{1 - v^2/c^2} \approx \Delta t_0 \left( 1 - \frac{1}{2} \frac{v^2}{c^2} \right)$$

$$= \Delta t_0 \left( 1 - \frac{1}{2} \frac{\omega^2 R^2}{c^2} \right) \tag{10.10-2}$$

但从转台参考系看, 位于转台中心和边缘处的钟都是静止的, 但边缘处的钟受到大小为 $F = m\omega^2 R$ 的惯性离心力的作用. 根据等效原理, $F = m\omega^2 R$ 的惯性力等效于 $F = m\omega^2 R$ 的引力, 在该引力作用下, 转台边缘和中心处的引力势之差为

$$\varphi_R - \varphi_0 = \frac{1}{m} \int_R^0 F \mathrm{d}r = \int_R^0 r\omega^2 \mathrm{d}r = -\frac{1}{2}\omega^2 R^2$$

可见 (10.10-2) 式与 (10.10-1) 式相同.

(10.10-1) 式表示: 给定两只结构相同的、最初相互静止的同步时钟, 如果其中一只在某段时间受到引力作用, 两钟不再同步, 受引力场作用的那只钟被延迟. 存在引力的区域的引力势比无引力区域的引力势低, 因此引力场中的钟的读数对应于 (10.10-1) 式中的 $\Delta t_1$, 而 $\Delta t_1 < \Delta t_2$. 振动的原子可作为一种钟, 低引力势处的钟比高引力势处的钟走得慢. 表示低引力势处原子的振动频率将低于高引力势处同种原子的振动频率. 若低引力势区中原子的振动频率为 $\nu_1$, 高引力势处的同种原子的振动频率为 $\nu_2$, 则有

$$\nu_2 \approx \nu_1 \left( 1 + \frac{\varphi_2 - \varphi_1}{c^2} \right)$$

设一光子, 位于离地面高度为 $h$ 处测得的频率为 $\nu$, 则当该光子落到地面时, 测得的频率将变为

$$\nu' \approx \nu \left( 1 + \frac{gh}{c^2} \right)$$

从离地球无限远处(该处地球的引力势能为零)发射一个频率为 $\nu$ 的光子,则在到达地面时(注意到地面处的引力势为 $-G\dfrac{m_e}{R_e}$,$m_e$ 为地球的质量,$R_e$ 为地球的半径),其频率为

$$\nu' \approx \nu\left(1+G\frac{m_e}{R_e c^2}\right)$$

即到达地球时光子的频率增大.

若频率为 $\nu$ 的光子从质量为 $m_s$,半径为 $R_s$ 的星球发出,逃逸到无限远处,则在无限远处测得该光子的频率为

$$\nu' \approx \nu\left(1-G\frac{m_s}{R_s c^2}\right)$$

即其频率变小,移向低频一侧,通常把此效应称为**引力红移**.

太阳表面的引力势能比地球表面要低(即负得更多),因此,太阳表面原子发射的光频率比地球上同种原子发射的光频率低. 在太阳光中的确观察到了这一效应,但因干扰太大难以测量. 直到 1960 年,才能够在地球上用一种全新的技术对此进行准确的测量,并确切地验证了引力红移效应.

我们曾提及,在激发原子发光时,原来给光子的能量有一部分为反冲原子所消耗. 光子能量的减少意味着其频率降低. 原子的反冲使发射光子频率降低称为**反冲红移**. 在地球表面的弱引力场中,反冲红移比引力红移大得多. 因而,淹没在反冲红移中的引力红移实际上是测不出的. 1957 年,联邦德国的物理学家穆斯堡尔(R. Mössbauer)发现了完全消除反冲红移的方法. 在一定条件下,低温固态晶体内原子可以被紧密地束缚住,致使它们在发光时不发生反冲,从这种原子的深处,原子可以全频率地发射各种特征光子,不发生任何反冲红移. 美国物理学家庞德(R. Pound)等人认识到"穆斯堡尔效应"最终将可以验证引力红移. 1960 年庞德和他的学生 G. A. 雷布卡宣布了他们的实验结果,证实了 1907 年爱因斯坦关于引力红移的预言.

可以从完全不同的角度来说明引力红移. 光子虽无静止质量,但具有惯性质量,能量为 $h\nu$ 的光子的惯性质量为 $h\nu/c^2$. 光子不但有惯性质量,也有引力质量. 一个光子,当它处在离地面高度为 $L$ 时,其频率为 $\nu$,能量为 $h\nu$. 当它落下 $L$ 距离时,减少的势能为 $mgL=h\nu/c^2 gL$,因此光子的能量应增加,频率变为 $\nu'$,于是

$$h\nu' \approx h\nu + \frac{h\nu}{c^2}gh$$

故下落后光子的频率为

$$\nu' = \nu\left(1+\frac{gh}{c^2}\right)$$

频率的变化可以用图 10.10-5 表示.

而光子从恒星表面逃逸到无穷远处,因引力势能增加,光子的能量减少,于是频率也降低,这就是引力红移,可以用图 10.10-6 表示. 对引力红移的这一看法表

明了广义相对论与将时空、引力和能量等概念联系在一起的富有魅力的方法之间的内在一致性.

图 10.10-5 引力红移的示意图

图 10.10-6 一个从恒星表面逃逸到无穷远处的光子获得"势能",而失去等量的动能

### 5. 引力与空间 水星的运动

广义相对论预言,引力将影响长度的测量. 物体的长度在强引力场中将收缩. 设一转台,相对惯性系以恒定的角速度 $\omega$ 旋转. 从地面参考系看,位于转台中心处的尺,相对地面接近静止,沿转台边缘圆周放置的尺相对地面运动,根据长度收缩效应,位于边缘的尺的长度将收缩. 但从转台参考系看,位于转台中心和边缘的尺都是静止的,它们仅有的差别是位于边缘处的尺受到惯性离心力作用. 根据等效原理,惯性离心力等效于引力,在转台中心处,等效引力场比较弱,在转台边缘处,等效引力场比较强,即在引力场作用下,长度要收缩,引力场越强,长度缩短越多. 距离标度与引力势有关将对行星绕太阳的运动发生影响. 1915 年,当爱因斯坦得到了关于引力和时空性质的完整数学表述形式时,他根据等效原理,对行星运动的修正作出了预言,并指出了对水星运动的影响. 当水星沿椭圆轨道运动时,它将周期性地进入引力势较大和较小的区域,从而经历时空性质的周期性变化,这种变化导致水星的椭圆轨道本身绕太阳缓慢地进动. 尽管水星轨道进动还包含了其他因素的作用,但广义相对论的作用确实存在,而且有关的效应早已发现,只是当爱因斯坦作出此项预言后,才得到解释,并由此使预言得到证实.

转台上的长度测量引出的另一有意义的事件是在加速参考系中,几何学本身必须改变. 我们知道,沿转台半径测量距离时,因长度所沿的方向与相对运动方向垂直而不受转动的影响,但沿着圆周去测量长度时则要受到转动的影响,这表明圆周周长与直径之比值不再是恒量 $\pi$,这是广义相对论引进的违反常识的又一奇特结论. 根据等效原理,这就导致引力使空间成为非欧几里得的,引力使欧几里得几何学的一般定律不再成立. 例如,圆的周长与直径不具有相同的比率,直角三角形不

满足勾股弦定律等.

### 6. 广义相对论的基本原理

等效原理是广义相对论的最重要的基本原理,这一原理的实验基础是引力质量和惯性质量等价性的实验证明,由等效原理引出的许多结论已在上面作了讨论. 爱因斯坦把狭义相对论的关于作匀速运动的参考系之间的相对性原理推广为关于作任意运动的参考系之间的相对性原理,认为物理定律在一切参考系中都具有相同的形式,即它们在任意坐标变换下都具有协变性. 这就是广义协变性原理,或广义相对性原理,它是广义相对论的另一基本原理. 爱因斯坦认为时间和空间的几何不能先验地给定,而应当由物质及其运动所决定. 这个思想直接导致用黎曼几何来描写存在引力场的时间和空间,并成为写下引力场方程的依据. 爱因斯坦场方程建立了时空几何同物质分布的必然联系,认为引力是一种几何效应,引力的存在,使时空弯曲,因此广义相对论研究的时空是弯曲的时空.

爱因斯坦关于时空、物质、运动之间联系的认识,来自马赫的观点,马赫认为,惯性起源于物体相对于遥远星系的加速运动,是遥远星系对加速物体产生的一种引力效应. 爱因斯坦把马赫的这一观点称为马赫原理,并认为广义相对论与马赫原理是一致的,这充分表明马赫的观点对爱因斯坦的影响. 但事实上,广义相对论与马赫原理并不一致,马赫的观点并未得到实验验证.

近几十年来,广义相对论得到了新的验证和发展,特别是 20 世纪 60 年代以来,在天文学方面得到了广泛的应用. 引力红移、雷达回波等实验进一步证实了这一理论的预言. 脉冲星和微波背景辐射的发现,证实了以广义相对论为基础的中子星理论和大爆炸宇宙论的预言. 近年来,对于脉冲双星的观测也提供了有关引力波存在的证据. 20 世纪 60 年代以来,奇性理论和黑洞理论的研究取得很大进展. 近来,关于正能定理的精测得到了证明,有关引力的量子理论以及把引力同其他相互作用统一起来的研究也极为活跃. 所有这些,不仅丰富了我们对广义相对论理论基础的认识,同时也揭露了广义相对论本身所不能解决的一些重大疑难问题,为进一步探索引力相互作用,以及时间、空间和宇宙的奥秘提出了新课题.

## 本章小结

本章介绍相对论的基本原理. 如本章开始所指出的,狭义相对论的核心是对时间和空间观念的深刻审视. 爱因斯坦在对经典时空观进行缜密审查和对诸如迈克耳孙-莫雷等实验进行深入思考的基础上,提出光速不变原理和相对性原理这两条基本假设,由此导出同时性不是绝对的,而与参考系有关这一与日常经验相悖的观念,继而得出时间延缓和长度收缩这两个重要结论. 在此基础上自然得出洛伦兹变换,并赋予该变换(原由洛伦兹为在以太框架下解释迈克耳孙-莫雷实验和使麦克斯韦方程在形式上满足协变性而提出)以全新的意义. 按相对论的洛伦兹变换,时间和空间不再是相互独立的,而是相互关联、相互依存的. 本章接着在洛伦兹变换基础上讨论了因果性、速度和加速度变换、相对论多普勒效应和孪生子佯谬等典型的相对论运动学问题. 在相对论运动学基础上,简单讨论了动量、能量、质量和力等相对论动力学问题,导出与牛顿力学形式完全不同的动力学关系(但守恒定律仍然有效),并得出被称为 20 世纪最重要的方程——质能关系. 最后,简要地介绍了广义相对论的基本思想和重要结论及其实验验证,揭示了时间、空间与物质及其运动的紧密联系.

## 思考题

**10.1** 迈克耳孙实验能否作为光速不变原理的证明? 为什么? 能否把这实验作为狭义相对论的实验基础?

**10.2** 在图 10.3-1 中,若光的接收器位于 $x$ 轴上的 $P$ 点,则根据光速不变原理,两个参考系中的观测量者对光信号传到接收器的迟早有何见解? 若认为光速服从伽利略的速度合成公式,则有何见解?

**10.3** 在图 10.3-3 所示的假想实验中,相对地面来说,因 $B'$ 与 $B$ 重合,$A'$ 与 $A$ 重合,两事件同时发生,故由 $A'A$,$B'B$ 发出的光信号同时到达 $M$ 点. 但相对车厢,这两事件并非同时发生,故由 $A'A$ 和 $B'B$ 发出的光信号不同时传到 $M$ 点,你认为这种看法对吗?

**10.4** 在图 10.3-8 中,若 $B'$ 经过 $B$ 时,轨道上的 $B$ 钟指示读数为零,车厢中的 $B'$ 钟读数也是零,则图 10.3-8 应如何修正?

**10.5** 在图 10.3-9 和图 10.3-10 中,若 $B$ 经过 $B'$ 时,$B$ 钟和 $B'$ 钟的读数相同,都指示零读数,则这两幅图应如何修正?

**10.6** 相对某一参考系,发生在同一地点的 $AB$ 两事件的次序是 $A$ 先于 $B$,对所有其他参考系,事件 $A$ 是否总是先于事件 $B$? 相对其他参考系,这两事件是否发生在同一地点?

**10.7** 如果光速服从伽利略的速度变换公式,由图 10.4-4 求出 $\Delta t$ 和 $\Delta t'$ 的关系.

**10.8** 相对论中,刚体与不可压缩流体这两个概念是否有效? 为什么?

**10.9** 在图 10.4-10 中,假定车厢参考系中有一系列与 K 钟校正同步的钟,当 K 钟经过 $A$ 点时,(a) 车厢参考系中经过 $B$ 点的那只钟的读数为多少? (b) 在图 b 中,经过 $A$ 点的车厢参考系中的钟的读数为多少?

**10.10** 在图 10.4-11 中,假定车厢中有一系列与 K 钟同步的钟. 当 $A$ 先经过 K 钟时,经过 $B$ 点的车厢参考系中的那只钟的读数是多少? $B$ 点经过 K 钟时,正好经过 $A$ 点的车厢参考系中的那只钟的读数是多少?

**10.11** 在 §10.4 的例 4 中,我们曾求得四个不同值的时间间隔,50 min、30 min、18 min,它们三者有何区别和联系?

**10.12** 何谓本征长度和本征时间间隔? 有人说,本征长度就是物体的真实长度,你同意这种说法吗?

**10.13** 试用洛伦兹变换导出(10.4-6)式.

**10.14** 有一间仓库,长为 3.5 m,相对的两壁各有一门. 若把一长为 4 m 的铁杆放进仓库,则杆的一端将露在仓库的门外,因而两门不可能同时关闭,如思考题 10.14 图所示. 某甲学习过相对论,他声称有一种方法,不必把杆割断,弯曲或偏斜,能在极短的时间内,把杆放进仓库并同时关上仓库的两门(当杆端碰击门时,门会自动打开) 你认为甲能否实现他的想法? 若可能的话,将怎样实现? 若有一观测者某乙永远相对杆静止,他对某甲设计的方案有何看法?

思考题 10.14 图

**10.15** 在 S 系中,沿 $x$ 轴停放着两艘相同的飞船,飞船长 100 m,相距 200 m,如思考题 10.15 图所示. 现设想两飞船同时点燃火箭的发动机,并在极短的时间内加速到 $v = \dfrac{4}{5}c$. (1) 试从 S 系的观点,画出加速后两飞船的图像. 怎样解释所画出的图像? (2) 若参考系 S′ 相对 S 系以 $v = \dfrac{4}{5}c$ 的速度沿 $x$ 方向运动,试从 S′ 系的观点画出加速前两飞船的图像,即两飞船的初始状态.(3) 试从 S′ 观点画出两飞船加速后的图像并作出说明.

**10.16** 一水平放置的栅栏由相距为 15 cm 的金属丝组成. 一静止长度为 15 cm 的钢尺以 $v = \dfrac{4}{5}c$ 的速度在栅栏上滑过,尺与金属丝垂直,如思考题 10.16 图所示. (1) 从栅栏静止的参考系看,钢尺的长度是多少? (2) 尺在通过栅栏时,因受竖直方向的扰动能否落入栅栏? (3) 从相对钢尺静止的参考系看,栅栏金属丝之间的距离为多少? (4) 钢尺能否落入栅栏? (5) 若能的话,怎样描述落入过程? (6) 刚体的概念在相对论中是否仍有意义?

思考题 10.15 图 　　　　　　　　　　　　　思考题 10.16 图

**10.17** 相对论的多普勒效应与声波的多普勒效应有何不同?

**10.18** 能量是不变量吗? 能量守恒定律是不变的定律吗?

**10.19** 一质点的动量矢量与其速度矢量平行吗? 一质点的动量的变化与其速度的变化平行吗? 试分别从经典和相对论两种情况讨论之.

## 习题

**10-1** 一飞船以 $v = 0.6c$ 的速率沿平行于地面的轨道飞行. 飞船上沿运动方向放置一根杆子,在地面上的人测得此杆子的长度为 $l$,求此杆子的本征长度 $l_0$.

**10-2** 在一惯性系的同一地点,先后发生两个事件,其时间间隔为 0.2 s,而在另一惯性系中测得此两事件的时间间隔为 0.3 s,求两惯性系之间的相对运动速率.

**10-3**　一火箭飞船经地球飞往某空间站,该空间站相对地球静止,与地球之间的距离为 $9.0\times10^9$ m. 地球上的钟和空间站上的钟是校正同步的. 当火箭飞船飞经地球时,宇航员将飞船上的钟拨到与地球上的钟相同的示数. 当火箭飞船飞经空间站时,宇航员发现飞船上的钟比空间站上的钟慢了 3 s. 求火箭飞船的飞行速率.

**10-4**　$S'$ 系相对 S 系以速度 $0.8c$ 沿 $x$ 轴运动. S 系和 $S'$ 系的原点在 $t=t'=0$ 时重合. 一事件在 $S'$ 系中发生在 $x'=300$ m$(y'=z'=0)$,$t'=2\times10^{-7}$ s. 求该事件在 S 系中发生的空间位置 $x$ 和时间 $t$.

**10-5**　$S'$ 系相对 S 系以恒速沿 $x$ 轴运动. 在 S 系中两事件发生在同一时刻,并沿 $x$ 轴相距 $2\times10^4$ m. 而在 $S'$ 系中,测得两事件的空间间隔为 $3\times10^4$ m,试问在 $S'$ 系中测得的两事件的时间间隔是多少?

**10-6**　一静长为 $l_0$ 的飞船以恒速 $v$ 相对地面飞行. 飞船的头部 $A'$ 在 $t=t'=0$ 时通过地面上的 $A$ 点,如题 10-6 图所示. 此时有一光信号从 $A'$ 发向 $B'$.

题 10-6 图

(1) 按飞船的时间$(t')$,该信号何时到达船尾 $B'$?

(2) 按地面上的测量,该信号何时$(t_1)$到达船尾 $B'$?

(3) 按地面上的测量,船何时$(t_2)$通过 $A$ 点?

**10-7**　静长为 $L$ 的车厢,以恒定速率 $v$ 沿地面向右运动. 自车厢的左端 $A$ 发出一光信号,经右端 $B$ 的镜面反射后回至 $A$ 端.

(1) 在车厢里的人看来,光信号经多少时间 $\Delta t'_1$ 到达 $B$ 端? 从 $A$ 发出经 $B$ 反射后回至 $A$,共需多少时间 $\Delta t'$?

(2) 在地面上的人看来,光信号经多少时间 $\Delta t_1$ 到达 $B$ 端? 从 $A$ 发出经 $B$ 反射后回至 $A$,共需多少时间 $\Delta t$?

**10-8**　一艘静长为 90 m 的飞船以速度 $v=0.8c$ 飞行. 当飞船的尾部经过地面上某信号站时,该信号站发出一光信号.

(1) 当光信号到达飞船头部时,飞船头部离地面信号站的距离为多远?

(2) 按地面上的时间,信号从信号站发出共需多少时间 $\Delta t$ 才到达飞船头部?

**10-9**　两根静长均为 $l_0$ 的棒 $A$、$B$,相向沿棒作匀速运动. $A$ 棒上的观测者发现两棒的左端先重合,相隔时间 $\Delta t$ 后,两棒的右端再重合. 试问:

(1) $B$ 棒上的观测者看到两棒的端点以怎样的次序重合?

(2) 两棒的相对速度是多大?

(3) 对于看到两棒以大小相等、而方向相反的速度运动的观测者来说,两棒端点以怎样的次序重合?

**10-10**　两根相互平行的米尺,各以 $v=\dfrac{3}{5}c$ 的速率相向运动,运动方向平行于尺子. 求任一尺子上的观察者测量另一尺子的长度.

**10-11**　Farley 等人在 1968 年对 $\mu^-$ 介子所作的实验测得 $\mu^-$ 介子的速度 $v=0.996\,6c$,其平均寿命 $\tau=26.15\times10^{-6}$ s. 已知 $\mu^-$ 介子在其静止的参考系中的平均寿命为 $\tau_0=2.2\times10^{-6}$ s. 试问此实验在多大精度上与相对论的预言相符?

**10-12** π介子的本征寿命为 $2.5\times10^{-8}$ s. 在实验室里测得一 π 介子在它一生中行进的距离为 375 m. 求此 π 介子相对实验室的运动速度.

**10-13** 一艘火箭飞船以 $v=0.8c$ 的速度飞经地球,飞船和地球上的观察者一致同意这事件发生在中午 12：00.

（1）按照火箭飞船上的时钟读数,该飞船于 12：30 飞经一个行星际宇航站,该站相对地球固定,其时钟指示地球时间. 试问这一事件在该站什么时间发生?

（2）在地球坐标上该站离地球多远?

（3）在飞船时间 12：30(即飞船飞经该宇航站时),飞船用无线电向地球发回报告. 试问按地球时间,地球何时收到信号?

（4）如果地面站立即回答,试问按飞船时间,飞船何时接到回答?

**10-14** 一道闪光从 $O$ 点发出,在 $P$ 点被吸收. 在 S 系中,$OP$ 具有长度 $l$ 且同 $x$ 轴成 $\theta$ 角,如题 10-14 图所示. 在相对于 S 系以恒速 $v$ 沿 $x$ 轴运动的 S′系中:

（1）从光的发出到吸收相隔多长时间 $\Delta t'$?

（2）光的发出点 $O$ 到吸收点 $P$ 的空间间隔 $l'$是多大?

题 10-14 图

**10-15** 在 S′系中,一光束在与 $x'$轴成 $\theta_0$ 角的方向射出. 求在 S 系中光束与 $x$ 轴所成的角 $\theta$. S′系以速度 $v$ 沿 $x$ 轴相对 S 系运动.

**10-16** 一航天飞机沿 $x$ 方向飞行,接收到一颗恒星发出的光信号. 在恒星静止的参考系中,飞机的飞行速度为 $v$,恒星发出光信号的方向与飞机的轴成 $\theta$ 角,如题 10-16 图所示.

（1）在飞机静止的参考系中此角 $\theta'$ 为多大?

（2）若飞机的前端有一半球形的观察室,飞船上的人能看到所有 $\theta'<\dfrac{\pi}{2}$ 的恒星. 试证明:若 $v\to c$,则飞机上的人几乎能看到所有的恒星.

题 10-16 图

**10-17** 在实验室里测得一根沿 $x$ 方向运动的棒与 $x$ 轴的夹角 $\theta_1=45°$. 在相对实验室参考系以 $v=0.6c$ 的速度沿 $x$ 方向运动的另一参考系 S′中,测得此夹角 $\theta'=35°$.

（1）求棒相对实验室参考系的运动速度;

（2）棒相对 S′系的运动速度为多大?

（3）在棒静止的参考系 S″中,棒与 $x''$轴的夹角 $\theta''$ 为多大?

**10-18** 三艘飞船 A、B、C 沿同一直线飞行. B 船上的观察者发现,A、C 两船以 $v=0.7c$ 的相同速率远离 B 船.

（1）求 A 船上的观察者观测到的 B、C 两船的速率.

（2）若 B 船相对地面的飞行速率为 $v_B=0.9c$,求 A、C 两船相对地面的飞行速率.

**10-19** 光在介质中的传播速率 $c_n=\dfrac{c}{n}$,这里 $n$ 是介质的折射率. 设光在流动的水中传播,水的流速为 $v$,折射率为 $n_0$,在水静止的参考系中,光沿水流方向的传播速度为 $c'_n=\dfrac{c}{n_0}$. 求在实验室参考系中测得的该光速 $c_n$.

**10-20**　如题 10-20 图所示，一块厚玻璃以速率 $v$ 向右运动. 在 $A$ 点有一闪光灯，它发出的光通过玻璃后到达 $B$ 点. $A$、$B$ 之间的距离为 $L$，玻璃在其静止的坐标系中的厚度为 $D$，玻璃的折射率为 $n$. 问光由 $A$ 点传播到 $B$ 点需多少时间？

题 10-20 图

**10-21**　一宇航员乘坐宇宙飞船去星际航行. 如果他从静止开始离开地球，在他的瞬时静止参考系(即与某一瞬时该飞船相对地球运动速度相同的惯性系. 不同的时刻对应不同的惯性系)中持续以 $g = 9.8 \text{ m/s}^2$ 的加速度作加速运动.

(1) 在地球时间 $t$ 时，他已经飞过了多长的距离？

(2) 在他的速率达到 $\frac{1}{2}c$ 时之前，他已经飞行了多长时间？

**10-22**　氢原子发出的一条光谱线 $H_\delta$ 的波长 $\lambda = 0.410\,1 \times 10^{-6}$ m. 在极隧射线管中，氢原子的速率可达 $v = 5 \times 10^5$ m/s. 当氢原子以此速率向着观察者飞行时，此谱线的波长将增大还是减小？波长将改变多少？已知光速 $c = 3 \times 10^8$ m/s.

**10-23**　对遥远星系发来的光所作的光谱分析表明，光的谱线非常明显地移向可见光谱的红端，这可解释为作为光源的这些星系正向远离地球的方向退行而引起的多普勒效应，故称退行红移.

比如钾光谱中有一对容易辨认的吸收线(K 线与 H 线)，其谱线的波长在 395.0 nm 附近. 而来自牧夫星座一个星云的光中，我们在波长为 447.0 nm 处发现了这两条谱线. 试求该星云的退行速度.

**10-24**　地面上的人观测到两艘飞船以相同的速率 $v = 0.5c$ 沿同一直线相向飞行. 若其中一艘飞船发出一束波长 $\lambda_0 = 632.8$ nm 的激光，求另一艘飞船收到该激光的波长.

**10-25**　当一光源以速率 $v_1$ 向地球靠近时，在地球静止系 S 中的人 A 看到光源发出的是绿光 ($\lambda_1 = 500.0$ nm)，而在相对地球以速率 $v_2$ 运动(与光源的运动沿同一直线)的参考系 S′ 中的人 B 看到的却是红光 ($\lambda_2 = 600.0$ nm). 当该光源以相同的速率 $v_1$ 远离地球时，A 看到的是红光 ($\lambda_2$).

(1) 求 $v_1$、$v_2$ 的值；

(2) 当光源以 $v_1$ 远离地球时，B 看到光的波长为多大？

**10-26**　半人马座 $\alpha$ 星与地球相距 4.3 l.y.，两个孪生兄弟中的一个 A 乘坐速度为 0.8c 的宇宙飞船去该星旅行. 他在往程和返程途中每隔 0.01 a 的时间(飞船静止参考系的时间)发出一个无线电信号. 另一个留在地球上的孪生兄弟 B 也在相应过程中每隔 0.01 a 的时间(地球静止参考系的时间)发出一个无线电信号.

(1) 在 A 到达该星以前，B 收到多少个 A 发出的信号？

(2) 在 A 到达该星以前，A 收到多少个 B 发出的信号？

(3) A 和 B 各自共收到多少个从对方发出的信号？

(4) 当 A 返回地球时，A 比 B 年轻了几岁？试证明两孪生兄弟都同意此观点.

**10-27**　一粒子的动能等于静能的一半，试求其运动速度.

**10-28**　一沿 $x$ 轴正方向运动的光子具有 400 MeV 的能量，另一沿 $y$ 轴正方向运动的光子具有

300 MeV 的能量. 若有一粒子的总能量和动量与此两光子的总能量和总动量相同. 试求:

(1) 该粒子的静质量 $m_0$;

(2) 该粒子的运动速度 $v$.

**10-29** 在 S 参考系中观测得一粒子的总能量为 500 MeV, 动量为 400 MeV/c. 而在 S′ 参考系中观测得该粒子的总能量为 583 MeV. 试求:

(1) 该粒子的静能;

(2) 在 S′ 系中观测到的该粒子的动量;

(3) S′ 系相对 S 系的运动速度.

**10-30** 两静质量相同的粒子, 一个处于静止状态, 另一个的总能量为其静能的 4 倍. 当此两粒子发生碰撞后粘合在一起, 成为一复合粒子. 求此复合粒子的静质量与碰撞前单个粒子的静质量之比.

**10-31** 一个以 $0.8c$ 的速率沿 $x$ 方向运动的粒子衰变成两个静质量均为 $m_0$ 的粒子, 其中一个粒子以 $0.6c$ 的速率沿 $-y$ 方向运动. 设衰变前粒子的静质量为 $m_0'$. 试求

(1) 另一个粒子的运动速率和方向 (用题 10-31 图中的 $\theta$ 表示);

(2) $m_0/m_0'$ 的值.

**10-32** 设有一宇宙飞船完全通过发射光子而获得加速. 当该宇宙飞船从静止开始加速至 $v=0.6c$ 时, 其静质量为初始值的几分之几?

题 10-31 图

**10-33** 静止的电子偶 (即一个电子和一个正电子) 湮灭时产生两个光子, 如果其中一个光子再与另一个静止电子碰撞. 求它能给予该电子的最大速度.

**10-34** 动能为 $6 \times 10^3$ MeV 的质子与静止质子碰撞时, 能形成质子-反质子对. 若用动能相同的两质子对撞来实现此反应, 试求动能的最小值. 已知质子的静能为 938 MeV.

**10-35** 设有一处于激发态的原子以速率 $v$ 运动. 当其发射一能量为 $E'$ 的光子后衰变至其基态, 并使原子处于静止状态, 此时原子的静质量为 $m_0$. 若激发态比基态能量高 $E_0$, 试证明:

$$E' = E_0 \left( 1 + \frac{E_0}{2m_0 c^2} \right)$$

**10-36** 太空火箭 (包括燃料) 的初始质量为 $m_0'$, 从静止起飞, 向后喷出的气体相对火箭的速度 $u$ 为常量. 当火箭相对地球速度为 $v$ 时, 其静质量为 $m_0$, 试求 $m_0/m_0'$ 的值与速度 $v$ 之间的关系. 设此过程中忽略其他天体的引力影响.

**10-37** 光子火箭从地球起飞时初始静质量 (包括燃料) 为 $m_0'$, 向相距为 $R=1.8 \times 10^6$ l.y. 的仙女座星云飞行. 要求火箭在火箭时间 25 a 后到达目的地. 设不计其他星球的引力影响.

(1) 忽略火箭加速和减速所需的时间, 求火箭所需的速度;

(2) 设到达目的地时火箭的静质量为 $m_0$, 求 $m_0'/m_0$ 的最小值.

**10-38** 一个 $\alpha$ 粒子以速率 $v_1 = \dfrac{4}{5}c$ 进入厚度 $d=0.35$ m 的水泥防护墙, 当此粒子从墙的另一

面出来时，速率减小为 $v_2 = \dfrac{5}{13}c$. 已知 α 粒子的静质量 $m_0 = \dfrac{2}{3} \times 10^{-26}$ kg. 设墙对粒子的作用力是常量.

（1）在墙静止的参考系 S 中作用力 $F_0$ 的值为多大？

（2）在以速率 $v_1$ 沿粒子运动方向相对墙运动的参考系 S′ 中作用力 $F_0'$ 的值为多大？

（3）在 S 与 S′ 系中粒子穿过墙各需多长时间？

第十章习题参考答案

# 附录 A
# 常用矢量公式

**矢量代数**

一般公式

$$A+B=B+A$$

$$A-B=A+(-B), \quad A \cdot B=B \cdot A=AB\cos(A,B)$$

$$A\times B=-B\times A, \quad |A\times B|=AB\sin(A,B)$$

$$A \cdot (B\times C)=B \cdot (C\times A)=C \cdot (A\times B)$$

$$A\times(B\times C)=(A \cdot C)B-(A \cdot B)C$$

分量表示

$$A+B=(A_x+B_x)i+(A_y+B_y)j+(A_z+B_z)k$$

$$A \cdot B=A_xB_x+A_yB_y+A_zB_z$$

$$A\times B=\begin{vmatrix} i & j & k \\ A_x & A_y & A_z \\ B_x & B_y & B_z \end{vmatrix}$$

$$A \cdot (B\times C)=\begin{vmatrix} A_x & A_y & A_z \\ B_x & B_y & B_z \\ C_x & C_y & C_z \end{vmatrix}$$

**矢量的时间导数**

$$\frac{d(A+B)}{dt}=\frac{dA}{dt}+\frac{dB}{dt}$$

$$\frac{d(\alpha A)}{dt}=\frac{d\alpha}{dt}A+\alpha\frac{dA}{dt}$$

$$\frac{d(A \cdot B)}{dt}=\frac{dA}{dt} \cdot B+A \cdot \frac{dB}{dt}$$

$$\frac{d(A\times B)}{dt}=\frac{dA}{dt}\times B+A\times\frac{dB}{dt}$$

# 附录 B
# 常用数据

**常用天文数据**

| | |
|---|---|
| 地球表面重力加速度,$g$(赤道) | 9.780 m/s² |
| $g$(两极) | 9.832 m/s² |
| 地球质量 | $5.976 \times 10^{24}$ kg |
| 地球平均密度 | $5.52 \times 10^3$ kg/m³ |
| 地球赤道半径 | 6 378.14 km |
| 日地平均距离 | $1.495\ 98 \times 10^8$ km |
| 地球公转平均速度 | 29.79 km/s |
| 地球自转周期 | 23 h56 min4 s |
| 太阳质量 | $1.989\ 1 \times 10^{30}$ kg |
| 太阳平均密度 | $1.409 \times 10^3$ kg/m³ |
| 太阳半径 | $6.96 \times 10^5$ km |
| 太阳中心温度 | $1.5 \times 10^7$ K |
| 日地质量比,$m_s/m_e$ | 332 946.0 |
| 月地质量比,$m_m/m_e$ | 0.012 300 02 |
| 月地平均距离 | (384 401±1) km |
| 月球半径 | 1 738 km |
| 月球表面重力加速度,$g_月$ | 1.62 m/s² |

(以上摘自中国大百科全书天文学卷,1980 年 12 月版)

常用物理常量表

| 物理量 | 符号 | 数值 | 单位 | 相对标准不确定度 |
|---|---|---|---|---|
| 光速 | $c$ | 299 792 458 | m·s⁻¹ | 精确 |
| 引力常量 | $G$ | $6.674\ 08(31) \times 10^{-11}$ | m³·kg⁻¹·s⁻² | $4.7 \times 10^{-5}$ |
| 普朗克常量 | $h$ | $6.626\ 070\ 040(81) \times 10^{-34}$ | J·s | $1.2 \times 10^{-8}$ |
| 元电荷 | $e$ | $1.602\ 176\ 620\ 8(98) \times 10^{-19}$ | C | $6.1 \times 10^{-9}$ |
| 电子质量 | $m_e$ | $9.109\ 383\ 56(11) \times 10^{-31}$ | kg | $1.2 \times 10^{-8}$ |
| 质子质量 | $m_p$ | $1.672\ 621\ 898(21) \times 10^{-27}$ | kg | $1.2 \times 10^{-8}$ |
| 中子质量 | $m_n$ | $1.674\ 927\ 471(21) \times 10^{-27}$ | kg | $1.2 \times 10^{-8}$ |
| 电子比荷 | $-e/m_e$ | $-1.758\ 820\ 024(11) \times 10^{11}$ | C·kg⁻¹ | $6.2 \times 10^{-9}$ |
| 阿伏伽德罗常量 | $N_A$ | $6.022\ 140\ 857(74) \times 10^{23}$ | mol⁻¹ | $1.2 \times 10^{-8}$ |
| 玻耳兹曼常量 | $k$ | $1.380\ 648\ 52(79) \times 10^{-23}$ | J·K⁻¹ | $5.7 \times 10^{-7}$ |

注:表中的数据为国际科学联合会理事会科学技术数据委员会(CODATA)2014 年的国际推荐值。

# 参考文献

参考文献